工程软件数控加工自动编程经典实例

数控铣床/加工中心专业技能竞赛训练参考教材

PowerMill 数控加工自动编程经典实例 第3版

朱克忆 彭劲枝 编著

机 械 工 业 出 版 社

本书以具体的零（部）件加工工序为主线，循序渐进地讲解应用PowerMill 2019 进行数控加工自动编程的过程和技巧。全书分两篇共 12 章。第 1 篇（第 1～5 章）讲解了 PowerMill 数控编程的基础知识，包括 PowerMill 的基本概念和基本操作，用一个实例介绍了 PowerMill 自动编程的完整过程；应用 PowerMill 2019 进行自动编程的公共操作以及典型零件的数控加工工艺，突出了工艺过程、铣削用量和刀具选用等方面；应用 PowerMill 2019 粗加工、精加工以及清角编程的操作方法，分析了影响各道工序刀具路径质量的因素以及提高编程质量的技巧。第 2 篇（第 6～12 章）重点讲解了应用 PowerMill 2019 软件对具体零件进行数控加工自动编程，涵盖了二轴半加工、三轴加工、四轴加工、3+2 轴加工以及五轴联动加工的编程方法。

本书可以作为大中专院校、技工学校和各类培训班师生的教材，也可以作为参加数控加工技能大赛读者的学习参考资料，还可以供相关工程技术人员参考使用。

为方便读者学习，扫描书中前言的二维码，可下载所有的实例源文件、习题源文件、完成的项目文件；扫描正文中的二维码，可下载或在线观看操作视频。联系编辑 QQ296447532 可免费获取 PPT 提纲。

图书在版编目（CIP）数据

PowerMill 数控加工自动编程经典实例/朱克忆，彭劲枝编著. —3 版. —北京：机械工业出版社，2020.12（2025.1 重印）

（工程软件数控加工自动编程经典实例）

ISBN 978-7-111-67248-7

Ⅰ. ①P… Ⅱ. ①朱… ②彭… Ⅲ. ①数控机床—加工—计算机辅助设计—应用软件 Ⅳ. ①TG659.022

中国版本图书馆 CIP 数据核字（2021）第 002307 号

机械工业出版社（北京市百万庄大街 22 号　邮政编码 100037）
策划编辑：周国萍　　责任编辑：周国萍　刘本明
责任校对：陈　越　　封面设计：马精明
责任印制：常天培

北京机工印刷厂有限公司印刷

2025 年 1 月第 3 版第 9 次印刷
184mm×260mm・23.75 印张・556 千字
标准书号：ISBN 978-7-111-67248-7
定价：79.00 元

电话服务　　网络服务
客服电话：010-88361066　　机　工　官　网：www.cmpbook.com
010-88379833　　机　工　官　博：weibo.com/cmp1952
010-68326294　　金　书　网：www.golden-book.com

机工教育服务网：www.cmpedu.com

前 言

本书自 2011 年出版第 1 版，2014 年修订出版第 2 版以来，获得了广大读者的喜爱与支持。编著者在使用第 2 版的过程中发现了一些不足，并结合读者的建议和需求，对第 2 版进行了以下修订。

一是使用了 PowerMill 2019 版本，与第 2 版使用的 PowerMill 2012 版本相比，软件界面有较大改变。PowerMill 2019 操作界面采用了目前主流的 Ribbon 界面，该界面告别了 Windows 程序常见的菜单和工具条，将所有功能分裂成了几个不同的选项卡，显示在界面上半部分的功能区中。PowerMill 2019 在功能上也有提升，比如增加了交互式碰撞避让、3+2 圆弧输出、自动方向矢量、探测功能等。

二是将知识点、软件使用方法等尽量均匀分布在各章中，每章均有新内容，融入新知识在新实例中，使读者在学习过程中，不会觉得枯燥无味，也不会因为某一章新知识太多，学习起来有记忆和理解上的压力。

本书涵盖了机械零件全部结构特征的编程方法，并加以举例，将二维的平面、文字、槽、台阶、孔，三维的解析曲面、自由曲面等特征融入在各章相应的例子里，并注意将其尽量均匀地分布在各章中，由二维到三维，由简单到复杂地呈现给读者。

三是从图书的易用性和实用性出发，进一步完善了如下方面：

1）对实例按加工的要求增加了创建对刀坐标系的操作，使实例更有利于实际加工使用。

2）注重操作的顺序性和实际加工的需要，增加了一些设置，调整了一些操作的先后顺序。

3）根据在实际编程过程中的使用情况，有选择地进一步详细展开了一些常用重点功能，比如模型分中、二次开粗、点分布等功能。

4）对实例的讲解更为详细，比如等高精加工，结合它的特点来介绍其典型应用，讲解的语言更符合加工现场实际，即更加“接地气”。

5）每章均增加了课后练习题，供读者课后复习使用。

本书汇集大量实例，希望读者能够通过练习搞懂软件自动编程的方法，因此，在修订时，对实例中的选项都加入了注解，读者要注意阅读这些注解，它们说明了为什么用这个选项而不用那个选项，用这个选项计算出来的刀具路径有哪些优点，这是多数 CAM 软件图书较少去做的，但对初学者来说是非常有益的。

本书的修订工作历时一年，特别感谢学院、实验室各位老师以及我的家人对我的理解和支持。由于编著者水平有限，书中难免存在一些错误和不妥之处，恳请各位读者在发现问题后告知，以便改正。

朱克忆

实例源文件　　习题源文件　　完成的项目文件

关于本书使用过程中的一些约定

1）为简明描述，避免赘述，在本书的一些叙述中，将“刀具路径”简称为“刀路”。

2）关于切削用量的设定，有几点要特别说明：①一般情况下，在计算每一工步的刀具路径之前，都应该设置该工步所使用的进给率和转速，本书出于版面控制的原因，部分工步省略了这一步；②由于各工厂工具系统（主要由机床、刀具、夹具以及工件等要素组成）的刚性一般不同，由这些要素所决定的进给率和转速就会有较大的差距，因此，读者一定要根据自己所使用的工具系统来设置进给率和转速，否则可能会造成一些意外的后果。

3）PowerMill 中的对话框具有参数众多、集中度高的特点，在设置参数时，并不是每个参数都需要改动，因此，本书将有改动的参数用虚线椭圆框标示出来，以便读者清楚要设置哪些参数，从而提高阅读效率。

4）在本书中，有一部分对话框的截图是不完整的，不需要更改参数的部分没有包括进来，这主要是为了节省版面。

5）在本书的例子中，部分下切方式设置为“无”，即刀具沿机床 Z 轴直接插入工件。这是为了更清楚地看到刀具路径的分布情况。而在实际加工中，读者一般应根据所用刀具和工件材料的不同，设置使用不同的下切方式（如“斜向”方式），请读者务必注意这一点。

目　　录

第 1 篇

PowerMill 数控编程基础篇

✍ PowerMill 2019 基础知识

✍ PowerMill 2019 公共操作与模具数控铣削工艺

✍ PowerMill 2019 粗加工编程经典实例

✍ PowerMill 2019 精加工编程经典实例

✍ PowerMill 2019 角落加工编程经典实例

第1章　PowerMill 2019 基础知识

📖 本章知识点

- ✧ CAM 系统与 PowerMill 数控编程软件整体情况介绍。
- ✧ PowerMill 2019 软件的特色功能。
- ✧ PowerMill 数控编程的常用术语。
- ✧ PowerMill 2019 软件的操作界面以及常用工具条。
- ✧ PowerMill 2019 自动编程的一般步骤。
- ✧ PowerMill 2019 的其他基本操作。

计算机辅助制造（Computer Aided Manufacturing，CAM）技术发展至今，有将近 60 年的历史，它产生的时间比计算机辅助设计（Computer Aided Design，CAD）技术更早。20 世纪 50 年代初，美国麻省理工学院成功研制出了全球第一台三坐标数控铣床，并着手开发自动编程语言 APT（Automatically Programmed Tools，自动化编程工具）系统，到 20 世纪 50 年代末，数控编程及加工技术正式走向工业生产。

一些学者对数控加工自动编程语言进行了分类，认为 CAM 软件经历了两代产品。第一代 CAM 系统即 APT 系统，包括在专业系统上开发的编程机及部分编程软件，如 FANUC、Siemens 编程机，系统结构为专机形式，基本处理方式是人工或辅助式直接计算数控加工刀具路径，编程目标与对象是刀具路径。其特点主要表现为功能不完善、操作困难以及通用性差。第二代 CAM 系统被称为曲面 CAM 系统，它的系统结构一般是 CAD/CAM 混合系统，较好地利用了 CAD 模型，以几何信息作为最终的结果，自动生成刀具路径，自动化、智能化程度得到了大幅度提高，具有代表性的是 UG NX、Cimatron、Mastercam 等。这类系统的基本特点是面向局部曲面的加工方式，表现为编程的难易程度与零件的复杂程度直接相关，而与产品的工艺特征、工艺复杂程度等没有直接关系。

从 CAM 系统的发展趋势来看，第二代 CAM 系统以 CAD 模型的局部几何特征为目标对象的基本处理形式已经成为智能化、自动化水平进一步发展的制约因素。新一代 CAM 系统是采用面向对象、面向工艺特征的基本处理方式，使系统的自动化水平、智能化程度大大提高。系统结构将独立于 CAD、CAPP（Computer Aided Process Planning，计算机辅助工艺编制）系统而存在，为 CAPP 的发展留下空间，同时也更符合网络集成化的要求。

PowerMill 是英国 Delcam 公司[该公司于 2013 年被美国 Autodesk（欧特克公司）收购]积累了 40 多年数控加工经验，在旗舰产品 Duct 的基础上，推翻采用了 30 余年的 UNIX 内核，彻底改变传统混合型 CAD / CAM 结构体系，以当代制造加工专业需求为重点方向，重新开发，并于 20 世纪 90 年代初成功发布的基于 Windows 平台的、面向工艺特征的、符合工程化概念的新一代智能型 CAM 软件。

被收购前的 Delcam 公司是世界领先的专业化 CAD/CAM 软件公司，也是世界最大的专业 CAM 软件公司之一。其软件的研发起源于世界著名高等学府剑桥大学，横跨产品设计、模具设计、产品加工、模具加工、逆向工程、艺术设计与雕刻加工、质量检测和协同合作管理等应用领域，见表 1-1。

表 1-1　CAD/CAM 产品系列以及功能和应用领域

项　　目	产 品 名 称	功能和应用领域
产品设计（CAD）	PowerSHAPE	“完全造型”CAD 系统
	Crispin	鞋业 CAD/CAM 系统
	ArtCAM	立体艺术浮雕和珠宝设计 CAD/CAM 系统
	DentCAD	牙科设计专用 CAD 系统
产品加工（CAM）	PowerMill	2～5 轴高速加工 CAM 系统
	FeatureCAM	产品加工、车铣复合、线切割 CAM 系统
	PartMaker	瑞士型纵切机床、车削中心 CAM 系统
	DentMILL	牙科加工专用 CAM 系统
质量检测	PowerINSPECT	质量检测、在机检测系统
	CopyCAD	专业的逆向工程系统
过程协同	PS-Team	协同合作管理系统
	Exchange	CAD 数据转换系统

1.1　PowerMill 数控编程软件概述

PowerMill 是一款独立运行的世界领先的 CAM 系统，它是 2～5 轴加工软件产品。它的优势集中体现在复杂形状零件的加工方面，广泛应用于工模具加工、汽车模具行业以及航空零部件制造业。

1.1.1　PowerMill 软件介绍

相较于市面上其他主流 CAM 软件，PowerMill 系统凭借以下几个方面的特色闻名业界。

1. 独立运行，便于管理

一些传统的 CAM 系统基本上都属于 CAD/CAM 混合化的系统结构体系，CAD 功能是 CAM 功能的基础，同时它又与 CAM 功能交叉使用。这类软件不是面向整体模型的编程形式，工艺特征需由人工提取，或需进一步经由 CAD 功能处理产生，由此会造成如下一些问题：

1）不能适应当今集成化的要求。通常情况下，希望软件的模块分布、功能侧重必须与企业的组织形式、生产布局相匹配，而系统功能混合化不等于集成化，更不利于网络集成化的实现。

2）不适合现代企业专业化分工的要求。混合化系统无法实现设计与加工在管理上的分工，增加了生产管理与分工的难度，也极大地阻碍了智能化、自动化水平的提高。

3）没有给 CAPP 的发展留下空间与可能。众所周知，CAPP 是 CAD/CAM 一体化集成的桥梁，CAD/CAM 混合化体系决定了永远不可能实现 CAM 的智能与自动化。随着企业

CAD、CAM 等技术的成功应用，工艺库、知识库的完善，将来 CAPP 也会有相应的发展，逐步地实现科学意义上的 CAD/CAPP/CAM 一体化集成。而混合化的系统从结构上为今后的发展留下了不可弥补的隐患。

PowerMill 软件是面向完整加工对象的 CAM 系统，它独立于 CAD 系统，并可接受各类 CAD 系统的模型数据，因此可与 CAD 系统分开使用，单独运行于明了工艺状况的加工现场，使编程人员得以清晰地掌握现场工艺条件，高效率地编制符合加工工艺要求的加工程序，减少反复，提高效率。

2. 面向工艺特征，先进智能

数控加工是以模型为结果，以工艺为核心的工程过程，应该采取面向整体模型、面向工艺特征的处理方式。而传统的 CAM 系统以面向曲面、以局部加工为基本处理方式。这种非工程化概念的处理方式会造成如下一些问题：

1）不能有效地利用 CAD 模型的几何信息，无法自动提取模型的工艺特征，只能人工提取，甚至靠重新模拟计算来取得必要的控制信息，增大了操作的烦琐性，影响了编程质量与效率，导致系统的自动化程度与智能化程度很低。

2）局部加工计算方式靠人工或半自动进行过切检查。因为不是面向整体模型为编程对象，系统没有从根本上杜绝过切现象产生的可能，因而不适合高速加工等新工艺在新环境下对安全的新要求。

PowerMill 系统面向整体模型加工，加工对象的工艺特征可以从加工模型的几何形状中获取，如浅滩、陡峭加工区域、残余加工区域和加工干涉区域等，各加工部位整体相关，全程自动过切防护，具体表现在以下三个方面：

1）编程时，编程人员仅需考虑工艺参数，确定后 PowerMill 可根据加工对象几何形状自动进行程序编制。

2）编程人员可根据工艺信息库，自动选取加工刀具、切削参数、加工步距等工艺信息进行编程。

3）具有极其丰富的刀具路径生成策略，粗、精加工合计约有 30 多种刀具路径策略可供读者选择使用。对于各类常用数控加工工步——粗、精、残余量加工，清根等，PowerMill 都把它们做得十分贴近加工，操作感觉就如同在现场控制加工，非常符合工程化概念，易于接受，易于掌握。

3. 基于工艺知识的编程

PowerMill 系统实现了基于工艺知识的编程，具体体现如下：

1）PowerMill 系统提供工艺信息库，信息库中包含刀具库、刀柄库、材料库、设备库等工艺信息子库，可在编程人员选择使用某一种设备、刀具、材料时，自动确认主轴转速、下切速率、进给速率、刀具步距等一系列工艺参数，大大提高了工序的工艺性，并利于标准化。

2）PowerMill 可记录标准工艺路线，制作工艺流程模板，使用相同工艺路线加工同类型工件。

3）当零件参数变化后，系统可全自动处理刀具路径的相关信息。

4. 支持高速加工，技术领先

PowerMill 软件开发公司拥有模具加工车间，公司先后购入多台高速加工设备，以进行高速加工工艺和 CAM 系统的实际加工研究，积累了丰富的工程经验。

1）刀具路径光顺化处理功能。使用 PowerMill 系统的优化处理功能可以计算出符合高速加工工艺要求的高效的刀具路径。

2）基于残余模型的智能化分析处理功能，大大减少了刀具路径中的空行程段（空刀），因而也就减少了不安全的切入和切出刀具路径段。

3）在 CAM 领域率先推出进给量（F 值）优化处理功能，使设备效率提高。相关研究提示，工艺系统在最平稳的状态下工作，可提高加工效率 30%以上。

4）支持 NURBS（非均匀有理 B 样条曲线）插补功能。PowerMill 系统后处理出来的 NC 代码可用于所有提供 NURBS 插补功能的数控系统。

5. 易学易用，快速入门，界面风格简单，选项设置集中

PowerMill 软件的操作过程是完全模拟铣削加工工艺过程的。从输入零件模型到输出 NC 程序，该软件操作步骤较少（8 个步骤左右），初学者可以快速掌握，有使用其他软件编程经验的人员更可以快速提高编程质量和效率。

PowerMill 软件的另一个明显特点是它的界面风格非常简单、清晰。而且，创建某一工序（例如精加工）的程序时，其各项参数设置基本上集中在同一对话框中，修改时极为方便。

PowerMill 2019 软件是 Autodesk 公司于 2018 年 3 月推出的版本。相比之前的版本，该软件主要在以下方面做了改进和功能升级：

1. 新增增材和混合制造功能

使用 PowerMill Additive 为高速沉积创建增材刀具路径。将增材刀具路径与减材刀具路径结合起来以进行混合制造。PowerMill Additive 是一个插件，用于为由定向能量沉积驱动的增材或混合制造创建刀具路径。它利用 PowerMill 现有的多轴 CNC 和机器人功能来创建多轴增材刀具路径，并沿刀具路径的每个点进行详细的处理参数控制。使用这些处理参数，可以在刀具路径点级别精细地控制沉积操作。

PowerMill Additive 面向的零件类如图 1-1 所示。

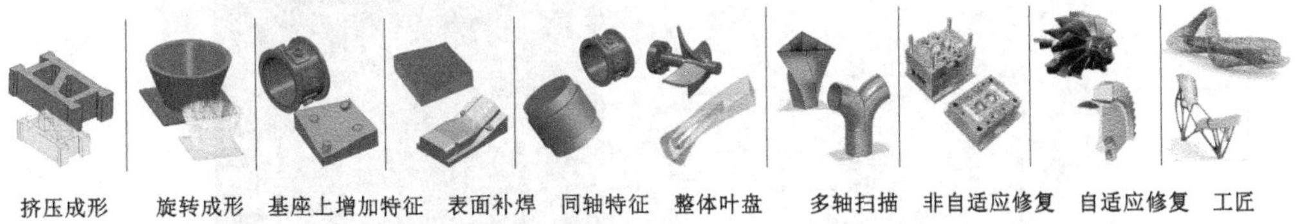

图 1-1　增材和混合制造应用示例

2. 新增设置功能

设置是 PowerMill 的新增功能，如图 1-2 所示。其中包含刀具路径的有序列表，它们用于 NC 程序组织，有效地改进了 NC 程序和刀具路径之间的同步。

使用设置功能，可以达到以下目的：

1）让刀具路径在设置中多次运行，如图 1-3 所示。

2）通过将夹具偏移应用于 NC 程序中的设置，在不同的位置加工相同的零件。夹具偏移将自动应用于设置中包含的所有刀具路径。在 NC 树枝下设置夹具偏移，如图 1-4 所示。

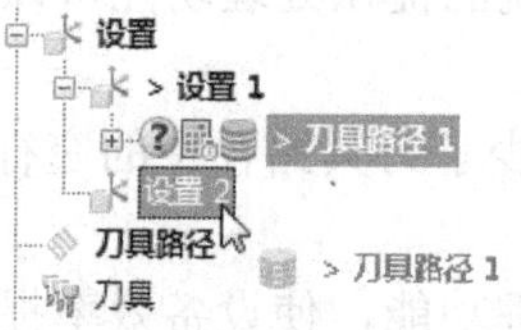

图 1-2 资源管理器里的设置

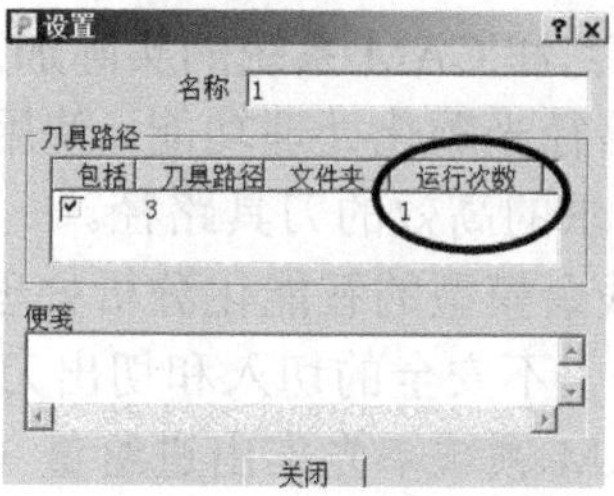

图 1-3 设置运行次数

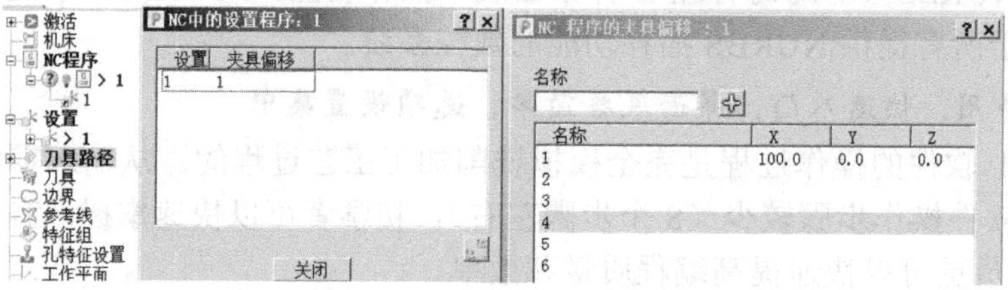

图 1-4 设置夹具偏移

3. 2D 加工中新增侧面特征和通过曲面创建特征

在 2D 加工中，新增侧面特征和通过曲面创建特征功能，如图 1-5 所示。

侧面特征是一种新特征类型，自动创建开口槽、型腔和凸台特征，使用动态拖动句柄可方便地修改特征，还可添加倒角和倒圆结构。

通过曲面简单且直观地创建出自由形状凸台、型腔和侧边特征，系统将根据曲面的几何形状自动计算特征的高度和拔模角。

图 1-5 通过曲面创建开口槽特征

4. 优化部分刀具路径策略

1）Vortex 旋风铣区域清除：Vortex 旋风铣加工是一种区域清除策略，可从 3D 零件中快速去除材料，同时控制刀具载荷。Vortex 旋风铣最适合整体硬质合金刀具，而且经常与台阶切削结合使用。PowerMill 2019 使用新的加工样式（自模型/自毛坯，如图 1-6 所示）创建 Vortex 旋风铣刀具路径，可创建几乎始终按照指定切削进给率进行加工的三轴刀具路径，如图 1-7 所示。

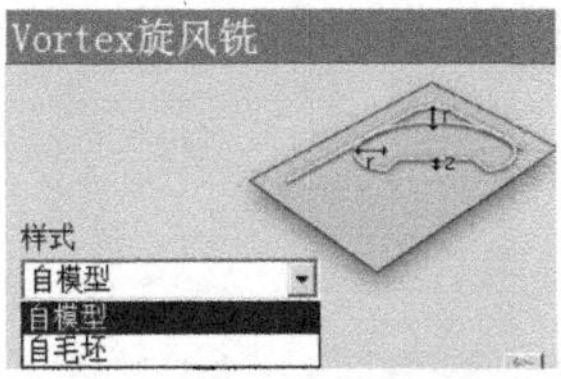

图 1-6 Vortex 旋风铣样式

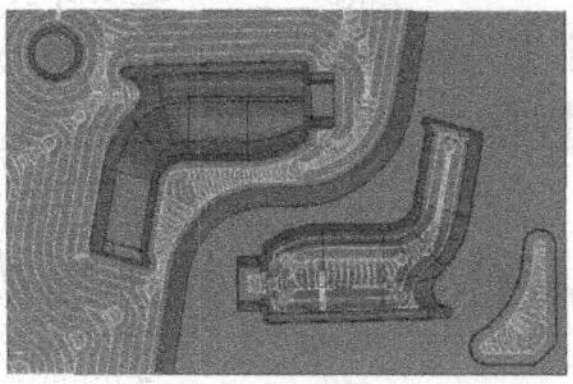

图 1-7 Vortex 旋风铣刀具路径

2）自动刀轴倾斜以避让碰撞：碰撞避让新增“自动”功能，如图 1-8 所示。如果检测到碰撞，则刀具将倾斜离开模型，直至能避免碰撞为止，如图 1-9 所示。此选项适用于各种形状和尺寸的模型和刀具路径。新选项简化了避免碰撞和接近的失误，产生平稳的五轴运动、最小限度的机械运动，以提高表面质量，同时自动计算可减少程序制作时间和工作量。

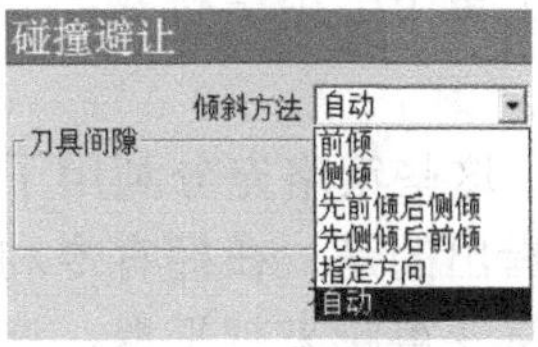

图 1-8 自动碰撞避让

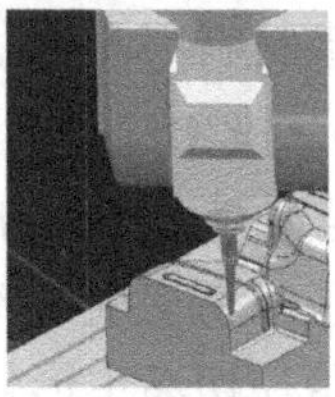

图 1-9 自动碰撞避让例子

3）钻孔进给率降低：使用“进给率降低”选项可降低孔顶部、底部或相交处的进给率，这样可使刀具减慢速度并安全地在这些区域中进刀。

4）不安全段删除：使用“不安全段删除”选项删除较小刀具路径段，以防止在使用非中心切削刀具时损坏刀具。深入加工小型腔时，删除较小段可阻止刀具底部中间的非切削部位碰撞不可加工的材料，如果识别出不安全段，会删除不安全段下面的所有段。

5. 采用 Ribbon（功能区）界面

PowerMill 软件从 PowerMill 2018 版开始，在操作界面设计上，抛弃了传统的菜单式用户界面，启用了与 Microsoft（微软）公司 Office（办公自动化）系列软件相类似的 Ribbon（功能区）操作界面。Ribbon 界面没有长长的下拉式菜单条，而是把工具栏的命令用一组组的“标签”进行组织分类，与对话框标题栏融合在一起。因此，用户不需再查找级联菜单，同时更加适合触摸屏操作。

6. ViewMill 仿真功能增强

1）可视化剩余材料：切换到 ViewMill 中的剩余材料模式，如图 1-10 所示。在这种模式下，将加工模型与 CAD 模型进行比较，多色显示已加工曲面、剩余残料和凹沟，确保零件已完全加工。

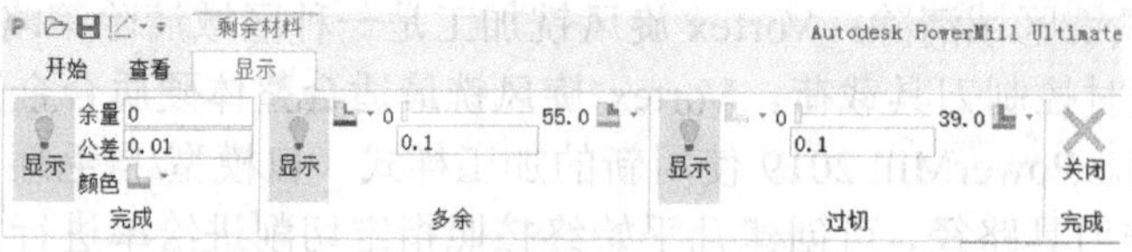

图 1-10 ViewMill 剩余材料模式

2）改进了 ViewMill 的外观和可用性：仿真毛坯切除的速度更快，从可旋转视图切换到固定方向视图的速度明显加快。

1.1.2 PowerMill 软件的特色功能及典型应用

1. 变余量加工

PowerMill 可进行变余量加工，可分别为加工工件设置轴向余量和径向余量。此功能对所有刀具类型均有效，可用在三轴加工和五轴加工上。变余量加工尤其适合具有垂直角的工件，如平底型腔部件。在航空工业中，加工这种类型的部件时，通常希望使用粗加工策略加工出型腔底部，而留下垂直的薄壁供后续工序加工。PowerMill 除可支持轴向余量和径向余量外，还可对单独曲面或一组曲面应用不同的余量。此功能在加工模具镶嵌块过程中经常使用，通常型芯和型腔需加工到精确尺寸，而许多公司为了帮助随后的合模修整，也为避免出现注塑材料喷溅的危险，希望在分型面上留下一小层材料。

2. 赛车线加工技术

PowerMill 中包含多个全新的高效粗加工策略，这些策略充分利用了最新的刀具设计技术，从而实现了侧刃切削或深度切削。值得特别指出的是，在拥有专利权的赛车线加工策略中，随刀具路径切离主形体，粗加工刀具路径将变得越来越平滑，这样可避免刀具路径突然转向，从而降低机床负荷，减少刀具磨损，实现高速切削。这方面内容将在粗加工章节中举例说明。

3. 摆线加工技术

摆线粗加工是 PowerMill 推出的另一全新的粗加工方式。这种加工方式以圆形移动方式沿指定路径运动，逐渐切除毛坯中的材料，从而可避免刀具的全刀宽切削（或称全刃切削）。这种方法可自动调整刀具路径，以保证安全有效的加工。将在粗加工章节中举例介绍这一技术。

4. 可以制订加工策略模板

PowerMill 允许用户定义加工策略模板，这样可提高具有相似特征零件的 CAM 编程效率。例如，许多公司使用某一惯用的加工工艺路线加工模具的型芯或型腔，在这种情况下就可设计加工策略模板来规划这些操作，从而减少重复工作，提高 CAM 工作效率，并且，制订模板的过程也是积累加工经验的过程。

5. 参数设置及刀具路径计算并行处理

区别于大多数的自动编程系统，PowerMill 软件中设置各种参数不是串行处理方式而是并行计算的。例如，在设置计算毛坯参数时，可以同时新建刀具；在计算刀具路径时，如果未计算快进高度，可以同时打开“快进高度”对话框，计算快进高度。新版本的 PowerMill 系统还支持多核并行后台计算功能，系统在后台计算刀具路径的同时，前台可以设置其他参数，如新建刀具、计算边界、刀具路径等。

1.1.3　PowerMill 数控编程常用术语

1．刀具路径

刀具路径是系统按给定工艺参数生成的对给定加工图形进行切削的刀具行进路线，也称为走刀轨迹、刀具轨迹、走刀方式等。刀具轨迹由一系列有序的刀位点和连接这些刀位点的直线和圆弧组成。

2．刀具路径策略

刀具路径策略是生成某一工步加工程序所必需要素的集合。它包括的内容有加工方法（如区域清除、特征加工等）、走刀形式（如平行、放射状、螺旋线等）、加工特征的先后排序（如按型腔还是按层加工等）等。PowerMill 将这些内容统一集中到一个对话框上，统称为刀具路径策略。

3．三角形模型

三角形模型是几何图形在计算机中的一种特殊描述和表达形式。在 PowerMill 中，前一工序加工后获得的残留模型以及余量在做阴影显示时，均用若干块三角面片来表示，如图 1-11 所示。三角形模型的主要作用有两个，一是可以用来作为下一工序的毛坯，二是用来检查零件加工到位的情况。

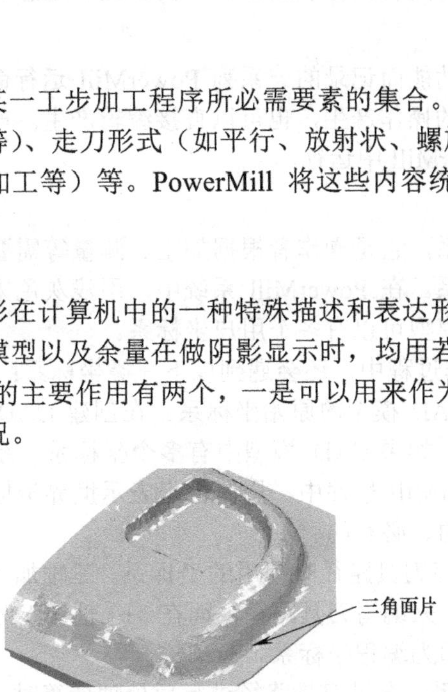

图 1-11　三角形模型

4．残留模型

残留模型是经过上一道工序加工后（如粗加工），存有加工余量的模型。残留模型可以为制订下一工序提供选择刀具、余量和加工策略的原始依据，同时也可以用来衡量上一道工序加工的效果。图 1-12 所示说明了理论模型与残留量的关系。

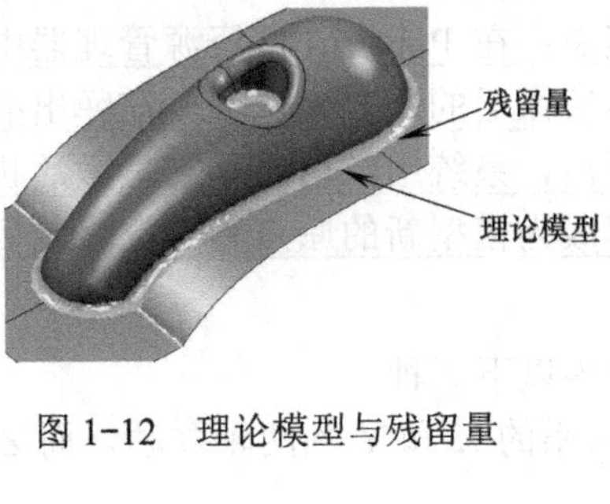

图 1-12　理论模型与残留量

5. 参考线

参考线是一条或多条封闭或开放的用来辅助产生刀具路径的二维或三维线条。它用来作为导引线，引导系统计算出形如参考线样式的刀具路径。另外，参考线也可以转换为边界线，并且可以直接用作刀具路径。

6. 边界

边界是一条或多条封闭的、二维或三维曲线。它用来限制粗、精加工刀具路径径向的加工范围，实现局部加工，同时还可以用于修剪刀具路径。

7. 特征组

特征组用来定义一组特定几何形状的图素，例如孔、型腔、槽、凸台等。

8. 宏

宏是为了实现某一项功能而记录的一系列 PowerMill 运行命令的文本文件，这些命令可通过记录操作者所进行的操作产生，也可以直接编辑产生。产生的宏（扩展名是 mac）通过浏览器可直接在 PowerMill 中运行。

9. 工作平面

工作平面即用户坐标系，它是操作者根据加工、测量等需要而创建的建立在世界坐标系范围和基础之上的坐标系。在 PowerMill 系统中，用浅灰色来表示用户坐标系，其箭头线条用虚线来表示。一个模型可以有多个用户坐标系。

在 PowerMill 系统操作过程中，还会遇到以下三类坐标系：

1）世界坐标系：是 CAD 模型的原始坐标系。在创建 CAD 模型时，使用该坐标系来定位模型的各个结构特征。如果 CAD 模型中有多个坐标系，系统默认零件的第一个坐标系为世界坐标系。在 PowerMill 软件中，用白色来表示世界坐标系，其箭头用实线表示，模型的世界坐标系是唯一的、必有的。

2）编程坐标系：是编写刀具路径时使用的坐标系。三轴加工时，一般使用系统的默认坐标系（就是世界坐标系）来编写刀具路径，而在 3+2 轴加工时，常常创建并激活一个用户坐标系，此用户坐标系即为编程坐标系。

3）后置 NC 代码坐标系：在对刀具路径进行后处理计算时，需要指定一个输出 NC 代码的坐标系。一般情况下，编写刀具路径时使用的编程坐标系就是后置 NC 代码坐标系。三轴加工时，模型的分中坐标系（即对刀坐标系）就是后置 NC 代码坐标系，而 3+2 轴加工时，虽然编程坐标系是用户坐标系，但在后处理时，应选择模型的分中坐标系为后置 NC 代码坐标系。

要注意的是，PowerMill 系统只允许有一个坐标系处于激活状态（也就是处于工作状态），默认激活的坐标系是世界坐标系。

激活用户坐标系的步骤是：在 PowerMill 资源管理器中，双击“用户坐标系”树枝，展开用户坐标系列表，右击待激活的用户坐标系，在弹出的快捷菜单条中选择“激活”选项即可。用户坐标系被激活后，系统用红色表示它呈激活状态。另外，用户坐标系被激活后，其原点和坐标轴方位即成为模型新的原点和方位，此后创建的图素都以它为原点。

10. 加工方式

通常，加工方式可以分为以下五种。

1）两轴加工：机床坐标系的 X 和 Y 轴两轴联动，而 Z 轴固定，即机床在同一高度下对工件进行切削。

2）两轴半加工：在两轴加工的基础上增加了 Z 轴的移动。当机床坐标系的 X 和 Y 轴固定时，Z 轴可以有上下的移动。

3）三轴联动加工：是机床坐标系的 X、Y 和 Z 轴三轴联合运动的一种加工方式。

4）四轴联动加工：四轴联动加工是指在四轴机床（比较常见的机床运动轴配置是 X、Y、Z、A 四轴）上进行四根运动轴同时联合运动的一种加工形式。

5）五轴加工：可以分为定位五轴加工和五轴联动加工。定位五轴加工使用较多的方式是 3+2 轴加工。3+2 轴加工是指在五轴机床（比如 X、Y、Z、A、C 五根运动轴）上进行 X、Y、Z 三轴联合运动，另外两根旋转轴（如 A、C 轴）固定在某角度的加工。3+2 轴加工是五轴加工中最常用的加工方式，能完成大部分侧面结构的加工。另外，我们常听说的五面体加工机床实现的就是 3+2 轴加工方式。五轴联动加工是指在五轴机床上进行五根运动轴同时联合运动的切削加工形式。五轴联动加工能加工出诸如发动机整体叶轮、整体车模之类形状复杂的零（部）件。

1.2 PowerMill 2019 软件操作界面以及功能区

双击桌面上的 PowerMill 软件图标，或者单击“开始”→“所有程序”→Autodesk PowerMill 2019→Autodesk PowerMill Ultimate 2019，打开 PowerMill 软件。图 1-13 所示是 PowerMill 2019 软件主界面。

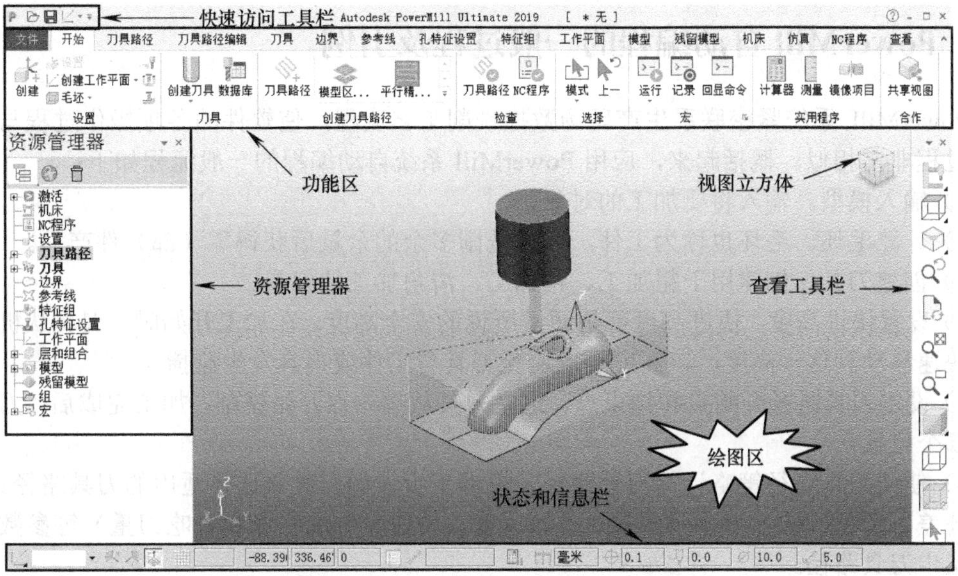

图 1-13　PowerMill 2019 软件主界面

PowerMill 系统采用 Ribbon（功能区）界面后，已经没有层级式的下拉菜单条，所有功能都摊开摆放在功能区中，命令集中且易找。

需要注意的是，还有少许功能未摊开在功能区。以“查看”功能区举例来说，如图 1-14 所示，单击“外观”右侧的扩展按钮，可以打开“模型显示选项”对话框。

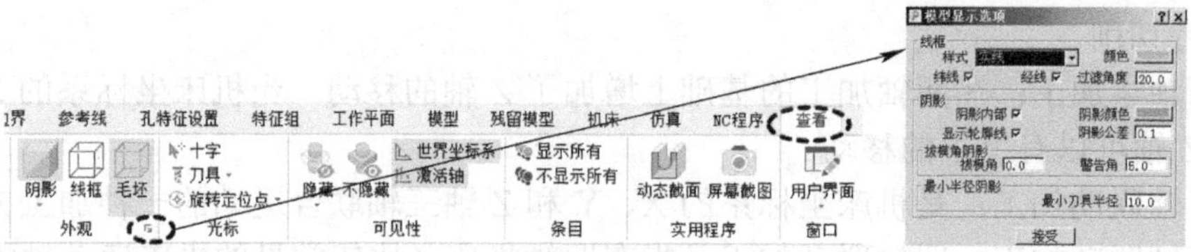

图 1-14 功能区的扩展按钮

1.3 PowerMill 软件中鼠标的使用

在 PowerMill 软件中，鼠标的左键、中键（滚轮）、右键功能见表 1-2。

表 1-2 鼠标各键的功能

名 称	操 作	功 能
左键	单击	选取图素（包括点、线、面）、毛坯、刀具、刀具路径等
中键	按下中键不放，并且移动鼠标	旋转模型
	滚动中键	缩放模型
	Shift 键+中键	移动模型
	Ctrl 键+Shift 键+中键	局部放大模型
右键	在绘图区单击	在不同的图素上单击右键时，可弹出快捷菜单
	在资源管理器单击	调出用户自定义的快捷菜单

1.4 PowerMill 自动编程的一般过程及引例

PowerMill 系统紧密联系生产现场数控铣削工艺流程，使软件的各项操作过程与实际加工过程非常相似。概括起来，应用 PowerMill 系统自动编程的一般流程如下：

1）输入模型。输入将要加工的对象。

2）计算毛坯。毛坯也称为工件，经过铣削多余的余量后获得零（部）件产品。

3）创建刀具。创建用于粗加工、精加工、清角加工的刀具。

4）设置快进高度。快进高度就是通常所说的安全高度。在加工开始时，刀具从机床最高点快速移动到这一高度，该高度要求避免刀具与工件或夹具发生碰撞。

5）设定刀具路径开始点和结束点。定义刀具从哪一点开始铣削，加工完成后，刀具停留在哪个位置。

6）使用刀具路径策略计算刀具路径。根据工步、加工对象选择适用的刀具路径策略，设置公差、余量、铣削用量四要素（进给速度、转速、铣削宽度和背吃刀量）等参数，计算各工步刀具路径。

7）刀具路径检查。对刀具路径进行碰撞和过切检查，一些情况下还可对刀具路径进行实体切削仿真加工校验。

8）后处理 NC 代码以及输出加工工艺文件。

9）保存项目文件。

下面，举一个简单的引例，使读者能快速地把握住 PowerMill 软件自动编程的典型操作过程。

例 1-1　拉延凸模零件数控加工自动编程实例

计算图 1-15 所示拉延凸模零件的加工刀具路径，并输出 NC 代码。

数控加工编程工艺思路：图 1-15 所示零件是一个带有成形曲面的拉延凸模零件，毛坯为方坯。本例拟使用直径为 16mm 的刀尖圆角端铣刀进行粗加工，使用直径为 10mm 的球头铣刀进行精加工，使用直径为 6mm 的球头铣刀进行第一次清角。零件数控加工编程工艺见表 1-3。

图 1-15　拉延凸模零件

表 1-3　零件数控加工编程工艺

工步号	工步名称	加工部位	刀具路径策略	刀具	公差/mm	余量/mm	铣削用量			
							转速/(r/min)	进给速度/(mm/min)	铣削宽度/mm	背吃刀量/mm
1	粗加工	零件整体	模型区域清除	d16r1 刀尖圆角端铣刀	0.1	0.5	1200	800	11	2
2	精加工	整体型面	3d 偏移精加工	d10r5 球头铣刀	0.01	0	6000	3000	0.6	—
3	清角	零件角落	多笔清角精加工	d6r3 球头铣刀	0.01	0	6000	2000	—	—

操作视频

详细操作步骤：

步骤一　输入模型

1）在 PowerMill 资源管理器中，右击“模型”树枝，在弹出的快捷菜单条中执行“输入模型...”，打开“输入模型”对话框，按图 1-16 所示序号操作。

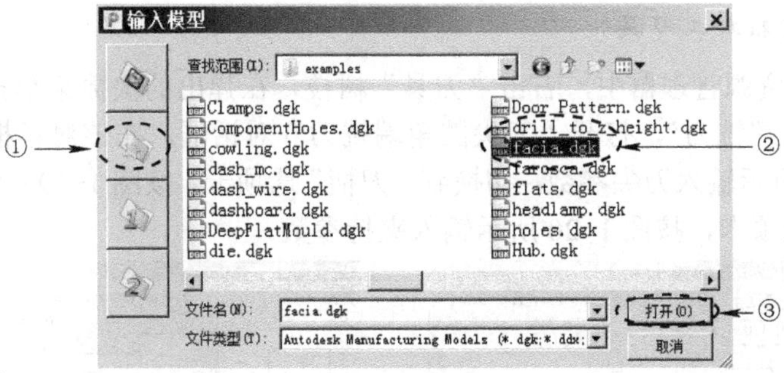

图 1-16　“输入模型”对话框

> **注：**
>
> 在 PowerMill 软件中，有一些对话框中的选项参数设置是有先后顺序的，在本章以及后续章节中，在讲解实例时，对这些对话框用顺序号来指明单击鼠标或输入参数的先后顺序。

2）查看模型。在查看工具条中，单击全屏重画按钮，使模型在绘图区能全部显示出来。单击 ISO1 视角按钮，使用等轴测视角观察模型。

3）保存为项目文件：为防止数据丢失以及便于后续操作，保存项目文件。首先在计算机的 E：\下新建一个文件夹，名称修改为 PM2019EX，后续所有项目文件都存放在这个目录内，以便查找。在 PowerMill“文件”功能区中，单击“保存”，打开“保存项目为”对话框，在“保存在”栏选择“E:\ PM2019EX”，在“文件名”栏输入项目名为“1-01 mold”，然后单击“保存”按钮完成操作。

步骤二　创建毛坯

在 PowerMill“开始”功能区中，单击毛坯按钮，打开“毛坯”对话框，按图 1-17 所示设置毛坯参数，创建出方坯。

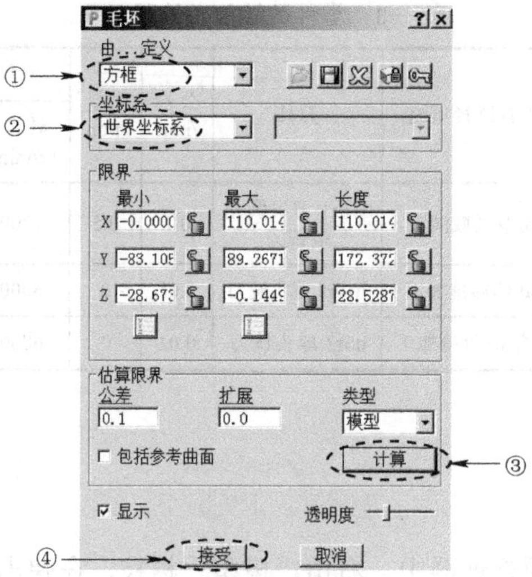

图 1-17　创建毛坯

步骤三　创建粗加工刀具

在 PowerMill 资源管理器中，右击“刀具”树枝，在弹出的快捷菜单条中执行“创建刀具”→“刀尖圆角端铣刀”，打开“刀尖圆角端铣刀”对话框，在该对话框的“刀尖”选项卡中，按图 1-18 所示输入刀尖参数；切换到“刀柄”选项卡，按图 1-19 所示输入刀柄参数；切换到“夹持”选项卡，按图 1-20 所示输入夹持参数。

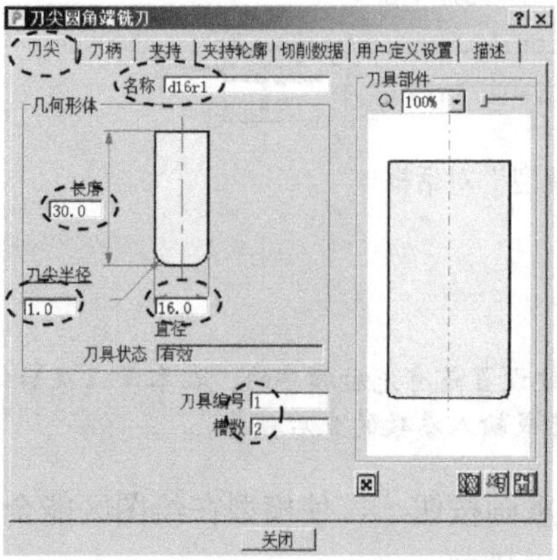

图 1-18　定义刀具“d16r1”刀尖

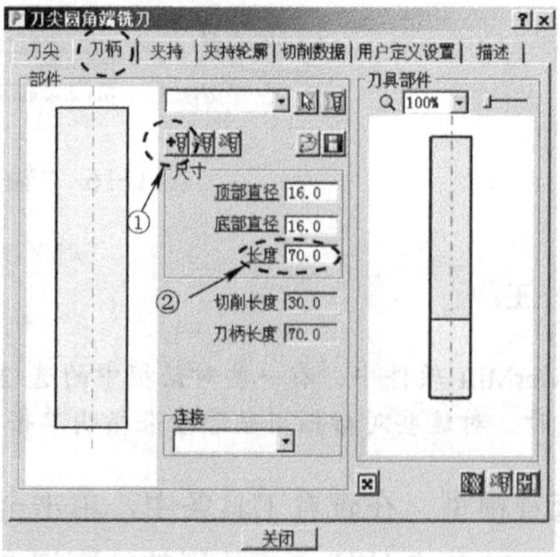

图 1-19　定义刀具“d16r1”刀柄

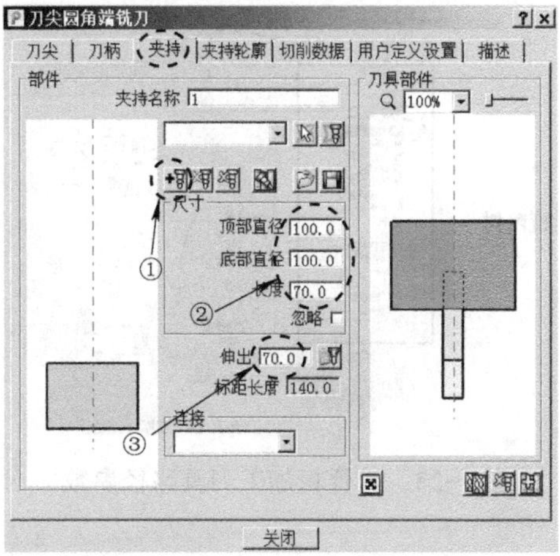

图 1-20 定义刀具“d16r1”夹持

步骤四 指定安全高度、开始点和结束点

在 PowerMill“开始”功能区中，单击刀具路径连接按钮 刀具路径连接，打开“刀具路径连接”对话框，在该对话框的“安全区域”选项卡中，如图 1-21 所示，单击“计算”按钮，设置安全高度参数。

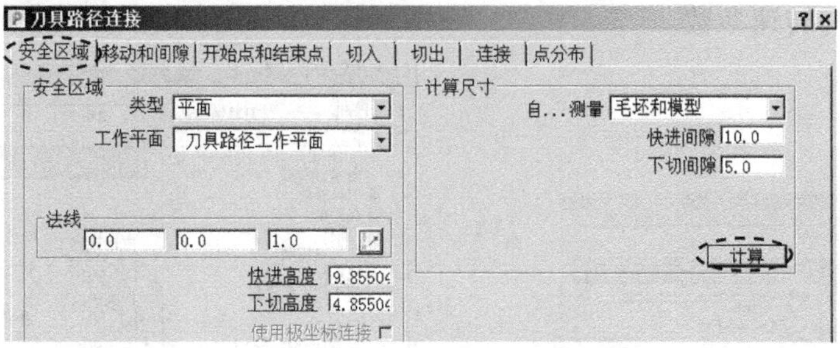

图 1-21 设置安全高度参数

在“刀具路径连接”对话框中，切换到“开始点和结束点”选项卡，如图 1-22 所示，确认开始点使用“毛坯中心安全高度”，结束点使用“最后一点安全高度”，单击“接受”按钮，完成刀具路径开始点和结束点设置。

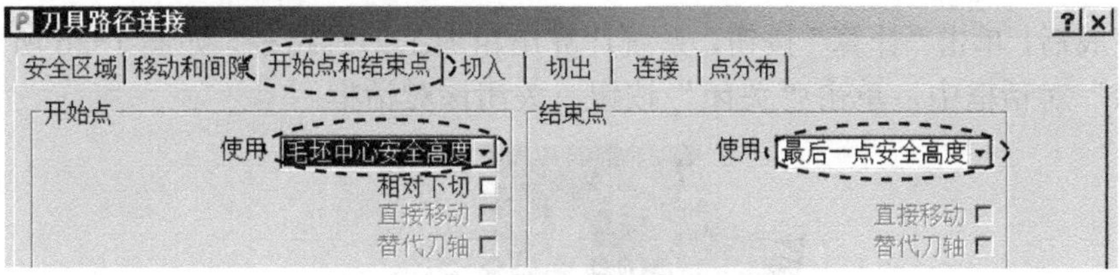

图 1-22 设置开始点和结束点

步骤五 计算粗加工刀具路径

1）在 PowerMill“开始”功能区中，单击刀具路径策略按钮，打开“策略选取器”对话框。选择“3D 区域清除”选项卡，在该选项卡内选择“模型区域清除”选项，然后单击“确定”按钮，打开“模型区域清除”对话框，按图 1-23 所示设置粗加工刀具路径参数。

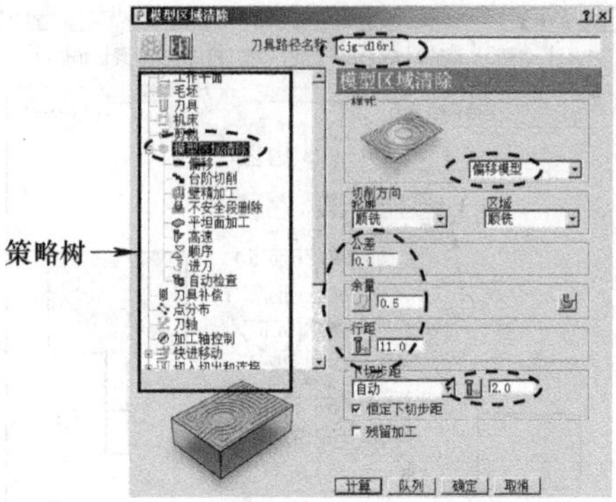

图 1-23　设置粗加工刀具路径参数

注：

如图 1-23 所示刀具路径对话框，左侧的树形结构称为“策略树”。

在策略树中，单击“切入切出和连接”树枝，将它展开，单击该树枝下的“切入”树枝，调出切入选项卡，按图 1-24 所示设置刀具切入模型的封闭型腔时的切入方式。

在策略树中，单击“进给和转速”树枝，调出“进给和转速”选项卡，按图 1-25 所示设置粗加工进给与转速参数。

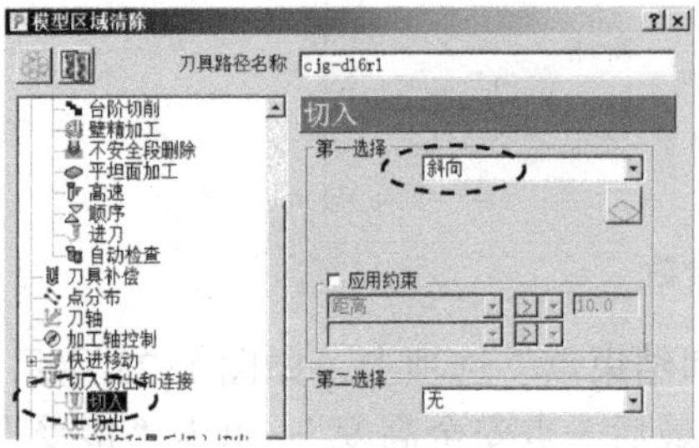

图 1-24　设置切入方式

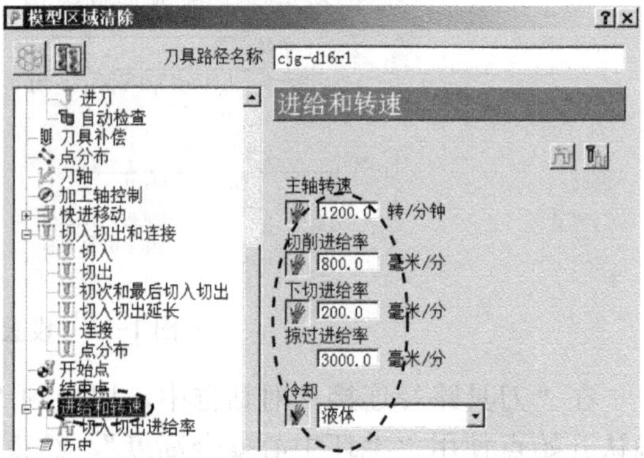

图 1-25　设置粗加工进给与转速参数

设置完成后，单击“计算”按钮，系统计算出粗加工刀具路径，如图 1-26 所示。在“模型区域清除”对话框中，单击“关闭”按钮，关闭该对话框。

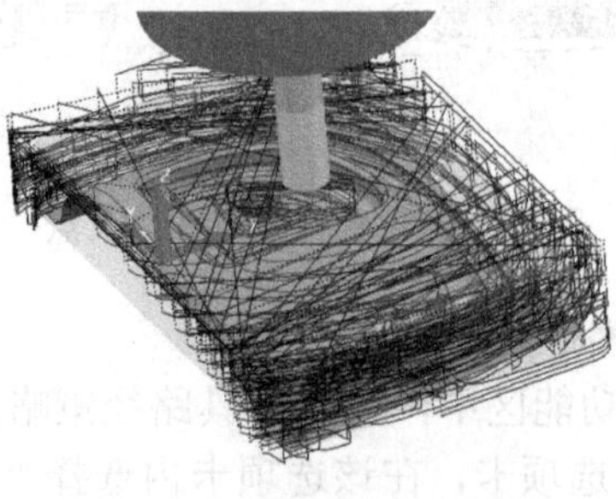

图 1-26　粗加工刀具路径

2）检查粗加工刀具路径：在 PowerMill“刀具路径编辑”功能区中，单击检查按钮，打开“刀具路径检查”对话框，如图 1-27 所示。

首先进行碰撞检查。在“检查”栏选择“碰撞”选项，去除“分割刀具路径”以及“调整刀具”两选项前的勾，单击“应用”按钮，系统进行碰撞计算。完成计算后，系统会给出碰撞检查结果，如图 1-28 所示。单击“确定”按钮，完成碰撞检查。

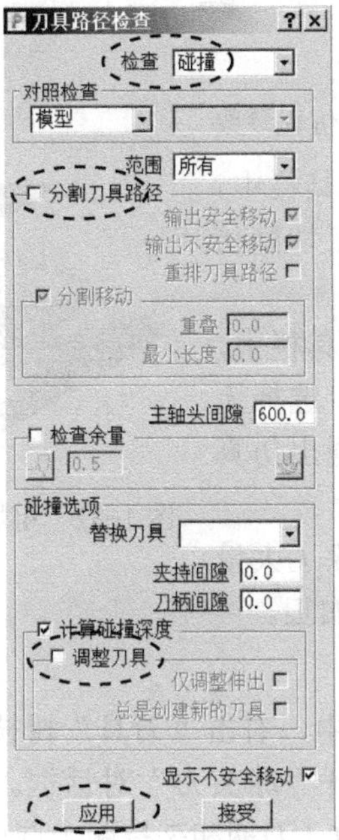

图 1-27 碰撞检查

图 1-28 碰撞检查结果

接着进行过切检查。在“检查”栏选择“过切”选项，如图 1-29 所示，单击“应用”按钮，系统经过计算后会给出过切检查结果，如图 1-30 所示。单击“确定”按钮，并关闭“刀具路径检查”对话框，完成刀具路径检查。

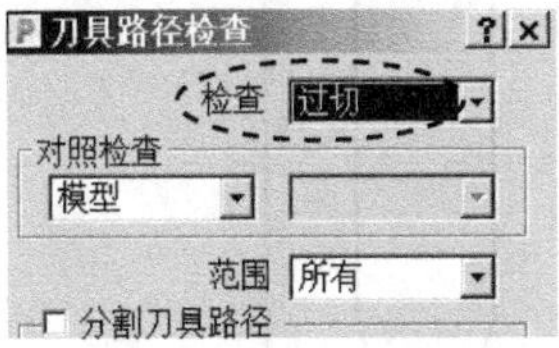

图 1-29 过切检查

图 1-30 过切检查结果

3）粗加工实体切削仿真：在 PowerMill 绘图区右侧的查看工具栏中，单击 ISO1 视角按钮，将模型和刀路调整到 ISO1 视角。

在 PowerMill 资源管理器中，双击“刀具路径”树枝，将它展开，右击该树枝下的粗加工刀具路径“cjg-d16r1”，在弹出的快捷菜单条中执行“自开始仿真”选项，表示对该条刀路从头开始进行切削仿真。

接着，在 PowerMill“仿真”功能区的“ViewMill”工具栏中（图 1-31），单击开/关 ViewMill 按钮，激活 ViewMill 工具。

单击“模式”下的小三角形，在展开的工具栏中，选择固定方向；单击“阴影”

下的小三角形，在展开的工具栏中选择闪亮，绘图区转换到金属材质的切削仿真环境。

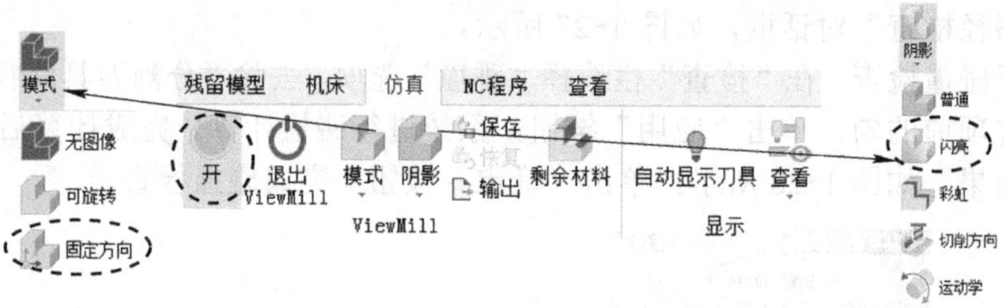

图 1-31　设置 ViewMill 仿真参数

在 PowerMill “仿真” 功能区的 “仿真控制” 工具栏中，单击运行按钮，系统即开始仿真切削。粗加工切削仿真结果如图 1-32 所示。

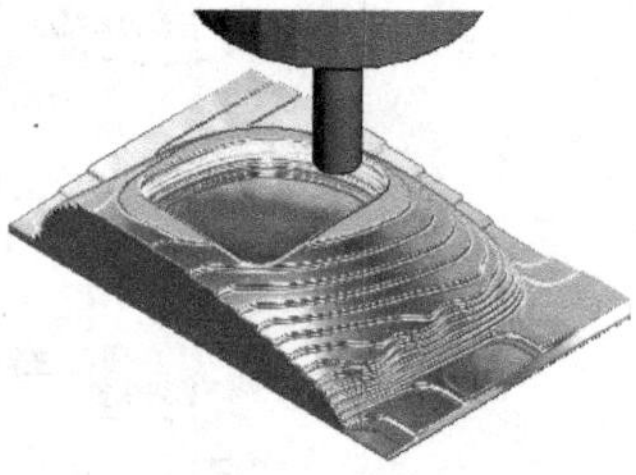

图 1-32　粗加工切削仿真结果

在 PowerMill “仿真” 功能区的 “ViewMill” 工具栏中，单击 “模式” 下的小三角形，在展开的工具栏中，选择无图像，系统会保留粗加工切削仿真结果，同时退出仿真状态，返回编程状态。

如图 1-32 所示，毛坯经过粗加工后，已经去除了大量余量，零件表面呈现出阶梯状，下面对零件进行精加工。

步骤六　计算精加工刀具路径

1）创建精加工刀具：在 PowerMill 资源管理器中，右击 “刀具” 树枝，在弹出的快捷菜单条中单击 “创建刀具” → “球头刀” 选项，打开 “球头刀” 对话框。

按图 1-33 所示设置刀具名称以及刀具切削刃参数（刀柄和夹持两个选项卡的参数可不设置），创建一把名称为 “d10r5”、直径为 10mm 的球头刀，单击 “关闭” 按钮完成刀具创建。

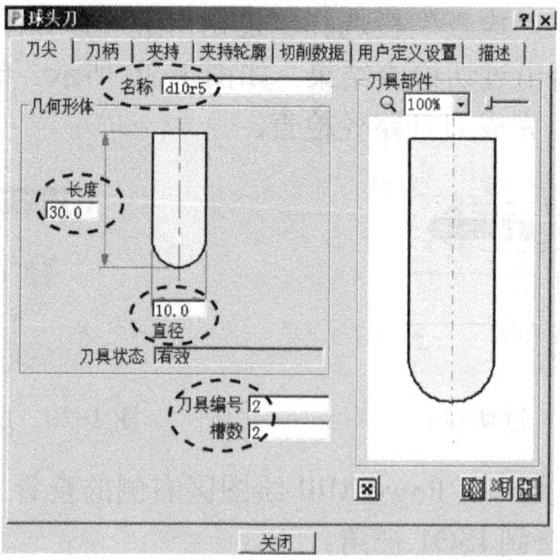

图 1-33　创建 “d10r5” 球头刀参数

2）计算精加工刀具路径：在 PowerMill “开始” 功能区中，单击刀具路径策略按钮，打开 “策略选取器” 对话框。选择 “精加工” 选项卡，在该选项卡内选择 “3D 偏移精加工” 选项，然后单击 “确定” 按钮，打开 “3D 偏移精加工” 对话框，按图 1-34 所示设置参数。

在“3D 偏移精加工”对话框的策略树中，单击“切入切出和连接”树枝，将它展开。单击该树枝下的“切入”树枝，调出“切入”选项卡，按图 1-35 所示设置切入方式为“无”。

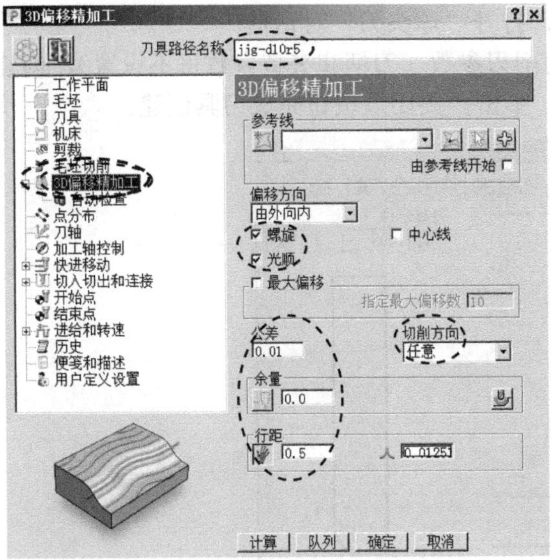

图 1-34 设置精加工刀具路径参数

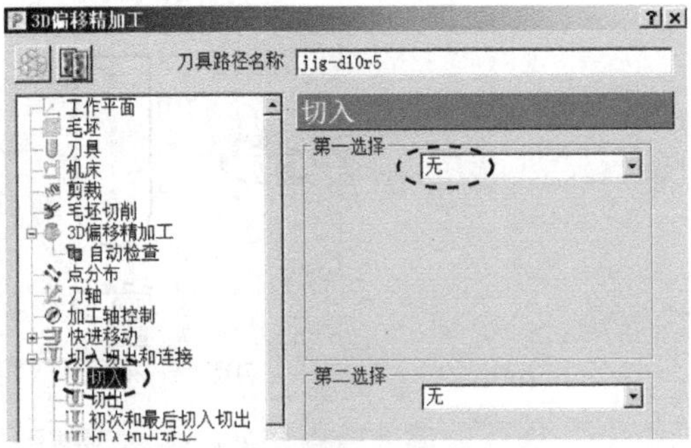

图 1-35 设置精加工切入方式

在“3D 偏移精加工”对话框的策略树中，单击“进给和转速”树枝，调出“进给和转速”选项卡。设置主轴转速 6000r/min，切削进给率 3000mm/min，下切进给率 800mm/min，掠过进给率 5000mm/min，冷却为“液体”。设置完成后，单击“计算”按钮，系统计算出精加工刀具路径，如图 1-36 所示。在“3D 偏移精加工”对话框中，单击“关闭”按钮，关闭对话框。

图 1-36 所示精加工刀具路径还需要进一步优化，因为引例不宜过于复杂，故不多做描述。

3）精加工实体切削仿真：在 PowerMill 资源管理器中的“刀具路径”树枝下，右击精加工刀具路径“jjg-d10r5”，在弹出的快捷菜单条中执行“自仿真开始”选项。

在 PowerMill“仿真”功能区的“ViewMill”工具栏中，单击“模式”下的小三角形模式，在展开的工具栏中，选择固定方向固定方向，即从编程环境转换到切削仿真环境。

在 PowerMill“仿真”功能区的“仿真控制”工具栏中，单击运行按钮运...，系统即开始仿真切削。精加工切削仿真结果如图 1-37 所示。

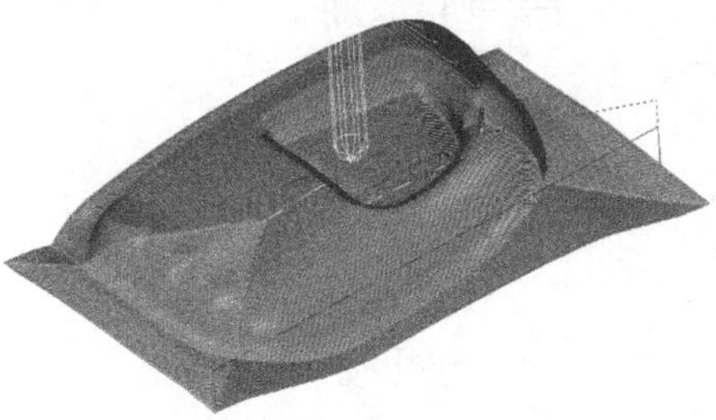

图 1-36 精加工刀具路径

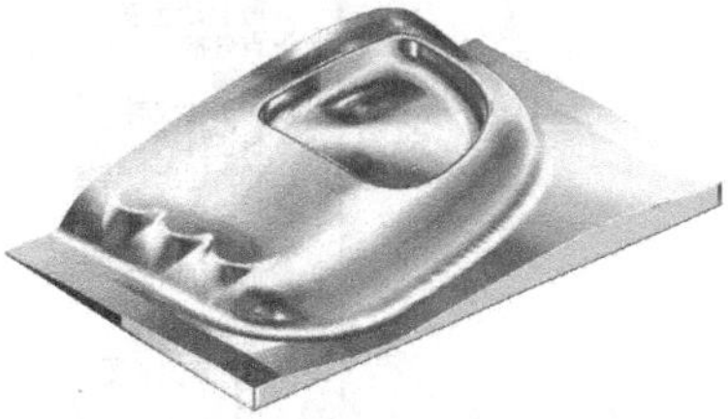

图 1-37 精加工切削仿真结果

在 PowerMill“仿真”功能区的“ViewMill”工具栏中，单击“模式”下的小三角形模式，在展开的工具栏中，选择无图像无图像，系统会保留精加工切削仿真结果，同时退出仿真状态，返回编程状态。

步骤七　计算清角刀具路径

1）创建清角刀具：在 PowerMill 资源管理器中，右击“刀具”树枝，在弹出的快捷菜单条中执行“创建刀具”→“球头刀”选项，打开“球头刀”对话框。

按图 1-38 所示设置刀具名称以及刀具切削刃参数（刀柄和夹持参数可不设置），创建一把名称为“d6r3”、直径为 6mm 的球头刀，单击“关闭”按钮完成刀具创建。

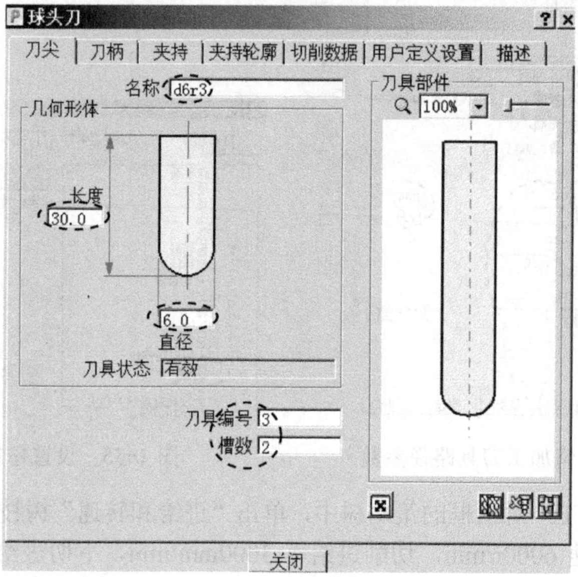

图 1-38　创建“d6r3”球头刀参数

2）计算清角刀具路径：在 PowerMill“开始”功能区中，单击刀具路径策略按钮，打开“策略选取器”对话框。选择“精加工”选项卡，在该选项卡内选择“多笔清角精加工”选项，然后单击“确定”按钮，打开“多笔清角精加工”对话框，按图 1-39 所示设置参数。

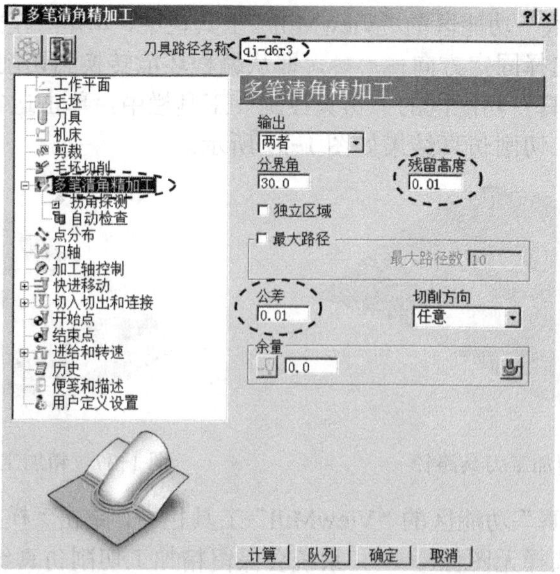

图 1-39　设置清角刀具路径参数（一）

在“多笔清角精加工”对话框中的策略树内，单击“拐角探测”树枝，按图 1-40 所示设置参数。

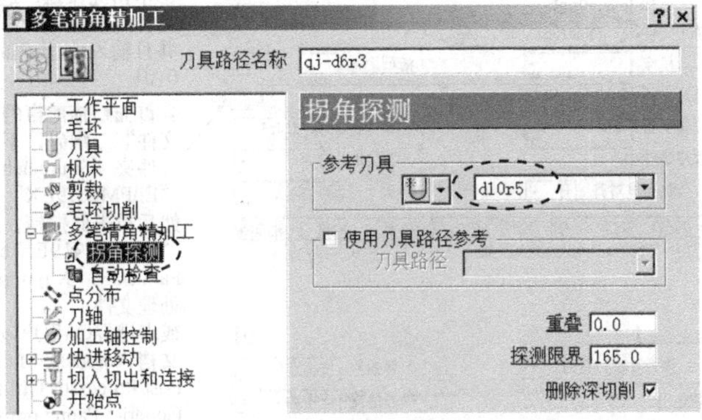

图 1-40 设置清角刀具路径参数（二）

在“多笔清角精加工”对话框的策略树中，单击“进给和转速”树枝，调出“进给和转速”选项卡。设置主轴转速 6000r/min，切削进给率 2000mm/min，下切进给率 800 mm/min，掠过进给率 5000 mm/min，冷却为“液体”。设置完成后，单击“计算”按钮，系统计算出清角刀具路径，如图 1-41 所示。在“多笔清角精加工”对话框中，单击“关闭”按钮，关闭对话框。

3）清角实体切削仿真：在 PowerMill 资源管理器的“刀具路径”树枝下，右击清角刀具路径“qj-d6r3”，在弹出的快捷菜单条中执行“自仿真开始”选项。

在 PowerMill“仿真”功能区的“ViewMill”工具栏中，单击“模式”下的小三角形模式，在展开的工具栏中，选择固定方向固定方向，即从编程环境转换到切削仿真环境。

在 PowerMill“仿真”功能区的“仿真控制”工具栏中，单击运行按钮运…，系统即开始切削仿真。清角切削仿真结果如图 1-42 所示。

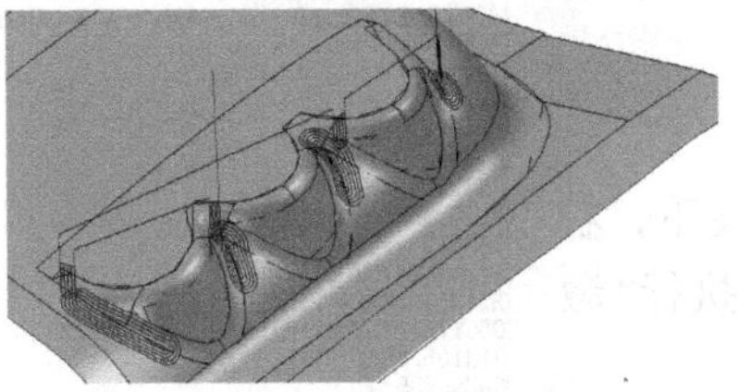

图 1-41 清角刀具路径

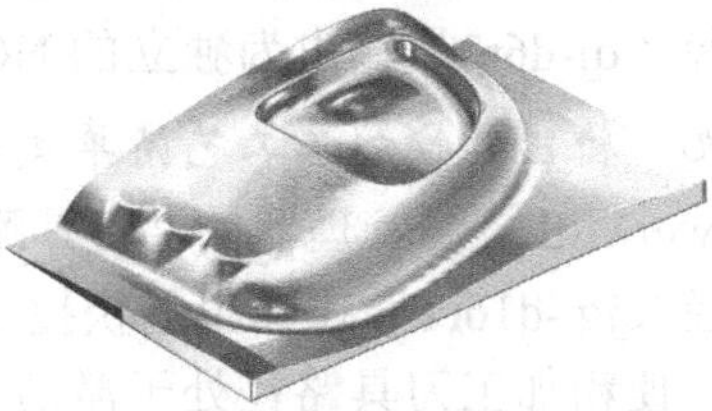

图 1-42 清角切削仿真结果

在 PowerMill“仿真”功能区的“ViewMill”工具栏中，单击“模式”下的小三角形模式，在展开的工具栏中，选择无图像无图像，系统会保留清角切削仿真结果，同时退出仿真状态，返回编程状态。

步骤八 后处理粗加工刀具路径为 NC 代码

在 PowerMill 资源管理器的“刀具路径”树枝下，右击粗加工刀具路径“cjg-d16r1”，在弹出的快捷菜单中执行“创建独立的 NC 程序”选项，系统即在“NC 程序”树枝下产生“cjg-d16r1”刀具路径的独立 NC 程序。

接着双击资源管理器中的“NC 程序”树枝，展开 NC 程序列表，右击“cjg-d16r1”刀具路径，在弹出的快捷菜单条中执行“设置”选项，打开图 1-43 所示的“NC 程序：cjg-d16r1”

对话框，按图中的指示位置设置参数，其余参数不做修改。

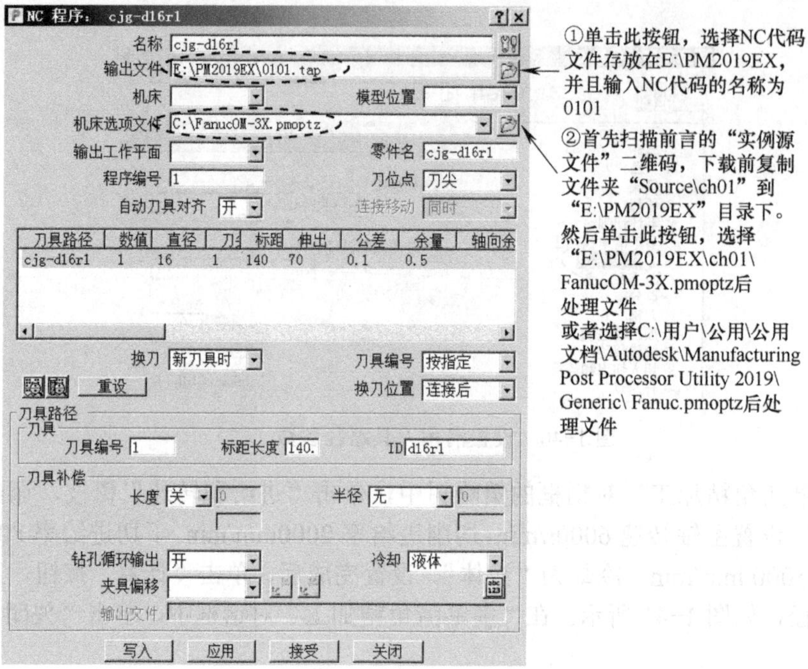

图 1-43　设置输出 NC 代码参数

设置完成后，单击“写入”按钮，系统即开始进行后处理计算。等待信息对话框提示后处理完成后，用记事本打开“E:\PM2019EX\0101.tap”文件，就能看到粗加工 NC 代码，如图 1-44 所示。

参照上述步骤，把精加工刀具路径“jjg-d10r5”和清角刀具路径“qj-d6r3”输出为独立的 NC 代码。

步骤九　输出数控加工工艺清单文件

在 PowerMill 资源管理器的“刀具路径”树枝下，右击刀具路径“cjg -d16r1”，在弹出的快捷菜单条中执行“激活”选项，使粗加工刀具路径处于激活状态。

在“NC 程序”树枝下右击刀具路径“cjg -d16r1”，在弹出的快捷菜单中单击“设置清单”→“路径”选项，打开“设置清单”对话框，在“路径”选项卡中按图 1-45 所示设置参数。

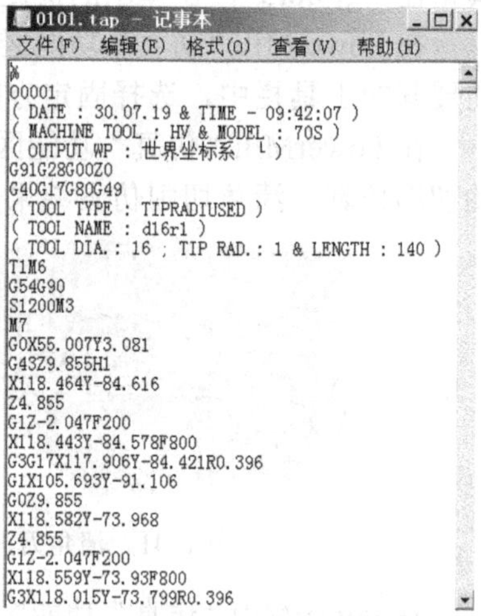
0101.tap - 记事本
文件(F) 编辑(E) 格式(O) 查看(V) 帮助(H)

```
%
O0001
( DATE : 30.07.19 & TIME - 09:42:07 )
( MACHINE TOOL : HV & MODEL : 70S )
( OUTPUT WP : 世界坐标系 )
G91G28G00Z0
G40G17G80G49
( TOOL TYPE : TIPRADIUSED )
( TOOL NAME : d16r1 )
( TOOL DIA. : 16 ; TIP RAD. : 1 & LENGTH : 140 )
T1M6
G54G90
S1200M3
M7
G0X55.007Y3.081
G43Z9.855H1
X118.464Y-84.616
Z4.855
G1Z-2.047F200
X118.443Y-84.578F800
G3G17X117.906Y-84.421R0.396
G1X105.693Y-91.106
G0Z9.855
X118.582Y-73.968
Z4.855
G1Z-2.047F200
X118.559Y-73.93F800
G3X118.015Y-73.799R0.396
```

图 1-44　粗加工部分 NC 代码

设置完成后，单击“关闭”按钮。

在 PowerMill 绘图区右侧的查看工具栏中，单击 ISO1 视角按钮，将模型和刀路调整到 ISO1 视角，系统会抓取图片用于制作工艺文件。

在“NC 程序”树枝下右击刀具路径“cjg -d16r1”，在弹出的快捷菜单中单击“设置清单”→“快照”→“所有刀具路径”→“当前查看”选项，系统自动对粗加工刀具路径进行拍照。

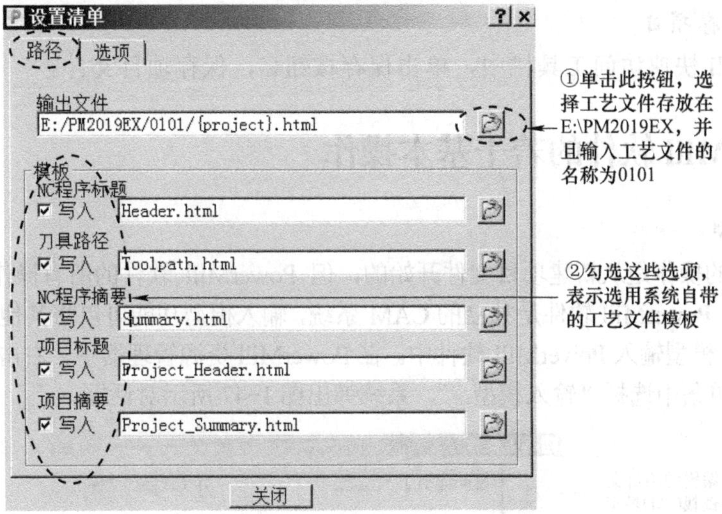

图 1-45　设置输出工艺文件参数

再次右击“NC 程序”树枝的刀具路径“cjg -d16r1”，在弹出的快捷菜单中单击“设置清单”→“输出...”选项，等待输出完成后，打开“E:\PM2019EX\0101\1-01 mold.html”网页文件[如果打开后有乱码，请设置浏览器的编码为 Chinese Simplified(GBK)]，即可调阅粗加工工步的各项工艺参数，部分工艺文件如图 1-46 所示。

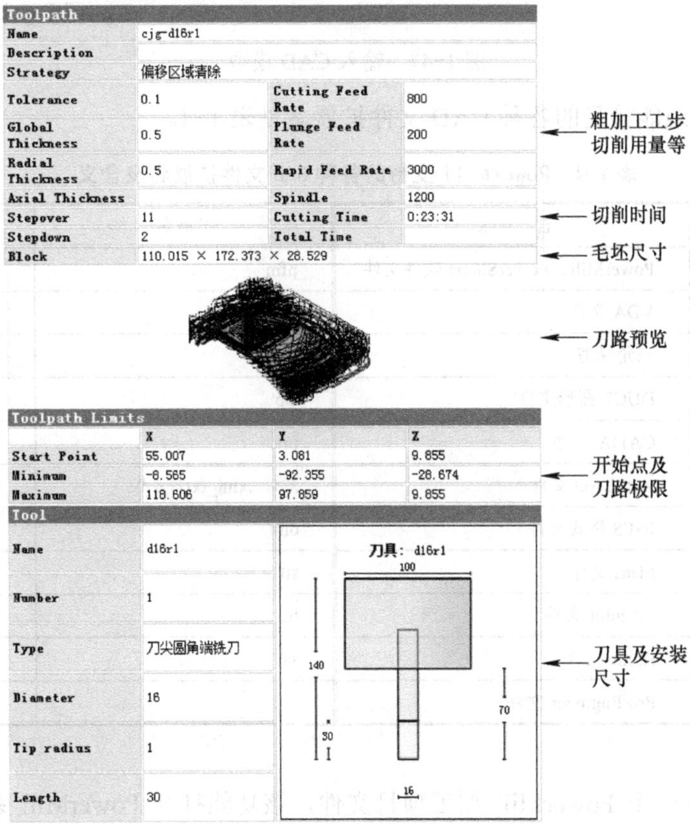

图 1-46　部分工艺文件

步骤十 保存项目

在 PowerMill 快速访问工具栏中，单击保存按钮，保存项目文件。

1.5 PowerMill 软件的若干基本操作

1. 输入模型

大部分软件的操作是从新建项目文件开始的，但 PowerMill 软件的所有操作基本上都是从输入模型开始的。PowerMill 软件是独立的 CAM 系统，输入模型功能可以将其他各种类型 CAD 软件创建的 CAD 模型输入 PowerMill 软件中。在 PowerMill 资源管理器中，右击“模型”树枝，在弹出的快捷菜单条中选择“输入模型...”，系统弹出图 1-47 所示对话框。

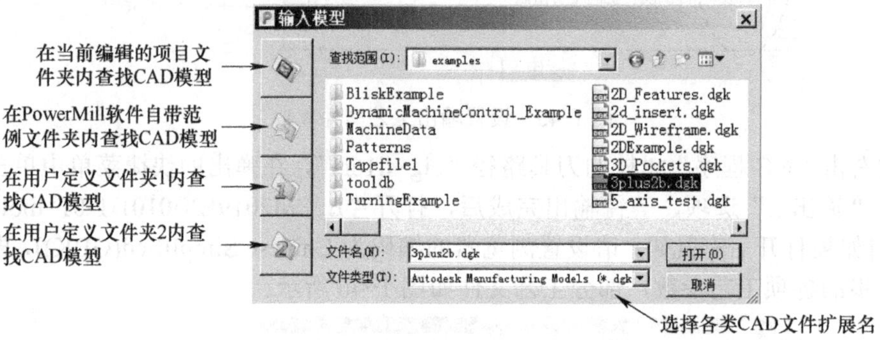

图 1-47 输入 CAD 模型

PowerMill 系统能接受的各种 CAD 文件扩展名见表 1-4。

表 1-4 PowerMill 支持的各种 CAD 文件扩展名及含义

扩展名	含 义	扩展名	含 义
dgk，psmoldel	PowerMill、PowerShape 软件文件	pfm	Cimatron 文件
vda	VDA 文件	sldprt	SolidWorks 文件
tri	三角模型	par	Solidedge 文件
pic	DUCT 图形文件	stp	STEP 格式文件
Model，catpart	CATIA 文件	prt	NX 文件
dxf	AutoCAD 文件	x_t，.xmt_txt，x_b	Parasolid 格式文件
ig*	IGES 格式文件	dmt	三角模型文件
mfl，prt	Ideas 文件	stl	STL 格式文件
*.ipt	Inventor 文件	ttr	三角模型文件
3dm	Rhino 文件	sat	ACIS 格式文件
prt	Pro/Engineer 文件		

2. 打开项目

如果已经存在一个 PowerMill 加工项目文件，该功能打开 PowerMill 系统已经编辑过的加工项目文件。在 PowerMill 快速访问工具栏中，单击打开项目按钮，系统弹出图 1-48

所示对话框供读者选择项目文件。PowerMill 系统设置了项目文件夹的图标，所以打开项目文件时，一般只能从带图标的文件中选择。还要特别注意的是，项目文件实际上是一个包括很多个单一文件的文件夹。

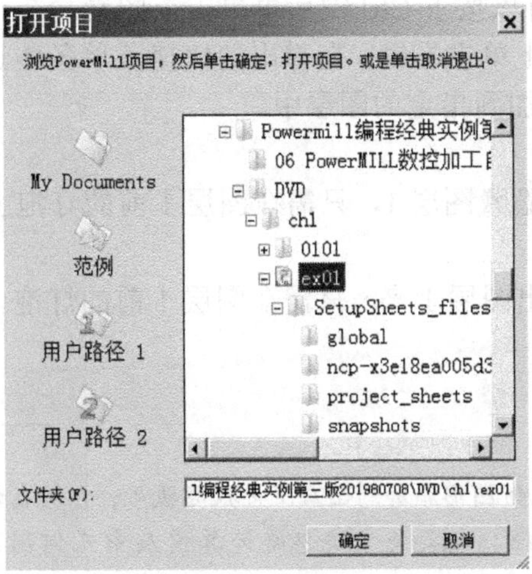

图 1-48 打开项目文件

3. 图层的有关操作

图层作为一种管理图素的工具，是大多数图形、图像处理软件都具备的功能。合理地使用图层，能大大简化绘图区内显示的图素，减少占用显存空间，方便操作者识别和有效选择图素。

（1）新建图层 在 PowerMill 资源管理器中，右击“层和组合”树枝，弹出图 1-49 所示快捷菜单条。

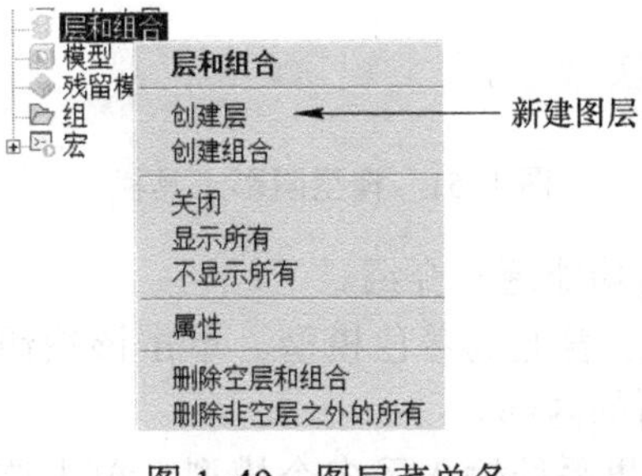

图 1-49 图层菜单条

选择“创建层”，系统在“层和组合”树枝下产生一个新层，名称自动命名为“1”，如图 1-50 所示。

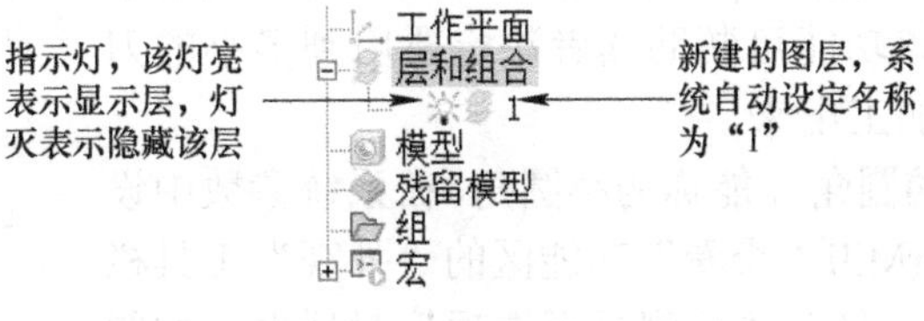

图 1-50 新建图层

（2）往图层内添加图素 新建立的图层是空层，里面没有任何内容。往图层内添加图素的方法如下：

1）在绘图区选定某一图素，如果有多个图素要选择，可以按下 Shift 键后再去选择；如果要撤销选择某图素，可以按下 Ctrl 键后再单击该图素。

2）在新建立的图层 1 上单击右键，在弹出的快捷菜单条中选择“获取已选模型几何形体”，系统将选定的图素添加到指定的图层中。

（3）隐藏和显示图层

1）隐藏图层：假如要隐藏图层 1，只需在图层 1 前的灯泡上单击，使灯泡熄灭，该图层就被隐藏了。

2）显示图层：要显示出图层 1 来，只需在图层 1 前的灯泡上单击，使其点亮，就可以显示出图层来。

注：

这里要特别提醒的是，几何图形添加到图层里并被隐藏后，系统在计算刀具路径时，依然会计算图层里几何图形上的刀具路径。而要使系统忽略计算图层中几何图形上的刀具路径，应该单击 PowerMill“开始”功能区中的余量按钮，在“余量首选项”对话框中将这些几何图形的加工方式设置成“忽略”。

4. 模型检查与分析

分析与测量模型为后续加工选择参数提供依据。该功能可以分析出模型中的最小圆弧半径，为选择加工刀具提供依据；显示出模型中存在的不明显的倒钩面，提醒编程员注意刀具路径是否完备等。

在 PowerMill 查看工具栏中，将鼠标移动到普通阴影按钮上停留 2s，弹出模型阴影工具栏，如图 1-51 所示。

图 1-51 模型阴影工具栏

下面，对一些常用按钮的功能逐一介绍。

1）普通阴影按钮：显示普通的着色模型。单击该按钮后，系统默认用灰色表示曲面的外部，用暗红色表示曲面的内部。

2）多色阴影按钮：如果系统输入了多个模型，单击该按钮后，系统用不同的颜色着色各模型。多色阴影主要用于区别两个零件的形状差别，可以清楚地查看修改后模型与修改前模型的区别。

3）最小半径阴影按钮：单击此按钮，系统用红色显示出模型中的小圆角。该功能可帮助读者决定要用到多小的刀具才能把模型完整地加工出来。

至于半径是多少的圆角才能称为小圆角，在系统参数中设置方法如下：在 PowerMill“查看”功能区的“外观”工具栏中，单击扩展按钮，打开“模型显示选项”对话框，如图 1-52 所示，在“最小半径阴影”项设置最小刀具半径值即可。

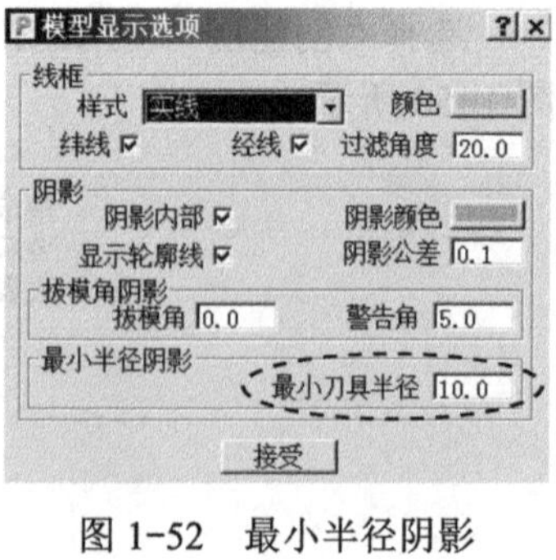

图 1-52 最小半径阴影

4）拔模角阴影按钮：单击此按钮，系统用红色显示出模型中的倒钩面。该功能帮助读者分析出当前刀轴方向切削不到的倒钩面。

设置拔模角的方法如下：如图 1-53 所示，在“模型显示选项”对话框的“拔模角阴影”栏设置拔模角值即可。

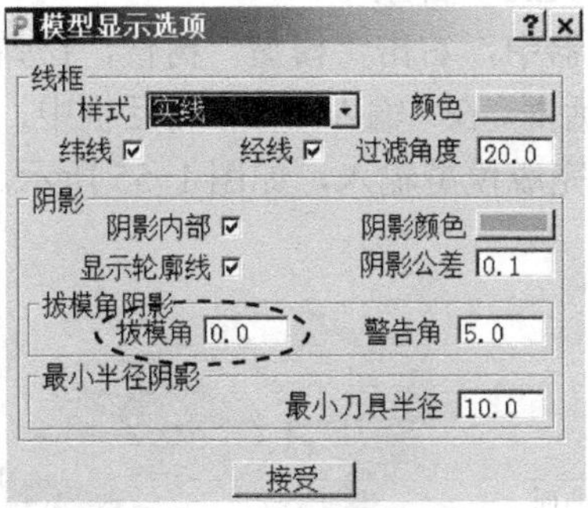

图 1-53　拔模角阴影

5）刀具路径余量阴影模型按钮：根据“余量首选项”对话框内“曲面”选项卡设置的曲面所留的不同加工余量，用不同颜色显示阴影模型。这种阴影功能也要配合刀具路径才能进行有效分析。

6）刀具路径加工模式阴影按钮：根据各曲面加工方式的不同，以不同的颜色显示相应的曲面。这里所指加工方式是指在“余量首选项”对话框内“曲面”选项卡设置的加工、碰撞和忽略三种方式。其中，加工面用蓝色表示，碰撞检查面用黄色表示，忽略加工面用红色表示。这种阴影功能要配合刀具路径才能进行有效分析。

7）默认加工模式阴影按钮：用不同的颜色显示“余量首选项”对话框内“曲面默认”选项卡所设置的三种加工方式（即加工、碰撞检查面、忽略加工）的相应曲面。这种阴影功能不需要配合刀具路径就能进行阴影显示。

8）默认余量阴影按钮：用不同的颜色显示“余量首选项”对话框内“曲面默认”选项卡中设置的不同余量的曲面。这种阴影功能不需要配合刀具路径就能进行阴影显示。

请注意，后面的四种模型阴影分析功能都要联合“余量首选项”对话框一块使用。在 PowerMill“开始”功能区中，单击余量按钮余量，即可打开“余量首选项”对话框。

下面举一个简单的小例子来说明。

例 1-2　模型阴影分析

图 1-54 所示凹模零件，使用模型分析工具，分析其最小圆角、最小拔模角等。

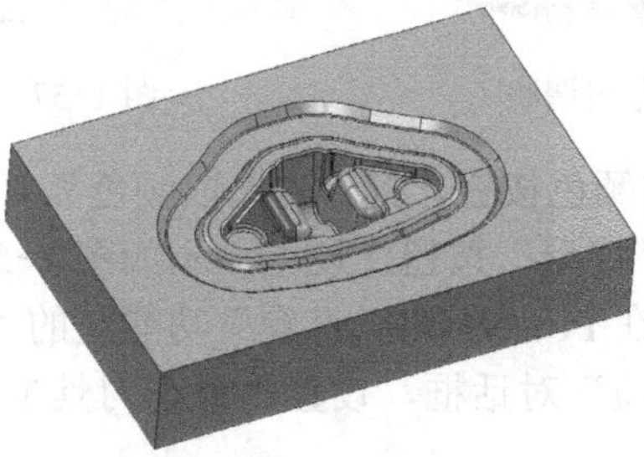

图 1-54　凹模零件

操作视频

详细操作步骤：

步骤一　创建加工项目

1）复制文件到本地磁盘：扫描前言的“实例源文件”二维码，下载并复制文件夹“Source\ch01”到“E:\PM2019EX”目录下。

2）输入模型：在资源管理器中，右击“模型”树枝，在弹出的快捷菜单条中单击“输入模型...”，打开“输入模型”对话框。在“输入模型”对话框中，选择“E:\PM2019EX\ch01\1-02 die.dgk”，单击“打开”按钮，完成模型输入，如图 1-55 所示。

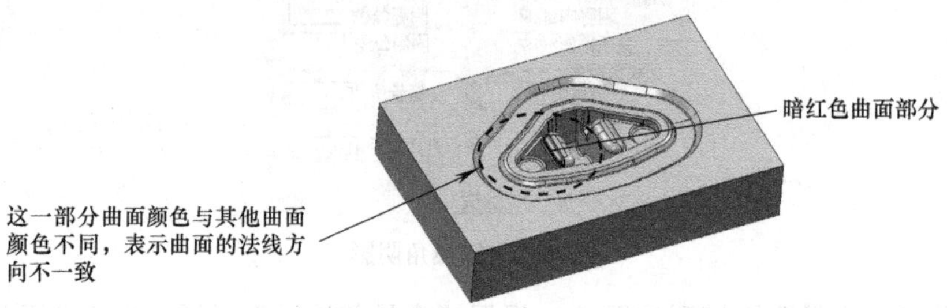

图 1-55　输入模型

请注意，因为曲面有内部和外部之分，而系统默认刀具及刀具路径只会产生在曲面外部，所以在编程前，最好确保模型的所有曲面其外部是一致的。

步骤二　模型阴影分析

1）更改曲面法线方向：按下 Shift 键，选择图 1-55 中暗红色曲面部分（共有 4 个曲面片，因此要单击 4 次），单击右键，在弹出的快捷菜单中选择“反向已选”，即可把曲面的外法线方向指向模型外部，完成后的模型如图 1-56 所示。

2）更改模型整体颜色方案：在 PowerMill“查看”功能区的“外观”工具栏中，单击扩展按钮 ，打开“模型显示选项”对话框，如图 1-57 所示。

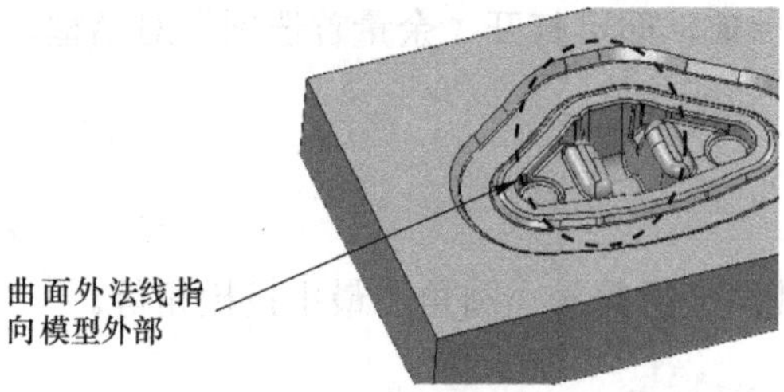

图 1-56　曲面外法线方向调整

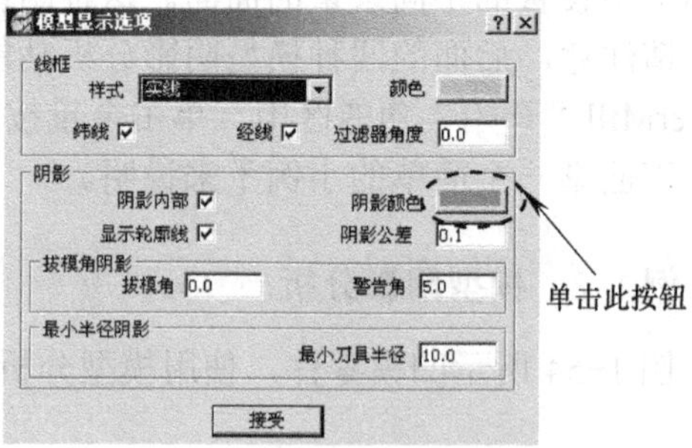

图 1-57　“模型显示选项”对话框

单击“阴影颜色”右边的颜色按钮，打开“选取颜色”对话框，如图 1-58 所示，选择绿颜色后，单击“确定”→“接受”按钮，模型显示如图 1-59 所示。

3）设置最小刀具半径：在 PowerMill“查看”功能区的“外观”工具栏中，单击扩展按钮 ，打开“模型显示选项”对话框，设置“最小刀具半径”为“5.0”，如图 1-60 所示，单击“接受”按钮。

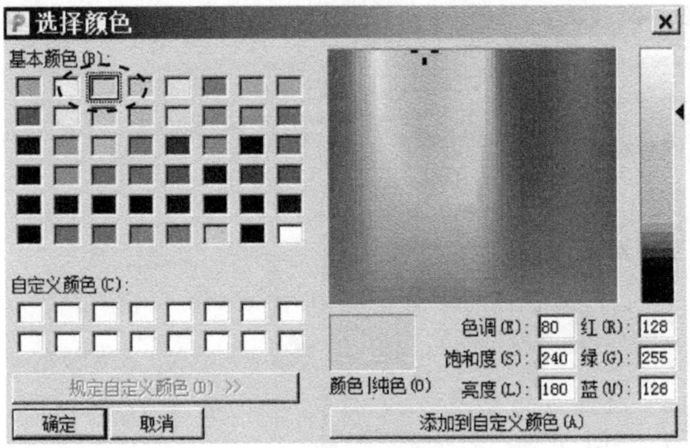

图 1-58 “选取颜色”对话框

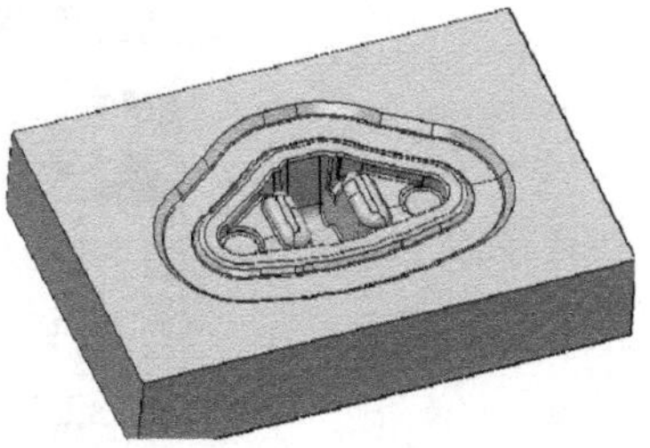

图 1-59 模型着色方案

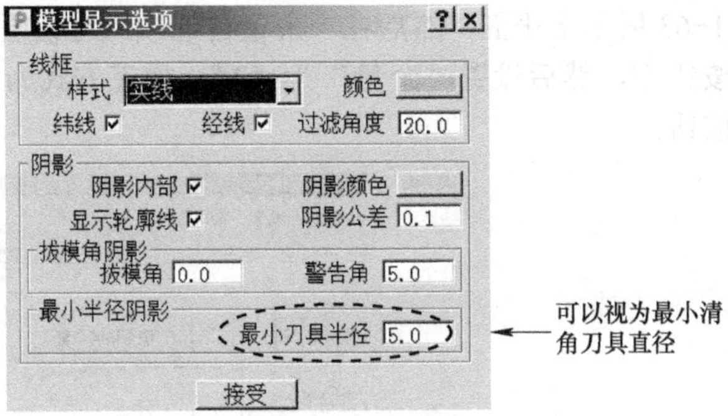

图 1-60 最小刀具半径设置

4）分析小于最小刀具半径的曲面：在 PowerMill 查看工具栏中，单击最小半径阴影按钮，系统用红色显示出半径小于 5mm 的圆角曲面，这些曲面即是用直径为 5mm 的刀具加工不出来的曲面。

5）设置最小拔模角：再次打开“模型显示选项”对话框，在“拔模角阴影”栏设置“拔模角”为“-0.2”、“警告角”为“50.0”，如图 1-61 所示，单击“接受”按钮。

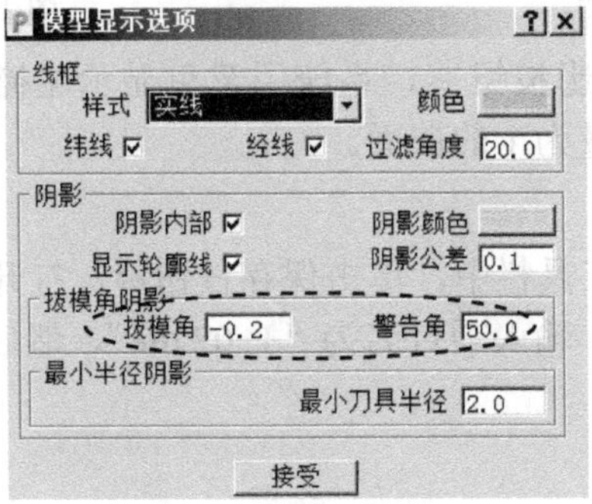

图 1-61 最小拔模角设置

6）模型拔模角阴影：在 PowerMill 查看工具栏中，单击拔模角阴影按钮，系统用黄颜色表示出处于拔模-0.2° 到拔模 50° 的所有曲面，小于拔模角-0.2° 的面，用红色表示，即为通常所说的倒扣面。因此，拔模角分析功能常用于五轴加工编程中。

7）在 PowerMill“开始”功能区的“设置”工具栏内单击余量按钮余量，打开“余量首选项”对话框，如图 1-62 所示。

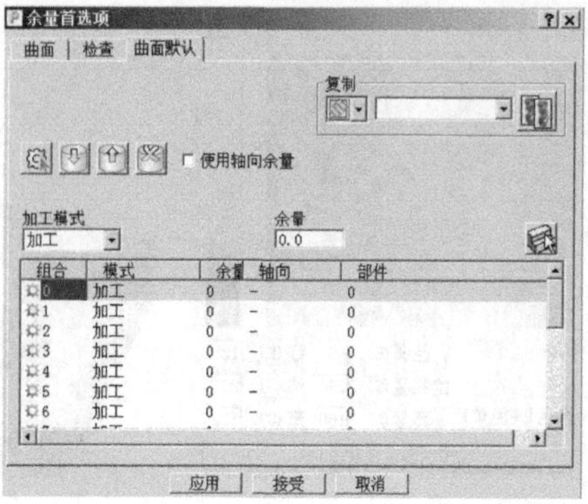

图 1-62 “余量首选项”对话框

在绘图区选择图 1-63 所示上平面，然后在“余量首选项”对话框中单击“组合”下的一行，单击获取部件按钮，然后设置“余量”为“1”，加工方式为“碰撞”，如图 1-64 所示，单击“接受”按钮。

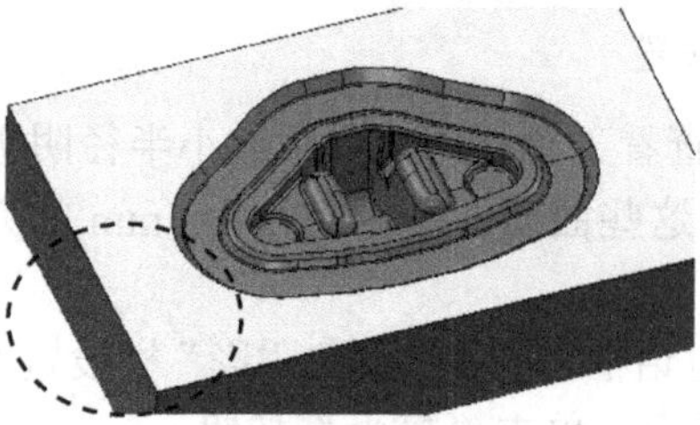

图 1-63 选择上平面

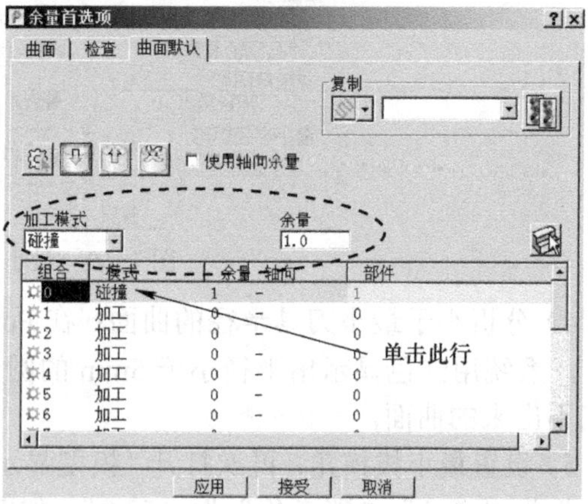

图 1-64 设置余量

8）单击默认加工模式阴影按钮，系统用黄色显示碰撞检查面；单击默认余量阴影按钮，系统用红色表示余量为 1 的曲面。

步骤三 保存项目文件

在 PowerMill 快速访问工具栏中，单击保存按钮，打开“保存项目为”对话框，定位保存目录到 E:\PM2019EX，输入项目名为“1-02 die”，然后单击“保存”按钮，完成保存项目操作。

5. 测量模型

在 PowerMill“开始”功能区中的“实用程序”工具栏中单击测量按钮，打开测量对话框，如图 1-65 所示。

（1）直线测量功能 在“测量”对话框中，选择“直线”选项卡进行直线测量。选择直线的两个端点作为测量依据。系统显示两点的 X、Y 和 Z 坐标值及各轴的差值。测量结果可用来决定加工模型间隙能使用的刀具最大直径尺寸。

（2）圆弧测量功能 选择圆弧上的三个点作为测量依据，系统显示出该圆弧的半径大小。

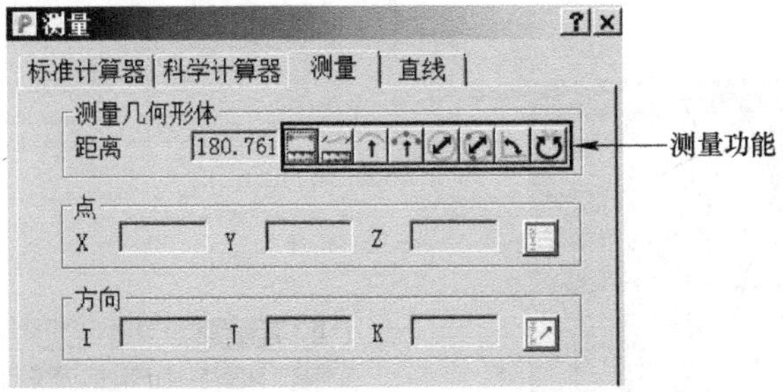

图 1-65 “测量”对话框

例 1-3 测量模型

测量图 1-54 所示凹模零件的边线长度、圆角半径等参数。

操作视频

详细操作步骤：

步骤一 打开项目文件

在 PowerMill 快速访问工具栏中，单击打开项目按钮，选择打开“E:\PM2019EX\1-02 die”项目文件。

步骤二 测量模型

1）直线测量：在 PowerMill“开始”功能区的“实用程序”工具栏中单击“测量”按钮，打开“测量”对话框，选择“直线”选项卡，单击该选项卡中的测量直线按钮。

首先选择直线开始点，在绘图区图 1-66 所示位置选取角落顶点作为开始点。

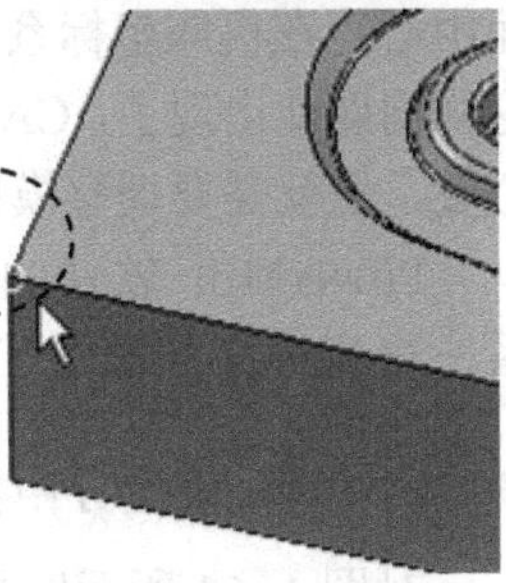

图 1-66 选取直线开始点

接着选择结束点，在绘图区图 1-67 所示位置处选取角落顶点作为结束点，系统测量出两点间的坐标差值、距离和角度，如图 1-68 所示。

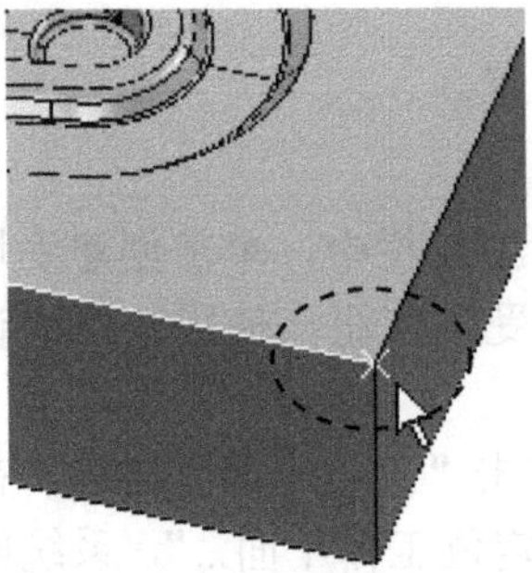

图 1-67 选取直线结束点

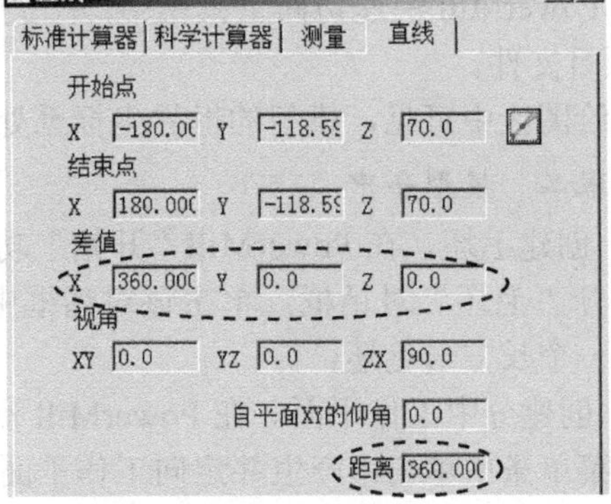

图 1-68 直线测量结果

2）在 PowerMill“测量”对话框中，选择“测量”选项卡，单击自 3 点的直径按钮，在绘图区逐次选择图 1-69 所示的三个点，系统自动计算出通过三个点的一个圆，计算结果如图 1-70 所示。

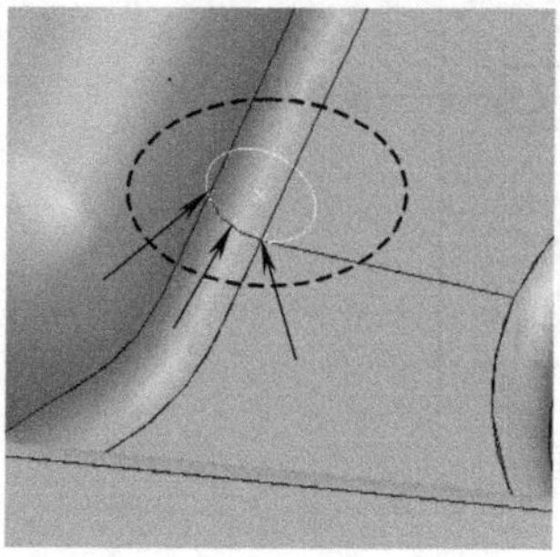

图 1-69 圆形测量点选择

图 1-70 测量圆形结果

步骤三 保存项目

在 PowerMill 快速访问工具栏中，单击保存按钮，完成保存项目操作。

6. 模型分中

在实际加工中，为使毛坯四周加工量均匀以及安全、对刀方便，很多时候都把工件坐标系设置在毛坯的上表面中心处。在对刀时，移动主轴或工作台寻找毛坯四边尺寸以求出模型上表面中心点在机床坐标系下的位置，这个过程在工厂称为“分中”，对刀坐标系即分中坐标系。这样问题就出现了，CAD 模型中的设计坐标系（即世界坐标系）不一定设置在模型上表面中心位置，这就需要调整模型与坐标系的位置。

PowerMill 软件的做法是：首先创建出毛坯，然后使用工作平面功能创建出分中坐标系，再将模型从激活工作平面变换到世界坐标系即完成分中操作。

例 1-4 模型分中实例

对图 1-54 所示凹模零件进行分中操作。

操作视频

详细操作步骤：

步骤一 打开项目文件

在 PowerMill 快速访问工具栏中，单击打开项目按钮，选择打开“E:\PM2019EX\1-02 die”项目文件。

在绘图区中可见，模型的世界坐标系处于零件底平面位置。

步骤二 模型分中

1）创建毛坯。在 PowerMill“开始”功能区的“设置”工具栏中，单击创建毛坯按钮，打开“毛坯”对话框。单击该对话框中的“计算”“接受”按钮，使用软件默认参数创建出一个长方形毛坯。

2）创建分中工作平面。在 PowerMill 资源管理器中，右击“工作平面”树枝，在弹出的快捷菜单条中单击“产生并定向工作平面”→“使用毛坯定位工作平面...”，系统即在毛坯的一些特殊点位置标记出圆点符号，如图 1-71 所示。

在图 1-71 箭头所指位置单击，系统即创建出分中工作平面（即工作平面 1，在资源管理器的“工作平面”树枝下可见）。

3）将模型从激活工作平面变换到世界坐标系。在资源管理器中，双击“模型”树枝，将它展开。右击该树枝下的“1-02 die”，在弹出的快捷菜单条中单击“编辑”→“变换...”，打开“变换模型”对话框。按图 1-72 所示设置参数，将模型从激活工作平面变换到世界坐标系。

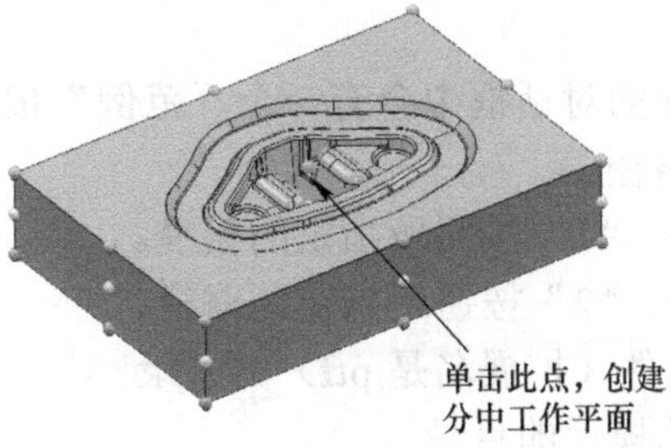

图 1-71　毛坯上的特殊点

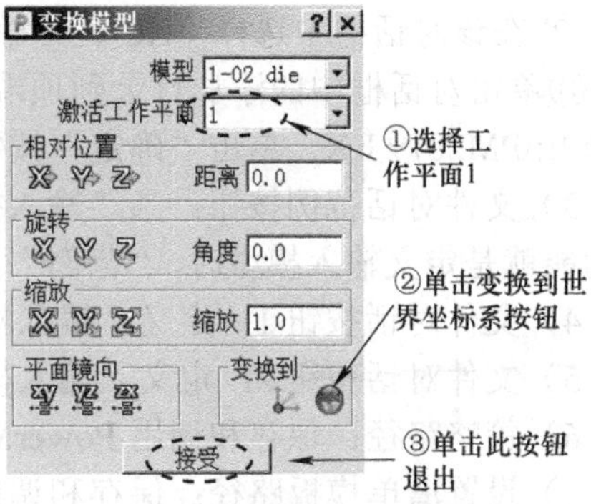

图 1-72　变换设置

4）删除工作平面 1，重新计算毛坯。在资源管理器中，双击“工作平面”树枝，将它展开。右击该树枝下的“1”，在弹出的快捷菜单条中执行“删除工作平面”。

在 PowerMill“开始”功能区的“设置”工具栏中，单击创建毛坯按钮，打开“毛坯”对话框。单击该对话框中的“计算”“接受”按钮，使用软件默认参数重新创建出一个长方形毛坯。

步骤三　保存项目

在 PowerMill 快速访问工具栏中，单击保存按钮，完成保存项目操作。

7. 用户自定义路径设置

用户自定义路径是一个很实用的功能，对管理各种文件提供了极其方便的操作。例如，当打开文件项目时，系统首先到哪个目录（或说路径）去找文件来打开呢？这时就可以用用户自定义路径功能来进行设置。

在 PowerMill“开始”功能区的“宏”工具栏中单击扩展按钮，打开“PowerMill 路径”对话框，如图 1-73 所示。

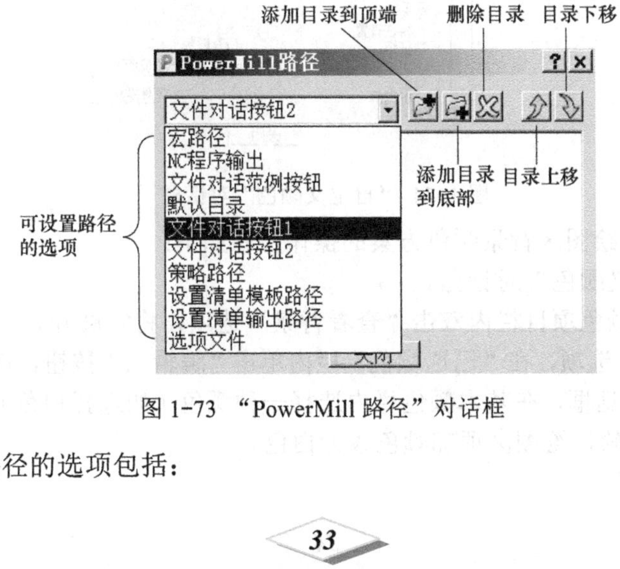

图 1-73　“PowerMill 路径”对话框

常需自定义路径的选项包括：

1）宏路径：定义用户宏文件（扩展名为mac）保存、调用的位置。

2）NC 程序输出：定义刀具路径进行后处理生成 NC 文件后，保存在哪个目录。例如设置“E:\PM2019 EX”目录为 NC 程序输出目录的操作步骤如下：

①打开“PowerMill 路径”对话框。

② 在该对话框中选择“NC 程序输出”选项。

③单击对话框中的添加目录到顶端按钮，打开“选取路径”对话框，在该对话框中选择 E:\PM2019 EX，单击“确定”按钮完成设置。

3）文件对话范例按钮：当“输入模型”时，打开的对话框中会有一个“范例”按钮，此功能就是定义输入模型时，“范例”按钮所指定的路径。

4）文件对话按钮 1：定义“输入模型”对话框中，“1”按钮所指定的路径。

5）文件对话按钮 2：定义“输入模型”对话框中，“2”按钮所指定的路径。

6）策略路径：保存和调用 PowerMill 模板形体文件（扩展名是 ptf）的目录。

7）设置清单模板路径：保存和调用数控加工工艺模板的目录。

8）设置清单输出路径：输出数控加工工艺文件的目录。

9）选项文件：定义 PowerMill 后处理器文件（PowerMill 称为选项文件，其扩展名是 pmoptz）所在的目录。

8. 系统颜色设置

系统颜色设置功能允许读者设置绘图区背景、各种图素（如模型、刀具路径、边界、参考线等）的颜色。设置图素颜色的主要目的是帮助读者识别绘图区内的各个图素，加强各图素之间的对比度。

在 PowerMill 功能区中，单击“文件”→“选项”→“自定义颜色”，打开 PowerMill“自定义颜色”对话框，如图 1-74 所示。

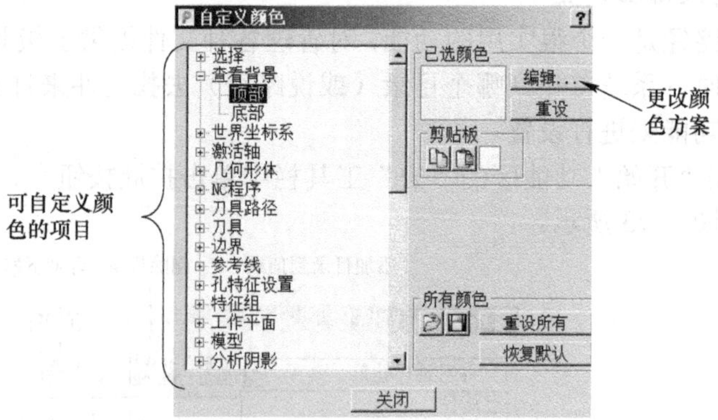

图 1-74 “自定义颜色”对话框

例如要重新设置绘图区背景颜色方案的操作步骤如下：

1）打开“自定义颜色”对话框。

2）在可自定义颜色项目栏内双击“查看背景”选项，将它展开。

3）单击“顶部”选项，在“已选颜色”栏内单击“编辑...”按钮，打开“自定义颜色：查看背景—顶部”对话框，在基本颜色栏内选择一种颜色（如选择白色），单击“确定”按钮，即将 PowerMill 软件绘图区顶部颜色改为白色。

参照类似的操作方法，还可以更改其他图素的颜色。

9. PowerMill 命令显示功能

在操作 PowerMill 软件的过程中，单击软件的某一按钮，实际上是向系统发出了某一个命令。例如，单击创建毛坯按钮，它执行的命令是“Form Block\r”，这个命令可以直接写入宏文件以及 PowerMill 配置文件中以备调用。

查看 PowerMill 命令的操作步骤是：在 PowerMill“查看”功能区的“窗口”工具栏中，单击“用户界面”→“命令窗口”，系统在绘图区下方打开显示命令窗口。

接着，在 PowerMill“开始”功能区的“宏”工具栏中，单击“回显命令”按钮，全部对 PowerMill 操作都将记录并显示在“命令窗口”对话框中，如图 1-75 所示。

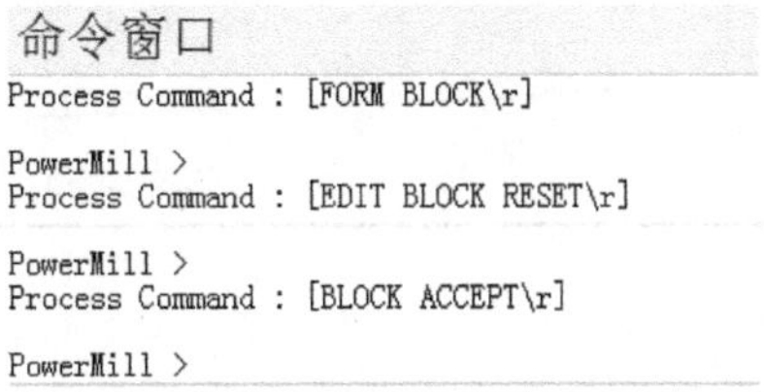
命令窗口
Process Command : [FORM BLOCK\r]
PowerMill >
Process Command : [EDIT BLOCK RESET\r]
PowerMill >
Process Command : [BLOCK ACCEPT\r]
PowerMill >

图 1-75　PowerMill 命令显示

请注意，在图 1-75 中，PowerMill 命令显示功能在显示区显示出了操作者所执行的全部命令。例如，FORM BLOCK 是执行创建毛坯功能；BLOCK ACCEPT 是单击“确定”按钮，接受创建的毛坯。

10. PowerMill 重设对话框功能

在编程时，会对系统各选项参数做出大量修改。当完成某一项目后，新建另一个加工项目时，PowerMill 系统并没有将这些选项参数复位为默认值。为安全起见，往往需要将各对话框参数重设为原始值，这就要用到 PowerMill 重设对话框功能。选择该功能后，系统自动将所有对话框中的参数设置为默认值。

重设对话框的操作步骤是：在 PowerMill 功能区中，单击“文件”→“选项”→“重设对话框”即可。

1.6 练习题

图 1-76 是一个圆盘零件，其毛坯为ϕ125mm 圆柱体，材料为 45 钢。要求制订数控编程工艺表，计算各工步数控加工刀路、输出 NC 代码和工艺文件。源文件请扫描前言的“习题源文件”二维码获取，在 xt sources\ch01 目录下。

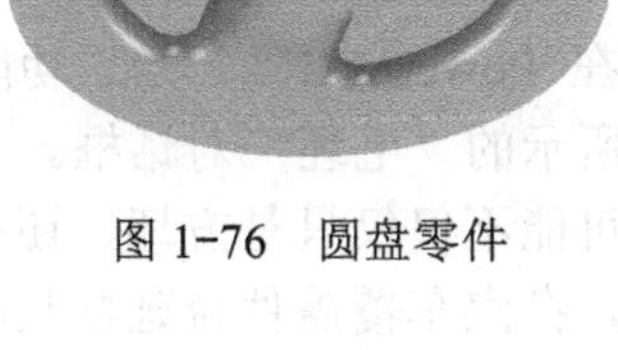

图 1-76　圆盘零件

第2章 PowerMill 2019 公共操作与模具数控铣削工艺

本章知识点

- ✧ 定义毛坯的方法。
- ✧ 创建刀具的方法。
- ✧ 进给和转速的设置过程。
- ✧ 设置快进高度的过程。
- ✧ 设置开始点与结束点的过程。
- ✧ 模具成形零件的数控加工工艺。

2.1 PowerMill 2019 的公共操作

PowerMill 系统在应用刀具路径策略计算各工步刀具路径前，需要通过若干公共操作过程来设置一些公共参数。公共操作主要包括创建毛坯、创建刀具、设置进给和转速、定义安全平面以及开始点和结束点。上述这些操作比较简单，但却非常重要，比如进给和转速、安全高度和开始点等的设置，稍有不慎就可能导致加工时损坏工件、工具系统（刀具以及机床等）。在本章中，集中对这些公共操作做一个较全面的介绍。

2.1.1 创建毛坯

一般情况下，粗加工刀具路径的运算是基于零件与毛坯之间存在的体积差来进行的。换句话说，有了毛坯和零件，再加上指定的刀具直径、切削用量（主要指背吃刀量和侧吃刀量），系统才有计算刀具路径的原始数据。所以，几乎所有的 CAM 软件均要求在模型输入到系统以后，定义毛坯的位置、形状和大小。毛坯的另一个作用是，毛坯的形状大小决定了粗、精加工和清角的范围。因此，在以后的操作中，常可以用毛坯来限制加工区域。

创建毛坯的操作步骤如下：在 PowerMill“开始”功能区的“设置”工具栏中单击创建毛坯按钮，系统弹出图 2-1 所示的“毛坯”对话框。

在实际加工中，毛坯的外形可能不仅仅只是方坯，还有可能是根据理论模型偏置加工余量后的形状复杂的模型。例如，在汽车覆盖件拉延模具中，拉延凸、凹模的毛坯基本上都是形状复杂的铸造件。为此，PowerMill 提供了多种创建毛坯的方法。在“毛坯”对话框中，单击“由...定义”栏右侧的小三角形，展开多种定义毛坯的方法。

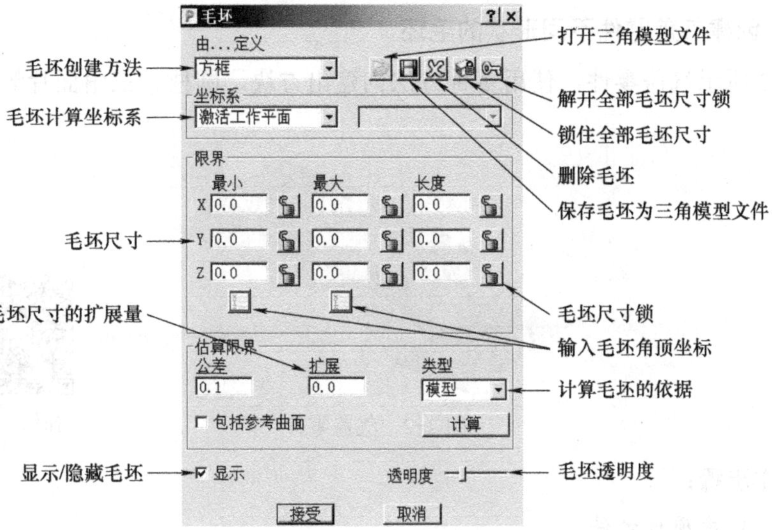

图 2-1　“毛坯”对话框

1. 方框

定义一个方形体积块作为毛坯。一种方式是，在“限界”栏逐一输入方坯的 X、Y、Z 极限尺寸，按回车键后获得毛坯（不需要单击“计算”按钮）；另一种方式是，在“估算限界”栏的“类型”选项中选择好计算毛坯的依据后，单击“计算”按钮，获得毛坯。

图 2-1 中，计算毛坯的依据有四种，单击“估算限界”栏的“类型”选项右侧的小三角形，展开以下选项：

1）模型：根据模型的 X、Y、Z 值来计算毛坯的 X、Y、Z 极限尺寸。

2）边界：由选定的边界确定 X、Y 尺寸，只能输入毛坯的 Z 轴尺寸。选用这个功能的前提条件是已经创建出了边界。

3）激活参考线：由选定的参考线确定 X、Y 尺寸，输入毛坯的 Z 轴尺寸，此功能要求首先创建出参考线。

4）特征：根据 PowerMill 资源管理器内“特征组”树枝中的特征组（通常是一组孔）来计算毛坯大小，该选项用得比较少。

2. 图形

将保存的二维图形（扩展名为 pic）沿 Z 方向拉伸成三维形体来定义毛坯。

3. 三角形

以三角形模型（扩展名是 dmt、tri 或 stl）作为毛坯。三角形方式创建毛坯与图形方式创建毛坯相类似，都是由外部图形来定义毛坯，不同的是，图形是二维线框，而三角形是三维模型。

4. 边界

用已经创建好的边界来定义毛坯。用边界的方法来创建毛坯类似于用图形的方法来创建毛坯。

5. 圆柱

创建圆柱体毛坯。

例 2-1 创建气盖零件不同形状的毛坯

对图 2-2 所示气盖零件，使用多种方法创建出方块、圆柱、三角面片等不同形状、尺寸的毛坯。

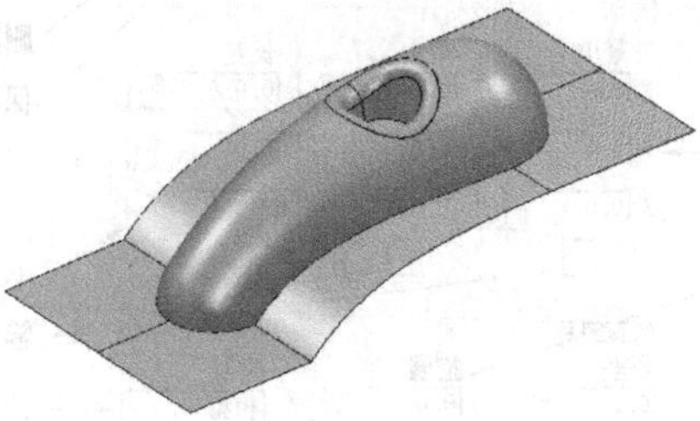

图 2-2 气盖零件

操作视频

详细操作步骤：

步骤一 创建项目文件

1）复制文件到本地磁盘：扫描前言的“实例源文件”二维码，下载并复制文件夹“Source\ch02”到“E:\PM2019EX”目录下。

2）输入模型：在 PowerMill 功能区中，单击“文件”→“输入”→“模型”，打开“输入模型”对话框。在该对话框中选择“E:\PM2019EX\ ch02\2-01 cowling.dgk”，单击“打开”按钮，完成输入模型。

步骤二 创建方形毛坯

在 PowerMill“开始”功能区中，单击创建毛坯按钮，打开“毛坯”对话框，按图 2-3 所示设置参数。

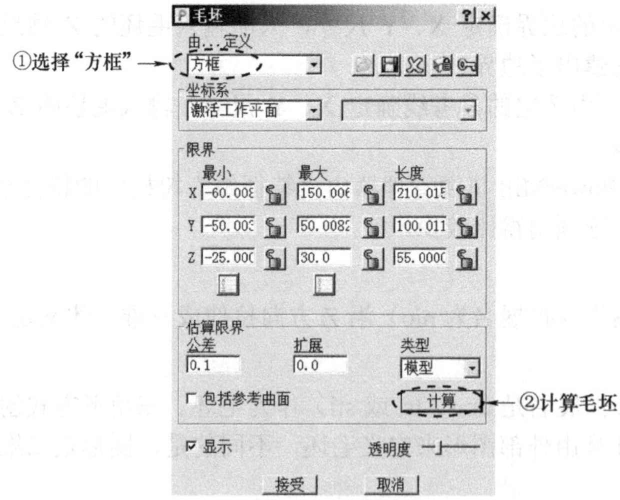

图 2-3 设置方形毛坯参数

设置完成后，单击“接受”按钮，在绘图区即可看到按模型计算出的毛坯。在默认情况下，系统将毛坯设置为透明的。为看清楚毛坯，可再次单击创建毛坯按钮，打开“毛坯”

对话框，在透明度栏适当向右拖动滑块来调整毛坯的透明度，获得图 2-4 所示方形毛坯。

如果需要更改某一个方向的毛坯尺寸，例如 Z 轴正向增加 20mm，使毛坯最大 Z 值为 50mm，操作方法如下：单击创建毛坯按钮，打开“毛坯”对话框，按图 2-5 所示设置参数。

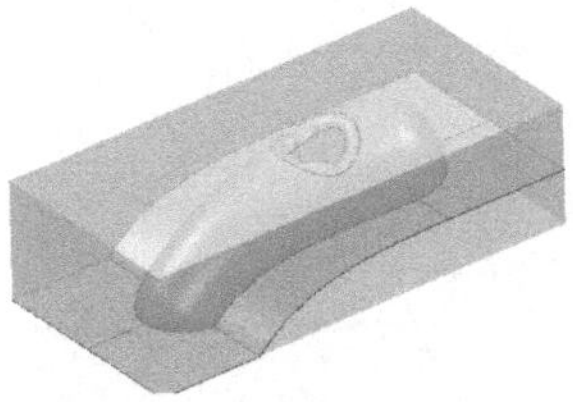

图 2-4 创建的方形毛坯

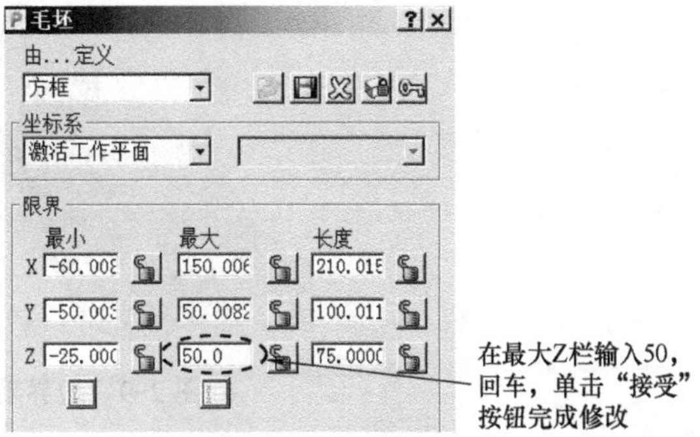

图 2-5 更改 Z 值

步骤三 按三角形方式创建毛坯

再次打开“毛坯”对话框，单击删除毛坯按钮，将方形毛坯删除。

在“毛坯”对话框中，在“由...定义”栏选择“三角形”，在其右侧单击打开按钮，打开“通过三角形模型打开毛坯”对话框，选择“E:\PM2019EX\ch02\2-01.dmt”文件，单击“打开”按钮，打开三角形模型文件。在绘图区即可看见创建的三角形模型毛坯，如图2-6所示。在“毛坯”对话框中单击“取消”按钮，撤销该毛坯的创建工作。

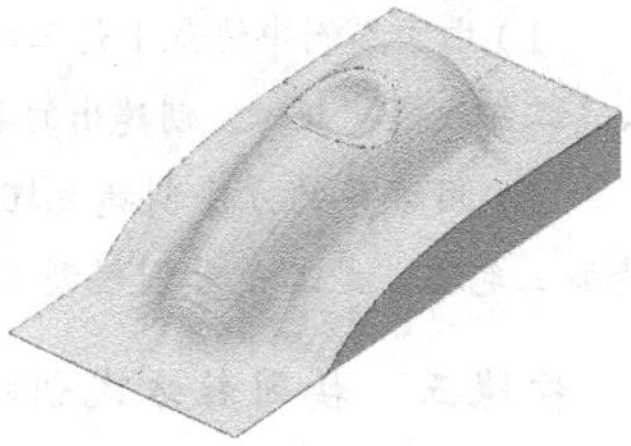

图 2-6 三角形模型毛坯

注：

三角形毛坯的一个很重要的应用是，通常可以用它来当作二次粗加工的毛坯。创建三角形模型的方法是，首先计算一条刀具路径，然后对该刀具路径进行切削仿真，并将仿真结果保存为*.dmt 文件即可。

步骤四 按边界方式创建毛坯

1）创建边界：在 PowerMill 资源管理器中，右击“边界”树枝，在弹出的快捷菜单条中单击“创建边界”→“用户定义”，打开“用户定义边界”对话框，在绘图区单击图 2-7 所示曲面片，在“用户定义边界”对话框中单击模型按钮，创建出图 2-8 所示边界 1。单击“接受”按钮，关闭“用户定义边界”对话框。

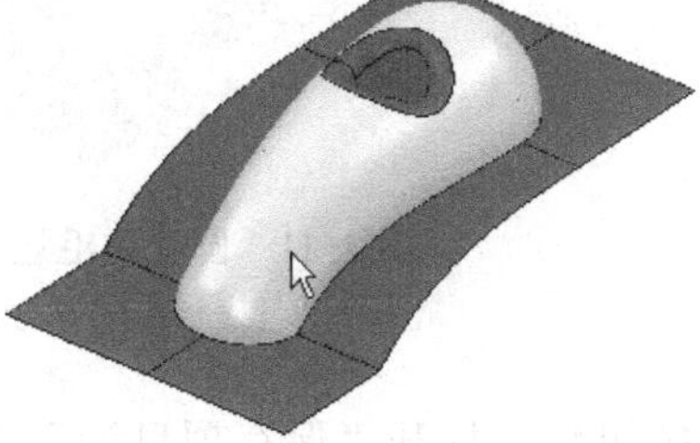

图 2-7 选择曲面片

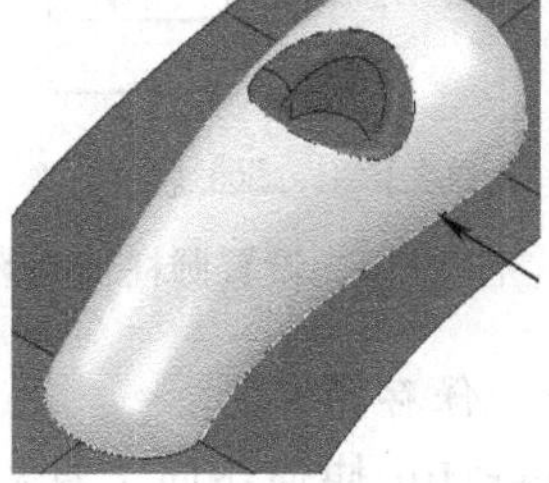

图 2-8 边界 1

2）再次打开“毛坯”对话框，在“由...定义”栏选择“边界”，单击“计算”按钮，由于该模型目前只有一个边界且是激活状态，因此，系统立即创建出由边界 1 定义的毛坯，如图 2-9 所示。

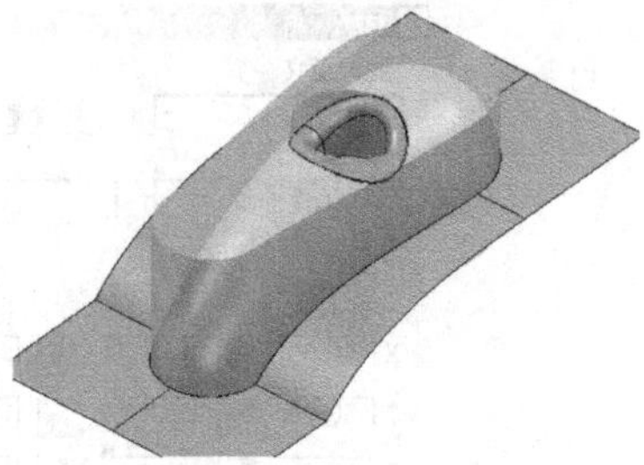

图 2-9　边界毛坯

3）在“毛坯”对话框中单击“取消”按钮，撤销该毛坯的创建工作。

注：

1）由于本例中边界 1 是三维线框，因此，创建出的毛坯具有 X、Y、Z 三个方向的尺寸。有时，边界线是二维线框，此时，创建出的毛坯只有 X、Y 方向的尺寸，Z 方向的尺寸为 0，需要单独手工输入。

2）用边界的方法创建毛坯的应用场合是：常用来限制加工区域，用作模型局部结构特征的粗、精加工毛坯，尤其是大型模型（如 1:1 汽车模型）的粗、精加工。

步骤五　按圆柱方式创建毛坯

再次打开“毛坯”对话框，在“由...定义”栏选择“圆柱”，按图 2-10 所示设置参数。单击“接受”按钮，创建的圆柱体毛坯如图 2-11 所示。

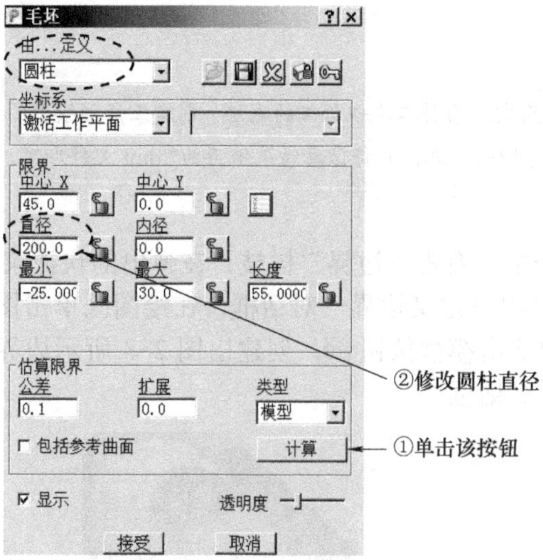

图 2-10　设置圆柱体毛坯参数

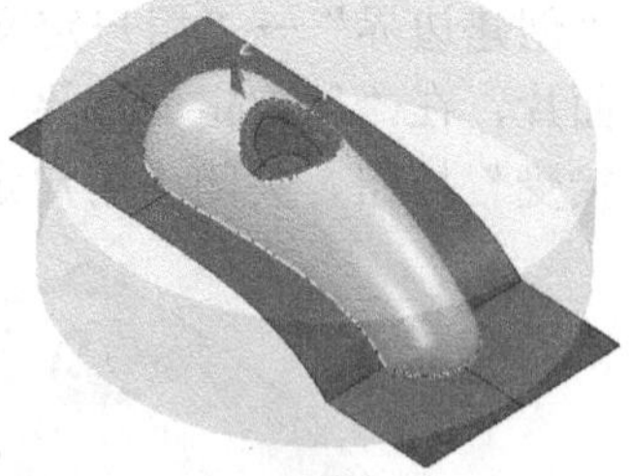

图 2-11　圆柱体毛坯

步骤六　保存项目

在 PowerMill 快速访问工具栏中，单击保存按钮，打开“保存项目为”对话框，输入项目名为“2-01 cowling”，然后单击“保存”按钮，完成保存项目操作。

2.1.2 创建刀具

在 PowerMill 系统中，一把定义完整的刀具及其各部位名称如图 2-12 所示。

如图 2-12 所示刀具，刀尖是指刀具中带有切削刃的部分，刀具切削刃之外的部分称为刀柄，夹持是指装夹刀具的部分，包括经常说的刀柄（如 BT40 刀柄），甚至可以包括机床的主轴头部分。

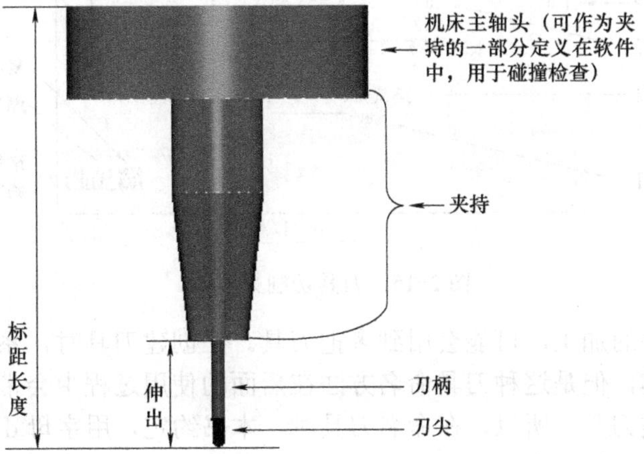

图 2-12　定义完整的刀具

1. 创建新刀具

PowerMill 创建刀具的操作过程非常简单。在 PowerMill 资源管理器中，右击“刀具”树枝，弹出刀具快捷菜单条，如图 2-13 所示。在刀具快捷菜单条中单击“创建刀具”，弹出刀具类型菜单条，如图 2-14 所示。

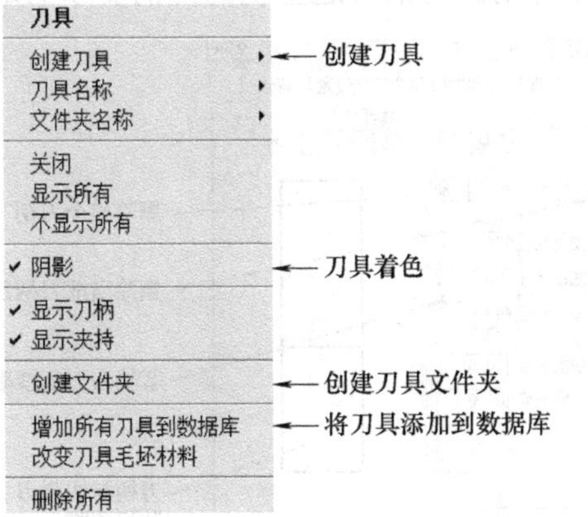

图 2-13　刀具快捷菜单条

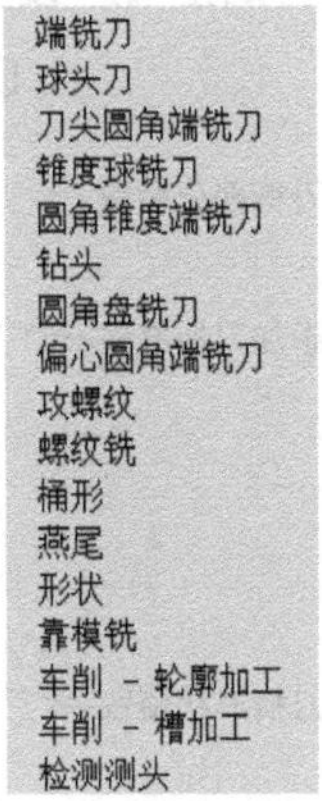

图 2-14　刀具类型菜单条

以创建较常用的刀尖圆角端铣刀（俗称“牛鼻刀”）为例，在刀具类型菜单条中，选择“刀尖圆角端铣刀”，打开“刀尖圆角端铣刀”对话框。刀具切削刃参数的具体含义及输入顺序如图 2-15 所示。

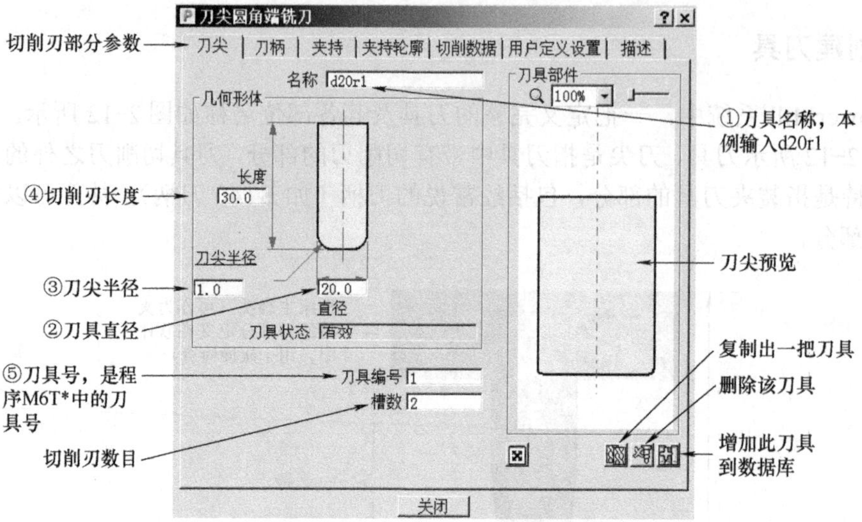

图 2-15　刀具切削刃参数

要完成一个零件的加工，可能会用到多把刀具。在创建刀具时，系统默认用递增的自然数来命名每把刀具，但是这种刀具命名方法在后面的使用过程中会带来麻烦。我们希望从名称上区分开各类刀具。所以，在命名刀具时，本书约定，用字母 d+刀具直径+字母 r+刀尖圆角半径来命名，例如直径 10mm 平头铣刀命名为 d10r0，直径 6mm 球头铣刀命名为 d6r3。

PowerMill 在对刀具路径做碰撞检查时，会调用刀具切削刃长度参数。如果切削刃长度不够而引起刀柄与零件碰撞时，系统会报告需要多长的切削刃。因此，加工前测量并输入实际刀具切削刃长度是非常重要的。

设置完切削刃参数后，单击“刀柄”选项卡，切换到刀柄参数对话框，如图 2-16 所示，单击添加刀柄按钮，设置刀柄参数，即可创建刀柄（这里说的刀柄实际上是指刀杆）。

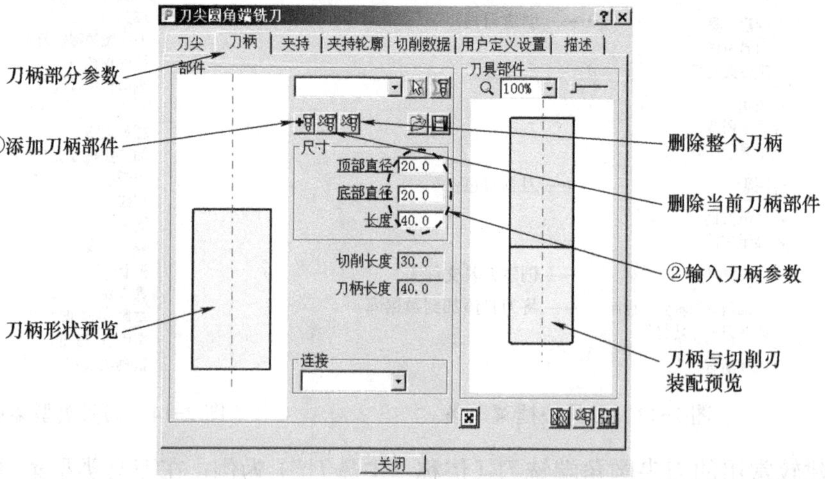

图 2-16　刀具刀柄参数设置

要特别注意，PowerMill 中所讲的刀柄部分区别于通常所说的刀柄，它不是指通常意义上的刀柄（如 BT40 刀柄），而是指刀具的光杆部分。

另外，刀具的刀柄部分根据直径大小不同，可能分为好几段，如果需要的话，可以多次单击添加刀柄按钮，加入不同直径、不同长度的刀柄。

PowerMill 在对刀具路径做碰撞检查时，要求刀具必须具有夹持部分。设置完刀柄参数后，单击“夹持”选项卡，切换到夹持参数对话框，单击添加夹持按钮，设置图 2-17 所示夹持参数，创建出刀具的夹持部件一。

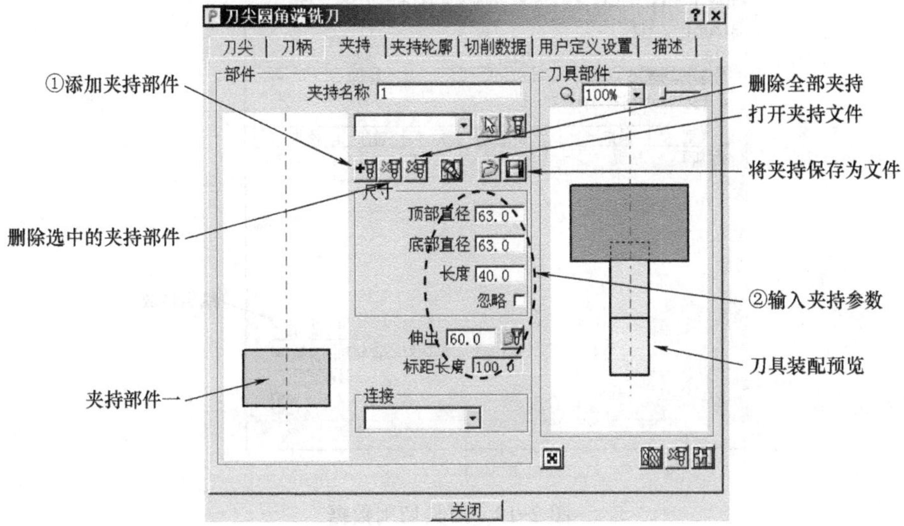

图 2-17　刀具夹持部件一参数设置

设置完参数后，再次单击添加夹持按钮，按图 2-18 所示输入刀具夹持部件二的参数。

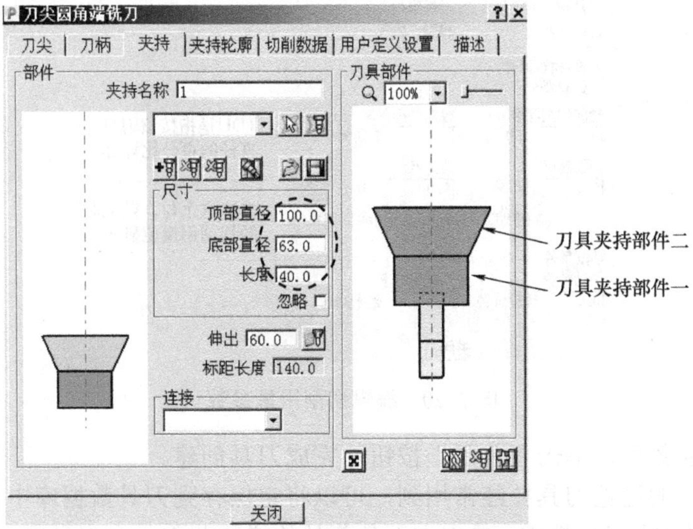

图 2-18　刀具夹持部件二参数设置

到此为止，一把带有刀杆以及夹持的刀具就创建完成了。当然，在很有把握不会发生刀具与工件碰撞的情况下，也可以不创建夹持部件。但是要特别注意，如果刀具没有夹持部件，系统进行的碰撞检查是不完整的。

如果能从刀具商处获得某型刀具的推荐切削用量参数的话，还可以在创建刀具时输入切削用量参数，在后续计算刀路设置进给和转速参数时，供参考使用。其操作步骤如下：

单击“切削数据”选项卡，切换到切削数据表，如图 2-19 所示。单击编辑参数按钮，打开“编辑切削数据”对话框，如图 2-20 所示，在软件中输入该图中的数值。

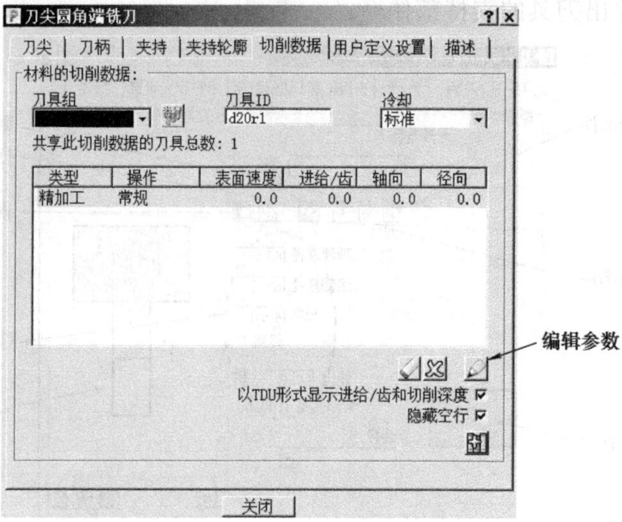

图 2-19　刀具切削数据

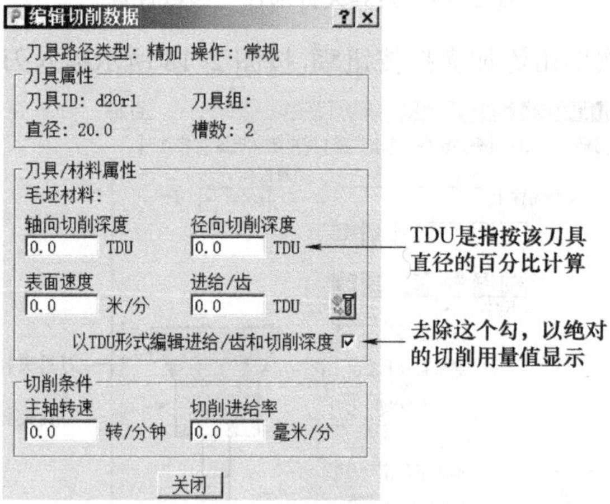

图 2-20　编辑切削用量参数

设置完上述参数后，单击“关闭”按钮，完成刀具创建。

如果上述定义的这把刀具要经常用到，可以将它保存到刀具数据库中。操作方法是，在“刀尖圆角端铣刀”对话框中，单击右下角落处的增加此刀具到刀具数据库按钮即可。

在 PowerMill 资源管理器中，双击“刀具”树枝，展开刀具列表，即可看到刚才创建的刀具“d20r1”。右击“d20r1”刀具，弹出“d20r1”快捷菜单条，如图 2-21 所示。该菜单条提供一些常用的刀具参数编辑工具。选择“阴影”，在绘图区即可看到图 2-22 所示刀具。

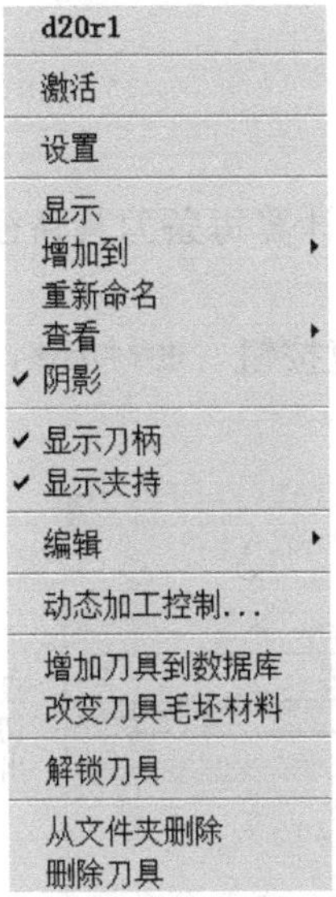

图 2-21 “d20r1”快捷菜单条

图 2-22 “d20r1”刀具

2. 从刀具库中调用刀具

在 PowerMill 资源管理器中，右击“刀具”树枝，在弹出的快捷菜单条中单击“创建刀具”→“自数据库...”，打开“刀具数据库搜索”对话框，如图 2-23 所示。

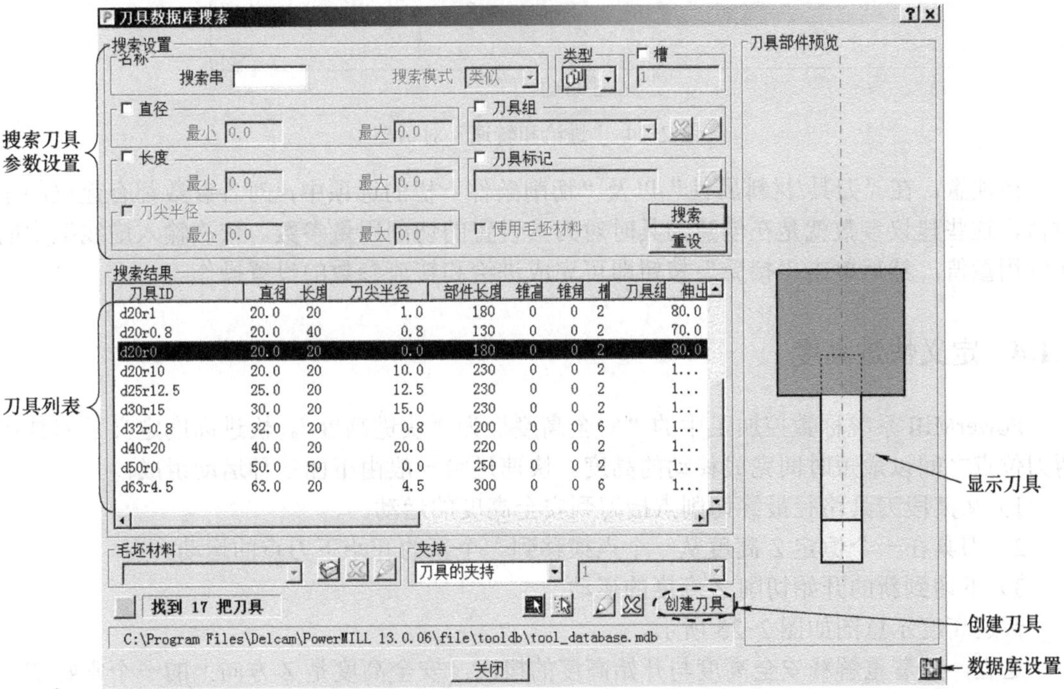

图 2-23 “刀具数据库搜索”对话框

在刀具数据库的“搜索结果”内，选中所需要的刀具，单击右下角的“创建刀具”按钮，即可调用该刀具。

2.1.3 设置进给和转速

一般情况下，每个工步的进给与转速均不同，因此在计算每条刀具路径时，均应设置好该条刀具路径所使用的进给和转速参数。

在 PowerMill“开始”功能区中，单击设置进给和转速按钮 进给和转速，打开“进给和转速”对话框，如图 2-24 所示。

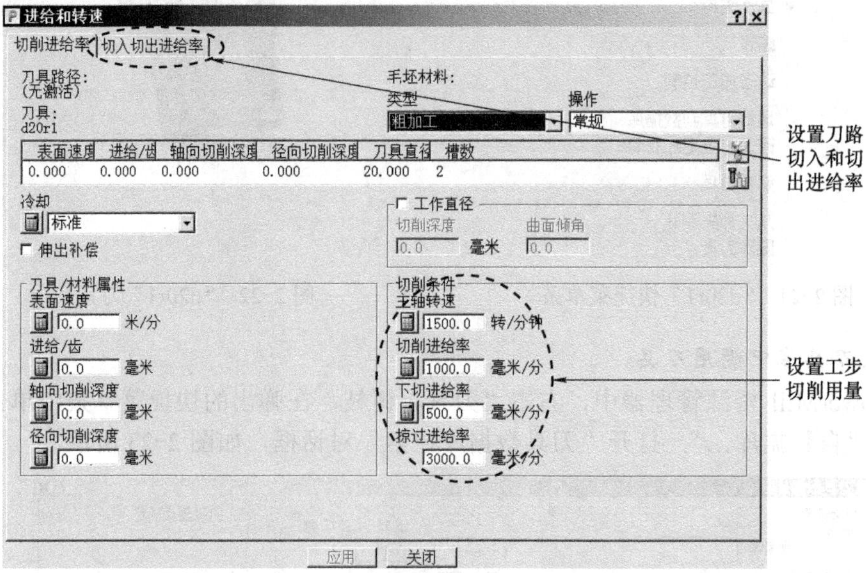

图 2-24 “进给和转速”对话框

请注意，在“刀具/材料属性”以及“切削条件”栏的选项中，对各参数都有建议的参数值，这些建议参数就是在创建刀具时对刀具设置的切削用量参数。依次输入虚线框中的切削用量值，然后单击“接受”按钮即可完成进给和转速参数的设置操作。

2.1.4 定义快进高度

PowerMill 系统称数控加工中的“安全高度”为“快进高度”。快进高度定义了刀具在两刀位点之间以最短时间完成移动的高度。快速进给一般由下面三种运动组成：

1）从某段刀具路径最终切削点抬刀到安全高度的运动。

2）刀具在一个恒定 Z 高度从一个点横移到一个新的开始下刀点的运动。

3）下切到新的开始切削 Z 高度的运动。

快进高度示意图如图 2-25 所示。

这里，要着重解释安全高度与开始高度的概念。安全高度是 Z 方向上的一个常数值，刀具开始进刀、提刀等快速运动所到达的平面位置。开始高度是 Z 方向上的一个绝对值，刀具以快进速度运动到达这个平面位置，再以下切速度切入工件。

快进高度关系到刀具的进刀、抬刀高度和刀具路径连接高度等内容，如果设置不当，在切削过程中会引起刀具与工件相撞，因此必须高度注意此选项。

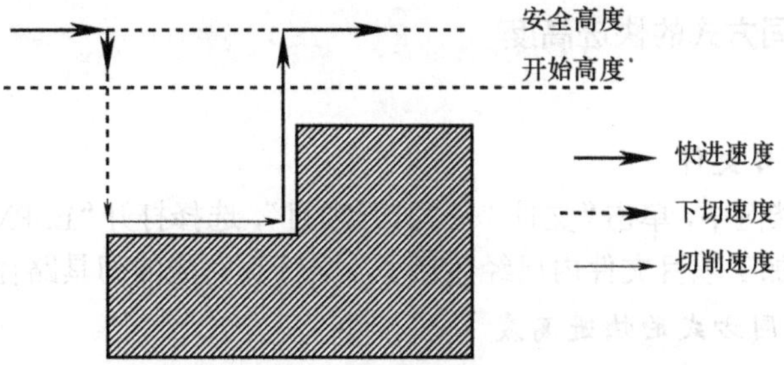

图 2-25 快进高度示意图

在 PowerMill“开始”功能区中，单击刀具路径连接按钮 刀具路径连接，打开“刀具路径连接”对话框，如图 2-26 所示。

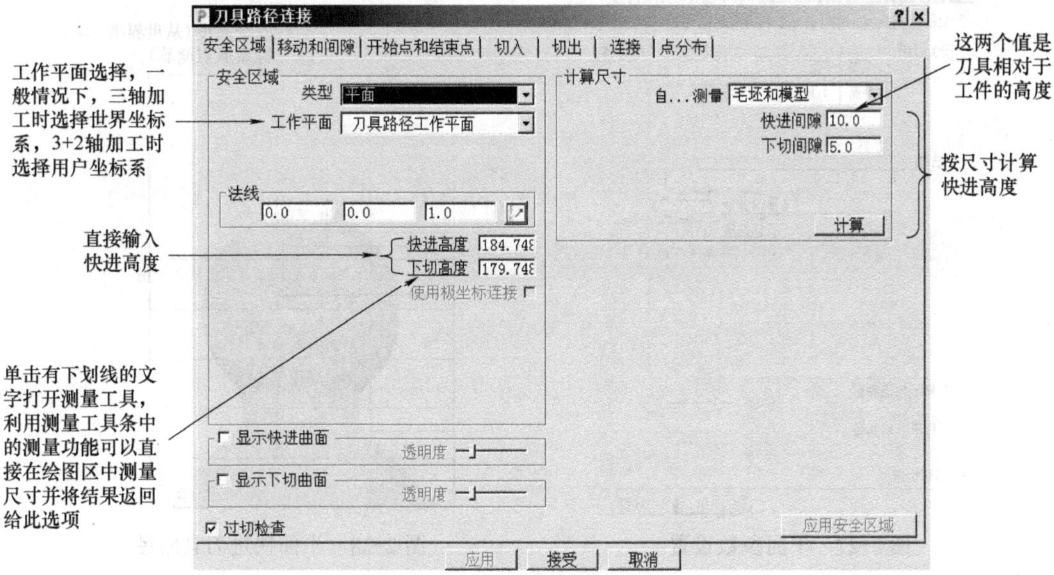

图 2-26 “刀具路径连接”对话框

快进高度的设置有两种方式，一种方式是直接输入快进高度和下切高度，另一种方式是用刀具与工件的相对高度通过计算来获得快进高度。快进间隙、下切间隙与快进高度、下切高度的计算关系如下：

快进高度=毛坯 Z 方向最大尺寸+快进间隙+下切间隙

下切高度=毛坯 Z 方向最大尺寸+下切间隙

在图 2-26 所示“刀具路径连接”对话框中，“安全区域”选项栏用来定义快进高度在哪一个空间位置中测算。空间区域包括以下四种情况：

1）平面：指快速移动是在用 I、J、K 三个分矢量定义好的一个平面上进行的。注意，这个平面可以不与机床 Z 轴垂直。此选项多用于固定三轴加工以及 3+2 轴加工的情况。

2）圆柱：指快速移动是在用圆心、半径、圆柱轴线方向来定义的一个圆柱体的表面上进行的。该选项多用于旋转加工类刀具路径。

3）球：指快速移动是在用圆心、半径定义的一个球体的表面上进行的，该选项也多用于旋转加工类刀具路径。

4）方框：指快速移动是在用角点和长、宽、高尺寸定义的一个方形体表面上进行的。

例 2-2　设置不同方式的快进高度

详细操作步骤：

步骤一　打开项目文件

在 PowerMill 功能区中，单击“文件”→“打开项目”，选择打开“E:\PM2019EX\ch02\2-02 knob”。该加工项目文件内已经包括了一条计算完成的刀具路径。

操作视频

步骤二　设置不同方式的快进高度

1）在 PowerMill“开始”功能区中，单击刀具路径连接按钮 刀具路径连接，打开“刀具路径连接”对话框。按图 2-27 所示更改“快进高度”为“200.0”，单击“应用”按钮，系统即将新的快进高度应用于当前激活的刀具路径，如图 2-28 所示。

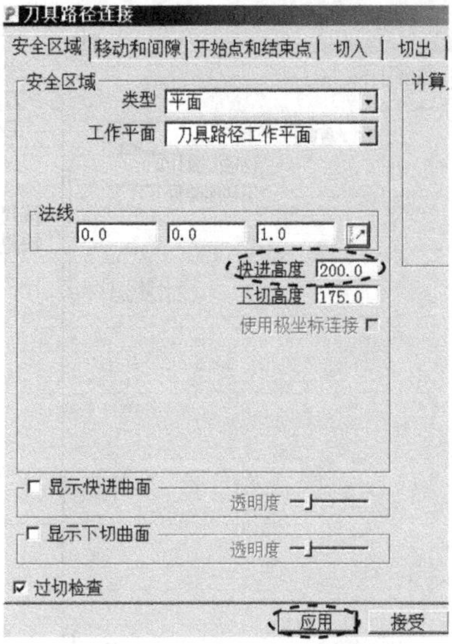

图 2-27　平面参数设置

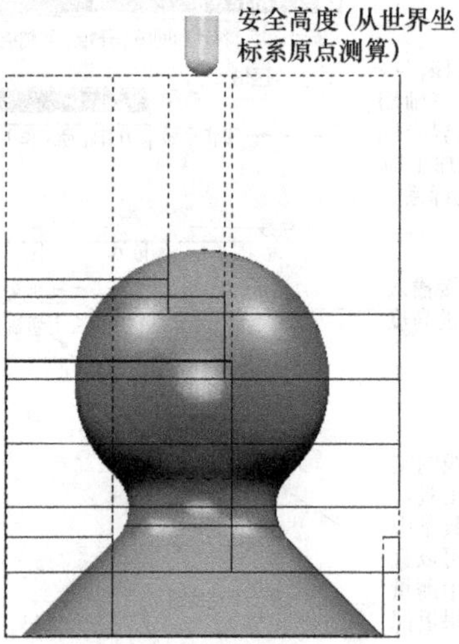

图 2-28　平面快进刀具路径

2）在“刀具路径连接”对话框中，设置“安全区域”的“类型”为“圆柱”，其余参数按图 2-29 所示设置，然后单击“应用”按钮，系统计算出图 2-30 所示刀具路径。

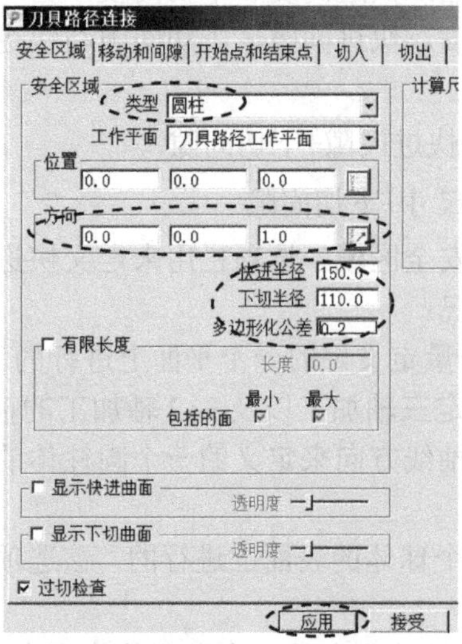

图 2-29　圆柱参数设置

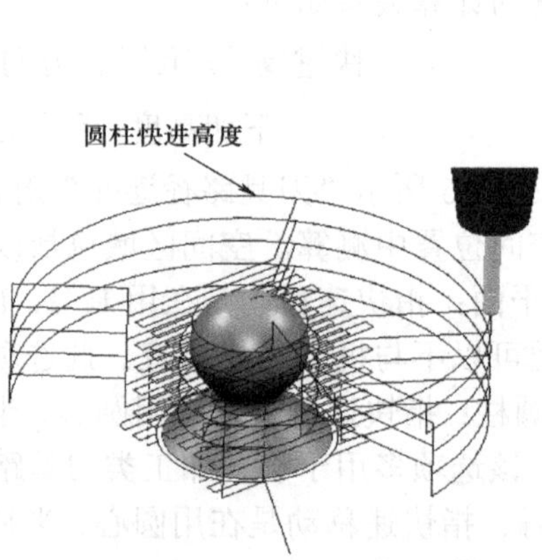

图 2-30　圆柱快进刀具路径

3）在“刀具路径连接”对话框中，设置“安全区域”的“类型”为“球”，其余参数按图 2-31 所示设置（设置完成后不要关闭该对话框），然后单击“应用”按钮，系统计算出图 2-32 所示刀具路径。

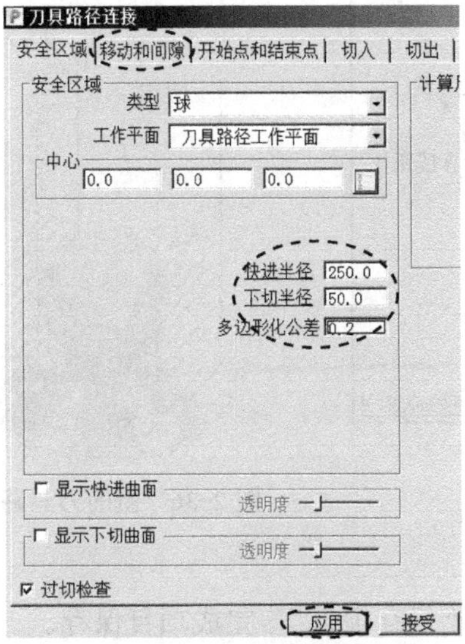

图 2-31　球参数设置

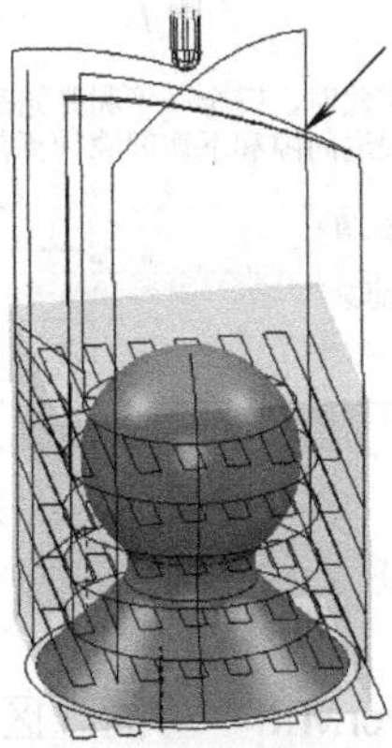

图 2-32　球快进刀具路径

4）在“刀具路径连接”对话框中，设置“安全区域”的“类型”为“方框”，其余参数按图 2-33 所示设置（完成后不关闭该对话框），然后单击“应用”按钮，系统计算出图 2-34 所示刀具路径。

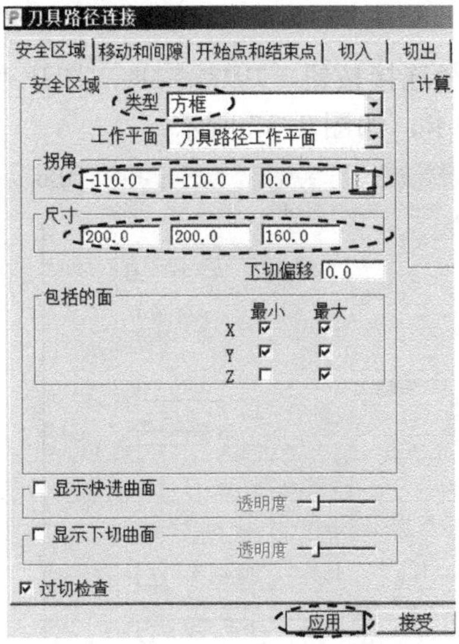

图 2-33　方框参数设置

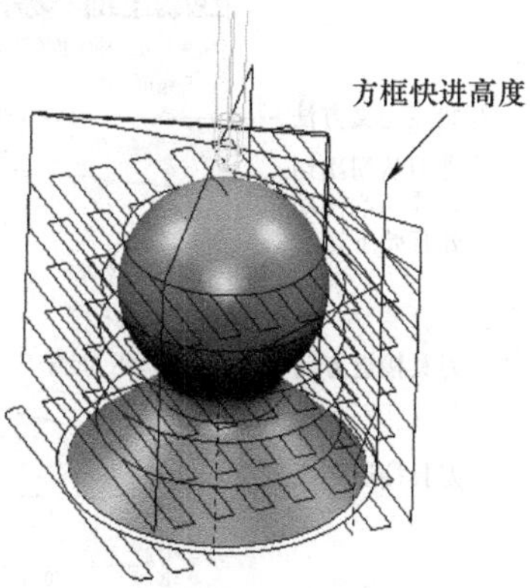

图 2-34　方框快进刀具路径

5）在“刀具路径连接”对话框中，设置“安全区域”的“类型”为“平面”，其余参数按图 2-35 所示设置（完成后不关闭该对话框）。

单击“应用”按钮，系统计算出图 2-36 所示刀具路径。

单击“取消”按钮，关闭“刀具路径连接”对话框。

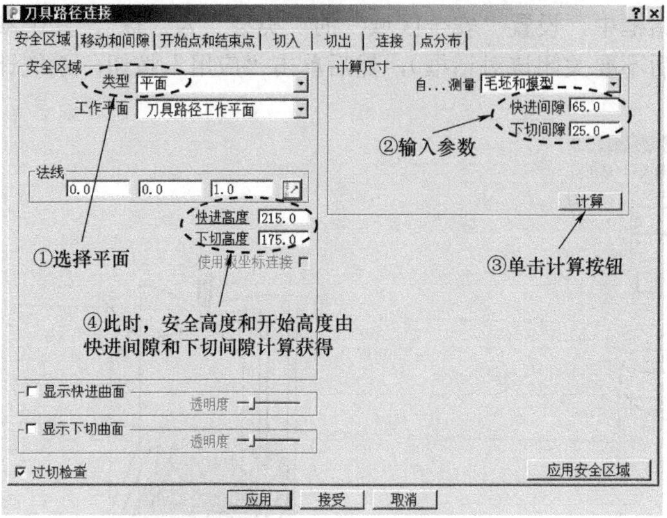

图 2-35 计算尺寸设置

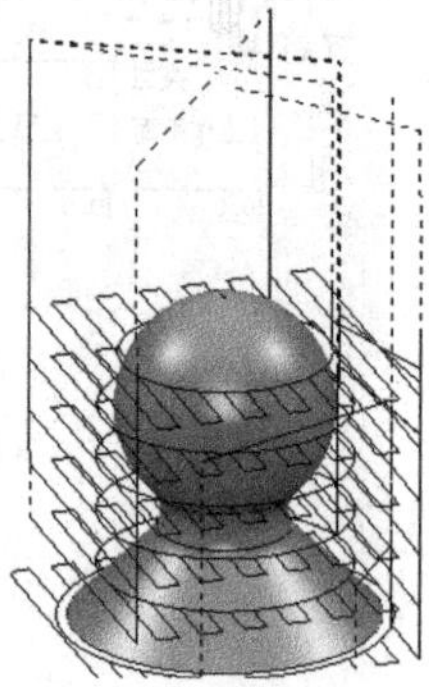

图 2-36 新的刀具路径

步骤三 保存项目

在 PowerMill“功能”区中，单击“文件”→“保存项目”，完成项目保存。

2.1.5 定义刀具路径开始点和结束点

定义刀具路径的开始点和结束点至关重要，尤其是 3+2 轴加工方式和五轴联动加工方式编程时，刀具路径开始点和结束点的设置就更重要，稍有不当的设置，就会导致刀具进刀或退刀时与工件或夹具相撞。

在 PowerMill“开始”功能区中，单击刀具路径连接按钮 刀具路径连接，打开“刀具路径连接”对话框，切换到“开始点和结束点”选项卡，如图 2-37 所示。

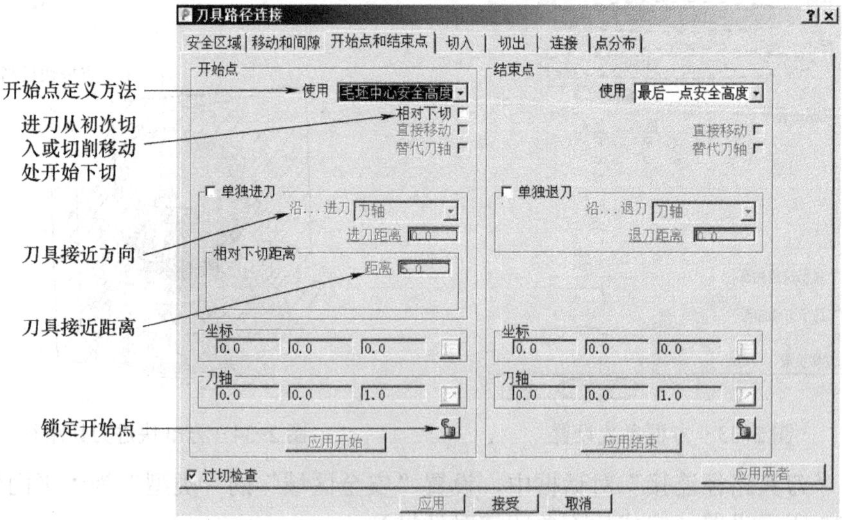

图 2-37 “开始点和结束点”选项卡

开始点和结束点的设置方法和过程是完全相同的，在此只介绍开始点的设置。

1. 设置开始点的位置

在“开始点和结束点”选项卡中，单击“使用”栏右侧的小三角形按钮，展开设定开始点位置的四个选项，其含义如图 2-38 所示。

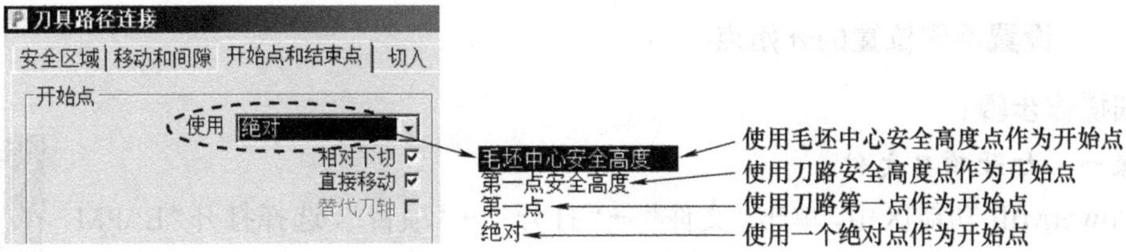

图 2-38　开始点位置

影响开始点位置的还有以下选项：

1）相对下切：勾选此复选项时，进刀移动从初次切入或切削移动开始位置的相对距离处开始下切。注意:此选项仅适用于开始点。

2）直接移动：勾选此复选项时，刀具会直接从指定开始点移动到初次切入或切削移动的开始位置（注意使用机床仿真以确保可以安全地执行此操作）。

3）替代刀轴：在默认情况下，刀轴的矢量方向总是与 Z 轴一致的（I=0，J=0，K=1，这些栏目是灰色的），如果要使进刀点选项卡中“沿…接近”栏设置的“刀轴”与默认刀轴不一致，可以勾选该复选框，从而激活 I、J、K 的设置。替代刀轴选项一般在多轴加工时使用。

2. 设置进刀位置

在“开始点和结束点”选项卡中，勾选“单独进刀”，可采用与其他快进连接中的进刀和退刀移动不同的方式定义初次进刀或最后退刀移动。

在激活的“沿…接近”栏，可以展开四种刀具接近工件的设置方法，如图 2-39 所示。

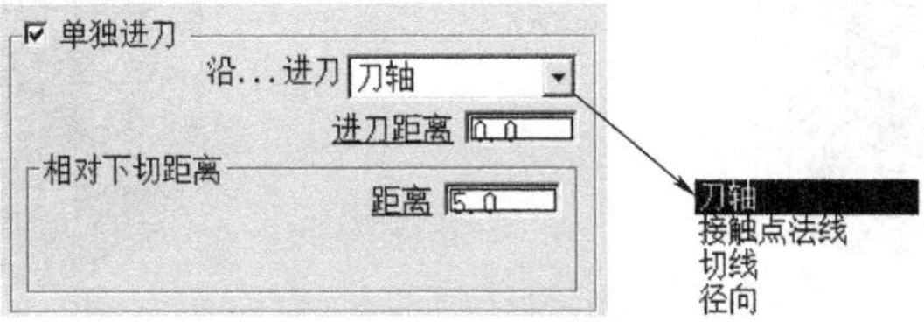

图 2-39　接近设置

1）刀轴：进刀点与刀具轴向一致，这个选项是默认的。

2）接触点法线：在接触点法线方向进刀。如果刀具路径不是由接触点法线生成的，则不能用这个选项。

3）切线：进刀点与模型表面相切。

4）径向：沿着刀具径向方向接近毛坯。

进刀位置设置选项还包括：

1）进刀距离：输入刀具路径开始点处的进刀移动长度。

2）相对下切距离：输入刀具路径段开始处上方用于停止快进下切，以及对刀具路径执行受控进刀的距离。

3. 坐标

输入坐标以定义开始点的位置。这个选项只有在“使用”栏选择“绝对”时才可用。

4. 刀轴

定义多轴刀具路径的开始点和结束点的刀轴。这个选项只有在勾选“替代刀轴”复选项时才可用。

例 2-3 设置不同位置的开始点

详细操作步骤：

步骤一 打开项目文件

在 PowerMill 功能区中，单击“文件”→“打开”→“项目”，选择打开“E:\PM 2019 EX\ch02\2-02 knob”项目文件。

操作视频

步骤二 设置不同位置的开始点

1）在 PowerMill 资源管理器中，双击“刀具路径”树枝，展开刀具路径列表，右击刀具路径“1”，在弹出的快捷菜单中单击“激活”，确保该刀具路径是激活的（如果刀具路径 1 已经处于激活状态，即可省略这一步）。

2）在 PowerMill“开始”功能区中，单击刀具路径连接按钮 刀具路径连接，打开“刀具路径连接”对话框，切换到“开始点和结束点”选项卡，在默认情况下，系统使用“毛坯中心安全高度”作为开始点，刀具路径开始点如图 2-40 所示。

在“开始点”选项框中的“使用”栏选择“第一点安全高度”，然后单击“应用开始”按钮，开始点移动到图 2-41 所示位置。

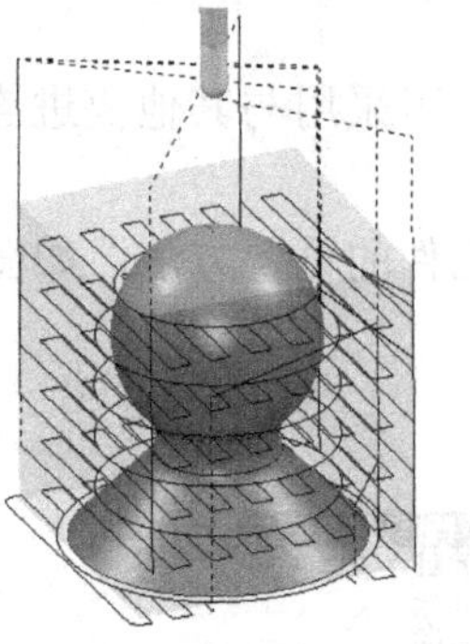

图 2-40 开始点在毛坯中心安全高度

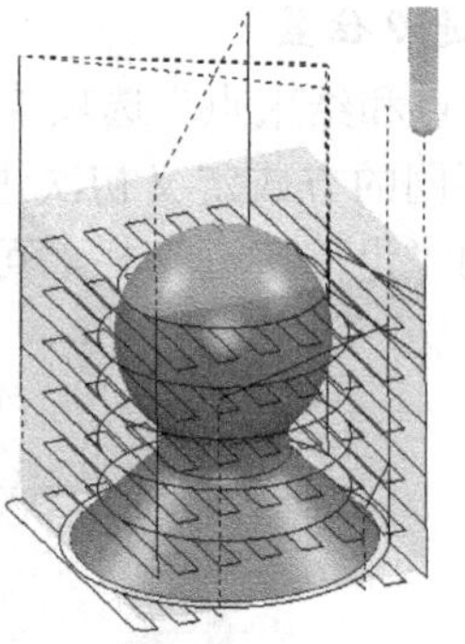

图 2-41 开始点在第一点安全高度

3）在“开始点”选项框中的“使用”栏选择“第一点”，然后单击“应用开始”按钮，开始点移动到图 2-42 所示位置。

此时，在“开始点”选项框中的“进刀距离”栏输入 100，刀具向上移到图 2-43 所示位置。

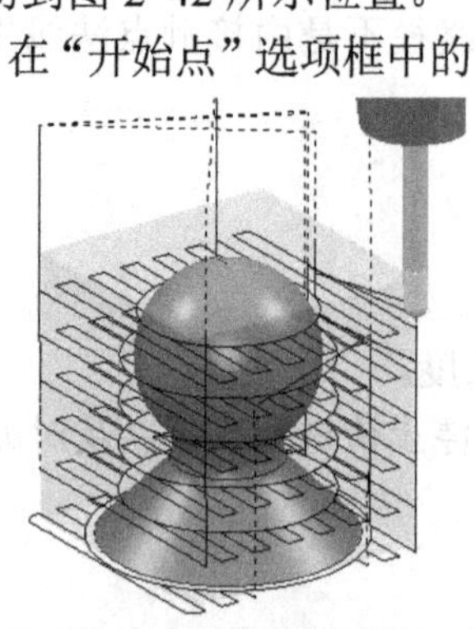

图 2-42 开始点在第一点

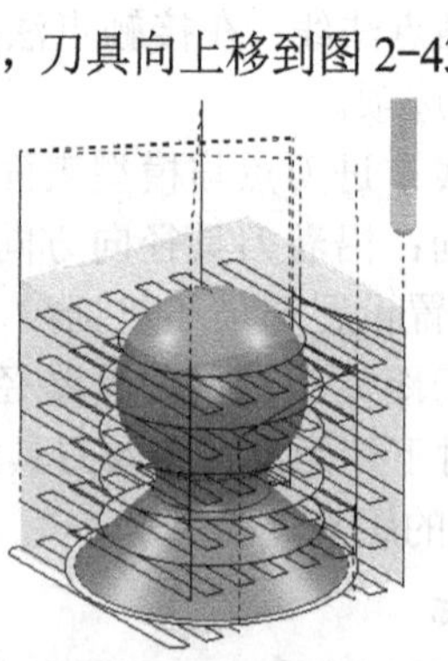

图 2-43 开始点增加进刀距离

4）在“开始点”选项框中的“使用”栏选择“绝对”，按图 2-44 所示设置参数，单击“应用开始”按钮，开始点移动到图 2-45 所示位置。

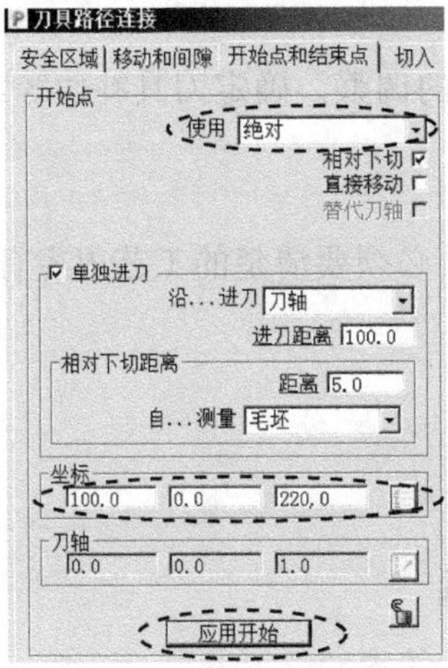

图 2-44　绝对点坐标

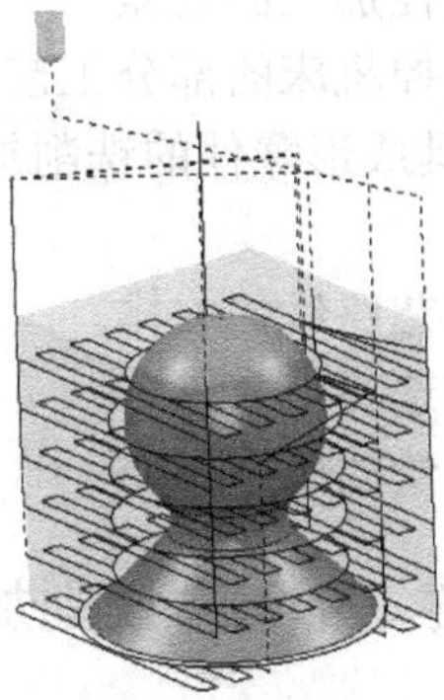

图 2-45　绝对点下刀

5）在“开始点”选项框中的“沿...进刀”栏设置为“切线”，单击“应用开始”按钮，系统计算出图 2-46 所示刀具路径。单击“接受”按钮，关闭“刀具路径连接”对话框。

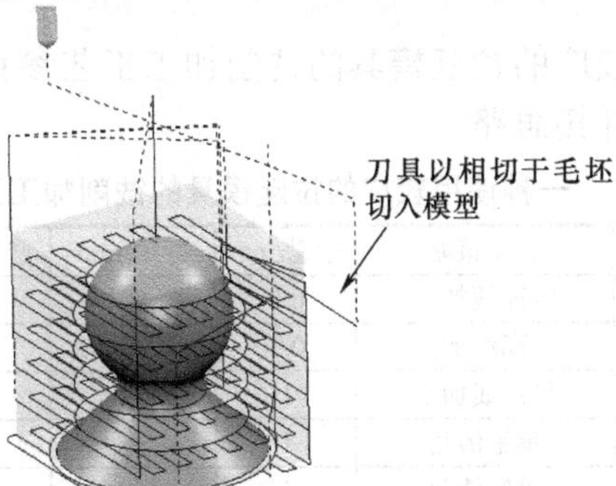

图 2-46　正切切入

步骤三　保存项目

在 PowerMill 功能区中，单击“文件”→“保存”，完成项目保存。

设置好软件的公共参数后，接下来就要选择加工策略以计算刀具路径。不同的加工对象，应采取与之相应的加工策略。那么，这些策略选择的依据是什么？换句话说，面对具体的加工特征，该怎么着手编程呢？这实质上是零件加工工艺的问题。区别于传统的普通加工工艺流程，数控编程员很大程度上同时承担着工艺员的角色。也就是说，一个优秀的编程员应该是一个优秀的工艺员。从这个角度来说，理解和掌握零（部）件数控加工工艺就显得非常必要和重要了。

2.2　模具成形零件数控加工工艺

一般地，数控加工的工艺分析主要包括以下内容：

1）确定零（部）件在数控机床上加工的内容，确定加工工序。

2）分析被加工零件图样，明确加工内容及技术要求，在此基础上确定零件的加工方案，制定数控加工工艺路线。

3）设计加工工序，包括选取零件的定位基准，工步的划分，装夹与定位方案的确定，选取刀具、辅具，确定切削用量。

4）数控加工程序的调整，包括对刀点和换刀点的调整，确定刀具补偿等。

5）分配数控加工的公差。

6）处理数控机床的部分工艺指令。

具体到模具成形零件的铣削加工工序，编程人员必须要清楚的工艺内容有如下三个方面的问题：

1）铣削工艺路线的安排。

2）刀具的选择。

3）切削用量的确定。

2.2.1 模具零（部）件铣削加工工艺路线安排

一般来说，模具成形零件的铣削已经有一些较成熟的工艺路线。不同的生产厂家，有不同的情况，例如毛坯形状、材料会有较大的区别，工具系统（包括机床和刀具以及夹具等）可能有区别，而且热处理的方式方法和所达到的效果也存在区别，因此，采用的铣削工艺路线是有一些区别的。

举例来说，一种使用较广的拉延模具的铣削加工工艺参数见表 2-1。这个表格中的数据主要供读者参考，用于开拓思路。

表 2-1 一种使用较广的拉延模具的铣削加工工艺参数

工序号	工序名称	刀具	加工策略	余量/mm	行距/mm	转速/（r/min）	进给速度/（mm/min）
1	粗加工	ϕ63R5 牛鼻刀	等高线加工	0.8	50	750	6000
2		ϕ32R2 牛鼻刀	等高线加工	0.8	25	1350	6000
3		ϕ50R25 球刀	等高线加工	1	12	1350	1200
4		ϕ50R25 球刀	单笔清角	1	—	2000	600
5		ϕ30R15 球刀	单笔清角	1	—	2000	1000
6		ϕ25R12.5 球刀	单笔清角	1	—	4000	1000
7	半精加工	ϕ30R15 球刀	等高线加工	0.2	3	3300	3500
8		ϕ25R12.5 球刀	单笔清角	0.2	—	3000	1000
9		ϕ25R12.5 球刀	三维偏置	0.2	3	2500	2500
10		ϕ20R10 球刀	等高线加工	0.2	3	3000	3300
11		ϕ20R10 球刀	单笔清角	0.2	—	3000	800
12		ϕ16R8 球刀	单笔清角	0.2	—	3100	800
13		ϕ12R6 球刀	单笔清角	0.2	—	3100	800
14		ϕ10R5 球刀	单笔清角	0.2	—	2900	700
15		ϕ8R4 球刀	单笔清角	0.2	—	2900	500
16		ϕ6R3 球刀	单笔清角	0.2	—	4000	500
17		ϕ4R2 球刀	单笔清角	0.2	—	4000	600
18	精加工	ϕ30R15 球刀	等高+平行	0	0.7	6000	5000
19	清角	ϕ30R15 球刀	笔式清角	0	0.7	6000	5000
20		ϕ16R8 球刀	笔式清角	0	0.6	5000	4000
21		ϕ10R5 球刀	笔式清角	0	0.6	3800	1200
22		ϕ6R3 球刀	笔式清角	0	0.4	4000	500
23		ϕ4R2 球刀	单笔清角	0	0.4	5500	600

2.2.2　刀具的选择

生产中常常会用到很多种铣刀。确定选用铣刀种类的一般原则是，根据工件的表面形状和尺寸来选用不同类型的铣刀。例如，加工较大的平面选择面铣刀比较有效率；加工凹槽、较小的台阶面及平面轮廓应选择平头铣刀；加工空间曲面、模具型腔或凸模成形表面等多选用球头铣刀；加工封闭的键槽选择键槽铣刀；加工变斜角零件的变斜角面优先选用鼓形铣刀；圆弧形的凹槽、斜角面、特殊孔等选用相应的成形铣刀来加工则比较合适。

用于模具加工的刀具，应满足以下两点基本要求：

1）铣刀刚性要好。

2）铣刀寿命较长。

除上述两点之外，铣刀切削刃的几何角度参数以及排屑性能等也非常重要。

下面通过介绍两种使用较多的刀具—— 可转位面铣刀和平头铣刀的刀具角度参数，来具体认识铣削刀具角度参数。

1. 面铣刀主要参数的选择

图 2-47 所示是面铣刀的主要角度参数。

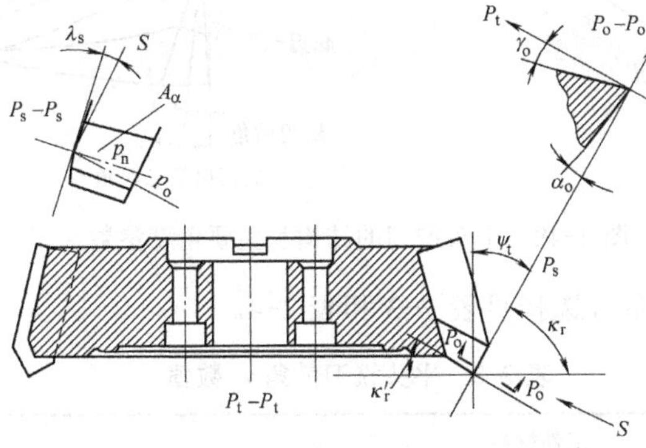

图 2-47　面铣刀主要角度参数

铣刀主要的角度有前角、后角、主偏角、副偏角和刃倾角，其中关键的角度参数是前角和主偏角。

前角分为径向前角和轴向前角。径向前角主要影响切削功率，轴向前角主要影响切屑的形成和切削力轴向分力的方向。双正前角的面铣刀，切削刃锋利，适用于软材料、不锈钢、耐热钢的切削；双负前角的面铣刀强度高，抗冲击，适用于铸钢、铸铁的切削。

主偏角是切削刃与切削平面的夹角，有 90°、88°、75°、70°、60°、45° 等几种。主偏角主要影响切削力的径向分力和切削深度。而径向切削分力直接影响切削功率和刀具的抗振性能，主偏角越小，径向切削力越小，抗振性越好。45° 主偏角面铣刀为一般加工首选，背向力大，约等于进给力，切削铸铁时，有利于防止工件边缘产生崩落。90° 主偏角用于铣削带凸肩的平面，其径向切削力等于切削力，进给抗力大，易振动。

由于铣削时有冲击，故前角 γ_o 数值一般比车刀略小，尤其是硬质合金面铣刀，前角数值减小得更多些。铣削强度和硬度都较高的材料可选用负前角。前角的数值主要根据工件材料和刀具材料来选择，其具体数值可参见表 2-2。

表 2-2 面铣刀的前角 γ_o 数值 单位：（°）

刀具材料	工件材料			
	钢	铸铁	黄铜、青铜	铝合金
高速钢	10～20	5～15	10	25～35
硬质合金	−15～15	−5～5	4～6	15

2. 平头铣刀主要参数的选择

图 2-48 所示是直柄平头铣刀的结构及主要角度参数。

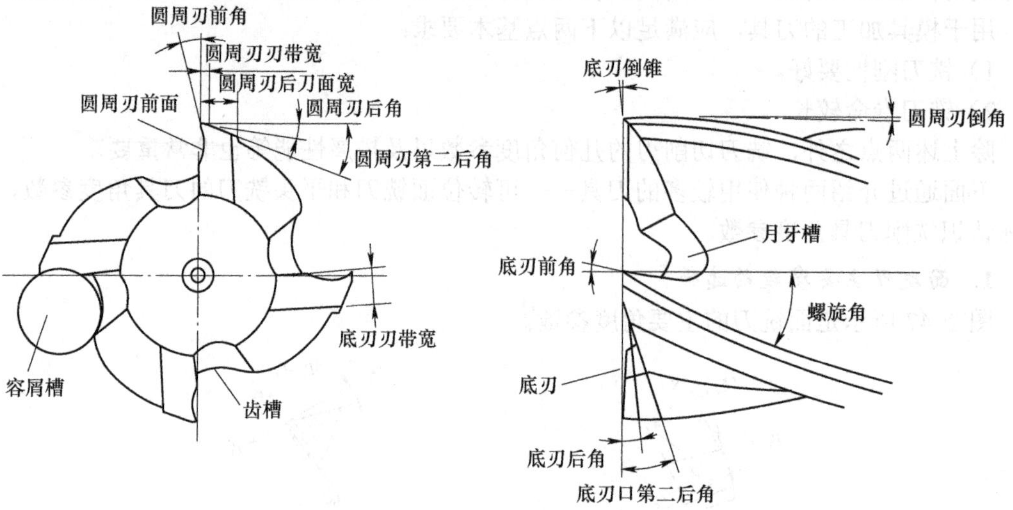

图 2-48 平头铣刀的结构和主要角度参数

平头铣刀前角和后角参数选择见表 2-3 和表 2-4。

表 2-3 平头铣刀前角 γ_o 数值

工件材料		前角 γ_o /（°）
钢	δ_b < 0.589 GPa	25
	0.589 GPa ≤ δ_b ≤ 0.981 GPa	15
	δ_b > 0.981 GPa	10
铸铁	≤150 HBW	15
	>150 HBW	10

表 2-4 平头铣刀后角 α_o 数值

铣刀直径/mm	后角 α_o /（°）
<10	25
10～20	20
> 20	16

毛坯在粗加工时，选择多大直径的刀具来加工以达到经济、质量和高效的平衡是很关键的问题。一般情况下，是凭借以往的加工经验来选择刀具直径。如果要精确计算所需开粗刀具直径的话，可以参考图 2-49 所示平头铣刀粗加工直径计算公式。

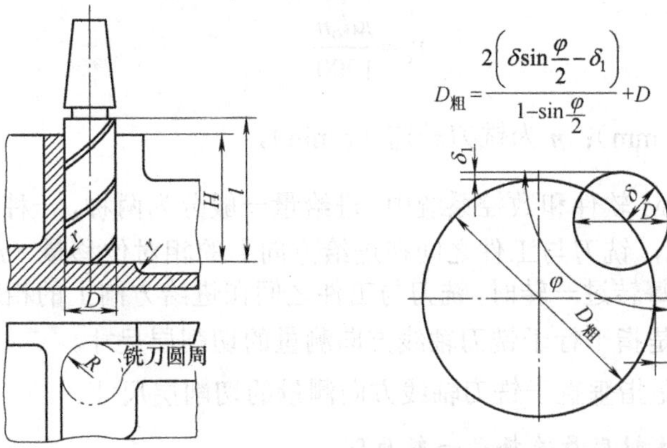

图 2-49　平头铣刀粗加工刀具直径选择

图 2-49 所示粗加工刀具直径 $D_{粗}$ 的计算公式中，D 为零件圆角直径，δ_1 为粗加工全局余量，δ 为零件圆角余量，φ 为零件夹角。

2.2.3　数控铣削加工切削用量的确定

切削用量的选取在数控加工过程中占据极其重要的地位，它的选择恰当与否直接关系到加工出的零件尺寸精度、表面质量以及刀具磨损、机床和操作人员的安全等。初学铣削的新手往往对切削用量的选择很迷惑。一个重要的观念是，切削用量的选择是要靠不断的切削经验来积累的。所谓有经验的加工人员，其经验大部分就是指使用不同刀具、不同材料和机床进行切削而积累的切削用量选择经验。

由于切削用量的重要性，这里着重回顾一下有关切削用量方面的理论知识以及部分材料和刀具的切削用量经验值，让初学者形成初步的认识。另外，PowerMill 主要用于铣削编程，所以主要介绍铣削用量方面的知识。

1. 铣削用量的含义

铣削用量是指在铣削过程中铣削速度（v_c）、进给量（f）和背吃刀量（a_p）、侧吃刀量（a_e）的总称。铣削用量各要素如图 2-50 所示。

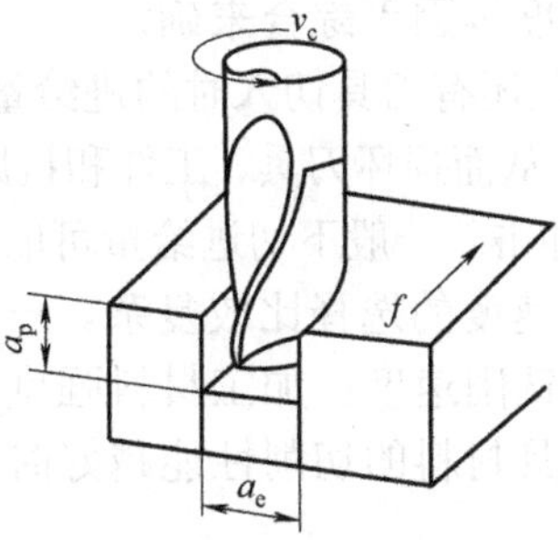

图 2-50　铣削用量

1）铣削速度 v_c：铣削速度是指铣削主运动（即刀具的旋转运动）的瞬时速度，它一般是用主轴转速来表示。铣削速度与主轴转速的关系如下：

$$v_c = \frac{\pi d_0 n}{1000}$$

式中，d_0 为铣刀外径（mm）；n 为铣刀转速（r/min）。

2）进给量 f：在 CAM 软件和数控系统中，进给量一般分为两种，一种是每齿进给量 f_z，指铣刀每转过一个齿时，铣刀与工件之间在进给方向上的相对位移量（mm/z）；另一种是每转进给量 f_n，指铣刀每转过一转时，铣刀与工件之间在进给方向上的相对位移量（mm/r）。

3）背吃刀量 a_p：是指平行于铣刀轴线方向测量的切削层尺寸。

4）侧吃刀量 a_e：是指垂直于铣刀轴线方向测量的切削层尺寸。

2. 常规数控加工铣削用量选择的一般原则

尽管高速切削机床及加工技术有普遍推广应用的趋势，但在当前的生产环境中，常规的切削加工技术还是主流，因此本节内容主要介绍的是常规数控加工铣削用量的选择。

（1）背吃刀量及侧吃刀量的选择

1）粗加工时（表面粗糙度 *Ra* 为 50～12.5μm），在条件允许的情况下，尽量一次切除该工序的全部余量。如果分两次进给，则第一次背吃刀量尽量取大值，第二次背吃刀量尽量取小值。

2）半精加工时（表面粗糙度 *Ra* 为 6.3～3.2μm），背吃刀量一般为 0.5～2mm。

3）精加工时（表面粗糙度 *Ra* 为 1.6～0.8μm），背吃刀量一般为 0.1～0.4mm。

4）使用面铣刀粗加工时，当加工余量小于 8mm 且工艺系统刚度大时，留出半精铣余量 0.5～2mm 以后，尽量一次进给去除余量；当余量大于 8mm 时，可分两次或多次进给。侧吃刀量 a_e 与面铣刀直径 d_0 应保持如下关系：

$$d_0 = (1.1 \sim 1.6)\ a_w$$
$$a_e = (50\% \sim 80\%)\ d_0$$

（2）进给量的选择　粗加工时，主要追求的是加工效率，要尽快将大部分余量去除掉，此时，进给量主要考虑工艺系统所能承受的最大进给量。因此，在机床刚度允许的前提下，尽量取大值。

精加工和半精加工时，最大进给量主要考虑加工精度和表面粗糙度，另外还要考虑工件材料、刀尖圆弧半径和切削速度等因素综合来确定。

在编程时，除切削进给量外，还有刀具切入时的进给量。该值太大的话，刀具以很快的速度直接撞入工件，会形成裁刀，从而损坏刀具、工件和机床；也不能太小，太小的话刀具从下切速度转为切削速度时会形成冲击。一般下切进给量可取切削进给量的 60%～80%。

（3）铣削速度的选取　铣削速度的选择比较复杂。一般而言，粗加工时，应选较低的铣削速度，精加工时选择较高的铣削速度；加工材料强度、硬度较高时，选较低的铣削速度，反之取较高的铣削速度；刀具材料的切削性能越好时，选择较高的铣削速度，反之取较低的铣削速度。

3. 铣削用量资料

表 2-5 是某车间使用的铣削用量部分参数，机床为国产普通数控加工中心，列出来供读者参考。

表 2-5　某车间铣削用量部分参数

刀具	工件材料	刀具伸出夹头量/mm	转速/（r/min）	进给量/（mm/min）			背吃刀量/mm
				粗	半精	精	
d30r5	硬度小于 35 HRC 钢件	120	1600	2000			0.80
d25r5		120	1700	2000			0.80
d10r0		35	1200	1000			0.40
d8r0		30	1400	1000			0.35
d16r8		100	2200		1800	1600	
d10r5		80	2800		1600	1400	
d8r4		60	3000		1600	1200	
d6r3		40	3000		1400	1200	
d25r0.8	红铜	120	2500	2500	2500		1
d10r0		50	1500	1500	2000		1
d16r8		100	2000		2000	1500	
d10r5		60	2700		2000	1500	
d6r3		40	3000		1500	1400	
d25r0	铝		750	1100			
d10r0			2700	2800			
d20r10			1600	1800			
d10r5			3500	1500			
d20r0	树脂		900	1200			
d10r0			2800	2000			
d20r10			900	1800			
d10r5			3200			6000	
d6r3			3500			6000	

2.3　练习题

图 2-51 所示是一个气盖零件，要求完成以下任务：

1）创建长方体毛坯。毛坯在 X、Y 两个方向单边余量 5mm，Z 方向余量为 0。

2）创建位于毛坯上表面中心点的工作平面 1 作为对刀坐标系。

3）创建一把粗加工刀具（刀尖圆角端铣刀）和一把精加工刀具（球头刀）（尺寸自定）。

4）计算安全高度并设置刀具路径起始点坐标为（0，0，50），结束点为最后一点安全高度。源文件请扫描前言的“习题源文件”二维码获取，在 xt sources\ch02 目录下。

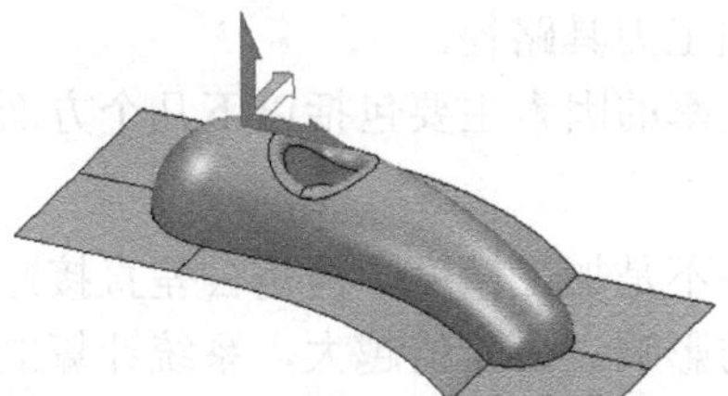

图 2-51　气盖零件

第 3 章 PowerMill 2019 粗加工编程经典实例

📖 本章知识点

- ✧ 影响粗加工效率的因素。
- ✧ 提高粗加工效率的编程方法。
- ✧ 计算倒圆行切、赛车线和自动摆线加工刀路。
- ✧ 计算 Vortex（漩涡）旋风铣加工刀路。

在 PowerMill 系统中，一般使用 3D 区域清除策略来计算粗加工刀具路径。在一些特殊情况下，如毛坯是铸造件，或者毛坯是目标数模的放大比例模型，也可以通过灵活设置公差、余量以及下切步距等参数使用精加工策略来计算粗加工刀具路径。换句话说，粗、精加工刀具路径在计算策略上并没有绝对的划分。

常用来计算粗加工刀具路径的策略包括模型区域清除、等高切面区域清除、拐角区域清除、插铣和模型残留区域清除五种。其中，模型区域清除策略能够计算出平行、偏置模型、偏置全部和 Vortex（漩涡）旋风铣四种样式的刀具路径，清除毛坯中多余的材料，是一种最常使用的粗加工刀具路径计算策略。

3.1 影响粗加工效率的因素

粗加工追求的首要目标是快速的加工效率。因此，衡量粗加工刀具路径质量高低的主要指标之一就是切削时间。不同的 CAM 软件，如果计算粗加工刀具路径的算法不同，则有可能计算出不同效率的粗加工刀具路径。

归纳起来，影响粗加工效率的因素主要包括以下几个方面。

1. 公差

虽然粗加工首要追求的并不是加工精度，但是公差直接影响插补精度，插补点数量的多少对进给和转速也有直接的影响。公差值越大，系统计算的插补点越少，机床要走的行程点也越少，则机床的实际进给和转速与程序中设置的进给和转速相差就会越小，从而能有效地提高加工效率。在覆盖件模具加工中，切削铸件（材料为 HT200）的粗加工公差一般设置为 0.1mm，半精加工公差一般设置为 0.05mm，精加工公差一般设置为 0.01mm，清角公差一般设置为 0.05mm，这些值供读者参考使用。

2. 切削用量

切削用量决定金属去除率。金属切削原理知识告诉我们，铣削的四要素包括切削速度（主轴转速）v_c、进给量f、侧吃刀量a_e以及背吃刀量a_p。金属去除率Q直接与a_e、a_p、f相关，其计算公式为

$$Q = \frac{a_e a_p f}{1000}$$

因此，在计算刀具路径时，增加行距以及下切步距，同时提高进给量，可以直接提高金属去除率，从而提高粗加工效率。

3. 提刀次数

在加工过程中，机床每提刀一次，就会出现空行程，同时会出现下切速度较慢的切入进给段，提刀次数越多，粗加工效率越低。因此，通常希望粗加工刀具路径的提刀次数越少越好，这也是衡量一种 CAM 软件计算粗加工刀具路径优劣的最直接、最明显的要素之一。

4. 进刀方式

进刀方式一般可以分为直接下刀、斜线下刀以及螺旋线下刀三种方式。就加工效率而言，直接下刀是效率最高的一种进刀方式，在切削非金属材料，如泡沫、塑料等时，就可以设置进刀方式为直接下刀。在切削金属材料时，出于保护机床、刀具和工件的目的，在计算刀具路径时，一般会设置进刀方式为斜线下刀或螺旋线下刀，但是这两种方式均会显著改变机床运行过程中的进给和转速，从而降低粗加工效率，如果机床的加减速性能不好的话，这种减速影响就更加明显。

5. 进给方式

进给方式可以通俗地理解为刀具轨迹的分布方式，最基本的两种进给方式是平行线进给以及偏置轮廓线（轮廓线是指在某一 Z 高度方向上的零件轮廓以及毛坯轮廓）进给方式。高效的进给方式应该没有刀具轨迹的重叠现象出现，在刀具路径的段与段之间的转弯过渡处，应该倒圆角处理，不要出现直角或尖角转弯的刀具路径。另外，由于偏置轮廓线刀具路径一般要由 X 轴和 Y 轴联合插补运动来完成，它的效率不如平行线进给方式，所以，高效的粗加工刀具路径还要求偏置轮廓线刀具路径要少。在这一方面，就编著者所用过的 CAM 软件中，只有 PowerMill 系统能够实现这一点。

6. 下刀点

在粗加工过程中，下刀点如果数目过多，而且不在同一位置的话，会显著增加机床空行程时间，从而降低粗加工效率。所以，通常希望粗加工下刀点都落在同一点。

3.2 提高粗加工效率的编程实例

下面借助一个具体的例子来详细讨论提高粗加工效率的编程方法。在这个例子中，请读者着重关注以下几个方面：

1）同一下刀点的设置方法。

2）减少提刀的编程方法。

3）计算高速粗加工刀具路径的编程方法（包括赛车线技术、自动摆线技术和倒圆行切技术以及 Vortex 旋风铣）。

4）提高二次粗加工效率的方法。

例 3-1 车灯罩凸模零件粗加工

如图 3-1 所示零件，要求计算高效的粗加工刀具路径。

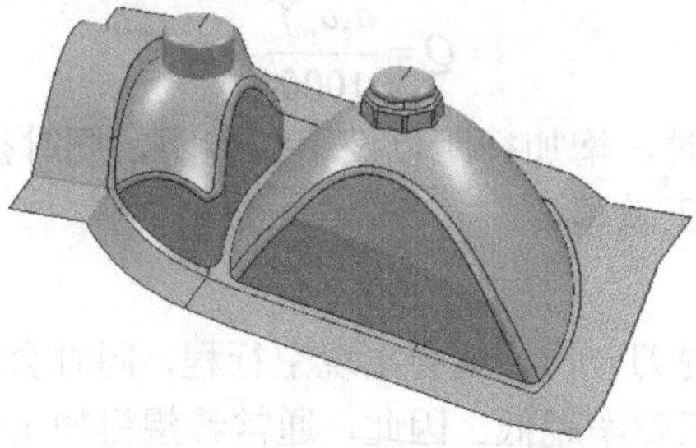

操作视频

图 3-1 车灯罩模具零件

编程工艺思路

图 3-1 是一个车灯罩模具零件。该零件的结构具有以下特点：

1）零件总体尺寸为 131mm×58mm×75mm，主要由成形曲面构成。

2）两车灯之间的间距较小，沟槽较深（大于 40mm），要注意刀具的伸出量以及刀具直径的选取。

在本例中，拟选用直径 20mm、刀尖圆角 1mm 的刀尖圆角端铣刀配合模型区域清除策略来计算粗加工刀具路径。

详细操作步骤：

步骤一 新建加工项目

1）复制文件到本地磁盘：扫描前言的“实例源文件”二维码，下载并复制文件夹“Source\ch03”到“E:\PM2019EX”目录下。

2）启动 PowerMill 2019 软件：双击桌面上的 PowerMill 2019 图标，打开 PowerMill 系统。

3）输入模型：在 PowerMill 功能区中，单击“文件”→“输入”→“模型”，打开“输入模型”对话框，选择“E:\PM2019EX\ch03\hlamp.dgk”文件，然后单击“打开”按钮，完成模型输入操作。

步骤二 准备加工

1）创建毛坯：在 PowerMill“开始”功能区中，单击创建毛坯按钮，打开“毛坯”对话框，勾选“显示”选项，然后单击“计算”按钮，如图 3-2 所示，创建出方形毛坯，如图 3-3 所示，单击“接受”按钮完成创建毛坯操作。

2）创建对刀坐标系（模型分中）：如图 3-2 所示毛坯限界尺寸，说明当前的对刀坐标系（世界坐标系）不在毛坯上的特征点。从对刀操作方便的角度考虑，拟创建一个新的对刀坐标系。

在 PowerMill 资源管理器中，右击“工作平面”树枝，在弹出的快捷菜单条中单击“产生并定向工作平面”→“使用毛坯定位工作平面...”，系统即在毛坯上的一些特征点位置标记出圆点符号，在图 3-4 所示箭头所指位置单击，系统即在该点创建出分中工作平面 1。

下面，将世界坐标系移动到工作平面 1 的位置。在资源管理器中，双击“模型”树枝，将它展开。右击该树枝下的“hlamp”，在弹出的快捷菜单条中单击“编辑”→“变换...”，打开“变换模型”对话框。按图 3-5 所示设置参数，将模型从激活工作平面变换到世界坐标系。

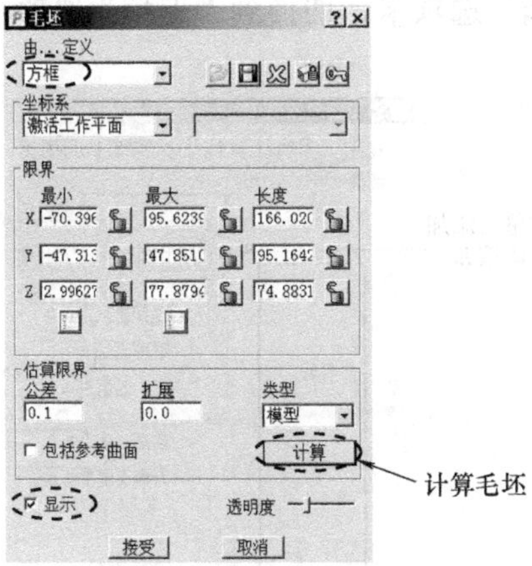

图 3-2　毛坯参数设置

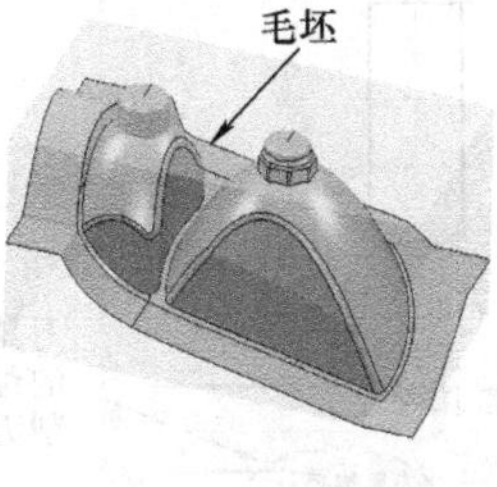

图 3-3　创建毛坯

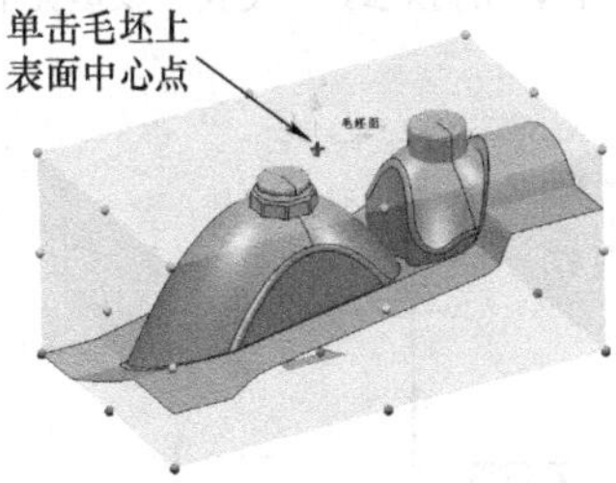

图 3-4　毛坯上的特殊点

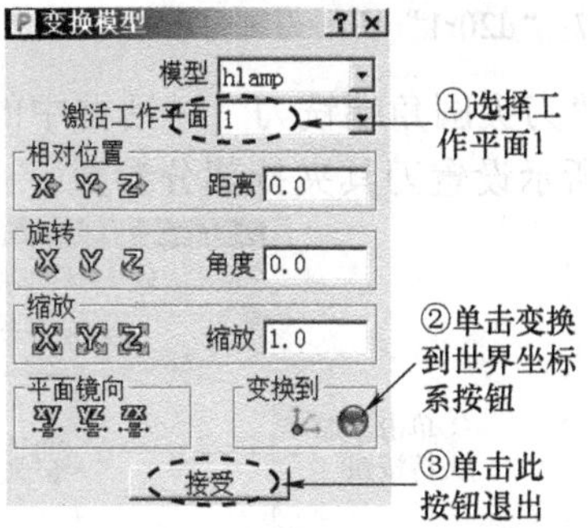

图 3-5　变换设置

此时，在绘图区会发现毛坯已经跑偏了。下面，删除工作平面 1，重新计算毛坯。在资源管理器中，双击“工作平面”树枝，将它展开。右击该树枝下的“1”，在弹出的快捷菜单条中单击“删除工作平面”。

在 PowerMill“开始”功能区中，单击创建毛坯按钮，打开“毛坯”对话框。单击该对话框中的“计算”“接受”按钮，使用软件默认参数重新创建出一个基于新的世界坐标系的长方形毛坯，如图 3-6 所示。

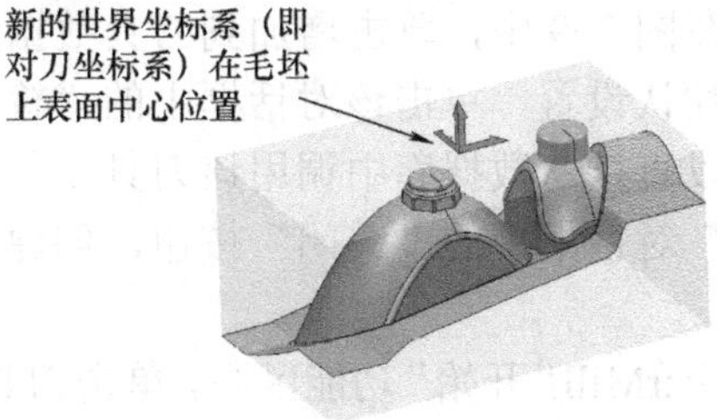

图 3-6　新的世界坐标系

3）创建粗加工刀具并保存到刀具数据库：在 PowerMill 资源管理器中，右击“刀具”树枝，在弹出的快捷菜单条中单击“创建刀具”→“刀尖圆角端铣刀”，打开“刀尖圆角端铣刀”对话框，按图 3-7 所示设置刀具切削刃部分的参数。

单击“刀尖圆角端铣刀”对话框中的“刀柄”选项卡，切换到“刀柄”选项卡对话框，按图 3-8 所示设置刀柄部分参数。

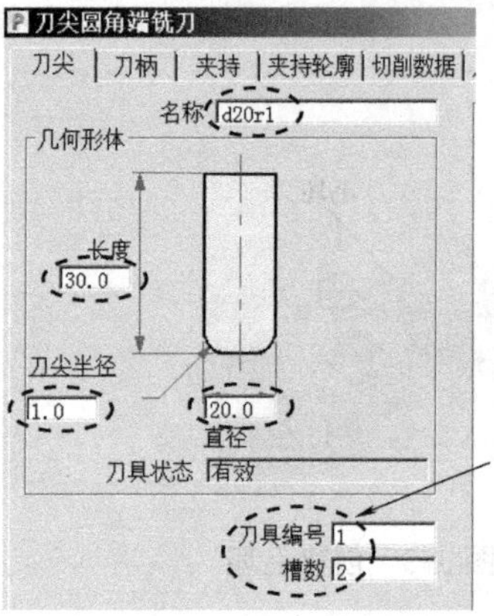

图 3-7 “d20r1”切削刃部分参数

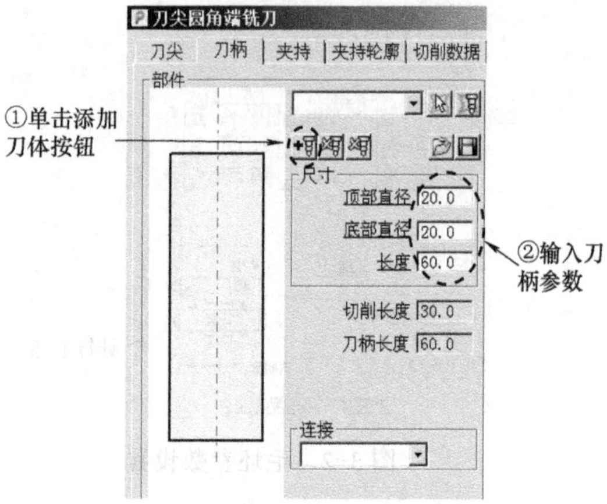

图 3-8 “d20r1”刀柄部分参数

单击“刀尖圆角端铣刀”对话框中的“夹持”选项卡，切换到“夹持”选项卡对话框，按图 3-9 所示设置刀具夹持部分参数。

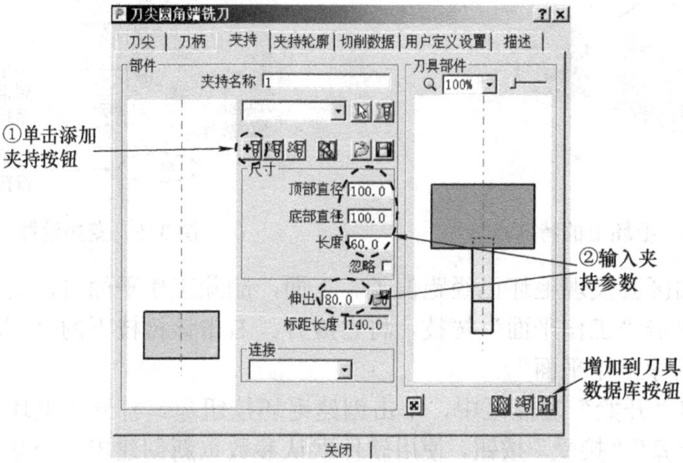

图 3-9 “d20r1”刀具夹持部分参数

完成上述参数设置后，在图 3-9 中，单击增加到刀具数据库按钮，打开“刀具数据库输出”对话框，使用系统默认设置，单击该对话框中的“输出”按钮，将 d20r1 刀具保存到刀具数据库中，以后可以直接从数据库中调用该刀具。

单击“刀尖圆角端铣刀”对话框中的“关闭”按钮，创建出一把带夹持的、完整的刀尖圆角端铣刀“d20r1”。

4）设置安全区域：在 PowerMill“开始”功能区中，单击刀具路径连接按钮 刀具路径连接，打开“刀具路径连接”对话框，按图 3-10 所示设置安全区域参数，设置完参数后不要关闭该对话框。

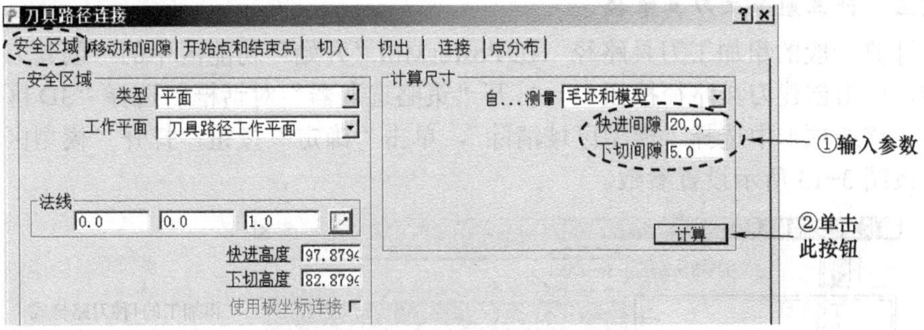

图 3-10　设置安全区域参数

5）设置加工开始点和结束点：在“刀具路径连接”对话框切换到“开始点和结束点”选项卡，在“开始点”栏中设置“使用”选项为“毛坯中心安全高度”，在“结束点”栏中设置“使用”选项为“最后一点安全高度”，如图 3-11 所示，这两个选项是默认选项，只需确认即可。设置完成后，单击“接受”按钮退出。

图 3-11　设置开始点和结束点

6）设置粗加工进给和转速：在 PowerMill“开始”功能区中，单击进给和转速按钮 进给和转速，打开“进给和转速”对话框，按图 3-12 所示设置粗加工进给和转速参数。完成设置后，单击“应用”按钮退出。

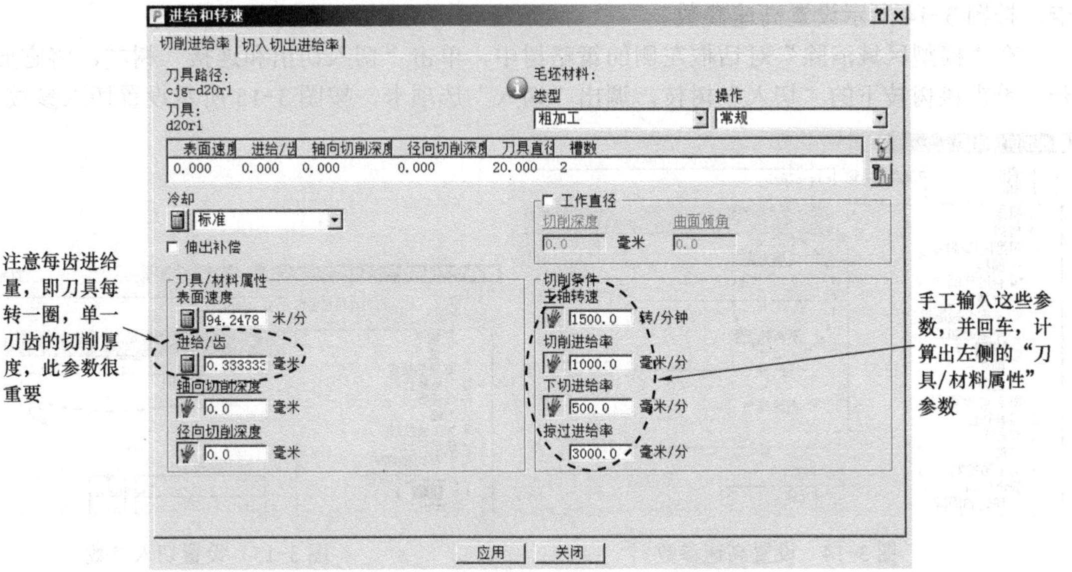

图 3-12　设置粗加工进给和转速参数

步骤三　计算粗加工刀具路径

（1）计算一般的粗加工刀具路径　在 PowerMill“开始”功能区中的“创建刀具路径”工具栏中，单击创建刀具路径按钮，打开“策略选取器”对话框，选择“3D 区域清除”选项卡，在该选项卡中选择“模型区域清除”，单击“确定”按钮，打开“模型区域清除”对话框，按图 3-13 所示设置参数。

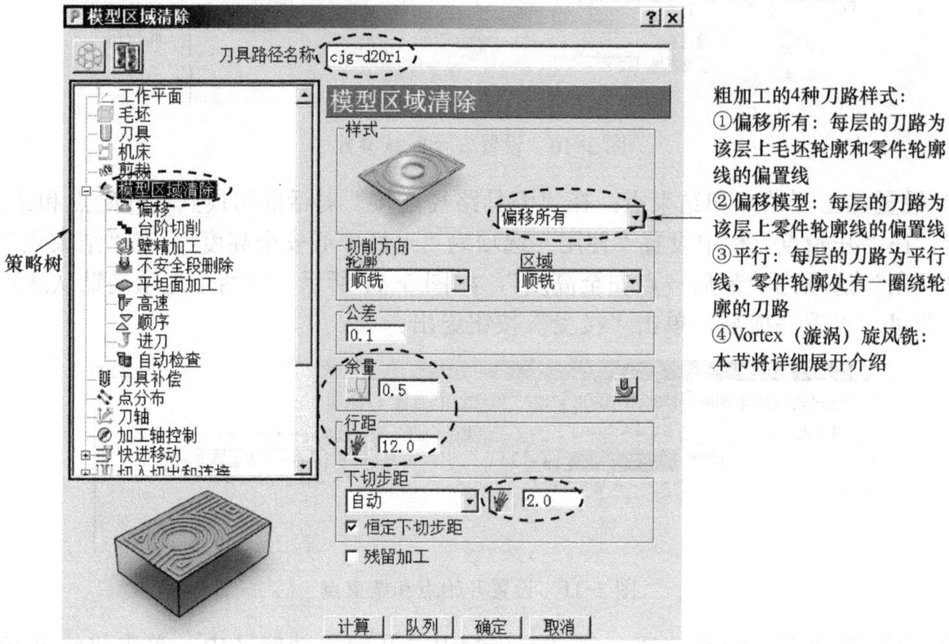

图 3-13　设置粗加工参数

在“模型区域清除”对话框左侧的策略树中，单击“高速”树枝，调出“高速”选项卡，按图 3-14 所示设置高速参数。

在“模型区域清除”对话框左侧的策略树中，单击“切入切出和连接”树枝，将它展开，单击该树枝下的“切入”树枝，调出“切入”选项卡，按图 3-15 所示设置切入参数。

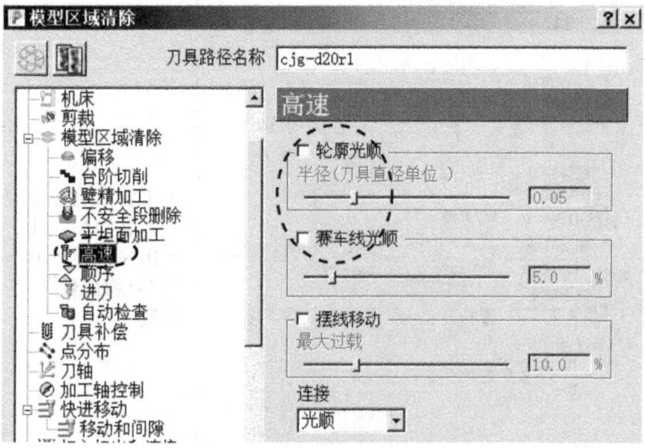

图 3-14　设置高速参数

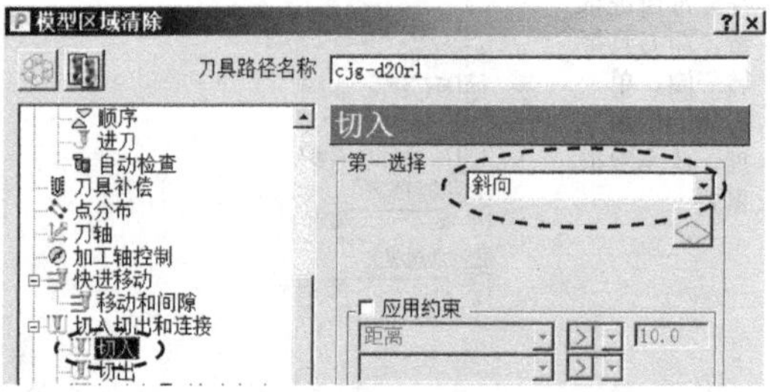

图 3-15　设置切入参数

设置完参数后，单击“计算”按钮，系统计算出图 3-16 所示刀具路径。

单击“关闭”按钮，关闭“模型区域清除”对话框。

在 PowerMill 资源管理器中，双击“刀具路径”树枝，展开它。右击该树枝下的刀具路径“cjg-d20r1”，在弹出的快捷菜单条中单击“统计”，打开“刀具路径统计”对话框，如图 3-17 所示。请读者注意，按图 3-12、图 3-13 所示参数计算，该刀具路径的理论工时是 43min54s，其中切入切出和连接的时间是 15min14s，提刀次数为 176 次（注意，切削参数、进给和转速等不同，这些数据会不一样）。在实际加工过程中，根据不同的机床、夹具和刀具系统，发现运行完这类粗加工刀具路径的实际加工时间往往是理论时间的 2～5 倍，即实际加工时间为 86～215min。

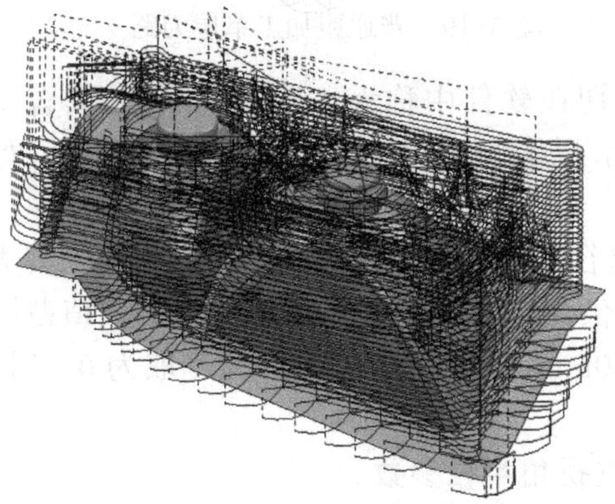

图 3-16　普通的粗加工刀路

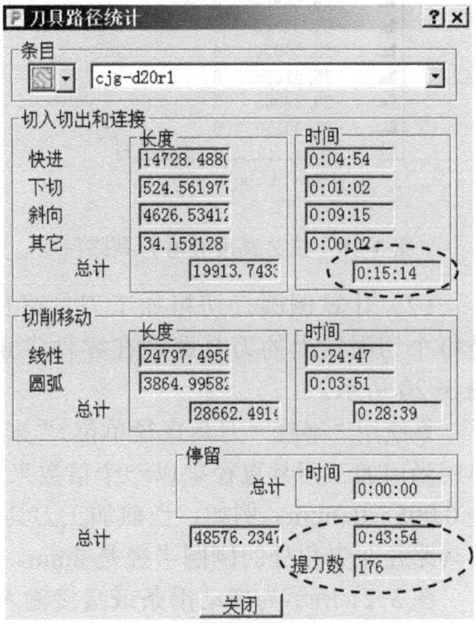

图 3-17　粗加工刀具路径统计一

单击“关闭”按钮，关闭“刀具路径统计”对话框。

我们已经清楚，粗加工首要追求的目标是加工效率，获取最大的材料去除率。为了实现这样的目标，增加切削用量是一种方法，但这种方法很大程度上受到刀具、机床等工艺系统刚性的制约。另一种更可取的方法则是依赖 CAM 软件计算出适合高速加工方式的刀具路径来提高加工效率。

下面来仔细观察图 3-16 所示粗加工刀具路径。在 PowerMill“刀具路径”功能区中的“显示”工具栏中，单击按 Z 高度查看按钮 按Z高度查看，打开“Z 高度”对话框，单击图 3-18 所示“Z 高度”为–25.61791（只需关注小数点后三位即可，第四和第五位数可能不同）行，在绘图区单独显示模型 Z=–25.617 高度处的单层粗加工刀具路径，如图 3-19 所示。

图 3-19 所示刀具路径，在零件的槽缝处，刀具路径是尖角过渡，在零件的开放区域，刀具路径有直角转弯的情况。这种进给方式在高速加工中是要极力避免的，因为这会使机床产生频繁的加减速，从而对刀具、工件以及机床造成损害，并且会极大地影响加工效率。理想的刀具路径是，其拐角处的刀具路径是圆弧而不是尖角或直角。在 PowerMill 系统中，使用倒圆行切技术来生成所需要的理想刀具路径。

关闭“Z 高度”对话框。

图 3-18 按 Z 高度查看刀具路径

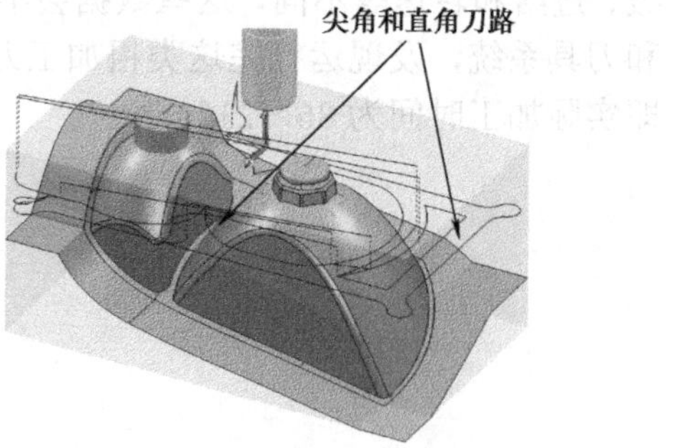

图 3-19 普通粗加工单层刀路

（2）计算倒圆行切粗加工刀具路径 倒圆行切在软件中称为“轮廓光顺”，其含义是每个切削层上的刀具路径在零件尖角部位倒圆，以避免刀具切削方向的急剧变化，如图 3-20 所示。

系统用“半径（刀具直径单位）”来设置刀具路径在尖角部位倒圆角的半径大小。其大小用当前加工刀具直径乘以一个倍数来计算，这个倍数即“刀具直径单位”，它的取值范围是 0.005～0.2mm。例如，当前加工刀具的直径是 20mm，当“刀具直径单位”取为 0.1 时，刀具路径在尖角处的倒圆半径是 2mm。

图 3-21 所示为拖动滑条或直接输入数值来设置拐角半径参数。

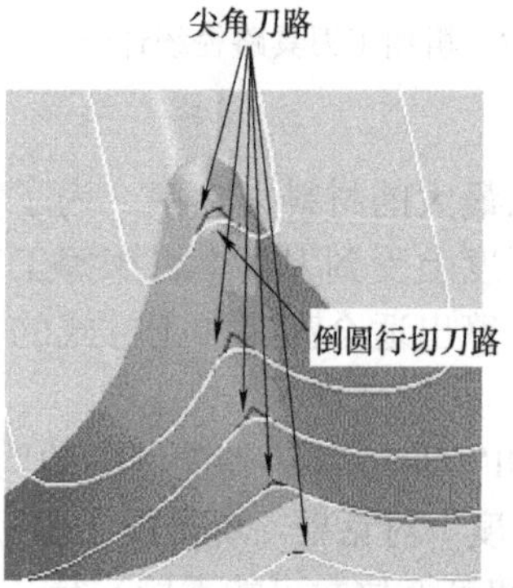

图 3-20 倒圆行切粗加工刀具路径

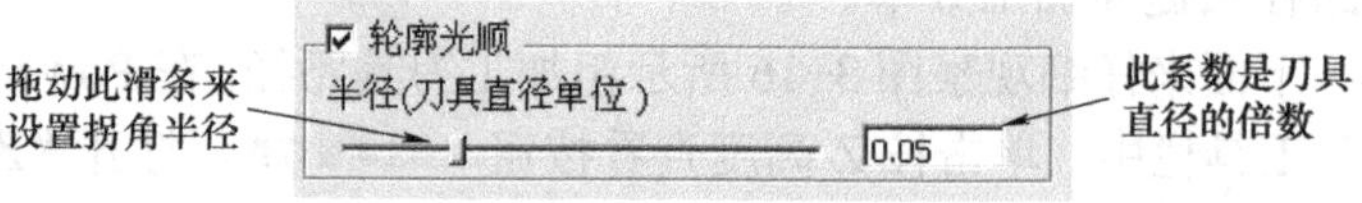

图 3-21 拐角半径参数

在拖动滑条时，由于滑条很灵敏，要想调整到特定的一个数，例如 0.15，会比较困难。解决方法是，当拖动滑条使倍数接近 0.15 时，用键盘上的左、右光标移动键来调整倍数值；另一种方法是直接输入数值。

在 PowerMill 资源管理器的“刀具路径”树枝下，右击“cjg-d20r1”，在弹出的快捷菜单条中单击“设置”，重新打开“模型区域清除”对话框。

在“模型区域清除”对话框中，单击复制刀具路径按钮，基于原刀路参数复制出一条新刀路，在策略树中单击“高速”选项，调出“高速”选项卡，按图 3-22 所示修改刀路名称并设置倒圆行切参数。

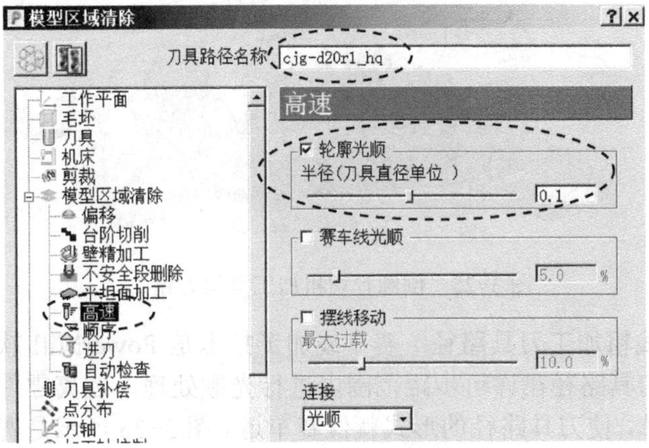

图 3-22　设置轮廓光顺参数

设置完成后，单击“计算”按钮，系统计算出图 3-23 所示刀具路径。

单击“关闭”按钮，关闭“模型区域清除”对话框。接下来查看单层刀路的变化。

单击按 Z 高度查看按钮 按Z高度查看，打开“Z 高度”对话框，单击“Z 高度”为–25.617 行，在绘图区显示模型 Z=–25.617 高度处的单层粗加工刀具路径，如图 3-24 所示。可以看出，零件槽缝区域的刀具路径在拐角处已经是圆弧过渡，但零件开放区域的直角转弯依然存在。

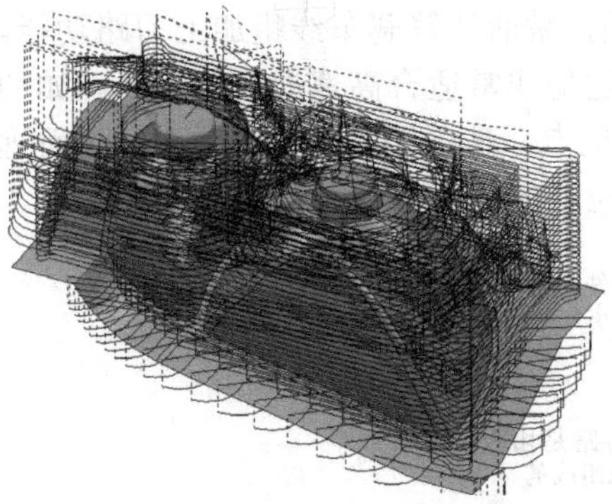
图 3-23　倒圆行切粗加工刀路

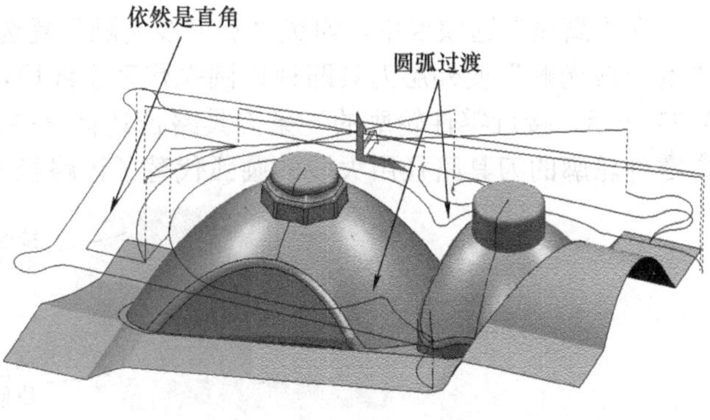

图 3-24　倒圆行切粗加工单层刀路一

进一步观察图 3-23 以及图 3-24 所示刀具路径，在远离零件轮廓处，刀具路径即开始按毛坯和零件的轮廓线偏置生成环绕刀具路径，如图 3-25 所示，其缺点是零件轮廓线越复杂，刀具路径也会越复杂，机床运行时频繁地加速、减速，从而显著地降低切削效率。

图 3-25 所示并不是理想的高速加工刀具路径。理想的刀具路径是，在远离零件轮廓处，刀具路径为赛车线（行距均匀的环线），直到在接近零件轮廓时才生成轮廓偏置刀具路径。

关闭“Z 高度”对话框。

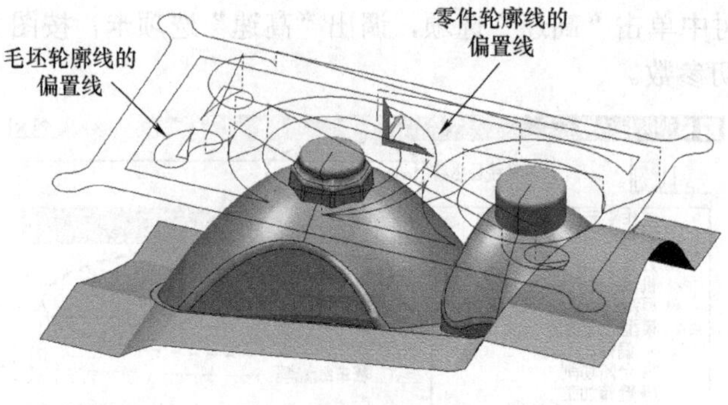

图 3-25　倒圆行切粗加工单层刀路二

（3）计算赛车线粗加工刀具路径　赛车线加工技术是 PowerMill 软件独有的高速粗加工技术。该技术使刀具路径在许可步距范围内进行光顺处理，远离零件轮廓的刀具路径其尖角处用倒圆角代替，使刀具路径的形式就像赛车道。图 3-26 所示是赛车线刀具路径与传统刀具路径的比较。

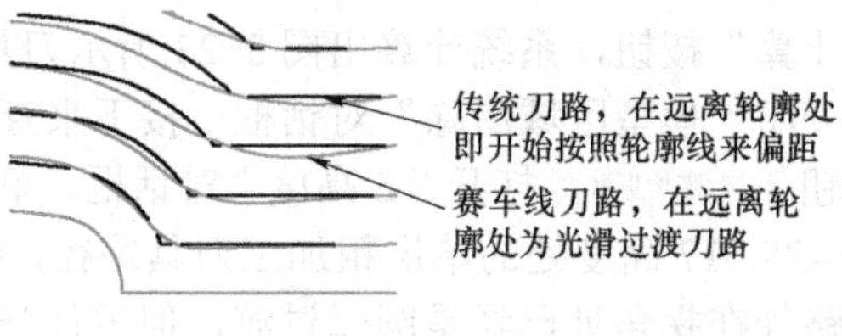

图 3-26　赛车线刀具路径与传统刀具路径比较

在“高速”选项卡中，勾选“赛车线光顺”复选项，激活计算赛车线粗加工刀路功能。“赛车线光顺”使外层刀具路径以圆弧代替小线段，这是非常适合高速加工的策略。如图 3-27 所示，接近零件轮廓的一条刀具路径具有很多刀位点，是由很多小线段组成的，而远离零件轮廓的刀具路径用大段的圆弧代替了该路径上应有的一些刀位点，从而提高速度。

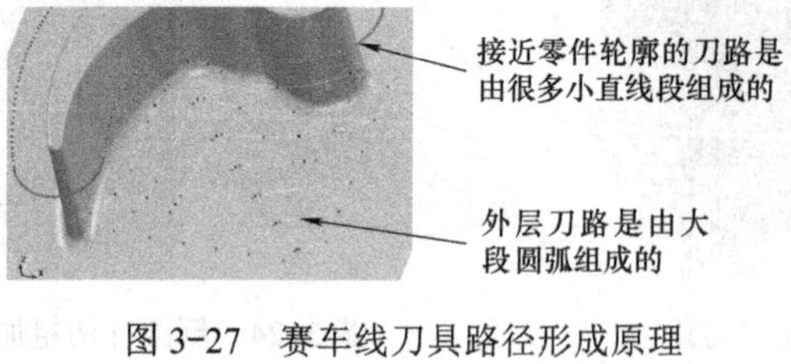

图 3-27　赛车线刀具路径形成原理

图 3-27 外层的刀具路径是偏离其原始刀具路径得来的，因此，需要定义一个偏离系数。勾选“赛车线光顺”复选项，定义尖角的最大偏离系数，如图 3-28 所示，最大偏离系数可以设置为行距的 40%。

图 3-28　赛车线光顺

“赛车线光顺”选项下面的“连接”栏用来设置刀具路径行间的连接方式，如图 3-29 所示。

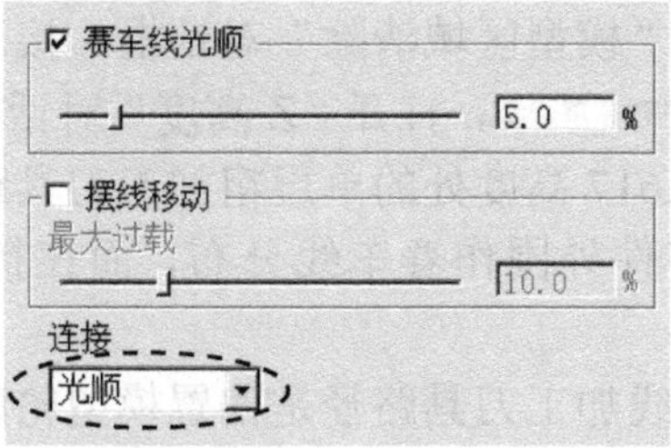

图 3-29 “连接”栏

连接有三个选项：

1）直：刀具路径在行间用直线连接。

2）光顺：刀具路径在行间用圆弧线连接。

3）无：刀具路径在行间不连接，而是提刀后再进给。

在 PowerMill 资源管理器的“刀具路径”树枝下，右击“cjg-d20r1_hq”，在弹出的快捷菜单条中单击“设置”，重新打开“模型区域清除”对话框。

在“模型区域清除”对话框中，单击复制刀具路径按钮，基于原刀路参数复制出一条新刀路，按图 3-30 所示修改刀路名称并设置样式参数。

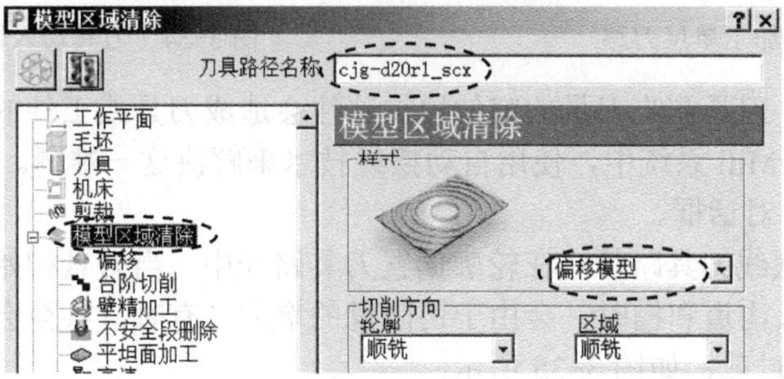

图 3-30　设置样式

在策略树中单击“高速”树枝，调出“高速”选项卡，按图 3-31 所示设置赛车线加工参数。

设置完成后，单击“计算”按钮，系统计算出图 3-32 所示刀具路径。

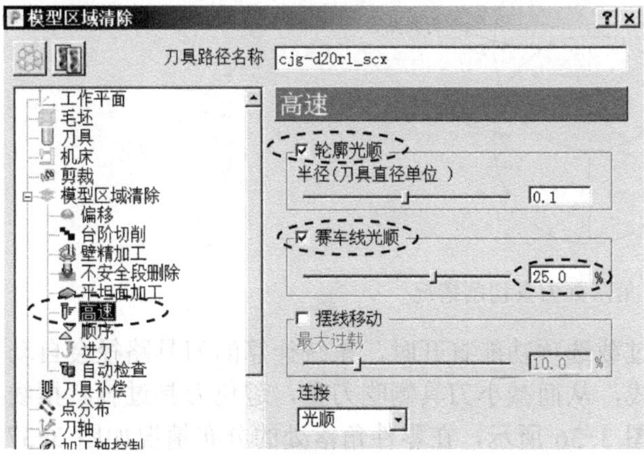

图 3-31　设置赛车线加工参数

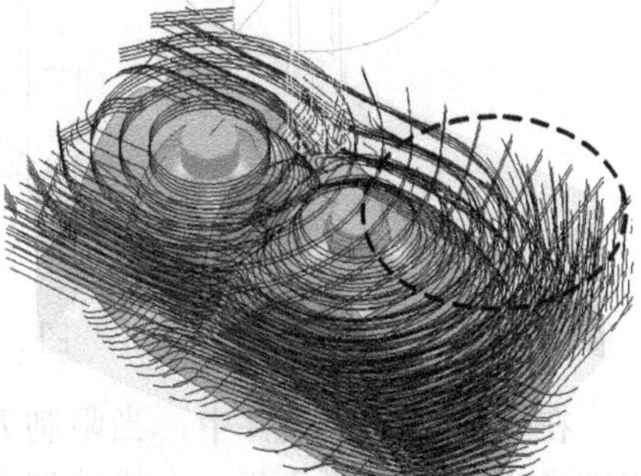

图 3-32　赛车线粗加工刀路

单击“关闭”按钮，关闭“模型区域清除”对话框。接下来查看单层刀路的变化。

单击按 Z 高度查看按钮 按Z高度查看，打开“Z 高度”对话框，单击“Z 高度”为-25.617 行，在绘图区显示模型 Z=-25.617 高度处的单层粗加工刀具路径，如图 3-33 所示。

可以看出，刀具路径在零件外围作赛车线分布，而在接近零件轮廓时，按轮廓偏置分布。

需要说明的是，由于赛车线加工刀具路径是偏置模型轮廓产生的，所以其提刀次数会比偏置全部所产生的刀具路径多。

进一步观察图 3-32 和图 3-33 所示刀具路径，在零件上两灯罩之间的槽缝之间，刀具的侧吃刀量会显著增加，如图 3-34 所示。

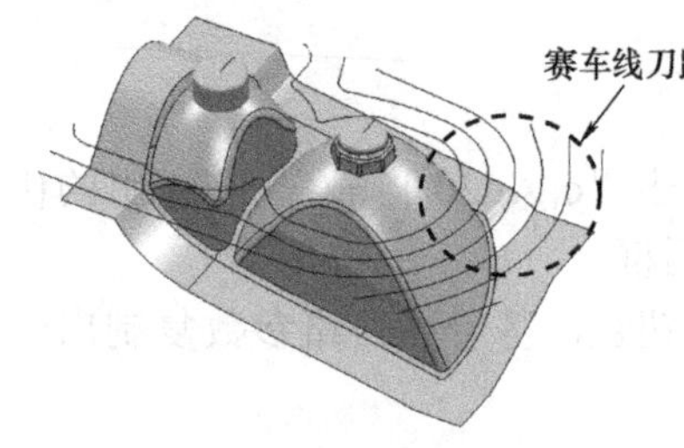

图 3-33 赛车线粗加工单层刀路

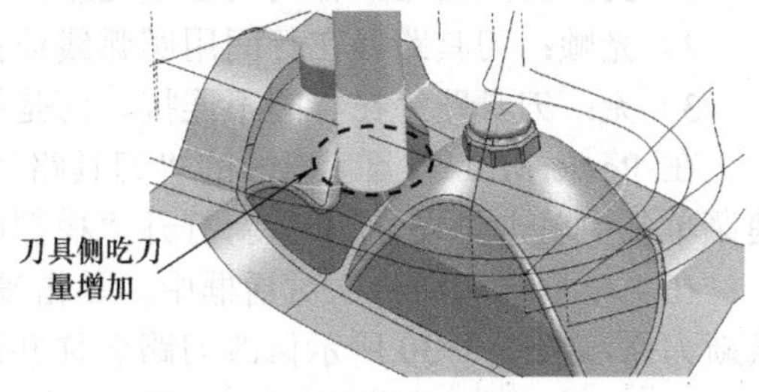

图 3-34 刀具切入槽缝时的情况

在加工过程中，刀具侧吃刀量的突然增加往往会造成刀具或工件的损坏，这种情况要极力避免。在 PowerMill 系统中，使用自动摆线技术来解决这一难题。

关闭“Z 高度”对话框。

（4）计算自动摆线刀具路径 在轮廓偏置刀具路径中，当刀具初始切入毛坯或刀具切入零件的角落、狭长沟道和槽时，会由于切削量的增大（有时，甚至会出现全刃切削的情况），而使刀具出现过载，如图 3-35 所示。

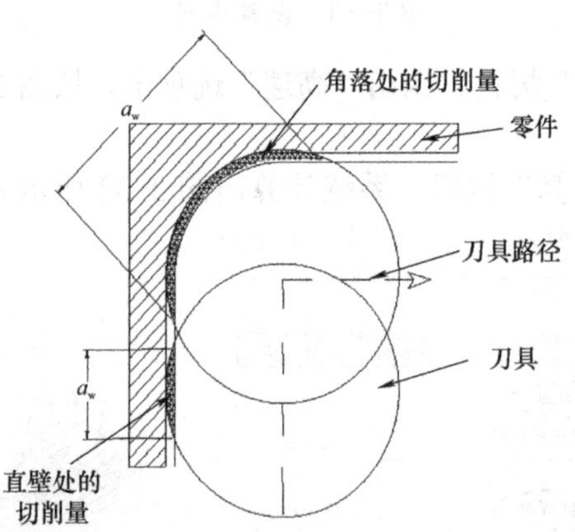

图 3-35 角落处刀具切削情况

在 PowerMill 软件中，当限制刀具过载选项功能打开时，系统计算的刀具路径会自动在刀具出现过载的角落、沟槽处加入摆线，从而减小刀具侧吃刀量，避免刀具过载。摆线刀具路径在零件狭长槽处的分布情况如图 3-36 所示，在零件角落处的分布情况如图 3-37 所示。

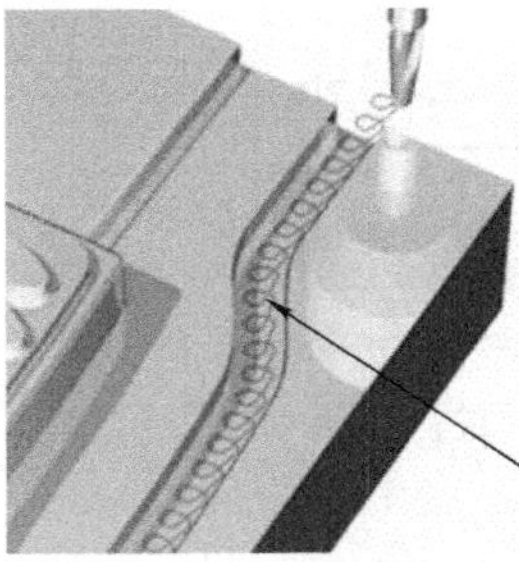

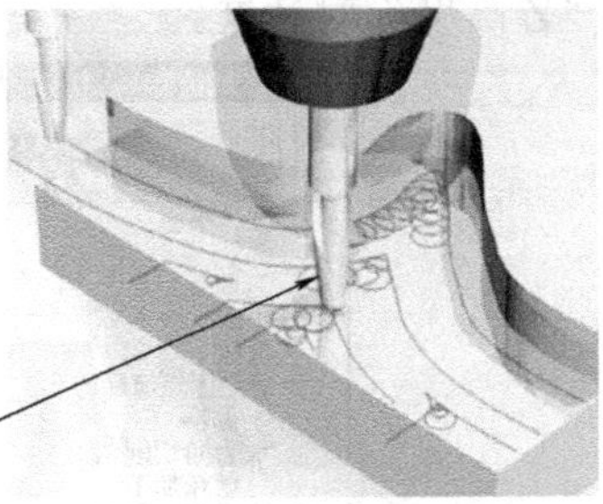

图 3-36　狭长槽处的摆线刀具路径　　　　图 3-37　角落处的摆线刀具路径

当刀具路径按模型轮廓偏置时（图 3-30 所示中设置“样式”为“偏置模型”），激活自动摆线功能。在“高速”选项卡中，勾选“摆线移动”选项，如图 3-38 所示。

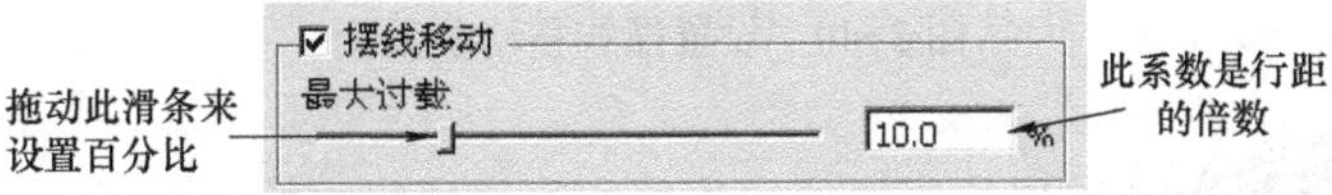

图 3-38　摆线移动设置

摆线移动中的“最大过载”系数是一个门槛值，当实际切削行距超出设置的行距阈值时，在该处加入摆线。例如，设置行距为 10mm，限制刀具过载为 10%，那么当实际切削行距超过 12mm 时，系统自动在该处加入摆线。

在 PowerMill 资源管理器的“刀具路径”树枝下，右击“cjg-d20r1_scx”，在弹出的快捷菜单条中单击“设置”，重新打开“模型区域清除”对话框。在“模型区域清除”对话框中，单击复制刀具路径按钮，基于原刀路参数复制出一条新刀路，按图 3-39 所示修改刀路名称并设置样式参数。

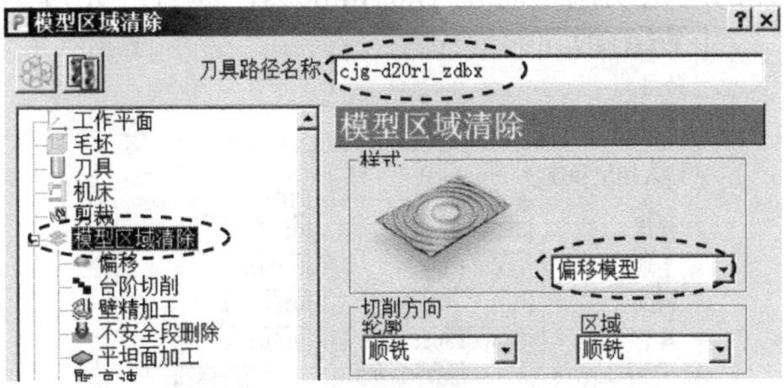

图 3-39　修改名称并设置样式

在策略树中单击“高速”树枝，调出“高速”选项卡，按图 3-40 所示设置摆线移动参数。

设置完成后，单击“计算”按钮，系统计算出图 3-41 所示刀具路径。

单击“关闭”按钮，关闭“模型区域清除”对话框。接下来查看单层刀路的变化。

单击按 Z 高度查看按钮 按Z高度查看，打开“Z 高度”对话框，单击“Z 高度”为–25.617 行，在绘图区显示模型 Z=–25.617 高度处的单层粗加工刀具路径，如图 3-42 所示。

从图 3-42 中可以清楚地看出，刀具在切入零件的狭窄区域时，会按照摆线路径进行切削，从而可以避免刀具出现全刃切削的情况。

关闭“Z 高度”对话框。

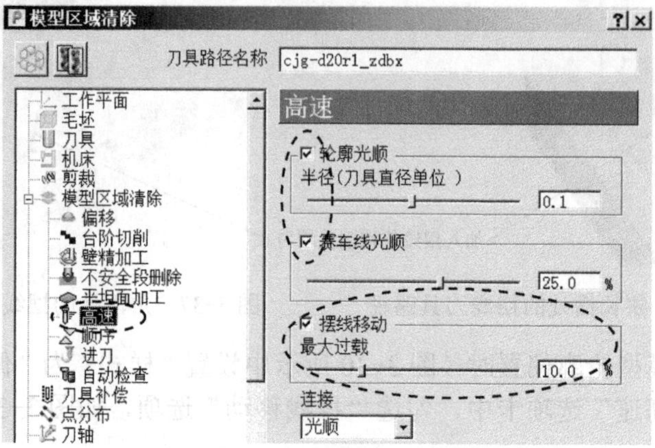

图 3-40　设置摆线移动参数

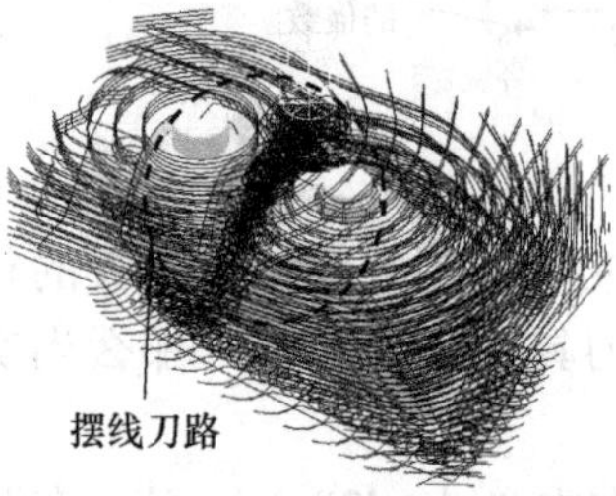

图 3-41　摆线移动粗加工刀路

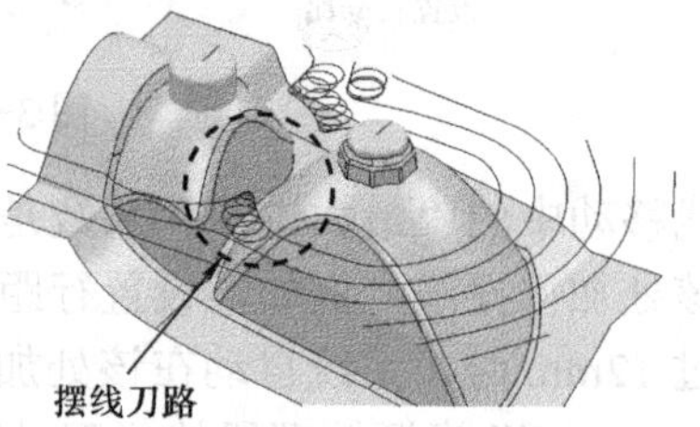

图 3-42　摆线移动粗加工单层刀路

在 PowerMill 资源管理器中，右击“刀具路径”树枝下的刀具路径“cjg-d20r1_zdbx”，在弹出的快捷菜单条中单击“统计”，打开“刀具路径统计”对话框，如图 3-43 所示。请读者注意，该刀具路径的理论切削工时是 1h07min59s，提刀次数为 316 次。

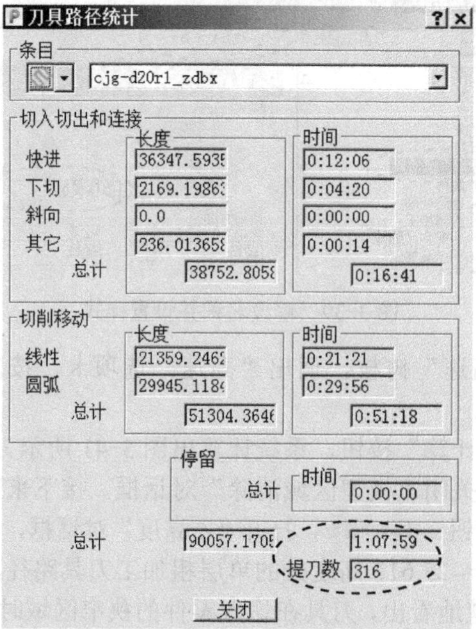

图 3-43　粗加工刀具路径统计二

对于提刀次数，将在后面的章节中进一步优化。我们注意到理论切削时间比传统刀具路径的切削时间变长了。解释是，在实际切削过程中，由于没有直角转弯刀具路径，高速加工刀具路径的理论切削时间与实际切削工时基本相同，在工艺系统刚性足够的情况下，还可以加快机床进给率以提高效率。

单击“关闭”按钮，关闭“刀具路径统计”对话框。

（5）计算 Vortex（漩涡）旋风铣刀具路径　Vortex（漩涡）旋风铣刀具路径技术也是 PowerMill 软件独有的高速粗加工技术。应用 Vortex 旋风铣技术计算出来的刀路无论在工件任何区域，都能保证恒定的接触角和切削进给，使整个加工过程维持恒定的载荷。有代表性的 Vortex（漩涡）旋风铣刀具路径如图 3-44 所示。

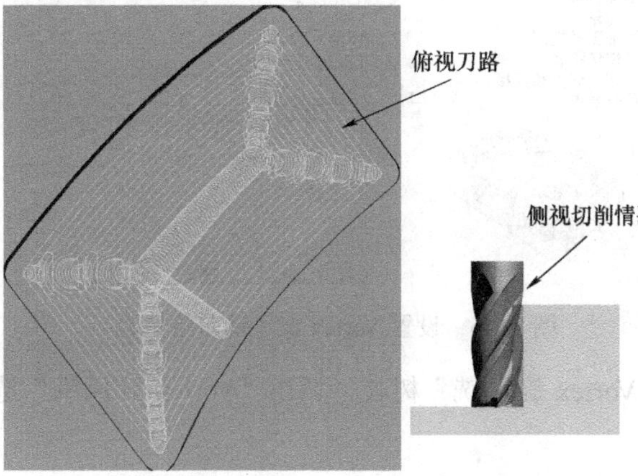

图 3-44　典型 Vortex 旋风铣刀具路径

与传统的“小背吃刀量大铣削宽度”粗加工刀路不同，Vortex 旋风铣刀路执行的是“大背吃刀量小铣削宽度”的粗加工思路。Vortex 旋风铣加工时主要使用刀具的侧刃进行切削，因此它最适合整体硬质合金刀具，对带有复杂曲面的三维模型进行粗加工时，经常与台阶切削结合使用。

要进行大深度切削时的有效加工，必须确保刀具接触角不超过指定的值，这样才能消除过大的刀具载荷及全刃切削现象。PowerMill 引入了摆线移动，可防止刀具超过最大刀具接触值，从而实现这一目标。如图 3-45 所示，是传统刀路与 Vortex 旋风铣刀路刀具与工件接触角的对比。

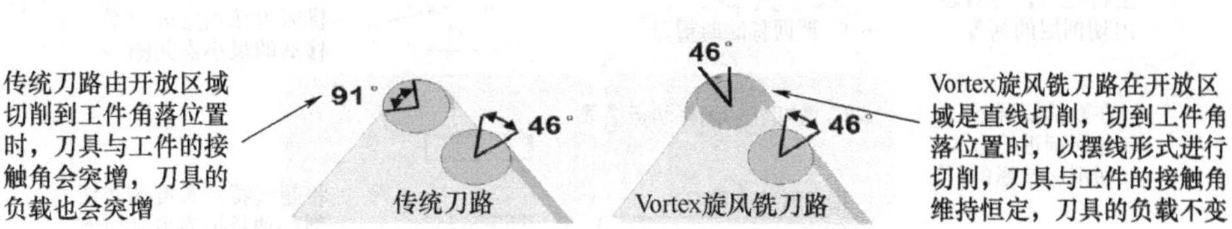

图 3-45　传统刀路与 Vortex 旋风铣刀路刀具与工件接触角的对比

在 PowerMill 资源管理器的“刀具路径”树枝下，右击“cjg-d20r1”，在弹出的快捷菜单条中单击“设置”，重新打开“模型区域清除”对话框。

在“模型区域清除”对话框中，单击复制刀具路径按钮，基于原刀路参数复制出一条新刀路，按图 3-46 所示设置 Vortex 旋风铣加工参数。

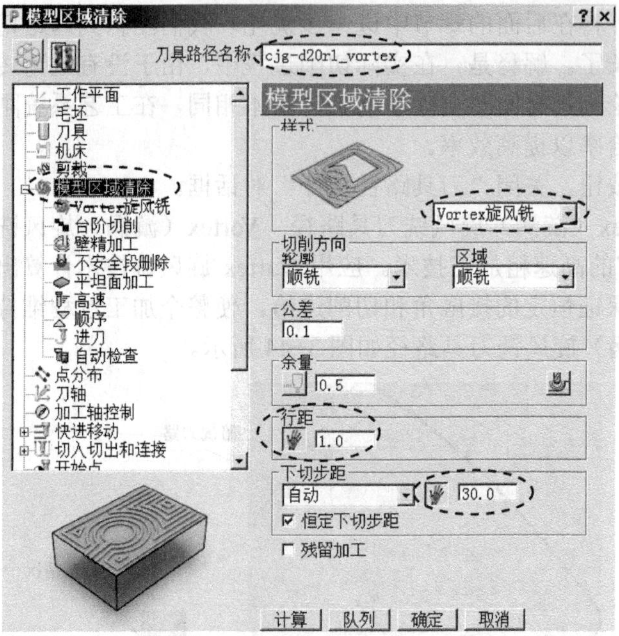

图 3-46　设置 Vortex 旋风铣刀路参数

在策略树中单击“Vortex 旋风铣”树枝，调出“Vortex 旋风铣”选项卡，按图 3-47 所示设置参数。

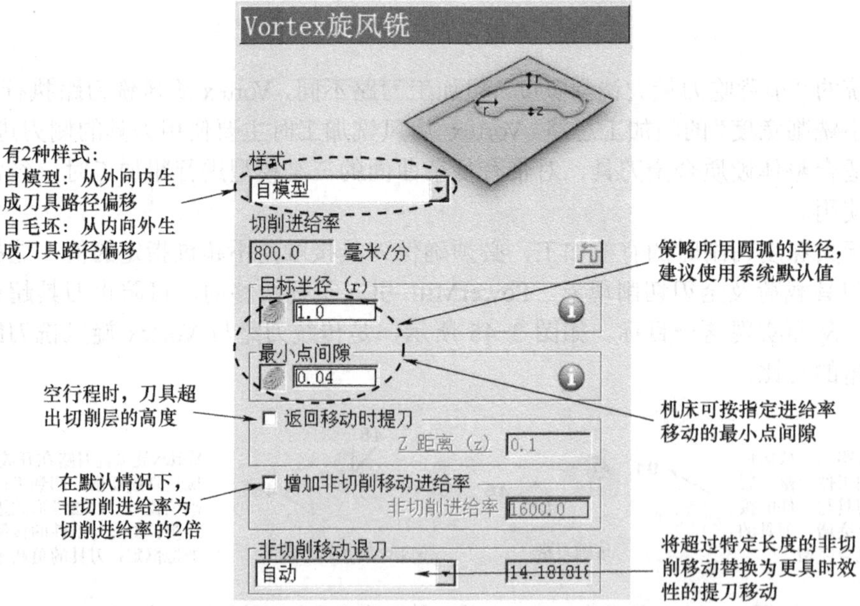

图 3-47　设置 Vortex 旋风铣参数

设置完成后，单击“计算”按钮，系统计算出图 3-48 所示刀具路径。

单击“关闭”按钮，关闭“模型区域清除”对话框。接下来查看单层刀路的变化。

单击按 Z 高度查看按钮 按Z高度查看，打开“Z 高度”对话框，单击“Z 高度”为-24.961

行，在绘图区显示模型 Z=–24.961 高度处的单层粗加工刀具路径，如图 3-49 所示。

从图 3-48 和图 3-49 中可以清楚地看出，在零件的开放区域是赛车线刀路切削（行距小而背吃刀量大），当切入零件的狭窄区域时，会按照摆线路径（注意，这里的摆线样式与自动摆线的样式不同）进行切削，从而维持恒定的刀具负载。

关闭“Z 高度”对话框。

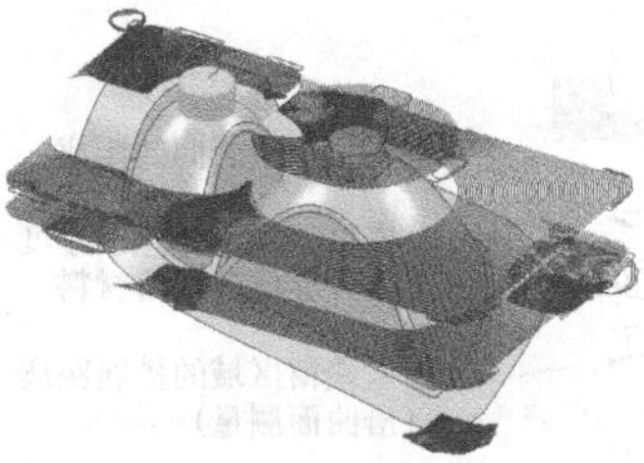

图 3-48　Vortex 粗加工刀路

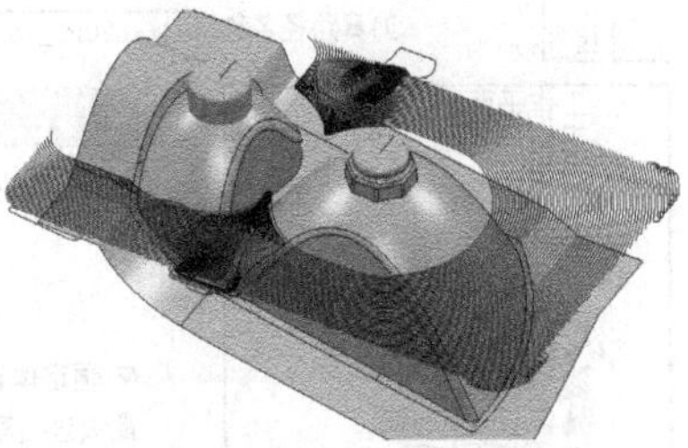

图 3-49　Vortex 粗加工单层刀路

下面来观察 Vortex 旋风铣的切削仿真效果。

在 PowerMill 资源管理器的“刀具路径”树枝下，右击粗加工刀具路径“cjg-d20r1_vortex”，在弹出的快捷菜单条中单击“自开始仿真”。

接着，在 PowerMill“仿真”功能区的“ViewMill”工具栏中，单击开/关 ViewMill 按钮，激活 ViewMill 工具。

单击“模式”下的小三角形，在展开的工具栏中，选择固定方向；单击“阴影”下的小三角形，在展开的工具栏中，选择闪亮，绘图区转换到金属材质的切削仿真环境。

在 PowerMill“仿真”功能区的“仿真控制”工具栏中，单击运行按钮，系统即开始仿真切削。Vortex 刀路粗加工仿真切削结果如图 3-50 所示。

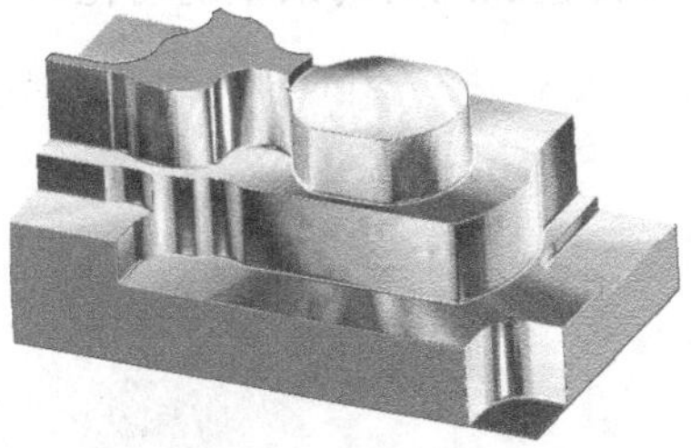

图 3-50　Vortex 刀路粗加工仿真切削结果

由图 3-50 可见，带有三维曲面的零件进行 Vortex 旋风铣粗加工时，毛坯的大量余量虽然已经去除，但层切产生的台阶间距很高，这意味着留给精加工的余量还很不均匀。为此，使用“台阶切削”来改善这种情况。

台阶切削用于创建中间刀具路径等高切面，以减少台阶间距。它使用同一刀具路径中的同一刀具对较大区域清除刀具路径中的剩余台阶进行残留加工。

在 PowerMill“仿真”功能区的“ViewMill”工具栏中，单击“模式”下的小三角形，在展开的工具栏中，选择无图像，系统会保留粗加工切削仿真结果，同时退出仿真状态，返回编程状态。

在 PowerMill 资源管理器的“刀具路径”树枝下，右击粗加工刀具路径“cjg-d20r1_vortex”，在弹出的快捷菜单条中单击“设置”，重新打开“模型区域清除”对话框。

在“模型区域清除”对话框中，单击修改刀路参数按钮，激活对话框参数。在策略树中单击“台阶切削”树枝，调出“台阶切削”选项卡，按图 3-51 所示设置参数。

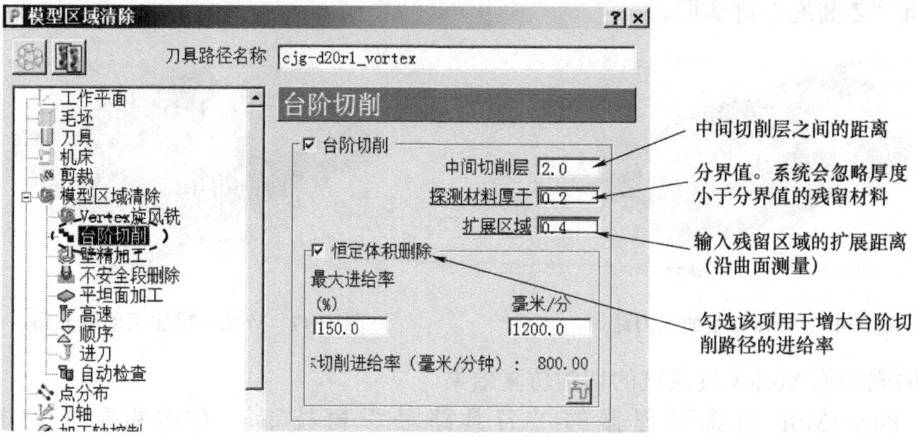

图 3-51　设置台阶切削参数

设置完成后，单击“计算”按钮，系统计算出图 3-52 所示刀具路径。

单击“关闭”按钮，关闭“模型区域清除”对话框。接下来查看单层刀路的变化。

单击按 Z 高度查看按钮按Z高度查看，打开“Z 高度”对话框，分别单击“Z 高度”为 –23.040、–24.961 的行，在绘图区显示模型在这两个高度处的单层粗加工刀具路径，如图 3-53 所示。

从图 3-52 和图 3-53 中可见，在两层 Vortex 旋风铣刀路之间，按背吃刀量 2mm 创建了台台阶切削的刀路，这样可以使粗加工后的余量均匀化。

关闭“Z 高度”对话框。

图 3-52　带台阶切削的 Vortex 刀路

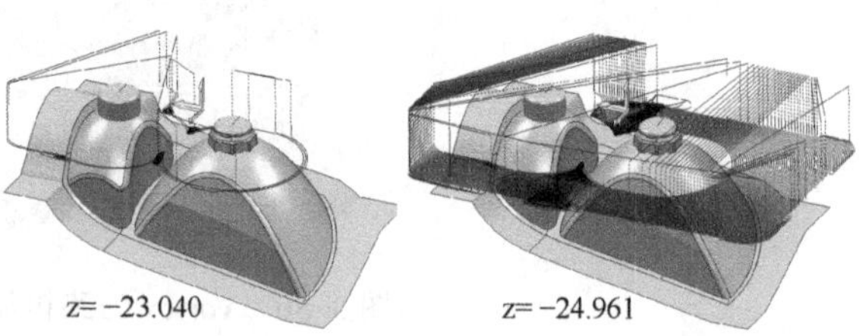

图 3-53　带台阶切削的 Vortex 单层刀路

下面来仿真改进后的 Vortex 旋风铣刀路。

在 PowerMill 资源管理器中，右击“刀具路径”树枝下的粗加工刀具路径“cjg-d20r1_vortex”，在弹出的快捷菜单条中单击“自开始仿真”。

在 PowerMill“仿真”功能区的“ViewMill”工具栏中，单击“模式”下的小三角形模式，在展开的工具栏中，选择固定方向固定方向，在 PowerMill“仿真”功能区的“仿真控制”工具栏中，单击运行按钮运…，系统即开始仿真切削。加入台阶切削后的 Vortex 刀路粗加工仿真结果如图 3-54 所示。

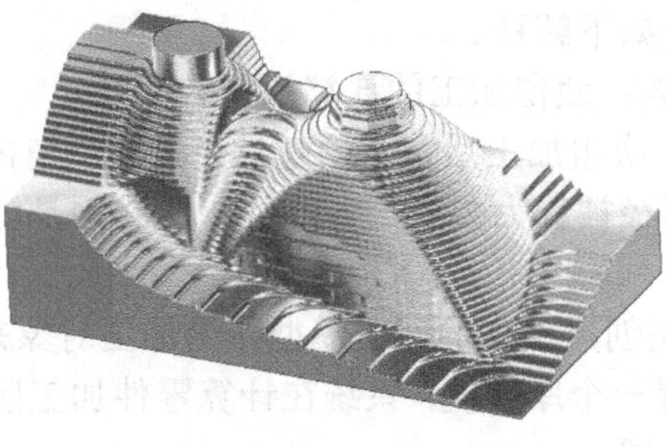

图 3-54　加入台阶切削的 Vortex 刀路粗加工切削仿真结果

由图 3-54 可见，经过带台阶切削的 Vortex 旋风铣粗加工后，层切后的台阶间距明显减小，留给精加工的余量均匀程度大大提高。

在 PowerMill“仿真”功能区的“ViewMill”工具栏中，单击“模式”下的小三角形，在展开的工具栏中，选择无图像，返回编程状态。

步骤四　计算二次粗加工刀具路径

使用大直径的刀具对零件进行第一次粗加工后，零件上的一些角落及狭长槽部位会因为刀具直径过大而切不进去，加工不到，从而会残留较多余量，对后续的精加工造成余量不均匀的后果，直接影响精加工表面质量。图 3-54 所示粗加工仿真结果，在两灯泡安装壳之间的区域，残留了大量余量，如果此时就使用较小的球头刀具进行精加工，很容易出现加工表面质量不高、刀具折断、机床振动明显等问题。

在 PowerMill 系统中，使用一把比第一次粗加工直径小的刀具对这些残留余量进行第二次粗加工的方式称为“二次粗加工”（简称“二粗”）或“残留粗加工”。根据被加工对象的复杂程度，可能会按排使用数把直径递减的刀具进行多次残留加工，依次称为“三粗”“四粗”……直至留在模型上的余量均匀化为止。

PowerMill 系统在 3D 区域清除策略中，专门设置了残留粗加工策略。该策略用于设置二次粗加工参数，从而计算出二次粗加工刀具路径。

在 PowerMill“开始”功能区的“创建刀具路径”工具栏中，单击创建刀具路径按钮，打开“策略选取器”对话框，选择“3D 区域清除”选项卡，在该选项卡中选择“模型残留区域清除”，单击“确定”按钮，打开“模型残留区域清除”对话框，在该对话框的策略树下，单击“残留”树枝，调出“残留”选项卡，如图 3-55 所示。

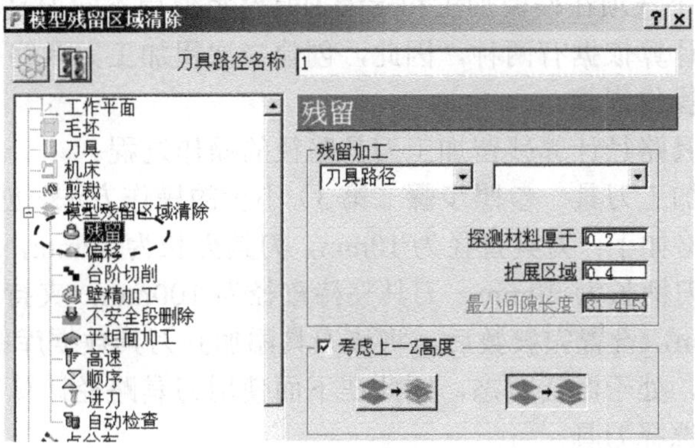

图 3-55　残留加工参数

残留加工的参数需要做如下解释。

1）残留加工的计算依据：残留加工的计算依据有两种。

① 刀具路径：计算第一次粗加工后留下的超过余量厚度值的材料，对这些区域计算残留加工刀具路径。此刀具路径被称为参考刀具路径，它必须是已经存在的、完成计算出来的刀具路径。

② 残留模型：使用预先创建出来的残留模型作为加工对象来计算残留加工刀具路径。

2）检测材料厚于：设置一个厚度值，系统在计算零件加工区域生成残留加工刀具路径时，忽略比该设置值薄的区域。

3）扩展区域：设置一个数值，残留区域沿零件轮廓表面按该数值进行扩展。此选项可与“检测材料厚于”选项联合起来用，此时，系统首先减少一些角落加工，然后偏置这些残留区域以确保所有角落都能被加工到，原理图如图3-56所示。

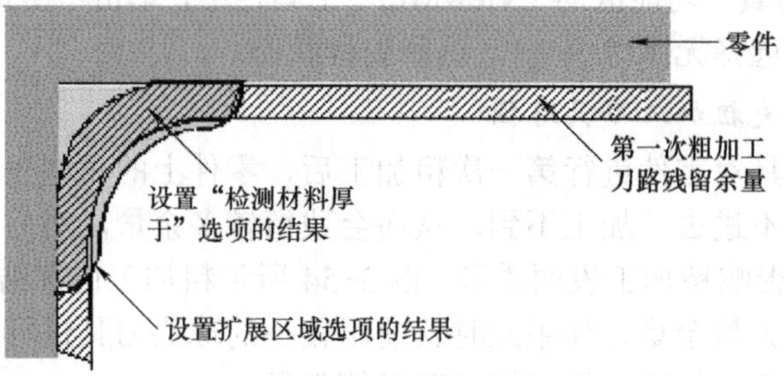

图3-56 残留加工选项含义

4）最小间隙长度：该选项在残留加工的计算依据设置为残留模型时激活。输入间隙长度，从而通过将短于此距离的间隙替换为刀具路径段来控制碎片。较大的值会减少碎片，但会增加不切削材料的刀具路径的长度；较小的值会产生较短的刀具路径，但会增加刀具路径提刀次数。

5）考虑上一Z高度：残留加工Z高度与参考刀具路径Z高度的关系，有两个选项。

：加工中间Z高度。按下此按钮可在指定的下切步距处计算新的Z高度。这样一来，系统将不会使用参考刀具路径Z高度。这会产生“加工中间Z高度”的效果，从而有助于使用相同尺寸的刀具来进行残留加工，以尽量降低层切形成的阶梯高度。

：重新加工和加工之间。下切步距值计算新的Z高度，但是不会排除参考刀具路径使用的Z高度。这个选项在残留加工和参考刀具路径使用不同刀具时很有效。

由于残留加工的计算依据有两种，因此，创建二次粗加工刀具路径的方式也有两种，下面逐一介绍它们的操作步骤。

首先介绍参考刀具路径计算残留加工刀具路径的操作过程。

（1）创建二次粗加工刀具 参照步骤二第3）小步的操作方法，创建一把名称为d10r0的端铣刀。其尺寸规格如下：刀具直径为10mm，刀具刃长为30mm，编号为2，槽数为2，刀柄直径为10mm，刀柄长为40mm，刀具夹持直径为100mm，夹持长度为40mm，刀具伸出夹持长度为70mm，设置完参数后，将该刀具添加到刀具数据库中备用。

刀具创建完成后，处于激活状态，因此在下面使用刀具路径计算策略时，系统会直接调用该刀具而无须再选择刀具。

（2）计算二次粗加工刀具路径 在PowerMill“开始”功能区的“创建刀具路径”工

具栏中，单击创建刀具路径按钮 ，打开“策略选取器”对话框，选择“3D 区域清除”选项卡，在该选项卡中选择“模型残留区域清除”，单击“确定”按钮，打开“模型残留区域清除”对话框，按图 3-57 所示设置模型残留区域清除参数。

在策略树中，单击“高速”树枝，调出“高速”选项卡，按图 3-58 所示设置高速加工参数。

在策略树中，单击“残留”树枝，调出“残留”选项卡，按图 3-59 所示设置残留加工参数。

设置完参数后，单击“计算”按钮，弹出图 3-60 所示信息对话框，提示参考刀路已被编辑，单击“确定”按钮，系统计算出二次粗加工刀具路径，如图 3-61 所示。

单击“关闭”按钮，关闭“模型残留区域清除”对话框。下面来查看二次粗加工的单层刀路情况。

单击按 Z 高度查看按钮 按Z高度查看，打开“Z 高度”对话框，单击“Z 高度”为–25.617 的行，在绘图区显示模型 Z=–25.617 高度处的单层二次粗加工刀具路径，如图 3-62 所示。

由图 3-62 可见，刀具在残留余量较多的区域以摆线切削的形式进行切削，避免出现全刃切削的情况。

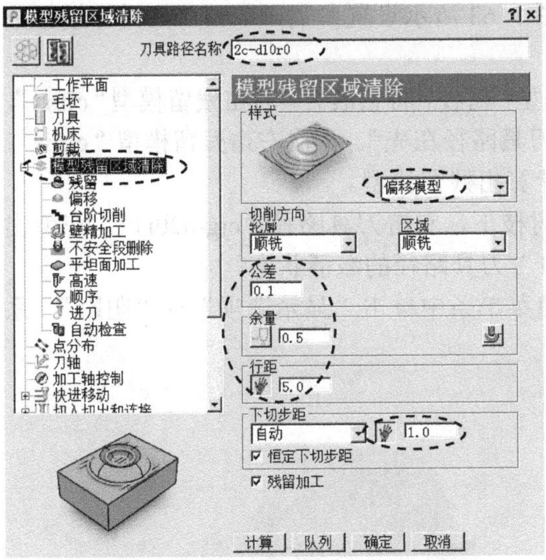

图 3-57　设置残留加工参数一

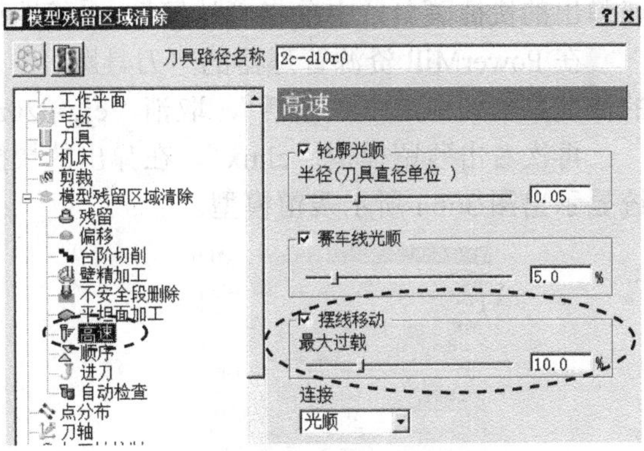

图 3-58　设置残留加工高速参数

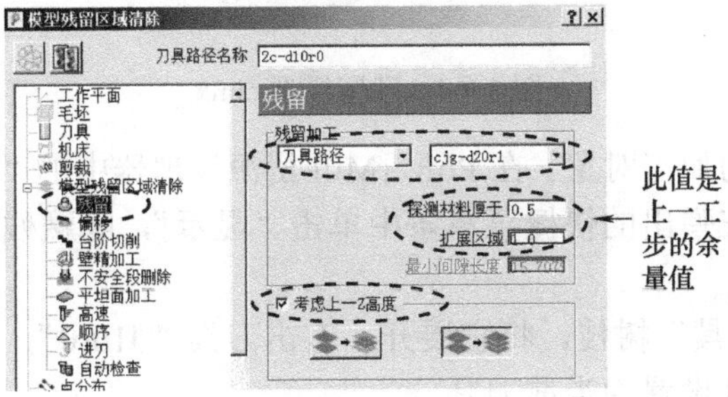

图 3-59　设置残留加工参数二

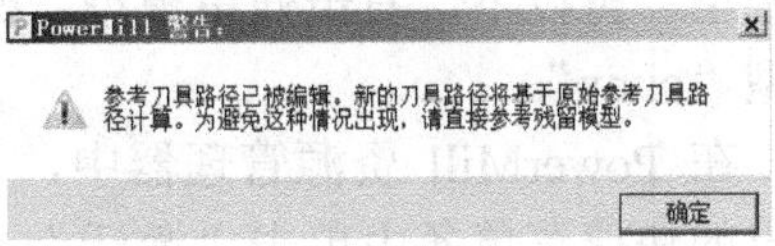

图 3-60　残留加工信息对话框

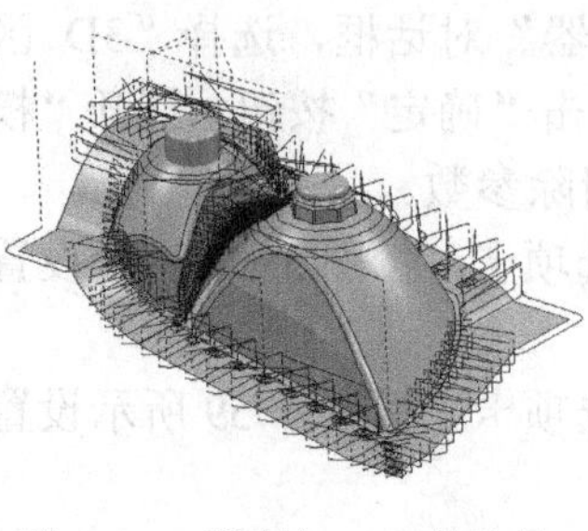

图 3-61 残留加工刀具路径

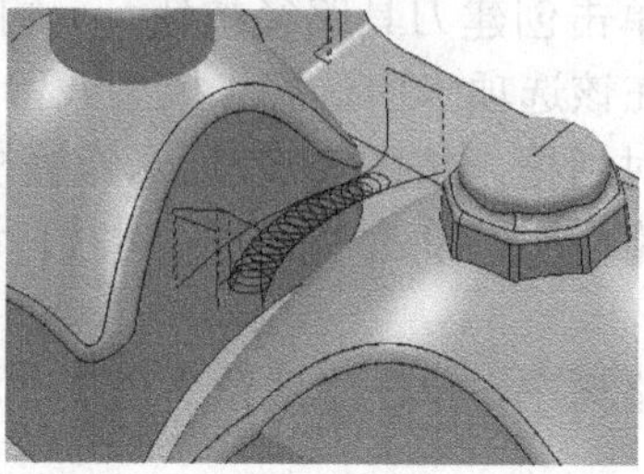

图 3-62 单层二次粗加工刀具路径

关闭“Z 高度”对话框。

下面介绍参考残留模型来计算残留加工刀具路径的操作过程。

（1）计算残留模型　粗加工过后，在模型狭窄区域残留了大量余量，这些余量的体积总和称为残留模型。

在 PowerMill 资源管理器的“刀具路径”树枝下，右击“cjg-d20r1”刀具路径，在弹出的快捷菜单条中单击“激活”，使“cjg-d20r1”刀具路径处于激活状态。

在 PowerMill 资源管理器中，右击“残留模型”树枝，在弹出的快捷菜单条中单击“创建残留模型”，打开“残留模型”对话框，按图 3-63 所示设置参数，单击“接受”按钮关闭该对话框。

在 PowerMill 资源管理器中，双击“残留模型”树枝，将它展开。右击残留模型“clmx”，在弹出的快捷菜单条中单击“应用”→“激活刀具路径在先”。再次右击残留模型“clmx”，在弹出的快捷菜单条中单击“计算”，系统即计算出残留模型。

在 PowerMill 资源管理器的“刀具路径”树枝下，右击刀具路径“cjg-d20r1”，在弹出的快捷菜单条中单击“激活”，取消“cjg-d20r1”刀具路径的激活状态。

再次右击残留模型“clmx”，在弹出的快捷菜单条中单击“显示选项”→“阴影”，系统显示出图 3-64 所示残留模型。

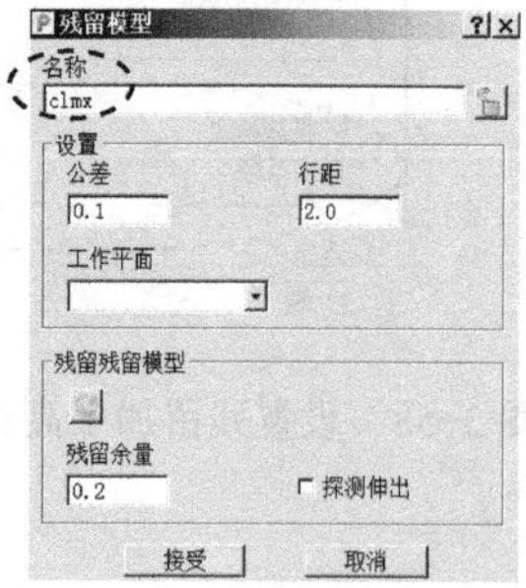

图 3-63 创建残留模型

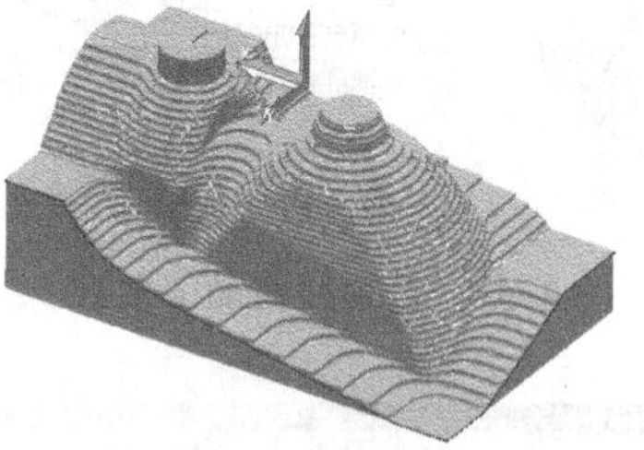

图 3-64 残留模型 clmx

图 3-64 所示残留模型即为二次粗加工的加工对象。在 PowerMill 资源管理器中的“残留模型”树枝下，右击残留模型“clmx”，在弹出的快捷菜单条中单击“显示”，隐藏残留模型“clmx”。

在 PowerMill 资源管理器中，双击“刀具”树枝，将它展开，右击刀具“d10r0”，在弹出的快捷菜单条中单击“激活”，将该刀具设置为当前刀具。

（2）计算二次粗加工刀具路径　在 PowerMill“开始”功能区的“创建刀具路径”工

具栏中，单击创建刀具路径按钮，打开“策略选取器”对话框，选择“3D 区域清除”选项卡，在该选项卡中选择“模型残留区域清除”，单击“确定”按钮，打开“模型残留区域清除”对话框，按图 3-65 所示设置模型残留区域清除参数。

在策略树中，单击“高速”树枝，调出“高速”选项卡，按图 3-66 所示设置高速加工参数。

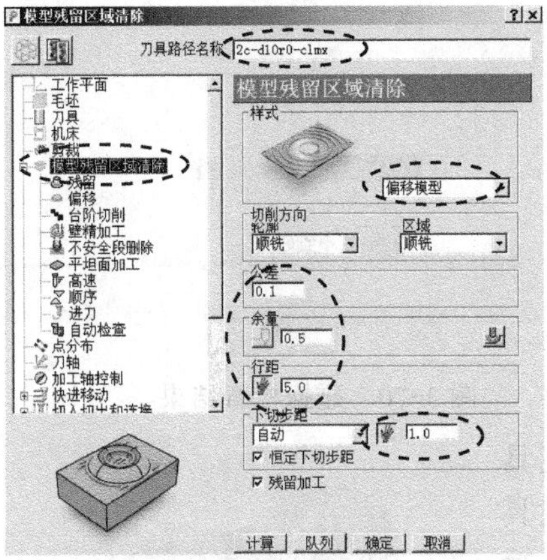

图 3-65 二次粗加工参数设置 1

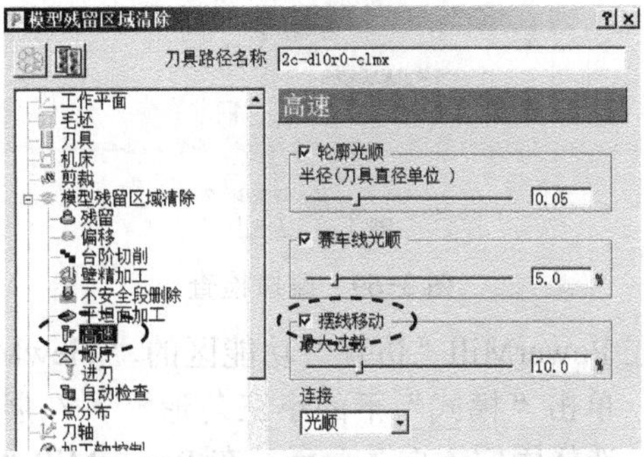

图 3-66 二次粗加工参数设置 2

在策略树中单击“残留”树枝，调出“残留”选项卡，按图 3-67 所示设置残留加工参数。

设置完参数后，单击“计算”按钮，系统计算出二次粗加工刀具路径，如图 3-68 所示。单击“关闭”按钮，关闭“模型残留区域清除”对话框。

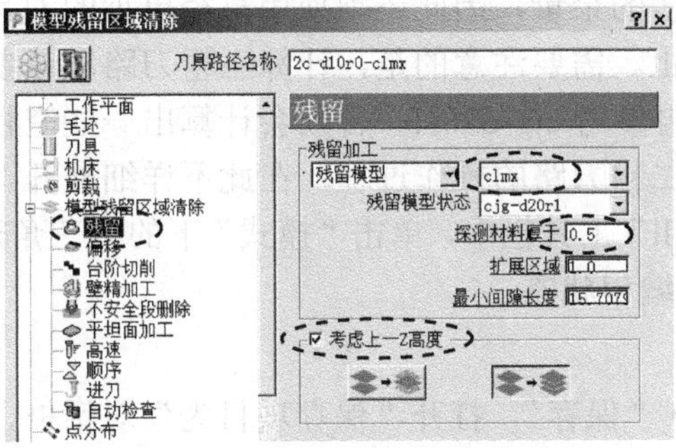

图 3-67 二次粗加工参数设置 3

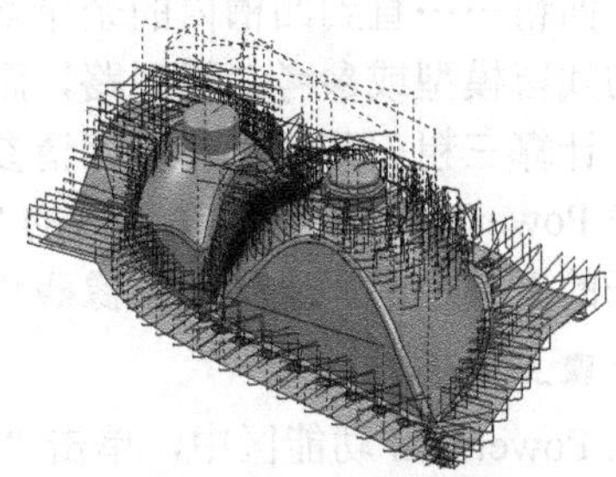

图 3-68 残留加工刀具路径

（3）二次粗加工碰撞检查 二次粗加工的刀具较小，刀具伸出夹持的长度也较短，因此进行碰撞检查是必要的。

在 PowerMill“刀具路径编辑”功能区中，单击检查按钮，打开“刀具路径检查”对话框，按图 3-69 所示设置碰撞检查参数，单击“应用”按钮，进行碰撞检查，系统弹出图 3-70 所示的检查结果信息，提示无碰撞。

关闭信息对话框和“刀具路径检查”对话框。

（4）二次粗加工仿真 在 PowerMill 资源管理器的“刀具路径”树枝下，右击刀具路径“2c-d10r0-clmx”，在弹出的快捷菜单条中单击“自开始仿真”。

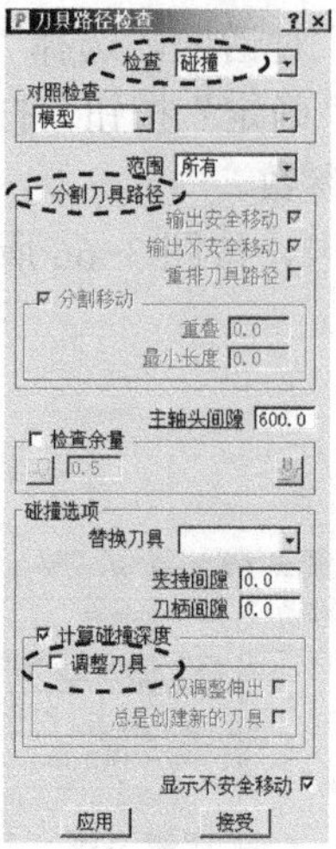

图 3-69 碰撞检查

图 3-70 碰撞检查结果

在 PowerMill“仿真”功能区的“ViewMill”工具栏中，单击“模式”下的小三角形，在展开的工具栏中，选择固定方向，在 PowerMill“仿真”功能区的“仿真控制”工具栏中，单击运行按钮，系统即开始仿真切削。二次粗加工切削仿真结果如图 3-71 所示。

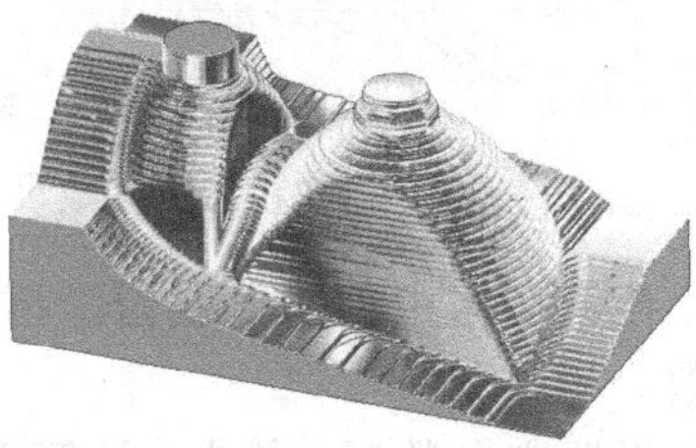

图 3-71 二次粗加工切削仿真结果

如图 3-71 所示，经过二次粗加工后，模型上容易加工到的区域余量已经均匀化，但模型上的一些凹槽内，余量虽被去除了一些，还是残留了比较多的余量，因此还须使用直径更小的刀具进行三粗、四粗……直到凹槽内的余量均匀化为止。需要注意的是，计算三粗刀路应该参考二粗后的残留模型或参考二粗刀路，而不应该再参考 cjg-d20r1，否则会计算出一些空行程的刀路。计算三粗刀路的操作步骤请参考计算二粗刀路的操作过程，在此不详细展开。

在 PowerMill“仿真”功能区的“ViewMill”工具栏中，单击“模式”下的小三角形，在展开的工具栏中，选择无图像，返回编程状态。

步骤五 保存项目

在 PowerMill 功能区中，单击“文件”→“保存”，打开“保存项目为”对话框，输入项目名为“3-1 hlamp”，保存到“E:\PM2019EX”目录下，然后单击“保存”按钮，完成保存项目操作。

3.3 减少粗加工提刀的编程技巧

在实际加工过程中，如果出现机床频繁提刀，这首先会造成空行程的增加，其次增多了下切速度很慢的切入段次数，从而会极大地降低加工效率。因此，具有过多提刀次数的粗加工程序必须经过优化。那么如何来减少粗加工过程中的提刀次数呢？

编著者认为可以从以下一些方面来做一些工作。

1）改变切削方向。如图 3-72 所示，设置轮廓切削方向和区域切削方向为“任意”，能大大减少提刀次数。

但是要提醒读者注意，为了提高刀具寿命，减小振动，粗加工工步一般推荐设置为顺铣切削方向。在实际编程时，具体使用什么切削方向，编程者可以根据实际机床、刀具和毛坯材料来决定。例如，在粗加工非金属材料（例如塑料、树脂）时，可以设置切削方式为任意。

2）使用特别绘制的边界约束进刀位置，从而减少提刀次数。

3）粗加工工步之前预先钻孔，使每层切削的进刀位置固定为孔位置，从而可以设置切入方式为直接切入，提高切削效率。

下面用两个例子来说明减少提刀次数的编程方法。

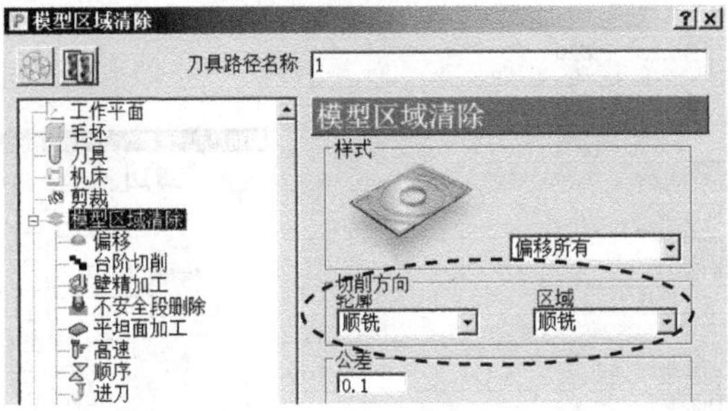

图 3-72　设置切削方向

例 3-2　减少粗加工提刀次数的实例一

本例仍然采用例 3-1 所使用的零件为编程对象。

编程工艺思路：

在编制粗加工刀具路径之前，先绘制出一条边界线，在边界线中，预留进刀位置，使每次进刀和提刀发生在这个位置。

操作视频

详细操作步骤：

步骤一　打开加工项目

在 PowerMill 功能区中，单击“文件”→“打开”→“项目”，打开“打开项目”对话框，选择 E:\PM2019EX\3-1 hlamp 文件夹，然后单击“确定”按钮，打开过程中若出现图 3-73 所示信息，提示模型已经改变。是因为在例 3-1 创建对刀坐标系的操作中，我们将模型相对于世界坐标系移动了位置，因此出现这种提示。单击“是”，会输入原始的模型文件；单击“否”，输入例 3-1 项目文件保存的结果。这里，单击“否”，完成打开项目操作。

图 3-73　打开项目提示

步骤二　统计粗加工刀具路径提刀次数

在 PowerMill 资源管理器中，双击“刀具路径”树枝，将它展开。右击粗加工刀具路径“cjg-d20r1_zdbx”，在弹出的快捷菜单条中单击“激活”，将粗加工刀具路径激活。

再次右击刀具路径“cjg-d20r1_zdbx”，在弹出的快捷菜单条中单击“统计”，打开“刀具路径统计”对话框，如图 3-74 所示，提示提刀次数为 316 次，理论切削工时为 1h07min59s。单击“关闭”按钮，关闭“刀具路径统计”对话框。

再次右击粗加工刀具路径“cjg-d20r1_zdbx”，在弹出的快捷菜单条中单击“激活”，取消粗加工刀具路径的激活状态。

步骤三　创建边界

在 PowerMill 资源管理器中，右击“边界”树枝，在弹出的快捷菜单条中单击“创建边界”→“用户定义”，打开“用户定义边界”对话框，按图 3-75 所示设置参数。

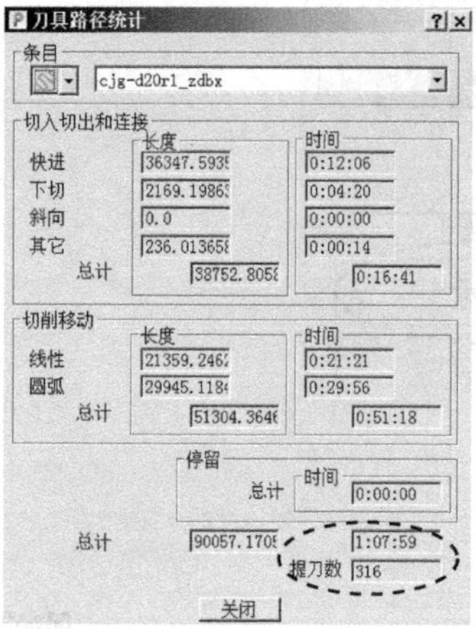

图 3-74 “刀具路径统计”对话框

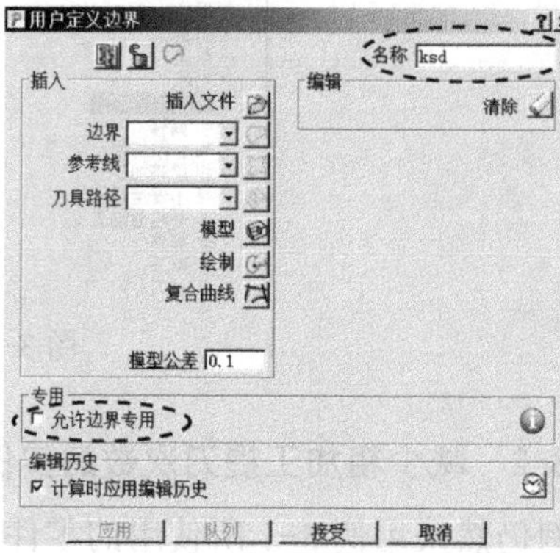

图 3-75　设置边界参数

单击“用户定义边界”对话框中的绘制按钮，调出“曲线编辑器”工具条。

单击“曲线编辑器”工具条中的连续直线按钮，进入绘制连续直线状态。

在“查看”工具条中，单击从上查看（Z）按钮，将模型摆正。

单击键盘上的 Ctrl+T 键，将光标显示为刀具。

在绘图区绘制图 3-76 所示封闭线框作为边界 ksd，单击“曲线编辑器”工具条中的按钮完成边界 ksd 的绘制。

在 PowerMill 资源管理器中，双击“边界”树枝，将它展开。右击该树枝下的“ksd”，在弹出的快捷菜单条中单击“编辑”→“水平投影”，投影后的边界如图 3-77 所示。

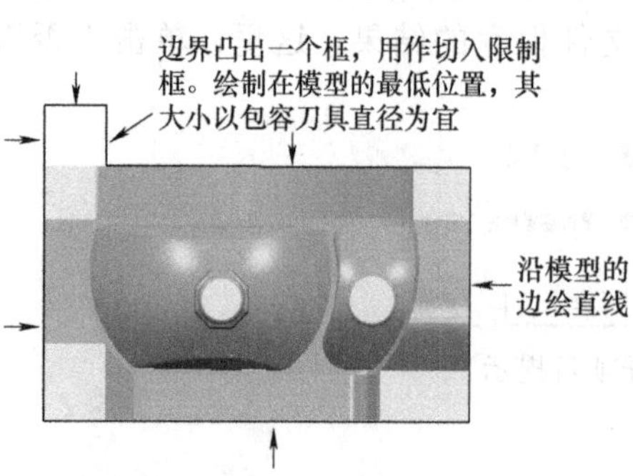

图 3-76　绘制边界 ksd

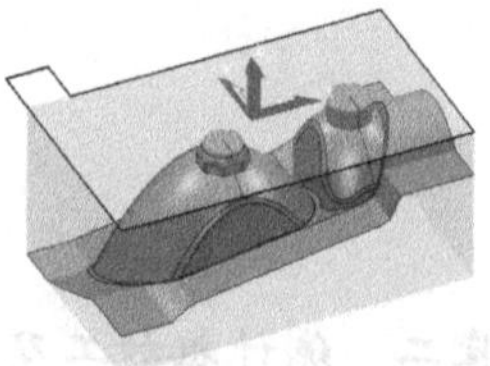

图 3-77　投影后的边界 ksd

步骤四 复制并编辑粗加工刀具路径“cjg-d20r1_zdbx”

在 PowerMill 资源管理器的“刀具路径”树枝下，右击刀具路径“cjg-d20r1_zdbx”，在弹出的快捷菜单条中单击“编辑”→“复制刀具路径”，系统即复制出新的刀具路径“cjg-d20r1_zdbx_1”。

右击刀具路径“cjg-d20r1_zdbx_1”，在弹出的快捷菜单条中单击“设置”，打开“模型区域清除”对话框，在该对话框中，单击编辑刀具路径参数按钮，激活对话框参数，首先修改刀具路径名称为“cjg-d20r1_zdbx_ksd”。

然后，在“模型区域清除”对话框的策略树中，单击“剪裁”树枝，切换到“剪裁”选项卡，按图 3-78 所示设置参数。

由于加入了边界限制，模型与边界之间会出现人为的狭窄区域，去除自动摆线以免增加刀路长度。在策略树中，单击“高速”树枝，调出“高速”选项卡，按图 3-79 所示设置参数。

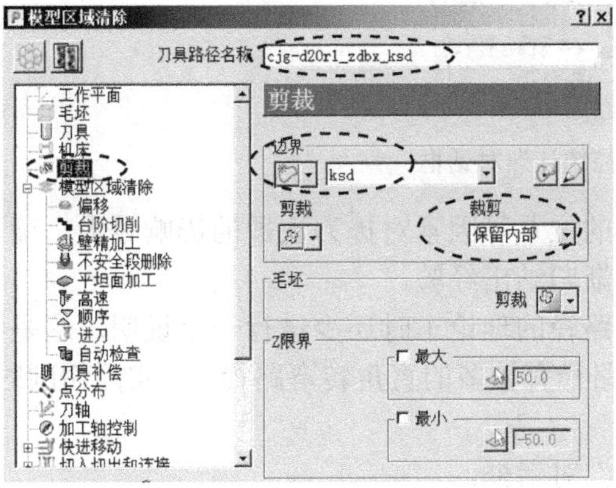

图 3-78 设置剪裁参数

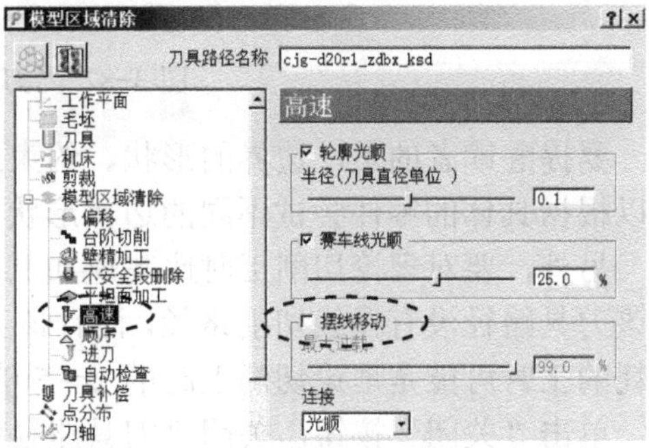

图 3-79 去除摆线移动

设置完参数后，单击“计算”按钮，系统计算出图 3-80 所示刀具路径。

单击“关闭”按钮，关闭“模型区域清除”对话框。下面来查看单层刀路的情况。

在 PowerMill“刀具路径”功能区的“显示”工具栏中，单击按 Z 高度查看按钮 按Z高度查看，打开“Z 高度”对话框，单击“Z 高度”为–25.617 行，在绘图区单独显示模型 Z=–25.617 高度处的单层粗加工刀具路径，如图 3-81 所示。

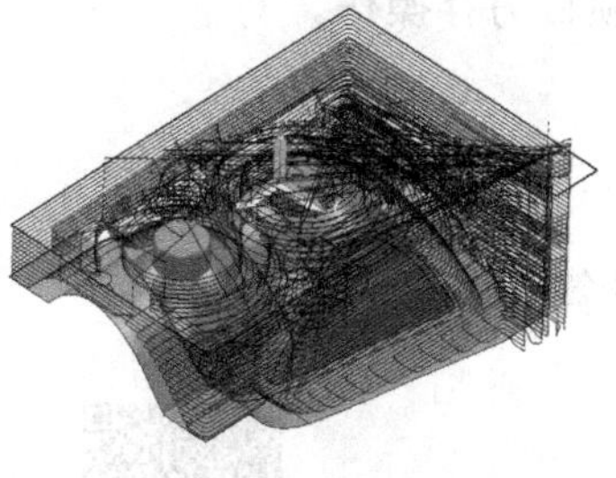

图 3-80 编辑后的刀具路径

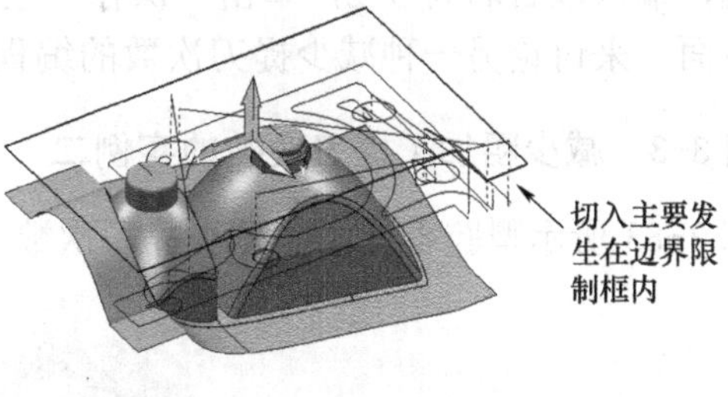

图 3-81 编辑后的单层刀路

关闭“Z 高度”对话框。下面来查看编辑后刀路的提刀次数。

在 PowerMill 资源管理器中，右击刀具路径“cjg-d20r1_zdbx_ksd”，在弹出的快捷菜单条中单击“统计”，打开“刀具路径统计”对话框，如图 3-82 所示，提示提刀次数为 140 次，理论切削工时为 43min12s。这说明在边界的限制作用下，提刀次数大大减少了（最初计算的普通粗加工刀具路径的提刀次数是 176 次，高速粗加工刀具路径的提刀次数是 316 次）。

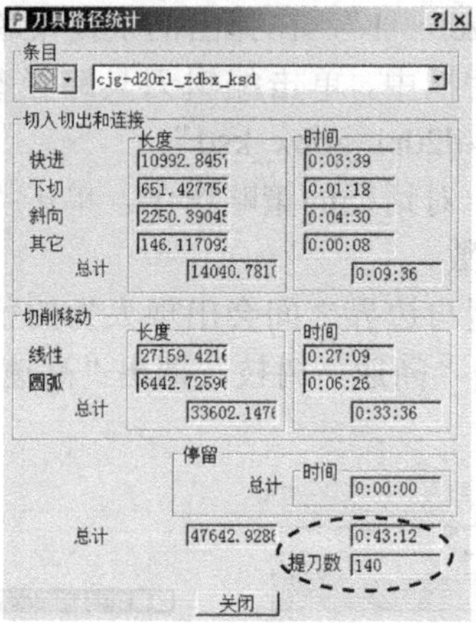

图 3-82 “刀具路径统计”对话框

要提醒读者的是，边界的形状、约束进刀的位置等因素对提刀次数的影响较大，读者可以根据具体的零件尝试不同的边界形状，逐渐归纳出经验。

另外，要对理论切削工时比高速加工刀具路径的理论工时还少进行一个说明。这是因为该刀具路径没有摆线切削路径，而且该刀具路径有较多的直角转弯路径，在实际切削时，所耗的工时可能是理论切削工时的 2～5 倍。

单击“关闭”按钮，关闭“刀具路径统计”对话框。

注：

如果读者统计的提刀次数与本书的不一致，请注意边界的绘制位置以及相关参数的设置。重点要明白通过边界来减少提刀次数的方法和意义。

步骤五 另存项目文件

在 PowerMill 功能区中，单击“文件”→“另存为”→“项目”，打开“保存项目为”对话框，输入项目名为 3-2，单击“保存”按钮，完成项目另存操作。

下面，来讨论另一种减少提刀次数的编程技巧。

例 3-3 减少粗加工提刀次数的实例二

图 3-83 所示型腔零件，以减少提刀次数为目标，计算其粗加工刀具路径。

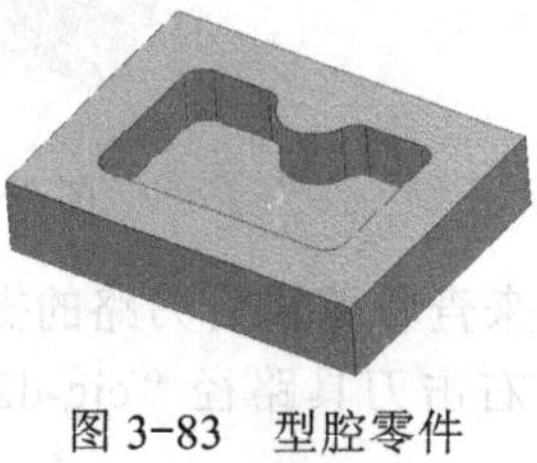

操作视频

图 3-83 型腔零件

编程工艺思路：

图 3-83 所示型腔零件是较简单的两轴半加工零件。为了减少提刀次数，在粗加工之前，拟在型腔中加工一个工艺导引孔，使下刀和提刀都发生在这个孔位置。

详细操作步骤：

步骤一　打开加工项目

在 PowerMill 功能区中，单击“文件”→“打开”→“项目”，打开“打开项目”对话框，选择“E:\PM2019EX\ch03\3-3 xq”文件夹，然后单击“确定”按钮，完成操作。

步骤二　计算粗加工刀具路径

在 PowerMill“开始”功能区的“创建刀具路径”工具栏中单击刀具路径策略按钮，打开“策略选取器”对话框，选择“3D 区域清除”选项卡，在该选项卡中选择“模型区域清除”，单击“确定”按钮，打开“模型区域清除”对话框，按图 3-84 所示设置参数。

在“模型区域清除”对话框左侧的策略树中单击“毛坯”树枝，调出“毛坯”选项卡，单击该选项卡中的“计算”按钮，计算出一个方形毛坯。

在策略树中单击“快进移动”树枝，调出“快进移动”选项卡，单击该选项卡中的“计算”按钮，系统按模型计算出一个安全高度。

在策略树中单击“高速”树枝，调出“高速”选项卡，按图 3-85 所示设置参数。

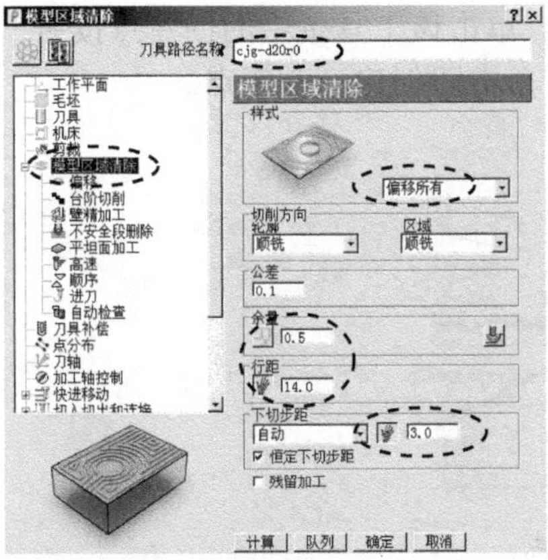

图 3-84　粗加工参数设置 1

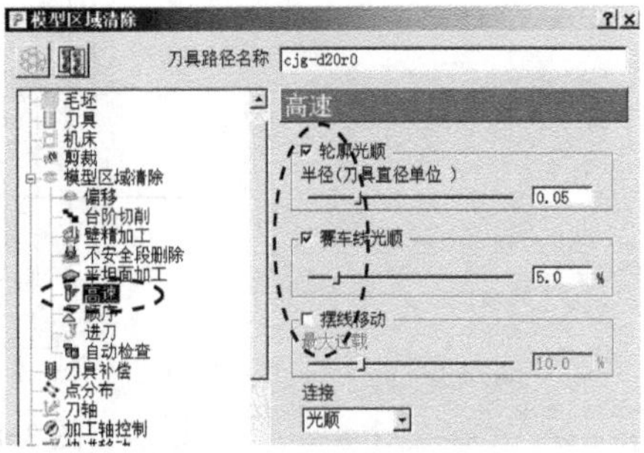

图 3-85　粗加工参数设置 2

设置完参数后，单击“计算”按钮，会弹出下切方式为直接扎入的警告信息，单击“确定”按钮，系统计算出图 3-86 所示刀具路径。

由图 3-86 所示可见，该刀具路径的下刀点较多，且存在较多的提刀动作。

单击“关闭”按钮，关闭“模型区域清除”对话框。

在 PowerMill 资源管理器中，双击“刀具路径”树枝，展开它。右击该树枝下的刀具路径“cjg-d20r0”，在弹出的快捷菜单条中单击“统计”，打开“刀具路径统计”对话框，如图 3-87 所示。请读者注意该刀具路径的理论切削工时是 1h15min30s，提刀次数为 61 次。

单击“关闭”按钮，关闭“刀具路径统计”对话框。

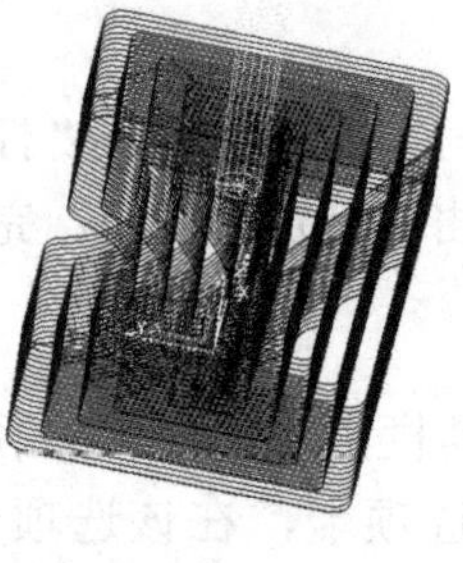

图 3-86 型腔零件粗加工刀具路径

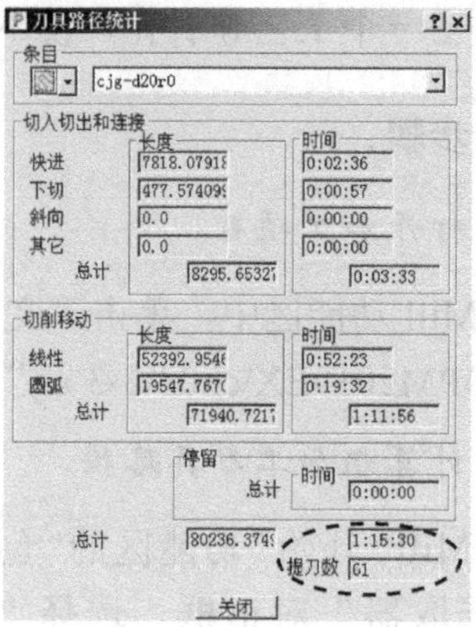

图 3-87 粗加工刀具路径统计

步骤三 优化粗加工刀具路径

1）调整模型视角：在 PowerMill 绘图区右侧的查看工具栏中，单击从上查看（Z）按钮，将模型摆成与显示屏平行的位置。

2）创建参考点：在 PowerMill 资源管理器中，右击“参考线”树枝，在弹出的快捷菜单条中单击“创建参考线”，系统即创建出名称为 1、内容为空的参考线。

双击“参考线”树枝，展开它。右击该树枝下的参考线“1”，在弹出的快捷菜单条中单击“曲线编辑器...”，打开“曲线编辑器”工具条。单击该工具条中的创建点按钮，在图 3-88 所示位置（大概位置即可，不需精确坐标）单击即创建一个新点。

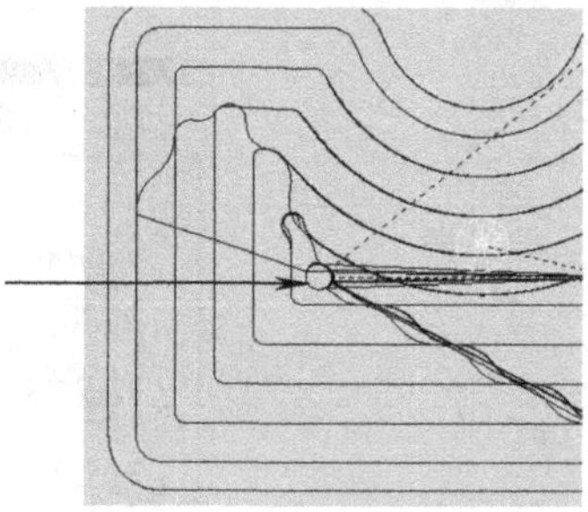

图 3-88 创建新点

单击曲线编辑器中的“接受”按钮，完成参考点创建。

3）在 PowerMill 资源管理器的“刀具路径”树枝下，右击刀具路径“cjg-d20r0”，在弹出的快捷菜单条中单击“编辑”→“复制刀具路径”，系统即复制出新的刀具路径“cjg-d20r0_1”。

右击刀具路径“cjg-d20r0_1”，在弹出的快捷菜单条中单击“设置”，打开“模型区域清除”对话框，单击编辑刀具路径参数按钮，激活对话框参数。

在“模型区域清除”对话框的策略树中，单击“进刀”树枝，按图 3-89 所示设置参数。

设置完参数后，单击“计算”按钮，会弹出下切方式为直接扎入的警告信息，单击“确定”按钮，系统计算出图 3-90 所示刀具路径。

由图 3-90 所示可见，该刀具路径中增加了一个孔特征。

单击“关闭”按钮，关闭“模型区域清除”对话框。

在 PowerMill 资源管理器中，双击“刀具路径”树枝，展开它。右击该树枝下的刀具路径“cjg-d20r0_1”，在弹出的快捷菜单条中单击“统计”，打开“刀具路径统计”对话框，如图 3-91 所示。请读者注意该刀具路径的理论切削工时是 1h17min23s，提刀次数下降为 52 次。

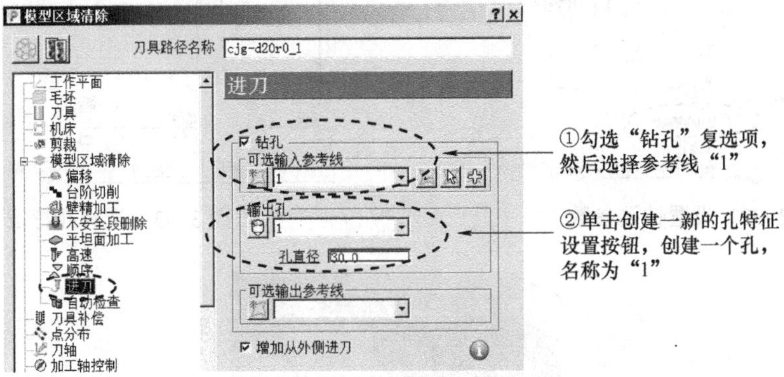

图 3-89　设置进刀参数

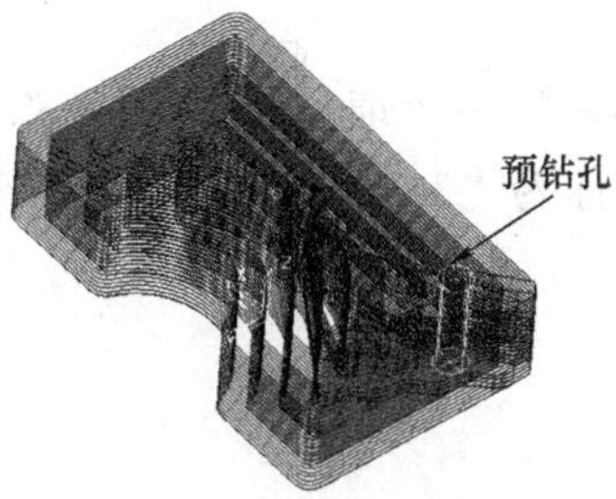

图 3-90　型腔零件粗加工刀具路径

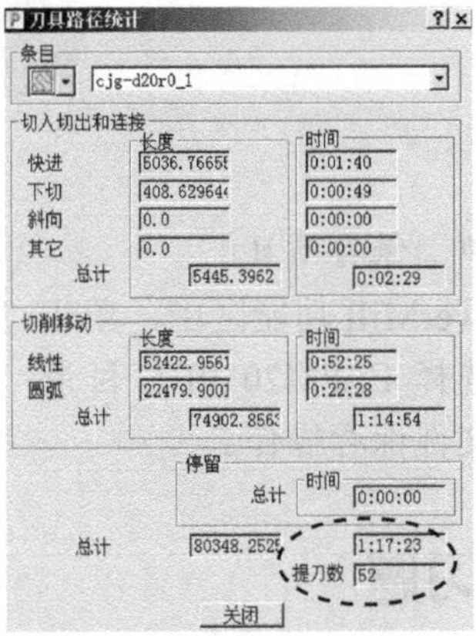

图 3-91　粗加工刀具路径统计

单击“关闭”按钮，关闭“刀具路径统计”对话框。

下面使用已经创建出来的孔特征创建一条钻孔刀路。

在 PowerMill“开始”功能区的“创建刀具路径”工具栏中单击刀具路径策略按钮，打开“策略选取器”对话框，选择“钻孔”选项卡，在该选项卡中选择“钻孔”，单击“确定”按钮，打开“钻孔”对话框，按图 3-92 所示设置参数。

在“钻孔”选项卡中，单击“选择...”按钮，打开“特征选择”对话框，如图 3-93 所示，在该对话框中，单击“直径”框内的“30.00”，然后单击“增加到列表并选择”按钮 按钮，选中直径为 30mm 的孔特征，单击“关闭”按钮，关闭“特征选择”对话框。

单击“钻孔”对话框中的“计算”按钮，系统计算出图 3-94 所示钻孔路径，将该路径配合使用不同直径的钻头，钻出供粗加工进刀用的预备孔。

单击“关闭”按钮，关闭“钻孔”对话框。

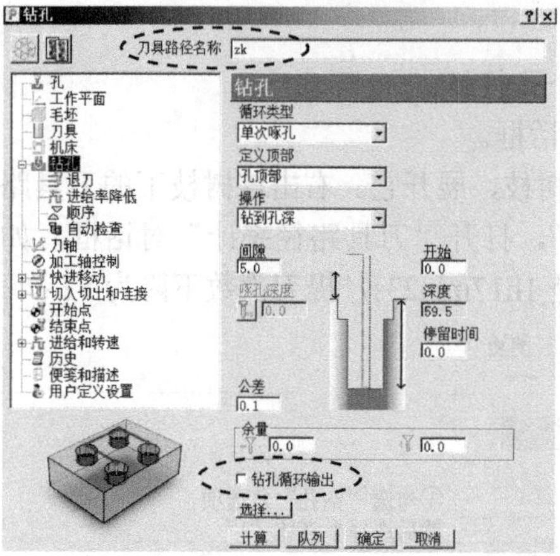

图 3-92　设置钻孔参数

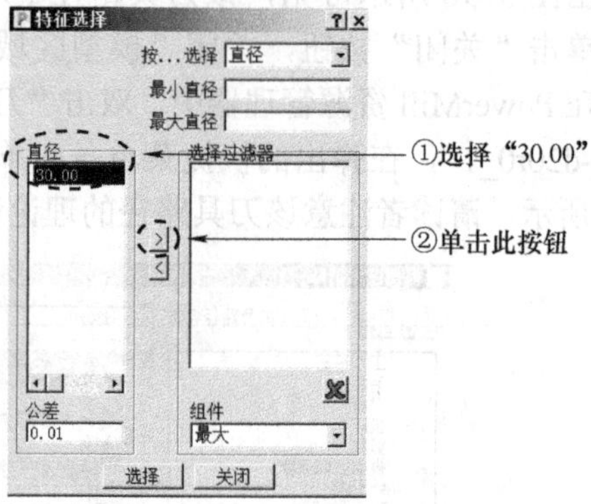

图 3-93　选择孔特征

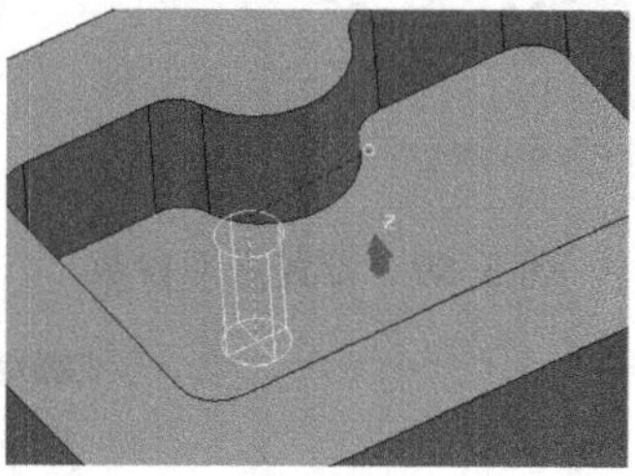

图 3-94　钻孔路径

步骤四　保存项目

在 PowerMill 功能区中，单击“文件”→“另存为”→“项目”，打开“保存项目为”对话框，选择 E:\PM2019EX 目录，输入项目文件名称为“3-3 xq”，单击“保存”按钮，完成项目文件保存操作。

3.4　练习题

图 3-95 所示是一个覆盖件。毛坯为长方体，材料 45 钢，粗加工刀具为 d20r1 刀尖圆角端铣刀。要求完成以下任务：

1）计算适用于普通数控机床的粗加工刀具路径（第一次粗加工）。

2）计算适用于高速加工数控机床使用的旋风铣粗加工刀具路径（第一次和第二次粗加工）。源文件请扫描前言的“习题源文件”二维码获取，在 xt sources\ch03 目录下。

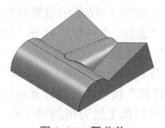

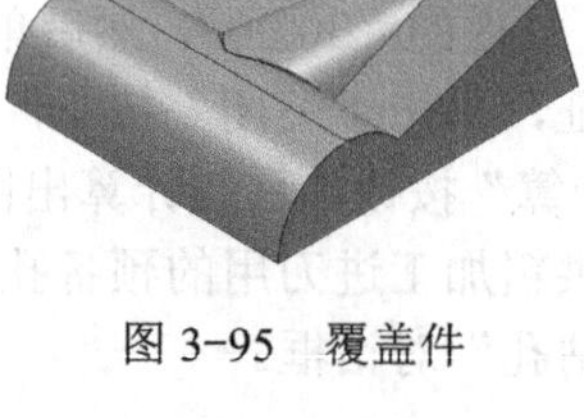

图 3-95　覆盖件

第 4 章　PowerMill 2019 精加工编程经典实例

📖 本章知识点

- ✧ 分析影响精加工精度的因素。
- ✧ 三维偏置精加工策略及编程实例。
- ✧ 提高精度的利器——点分布功能及编程实例。
- ✧ 提高精加工刀具路径质量的编程技巧。
- ✧ 等高精加工策略及编程实例。
- ✧ 参考线精加工策略及编程实例。
- ✧ 刀具路径编辑功能及编程实例。

经过粗加工和二次粗加工（或者还有三次粗加工等），去除大量的余量之后，留在零件外表面的切削层台阶已经很平缓，说明加工余量变得比较均匀，这时就可以安排半精加工和精加工工步。对于加工精度要求很高的零件，精加工之前通常还会安排半精加工工步，其目的是使零件上的余量进一步均匀化，以减少加工过程中的振动，进而提高加工精度。半精加工工步和精加工工步的区别通常在于，前者一般会选取较大的余量、公差、切削宽度和进给率，而它们所用刀具路径策略一般会相同，因此，本书将半精加工工步和精加工工步的编程统一放在精加工编程一章内讲解。

与粗加工主要追求加工效率的目的不同，精加工的目的主要追求机械加工精度和机械加工表面质量。

机械加工精度是加工后零件的实际尺寸、形状和位置三种几何参数与图样要求的理想几何参数的符合程度。加工精度通常包括以下三个方面的内容。

1）尺寸精度：指加工后零件的实际尺寸与零件尺寸的公差带中心的相符合程度。

2）形状精度：指加工后零件表面的实际几何形状与理想的几何形状相符合程度。

3）位置精度：指加工后零件有关表面之间的实际位置与理想位置相符合的程度。

理想的几何参数，对尺寸而言，就是平均尺寸；对表面几何形状而言，就是绝对的圆、圆柱、平面、锥面和直线等；对表面之间的相互位置而言，就是绝对的平行、垂直、同轴、对称等。零件实际几何参数与理想几何参数的偏离数值称为加工误差。

机械加工表面质量主要包括两个方面的内容，一是加工表面的几何形貌（表面结构），包括表面粗糙度、表面波纹度、纹理方向和表面缺陷 4 个主要的指标；二是加工表面层的物理力学性能的变化，主要反映为表面层金属的冷硬化、金相组织变化和残余应力。任何机械加工方法所获得的加工表面，在实际上都不可能是绝对理想的表面，而实践表明，机械零件的破坏，往往是从表面层开始的，因此零件的机械加工表面质量也是精加工要保证的非常重要的一个方面。

4.1 影响精加工质量的因素

综合起来，影响精加工精度和表面质量的因素主要包括如下几个方面。

1. 工艺系统的原始误差

工艺系统由机床、刀具系统、夹具以及工件组成，工艺系统中的各要素都存在原始误差，对零件的加工精度自然会形成影响。作为编程员，要高度注意这四个要素。

2. 各种力对零件加工精度的影响

在零件加工过程中，在各种力（夹紧力、切削力、拨动力、离心力和重力等）的作用下，整个工艺系统要产生相应的变形并造成零件在尺寸、形状和位置等方面的加工误差。

3. 工艺系统刚度

在加工过程中，由于工艺系统在工件加工各部位的刚度不等会形成加工误差，由于切削力变化而引起工艺系统的相对变形也会产生加工误差。

4. 切削用量

作为编程员，这是要特别注意的。比如，在半精加工中，当 f>0.15mm/r 时，对表面粗糙度值 Rz 的影响很大；加工塑性材料时，切削速度对表面粗糙度的影响较大，切削速度越高，切削过程中切屑和加工表面层的塑性变形程度越小，加工后表面粗糙度值也就越低。

5. 公差

编程策略中的公差值对加工精度和加工表面质量影响非常显著，公差值越小，加工精度和表面质量就越高，反之则越低。

6. 行距

行距即切削宽度（侧吃刀量），它属于切削用量之一，这里单独提出来，是因为行距对加工表面质量有直接的影响。例如，使用球头铣刀加工表面，刀具直径、行距与表面粗糙度的关系如下：

$$R_{\mathrm{th}}=\frac{d}{2}\left(1-\sqrt{1-\frac{{a_{\mathrm{e}}}^2}{4r^2}}\right)$$

式中，R_{th} 为表面粗糙度；d 为刀具直径（mm）；r 为刀具半径（mm）；a_{e} 为行距（mm）。

从以上的分析可以看出，对于给定的切削加工工艺系统，编程者无法在原始误差和工艺系统刚度两个方面下功夫。但是，在使用自动编程系统计算刀具路径时，为提高精加工精度和表面质量，可以在切削用量、公差和行距以及切削力对加工精度的影响方面多做一些工作。

下面各节的叙述思路是，重点围绕一些常用的精加工刀具路径策略，通过借助一些具体的例子来详细讨论提高精加工质量的编程方法。在这些例子中，请读者着重关注以下几方面的内容。

1）提高精加工刀具路径质量的方法。

2）三维偏置精加工策略配合使用参考线生成平行精加工刀具路径的编程方法。

3）点分布的设置与使用方法。

4）模具零件型面精加工刀具路径的编程思路。

4.2 三维偏置精加工策略及编程实例

三维偏置精加工是指系统在 X、Y、Z 三个坐标方向上偏移零件内、外轮廓线一个行距值而获得的刀具路径。三维偏置精加工策略根据三维曲面的形状定义行距，系统在零件的平坦区域和陡峭区域都能计算出行距均等的刀具路径，如图 4-1 所示。零件的平坦面和陡峭面均能获得稳定的残留高度，表面加工质量稳定，是一种应用极为广泛的精加工策略。

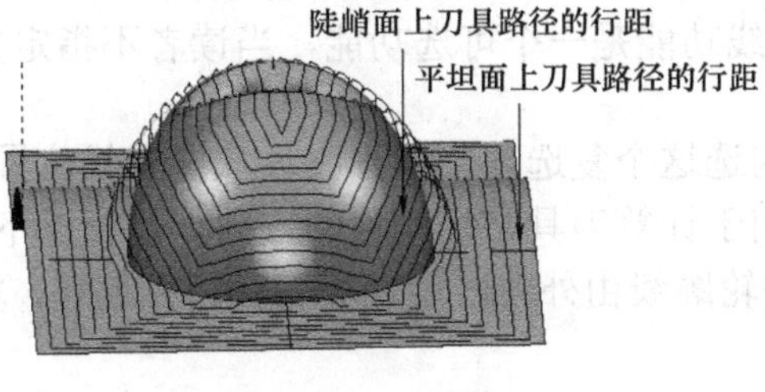

图 4-1 三维偏置精加工示例

在 PowerMill“开始”功能区的“创建刀具路径”工具栏中单击刀具路径按钮，打开“策略选取器”对话框，单击“精加工”选项，调出“精加工”选项卡，在该选项卡中，选择“3D 偏移精加工”，然后单击“确定”按钮，打开“3D 偏移精加工”对话框，如图 4-2 所示。

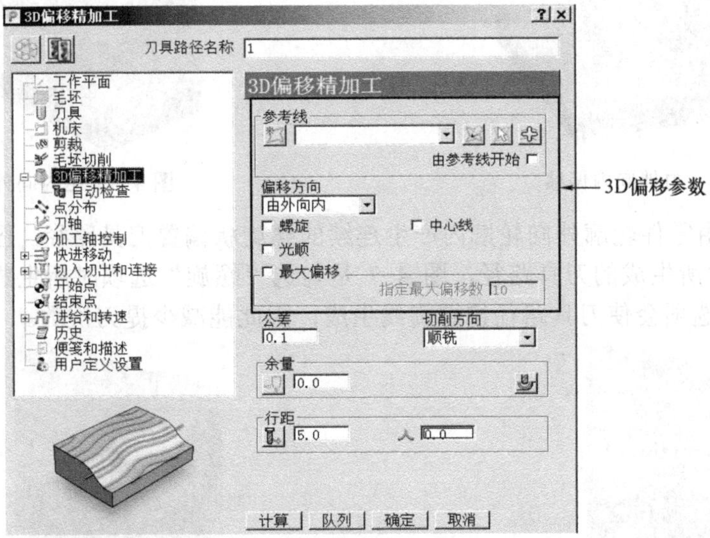

图 4-2 “3D 偏移精加工”对话框

在图 4-2 所示“3D 偏移精加工”对话框中，各选项功能及应用介绍如下：

1）参考线：由读者指定一条已经创建好的参考线，系统按照这条参考线的形状和走势计算三维偏置刀具路径，如图 4-3 所示。

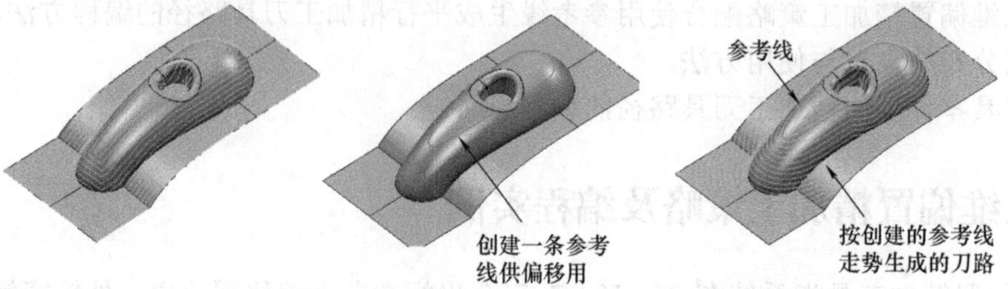

图 4-3　按参考线的形状和走势生成的刀具路径

实际编程过程中，常常借用参考线来控制刀具路径的走势，以获得理想的切削纹理方向和切削效率。由于三维偏置精加工刀具路径将按参考线的走势分布，因此，又称参考线为引导线。

读者还要注意，参考线功能是一个可选功能，当读者不指定参考线时，系统同样能计算出刀具路径。

2）由参考线开始：勾选这个复选项，刀具路径从参考线位置开始生成。

3）偏移方向：指定用于计算刀具路径偏移的方向。包括以下 2 个选项。

① 由外向内：将零件轮廓线由外向内地计算刀具路径偏移，如图 4-4 所示，适用于凹模加工。

② 由内向外：将零件轮廓线由内向外地计算刀具路径偏移，如图 4-5 所示，适用于凸模加工。

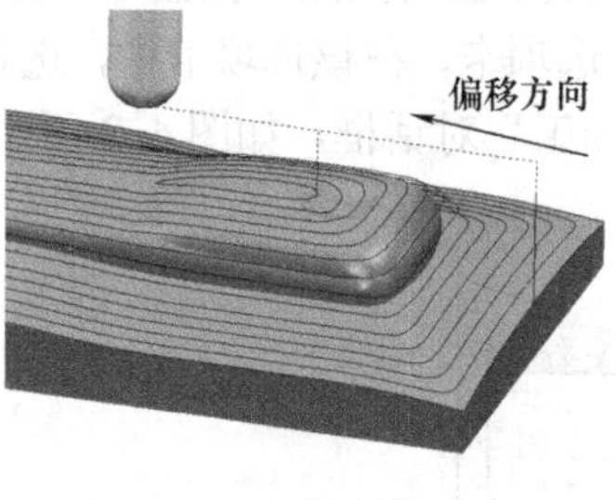

图 4-4　由外向内偏移

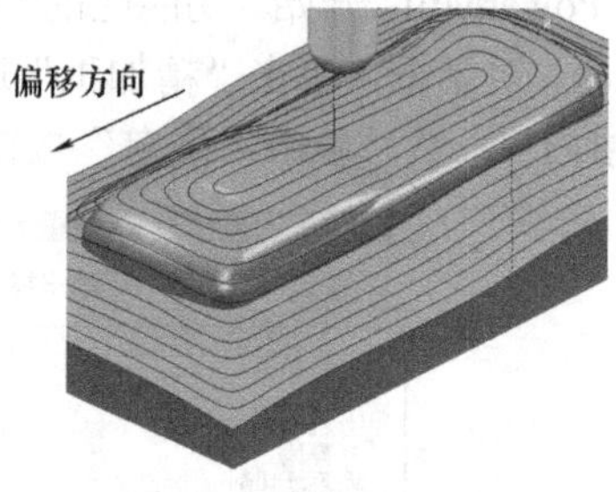

图 4-5　由内向外偏移

4）螺旋：由零件轮廓外向轮廓内产生连续的螺旋状偏置刀具路径。图 4-6 是未勾选“螺旋”选项时所生成的刀具路径，图 4-7 是勾选“螺旋”选项时所生成的刀具路径。可见，“螺旋”选项会使刀具路径按螺旋线生成，因此能减少提刀次数。

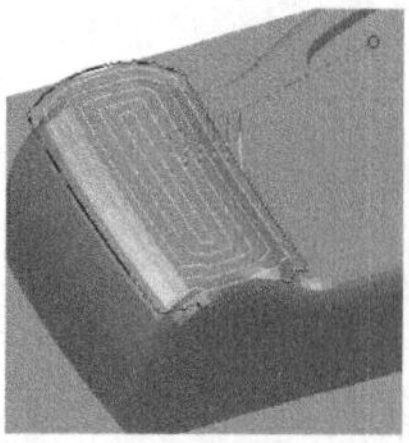

图 4-6　未勾选“螺旋”选项的刀具路径

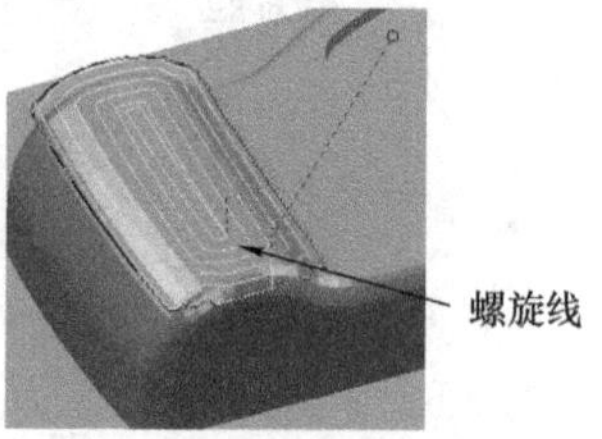

图 4-7　勾选“螺旋”选项的刀具路径

5）光顺：勾选这个选项，系统对三维偏置精加工刀具路径在转角处进行倒圆处理。图 4-8 是不勾选“光顺”选项的刀具路径，图 4-9 是勾选了“光顺”选项的刀具路径。

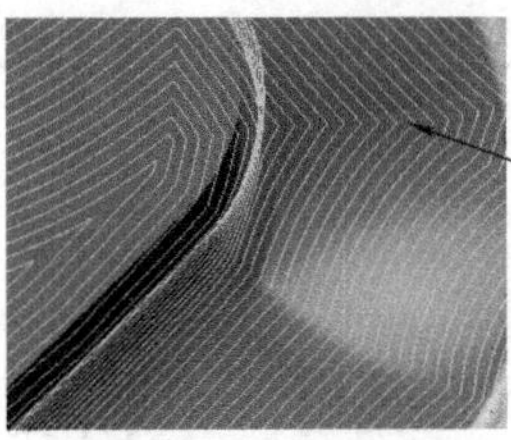

图 4-8　不勾选“光顺”选项的刀具路径

图 4-9　勾选“光顺”选项的刀具路径

6）中心线：勾选该复选项，将在 3D 偏移刀路的中心增加刀路。该选项有利于去除刀路中心的小残留高度。如图 4-10 所示，是未勾选中心线的刀路，图 4-11 是勾选中心线后计算出来的刀路。

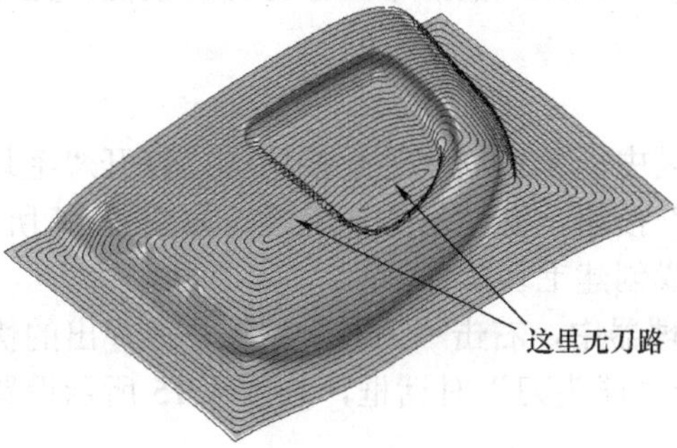

图 4-10　未勾选中心线的刀路

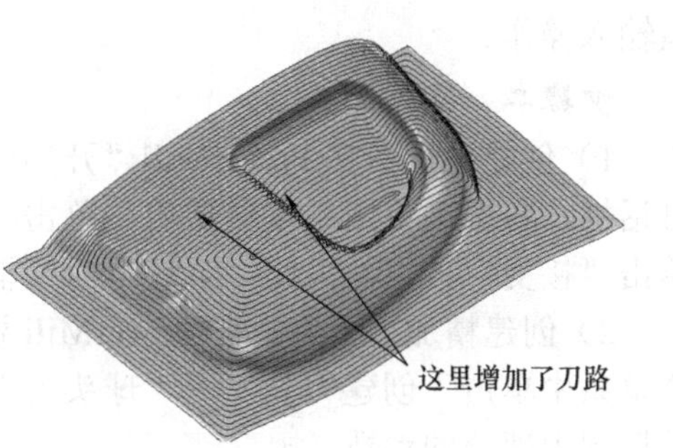

图 4-11　勾选中心线的刀路

7）最大偏移：指定对零件轮廓进行偏置的次数，也就是由零件轮廓外向内生成多少条刀具路径。例如，勾选“最大偏置”选项，并设置数目是 10 时，生成 10 条刀具路径，如图 4-12 所示。

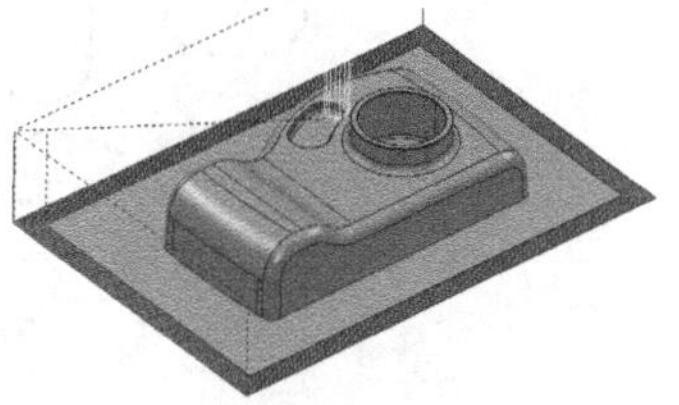

图 4-12　最大偏移数是 10 时的刀具路径

例 4-1　编制手机凸模零件精加工程序

图 4-13 是一个手机模具零件。该零件具有以下特点：

1）零件加工表面主要由成形曲面构成。

2）模具零件表面质量要求较高。

下面编制该模具零件精加工刀具路径。

操作视频

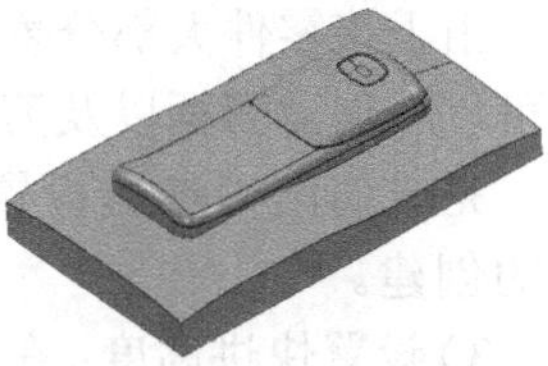

图 4-13　手机模具零件

数控编程工艺过程分析：

在编制精加工程序时，要谨记精加工追求的首要目标是加工精度和加工表面质量。本例拟使用直径为 20mm 的球头铣刀进行精加工，零件表面大部分是浅滩型面，为了保持行距的一致性，拟采用 3D 偏移精加工策略来计算精加工刀具路径。

详细操作步骤：

步骤一　新建加工项目

1）复制文件到本地磁盘：扫描前言的“实例源文件”二维码，下载并复制文件夹“Source\ch04”到“E:\PM2019EX”目录下。

2）启动 PowerMill 2019 软件：双击桌面上的 PowerMill 2019 图标，打开 PowerMill 系统。

3）输入模型：在功能区中，单击“文件”→“输入→“模型”，打开“输入模型”对话框，选择“E:\PM2019EX\ch04\4-01 phone.dgk”文件，然后单击“打开”按钮，完成模型输入操作。

步骤二　准备加工

1）创建毛坯：在 PowerMill“开始”功能区中，单击创建毛坯按钮，打开“毛坯”对话框，各选项使用系统默认值，单击“计算”按钮，创建出方形毛坯，如图 4-14 所示。单击“接受”按钮，关闭“毛坯”对话框，完成创建毛坯操作。

2）创建精加工刀具：在 PowerMill 资源管理器中，右击“刀具”树枝，在弹出的快捷菜单条中单击“创建刀具”→“球头刀”，打开“球头刀”对话框，按图 4-15 所示设置刀具切削刃部分的参数。

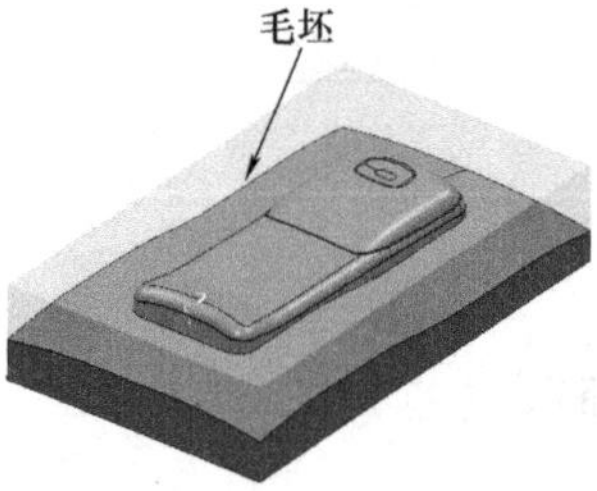

图 4-14　创建毛坯

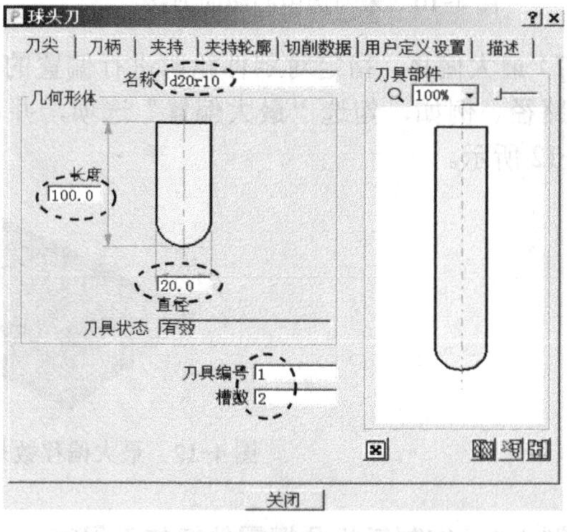

图 4-15　切削刃部分参数

由于该零件大部分表面均为浅滩型面，精加工时发生碰撞的可能性很小，因此这把刀具可以不创建刀柄以及刀具夹持。

完成切削刃参数设置后，单击“球头刀”对话框中的“关闭”按钮，完成精加工刀具的创建。

3）设置快进高度：在 PowerMill“开始”功能区中，单击刀具路径连接按钮 刀具路径连接，打开“刀具路径连接”对话框，在“安全区域”选项卡中，按图 4-16 所示设置快进高度参数，设置完参数后不要关闭对话框。

4）设置加工开始点和结束点：在“刀具路径连接”对话框中，切换到“开始点和结束点”选项卡，按图 4-17 所示确认开始点和结束点，单击“接受”按钮关闭对话框。

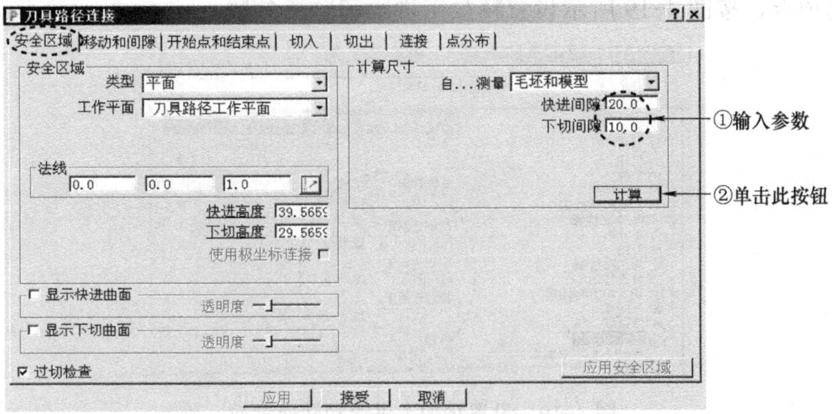

图 4-16　设置快进高度

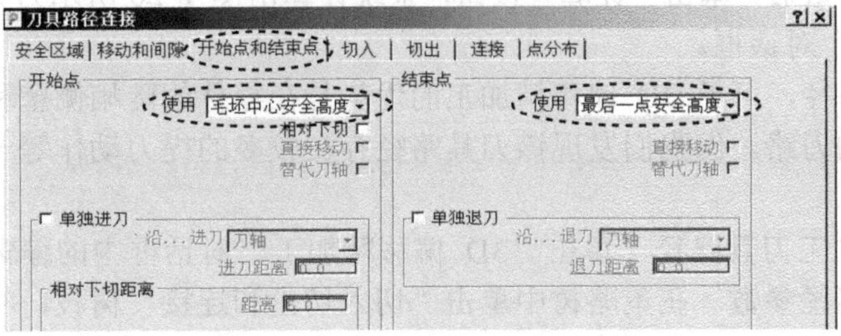

图 4-17　确认开始点和结束点

步骤三　计算精加工刀具路径

（1）计算一般的精加工刀具路径　在 PowerMill“开始”功能区的“创建刀具路径”工具栏中，单击刀具路径按钮，打开“策略选取器”对话框，单击“精加工”选项，调出“精加工”选项卡，在该选项卡中选择“3D 偏移精加工”，单击“确定”按钮，打开“3D 偏移精加工”对话框，按图 4-18 所示设置参数。

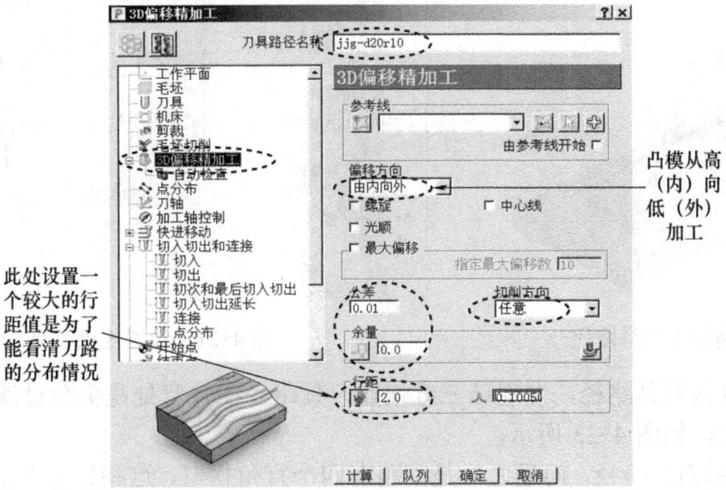

图 4-18　精加工参数设置

在“3D偏移精加工”对话框左侧的策略树枝，单击“进给和转速”树枝，调出“进给和转速”选项卡，按图4-19所示设置精加工进给和转速参数。

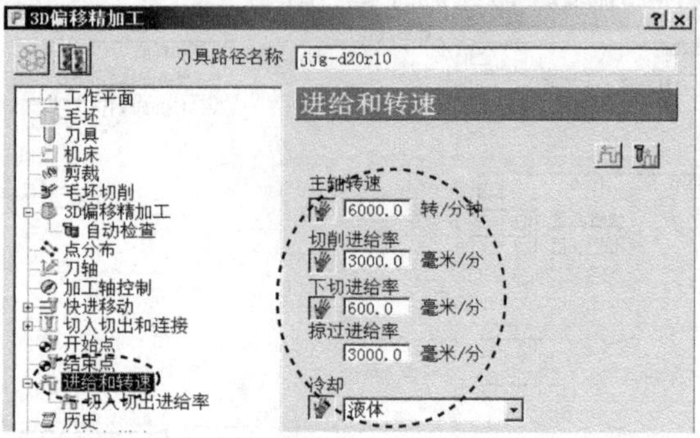

图4-19 设置精加工进给和转速参数

设置完上述参数后，单击“计算”按钮，系统计算出图4-20所示刀具路径。不要关闭“3D偏移精加工”对话框。

观察该刀具路径，可见3D偏移精加工的优势是在零件的陡峭侧壁和平坦的表面均能计算出行距均匀的刀路。但我们发现该刀具路径存在较多的提刀动作等一些问题，下面逐步来优化该刀路。

（2）优化精加工刀具路径 单击“3D偏移精加工”对话框中的编辑刀具路径参数按钮，激活刀具路径参数。在策略树中单击“切入切出和连接”树枝，将它展开，单击该树枝下的“连接”树枝，调出“连接”选项卡，按图4-21所示设置连接方式。

再次单击“计算”按钮，系统即计算出新的刀具路径，如图4-22所示，已经没有提刀动作了。

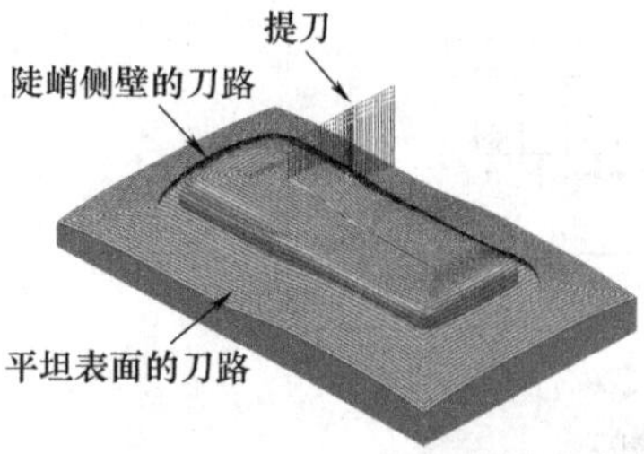

图4-20 精加工刀具路径一

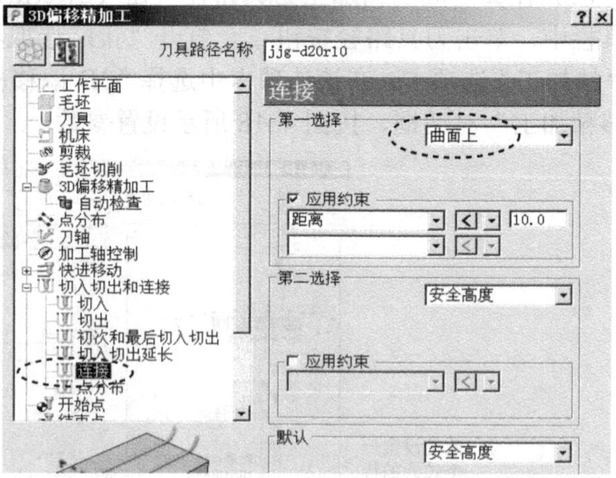

图4-21 设置连接参数

进一步观察该刀具路径，发现该三维偏置刀具路径在转弯处是尖角过渡，且在刀路偏置中心行距变大，如图4-23所示。

图4-23所示刀具路径，问题之一是刀路有四个直角拐弯，这些地方在加工完成后，会在零件型面上留下表面波纹，在要求较高的模具上，这是不允许存在的。为解决这一问题，

PowerMill 在 3D 偏移精加工策略中加入了“光顺”选项。问题之二是刀路偏置中心的行距变大了，此处加工后的表面质量就会比别的表面粗糙，为此，使用 3D 偏移精加工策略的“中心线”选项来解决此问题。

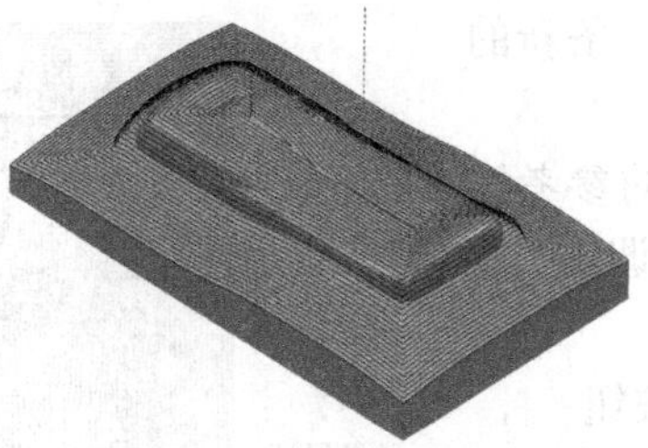

图 4-22　精加工刀具路径二

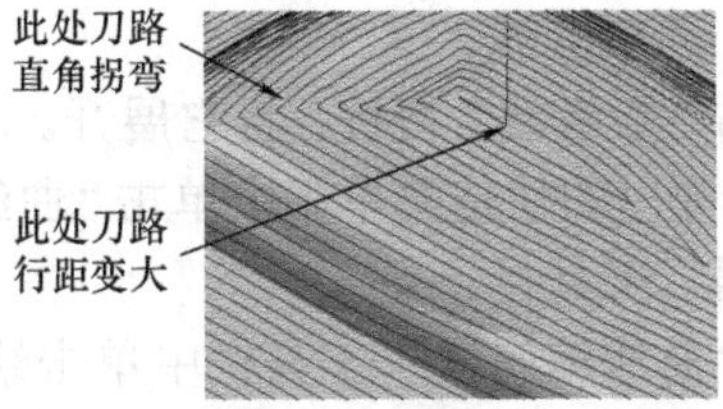

图 4-23　精加工刀具路径二局部放大图

单击“3D 偏移精加工”对话框中的编辑刀具路径参数按钮，激活刀具路径参数。在策略树中单击“3D 偏移精加工”树枝，调出“3D 偏移精加工”选项卡，在该选项卡中勾选“光顺”和“中心线”两个选项，如图 4-24 所示。

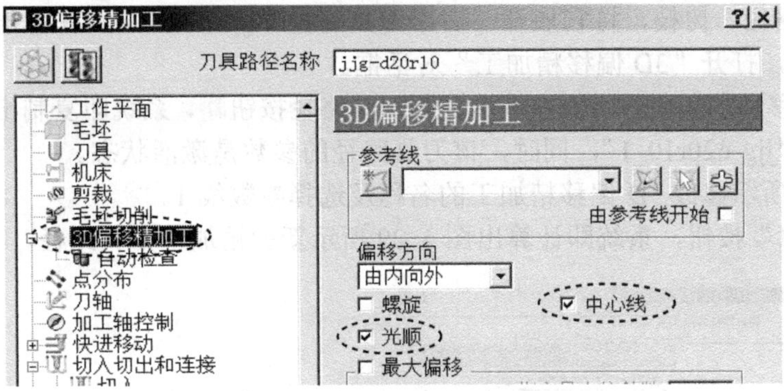

图 4-24　勾选“光顺”和“中心线”选项

单击“计算”按钮，系统即计算出新的刀具路径，如图 4-25 所示，放大图如图 4-26 所示，可见刀具路径在过渡处已经倒圆处理，且在偏移中心行距变大的地方加入了刀路。

单击“关闭”按钮，关闭“3D 偏移精加工”对话框。

仔细观察图 4-25 所示刀具路径，环绕的刀具路径在零件型面上产生了四个转角，刀具路径存在转弯就会留下刀痕，对于型面有纹理走向要求的零件，即便如图 4-26 所示的倒圆刀具路径，也并不是最理想的精加工刀具路径。

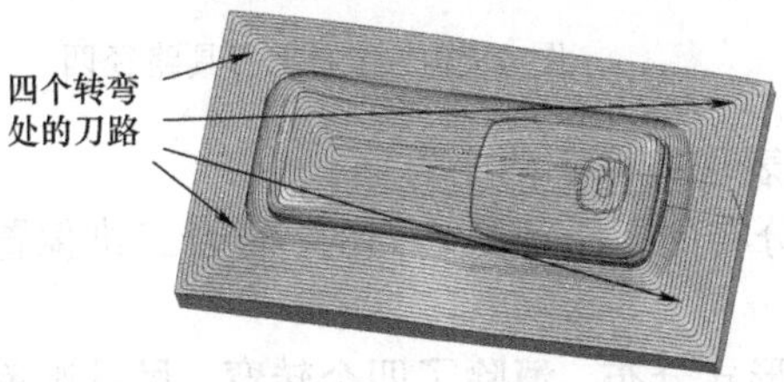

图 4-25　精加工刀具路径三

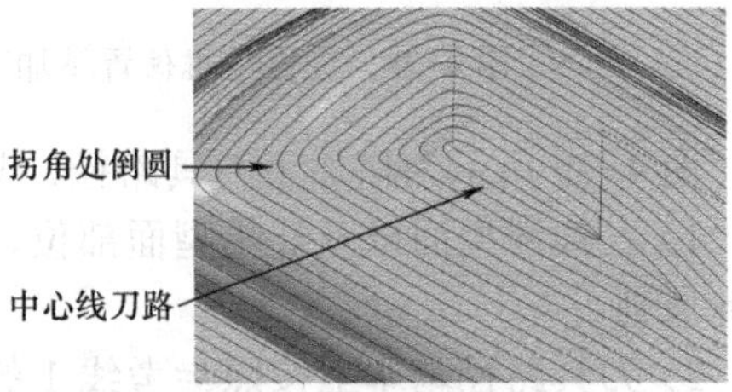

图 4-26　精加工刀具路径三局部放大图

下面通过引入参考线来进一步优化精加工刀具路径。

步骤四　计算新的精加工刀具路径

（1）创建参考线　在 PowerMill 查看工具栏中单击从上查看（Z）按钮，将模型摆平。

在 PowerMill 资源管理器中右击“参考线”树枝，在弹出的快捷菜单条中执行“创建参考线”，系统即创建出一条新的名称为 1 的参考线。

双击“参考线”树枝，将它展开。右击该树枝下的参考线“1”，在弹出的快捷菜单条中单击“曲线编辑器...”，调出“曲线编辑器”工具栏。

在“曲线编辑器”工具栏中单击绘制连续直线按钮，按键盘上的 Ctrl+H 键，将光标变为十字，在绘图区绘制图 4-27 所示的一条直线。

在曲线编辑器工具条中，单击勾选按钮，完成参考线的制作。

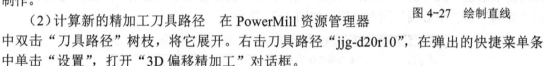

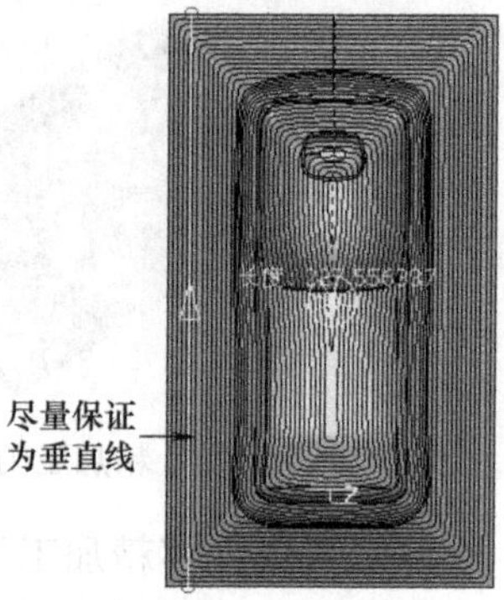

图 4-27　绘制直线

（2）计算新的精加工刀具路径　在 PowerMill 资源管理器中双击“刀具路径”树枝，将它展开。右击刀具路径“jjg-d20r10”，在弹出的快捷菜单条中单击“设置”，打开“3D 偏移精加工”对话框。

在“3D 偏移精加工”对话框中单击复制刀具路径按钮，系统即复制出一条新的刀具路径，名称为“jjg-d20r10_1”，同时，该刀具路径的参数是激活状态。

按图 4-28 所示修改 3D 偏移精加工的名称及选择参数线 1。

单击“计算”按钮，系统即计算出图 4-29 所示新的精加工刀具路径。

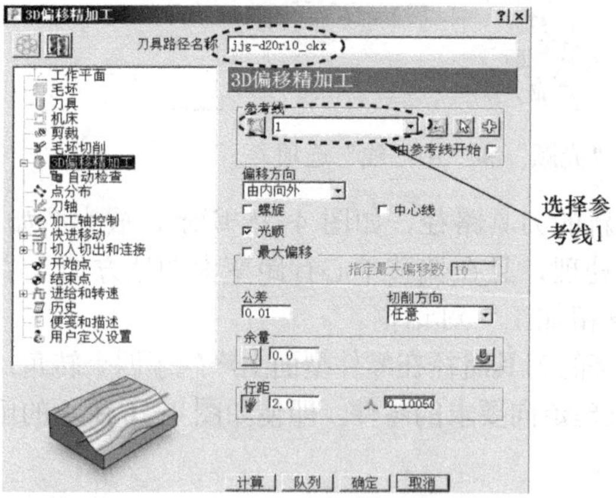

图 4-28　设置三维偏置精加工参数

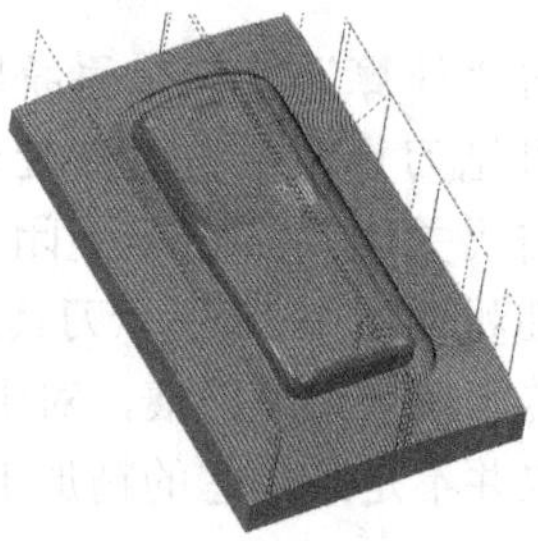

图 4-29　精加工刀具路径四

图 4-29 所示为精加工刀具路径，其特点突出表现在以下两个方面。

1）在浅滩型面以及陡峭型面部位，刀具路径分布的行距都是均匀的，符合三维偏置的计算原则。

2）刀具路径基本上按照参考线 1 的走向以及形式分布，消除了四个转弯，尽量避免了刀具路径中存在拐弯的情况。

单击“关闭”按钮，关闭“3D 偏移精加工”对话框。

步骤五　保存项目文件

在 PowerMill 功能区中，单击“文件”→“保存”，打开“保存项目为”对话框，选择 E:\PM2019EX 目录，输入项目文件名称为“4-01 phone”，单击“保存”按钮，完成项目文件保存操作。

小提醒

在实际编程过程中，在 3D 偏移精加工策略中加入一条合适的参考线是很常用也非常实用的一种做法。参考线在计算过程中起到了引导线的作用，使 3D 偏移刀具路径按照参考线的走向和形式来排列。

在绘制参考线时，要注意以下几点：

1）参考线必须在加工范围内。

2）用作引导线的参考线一般是一条直线，而且应尽量简单。

读者在编程时，可以尝试使用不同的参考线来计算三维偏置精加工刀具路径，通过比较各精加工刀具路径的优劣来区别所绘参考线的优劣，从而逐步掌握用作引导线的参考线的绘制技巧。

4.3　点分布功能及编程实例

点分布功能是 PowerMill 系统拥有的独特功能，它主要用于系统在计算精加工刀具路径时，确定刀位点的分布原则。

合理地使用点分布功能，不仅可以提高工件的表面质量，而且还可以显著提升加工效率。PowerMill 的点分布功能适用于三轴、四轴和五轴机床加工。诸如汽车车灯模具、电镀件以及叶轮叶片等有很高表面要求的零件采用点分布功能计算出来的刀路，可以加工出几乎免抛光的表面质量。

如图 4-30 和图 4-31 所示，图中线条上的点即刀位点。图 4-30 所示刀路，未使用点分布功能，其刀位点分布比较稀疏且间距也不一致。在将刀具路径生成为 NC 代码后，刀位点就是代码中的 X、Y、Z 坐标点，这样，加工过程中就会出现进给率忽快忽慢的变化，从而造成机床频繁地加减速，最后得到较差的加工表面。图 4-31 所示刀路，使用了点分布功能，其刀位点密集且间距均匀，机床可以实现匀速加工，进给率基本上按照设定的 F 值在一个很小的范围内波动，这样就可以加工出更高的表面质量。

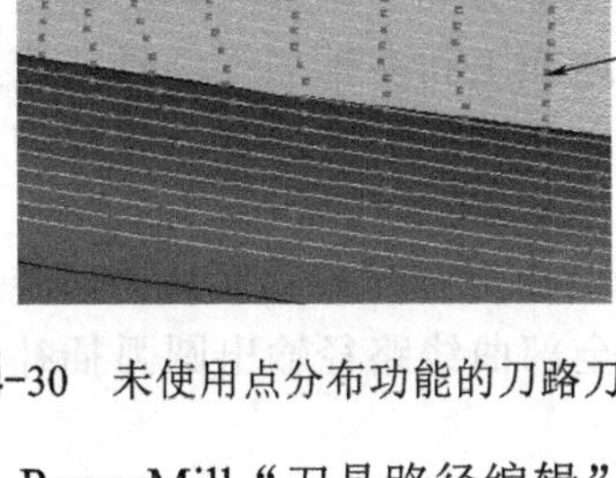

图 4-30　未使用点分布功能的刀路刀位点

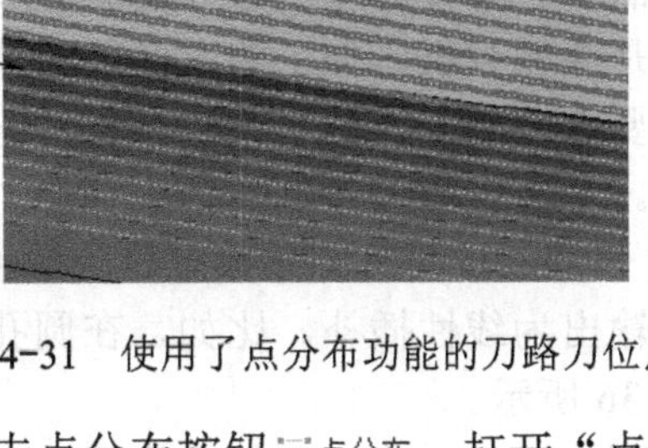

图 4-31　使用了点分布功能的刀路刀位点

在 PowerMill“刀具路径编辑”功能区中，单击点分布按钮 点分布，打开“点分布”对话框，如图 4-32 所示。

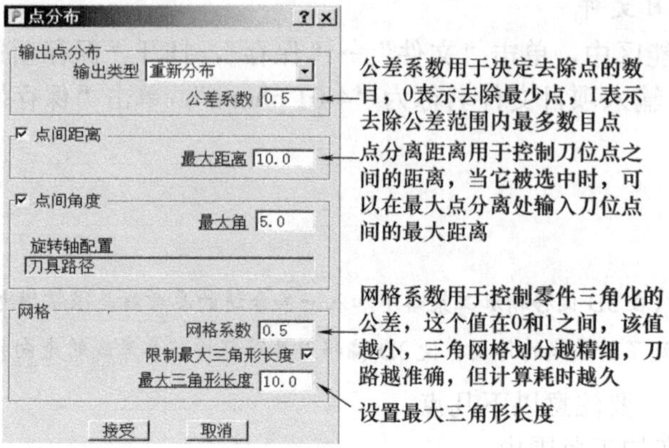

图 4-32 “点分布”对话框

（1）输出点分布　刀位点输出类型有如下四种情况：

1）公差并保留圆弧：在允许的公差范围内自动去除不必要的点，只在模型中指定的修圆控制位置输出圆弧移动，其他位置在 NC 代码中将输出为线性移动，如图 4-33 所示。该功能应用在要求不高的加工情况（比如开粗、半精加工及精度要求一般的精加工）以及程序“预读”能力比较差的普通数控机床。

2）公差并替换圆弧：这个选项与公差并保留圆弧选项功能相类似。不同之处在于，所有圆弧用许多直线段来替换，刀具路径所有位置将输出为线性移动插补，如图 4-34 所示。该功能尤其适合没有圆弧移动插补指令的老式数控系统和一些雕刻机，或者有圆弧插补指令的数控系统，但在拐角落区域使用圆弧移动反而进给率下降的机床，使用线性插补更快。

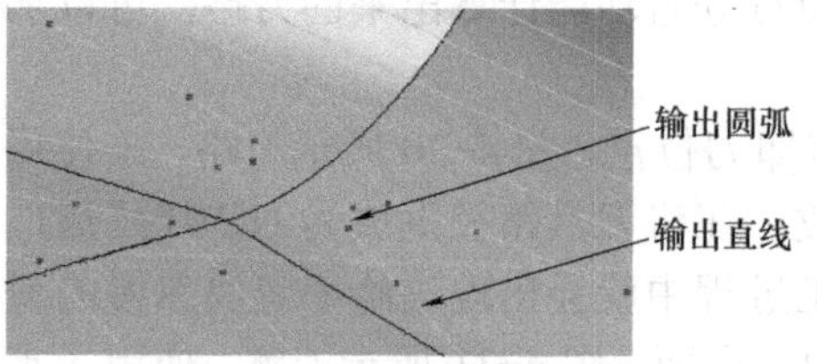

图 4-33　公差并保留圆弧

图 4-34　公差并替换圆弧

3）重新分布：为保证刀具路径在公差范围内，允许插入新的点，确保刀位点之间按照指定的“点分布距离”均匀分布，如图 4-35 所示。重新分布会增加刀具路径生成的时间，但是会减少机床加工的时间，该选项特别适合高速加工和多轴加工场景，应用于表面质量要求高的工件加工。因为程序容量会增大，所以该功能不太适合预读能力差的控制系统。

4）修圆：按照修圆系数把路径中所有的曲线路径输出为圆弧移动插补，而纯直线路径仍将输出为线性插补。比如，在圆孔铣削时，希望全部曲线路径输出圆弧插补的情况如图 4-36 所示。

输出点分布中的“公差系数”用于控制刀具路径在输出以上 4 种类型的刀位点时和理论轨迹的误差值，该误差值受限于刀具路径的加工公差。比如，公差系数设置为 0.5，当前刀具路径公差为 0.01mm，则误差值为 0.5×0.01mm=0.005mm。

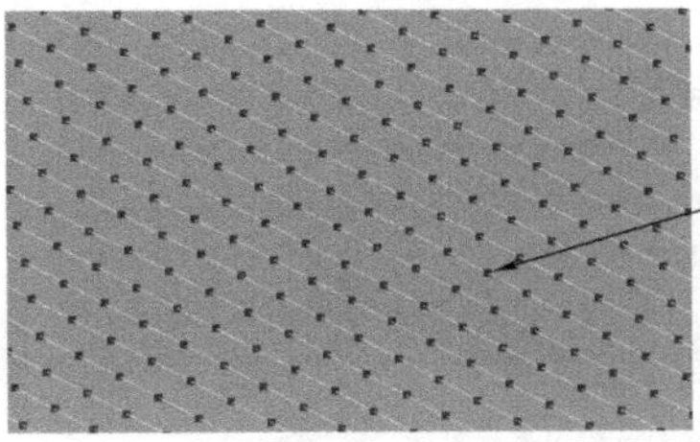

图 4-35　重新分布

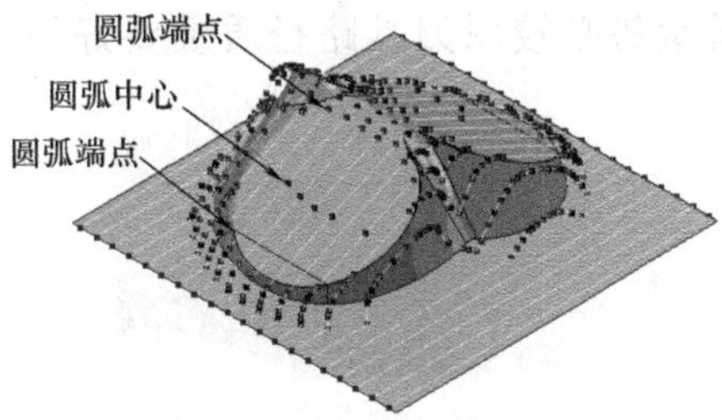

图 4-36　修圆

（2）点间距离　点间距离用于定义刀位点之间的最大距离。不使用点间距离功能时，刀位点将按刀具路径计算策略对话框中的公差值进行插值计算。图 4-37 所示加工对象，使用加工公差 0.01mm 将得到图 4-38 所示的结果。

勾取“点间距离”复选框，“最大距离”选项设置合适值后，系统将在按原公差计算出的点中插入额外点，使全部相邻点之间的距离都不超过所指定的最大点间距离。图 4-39 是输入了合适的最大距离后所得到的结果。可见，使用新设置产生的刀具路径质量会比原设置所产生的刀具路径质量好得多。这种方法尤其适合加工刀轴方向会持续变化的区域。

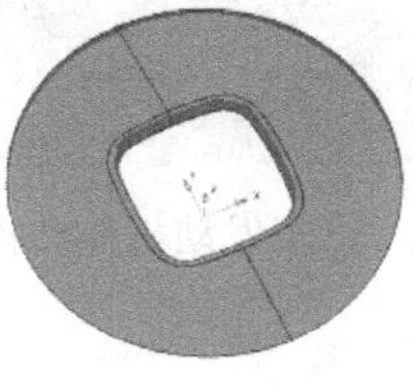

图 4-37　盘形零件

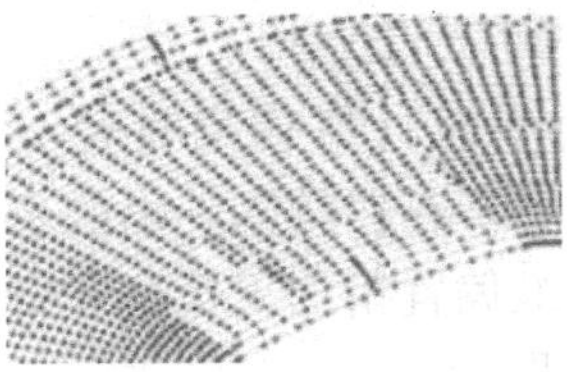

图 4-38　刀位点 1

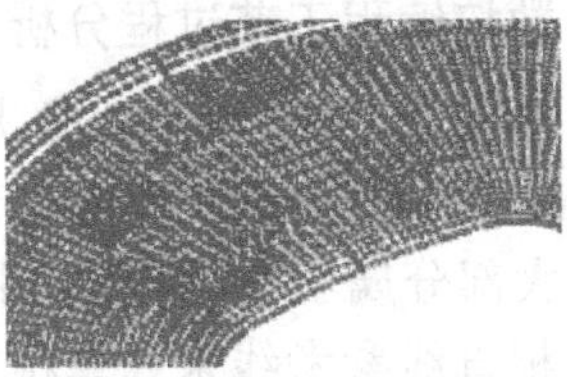

图 4-39　刀位点 2

当输出类型为修圆时，不能使用分离距离功能。

（3）点间角度　点间角度控制两点间的最大轴向运动角度。当勾选此选项时，将打开“最大角”值输入框。此功能主要用于多轴尤其是五轴加工编程，可以让刀轴在拐角变化比较剧烈区域更趋于平稳，改善因为刀轴剧烈变动造成的表面质量不佳及提高加工效率。

（4）网格　这个选项用于控制模型的计算精度。我们知道，绝大部分的 CAM 软件（无论是根据实体还是曲面来编程的软件），在计算时都要把模型网格化（即三角形化）。系统在计算每条刀具路径时都会按照一个公差（称为模型准备公差）将模型网格化，所以在 PowerMill 软件中，所设置的刀具路径公差同时也控制着模型的精度。比如，网格系数设置为 0.5，加工公差设置为 0.01，那么模型准备公差就等于两个参数的相乘所得 0.005。但是，PowerMill 软件为了获得更高的计算精度，除了提高加工公差和网格系数以外，还可以控制网格化的三角形长度。勾选“限制最大三角形长度”复选项，下面的“最大三角形长度”文本框被激活，输入的值就是模型网格化时的最大三角形长度。

如图 4-37 所示的盘形零件，使用加工公差 0.01mm 将产生出图 4-40 所示的网格结构。勾选“限制最大三角形长度”选项，在“最大三角形长度”选项中输入一个合适的最大三角形长度值后，可得到图 4-41 所示的结果。可见，新产生的三角形网格具有更多更细小的三角形，网格结构也更均匀，使用此三角形网格结构产生出的刀具路径质量势必较原刀具路径质量要好得多。

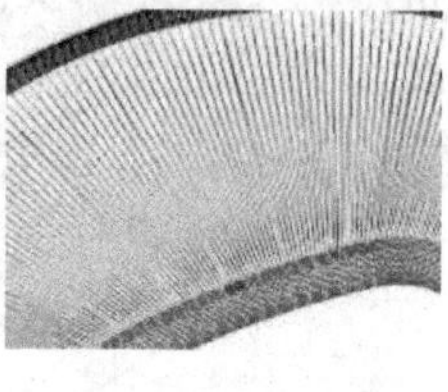
图 4-40　网格 1

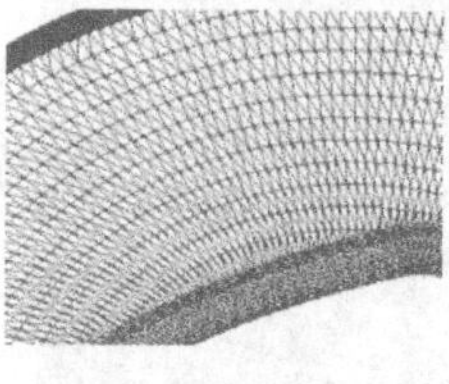
图 4-41　网格 2

例 4-2　编制汽车覆盖件凸模型面精加工程序

图 4-42 所示是一个汽车发动机盖凸模零件。该零件具有以下特点：

操作视频

1）零件型面较大，由于是汽车外覆盖件模具，对型面的加工表面质量有很高的要求。

2）零件较为复杂，存在一些细小结构特征，要注意选择合适的刀具路径计算策略。

下面编制该模具零件精加工刀具路径。

数控编程工艺过程分析：

本例的主要加工对象是较大的型面，拟使用直径为 25mm 的球头铣刀进行精加工，零件中不存在较为陡峭的表面，大部分属于浅滩型面，拟采用三维偏置精加工策略并引用一根直线参考线来计算精加工刀具路径。

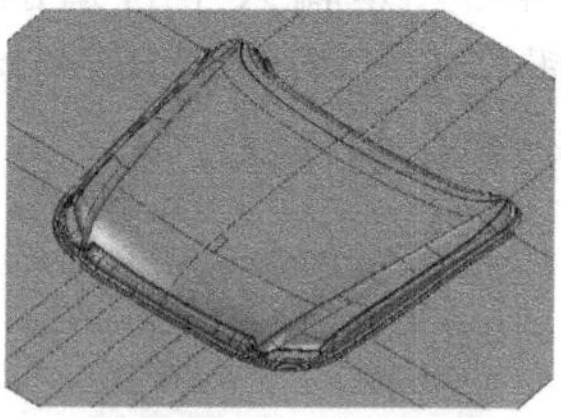
图 4-42　汽车发动机盖凸模零件

详细操作步骤：

步骤一　新建加工项目

1）启动 PowerMill 2019 软件：双击桌面上的 PowerMill 2019 图标，打开 PowerMill 系统。如果是续前例接着做本例，在 PowerMill 功能区中，单击“文件”→“选项”→“重设表格”，将 PowerMill 编程参数初始化。

2）输入模型：在功能区中单击“文件”→“输入”→“模型”，打开“输入模型”对话框，选择“E:\PM2019EX\ch04\4-02 rqg-op10.dgk”文件，然后单击“打开”按钮，完成模型输入操作。

步骤二　准备加工

1）创建毛坯：在 PowerMill“开始”功能区中，单击创建毛坯按钮，打开“毛坯”对话框，使用系统默认参数，单击“计算”按钮，创建出方形毛坯，如图 4-43 所示，单击“接受”按钮，完成创建毛坯操作。

2）创建精加工刀具：在 PowerMill 资源管理器中，右击“刀具”树枝，在弹出的快捷菜单条中单击“创建刀具”→“球头刀”，打开“球头刀”对话框，按图 4-44 所示设置刀具切削刃部分的参数。

由于该零件大部分表面均为浅滩型面，精加工时发生碰撞的可能性很小，故可以不创建刀柄以及刀具夹持。

完成切削刃参数设置后，单击“球头刀”对话框中的“关闭”按钮，完成精加工刀具的创建。

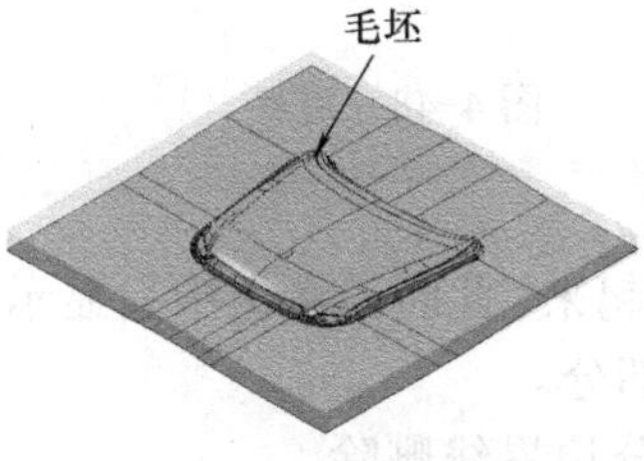

图 4-43 创建毛坯

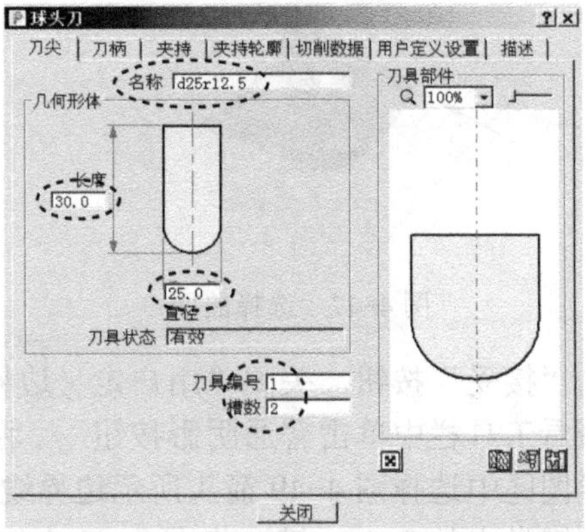

图 4-44 刀具切削刃部分参数设置

3）设置快进高度、开始点和结束点：在 PowerMill“开始”功能区中，单击“刀具路径连接”按钮 刀具路径连接，打开“刀具路径连接”对话框，在“安全区域”选项卡，按图 4-45 所示设置快进高度参数。

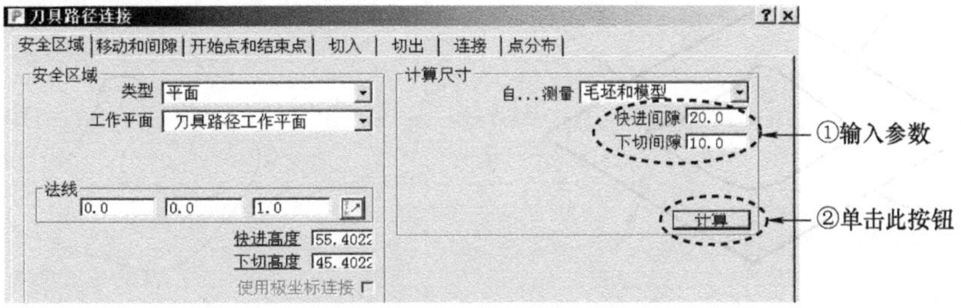

图 4-45 设置快进高度参数

切换到“开始点和结束点”选项卡，设置“开始点”栏下的“使用”选项为“毛坯中心安全高度”，设置“结束点”栏下的“使用”选项为“最后一点安全高度”，如图 4-46 所示。设置完成后，单击“接受”按钮退出。

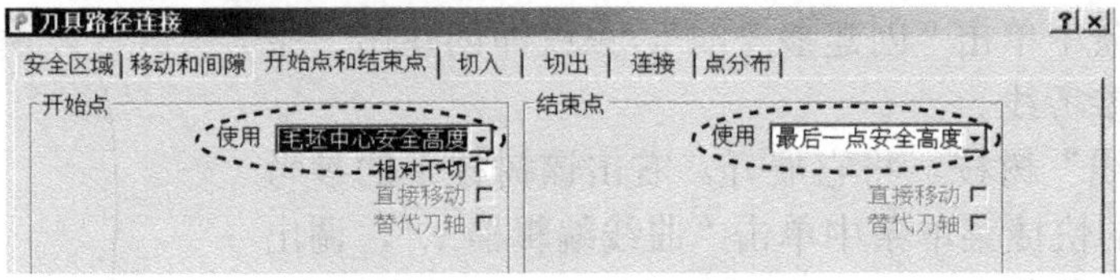

图 4-46 设置开始点和结束点

步骤三 计算精加工刀具路径

(1) 创建边界 在查看工具栏中单击毛坯按钮，将毛坯隐藏起来。

按下键盘上的 Shift 键，在绘图区中选中图 4-47 所示凸模分模曲面（共计 18 个对象）。

在 PowerMill 资源管理器中，右击“边界”树枝，在弹出的快捷菜单条中单击“创建边界”→“用户定义”，打开“用户定义边界”对话框，单击该对话框中的插入模型按钮，系统即创建出图 4-48 所示边界。

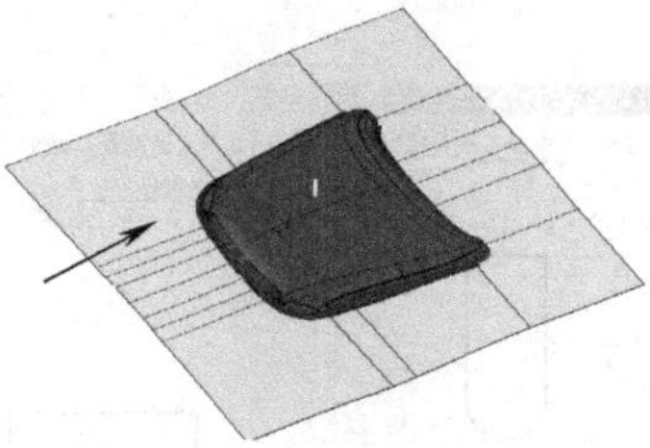

图 4-47　选择曲面

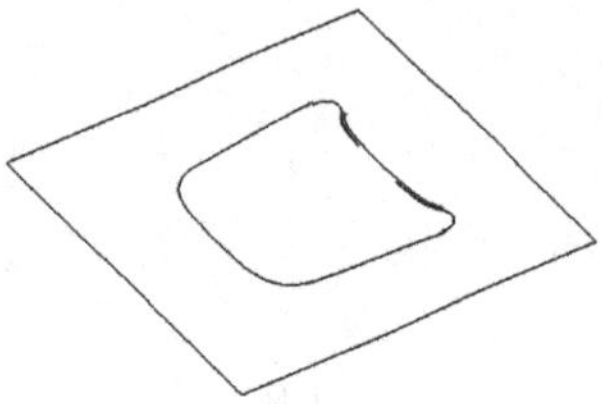

图 4-48　边界

单击“接受”按钮，关闭“用户定义边界”对话框。

在查看工具栏中单击普通阴影按钮，将模型隐藏起来，此时绘图区中只显示边界线。

在绘图区中选择图 4-49 箭头所示边界线的外围线部分。

单击键盘中的 Delete 键，将图 4-49 中箭头所示部分边界线删除。

在 PowerMill 资源管理器中，双击“边界”树枝，将它展开。右击该树枝下的边界线“1”，在弹出的快捷菜单条中单击“曲线编辑器...”，调出“曲线编辑器”工具栏，单击“变换”按钮下的小三角形，在展开的工具栏中单击“偏移”按钮，调出“偏移”对话框，在该对话框的“距离”栏中，输入 50，回车，边界变化为图 4-50 所示边界。

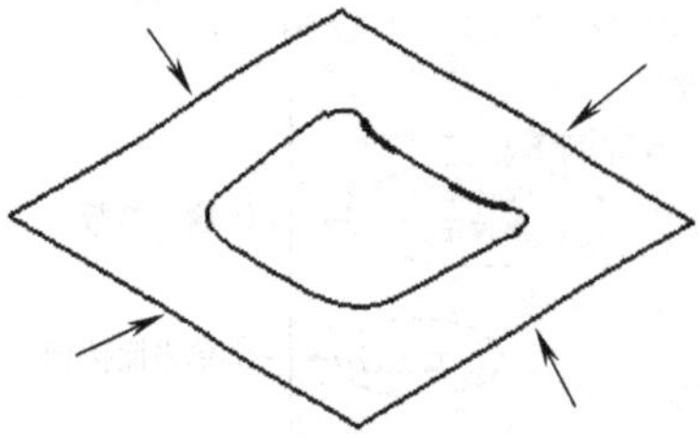

图 4-49　选择边界线

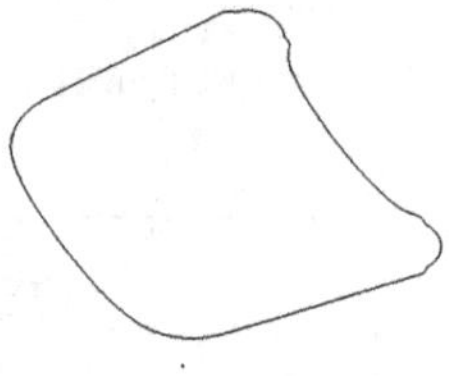

图 4-50　编辑后的边界

单击“曲线编辑器”工具栏中的“接受”按钮，关闭“曲线编辑器”工具栏。

（2）创建参考线　在 PowerMill 绘图区右侧的查看工具栏中单击普通阴影按钮，将模型显示出来；接着单击从上查看（Z）按钮，将模型摆平。

在 PowerMill 资源管理器中，右击“参考线”树枝，在弹出的快捷菜单条中单击“创建参考线”，系统即创建出一条新的名称为 1 的参考线。

双击“参考线”树枝，将它展开。右击该树枝下的参考线“1”，在弹出的快捷菜单条中单击“曲线编辑器…”，调出“曲线编辑器”工具栏。

在“曲线编辑器”工具栏中单击绘制连续直线按钮，在绘图区绘制图 4-51 所示直线。

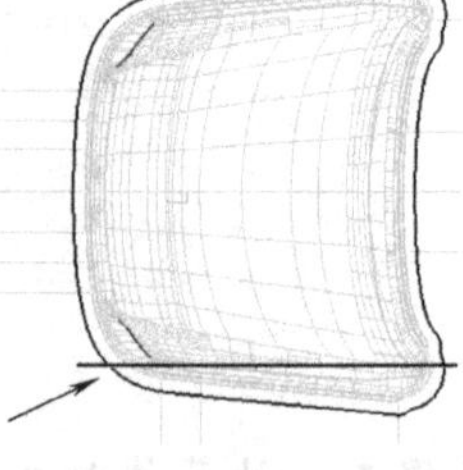

图 4-51　绘制直线

在“曲线编辑器”工具栏中单击“接受”按钮，完成参考线的制作。

技巧

1）由于参考直线主要用于引导刀具路径的计算，所以参考线的形状应尽量简单。

2）为了能绘制出尽量水平的参考直线，可以预先按下 Ctrl+H 键，使光标显示为十字。

（3）计算精加工刀具路径　在 PowerMill“开始”功能区的“创建刀具路径”工具栏中，单击刀具路径按钮，打开“策略选取器”对话框，选择“精加工”选项卡，在该选项卡中选择“3D 偏移精加工”，单击“确定”按钮，打开“3D 偏移精加工”对话框，按图 4-52 所示设置参数。

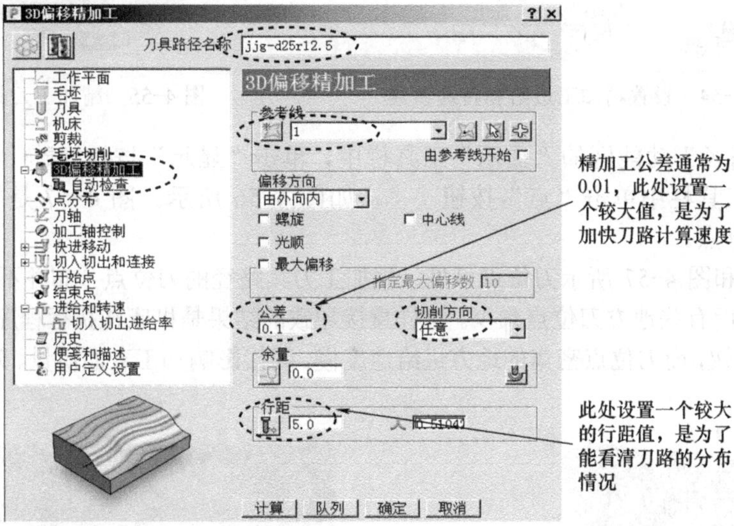

图 4-52　设置精加工参数

在“3D 偏移精加工”对话框的策略树中，单击“切入切出和连接”树枝，将它展开。单击该树枝下的“连接”树枝，调出“连接”选项卡，按图 4-53 所示设置连接参数。

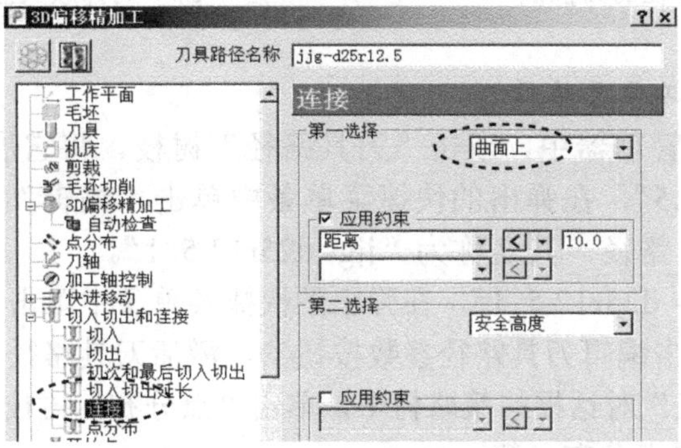

图 4-53　设置连接参数

在“3D 偏移精加工”对话框的策略树中，单击“进给和转速”树枝，调出“进给和转速”选项卡，按图 4-54 所示设置精加工进给和转速参数。

设置完上述参数后，单击“计算”按钮，系统计算出图 4-55 所示刀具路径。

单击“关闭”按钮，关闭“3D 偏移精加工”对话框。

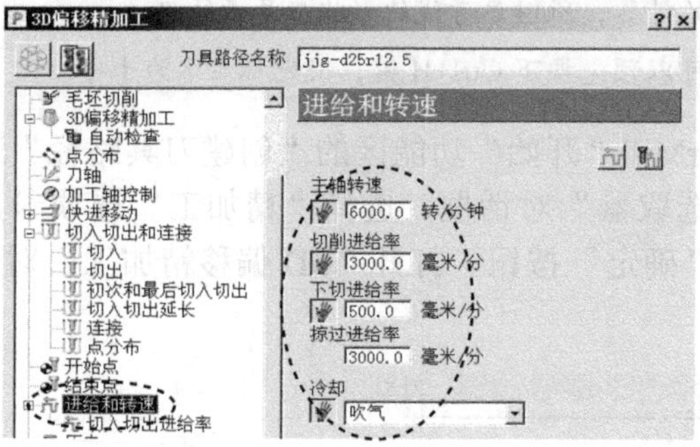

图 4-54 设置精加工进给和转速参数

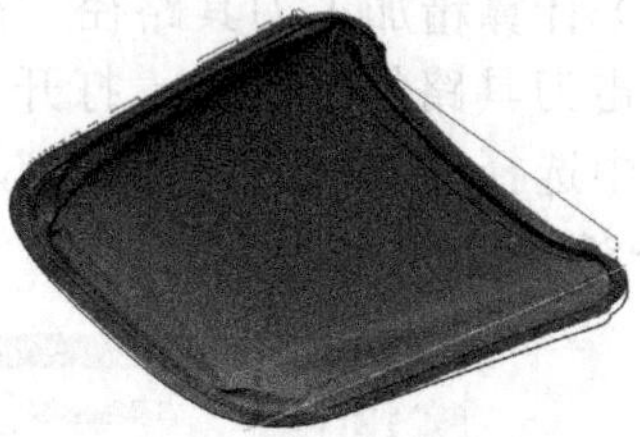

图 4-55 精加工刀具路径

在“刀具路径”功能区的“显示”工具栏中，单击“显示”按钮 显示 右侧的小三角形，在展开的工具栏中单击“点”按钮 点，如图 4-56 所示。图 4-57 是模型中带圆弧局部区域的刀位点。

由图 4-56 和图 4-57 所示刀位点可见，精加工刀具路径的刀位点分布并不均匀，有些地方刀位点密集，而有些地方刀位点稀少。这样直接导致的结果是机床在执行程序时，刀位点稀的地方进给速度快，而刀位点密集的地方进给速度慢，间接影响加工表面质量、效率以及机床、刀具的使用寿命。

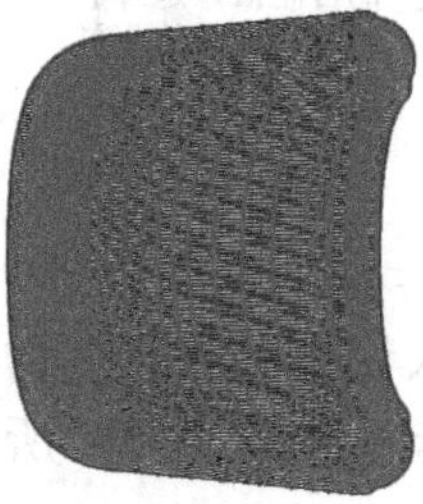

图 4-56 刀具路径的刀位点

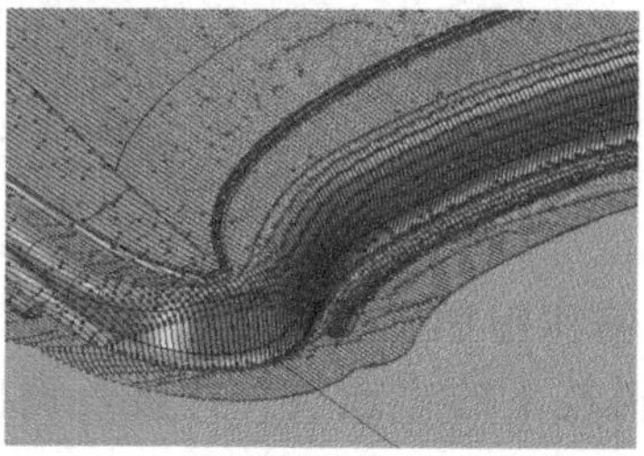

图 4-57 局部放大区域刀位点

步骤四 优化精加工刀具路径

在 PowerMill 资源管理器中，双击“刀具路径”树枝，将它展开，右击该树枝下的刀具路径“jjg- d25r12.5”，在弹出的快捷菜单条中单击“编辑”→“复制刀具路径”，系统即复制出一条刀具路径，其名称为“jjg- d25r12.5_1”。

右击刀具路径“jjg- d25r12.5_1”，在弹出的快捷菜单条中单击“设置”，打开“3D 偏移精加工”对话框。单击编辑刀具路径参数按钮，激活刀具路径参数。

在“3D 偏移精加工”对话框的策略树中，单击“点分布”树枝，调出”点分布”选项卡，按图 4-58 所示设置点分布参数。

设置完参数后，单击“计算”按钮，系统计算出图 4-59 所示刀具路径，并显示出刀位点。

图 4-60 是局部区域刀位点放大图。

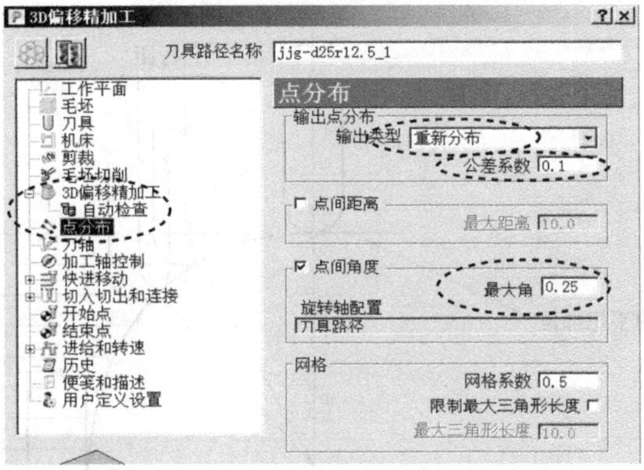

图 4-58　设置点分布参数

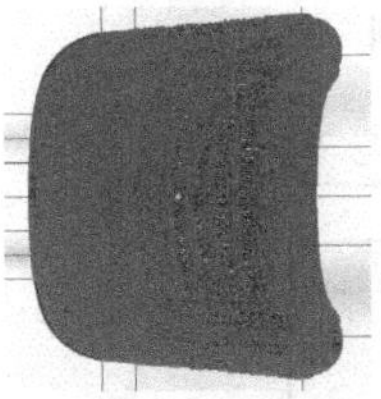

图 4-59　刀具路径的刀位点

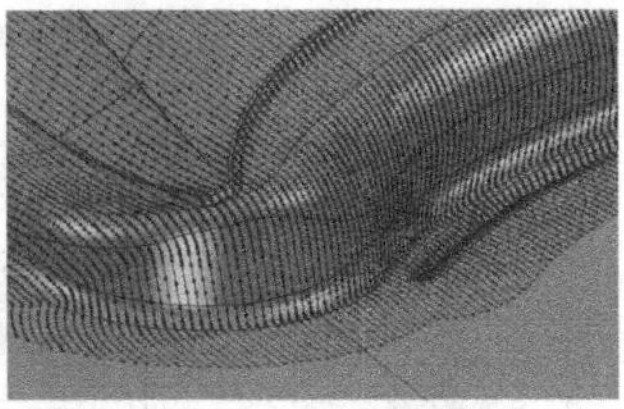

图 4-60　局部区域刀位点放大图

由图 4-59 和图 4-60 可见，更改点分布参数后的精加工刀具路径其刀位点分布更为均匀，在实际加工过程中，刀具会走得更为平稳，表面加工质量因此得到提高。

单击“关闭”按钮，关闭“3D 偏移精加工”对话框。

步骤五　保存项目文件

在 PowerMill 功能区中，单击“文件”→“保存”，打开“保存项目为”对话框，将保存目录定位到 E:\PM2019EX，输入项目文件名称为“4-02 rqg-op10”，单击“保存”按钮，完成项目文件保存操作。

4.4　等高精加工策略及编程实例

等高精加工在切削深度（背吃刀量）方向上按下切步距产生一系列的剖切面（因为剖面间距相等，所以又称等高切面），在剖切面与零件轮廓表面的交线位置生成刀具路径，如图 4-61 所示。

如图 4-61 所示，在零件的陡峭部位，会生成行距均匀的刀具路径，加工表面光滑，但在零件的平坦部位，行距逐步增大，刀具路径变得稀疏，导致残留高度越来越大，表面加工质量不高。因此，等高精加工策略一般只适合计算加工零件陡峭面区域的刀路。

在 PowerMill“开始”功能区的“创建刀具路径”工具栏中单击刀具路径按钮，打开“策略选取器”对话框，单击“精加工”选项，调出“精加工”选项卡，在该选项卡中，选择“等高精加工”，然后单击“确定”按钮，打开“等高精加工” 对话框，如图 4-62 所示。

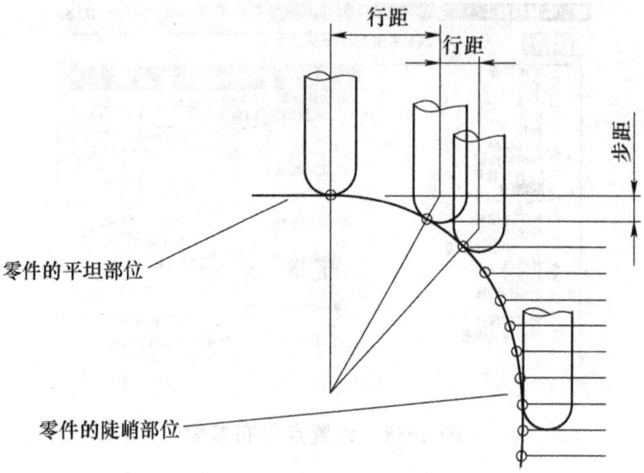

图 4-61　等高精加工策略示例

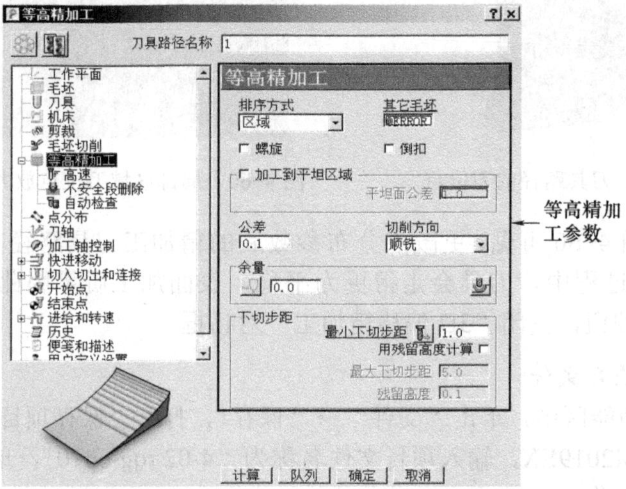

图 4-62 “等高精加工”对话框

在图 4-62 所示等高精加工参数中，各选项功能及应用介绍如下：

1. 排序方式

决定等高加工是逐区域进行还是逐层进行。包括两个选项，分别是范围和层。

1）区域：加工完一个范围（例如槽、凸台等）后，再加工另一个范围，如图 4-63 所示。

2）层：在零件的同一个等高层加工完全部特征后，再加工另一层，如图 4-64 所示。

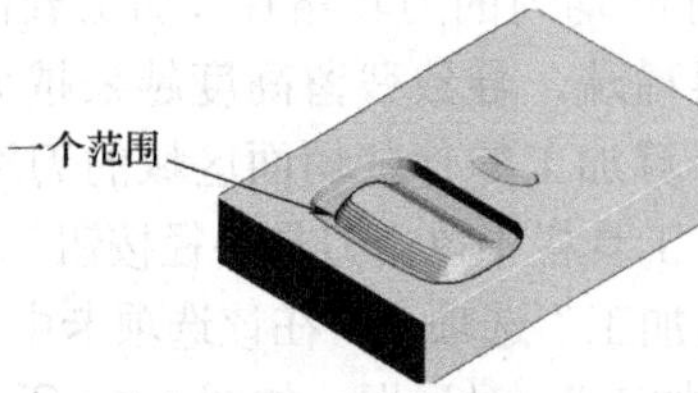

图 4-63　范围

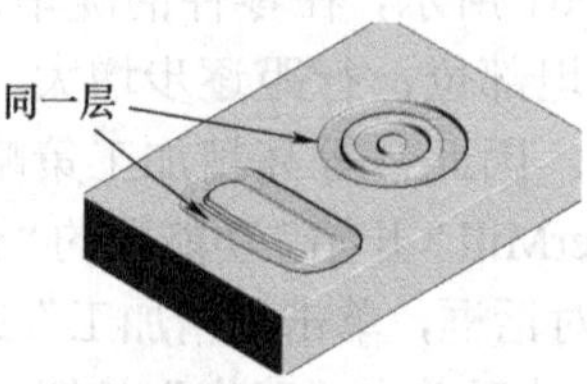

图 4-64　层

2. 其他毛坯

在计算两陡峭壁之间刀具路径时，辅助定义加工顺序。该功能使用等高切面层上的额外毛坯值产生一个安全顺序。在同一 Z 高度上，系统在一侧陡峭壁上计算刀具路径，使用额外毛坯在另一相邻陡峭壁上计算刀具路径，然后再计算下一 Z 高度的刀具路径。根据零件形状，设置适当的值，可优化刀具路径的顺序，避免刀具单边切削造成负荷增加或刀具损坏。

3. 螺旋

在两个连续相邻的轮廓表面产生螺旋刀具路径。图 4-65 所示是未勾选“螺旋”选项时生成的刀具路径，图 4-66 所示是勾选“螺旋”选项时生成的刀具路径。可以看出，勾选“螺旋”选项时会减少提刀次数。

图 4-65 未勾选“螺旋”选项的情况

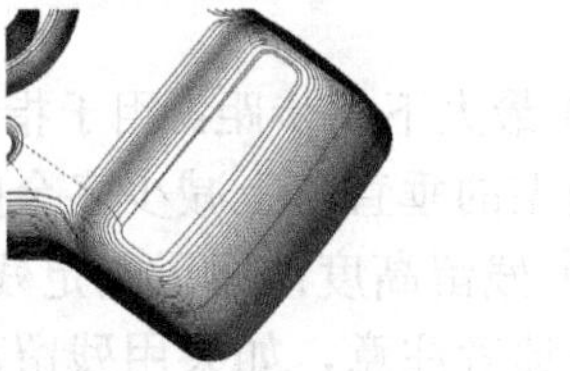
图 4-66 勾选“螺旋”选项的情况

4. 倒扣

允许计算零件中倒钩形面的切削刀具路径。图 4-67 所示是勾选该选项后得到的切削效果，图 4-68 是不勾选该选项的切削效果。

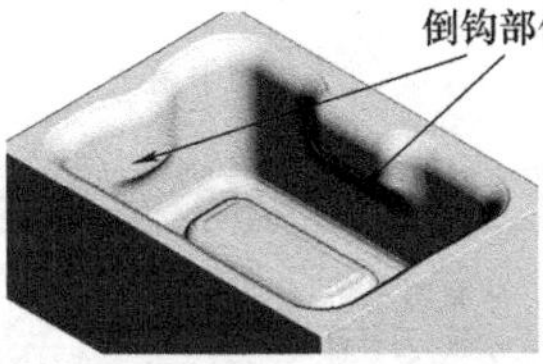

图 4-67 勾选“倒钩形面”选项的情况

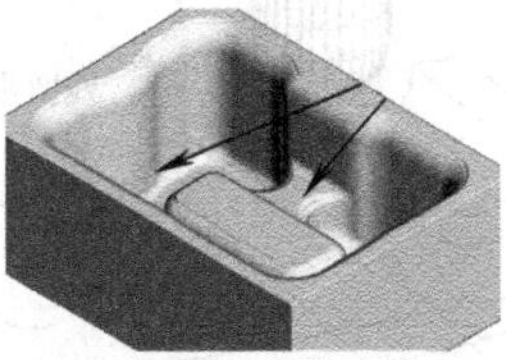
图 4-68 不勾选“倒钩形面”选项的情况

5. 加工到平坦区域

在陡峭面的底部平坦面上增加一层等高加工刀具路径。图 4-69 所示是勾选该选项后产生的刀具路径，图 4-70 是不勾选该选项的切削效果。

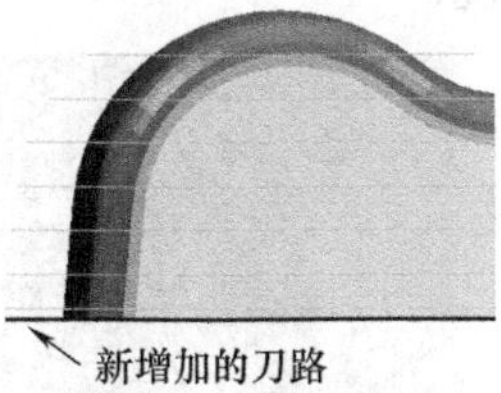

图 4-69 勾选加工到平坦区域的情况

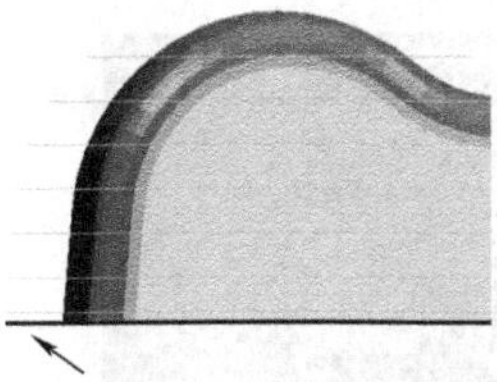
图 4-70 不勾选加工到平坦区域的情况

6. 平坦面公差

系统搜索平坦面的精度。

7. 下切步距

下切步距可以用“最小下切步距”或“用残留高度计算”两种方式来指定。

1）最小下切步距：用于定义连续切削层之间的下切步距。

2）用残留高度计算：不勾选此选项时，下切步距保持最小下切步距值，是常量。当勾选这个选项时，下切步距将会受到“最大下切步距”和“残留高度”两个选项的影响。

残留高度是指沿加工表面的法矢量方向上两相邻切削行之间波峰与波谷之间的高度差，它是直接表示加工精度的工艺参数。如图 4-71 所示，对于球头刀而言，残留高度 h 与刀具直径 d、行距 b 之间的关系为

$$h=\frac{d}{2}-\sqrt{\left(\frac{d}{2}\right)^2-\left(\frac{b}{2}\right)^2}$$

3）最大下切步距：用于指定产生特定残留高度时所允许的最大下切步距值。这个选项会在模型的垂直壁上减少多余的下切刀具路径。

4）残留高度：用于指定残留高度 h 的大小。

请读者注意，如果用残留高度计算的下切步距值比最小下切步距还要小，系统会自动使用最小下切步距来计算刀具路径。

在“等高精加工”对话框的策略树中，单击“高速”树枝，调出“高速”选项卡，如图 4-72 所示。

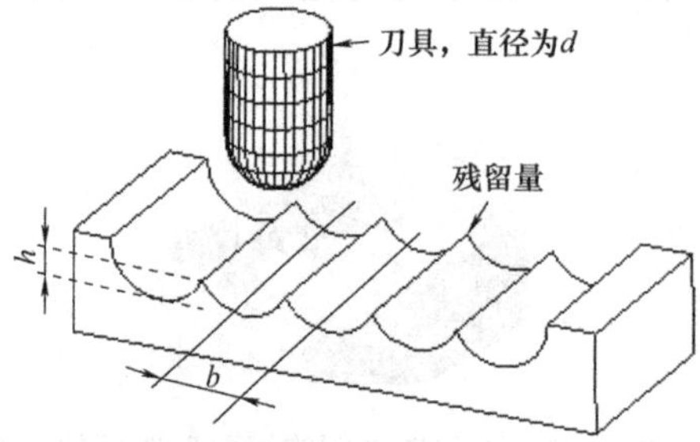

图 4-71　残留高度示意图

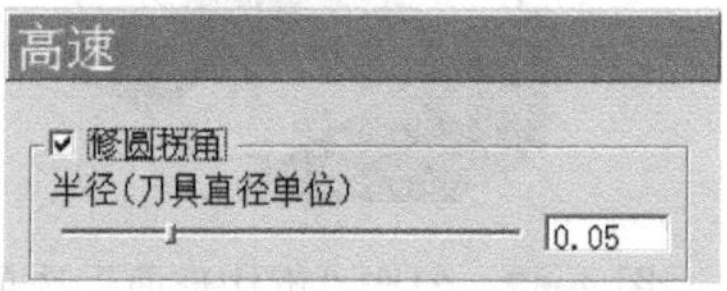

图 4-72　高速选项

修圆拐角：在模型的尖角部位，产生过渡圆角刀具路径，这个选项在高速加工时非常适用。圆角半径用刀具直径的百分数（刀具直径单位）来计算。图 4-73 所示是未使用修圆拐角功能的情况，图 4-74 所示是使用修圆拐角功能的情况。

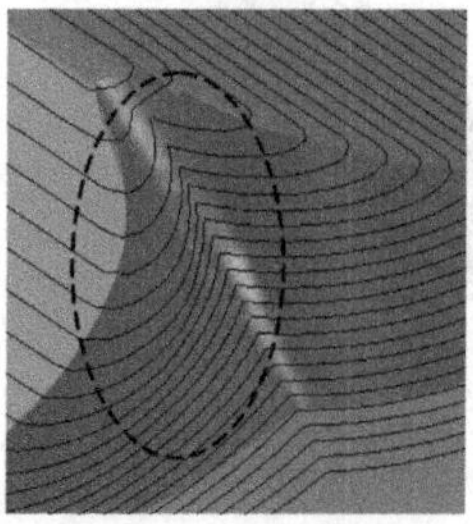

图 4-73　未使用修圆拐角功能的情况

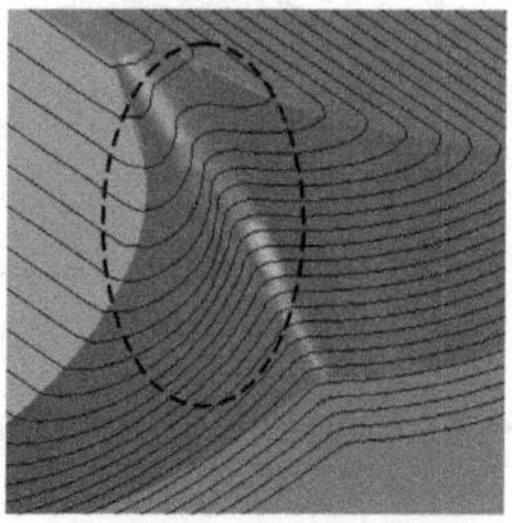

图 4-74　使用修圆拐角功能的情况

修圆半径（刀具直径单位）的取值范围是 0～0.2mm。

例 4-3　计算带倒钩形面零件侧壁精加工刀具路径

图 4-75 所示是一个带倒钩形面的零件。该零件具有以下特点：

1）零件为凹模型腔结构。

2）零件内部四个侧陡峭壁上均带有一个倒钩形面。

下面计算该零件侧壁精加工刀具路径。

操作视频

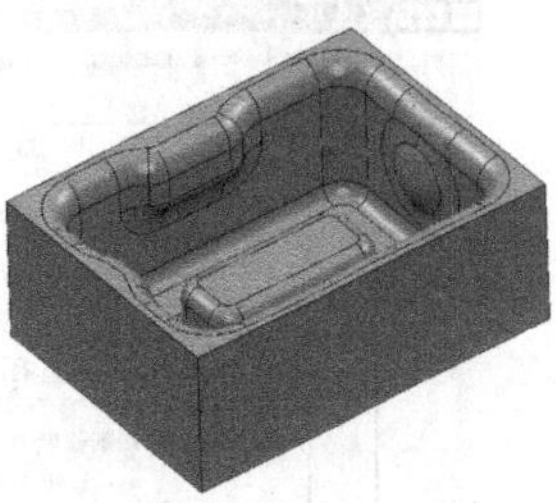

图 4-75　带倒钩形面零件

数控编程工艺过程分析：

本例的主要加工对象是带倒钩形面的侧壁，按传统的加工思路，需要使用五轴机床配合五轴加工程序才能加工出该零件的内侧陡峭壁。在 PowerMill 系统中，使用等高精加工策略配合特殊刀具已经能计算出此类结构特征的三轴加工刀具路径。这样，在三轴机床上配合特殊刀具也可以加工倒钩形面。

详细操作步骤：

步骤一　新建加工项目

1）启动 PowerMill 2019 软件：双击桌面上的 PowerMill 2019 图标，打开 PowerMill 系统。如果是续前例接着做本例，在 PowerMill 功能区中，单击“文件”→“选项”→“重设表格”，将 PowerMill 编程参数初始化。

2）输入模型：在功能区中，单击“文件”→“输入”→“模型”，打开“输入模型”对话框，选择“E:\PM2019EX\ch04\4-03 dgm.dgk”文件，然后单击“打开”按钮，完成模型输入操作。

步骤二　准备加工

1）创建毛坯：在 PowerMill“开始”功能区中，单击创建毛坯按钮，打开“毛坯”对话框，各选项使用系统默认值，单击“计算”按钮，创建出矩形毛坯，如图 4-76 所示。单击“接受”按钮，关闭“毛坯”对话框，完成创建毛坯操作。

2）创建精加工刀具：在 PowerMill 资源管理器中右击“刀具”树枝，在弹出的快捷菜单条中单击“创建刀具”→“圆角盘铣刀”，打开“圆角盘铣刀”对话框，在“刀尖”选项卡中按图 4-77 所示设置刀具切削刃部分参数；切换到“刀柄”选项卡，按图 4-78 所示设置刀柄部分参数；切换到“夹持”选项卡，按图 4-79 所示设置刀具夹持部分参数。

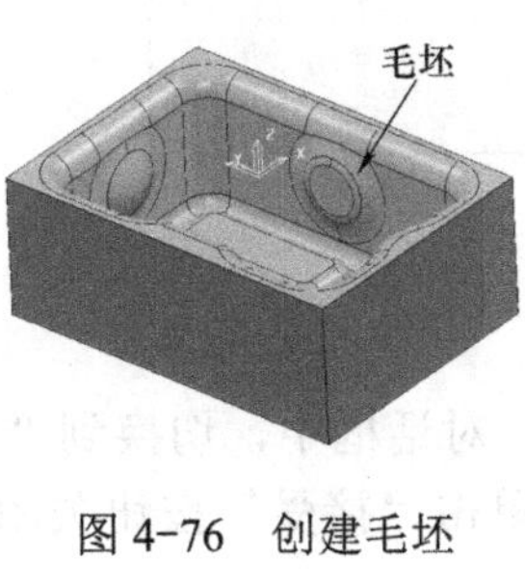

图 4-76　创建毛坯

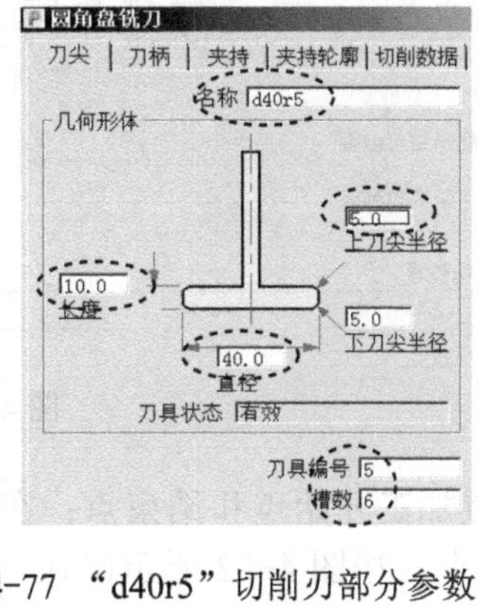

图 4-77　“d40r5”切削刃部分参数设置

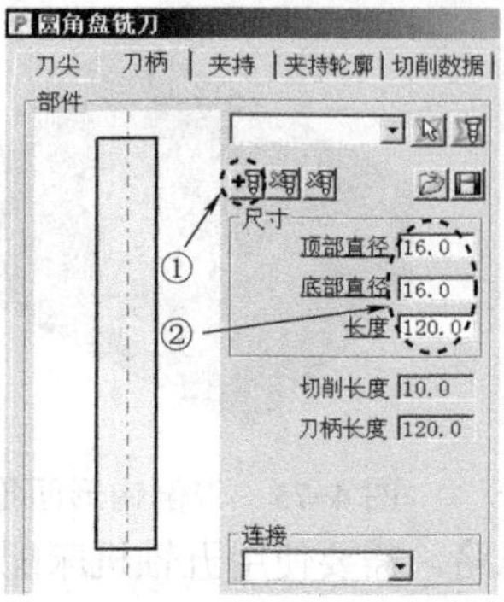

图 4-78 “d40r5”刀柄部分参数设置

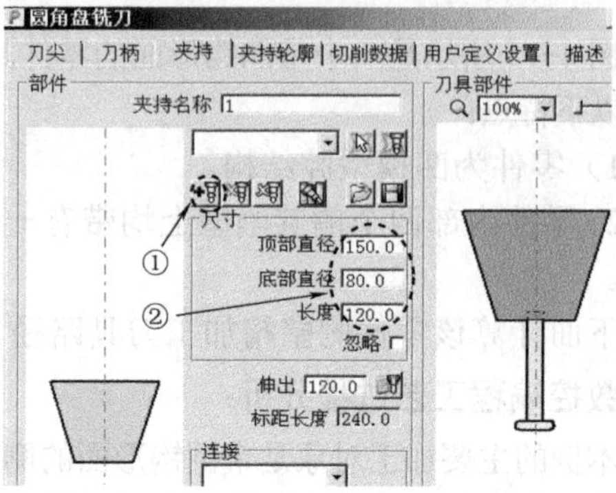

图 4-79 “d40r5”夹持部分参数设置

单击“圆角盘铣刀”对话框中的“关闭”按钮，关闭该对话框。

在 PowerMill 资源管理器中，双击“刀具”树枝，将它展开，右击该树枝下的刀具“d40r5”，在弹出的快捷菜单条中单击“阴影”，在绘图区显示刀具如图 4-80 所示。

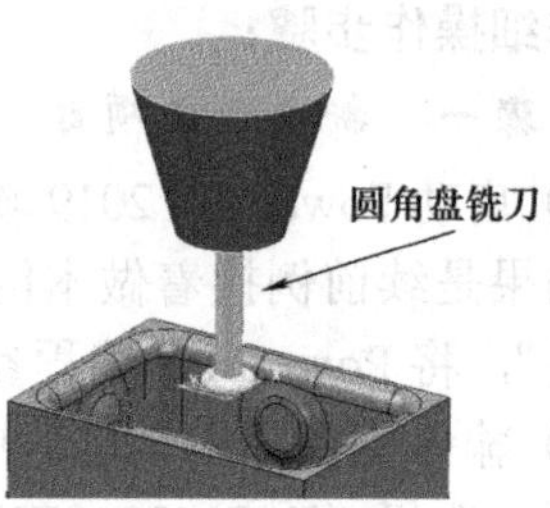

图 4-80 “d40r5”刀具

3）设置快进高度：在 PowerMill“开始”功能区中，单击刀具路径连接按钮 刀具路径连接，打开“刀具路径连接”对话框，在“安全区域”选项卡中，按图 4-81 所示设置快进高度参数，设置完参数后不要关闭对话框。

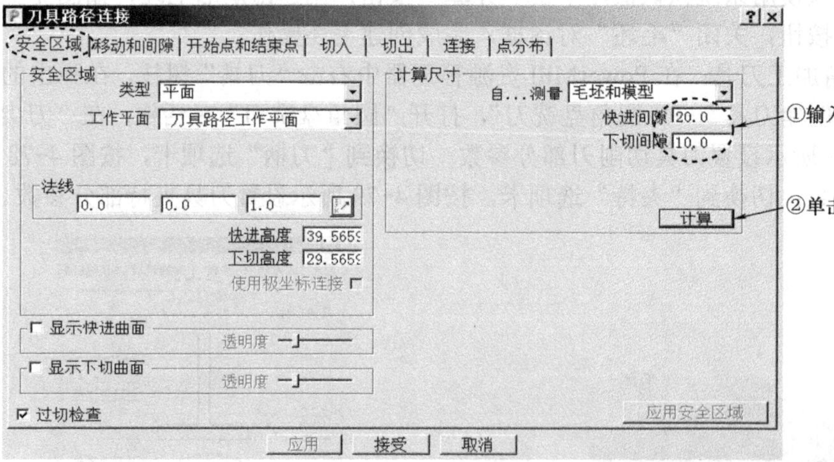

图 4-81 设置快进高度

4）设置加工开始点和结束点：在“刀具路径连接”对话框中，切换到“开始点和结束点”选项卡，按图 4-82 所示确认开始点和结束点，单击“接受”按钮关闭对话框。

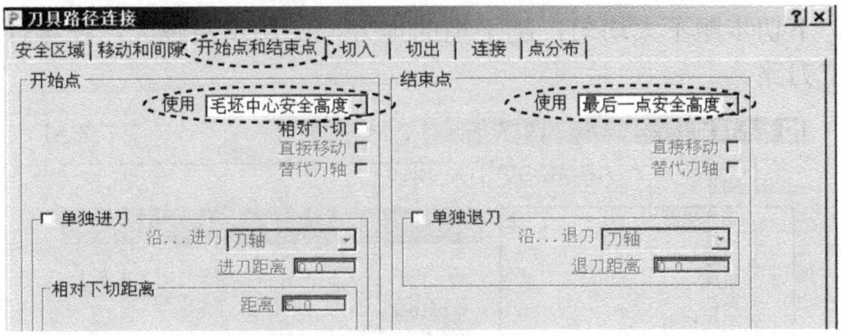

图 4-82　确认开始点和结束点

步骤三　计算精加工刀具路径

在 PowerMill“开始”功能区的“创建刀具路径”工具栏中单击刀具路径按钮，打开“策略选取器”对话框，单击“精加工”选项，调出“精加工”选项卡，在该选项卡中，选择“等高精加工”，然后单击“确定”按钮，打开“等高精加工”对话框，按图 4-83 所示设置参数。

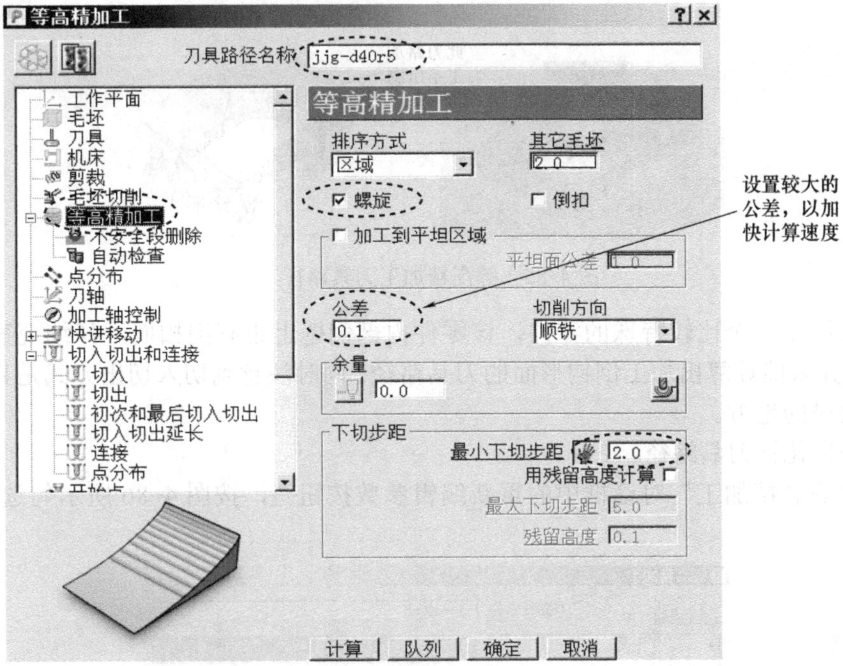

图 4-83　设置等高精加工参数 1

在“等高精加工”对话框的策略树中，单击“进给和转速”树枝，调出“进给和转速”选项卡，按图 4-84 所示设置精加工进给和转速参数。

单击“计算”按钮，系统计算出图 4-85 所示刀具路径。不要关闭“等高精加工”对话框。

图 4-85 所示精加工刀具路径是一般的等高精加工刀路，它的特点是：在零件的陡峭侧壁，从上至下，计算出了下切步距非常均匀的精加工刀路，所以等高精加工策略非常适合陡峭侧壁的精加工。但在零件的浅滩面上（如零件上倒圆曲面的一部分），计算出的精加工

刀路不太理想，下切步距不太均匀，越平坦的地方，下切步距越大，在零件的水平面上，不会计算精加工刀路。

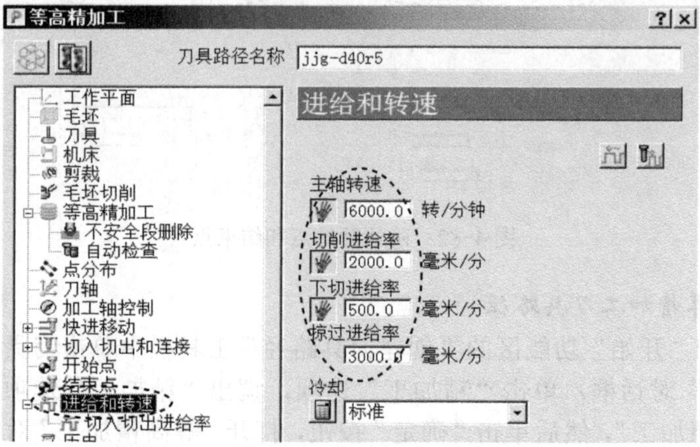

图 4-84 设置精加工进给和转速参数

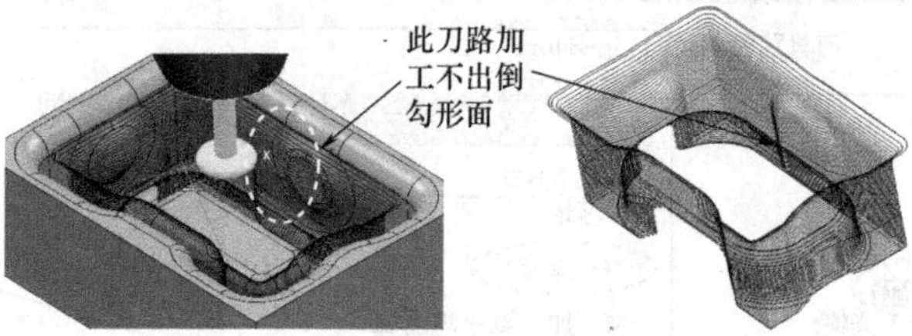

图 4-85 等高精加工刀具路径 1

本例选取了一个比较特殊的零件，该零件内部侧壁上带有倒扣面，仔细观察图 4-85 刀路，系统并未能计算出加工倒钩形面的刀具路径。同时注意到切入切出方式是直接扎入，这都是要改进的地方。

下面来优化该刀具路径。

单击“等高精加工”对话框中的重新编辑参数按钮，按图 4-86 所示勾选“倒扣”选项。

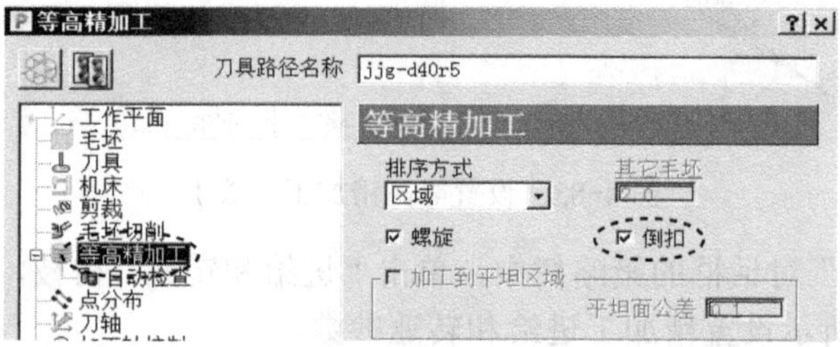

图 4-86 设置等高精加工参数 2

在“等高精加工”对话框的策略树中，单击“切入切出和连接”树枝，将它展开，单击该树枝下的“切入”树枝，调出“切入”选项卡，按图 4-87 所示设置切入参数。

单击“等高精加工”对话框中的“计算”按钮，系统计算出图 4-88 所示刀具路径。

单击“关闭”按钮，关闭“等高精加工”对话框。

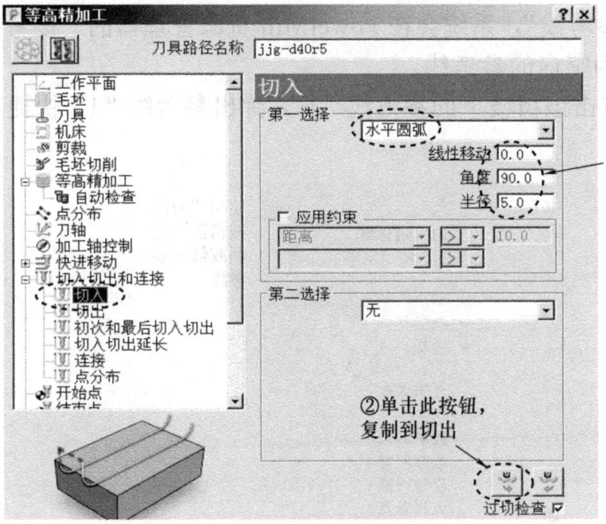

图 4-87　设置切入切出参数

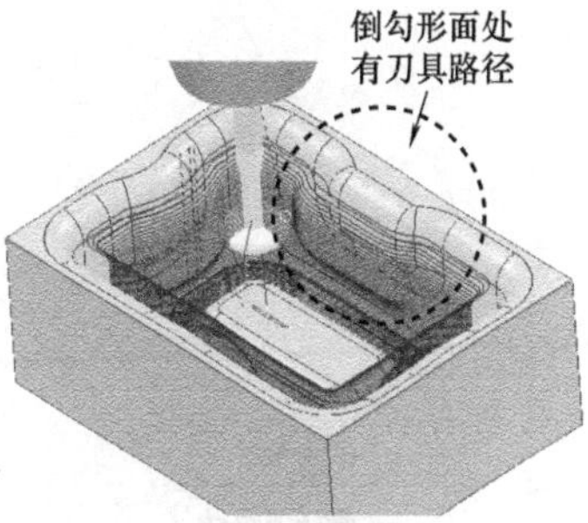

图 4-88　等高精加工刀具路径 2

步骤四　保存项目文件

在 PowerMill 功能区中，单击“文件”→“保存”，打开“保存项目为”对话框，将保存目录定位到 E:\PM2019EX，输入项目文件名称为“4-03 dgm”，单击“保存”按钮，完成项目文件保存操作。

4.5　参考线精加工策略及编程实例

要理解参考线精加工策略，首先要搞清参考线的含义和功能。在 PowerMill 系统中，参考线是一条或一组直线、曲线或者是样条曲线等几何图形，它能起到如下作用：

1）用于引导计算刀具路径。在三维偏置精加工策略、流线精加工策略以及参数螺旋精加工策略中，均需要借助参考线来计算刀具路径。

2）参考线可以直接转换为刀具路径，这是本节要讨论的重点。

3）封闭的参考线可以转换为边界。

4）在多轴加工编程中，参考线还可以用来定义刀轴矢量的朝向。

在一些情况下，使用三维偏置、等高、平行等精加工策略不能有效地计算出合适的刀具路径，例如注塑模具中的分流道，如图 4-89 所示，我们希望理想的走刀方式是，使用一把等同流道直径的刀具根据流道的分布沿 Z 向分层切出。

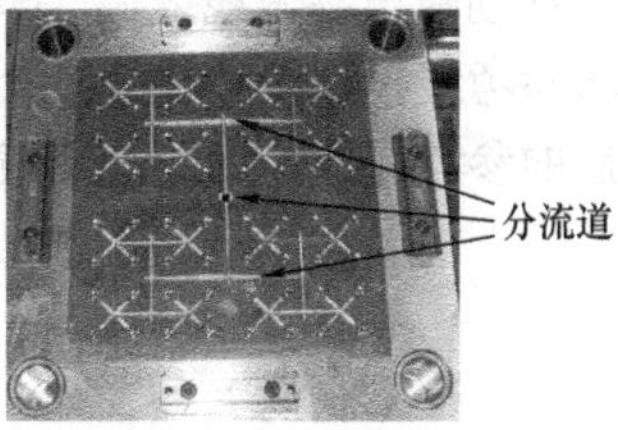

图 4-89　分流道示例

类似这种结构的还有普遍存在于机械零件中的沟、槽以及分缝线等特征，都可以采用参考线精加工策略来计算刀具路径。

在 PowerMill 资源管理器中，右击“参考线”树枝，弹出“参考线”快捷菜单条，如图 4-90 所示。

在参考线快捷菜单条中选择“创建参考线”，系统会在 PowerMill 资源管理器的“参考线”树枝下产生一条名称为“1”、内容为空白的参考线。

双击“参考线”树枝，将它展开，右击该树枝下的参考线“1”，弹出参考线“1”快捷菜单条，如图 4-91 所示。

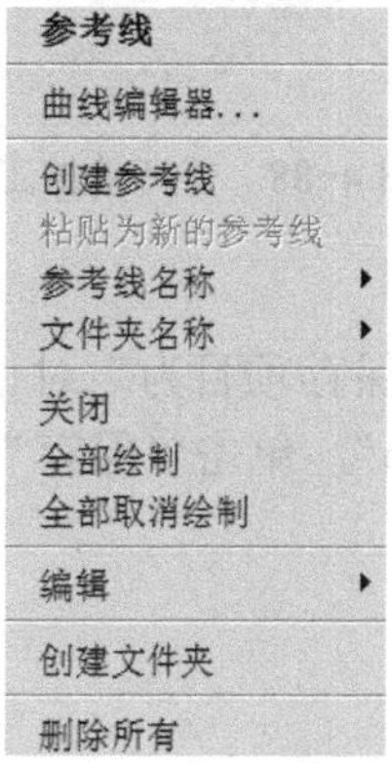

图 4-90 “参考线”快捷菜单条

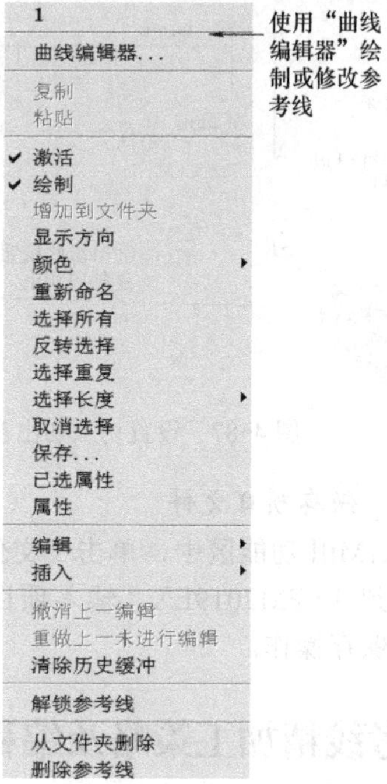

图 4-91 参考线“1”快捷菜单条

在参考线“1”快捷菜单条中，选择“插入”，系统弹出“参考线创建方法”快捷菜单条，如图 4-92 所示。

由图 4-91 和图 4-92 可以看出，有多种方法创建参考线。这些方法在此就不一一叙述了，关于参考线的更多资料，请参考《PowerMILL 2012 高速数控加工编程导航》（ISBN 978-7-111-53026-8）。

在创建出参考线之后，即可使用参考线精加工策略来计算刀具路径。参考线精加工策略首先将参考线投影到模型表面上（如果参考线已经落在曲面上了，则不进行投影），然后沿着投影后的参考线（称为驱动曲线）计算出刀具路径，如图 4-93 所示。

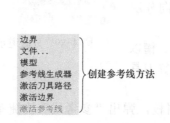

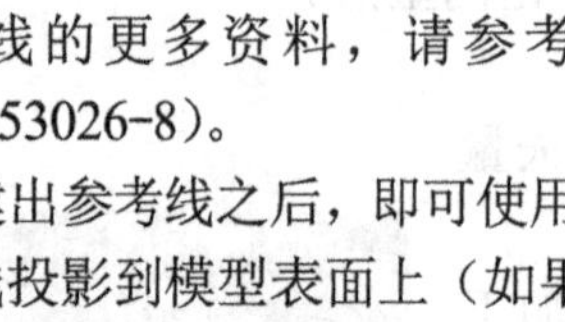

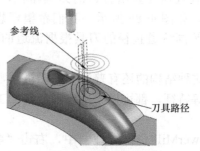

图 4-92 “参考线创建方法”快捷菜单条

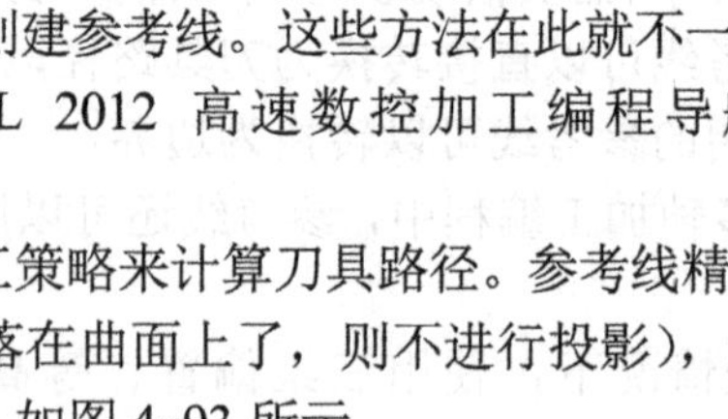

图 4-93 参考线精加工示意

在 PowerMill“开始”功能区的“创建刀具路径”工具栏中单击刀具路径按钮，打开“策略选取器”对话框，单击“精加工”选项，调出“精加工”选项卡，在该选项卡中，选择“参考线精加工”，然后单击“确定”按钮，打开“参考线精加工”对话框，如图 4-94 所示。

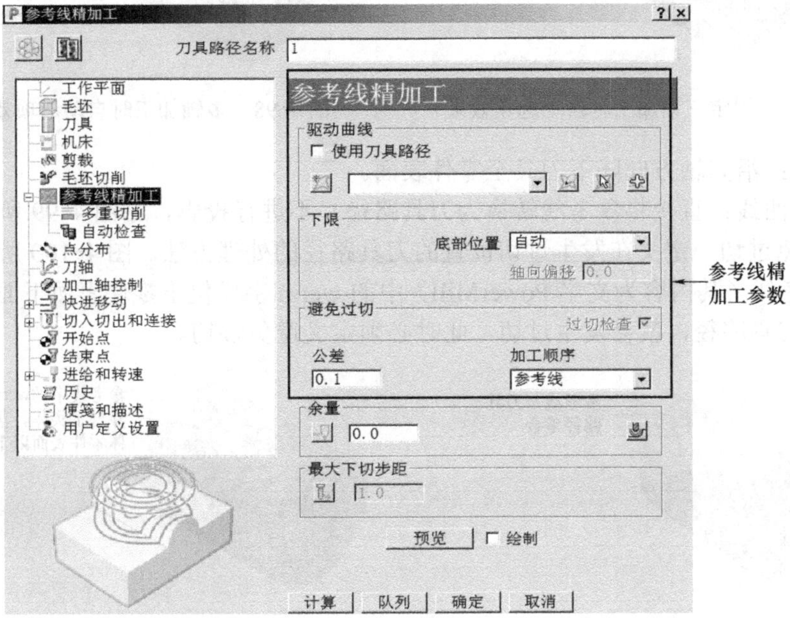

图 4-94　“参考线精加工”对话框

在图 4-94 所示“参考线精加工”对话框中，有五个选项是其特有的：驱动曲线、下限、避免过切、加工顺序和多重切削。

（1）驱动曲线　定义用于创建刀具路径的参考线。“驱动曲线”选项栏及各项参数的功能如图 4-95 所示。

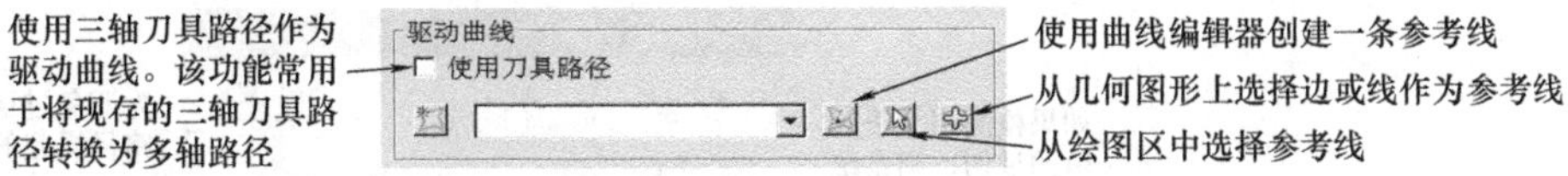

图 4-95　“驱动曲线”选项栏

（2）下限　定义切削路径的最底位置。选项栏如图 4-96 所示。

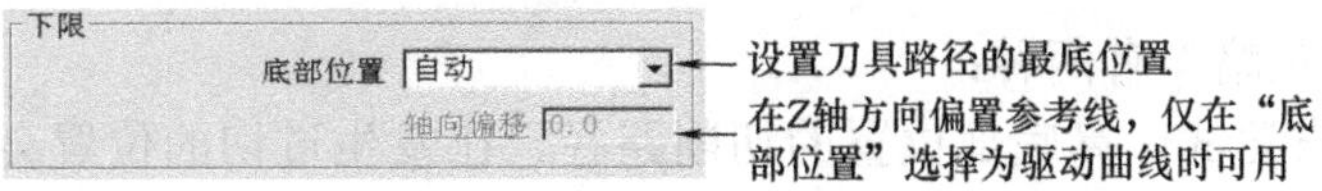

图 4-96　“下限”选项栏

“底部位置”栏用于定义切削的最底位置，它有三个选项：

1）自动：沿刀轴方向降下刀具至零件表面，如图 4-97 所示。在固定三轴加工时，刀轴为铅直状态，这个选项的功能与投影选项功能相同。如果是多轴加工，刀轴不为铅直状态，而是指向某一直线时，效果如图 4-98 所示。

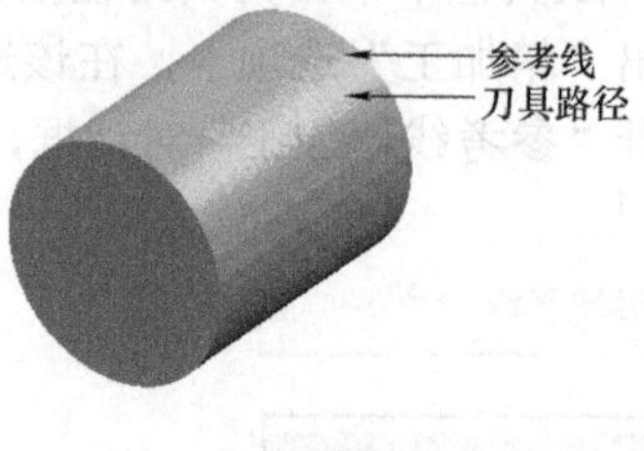

图 4-97 固定三轴加工时自动选项效果

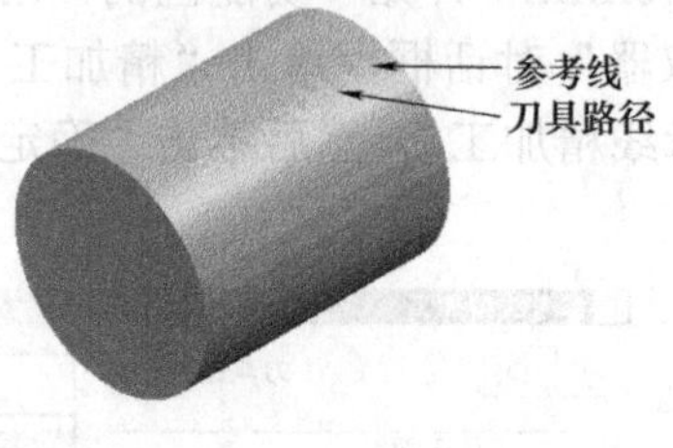

图 4-98 多轴加工时自动选项效果

2）投影：沿刀轴方向降下刀具至零件表面。

3）驱动曲线：直接将参考线转换为刀具路径，不进行投影，如图 4-99 所示。

（3）避免过切 定义在发生过切位置的刀具路径的处理方法。图 4-100 所示为零件和参考线，参考线（其内容为文字 PowerMill）中的 werm 字样位于零件表面下面，如果将参考线转换为刀具路径，就会发生过切，此时必须定义避免过切。

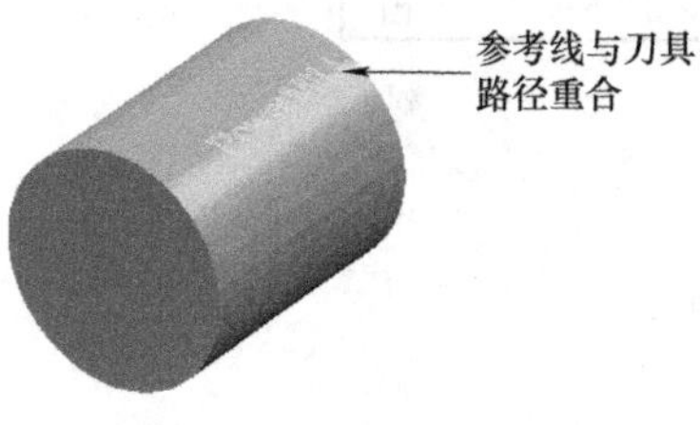

图 4-99 驱动曲线选项效果

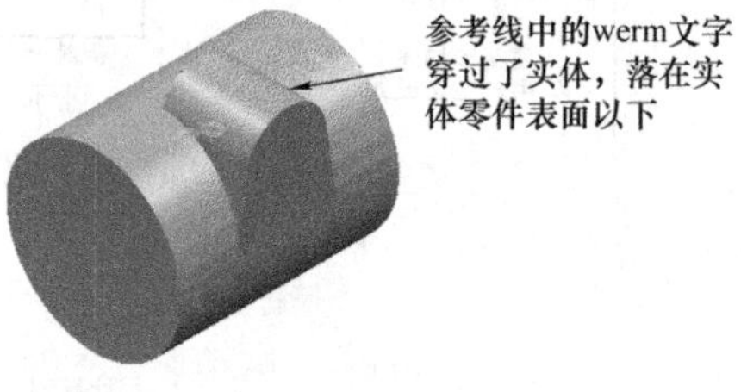

图 4-100 参考线与零件干涉的情况

避免过切功能只在“下限”的“底部位置”栏设置为“驱动曲线”选项时有效。其选项栏如图 4-101 所示。

在“参考线精加工”对话框的策略树中，单击“避免过切”树枝，调出“避免过切”选项卡，如图 4-102 所示。

图 4-101 “避免过切”功能

图 4-102 “避免过切”选项卡

避免过切的“策略”有两种：

1）跟踪：系统尝试计算底部位置的切削路径，在发生过切的位置会沿刀轴方向自动抬高刀具路径，保证输出刀具路径且使刀具既能切削零件而又不会发生过切，如图 4-103 所示。

关于抬刀的高度，如果指定了上限值，则抬刀距离只会在该上限值以内；如果未指定上限值，系统会假定抬刀值没有限制。

2）提刀：系统尝试计算底部位置的切削路径，如果发生过切，则将过切位置的刀具路径自动剪除掉，如图 4-104 所示。

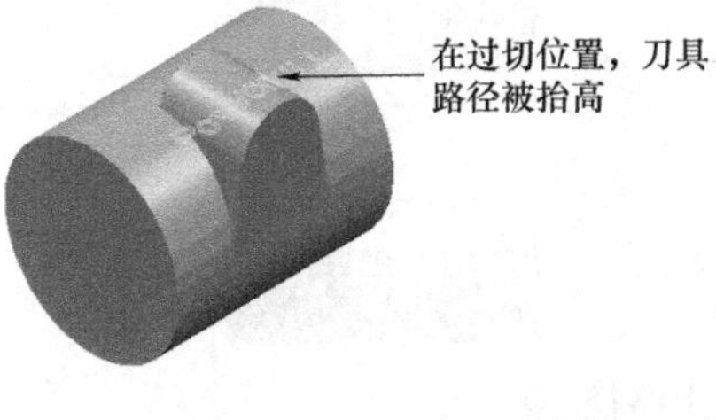

图 4-103　跟踪示意图

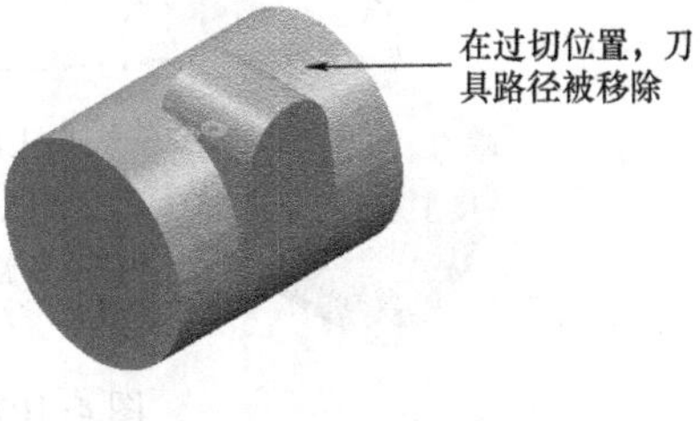

图 4-104　提刀示意图

（4）加工顺序　它用于决定参考线段加工的顺序。参考线是有方向的，而一条参考线往往是由多段线组成的，各线段的方向在转换为刀具路径后就变成切削方向。顺序栏就是用于重排组成参考线的各段，以减少刀具路径的连接距离。它有三个选项：

1）参考线：保持原始参考线的方向不变，不作重新排序。

2）自由方向：重排参考线的各段，允许它们反方向。

3）固定方向：重排参考线的各段，但不允许它们反方向。

（5）多重切削　如果刻线深度较深，由于刀具直径很小，不能一次刻到位，此时就要求分层切削。多重切削用于定义生成 Z 方向的多条刀具路径。在“参考线精加工”对话框的策略树中，单击“多重切削”树枝，调出“多重切削”选项卡，如图 4-105 所示。

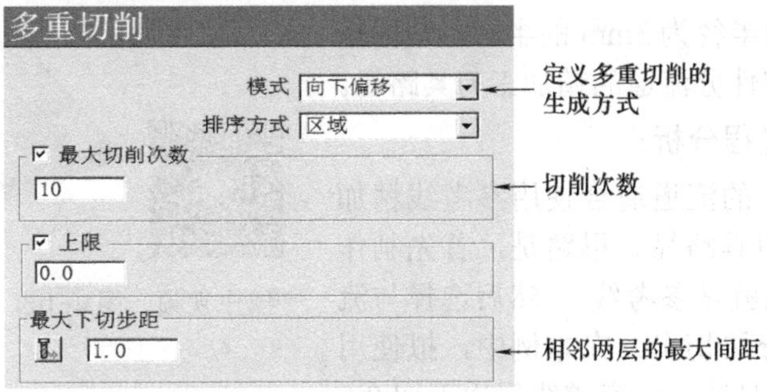

图 4-105　“多重切削”选项卡

多重切削方式有四种：

1）关：不生成多重切削路径。

2）向下偏移：向下偏置顶部切削路径，以形成多重切削路径，如图 4-106 所示。

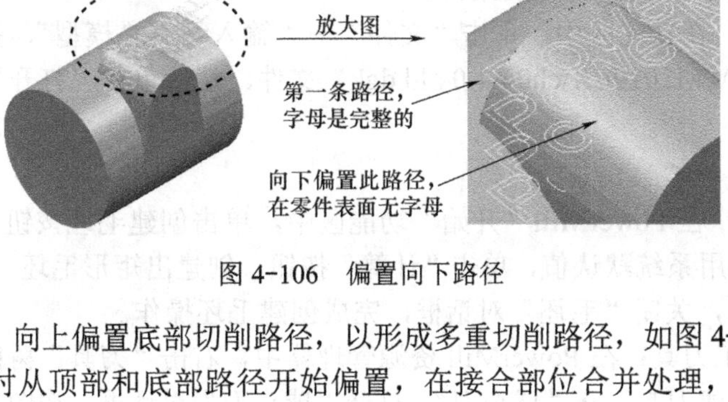

图 4-106　偏置向下路径

3）向上偏移：向上偏置底部切削路径，以形成多重切削路径，如图 4-107 所示。

4）合并：同时从顶部和底部路径开始偏置，在接合部位合并处理，如图 4-108 所示。

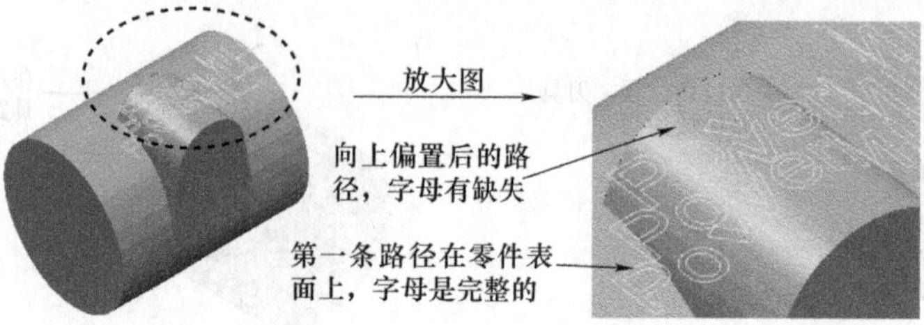
放大图
向上偏置后的路径，字母有缺失
第一条路径在零件表面上，字母是完整的

图 4-107　偏置向上路径

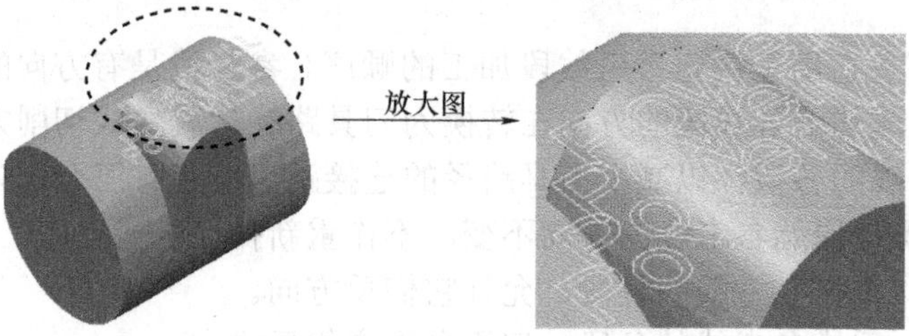
放大图

图 4-108　合并路径

例 4-4　计算模具零件上分流道精加工刀具路径

图 4-109 是一个带分流道的模具零件。加工对象为流道，该流道由半径为 3mm 的半圆形截面槽组成。下面计算该零件分流道的精加工刀具路径。

数控编程工艺过程分析：

注塑模具零件中的流道适合使用参考线精加工策略来计算加工刀具路径。思路是，首先制作出流道线（在这里也就是参考线），然后选择与流道直径等同的刀具分层切出。在本例中，拟使用直径为 6mm 的球头刀具，沿流道线每次下切 0.5mm。

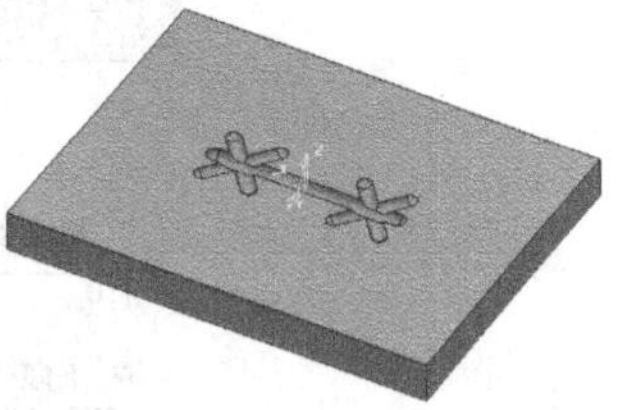

操作视频　图 4-109　带分流道的模具零件

详细操作步骤：

步骤一　新建加工项目

1）启动 PowerMill 2019 软件：双击桌面上的 PowerMill 2019 图标，打开 PowerMill 系统。如果是续前例接着做本例，在 PowerMill 功能区中，单击“文件”→“选项”→“重设表格”，将 PowerMill 编程参数初始化。

2）输入模型：在功能区中，单击“文件”→“输入”→“模型”，打开“输入模型”对话框，选择“E:\PM2019EX\ch04\4-04 ld.dgk”文件，然后单击“打开”按钮，完成模型输入操作。

步骤二　准备加工

1）创建毛坯：在 PowerMill“开始”功能区中，单击创建毛坯按钮，打开“毛坯”对话框，各选项使用系统默认值，单击“计算”按钮，创建出矩形毛坯，如图 4-110 所示。单击“接受”按钮，关闭“毛坯”对话框，完成创建毛坯操作。

2）创建精加工刀具：在 PowerMill 资源管理器中，右击“刀具”树枝，在弹出的快捷菜单条中单击“创建刀具”→“球头刀”，打开“球头刀”对话框，按图 4-111 所示设置刀具切削刃部分的参数，单击“关闭”按钮，完成刀具创建。

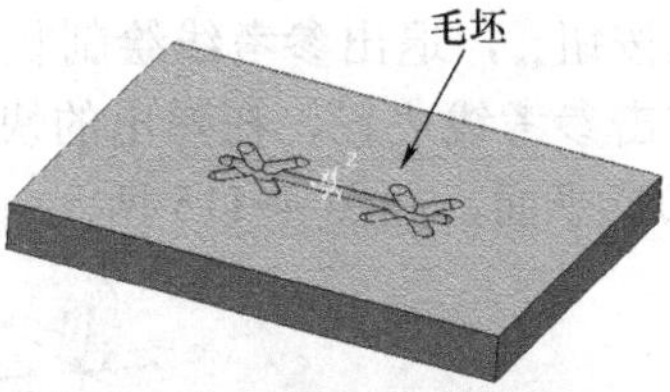

图 4-110　创建毛坯

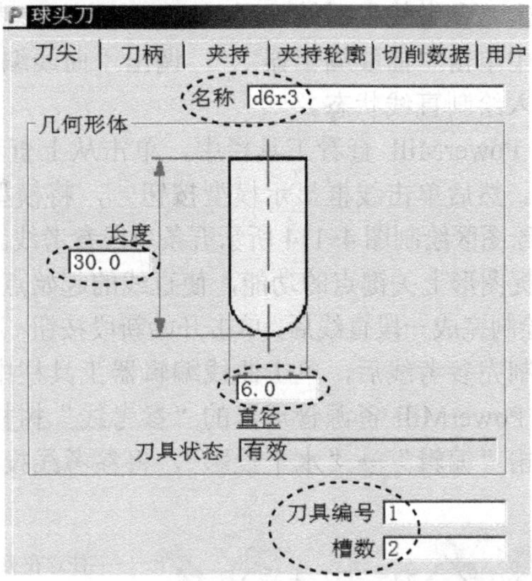

图 4-111　d6r3 切削刃部分参数设置

3）设置快进高度：在 PowerMill“开始”功能区中，单击刀具路径连接按钮 刀具路径连接，打开“刀具路径连接”对话框，在“安全区域”选项卡中，按图 4-112 所示设置快进高度参数，设置完参数后不要关闭对话框。

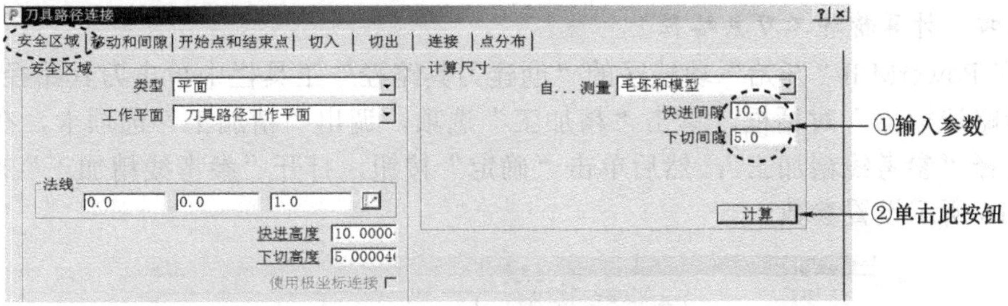

图 4-112　设置快进高度

4）设置加工开始点和结束点：在“刀具路径连接”对话框中，切换到“开始点和结束点”选项卡，按图 4-113 所示确认开始点和结束点，单击“接受”按钮关闭对话框。

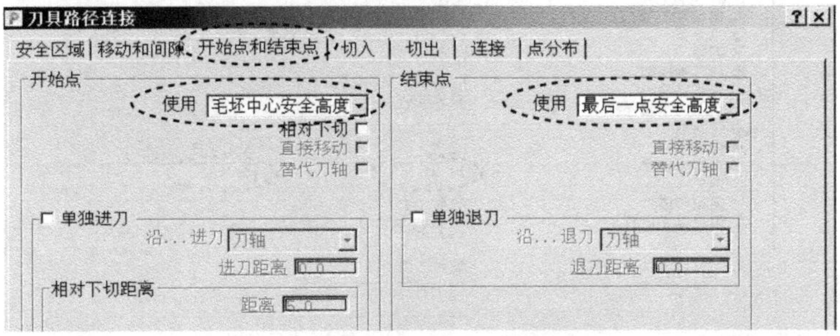

图 4-113　确认开始点和结束点

步骤三　创建参考线

在 PowerMill 资源管理器中，右击“参考线”树枝，在弹出的快捷菜单条中单击“创建参考线”，系统即产生一条内容为空的、名称为“1”的参考线。

双击“参考线”树枝，展开它。右击“参考线”树枝下的参考线“1”，在弹出的快捷菜单条中单击“曲线编辑器...”，调出“曲线编辑器”工具栏，单击绘制连续直线按钮，系统进入绘制直线状态。

在 PowerMill 查看工具栏中，单击从上查看（Z）按钮，将模型摆成与显示屏平行的状态。然后单击线框显示模型按钮，将模型的线框显示出来。

在绘图区绘制图 4-114 所示五条单段参考线。在绘制直线时，要注意利用 PowerMill 光标智能捕捉图形上关键点的功能，使直线的起始点和结束点都处于模型线框上正确的关键点位置。每绘制完成一段直线后，单击开始新段按钮，以结束该段直线的绘制并开始新段的绘制。

绘制完参考线后，单击曲线编辑器工具栏中的接受按钮，退出参考线绘制状态。

在 PowerMill 资源管理器的“参考线”树枝下，右击参考线“1”，在弹出的快捷菜单条中单击“编辑”→“水平投影”，将参考线投影到 XOY 平面，如图 4-115 所示。

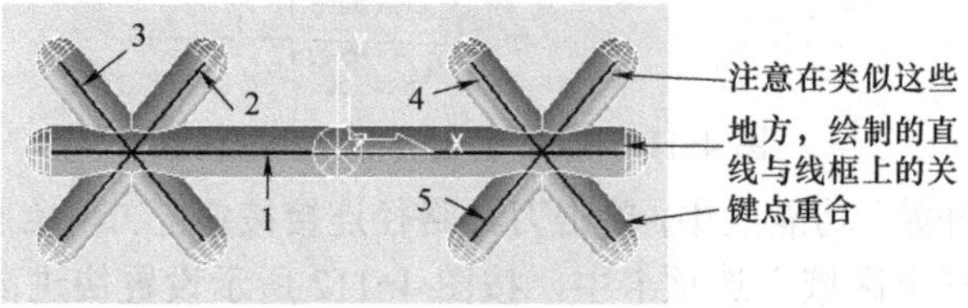

图 4-114 绘制直线

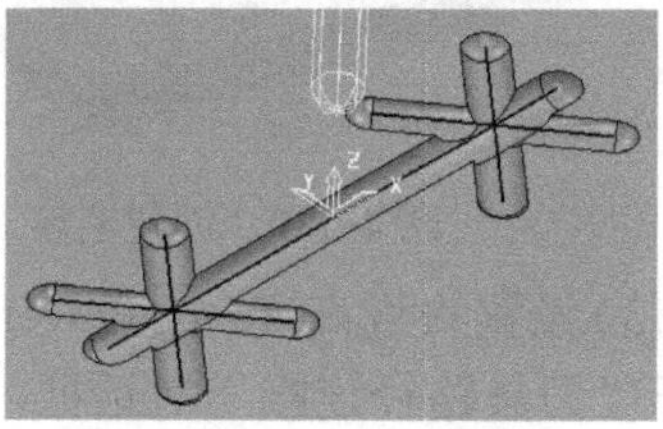

图 4-115 水平投影参考线

步骤四 计算精加工刀具路径

1）在 PowerMill“开始”功能区的“创建刀具路径”工具栏中单击刀具路径按钮，打开“策略选取器”对话框，单击“精加工”选项，调出“精加工”选项卡，在该选项卡中，选择“参考线精加工”，然后单击“确定”按钮，打开“参考线精加工”对话框，按图 4-116 所示设置参数。

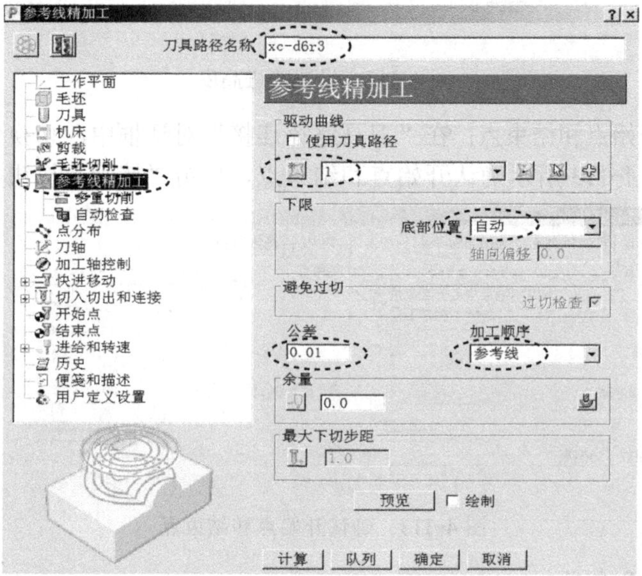

图 4-116 设置参考线精加工参数 1

在“参考线精加工”对话框的策略树中，单击“进给和转速”树枝，调出“进给和转速”选项卡，按图 4-117 所示设置精加工进给和转速参数。

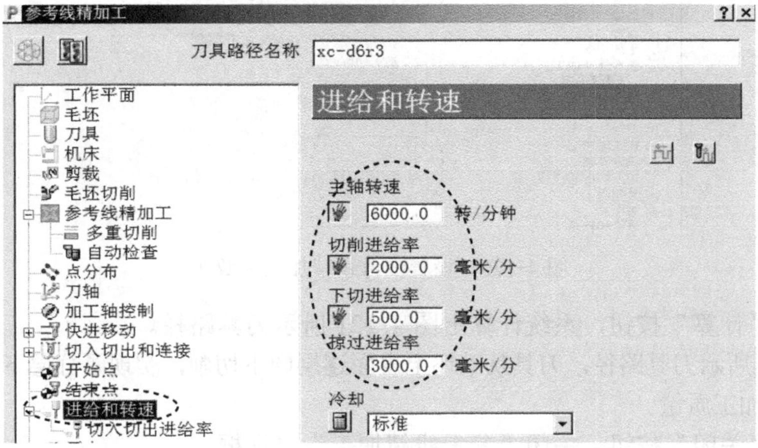

图 4-117　设置精加工进给和转速参数

2）单击“计算”按钮，系统计算出图 4-118 所示刀具路径（不要关闭“参考线精加工”对话框）。请读者注意，要清楚显示计算出来的刀具路径，需要在 PowerMill 资源管理器的“参考线”树枝下，单击参考线“1”前的“小灯泡”，使之关闭以使参考线隐藏起来。

图 4-118 所示为刀具路径，由于刀具较小，背吃刀量又较大，这条刀具路径用于金属的加工是不利的，因此应改为分层多次下切。

3）单击“参考线精加工”对话框中的重新编辑参数按钮，激活“参考线精加工”对话框，单击按图 4-119 所示设置底部位置参数。

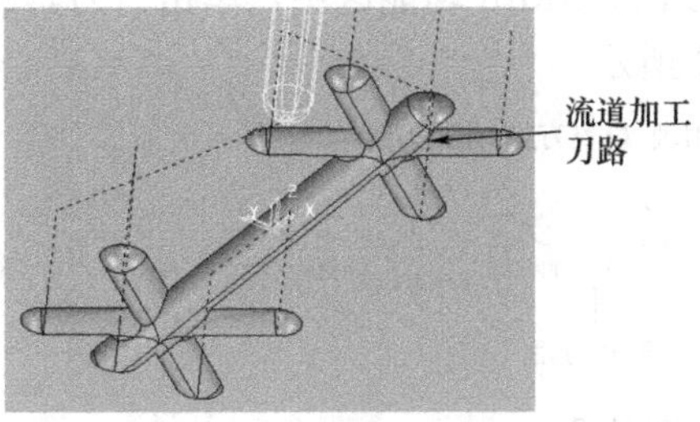

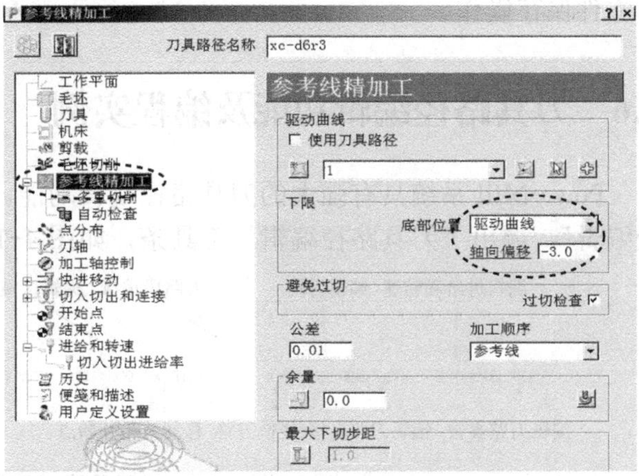

图 4-118　流道加工刀具路径 1

图 4-119　设置参考线精加工参数 2

4）在图 4-120 所示“参考线精加工”对话框的策略树中，单击“多重切削”树枝，调出“多重切削”选项卡，按图 4-120 所示设置多重切削参数。

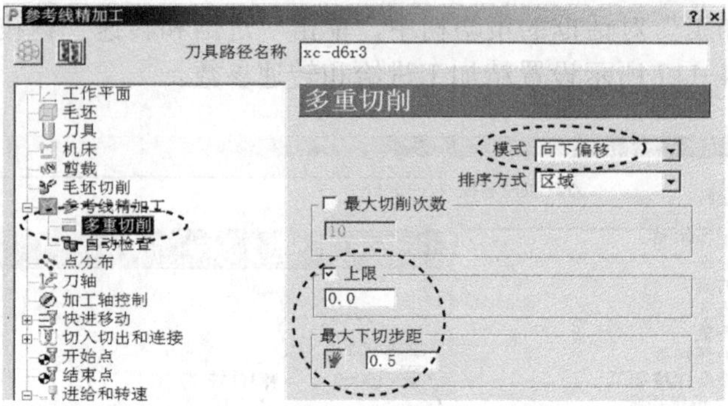

图 4-120 设置参考线精加工参数 3

5）单击“计算”按钮，系统计算出图 4-121 所示刀具路径。

图 4-121 所示刀具路径，刀具从毛坯上表面逐层向下切削，实现了分层下切，有利于保护刀具和提高加工质量。

6）单击“关闭”按钮，关闭“参考线精加工”对话框。

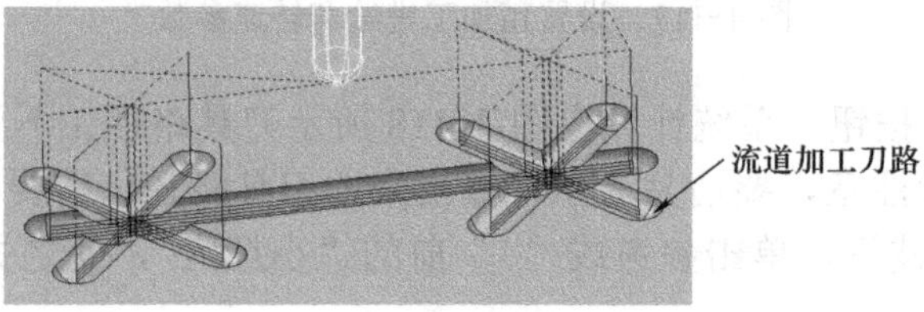

图 4-121 流道加工刀具路径 2

步骤五 保存项目文件

在 PowerMill 功能区中，单击“文件”→“保存”，打开“保存项目为”对话框，将保存目录定位到 E:\PM2019EX，输入项目文件名称为“4-04 ld”，单击“保存”按钮，完成项目文件保存操作。

4.6 刀具路径编辑功能及编程实例

PowerMill 系统具有强大的刀具路径编辑功能。在 PowerMill 功能区中，单击“刀具路径编辑”，调出“刀具路径编辑”工具条，如图 4-122 所示。

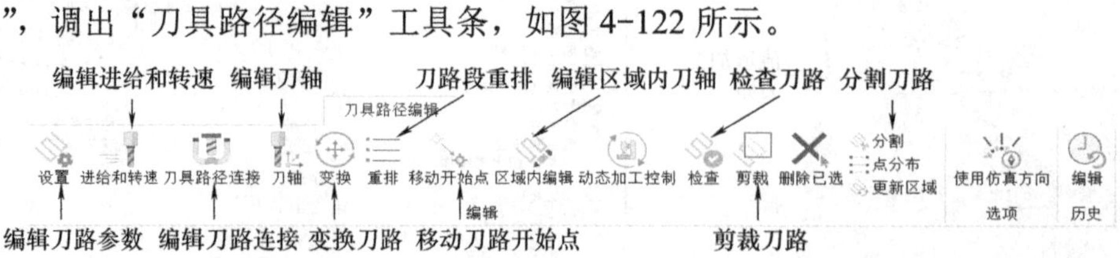

图 4-122 “刀具路径编辑”工具条

更多的刀具路径编辑命令存在于右键菜单中。调出方法是，在 PowerMill 资源管理器中双击“刀具路径”树枝，展开刀具路径列表，右击某一刀具路径，在弹出的快捷菜单条中单击“编辑”，弹出“刀具路径编辑”菜单条，如图 4-123 所示。

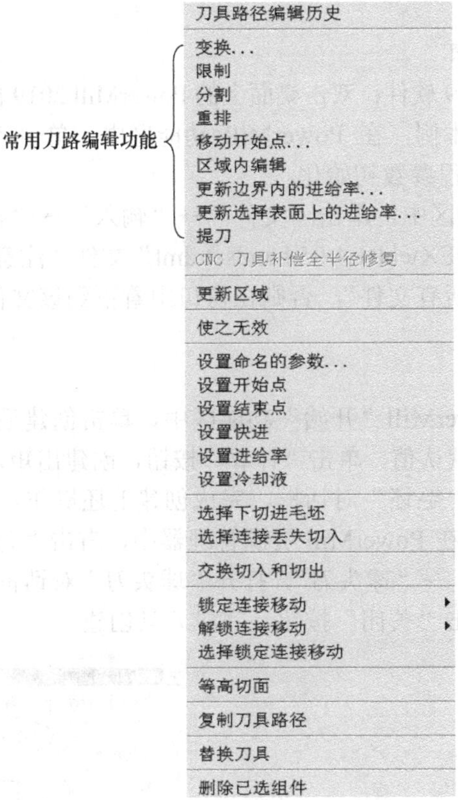

图 4-123　“刀具路径编辑”菜单条

在这一节中，要重点关注的功能是刀具路径剪裁和重排这两项常用的功能。这两项功能也是 PowerMill 系统精心开发出来的特色功能，通过使用刀具路径剪裁功能，编程员可以实现像剪裁布匹一样对刀具路径进行任意裁剪，从而去除多余的、不合适的刀具路径段，保留需要的刀具路径；通过使用刀具路径重排功能，实现对刀位点先后顺序的调整，从而达到调整加工顺序、加工方向和减少提刀次数的目的。

下面配合使用平行精加工这一种常用刀具路径计算策略，来说明刀具路径编辑功能中两个最常用功能——剪裁和重排的使用方法。

例 4-5　平行精加工刀具路径及其编辑

图 4-124 是一个电话机的模具零件。加工对象为模具的分型面，下面编制该零件分型面的精加工刀具路径。

数控编程工艺过程分析：

图 4-124 所示为电话机模具零件，它的分型面部分较为平坦，属于浅滩区域，拟用直径为 10mm 的球头刀具配合平行精加工策略来编制精加工刀具路径，使用刀具路径编辑功能来剪裁和优化刀具路径。

操作视频

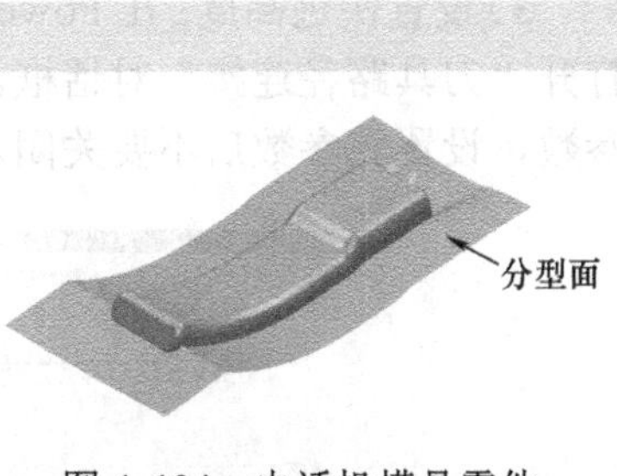

图 4-124　电话机模具零件

详细操作步骤：

步骤一　新建加工项目

1）启动 PowerMill 2019 软件：双击桌面上的 PowerMill 2019 图标，打开 PowerMill 系统。如果是续前例接着做本例，在 PowerMill 功能区中，单击“文件”→“选项”→“重设表格”，将 PowerMill 编程参数初始化。

2）输入模型：在功能区中，单击“文件”→“输入”→“模型”，打开“输入模型”对话框，选择“E:\PM2019EX\ch04\4-05 handset.dmt”文件（注意在“输入模型”对话框的“文件类型”栏设置为“所有文件”，否则在窗口中看不到该文件），然后单击“打开”按钮，完成模型输入操作。

步骤二　准备加工

1）创建毛坯：在 PowerMill“开始”功能区中，单击创建毛坯按钮，打开“毛坯”对话框，各选项使用系统默认值，单击“计算”按钮，创建出矩形毛坯，如图 4-125 所示。单击“接受”按钮，关闭“毛坯”对话框，完成创建毛坯操作。

2）创建精加工刀具：在 PowerMill 资源管理器中，右击“刀具”树枝，在弹出的快捷菜单条中单击“创建刀具”→“球头刀”，打开“球头刀”对话框，按图 4-126 所示设置刀具切削刃部分的参数，单击“关闭”按钮，完成刀具创建。

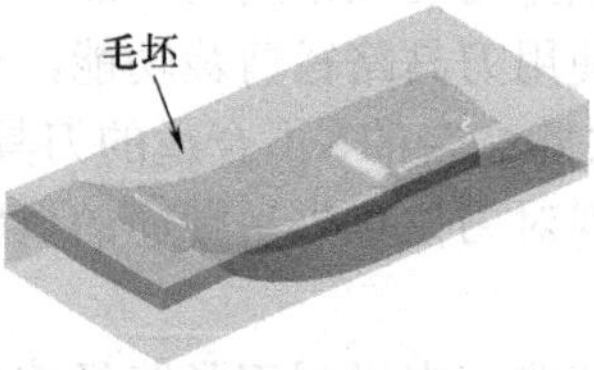

图 4-125　创建矩形毛坯

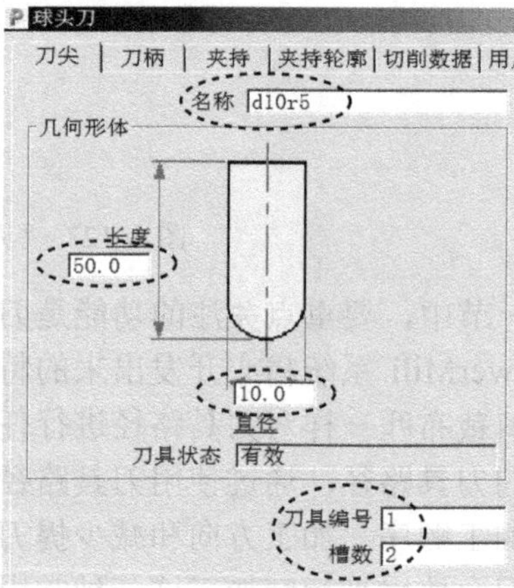

图 4-126　“d10r5”切削刃部分参数设置

3）设置快进高度：在 PowerMill“开始”功能区中，单击刀具路径连接按钮 刀具路径连接，打开“刀具路径连接”对话框，在“安全区域”选项卡中，按图 4-127 所示设置快进高度参数，设置完参数后不要关闭对话框。

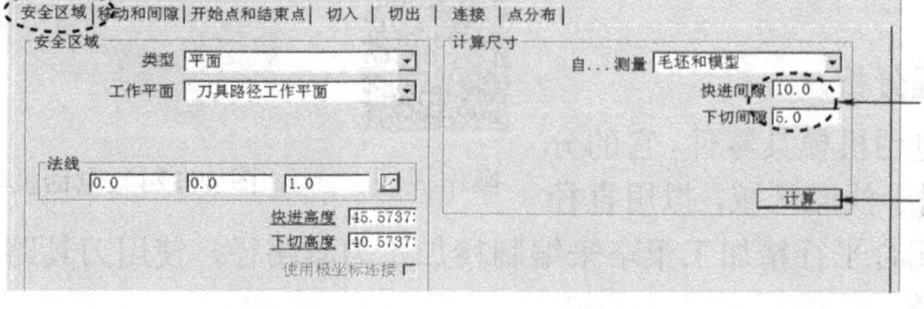

图 4-127　设置快进高度

4）设置加工开始点和结束点：在“刀具路径连接”对话框中，切换到“开始点和结束点”选项卡，按图 4-128 所示确认开始点和结束点，单击“接受”按钮关闭对话框。

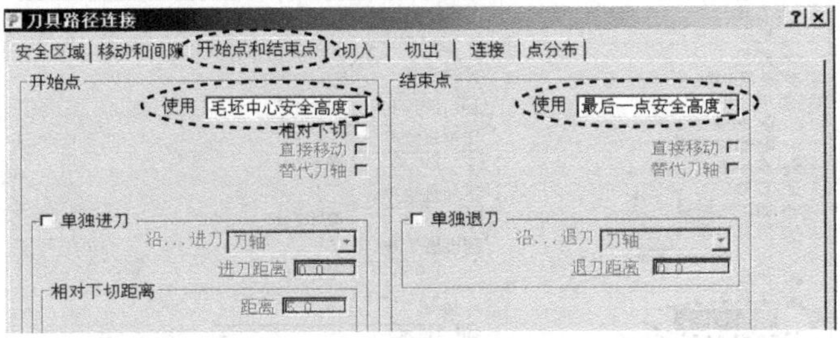

图 4-128　确认开始点和结束点

步骤三　计算精加工刀具路径

1）在 PowerMill“开始”功能区的“创建刀具路径”工具栏中单击刀具路径按钮，打开“策略选取器”对话框，单击“精加工”选项，调出“精加工”选项卡，在该选项卡中，选择“平行精加工”，然后单击“确定”按钮，打开“平行精加工” 对话框，按图 4-129 所示设置参数。

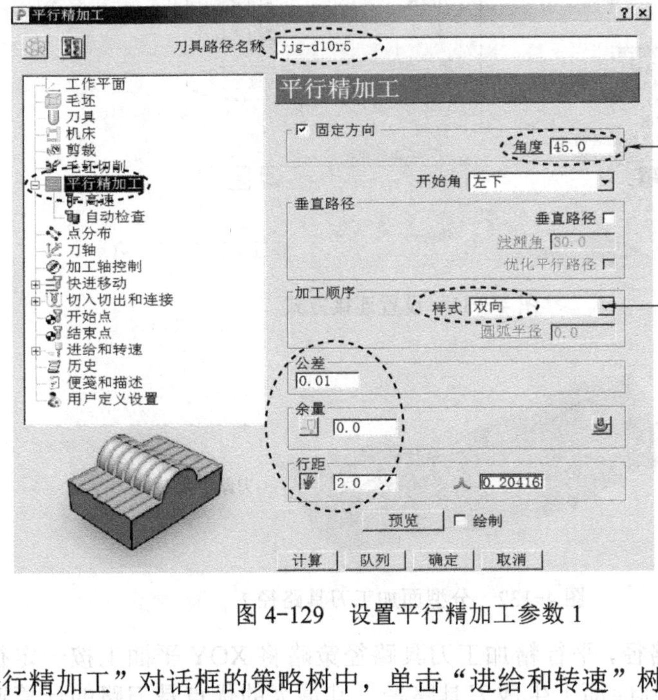

图 4-129　设置平行精加工参数 1

在“平行精加工”对话框的策略树中，单击“进给和转速”树枝，调出“进给和转速”选项卡，按图 4-130 所示设置精加工进给和转速参数。

在“平行精加工”对话框的策略树中，单击“切入切出和连接”树枝，将它展开。单击该树枝下的“连接”树枝，调出“连接”选项卡，按图 4-131 所示设置连接方式。

2）单击“计算”按钮（不要关闭“平行精加工”对话框），系统计算出图 4-132 所示刀具路径。

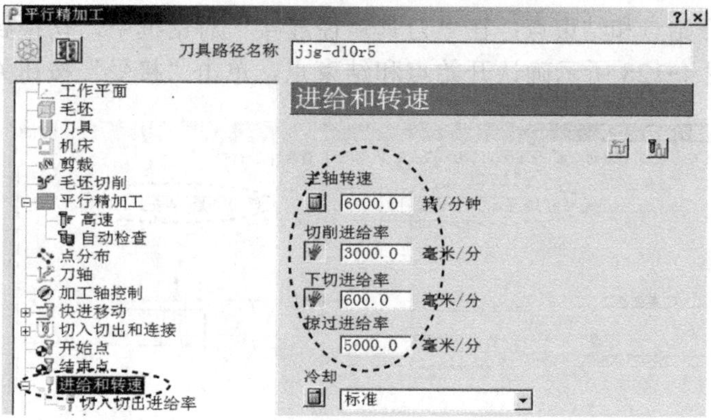

图 4-130　设置精加工进给和转速参数

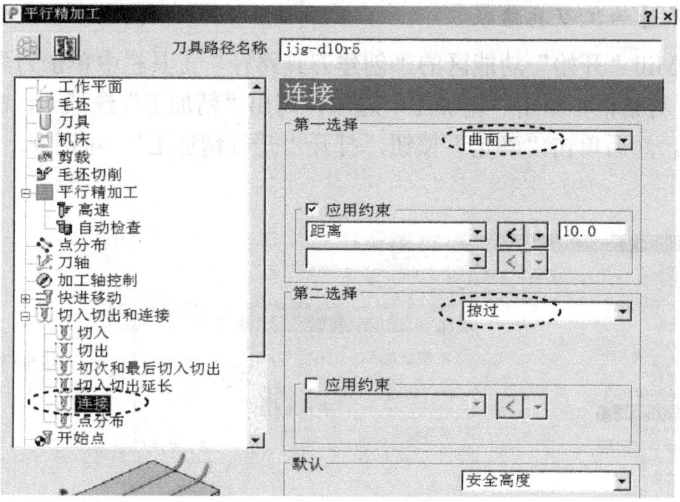

图 4-131　设置连接方式

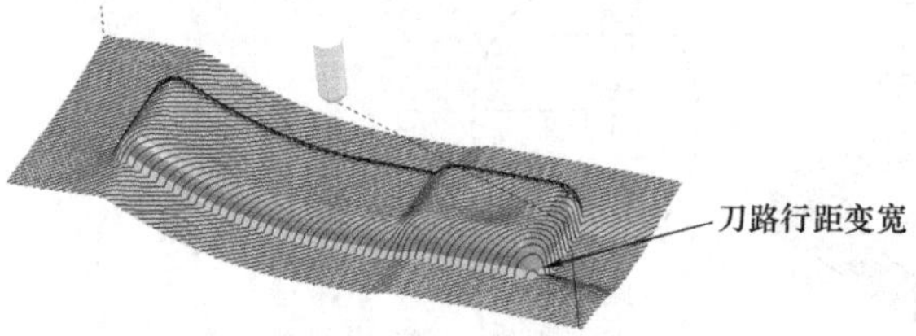

图 4-132　分型面加工刀具路径 1

图 4-132 所示刀具路径，平行精加工刀具路径策略将 XOY 平面上按一定行距分布的平行线沿 Z 轴向下投影到曲面上生成刀具路径。其最大的优点是刀路的计算速度快，其缺点是沿 Z 轴向下投影到模型的陡峭侧壁时，刀路的切削宽度显著变宽，导致切削行距不均匀。

如图 4-132 所示，在模具零件的若干陡峭部分，刀具路径的行距明显变宽。此时，可以在这些地方加入与现有刀具路径垂直的刀具路径，就能避免这种情况的发生。下面对刀具路径计算参数进行变更。

3）单击重新编辑刀具路径参数按钮，激活“平行精加工”对话框，在策略树中，单击“平行精加工”，调出“平行精加工”选项卡，按图 4-133 所示设置新的参数。

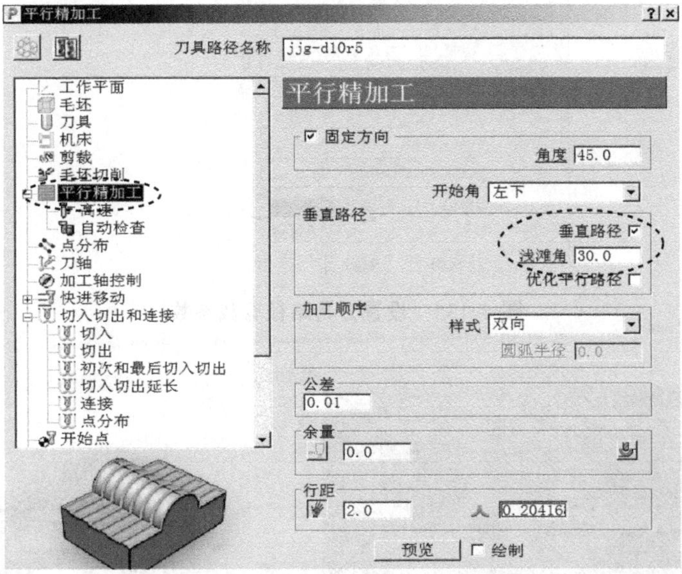

图 4-133　设置平行精加工参数 2

4）单击“计算”按钮，系统计算出图 4-134 所示刀具路径。

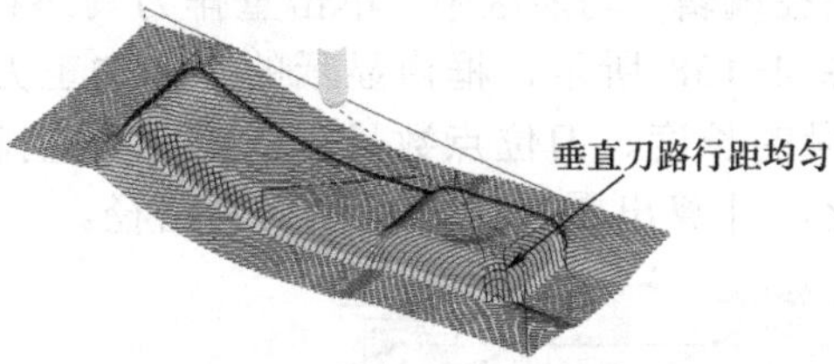

图 4-134　分型面加工刀具路径 2

图 4-134 所示刀具路径，在模具零件的各部分型面上均计算出了行距均匀的刀具路径。

5）单击“关闭”按钮，关闭“平行精加工”对话框。

步骤四　编辑刀具路径

1）剪裁刀具路径：在 PowerMill“刀具路径编辑”功能区中，单击剪裁刀具路径按钮，打开“刀具路径剪裁”对话框，按图 4-135 所示设置参数。

2）在 PowerMill 查看工具栏中，单击从上查看（Z）按钮，将模型摆成与显示屏平行的位置。

3）在绘图区中，单击图 4-136 所示的四个点（大致位置即可），形成一个四边形。

4）在“刀具路径剪裁”对话框中，单击“应用”“取消”按钮，获得图 4-137 所示刀具路径。

5）如图 4-137 所示刀具路径，模芯型面上的精加工刀路已经被绘制的四边形剪裁掉，但剩余的分型面上的刀具路径出现了很多空行程的掠过段，这样会降低切削效率。下面来优化该刀具路径。

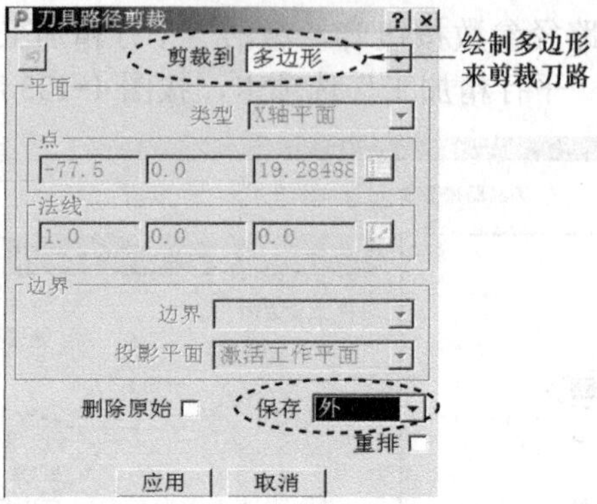

图 4-135　设置刀具路径剪裁参数

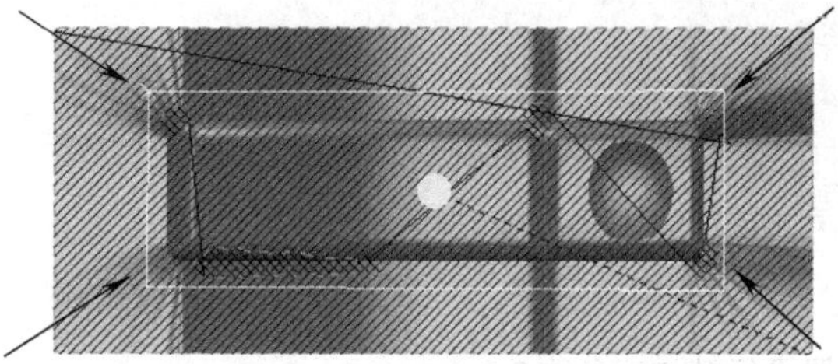

图 4-136　单击四个点

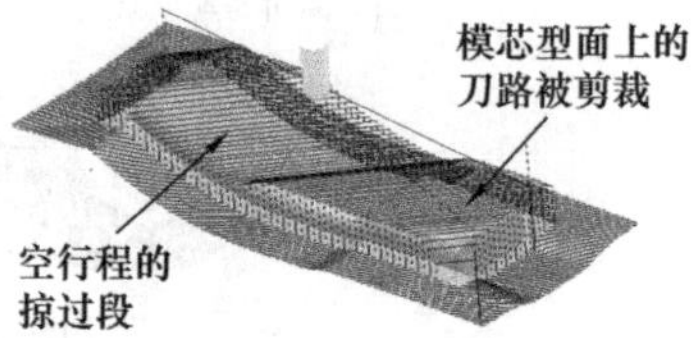

图 4-137　剪裁后的刀具路径

在 PowerMill“刀具路径编辑”功能区中，单击重排刀具路径按钮☰，打开“重排刀具路径段”对话框，如图 4-138 所示，框内显示的是精加工刀具路径每一段的始末坐标点（X，Y，Z）、刀路段的长度、刀位点数目。单击自动重排按钮，系统即对激活的刀具路径进行自动优化，计算出图 4-139 所示刀具路径。

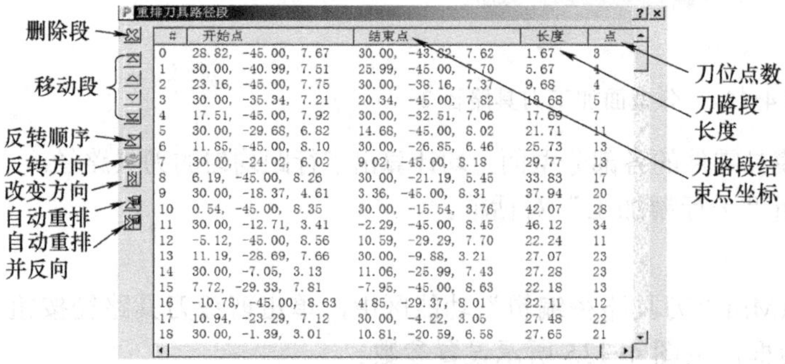

#	开始点	结束点	长度	点
0	28.82, -45.00, 7.67	30.00, -43.82, 7.62	1.67	3
1	30.00, -40.99, 7.51	25.99, -45.00, 7.70	5.67	4
2	23.16, -45.00, 7.75	30.00, -38.16, 7.37	9.68	4
3	30.00, -35.34, 7.21	20.34, -45.00, 7.82	13.68	5
4	17.51, -45.00, 7.92	30.00, -32.51, 7.06	17.69	7
5	30.00, -29.68, 6.82	14.68, -45.00, 8.02	21.71	11
6	11.85, -45.00, 8.10	30.00, -26.85, 6.46	25.73	13
7	30.00, -24.02, 6.02	9.02, -45.00, 8.18	29.77	13
8	6.19, -45.00, 8.26	30.00, -21.19, 5.45	33.83	17
9	30.00, -18.37, 4.61	3.36, -45.00, 8.31	37.94	20
10	0.54, -45.00, 8.35	30.00, -15.54, 3.76	42.07	28
11	30.00, -12.71, 3.41	-2.29, -45.00, 8.45	46.12	34
12	-5.12, -45.00, 8.56	10.59, -29.29, 7.70	22.24	11
13	11.19, -28.69, 7.66	30.00, -9.88, 3.21	27.07	23
14	30.00, -7.05, 3.13	11.06, -25.99, 7.43	27.28	23
15	7.72, -29.33, 7.81	-7.95, -45.00, 8.63	22.18	13
16	-10.78, -45.00, 8.63	4.85, -29.37, 8.01	22.11	12
17	10.94, -23.29, 7.12	30.00, -4.22, 3.05	27.48	22
18	30.00, -1.39, 3.01	10.81, -20.59, 6.58	27.65	21

图 4-138　重排刀具路径段

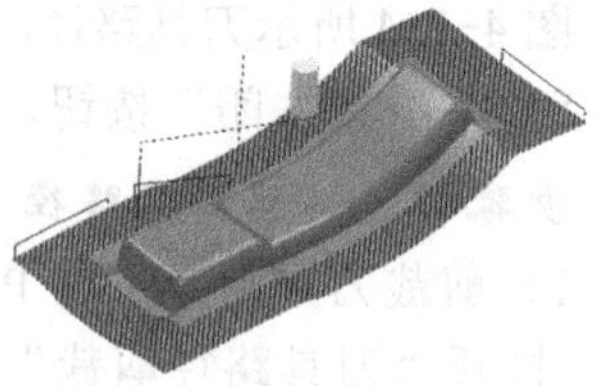

图 4-139　分型面加工刀具路径 3

由图 4-139 所示刀具路径可见，经过重排后的刀具路径提刀次数显著减少了。

关闭“重排刀具路径段”对话框。

步骤五　保存项目文件

在 PowerMill 功能区中，单击“文件”→“保存”，打开“保存项目为”对话框，将保存目录定位到 E:\PM2019EX，输入项目文件名称为“4-05 handset”，单击“保存”按钮，完成项目文件保存操作。

4.7　练习题

1）图 4-140 是一个凹模零件。计算一个长方体毛坯，材料 45 钢，精加工刀具为 d20r10 球头刀。要求使用 3D 偏移精加工策略计算型面的精加工刀具路径。源文件请扫描前言的“习题源文件”二维码获取，在 xt sources\ch04\xt 4-01.dgk 目录下。

2）图 4-141 是一个型腔件。计算一个长方体毛坯，材料 45 钢，精加工刀具为 d10r08 端铣刀。要求使用等高精加工策略计算零件内侧壁的精加工刀具路径。源文件请扫描前言的“习题源文件”二维码获取，在 xt sources\ch04\xt 4-02.dgk 目录下。

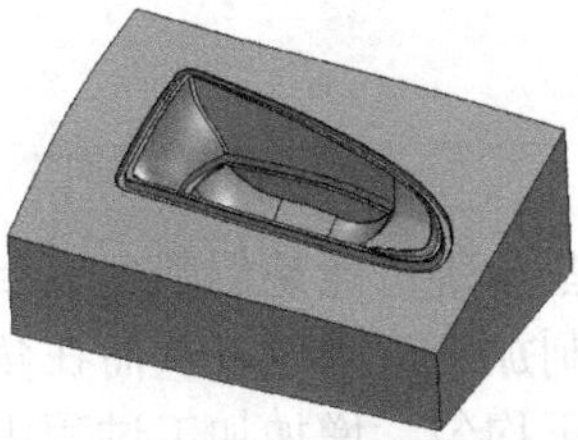

图 4-140　凹模零件

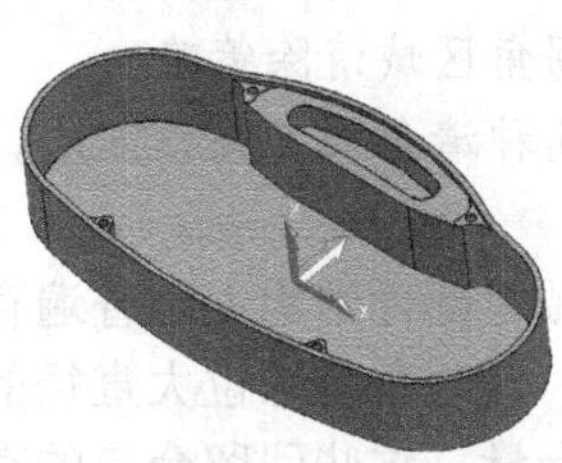

图 4-141　型腔件

第5章　PowerMill 2019 角落加工编程经典实例

📖 本章知识点

- ✧ 角落加工的工艺安排。
- ✧ 拐角区域清除策略。
- ✧ 几种清角加工编程方法。

在机械零部件结构中，普遍存在一些角落特征，这些角落可能是倒圆角、倒椭圆角甚至是直角，这些角落部位大直径的刀具受自身尺寸的限制加工不到位，从而在角落处形成大量残留余量。这些残留余量的存在使精加工余量变得不均匀，增加加工过程中的振动，影响零件表面质量，甚至损坏刀具。因此，有必要专门安排一次或多次对零件角落处单独的加工工步。

5.1　影响清角质量和效率的因素

在数控加工领域，通常将角落加工工步称为清角。在复杂成型零件的加工过程中，由于零件上存在着大量半径不等的圆角，就需要使用直径逐步递减的刀具来计算多个清角工步的刀具路径，而直径越小的刀具，其切削宽度、深度、进给和转速也越小，这样直接导致清角工步在整个零件加工工时中占据的比例增加。

综合起来，影响零件清角质量和效率的因素主要有以下几个方面。

1．工艺系统的原始误差

零件的精清角本质上属于精加工工步。因此，由机床、刀具系统、夹具以及工件组成的工艺系统，各要素存在的原始误差，直接影响着零件角落加工的精度。

2．刀具的刚度

在清角过程中，由于清角刀具直径往往较小，其刚度对清角的质量有显著的影响。因此，在装夹清角刀具时不宜使刀具悬伸出刀具夹持的长度过多。

3．切削用量

由铣削宽度、深度、主轴进给和转速（也即铣削速度）构成的铣削加工四要素都会对清角质量和效率产生显著影响。由于清角的切削宽度和深度一般较小，因此，主轴进给和转速这两个参数对清角的质量和效率影响最大。通常情况下，为了提高小直径清角刀具的线速度，直径越小的刀具，其主轴转速也设置得越高，进给和转速则应下降。

4．公差

同精加工工步一样，编程策略中的公差值对清角加工精度和表面质量影响非常显著，公差值越小，清角精度和表面质量就越高，反之则越低。

5. 行距

行距即铣削宽度，属于切削用量之一，单独提出来，是因为使用球头铣刀进行精加工和清角时，行距这个参数对表面加工质量的影响非常敏感。PowerMill 软件中的专用清角策略没有直接设置行距，而是使用残留高度来直接定义清角后的表面质量。残留高度设置得越低，清角策略就会计算出越密的行距、越均匀的刀具路径段。

5.2 角落加工的工序安排

在工序规划时，角落加工工步安排得是否合理对零件加工质量和效率至关重要。下面选择两种加工对象——钢板模和铸造模举例说明。

小型冷冲压模具一般属于钢板模，这意味着零件的毛坯是一整块钢料，因此，角落加工一般安排在精加工之后。表 5-1 是一种典型注塑模具凹模零件的数控铣削工艺过程，供读者参考。

表 5-1 一种典型注塑模具凹模零件数控铣削工艺过程

工步号	工步名称	刀具	编程策略	部分铣削用量			余量/mm	备注
				转速/(r/min)	进给速度/(mm/min)	铣削宽度/mm		
1	粗加工	d32r5 刀尖圆角端铣刀	模型区域清除	1500	1000	22	0.3	
2	半精加工	d25r3 刀尖圆角端铣刀	模型残留区域清除	2000	1000	16	0.1	
3	精加工	d25r12.5 球头铣刀	平行精加工	6000	3000	0.5	0	
4	精加工	d20r10 球头铣刀	等高精加工	6000	4000	0.7	0	
5	清角	d10r5 球头铣刀	清角精加工	6000	4500	0.4	0	
6	清角	d6r3 球头铣刀	清角精加工	6000	4000	0.4	0	
7	清角	d3r1.5 球头铣刀	等高精加工	6000	3000	0.4	0	

对于大型模具，如汽车覆盖件冲压模具，由于尺寸过于庞大，其毛坯往往由消失模铸造成型。这意味着模具零件的毛坯是铸造件。与钢板模相比，铸造模毛坯已经没有大量的加工余量，但是，在零件中的一些狭小结构如小型腔、槽、孔等局部区域，一般情况下未铸造出来，这些区域就会残存大量的加工余量。这时，一般会先安排一次或多次粗清角，使后续工步的加工余量尽量均匀。表 5-2 是一种典型汽车覆盖件模具凸模零件的数控铣削工艺过程，供读者参考。

表 5-2 一种典型汽车覆盖件模具凸模零件数控铣削工艺过程

工步号	工步名称	刀具	编程策略	部分铣削用量			余量/mm	备注
				转速/(r/min)	进给速度/(mm/min)	铣削宽度/mm		
1	粗清角	d63r5 刀尖圆角端铣刀	等高精加工	750	6000	50	0.8	
2	粗加工	d32r2 刀尖圆角端铣刀	等高精加工	1350	6000	25	0.8	
3	粗加工	d50r25 球头铣刀	等高精加工	2000	1200	12	1	

（续）

工步号	工步名称	刀具	编程策略	部分铣削用量			余量/mm	备注
				转速/（r/min）	进给速度/（mm/min）	铣削宽度/mm		
4	半精加工	d30r15 球头铣刀	等高精加工	3300	1000	3	1	
5	半精加工	d20r10 球头铣刀	等高精加工	3300	3300	2	0.2	
6	精加工	d30r15 球头铣刀	等高精加工+平行精加工	6000	5000	0.7	0	
7	清角	d16r8 球头铣刀	笔式清角精加工	5000	4000	0.6	0	
8	清角	d10r5 球头铣刀	笔式清角精加工	3800	1200	0.6	0	
9	清角	d6r3 球头铣刀	笔式清角精加工	4500	1000	0.4	0	
10	清角	d4r2 球头铣刀	单笔清角精加工	5500	600		0	

构成零件角落的结构样式多种多样，使用哪一种清角刀具路径策略要根据具体零件角落样式来进行选择。为此，PowerMill 2019 提供了多种清角策略，分别是拐角区域清除、清角精加工、多毛清角精加工和笔式清角精加工。图 5-1 和图 5-2 是在 PowerMill 2019 策略选取器中列出的清角加工策略。

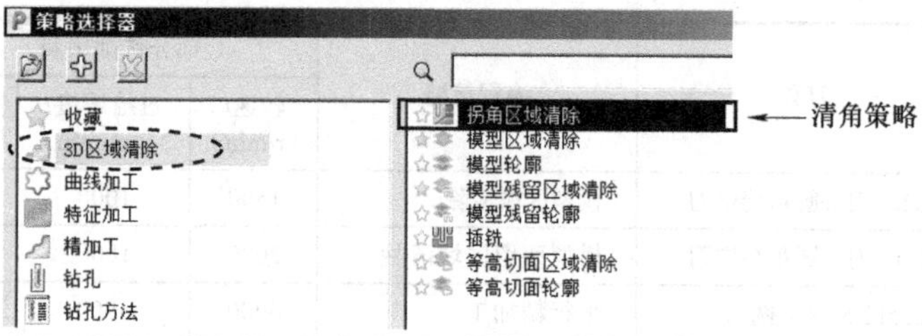

图 5-1　PowerMill 清角加工策略 1

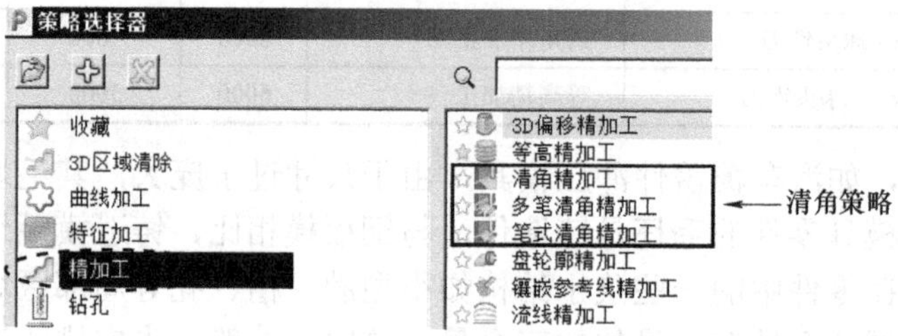

图 5-2　PowerMill 清角加工策略 2

初学者很容易对这几种策略产生迷惑，不知道该选择哪种策略来计算清角刀具路径。编著者认为，选择使用何种清角策略的原则是，根据该种清角加工策略计算刀具路径的原理和特点来选取。因此，在选择使用清角策略时，要分辨并记住各种清角策略的计算原理和特点。

下面集中介绍几种典型的清角策略及其使用方法。

5.3　拐角区域清除策略及编程实例

拐角区域清除是 PowerMill 2019 软件的一种角落粗加工策略。开发这种策略的主要目的是优化零件内部角落的粗加工。通过设置刀具沿浅滩角落或陡峭角落切削的一系列行距值、切削深度值，零件上拐角区域的大量残留余量被清除。这种策略将消除冗长的必须创建一系列角落精加工刀具路径的过程。请读者注意，正是由于这一系列清角策略使用直径递减的小刀具来寻找出零件角落处的残留余量，从而降低了编程效率。拐角区域清除刀具路径示意如图 5-3 所示。

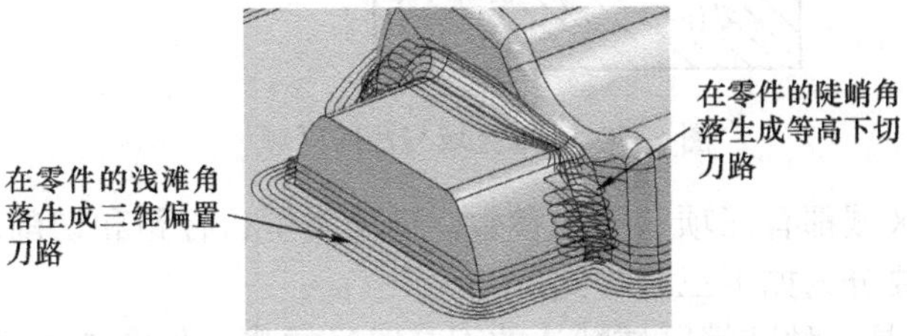

图 5-3　拐角区域清除刀具路径

在清角加工时，对于零件上陡峭区域的角落，希望刀具按等高层切的方式进行清角加工；而对于零件上浅滩区域的角落，则希望刀具按三维偏置的铣削方式从外向内进行清角加工。图 5-3 所示的刀具路径正是理想的角落加工刀具路径。

在 PowerMill“开始”功能区的“创建刀具路径”工具栏中单击刀具路径按钮，打开“策略选取器”对话框，单击“3D 区域清除”选项，调出“3D 区域清除”选项卡，在该选项卡中，选择“拐角区域清除”，然后单击“确定”按钮，打开“拐角区域清除” 对话框，如图 5-4 所示。

图 5-4 所示“拐角区域清除”对话框中各选项卡及其参数介绍如下。

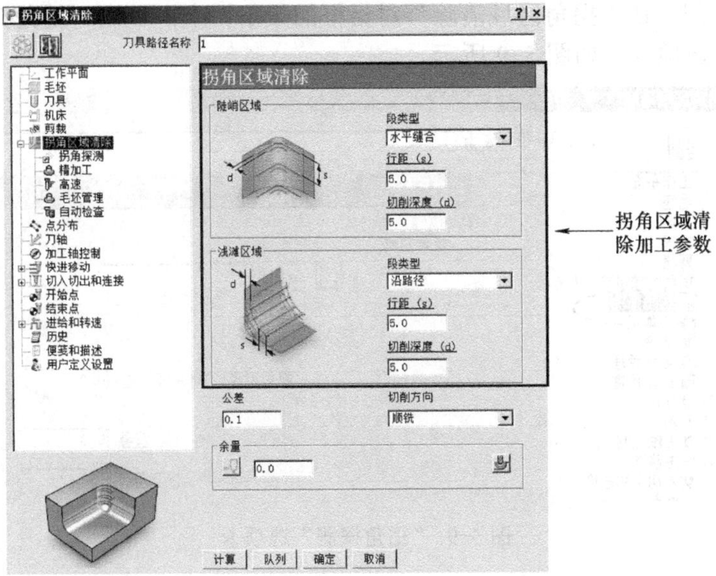

图 5-4 “拐角区域清除”对话框

（1）拐角区域清除　包括陡峭区域和浅滩区域两项主要参数。PowerMill 将零件上各部分特征归类到陡峭和浅滩两种结构中。所谓陡峭区域，大致上可以理解为该特征与水平面相比，具有较大的角度差；而浅滩区域，则可以理解为该特征与水平面相比，角度差很小，如图 5-5 所示。

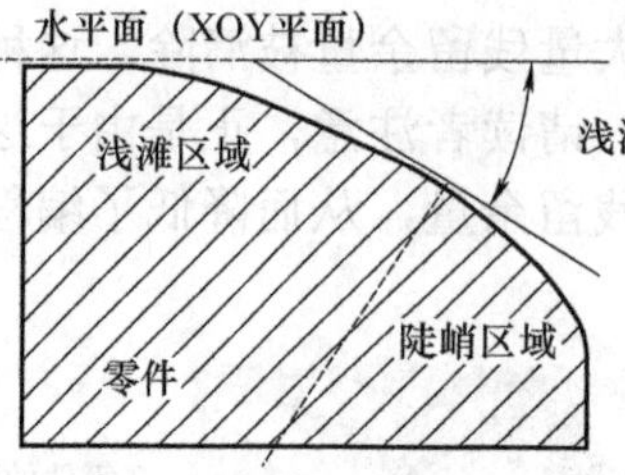

图 5-5 陡峭区域与浅滩区域

陡峭区域与浅滩区域都有三项共同的参数，即段类型、行距和切削深度。段类型是指刀具路径的样式，主要分为如下三种样式：

1）水平缝合：这是一种陡峭区域默认的刀具路径样式，如图 5-6 所示。

2）垂直缝合：刀具路径如图 5-7 所示。

3）沿路径：这是一种浅滩区域默认的刀具路径样式，如图 5-8 所示。

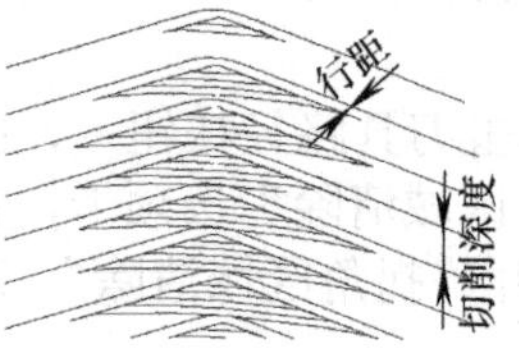

图 5-6 水平缝合刀具路径

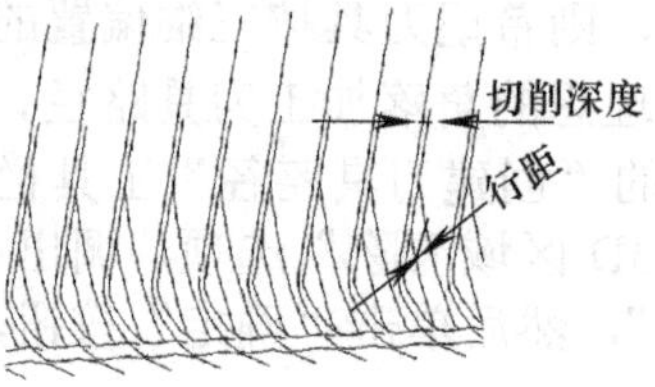

图 5-7 垂直缝合刀具路径

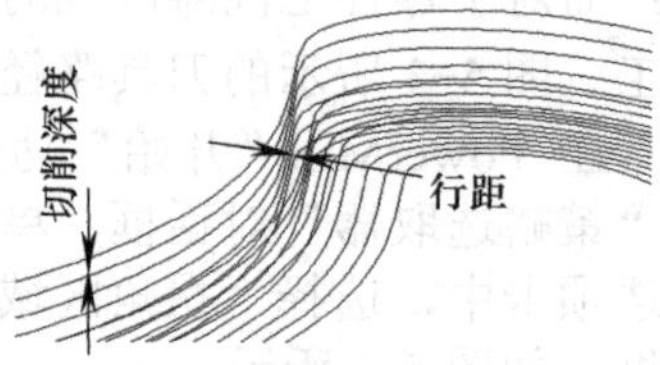

图 5-8 沿路径刀具路径

（2）拐角探测　在“拐角区域清除”对话框的策略树中，单击“拐角探测”树枝，调出“拐角探测”选项卡，如图 5-9 所示。

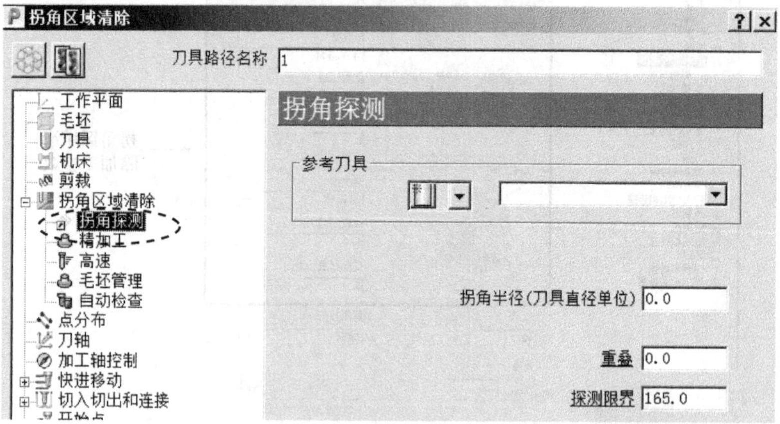

图 5-9 “拐角探测”选项卡

“拐角探测”选项卡主要包括参考刀具、拐角半径、重叠和探测限界几个选项。

1）参考刀具：参考刀具的作用如图 5-10 所示。实际加工中，角落加工用多大直径的刀具，一般会根据零件型面精加工所用刀具直径来选择。型面精加工所用刀具直径越大，则会在角落处留下更多的余量，此时，如果清角刀具直径越小，系统会计算出更多段刀具路径以清除掉残留余量。也就是说，清角时要考虑上一工序所用刀具，该刀具即称为参考刀具。

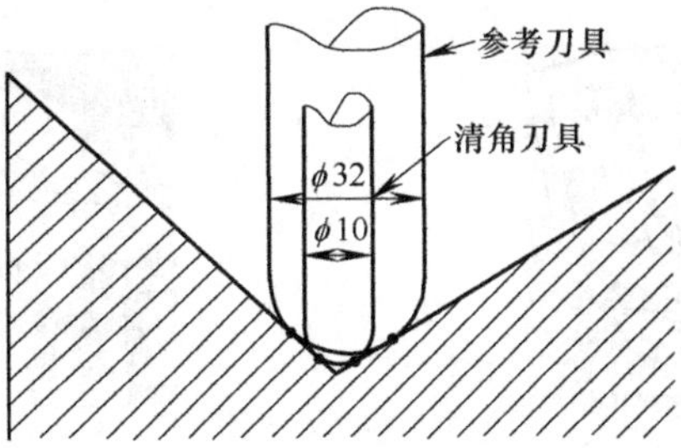

图 5-10　参考刀具在清角中的作用

对于同一零件的清角加工，图 5-11 所示是设置清角刀具直径为 6mm 球头刀、参考刀具直径为 10mm 球头铣刀的清角刀具路径，可见系统计算出来的清角刀具路径较少。图 5-12 所示是设置清角刀具直径为 6mm 球头刀、参考刀具直径为 32mm 球头刀的清角刀具路径，可见系统计算出了更多段清角刀具路径。

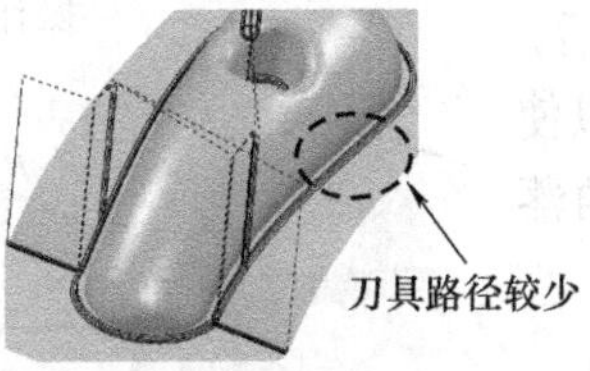

图 5-11　参考刀具直径为 10mm 时的情况

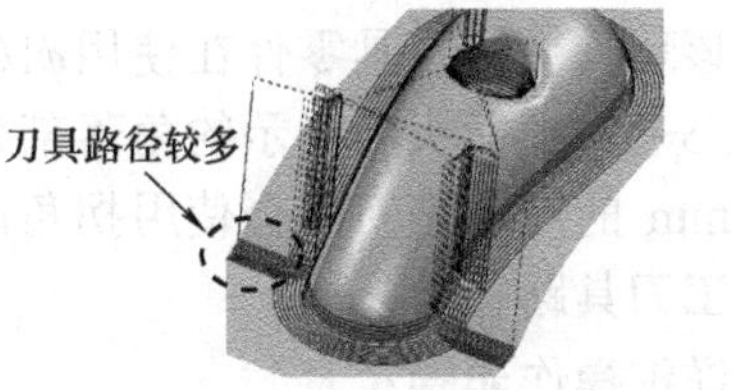

图 5-12　参考刀具直径为 32mm 时的情况

技巧：

参考刀具是必须设置的选项，一般选择比本清角工步所用刀具直径大的刀具作为参考。

2）拐角半径（刀具直径单位）：定义前一工步刀具路径所使用的修圆半径。

3）重叠：某些情况下，希望清角刀具路径向零件表面间的交线以外扩展，以增加清角刀具路径的切削区域，此时可以指定一个重叠值。重叠选项用于指定刀具路径延拓到未加工表面边缘外的延伸量。设置为 0 时，刀具路径不作延伸，如图 5-13 所示。图 5-14 所示是设置为 5 的情况。

图 5-13　重叠值为 0 的情况

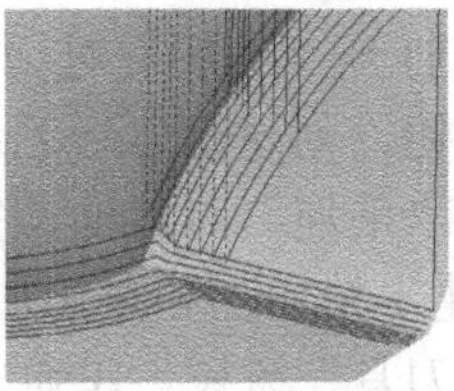

图 5-14　重叠值为 5 的情况

由上可知，重叠值设置得越大，则清角范围就会越大。

4）探测限界：输入一个角度，以便 PowerMill 只加工比此角度更锐利的角。如图 5-15 所示，是探测限界为 165° 时，计算出的角落加工刀路，图 5-16 所示，是探测限界为 170° 时，计算出的角落加工刀路，可见，探测限界角度越大，会计算出更多的角落加工刀路。探测限界设置为 165° ，是系统默认值，适合大多数情况。

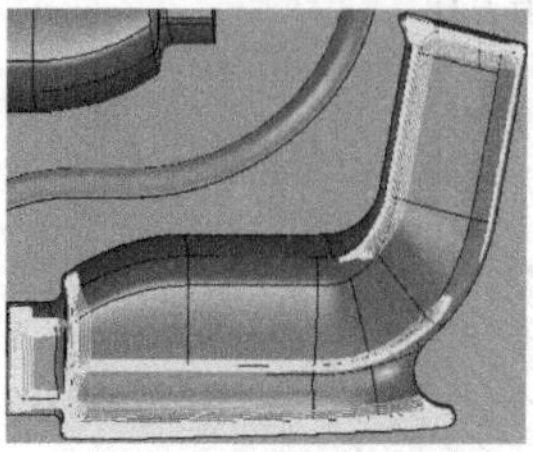

图 5-15　探测限界为 165° 的情况

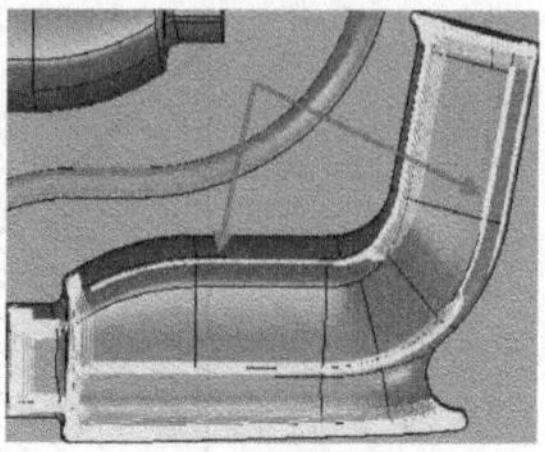

图 5-16　探测限界为 170° 的情况

例 5-1　计算玩具手枪模具零件角落粗加工刀具路径

图 5-17 是一个玩具手枪模具零件，要求计算该模具零件角落粗加工刀具路径。

操作视频

数控编程工艺过程分析：

该玩具手枪模具零件在使用ϕ16mm 刀具进行半精加工后，在图 5-17 中箭头所指示的角落部位还残留了大量余量，拟使用ϕ8mm 的球头铣刀配合使用拐角区域清除新策略来计算角落粗加工刀具路径。

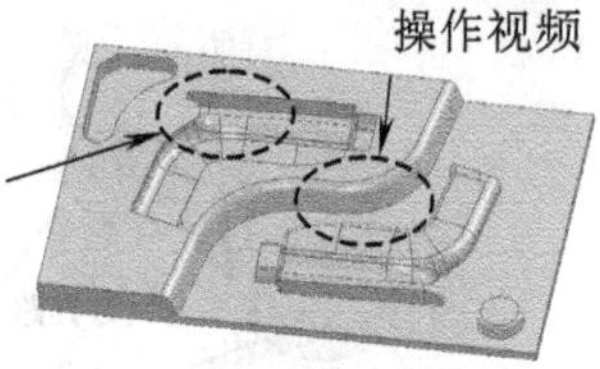

图 5-17　玩具手枪模具零件

详细操作步骤：

步骤一　新建加工项目

1）复制文件到本地磁盘：扫描前言的“实例源文件”二维码，下载并复制文件夹“Source\ch05”到“E:\PM2019EX”目录下。

2）启动 PowerMill2019 软件：双击桌面上的 PowerMill2019 图标，打开 PowerMill 系统。

3）输入模型：在功能区中，单击“文件”→“输入”→“模型”，打开“输入模型”对话框，选择“E:\PM2019EX\ch05\5-01 wjsq.dgk”文件，然后单击“打开”按钮，完成模型输入操作。

步骤二　准备加工

1）创建毛坯：在 PowerMill“开始”功能区中，单击创建毛坯按钮，打开“毛坯”对话框，各选项使用系统默认值，单击“计算”按钮，创建出方形毛坯，如图 5-18 所示。单击“接受”按钮，关闭“毛坯”对话框，完成创建毛坯操作。

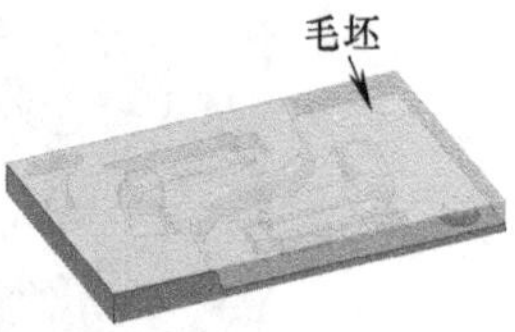

图 5-18　创建毛坯

2）创建半精加工和角落加工刀具：在 PowerMill 资源管理器中，右击“刀具”树枝，在弹出的快捷菜单条中单击“创建刀具”→“球头刀”，打开“球头刀”对话框，按图 5-19 所示设置刀具切削刃部分的参数，创建出一把直径为ϕ16mm 的球头铣刀，单击“关闭”按钮。

重复上述创建球头刀具的操作，按图 5-20 所示设置参数，创建出一把ϕ8mm 的球头铣刀。完成后，单击“球头刀”对话框中的“关闭”按钮。

3）设置快进高度：在 PowerMill“开始”功能区中，单击刀具路径连接按钮 刀具路径连接，打开“刀具路径连接”对话框，在“安全区域”选项卡中，按图 5-21 所示设置快进高度参数，设置完参数后不要关闭对话框。

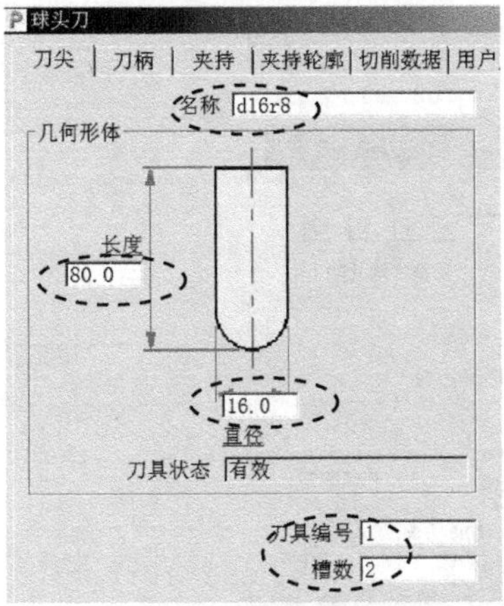

图 5-19　d16r8 切削刃部分参数设置

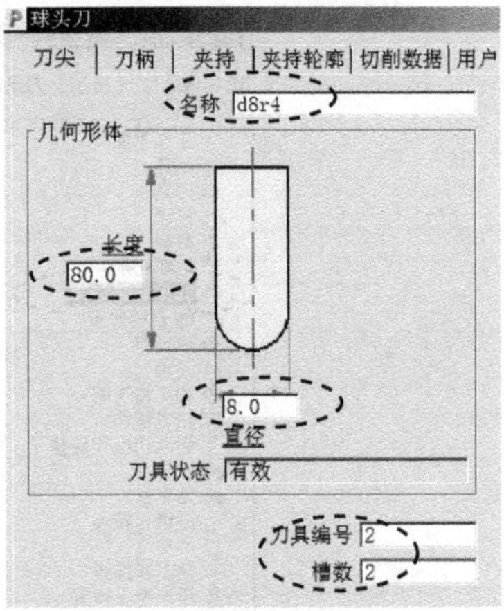

图 5-20　d8r4 切削刃部分参数设置

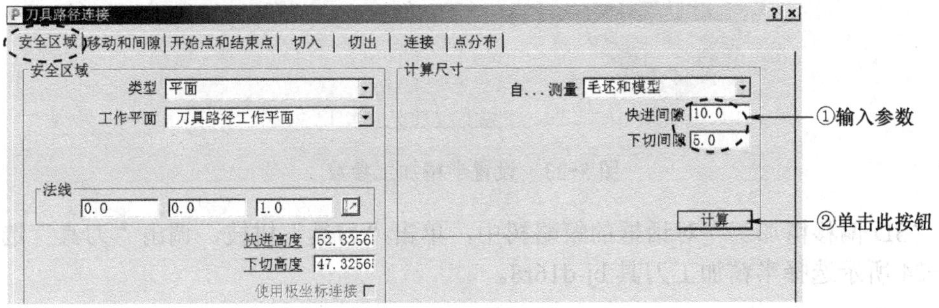

图 5-21　设置快进高度

4）确认加工开始点和结束点：在“刀具路径连接”对话框中，切换到“开始点和结束点”选项卡，按图 5-22 所示确认开始点和结束点，单击“接受”按钮关闭对话框。

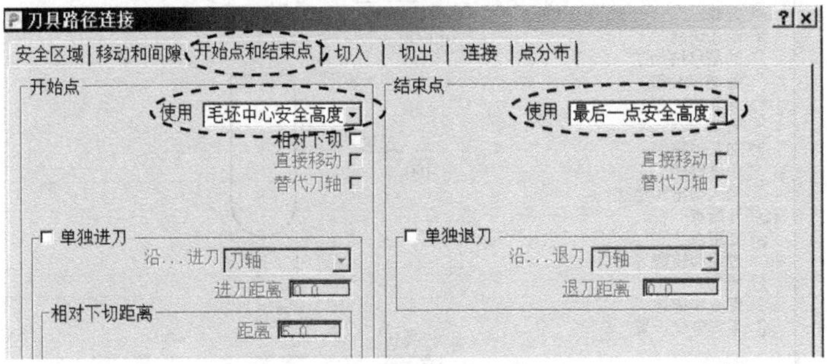

图 5-22　确认开始点和结束点

步骤三　计算半精加工刀具路径

在 PowerMill“开始”功能区的“创建刀具路径”工具栏中，单击刀具路径按钮 ，打开“策略选取器”对话框，单击“精加工”选项，调出“精加工”选项卡，在该选项卡中选择“3D 偏移精加工”，单击“确定”按钮，打开“3D 偏移精加工”对话框，按图 5-23 所示设置参数。

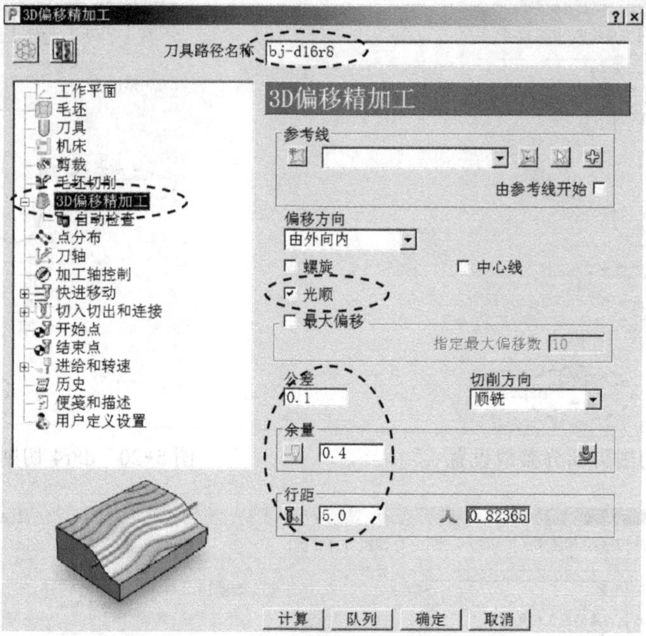

图 5-23 设置半精加工参数

在“3D 偏移精加工”对话框的策略树中，单击“刀具”树枝，调出“刀具”选项卡，按图 5-24 所示选择半精加工刀具 bj-d16r8。

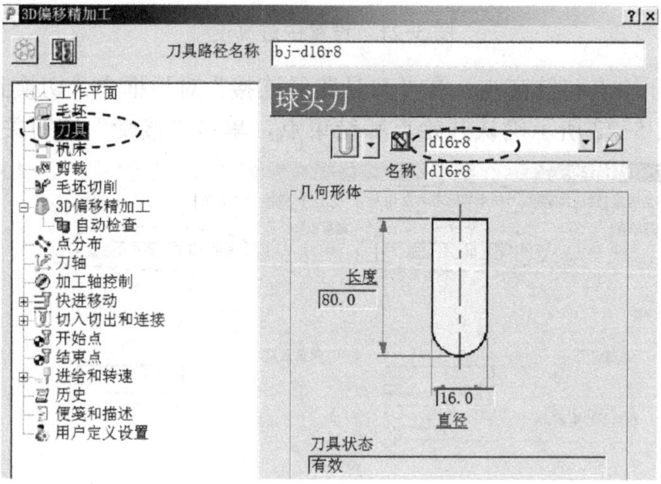

图 5-24 选择半精加工刀具

在“3D 偏移精加工”对话框的策略树中，单击“切入切出与连接”树枝，将它展开，单击该树枝下的“连接”树枝，调出“连接”选项卡，按图 5-25 所示设置短连接为“曲面上”。

在“3D 偏置精加工”对话框的策略树中，单击“进给和转速”树枝，调出“进给和转速”选项卡，按图 5-26 所示设置半精加工进给和转速参数。

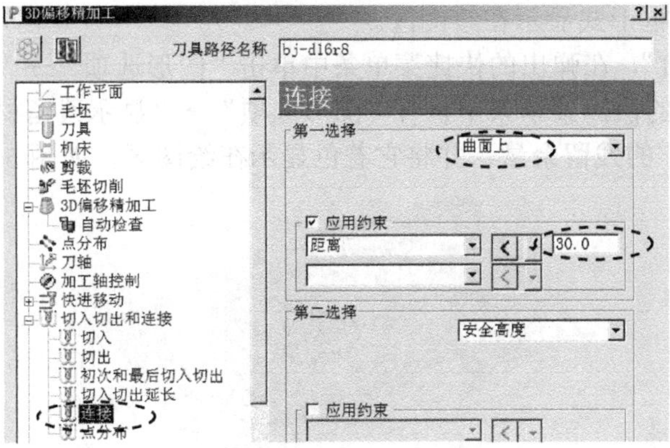

图 5-25　设置连接方式

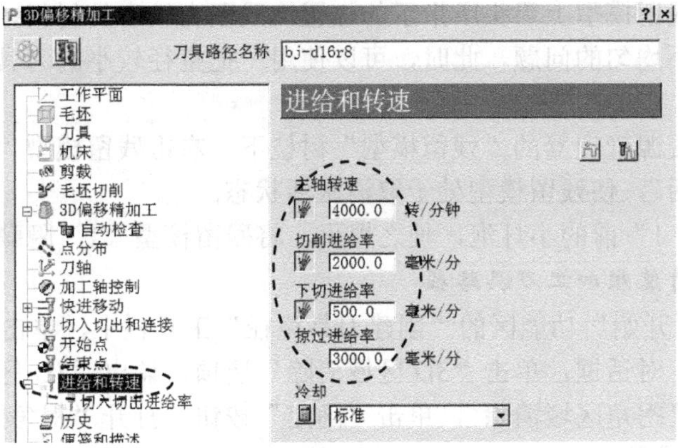

图 5-26　设置半精加工进给和转速参数

设置完上述参数后，单击“计算”按钮，系统计算出图 5-27 所示刀具路径。

单击“3D 偏置精加工”对话框的“关闭”按钮关闭该对话框。

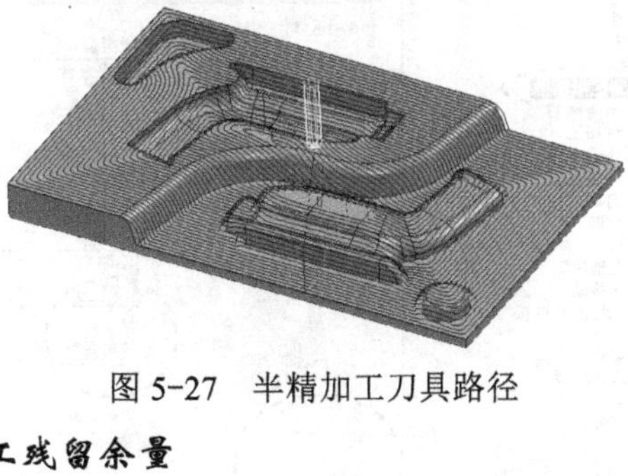

图 5-27　半精加工刀具路径

步骤四　查看半精加工残留余量

在 PowerMill 资源管理器中，右击“残留模型”树枝，在弹出的快捷菜单条中单击“创建残留模型”，打开“残留模型”对话框，使用对话框中的默认参数，单击“接受”按钮，创建出一个名称为“1”、内容为空白的残留模型。

双击“残留模型”树枝，展开它。右击该树枝下的残留模型“1”，在弹出的快捷菜单条中单击“应用”→“激活刀具路径在先”。

右击残留模型“1”，在弹出的快捷菜单条中单击“计算”，系统即计算出残留模型 1

的全部材料，并用线框形式显示在绘图区。

右击残留模型“1”，在弹出的快捷菜单条中单击“图形选项”→“阴影”。再次右击残留模型“1”，在弹出的快捷菜单条中执行“图形选项”→“显示残留材料”，系统即计算出刀具路径“bj-d16r8”的残留余量，并将它着色显示在绘图区，如图 5-28 所示。

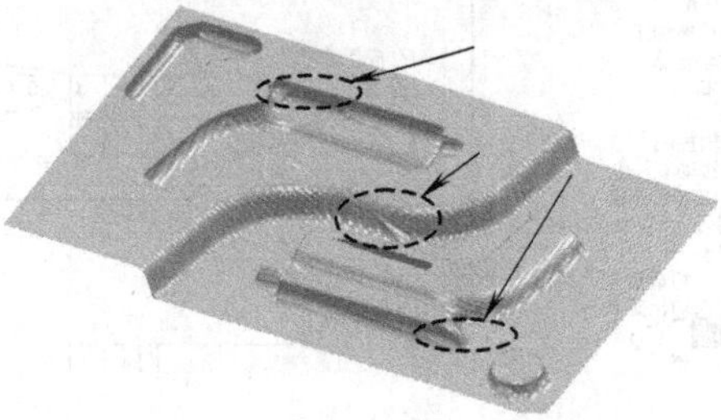

图 5-28　半精加工后的残留余量

图 5-28 所示残留模型上箭头所指示的位置均残留有较多的材料，这就导致在精加工时，加工余量出现不均匀的问题，此时，可以使用一把直径较小的刀具对角落处的残留余量进行清角加工。

在 PowerMill 资源管理器的“残留模型”树枝下，右击残留模型“1”，在弹出的快捷菜单条中单击“激活”，使残留模型处于取消激活状态。

单击残留模型“1”前的小灯泡，使之熄灭，将残留模型“1”隐藏起来。

步骤五　计算角落粗加工刀具路径

在 PowerMill“开始”功能区的“创建刀具路径”工具栏中，单击刀具路径按钮，打开“策略选取器”对话框，单击“3D 区域清除”选项，调出“3D 区域清除”选项卡，在该选项卡中选择“拐角区域清除”，单击“确定”按钮，打开“拐角区域清除”对话框，按图 5-29 所示设置参数。

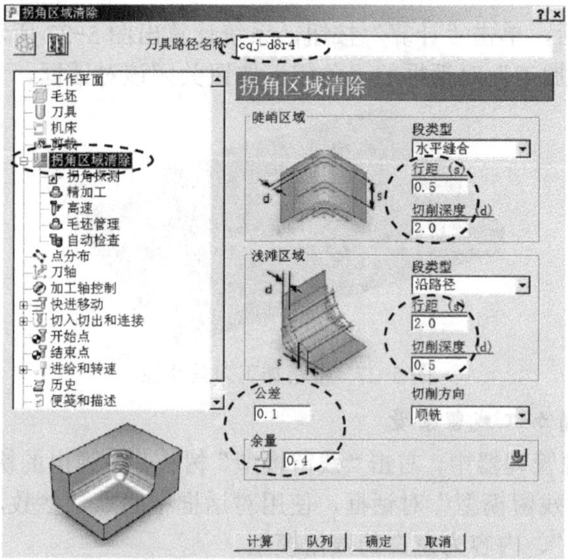

图 5-29　设置拐角加工参数

在“拐角区域清除”对话框的策略树中，单击“刀具”树枝，调出“球头刀”选项卡，按图 5-30 所示选择刀具 d8r4。

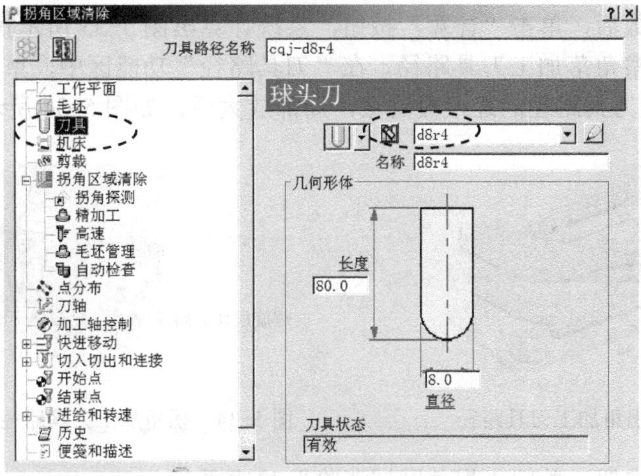

图 5-30　选择清角刀具

在“拐角区域清除”对话框的策略树中，单击“拐角探测”树枝，调出“拐角探测”选项卡，按图 5-31 所示设置拐角探测参数。

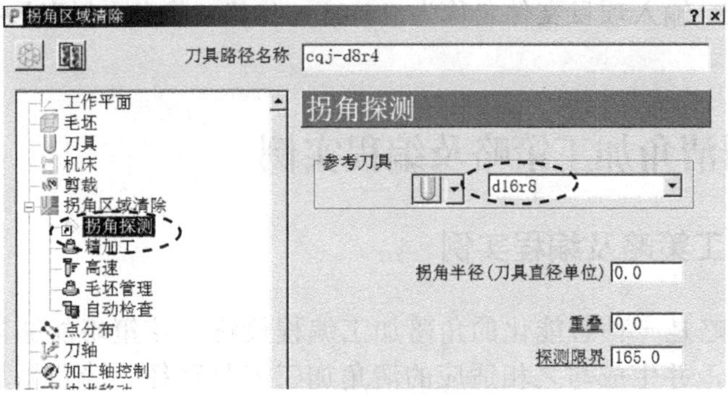

图 5-31　设置参考刀具

在“拐角区域清除”对话框的策略树中，单击“进给和转速”树枝，调出“进给和转速”选项卡，按图 5-32 所示设置角落粗加工进给和转速参数。

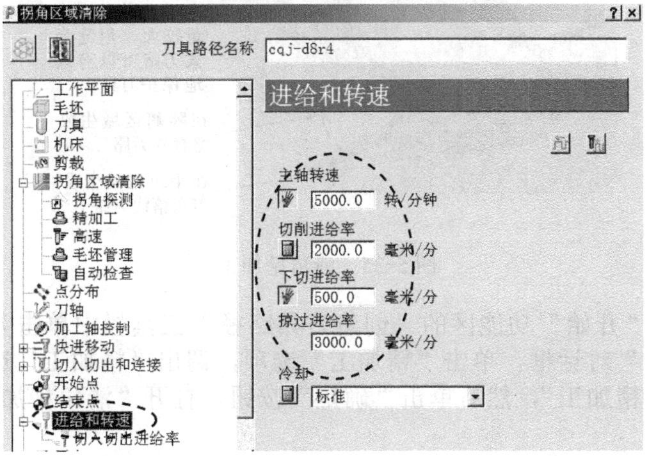

图 5-32　设置角落粗加工进给和转速参数

设置完上述参数后，单击“计算”按钮，系统计算出图 5-33 所示拐角加工刀具路径。

为更清楚地观察角落加工刀具路径，在“刀具路径”功能区中，单击刀具路径连接按钮，将拐角加工刀具路径的连接段隐藏，局部放大后，如图 5-34 所示。

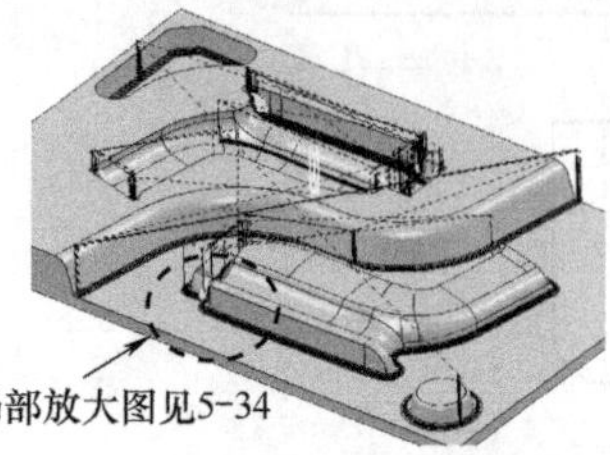
局部放大图见5-34

图 5-33 拐角加工刀具路径

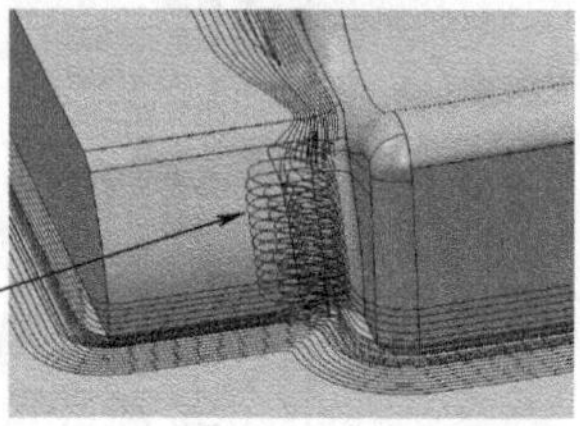
螺旋层切刀路

图 5-34 拐角加工刀具路径局部放大图

单击“关闭”按钮，关闭“拐角区域清除”对话框。

步骤六 保存项目文件

在 PowerMill 功能区中，单击“文件”→“保存”，打开“保存项目为”对话框，选择 E:\PM2019EX 目录，输入项目文件名称为“5-01 wjsq”，单击“保存”按钮，完成项目文件保存操作。

5.4 其余常用清角加工策略及编程实例

5.4.1 清角精加工策略及编程实例

清角精加工策略是一种智能化的角落加工编程策略，该策略能够自动判断存在于零件上的大余量角落，并生成与之相适应的清角加工刀具路径。清角精加工的特点是，首先在零件的陡峭区域生成缝合式的清角刀具路径，然后在平坦区域生成沿着角落线的刀具路径，如图 5-35 所示。

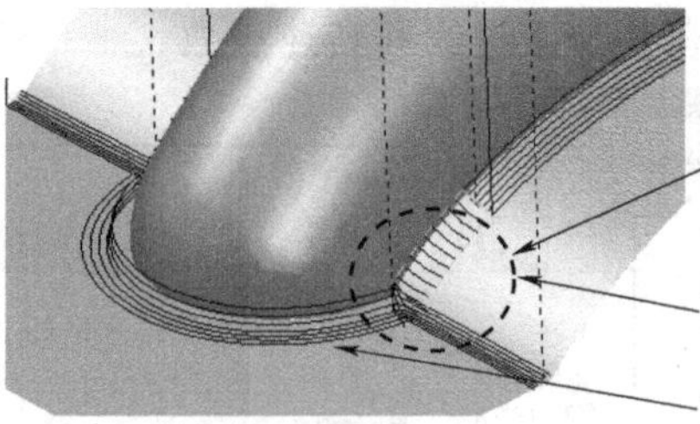
在尖角落处，余
量较大，用缝合
式刀路可以有效
地保护刀具
在陡峭区域生成
缝合式刀路
在平坦区域生成沿
着角落线刀路

图 5-35 清角精加工

在 PowerMill“开始”功能区的“创建刀具路径”工具栏中单击刀具路径按钮，打开“策略选取器”对话框，单击“精加工”选项，调出“精加工”选项卡，在该选项卡中，选择“清角精加工”，然后单击“确定”按钮，打开“清角精加工” 对话框，如图 5-36 所示。

图 5-36 的一些参数解释如下：

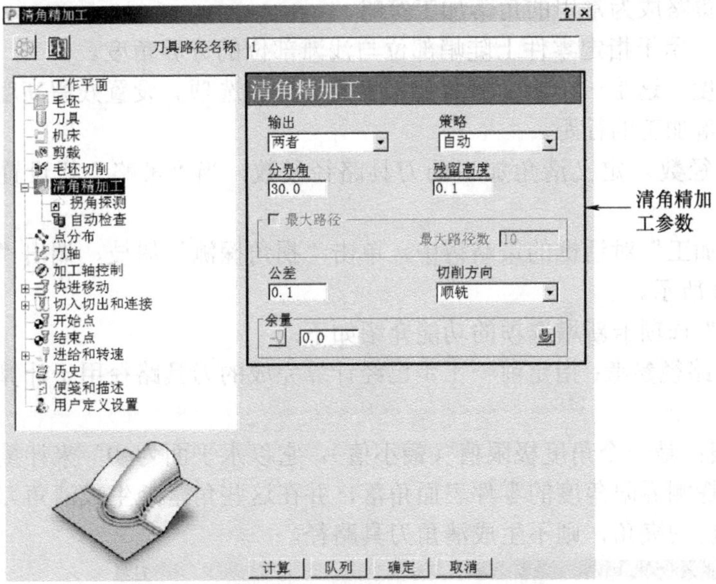

图 5-36 “清角精加工”对话框

（1）输出　用于指定输出清角刀具路径的哪一部分。这是由于系统在计算清角刀具路径时，以编程员设定的分界角划分出了陡峭部分的刀具路径和平坦（浅滩）部分的刀具路径。它有三个选项，分别是浅滩、陡峭和两者。

1）浅滩：只输出零件浅滩部位的清角刀具路径。

2）陡峭：只输出零件陡峭部位的清角刀具路径。

3）两者：输出全部清角刀具路径。

（2）策略　定义沿着零件角落线，刀具路径产生的方法。包括三个选项，分别是沿着、缝合和自动。

1）沿着：清角刀具路径沿着零件角落线分布，如图 5-37 所示。

2）缝合：清角刀具路径横切零件的角落线，生成类似于等高层切的刀具路径，如图 5-38 所示。

3）自动：系统在零件的陡峭区域生成缝合清角刀具路径，而在浅滩区域生成沿着清角刀具路径，如图 5-39 所示。

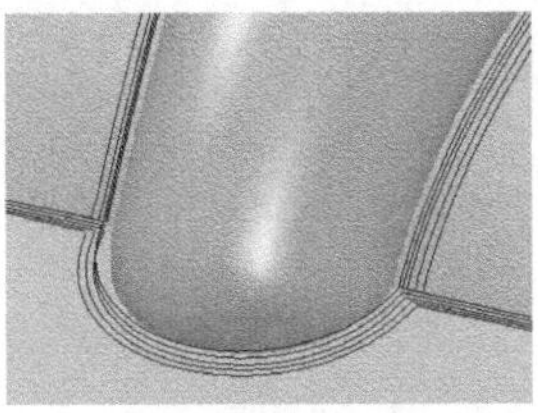

图 5-37　沿着清角刀具路径

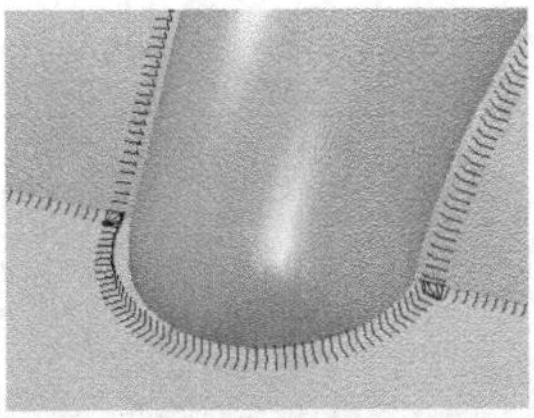

图 5-38　缝合清角刀具路径

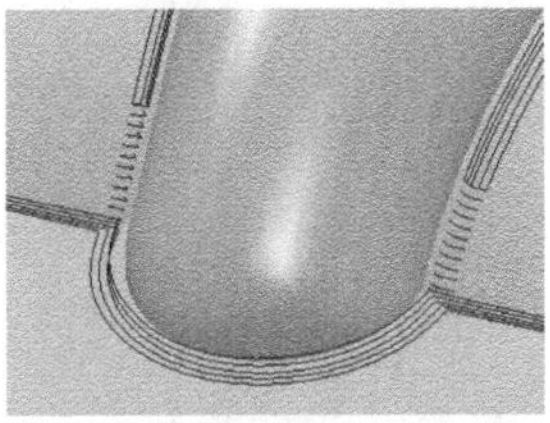

图 5-39　自动清角刀具路径

自动清角精加工的优点是系统能够自动识别零件上尖角处的大量余量，并且首先将零件上陡峭区域的余量使用类似于粗加工等高层切方式的缝合式刀具路径去除掉，然后再沿着零件角落线进行三维偏置行切，从而大大地改善了小刀具清角的加工条件。也正是因为这一优势，自动策略成为常用的角落加工策略。

（3）分界角　用于指定零件上陡峭部位与浅滩部位的分界角度。

（4）残留高度　这是一个定义清角加工表面质量的选项。设置残留高度值后，系统根据该值计算出角落加工的行距。

（5）最大路径数　定义清角加工的刀具路径段数，当“策略”栏设置为“沿着”时有效。

在“清角精加工”对话框的策略树中，单击“拐角探测”树枝，调出“拐角探测”选项卡，如图5-40所示。

“拐角探测”选项卡新增选项的功能介绍如下：

1）使用刀具路径参考：指定前一工步已经计算完成的刀具路径用于计算本工步清角刀具路径的参考。

2）探测界限：是一个角度极限值（最小值），它以水平面为0°来计量。系统用它来搜寻大于或等于探测界限角度的零件表面角落，并在这些角落处生成清角刀具路径，对于小于探测界限角度的夹角，则不生成清角刀具路径。

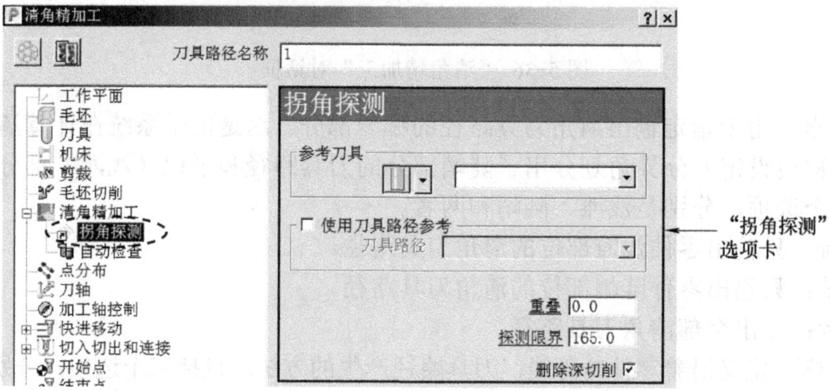

图5-40 “拐角探测”选项卡

当设置探测界限为90°时，清角策略不会计算出任何刀具路径；当设置探测界限为100°时，清角策略计算出图5-41所示的部分刀具路径。

由上可知，探测界限角度值设置得越大，则系统会搜寻出越多的角落来计算清角路径，但要注意，探测界限的取值范围是5°～176°。

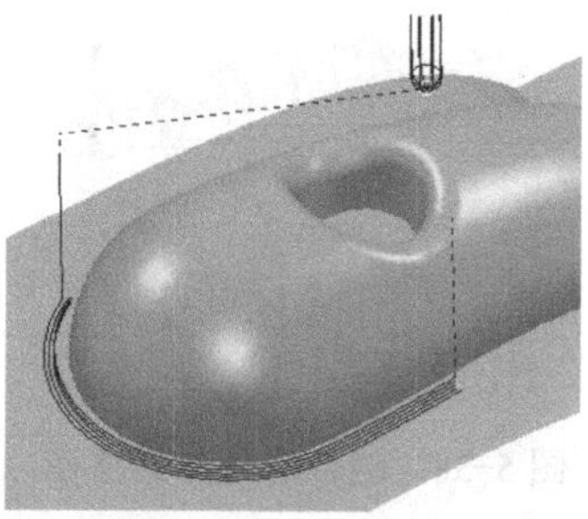

图5-41 探测界限为100°时的情况

3）删除深切削：勾选此复选框时，系统自动剪除切削深度很大的清角刀具路径段。

例 5-2　计算气盖模具零件角落精加工刀具路径

图 5-42 所示是一个气盖模具零件，要求计算该零件角落精加工刀具路径。

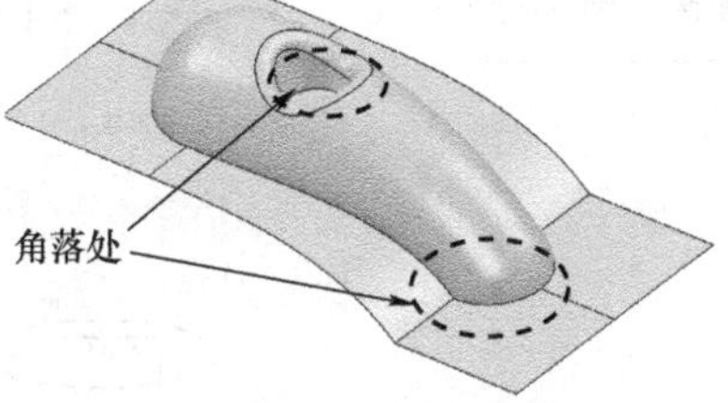

图 5-42　气盖模具零件

数控编程工艺过程分析：

该气盖模具零件在使用ϕ12mm 刀具进行精加工后，在图 5-42 中箭头所指示的角落部位还残留了大量余量，拟使用ϕ3mm 的球头铣刀配合专用清角精加工策略来计算角落加工刀具路径。

操作视频

详细操作步骤：

步骤一　新建加工项目

1）启动 PowerMill2019 软件：双击桌面上的 PowerMill2019 图标，打开 PowerMill 系统。如果是续前例接着做本例，在 PowerMill 功能区中，单击“文件”→“选项”→“重设表格”，将 PowerMill 编程参数初始化。

2）输入模型：在功能区中，单击“文件”→“输入→“模型”，打开“输入模型”对话框，选择“E:\PM2019EX\ch05\5-02 qg.dgk”文件，然后单击“打开”按钮，完成模型输入操作。

步骤二　准备加工

1）创建毛坯：在 PowerMill“开始”功能区中，单击创建毛坯按钮，打开“毛坯”对话框，各选项使用系统默认值，单击“计算”按钮，创建出方形毛坯，如图 5-43 所示。单击“接受”按钮，关闭“毛坯”对话框，完成创建毛坯操作。

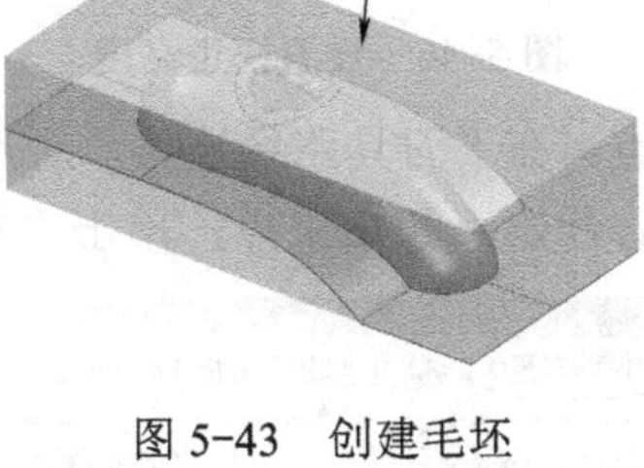

图 5-43　创建毛坯

2）创建精加工和角落加工刀具：在 PowerMill 资源管理器中，右击“刀具”树枝，在弹出的快捷菜单条中单击“创建刀具”→“球头刀”，打开“球头刀”对话框，按图 5-44 所示设置刀具切削刃部分的参数，创建出一把ϕ12mm 的球头铣刀。

完成切削刃参数设置后，单击“球头刀”对话框中的“关闭”按钮。

重复上述创建球头刀具的操作，按图 5-45 所示设置参数，创建出一把ϕ3mm 的球头铣刀。完成后，单击“球头刀”对话框的“关闭”按钮。此时，这把ϕ3mm 的球头铣刀应该处于激活状态，系统会直接调用它来编程。

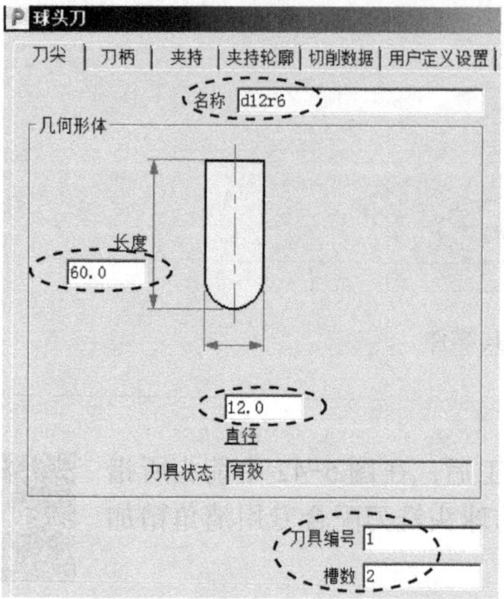

图 5-44 “d12r6”切削刃部分参数设置

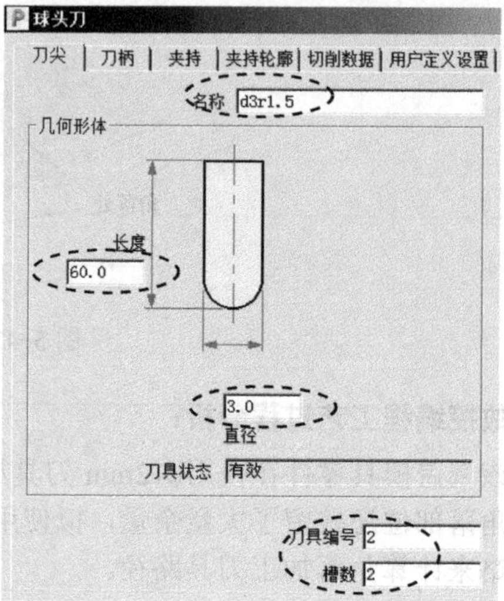

图 5-45 “d3r1.5”切削刃部分参数设置

3）设置快进高度：在 PowerMill“开始”功能区中，单击刀具路径连接按钮 刀具路径连接，打开“刀具路径连接”对话框，在“安全区域”选项卡中，按图 5-46 所示设置快进高度参数，设置完参数后不要关闭对话框。

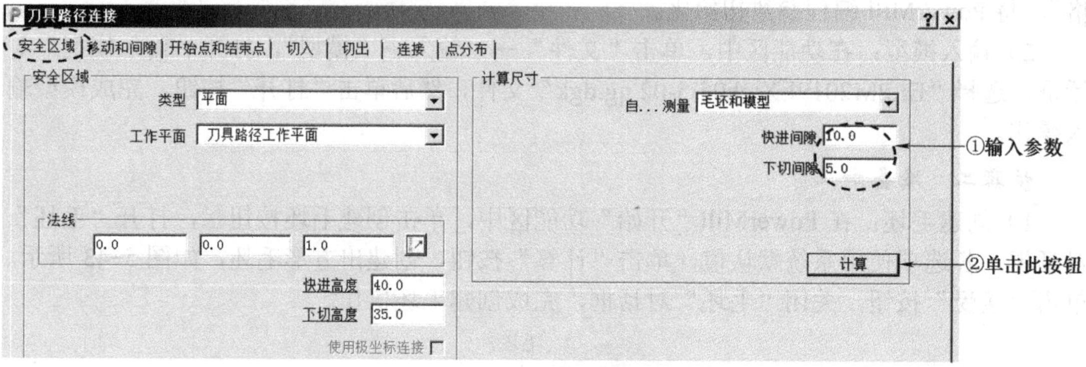

图 5-46 设置快进高度

4）确认加工开始点和结束点：在“刀具路径连接”对话框中，切换到“开始点和结束点”选项卡，按图 5-47 所示确认开始点和结束点，单击“接受”按钮关闭对话框。

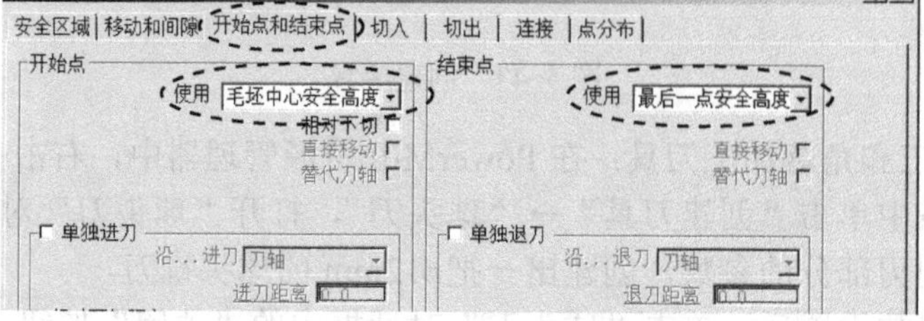

图 5-47 确认开始点和结束点

步骤三　计算清角精加工刀具路径

在 PowerMill“开始”功能区的“创建刀具路径”工具栏中，单击刀具路径按钮，打开“策略选取器”对话框，单击“精加工”选项，调出“精加工”选项卡，在该选项卡中选择“清角精加工”，单击“确定”按钮，打开“清角精加工”对话框，按图 5-48 所示设置参数。

在“清角精加工”对话框的策略树中，单击“拐角探测”树枝，调出“拐角探测”选项卡，按图 5-49 所示设置参数。

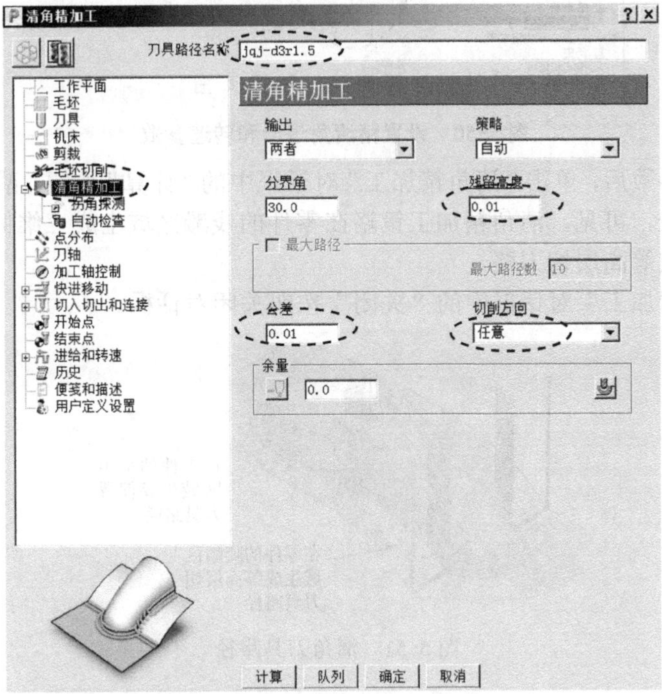

图 5-48　设置清角精加工参数

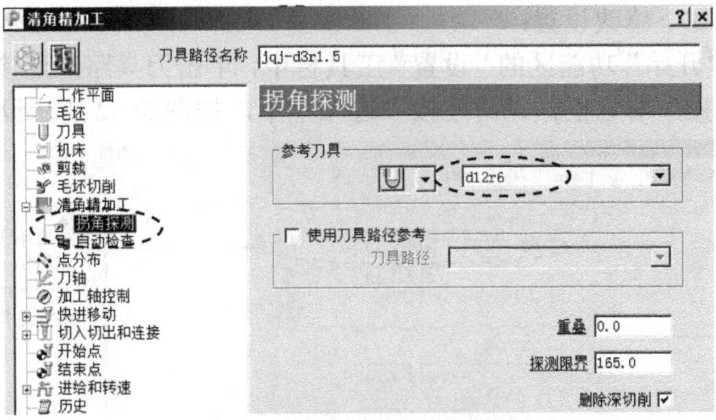

图 5-49　设置拐角探测参数

在“清角精加工”对话框的策略树中，单击“进给和转速”树枝，调出“进给和转速”选项卡，按图 5-50 所示设置精清角进给和转速参数。

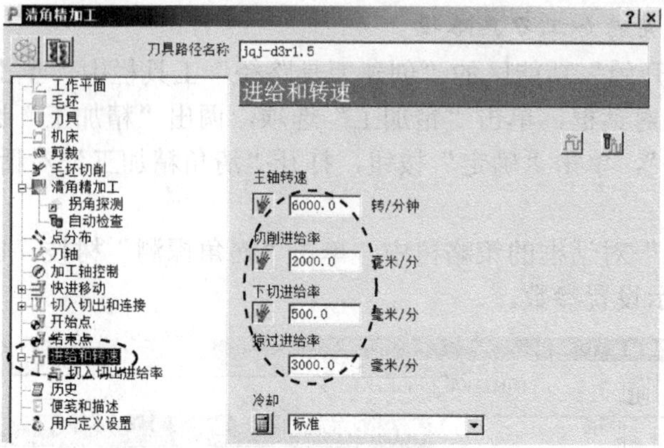

图 5-50 设置精清角进给和转速参数

设置完上述参数后，单击“清角精加工”对话框中的“计算”按钮，系统计算出图 5-51 所示清角刀具路径，可见，清角精加工策略在零件的浅滩区域生成三维偏置刀路，而在零件的陡峭区域生成等高层切刀路。

单击“清角精加工”对话框中的“关闭”按钮关闭对话框。

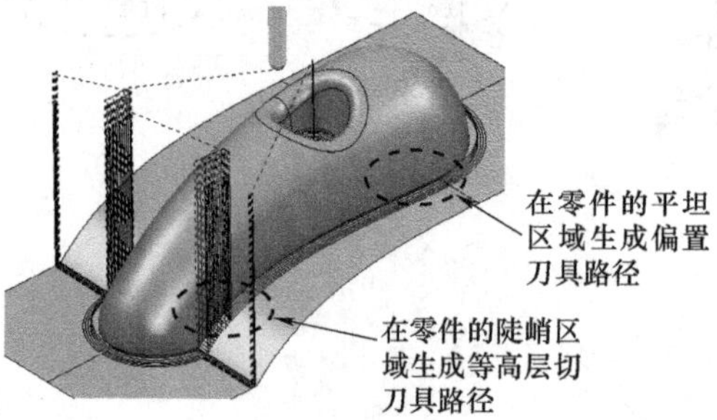
在零件的平坦
区域生成偏置
刀具路径
在零件的陡峭区
域生成等高层切
刀具路径

图 5-51 清角刀具路径

步骤四 改变刀具路径连接

图 5-51 所示清角精加工刀具路径中，零件陡峭区域的刀具路径的连接方式不是太好，提刀太多。现在做如下修改设置：

在 PowerMill“开始”功能区的“设置”工具栏中，单击刀具路径连接按钮 刀具路径连接，打开“刀具路径连接”对话框，在“连接”选项卡中，按图 5-52 所示设置连接方式。

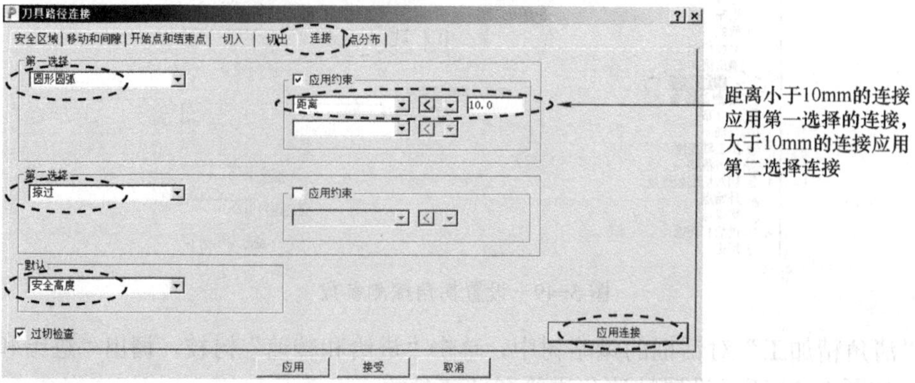
距离小于10mm的连接
应用第一选择的连接，
大于10mm的连接应用
第二选择连接

图 5-52 修改连接设置

设置完成后，单击“连接”选项卡中的“应用连接”按钮，系统计算出图 5-53 所示刀具路径，可见在刀路的短连接处，已经将提刀动作改成圆弧过渡的连接。

单击“接受”按钮，关闭“刀具路径连接”对话框。

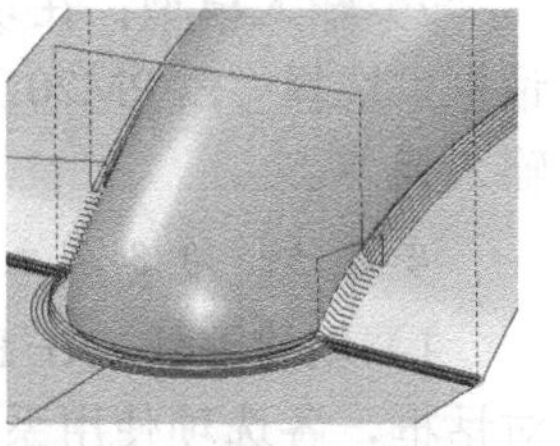

图 5-53　修改连接后刀具路径

步骤五　保存项目文件

在 PowerMill 功能区中，单击“文件”→“保存”，打开“保存项目为”对话框，选择 E:\PM2019EX 目录，输入项目文件名称为“5-02 qg”，单击“保存”按钮，完成项目文件保存操作。

5.4.2　使用非专用清角策略计算清角刀具路径

PowerMill 提供的专用清角加工策略（拐角区域清除、清角精加工、多笔清角精加工和笔式清角精加工）能够自动侦测到零件上的各个角落，通过设置加工精度、余量、行距等较少的参数就能快速地计算出清角刀具路径。

但是，对于一些型面质量要求很高的零件，清角刀具路径的接刀痕会显著地影响型面的表面粗糙度值，这样，就必须仔细考虑清角刀具路径的切入切出和连接方式。

一些情况下，可以通过配合使用手工绘制边界线，然后在零件不同区域的边界范围内使用相适应的非专用清角加工刀具路径策略。下面举例说明。

例 5-3　计算凸模零件角落加工刀具路径

图 5-54 所示是一个凸模零件，要求计算该零件角落加工刀具路径。

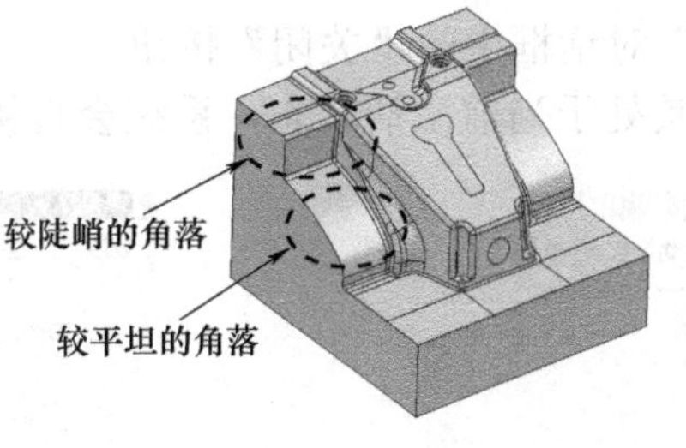

图 5-54　凸模零件

数控编程工艺过程分析：

该凸模零件在使用 ϕ10mm 刀具进行精加工后，在图 5-54 中箭头所指示的角落部位还残留了余量，拟制作一条特殊的边界线，使用 ϕ5mm 的球头铣刀配合等高精加工策略来计算角落加工刀具路径。

操作视频

详细操作步骤：

步骤一　新建加工项目

1）启动 PowerMill2019 软件：双击桌面上的 PowerMill2019 图标，打开 PowerMill 系统。如果是续前例接着做本例，在 PowerMill 功能区中，单击“文件”→“选项”→“重设表格”，将 PowerMill 编程参数初始化。

2）输入模型：在功能区中，单击“文件”→“输入→“模型”，打开“输入模型”对话框，选择“E:\PM2019EX\ch05\5-03 tumo.dgk”文件，然后单击“打开”按钮，完成模型输入操作。

步骤二　准备加工

1）创建毛坯：在 PowerMill“开始”功能区中，单击创建毛坯按钮，打开“毛坯”对话框，各选项使用系统默认值，单击“计算”按钮，创建出方形毛坯，如图 5-55 所示。单击“接受”按钮，关闭“毛坯”对话框，完成创建毛坯操作。

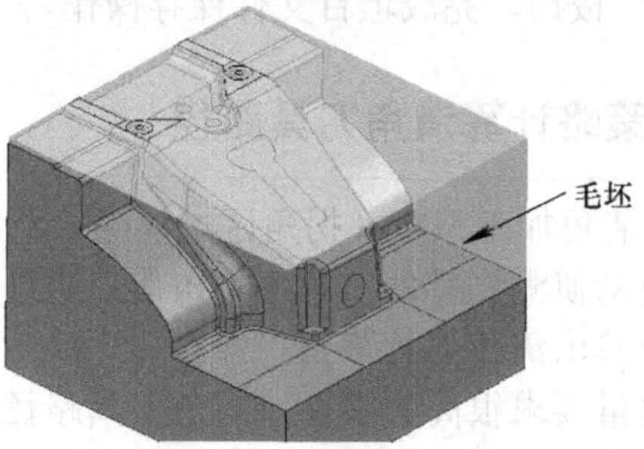

图 5-55　创建毛坯

2）创建精加工和角落加工刀具：在 PowerMill 资源管理器中，右击“刀具”树枝，在弹出的快捷菜单条中单击“创建刀具”→“球头刀”，打开“球头刀”对话框，按图 5-56 所示设置刀具切削刃部分的参数，创建出一把ϕ10mm 的球头铣刀。

完成切削刃参数设置后，单击“球头刀”对话框中的“关闭”按钮。

重复上述创建球头刀具的操作，按图 5-57 所示设置参数，创建出一把ϕ5mm 的球头铣刀。完成后，单击“球头刀”对话框中的“关闭”按钮。

此时，“d5r2.5”球头刀具处于当前激活状态，系统会直接调用它来编程。

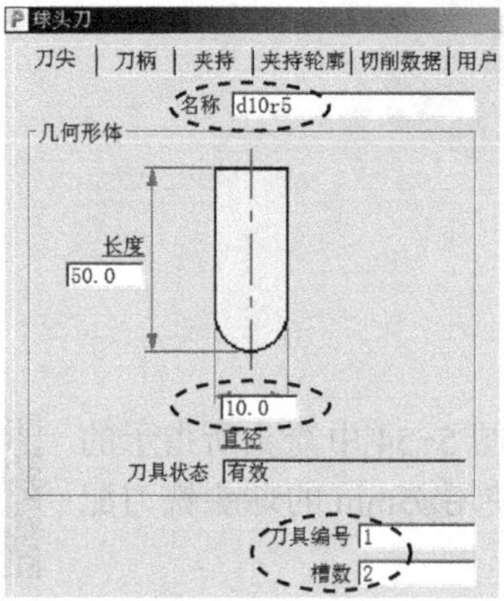

图 5-56　“d10r5”切削刃部分参数设置

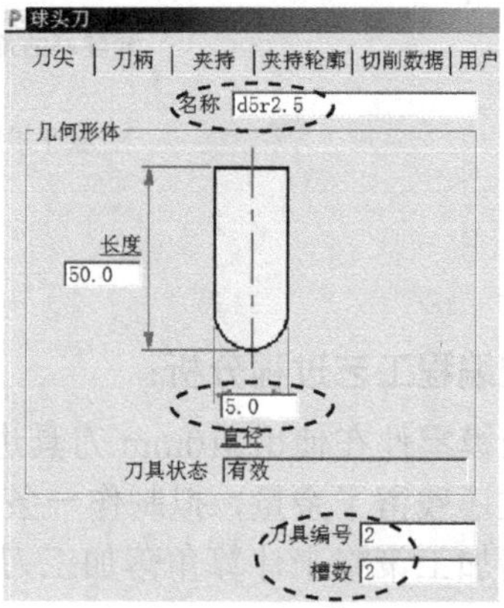

图 5-57　“d5r2.5”切削刃部分参数设置

3）设置快进高度：在 PowerMill“开始”功能区中，单击刀具路径连接按钮 刀具路径连接，打开“刀具路径连接”对话框，在“安全区域”选项卡中，按图 5-58 所示设置快进高度参数，设置完参数后不要关闭对话框。

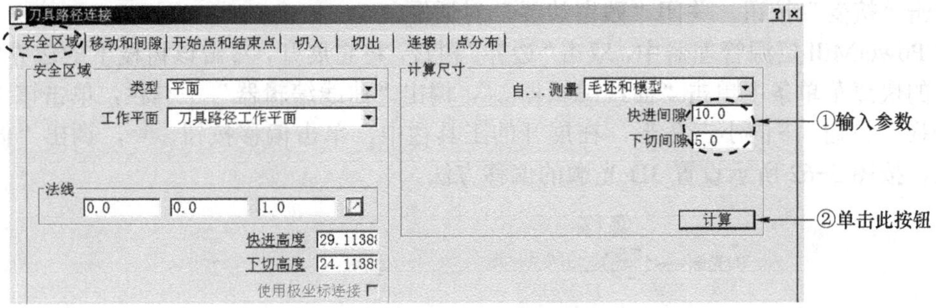

图 5-58　设置快进高度

4）确认加工开始点和结束点：在“刀具路径连接”对话框中，切换到“开始点和结束点”选项卡，按图 5-59 所示确认开始点和结束点，单击“接受”按钮关闭对话框。

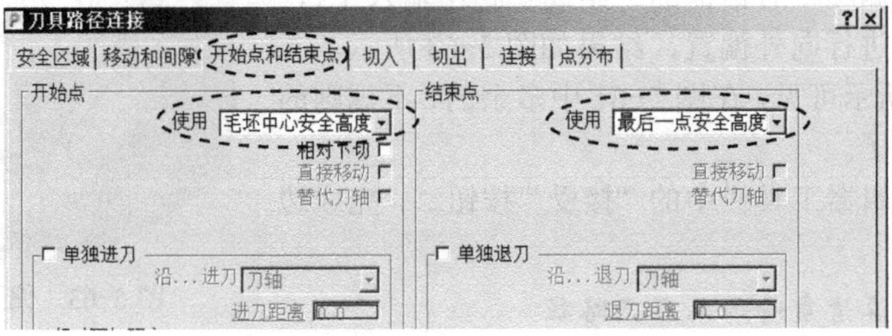

图 5-59　确认开始点和结束点

步骤三　计算边界

在 PowerMill 资源管理器中，右击“边界”树枝，在弹出的快捷菜单条中单击“创建边界”→“残留”，打开“残留边界”对话框，按图 5-60 所示设置残留边界参数。

单击“应用”按钮，系统计算出图 5-61 所示边界。

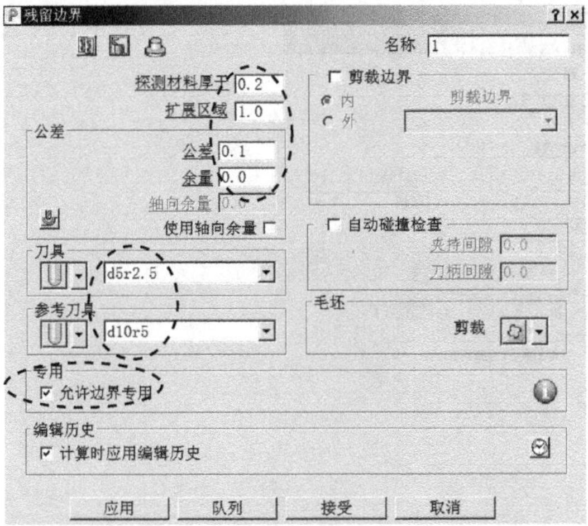

图 5-60　设置残留边界参数

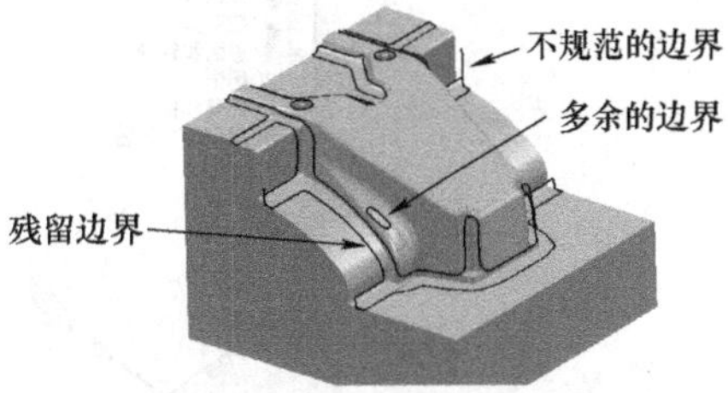

图 5-61　残留边界

图 5-61 所示边界计算出了一些不必要的或不规范的边界范围，需要对边界进行编辑操作。

单击“接受”按钮，关闭“残留边界”对话框。

在 PowerMill 资源管理器中，双击“边界”树枝，将它展开，右击该树枝下的边界“1”，在弹出的快捷菜单条中单击“曲线编辑器...”，调出“曲线编辑器”工具栏，单击该工具栏中“变换”按钮下的小三角形，在展开的工具栏中，单击偏移按钮，调出“偏移”对话框，按图 5-62 所示设置 3D 光顺的偏移方法。

图 5-62 设置偏移参数

在“偏移”对话框的“距离”栏中输入-1.1，回车，系统即对边界 1 进行向内偏置。

接着，在“偏移”对话框的“距离”栏中输入 1.1，系统即对边界 1 进行向外偏置，结果如图 5-63 所示。

由图 5-63 所示可见，在图 5-61 中多余的、不规则的边界已经被消除了。

单击曲线编辑器工具栏中的“接受”按钮，完成边界编辑操作。

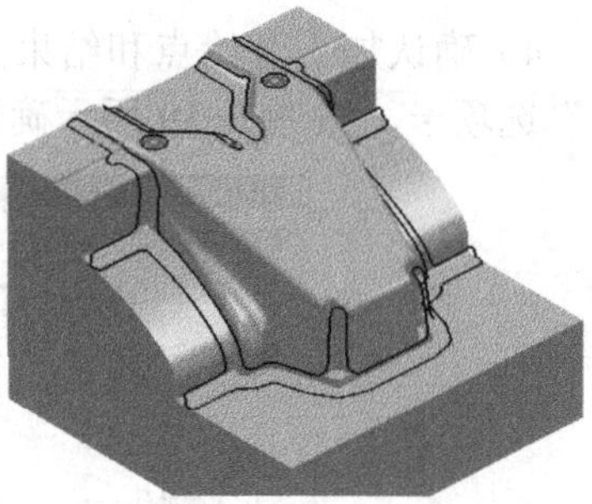

图 5-63 偏置后的边界

步骤四 计算清角精加工刀具路径

在 PowerMill“开始”功能区的“创建刀具路径”工具栏中，单击刀具路径按钮，打开“策略选取器”对话框，单击“精加工”选项，调出“精加工”选项卡，在该选项卡中选择“优化等高精加工”，单击“确定”按钮，打开“优化等高精加工”对话框，按图 5-64 所示设置参数。

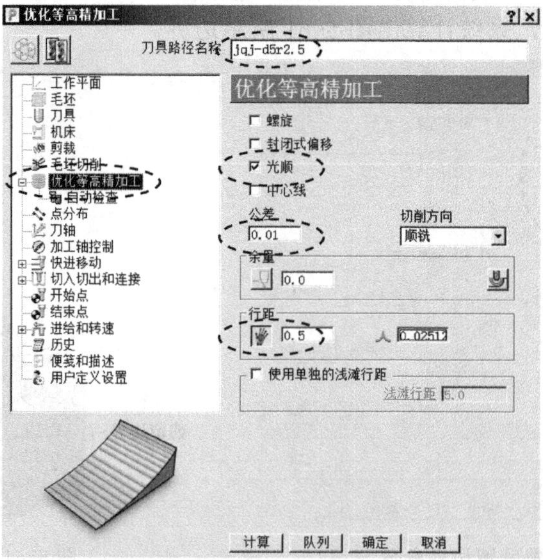

图 5-64 设置优化等高精加工参数

在“优化等高精加工”对话框的策略树中，单击“剪裁”树枝，调出“剪裁”选项卡。

按图 5-65 所示选用边界。

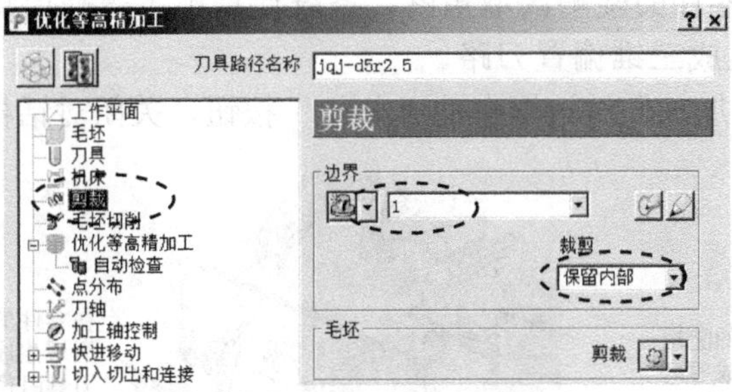

图 5-65　选择边界

在“优化等高精加工”对话框的策略树中，单击“切入切出和连接”树枝，展开它。单击“连接”树枝，调出“连接”选项卡。按图 5-66 所示设置连接参数。

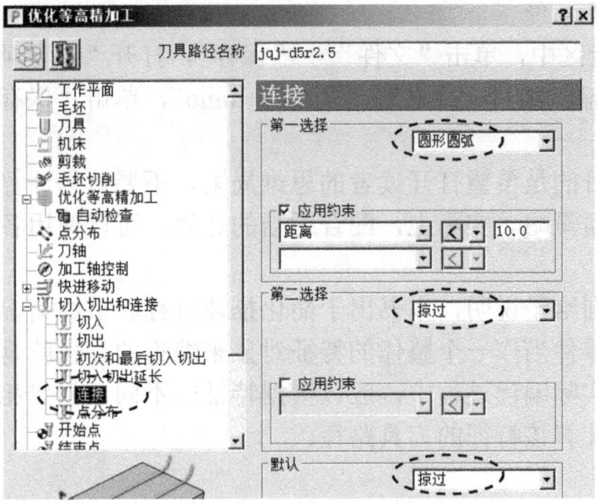

图 5-66　设置连接参数

在“优化等高精加工”对话框的策略树中，单击“进给和转速”树枝，调出“进给和转速”选项卡，按图 5-67 所示设置精清角进给和转速参数。

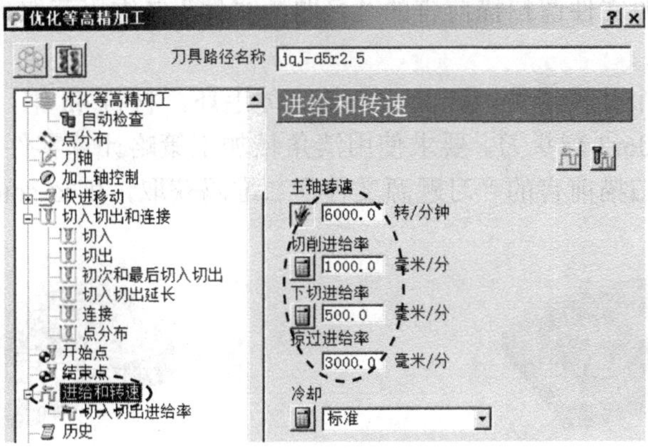

图 5-67　设置精清角进给和转速参数

设置完上述参数后，单击“计算”按钮，系统计算出图 5-68 所示清角刀具路径。如图 5-68 所示可见，在零件的陡峭区域角落，系统计算出了等高层切的刀路，在零件的平坦区域角落，系统则生成三维偏置刀路。

单击“优化等高精加工”对话框中的“关闭”按钮，关闭对话框。

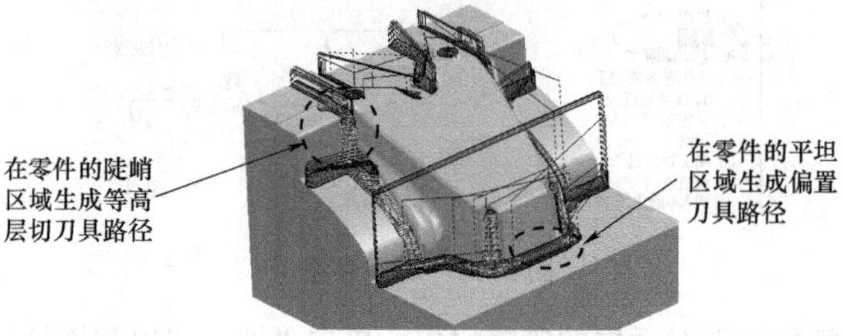
在零件的陡峭
区域生成等高
层切刀具路径
在零件的平坦
区域生成偏置
刀具路径

图 5-68　清角刀具路径

步骤五　保存项目文件

在 PowerMill 功能区中，单击“文件”→“保存”，打开“保存项目为”对话框，选择 E:\PM2019EX 目录，输入项目文件名称为“5-03 tumo”，单击“保存”按钮，完成项目文件保存操作。

引用这个例子的目的是希望打开读者的思维局限，不要认为计算清角刀具路径只能使用系统开发的专用清角策略。实际上，配合适当的边界，可以使用各类加工策略来计算清角刀具路径。

还有一点也要特别给予说明，本书出于简化描述过程和节约篇幅的考虑，对某一工步编程时，基本上是把零件当作一个整体的特征对象来编程的，也就是说没有对零件上的各个特征区别对待。在实际编程过程中，应该根据特征的不同，创建相关的边界并选择与之相适应的加工策略来计算该特征的刀具路径。

5.5　练习题

1）图 5-69 是一个凸模零件。计算一个方形毛坯，材料 45 钢，清角刀具为 d10r1 刀尖圆角端铣刀，参考刀具为 d20r1 刀尖圆角端铣刀。要求使用拐角区域清除策略计算零件槽的粗清角刀具路径。源文件请扫描前言的“习题源文件”二维码获取，在 xt sources\ch05\xt 5-01.dgk 目录下。

2）图 5-70 是一个凸模零件。计算一个长方体毛坯，材料 45 钢，精加工刀具为 d12r6 球头刀，清角刀具为 d6r3 球头刀。要求使用清角精加工策略计算零件角落的第一次精清角刀具路径。源文件请扫描前言的“习题源文件”二维码获取，在 xt sources\ch05\xt 5-02.dgk 目录下。

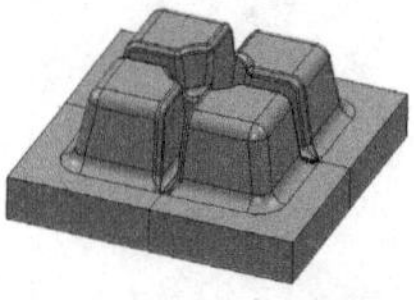

图 5-69　凸模零件 1

图 5-70　凸模零件 2

第 2 篇

PowerMill 数控编程实例篇

- ✍ 二维结构件三轴数控加工编程实例
- ✍ 手锯柄模具零件三轴数控加工编程实例
- ✍ 玩具车壳凹模零件三轴数控加工编程实例
- ✍ 凸轮及轮胎防滑槽四轴数控加工编程实例
- ✍ 安装底座零件五轴定位数控加工编程实例
- ✍ 单个叶片零件五轴联动数控加工编程实例
- ✍ 翼子板拉延凸模五轴数控加工编程实例

第6章　二维结构件三轴数控加工编程实例

📖 本章知识点

- ✧ 典型单一结构特征零件三轴加工编程完整过程。
- ✧ PowerMill 2019 结构特征数控编程方法与技巧。

从编程的角度分析，大致上可以把各式各样待加工的机械零（部）件划分成三种类型，即单一二维结构特征零件、单一三维成型曲面特征零件以及二维结构特征与三维成型曲面特征混合的零件。所谓单一二维结构特征零件，是指零件的构成结构要素为平面、孔、倒直角、台阶、槽等特征，使用二轴或二轴半加工方式即可完成此类零件的加工，这类零件在机械构件中大量存在。所谓单一三维成型曲面特征零件，是指零件的构成要素为规则曲面、三维自由曲面等成型特征，需要使用三轴联动加工方式来完成此类零件的加工，这类零件多见于壳件型腔模具和钣金拉延成型模具零件。二维结构特征与三维成型曲面特征混合的零件则最为普遍，这类零件的构成要素同时具有二维结构特征和三维曲面特征，使用二轴半和三轴联动加工方式才能完成零件加工。

前两类零件的编程工艺相对来说简单，刀具路径计算策略也比较单一，最后一类零件的编程工艺则往往是最复杂也最能体现编程水平的。从本章至第 8 章，将由简到繁，选择上述三类零件中有代表性的零件分别介绍它们的编程工艺、方法和技巧。

6.1　二维线框模型加工编程实例

本节涉及的二维结构零件底座零件如图 6-1 所示，图 6-2 是底座零件在 PowerMill 2019 软件中的仿真加工结果。

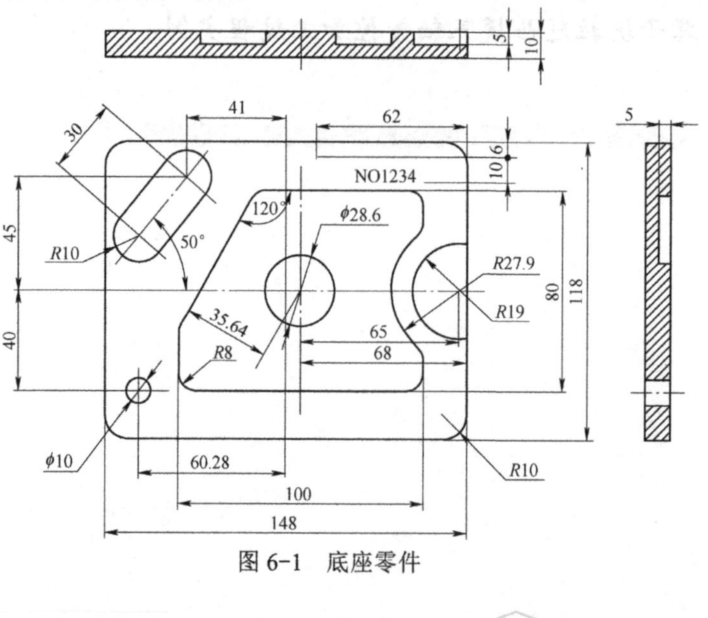

图 6-1　底座零件

操作视频

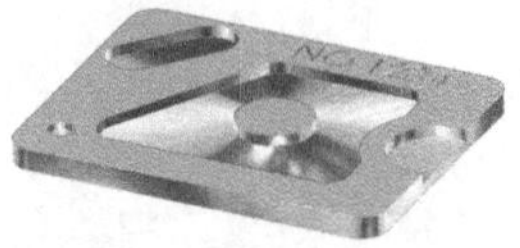

图 6-2　底座零件仿真加工结果

技巧

一些情况下，编程员所接收的数字模型是二维线框，比如由 AutoCAD 软件绘制的工程图。此时，可以首先在 AutoCAD 软件中将图线之外的要素隐藏或删除，保留用来加工的线框模型，然后将该文件格式另存为*.dxf。在 PowerMill 系统中输入模型时，选择文件扩展名为 dxf，即可将 AutoCAD 绘制的工程图导入编程环境。

6.1.1　数控编程工艺分析

图 6-1 所示底座零件是一个典型的二维结构特征零件。该零件具有以下特点：

1）零件总体尺寸为 148mm×118mm×10mm，毛坯采用方坯，六面已经加工平整，尺寸到位。

2）该零件含有的结构特征比较单一，全部是二维结构特征，主要为平面、轮廓、型腔、腰形槽、孔、月形槽和文字等。

一般情况下，单一二维结构特征零件的加工可以采用粗加工、半精加工、精加工和清角这样顺序的工步安排。一旦熟练掌握这类零件的编程工艺方法，编程员重点考虑的问题应集中到刀具和切削用量的选择方面。

拟按表 6-1 所列工艺路线计算此零件的加工刀具路径。

表 6-1　二维结构件数控编程工艺

工步号	工步名称	加工策略	加工部位	刀具	铣削用量			
					转速/（r/min）	进给速度/（mm/min）	铣削宽度/mm	背吃刀量/mm
1	粗加工	2D 曲线轮廓	外轮廓	d20r0 端铣刀	900	400	—	2
2	精加工	2D 曲线轮廓	外轮廓	d20r0 端铣刀	2000	800	—	—
3	粗加工	2D 曲线区域清除	中部区域	d20r0 端铣刀	900	400	8	2
4	精加工	2D 曲线区域清除	中部区域	d20r0 端铣刀	2000	800	—	—
5	粗清角	2D 曲线区域清除（残留加工）	R8 圆角	d5r0 端铣刀	1500	400	2	1
6	精清角	2D 曲线区域清除（残留加工）	R8 圆角	d5r0 端铣刀	2500	800	—	—
7	粗加工	2D 曲线轮廓	月形槽	d20r0 端铣刀	900	400	8	2
8	精加工	2D 曲线轮廓	月形槽	d20r0 端铣刀	2000	800	—	—
9	粗加工	2D 曲线轮廓	腰形槽	d20r0 端铣刀	900	400	4	2
10	精加工	2D 曲线轮廓	腰形槽	d20r0 端铣刀	2000	800	—	—
11	钻孔	钻孔	孔	dr10 钻头	900	200	—	1
12	刻字	参考线精加工	文字	d1r0 端铣刀	3000	100	—	0.2

6.1.2　详细编程过程

步骤一　新建加工项目

1）复制文件到本地磁盘：扫描前言的“实例源文件”二维码，下载并复制文件夹

“Source\ch06”到“E:\PM2019EX”目录下。

2）启动 PowerMill 2019软件：双击桌面上的 PowerMill 2019图标，打开 PowerMill 系统。

3）输入模型：在功能区中，单击“文件”→“输入→“模型”，打开“输入模型”对话框，选择“E:\PM2019EX\ch06\6-01 2djgj.dgk”文件，然后单击“打开”按钮，完成模型输入操作。

4）查看模型：在 PowerMill 查看工具条中，单击全屏重画按钮、线框按钮，在绘图区中显示出输入的二维线框模型。

步骤二　准备加工

1）计算毛坯：在 PowerMill“开始”功能区中，单击创建毛坯按钮，打开“毛坯”对话框，按图 6-3 所示设置参数。单击“接受”按钮，关闭该对话框。计算出来的毛坯如图 6-4 所示。

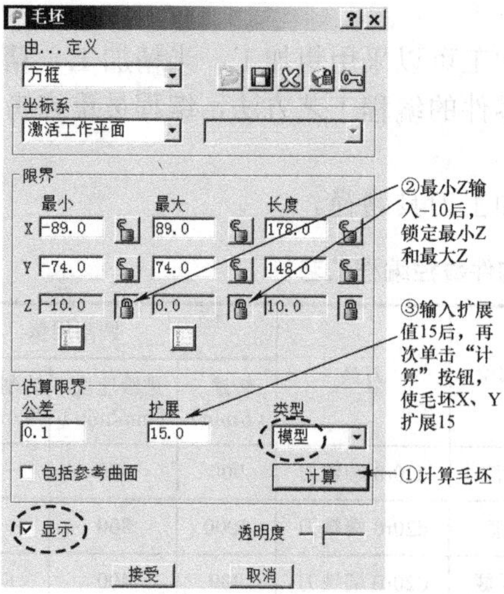

图 6-3　计算毛坯

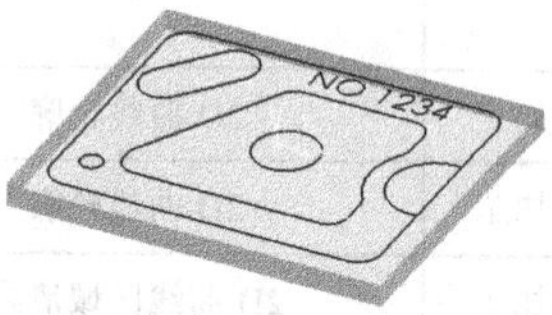

图 6-4　毛坯

2）创建刀具：在 PowerMill 资源管理器中，右击“刀具”树枝，在弹出的快捷菜单条中单击“产生刀具”→“端铣刀”，打开“端铣刀”对话框。在“刀尖”选项卡中按图 6-5 所示设置刀尖参数；单击“刀柄”选项卡，按图 6-6 所示设置刀柄参数；单击“夹持”选项卡，按图 6-7 所示设置夹持参数。

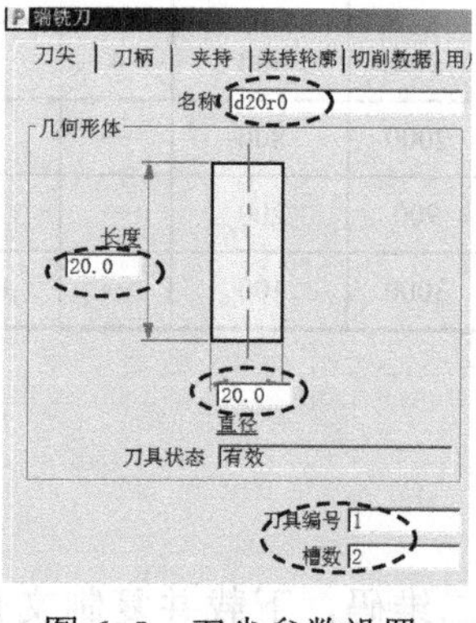

图 6-5　刀尖参数设置

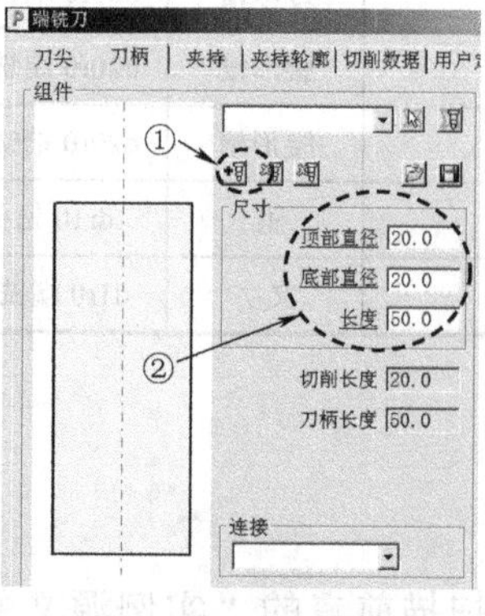

图 6-6　刀柄参数设置

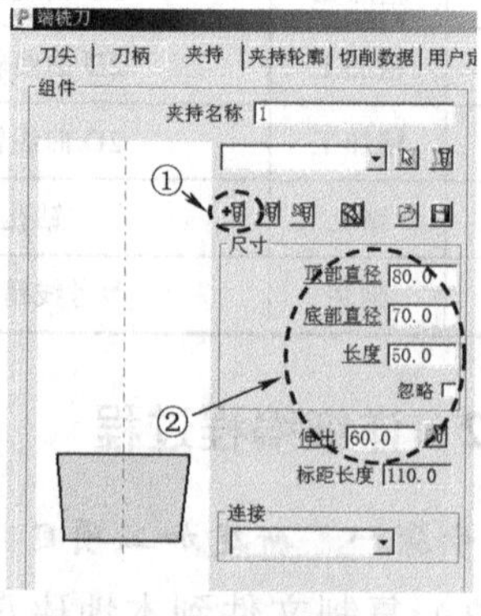

图 6-7　夹持参数设置

参照上述操作过程，按表 6-2 所示创建出加工此零件的全部刀具。

表 6-2 其余刀具参数 （单位：mm）

刀具编号	刀具类型	刀具名称	切削刃直径	切削刃长度	刀柄直径（顶/底）	刀柄长度	夹持直径（顶/底）	夹持长度	伸出夹持长度
2	端铣刀	d5r0	5	30	5	40	80	50	50
3	钻头	dr10	10	50	10	30	80	50	50
4	端铣刀	d1r0	1	5	3	40	80	50	30

3）设置快进高度：在 PowerMill“开始”功能区中，单击刀具路径连接按钮 刀具路径连接，打开“刀具路径连接”对话框，在“安全区域”选项卡中，按图 6-8 所示设置快进高度参数，设置完参数后不要关闭对话框。

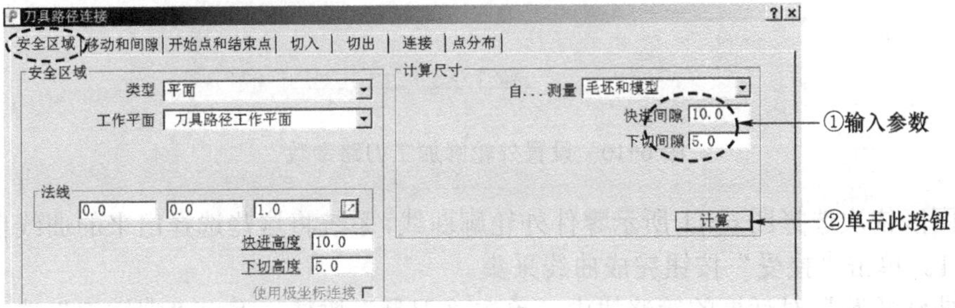

图 6-8 设置快进高度

4）确认加工开始点和结束点：在“刀具路径连接”对话框中，切换到“开始点和结束点”选项卡，按图 6-9 所示确认开始点和结束点，单击“接受”按钮关闭对话框。

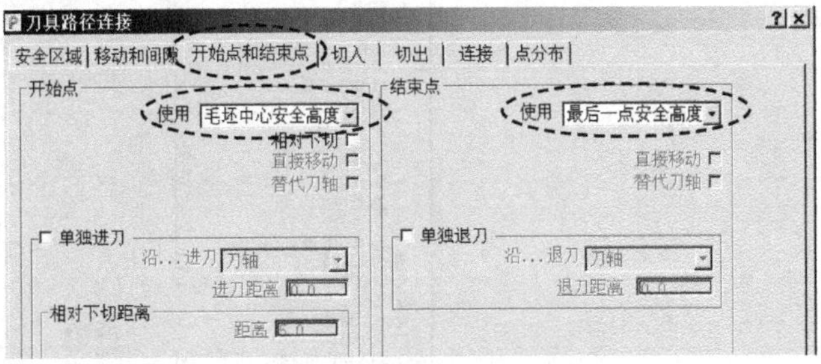

图 6-9 确认开始点和结束点

步骤三 计算外轮廓粗、精加工刀具路径

1）计算刀具路径：在 PowerMill“开始”功能区的“创建刀具路径”工具栏中，单击刀具路径按钮，打开“策略选取器”对话框，单击“曲线加工”选项，调出“曲线加工”选项卡，在该选项卡中选择“曲线轮廓”，单击“确定”按钮，打开“曲线轮廓”对话框，按图 6-10 所示设置参数。

在“曲线轮廓”选项卡的“曲线定义”栏中，单击采集几何形体到参考线按钮，系统进入采集加工曲线环境。

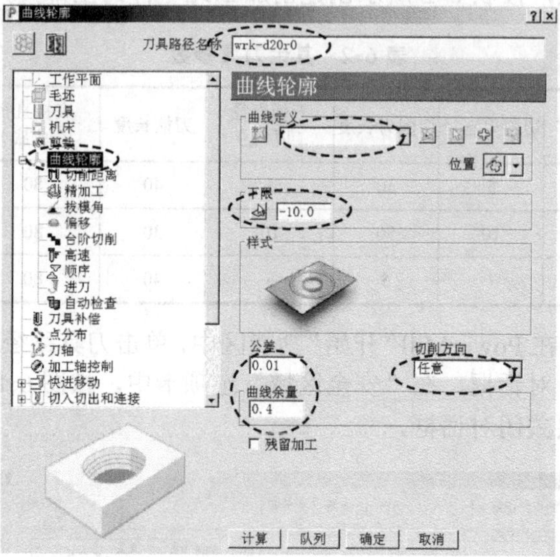

图 6-10　设置外轮廓加工刀路参数

在绘图区依次选择图 6-11 所示零件外轮廓曲线，系统将这些选择出来的曲线自动创建为参考线 1。单击“接受”按钮完成曲线采集。

在“曲线轮廓”对话框的策略树中，单击“刀具”树枝，调出“端铣刀”选项卡，按图 6-12 所示选择刀具。

图 6-11　选择零件外轮廓曲线

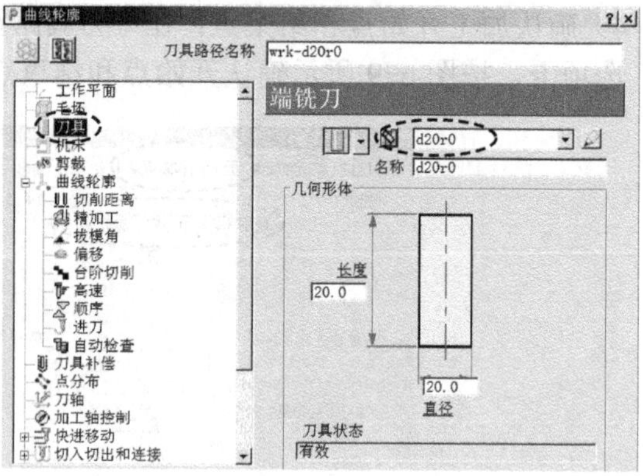

图 6-12　选择刀具

在策略树的“曲线轮廓”树枝下，单击“切削距离”树枝，调出“切削距离”选项卡，按图 6-13 所示设置下切步距。

在策略树中，单击“精加工”树枝，调出“精加工”选项卡，按图 6-14 所示设置精加工参数。

在策略树中，单击“切入切出和连接”树枝，将它展开，单击该树枝下的“切入”树枝，调出“切入”选项卡，按图 6-15 所示设置切入方式。

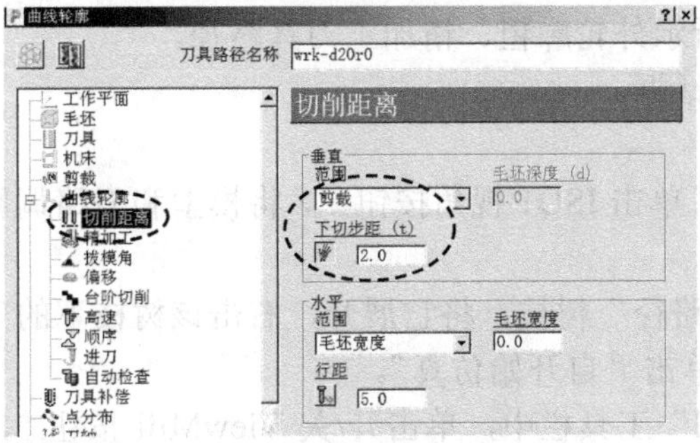

图 6-13 设置切削距离

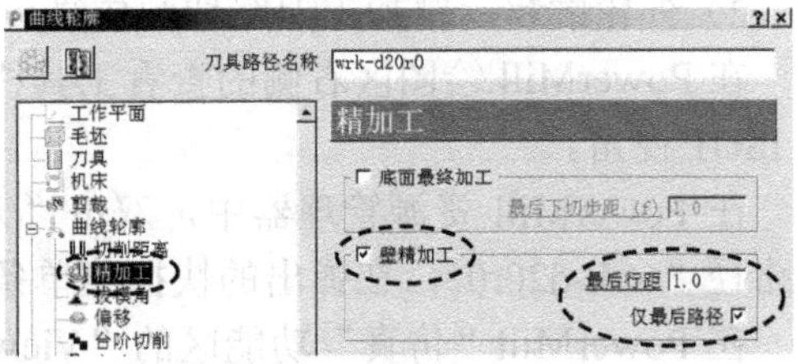

图 6-14 设置精加工参数

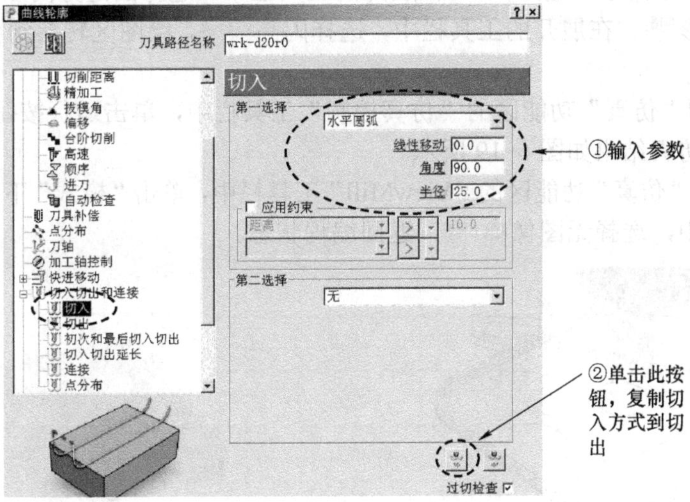

图 6-15 设置切入参数

单击“切入切出和连接”树枝下的“连接”分枝，调出“连接”选项卡，按图 6-16 所示设置连接方式。

在“曲线轮廓”对话框的策略树中，单击“进给和转速”树枝，调出“进给和转速”选项卡，按图 6-17 所示设置外轮廓加工进给和转速参数。

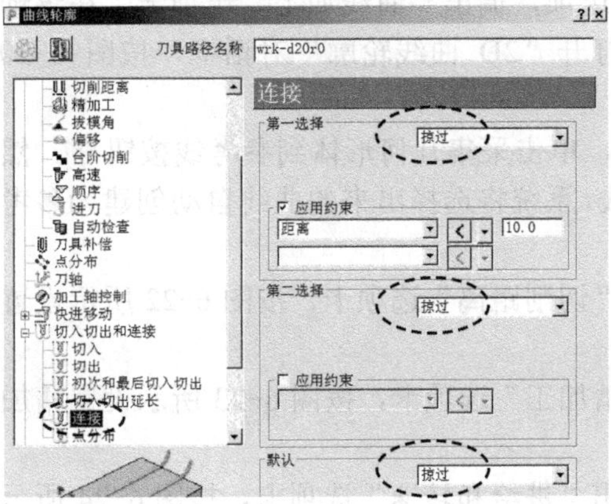

图 6-16 设置连接方式

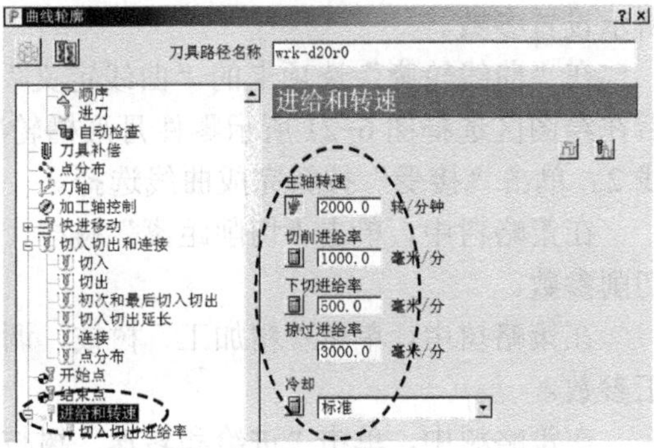

图 6-17 设置外轮廓加工进给和转速参数

单击“计算”按钮，系统计算出图 6-18 所示外轮廓粗、精加工刀具路径。

单击“关闭”按钮，关闭“曲线轮廓”对话框。

2）外轮廓粗、精加工刀路切削仿真

在 PowerMill 绘图区右侧的查看工具栏中，单击 ISO1 视角按钮，将模型和刀路调整到 ISO1 视角。

在 PowerMill 资源管理器中，双击“刀具路径”树枝，将它展开，右击该树枝下的刀具路径“wrk-d20r0”，在弹出的快捷菜单条中单击“自开始仿真”。

在 PowerMill“仿真”功能区的“ViewMill”工具栏中，单击开/关 ViewMill 按钮，激活 ViewMill 工具。

单击“模式”下的小三角形，在展开的工具栏中，选择固定方向；单击“阴影”下的小三角形，在展开的工具栏中，选择闪亮，绘图区转换到金属材质的切削仿真环境。

在 PowerMill“仿真”功能区的“仿真控制”工具栏中，单击运行按钮，系统即开始仿真切削，仿真结果如图 6-19 所示。

在 PowerMill“仿真”功能区的“ViewMill”工具栏中，单击“模式”下的小三角形，在展开的工具栏中，选择无图像，返回编程状态。

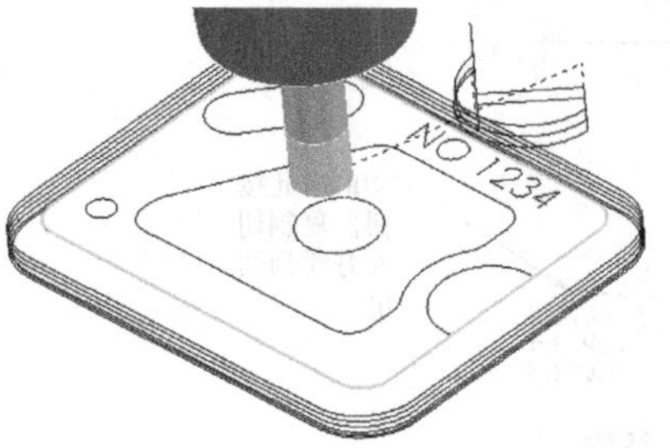

图 6-18　外轮廓粗、精加工刀具路径

图 6-19　外轮廓粗、精加工仿真结果

步骤四　计算月形槽粗、精加工刀具路径

1）在 PowerMill“开始”功能区的“创建刀具路径”工具栏中，单击刀具路径按钮，打开“策略选取器”对话框，单击“曲线加工”选项，调出“曲线加工”选项卡，在该选项卡中选择“曲线轮廓”，单击“确定”按钮，打开“2D 曲线轮廓”对话框，按图 6-20 所示设置参数。

在“曲线轮廓”选项卡的“曲线定义”栏中，单击采集几何形体到参考线按钮，然后在绘图区选择图 6-21 所示零件月形槽轮廓曲线，系统将选择出来的曲线自动创建为参考线 2。单击“接受”按钮完成曲线选择。

在策略树中，单击“切削距离”树枝，调出“切削距离”选项卡，按图 6-22 所示设置切削参数。

在策略树中，单击“精加工”树枝，调出“精加工”选项卡，按图 6-23 所示设置精加工参数。

在策略树中，单击“进给和转速”树枝，调出“进给和转速”选项卡，按图 6-24 所示设置进给和转速参数。

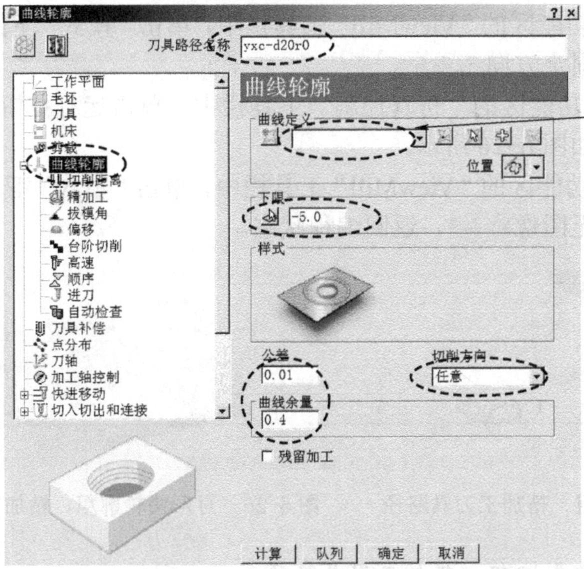

图 6-20　设置月形槽轮廓刀路参数

图 6-21　选择月形槽轮廓曲线

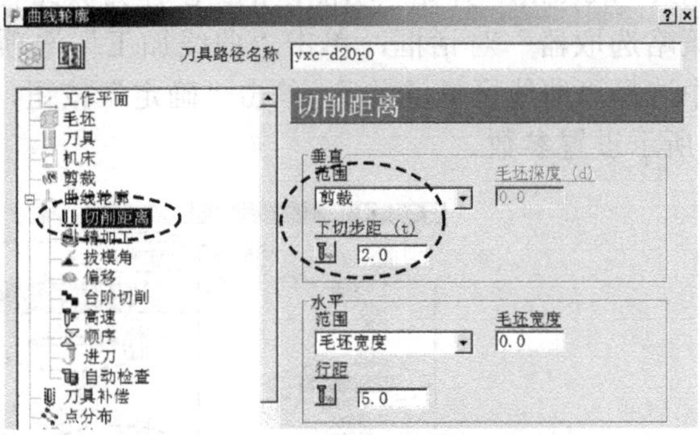

图 6-22　设置切削距离

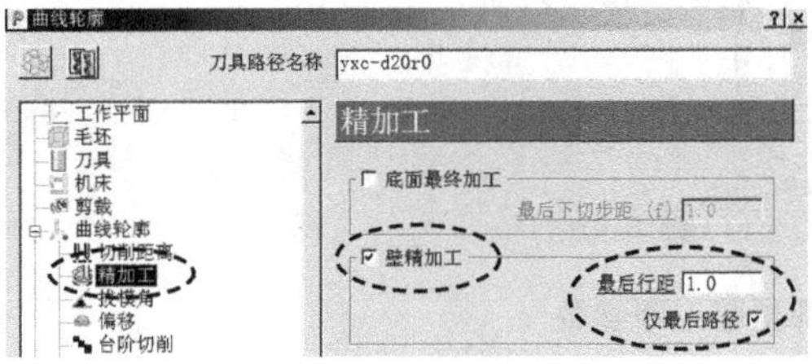

图 6-23　设置精加工参数

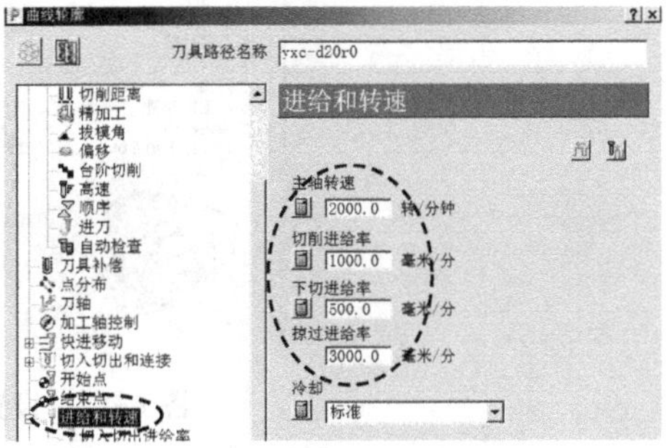

图 6-24　设置进给和转速

单击“计算”按钮，系统计算出图 6-25 所示月形槽轮廓粗、精加工刀具路径。

单击“关闭”按钮，关闭“曲线轮廓”对话框。

2）月形槽轮廓粗、精加工仿真：在 PowerMill 资源管理器的“刀具路径”树枝下，右击刀具路径“yxc-d20r0”，在弹出的快捷菜单条中单击“自开始仿真”。

在 PowerMill“仿真”功能区的“ViewMill”工具栏中，单击“模式”下的小三角形模式，在展开的工具栏中，选择固定方向固定方向。

在 PowerMill“仿真”功能区的“仿真控制”工具栏中，单击运行按钮运...，系统即开始仿真切削，仿真结果如图 6-26 所示。

在 PowerMill“仿真”功能区的“ViewMill”工具栏中，单击“模式”下的小三角形模式，在展开的工具栏中，选择无图像无图像，返回编程状态。

图 6-25 月形槽轮廓粗、精加工刀具路径

图 6-26 月形槽轮廓粗、精加工仿真结果

步骤五 计算零件中部型腔粗、精加工刀具路径

1）在 PowerMill“开始”功能区的“创建刀具路径”工具栏中，单击刀具路径按钮，打开“策略选取器”对话框，单击“曲线加工”选项，调出“曲线加工”选项卡，在该选项卡中选择“曲线区域清除”，单击“确定”按钮，打开“曲线区域清除”对话框，按图 6-27 所示设置参数。

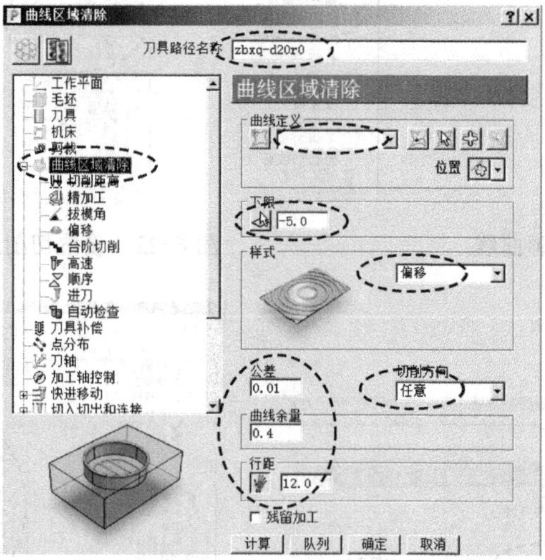

图 6-27 设置中部型腔刀路参数

在“曲线区域清除”选项卡的“曲线定义”栏中，单击采集几何形体到参考线按钮，然后在绘图区依次选择图 6-28 所示零件中部型腔轮廓曲线（注意选择小圆角曲线，共计 15 段），系统将选择出来的曲线自动创建为参考线 3。单击“接受”按钮完成曲线选择。

曲线一旦选定，系统即用淡绿色阴影显示粗加工区域。本例中，阴影区域在型腔轮廓曲线之外，这是不正确的，需要进一步编辑。

在“曲线区域清除”选项卡的“曲线定义”栏中，单击交互修改可加工段按钮，调出“加工段编辑”工具栏，单击加工侧反向按钮，设定好正确的加工区域，如图 6-29 所示。单击“接受”按钮完成编辑。

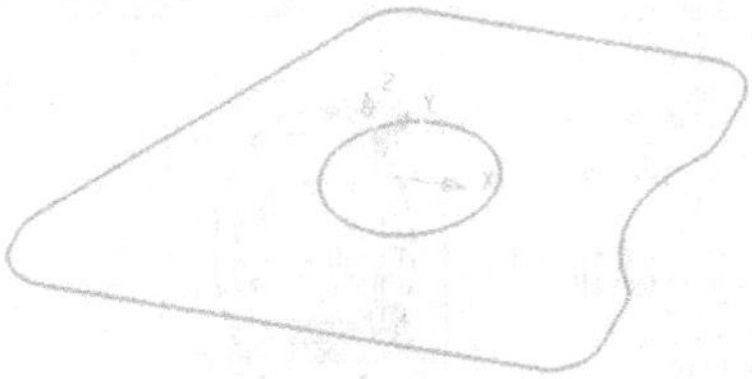

图 6-28　选择零件中部型腔轮廓曲线

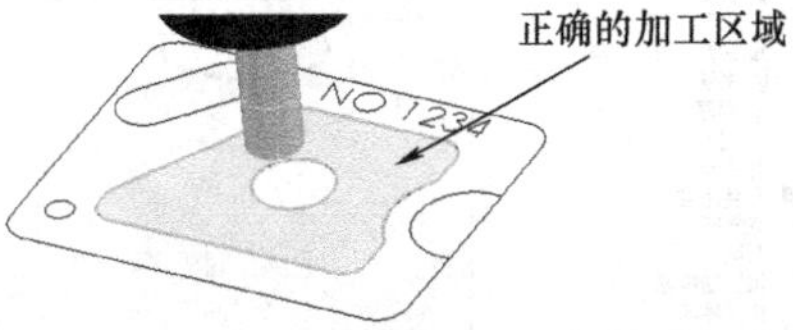

图 6-29　编辑加工区域

在策略树中，单击“切削距离”树枝，调出“切削距离”选项卡，按图 6-30 所示设置切削参数。

在策略树中，单击“精加工”树枝，调出“精加工”选项卡，按图 6-31 所示设置精加工参数。

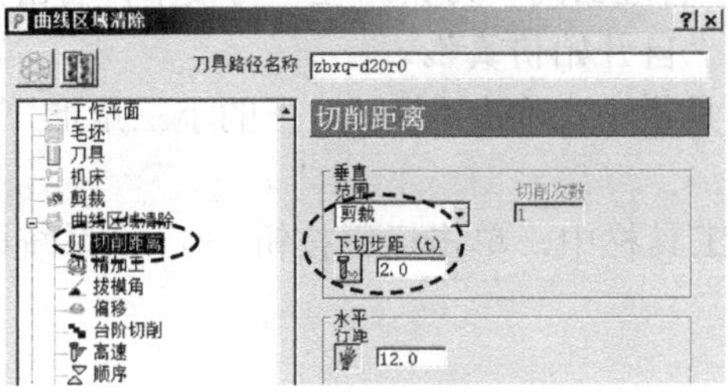

图 6-30　设置切削距离

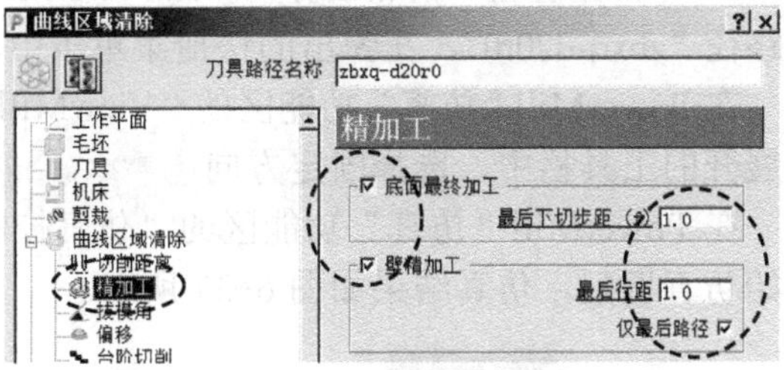

图 6-31　设置精加工参数

在策略树中，单击“切入切出和连接”树枝，将它展开，单击该树枝下的“切入”树枝，调出“切入”选项卡，按图 6-32 所示设置参数。

在“切入”选项卡中，单击打开斜向选项对话框按钮，调出“斜向切入选项”对话框，按图 6-33 所示设置参数。设置完成后，单击“接受”按钮返回。

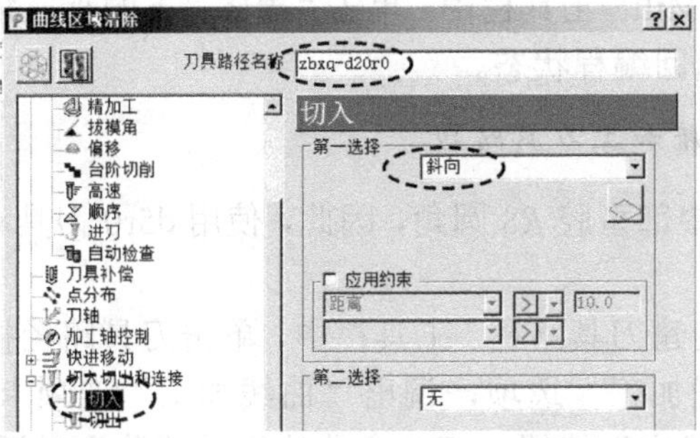

图 6-32　设置切入方式

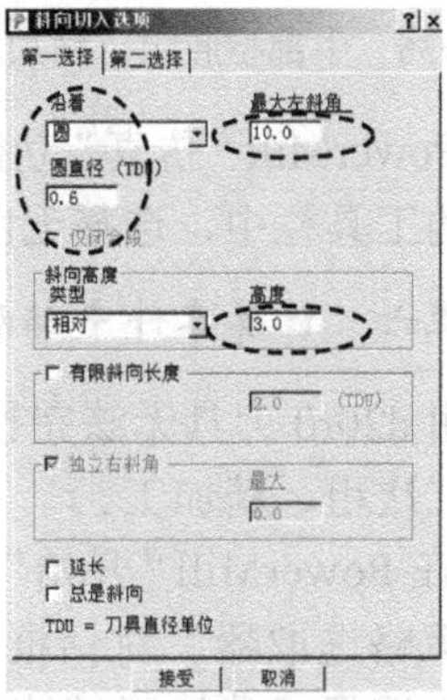

图 6-33　设置斜向切入参数

在策略树中，单击“切出”树枝，调出“切出”选项卡，按图 6-34 所示设置参数。

在策略树中，单击“进给和转速”树枝，调出“进给和转速”选项卡，按图 6-35 所示设置进给和转速参数。

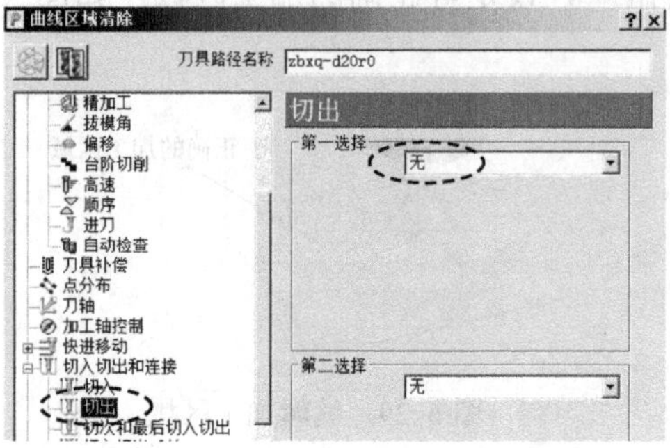

图 6-34　设置切出方式

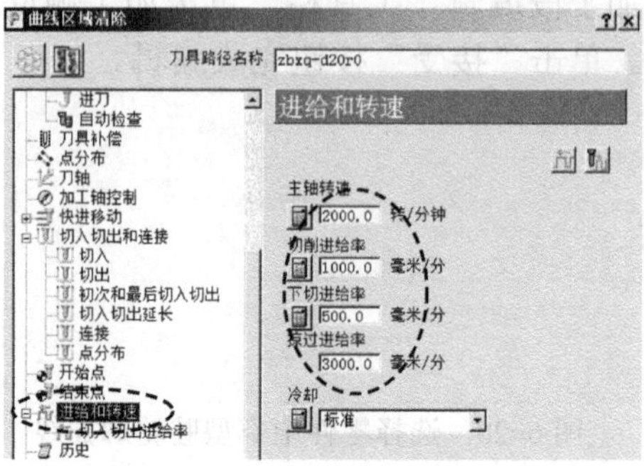

图 6-35　设置进给和转速参数

单击“计算”按钮，系统计算出图 6-36 所示中部型腔粗、精加工刀具路径。

单击“关闭”按钮，关闭“曲线区域清除”对话框。

2）中部型腔粗、精加工仿真：在 PowerMill 资源管理器的“刀具路径”树枝下，右击刀具路径“zbxq-d20r0”，在弹出的快捷菜单条中单击“自开始仿真”。

在 PowerMill“仿真”功能区的“ViewMill”工具栏中，单击“模式”下的小三角形模式，在展开的工具栏中，选择固定方向固定方向。

在 PowerMill“仿真”功能区的“仿真控制”工具栏中，单击运行按钮运...，系统即开始仿真切削，仿真结果如图 6-37 所示。

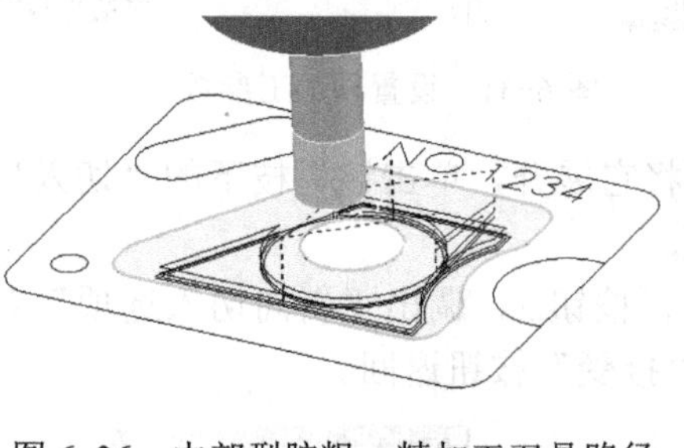

图 6-36　中部型腔粗、精加工刀具路径

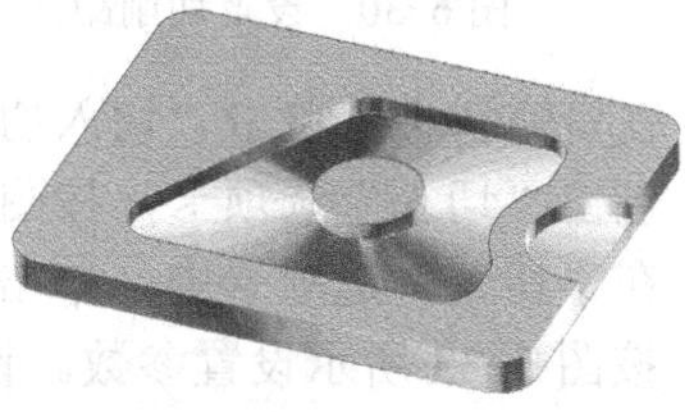

图 6-37　中部型腔粗、精加工仿真结果

在 PowerMill“仿真”功能区的“ViewMill”工具栏中，单击“模式”下的小三角形模式，在展开的工具栏中，选择无图像无图像，返回编程状态。

步骤六　计算零件中部型腔二次粗、精加工刀具路径

使用 d20r0 刀具无法完整加工出零件中部型腔 *R*8 圆角，因此，使用 d5r0 刀具对 *R*8 圆角进行二次粗、精加工。

1）在 PowerMill“开始”功能区的“创建刀具路径”工具栏中，单击刀具路径按钮，打开“策略选取器”对话框，单击“曲线加工”选项，调出“曲线加工”选项卡，在该选项卡中选择“曲线区域清除”，单击“确定”按钮，打开“曲线区域清除”对话框，按图 6-38 所示设置参数。

在策略树中，单击“刀具”树枝，调出“端铣刀”选项卡，按图 6-39 所示选择刀具。

在策略树的“曲线区域清除”树枝下，单击“残留”树枝，调出“残留”选项卡，按图 6-40 所示设置残留参数。

图 6-38　设置 *R*8 圆角加工刀路参数　　　图 6-39　选择刀具

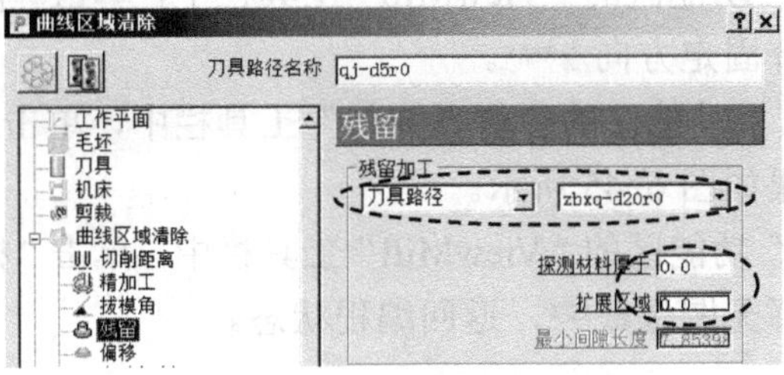

图 6-40　设置残留参数

在策略树中，单击“切削距离”树枝，调出“切削距离”选项卡，按图 6-41 所示设置切削参数。

在策略树中，单击“精加工”树枝，调出“精加工”选项卡，按图 6-42 所示设置精加工参数。

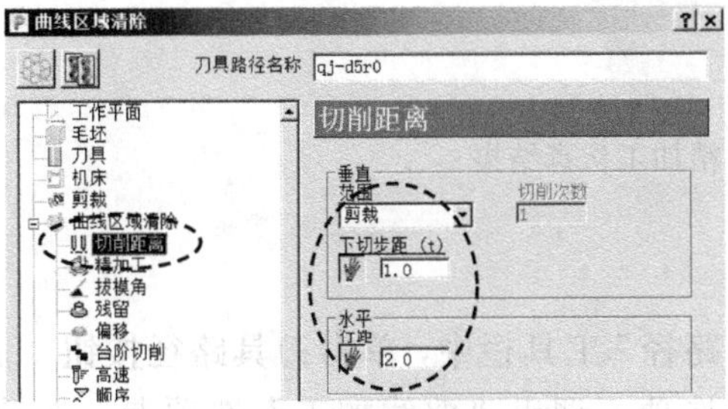

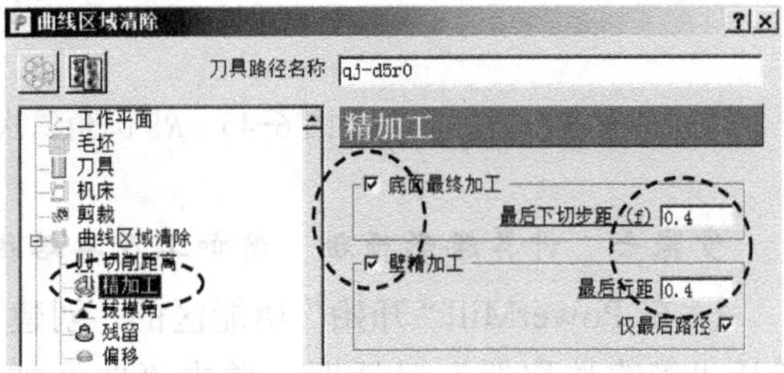

图 6-41　设置切削距离　　　图 6-42　设置精加工参数

在策略树中，单击“进给和转速”树枝，调出“进给和转速”选项卡，按图 6-43 所示设置进给和转速参数。

单击“计算”按钮，系统计算出图 6-44 所示中部型腔 *R*8 圆角的二次粗、精加工刀具路径。

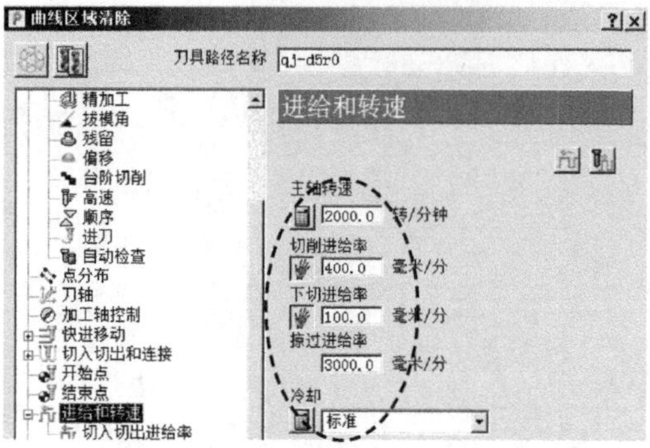

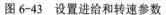

图 6-43 设置进给和转速参数

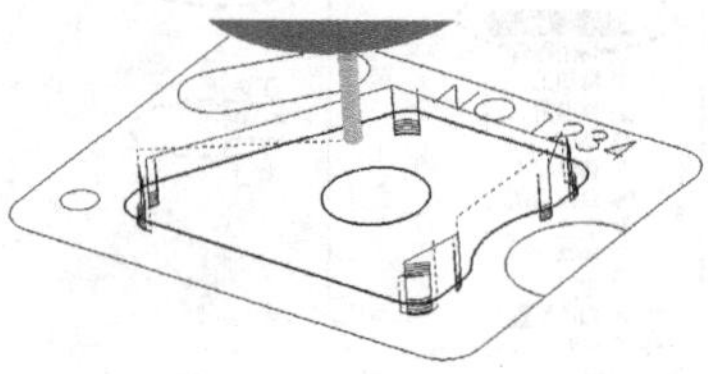

图 6-44 *R*8 圆角二次粗、精加工刀具路径

单击“关闭”按钮，关闭“曲线区域清除”对话框。

2）*R*8 圆角二次粗、精加工仿真：在 PowerMill 资源管理器的“刀具路径”树枝下，右击刀具路径“qj-d5r0”，在弹出的快捷菜单条中单击“自开始仿真”。

在 PowerMill“仿真”功能区的“ViewMill”工具栏中，单击“模式”下的小三角形，在展开的工具栏中，选择固定方向。

在 PowerMill“仿真”功能区的“仿真控制”工具栏中，单击运行按钮，系统即开始仿真切削，仿真结果如图 6-45 所示。

在 PowerMill“仿真”功能区的“ViewMill”工具栏中，单击“模式”下的小三角形，在展开的工具栏中，选择无图像，返回编程状态。

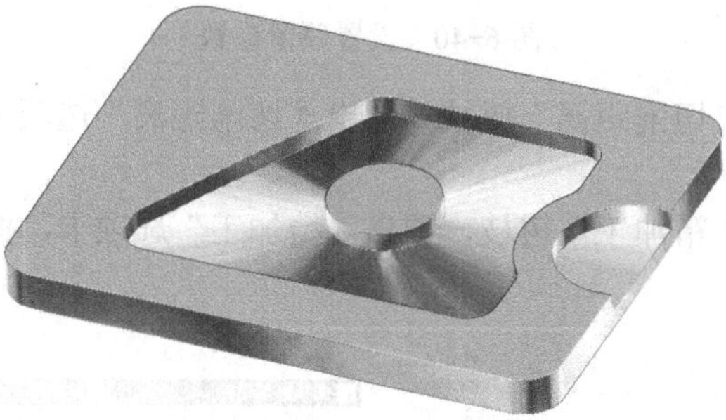

图 6-45 *R*8 圆角二次粗、精加工仿真结果

步骤七 计算腰形槽粗、精加工刀具路径

1）在 PowerMill“开始”功能区的“创建刀具路径”工具栏中，单击刀具路径按钮，打开“策略选取器”对话框，单击“曲线加工”选项，调出“曲线加工”选项卡，在该选项卡中选择“曲线区域清除”，单击“确定”按钮，打开“曲线区域清除”对话框，按图 6-46 所示设置参数。

在“曲线区域清除”选项卡的“曲线定义”栏中，单击采集几何形体到参考线按钮，然后在绘图区依次选择图 6-47 所示零件腰形槽轮廓曲线，系统将选择出来的曲线自动创建为参考线 4。单击“接受”按钮完成曲线选择。

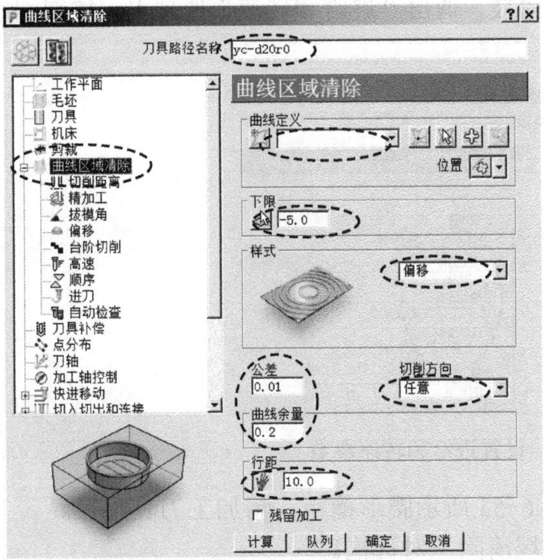

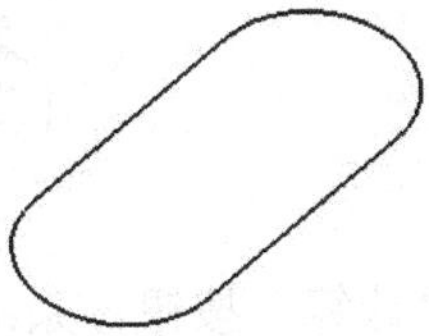

图 6-46　设置腰形槽刀路参数　　　图 6-47　选择腰形槽轮廓曲线

在策略树中，单击“刀具”树枝，调出“端铣刀”选项卡，按图 6-48 所示选择刀具。

在策略树中，单击“切削距离”树枝，调出“切削距离”选项卡，按图 6-49 所示设置切削参数。

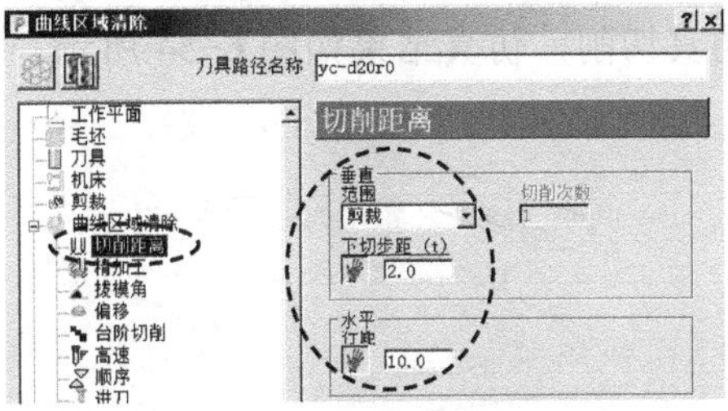

图 6-48　选择刀具　　　图 6-49　设置切削距离

在策略树中，单击“精加工”树枝，调出“精加工”选项卡，按图 6-50 所示设置精加工参数。

在策略树中，单击“高速”树枝，调出“高速”选项卡，按图 6-51 所示设置精加工参数。

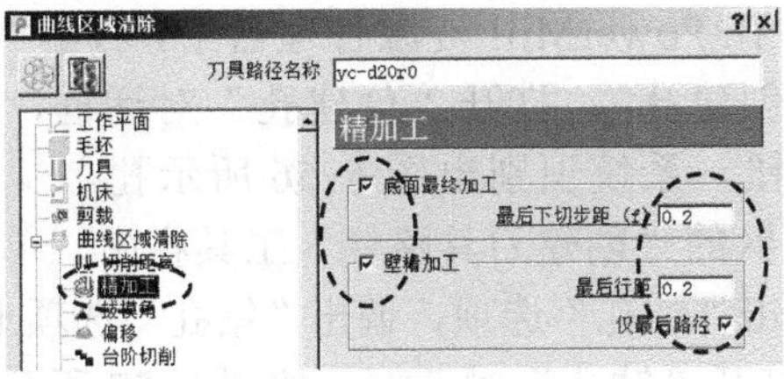

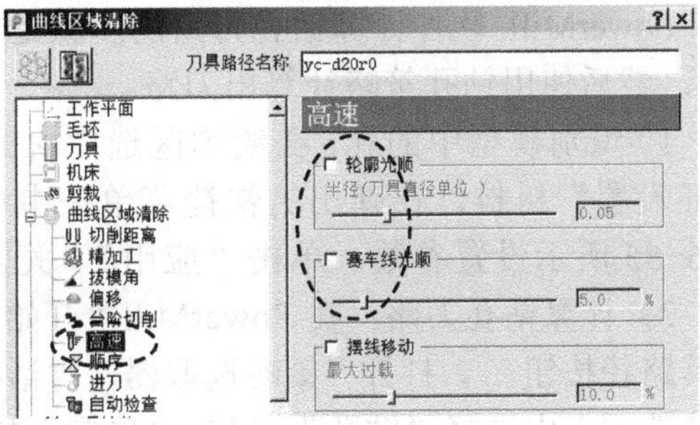

图 6-50　设置精加工参数　　　图 6-51　设置高速参数

在策略树中，单击“进给和转速”树枝，调出“进给和转速”选项卡，按图 6-52 所示设置进给和转速参数。

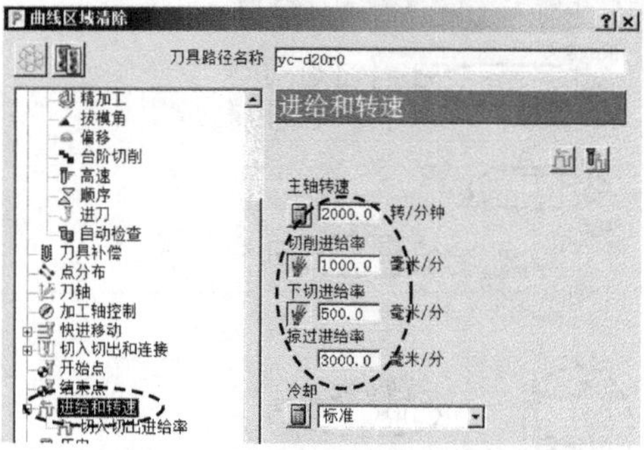

图 6-52　设置进给和转速参数

单击“计算”按钮，系统计算出图 6-53 所示腰形槽粗、精加工刀具路径。

单击“关闭”按钮，关闭“曲线区域清除”对话框。

2）腰形槽粗、精加工仿真：在 PowerMill 资源管理器的“刀具路径”树枝下，右击刀具路径“yc-d20r0”，在弹出的快捷菜单条中单击“自开始仿真”。

在 PowerMill“仿真”功能区的“ViewMill”工具栏中，单击“模式”下的小三角形模式，在展开的工具栏中，选择固定方向固定方向。

在 PowerMill“仿真”功能区的“仿真控制”工具栏中，单击运行按钮运...，系统即开始仿真切削，仿真结果如图 6-54 所示。

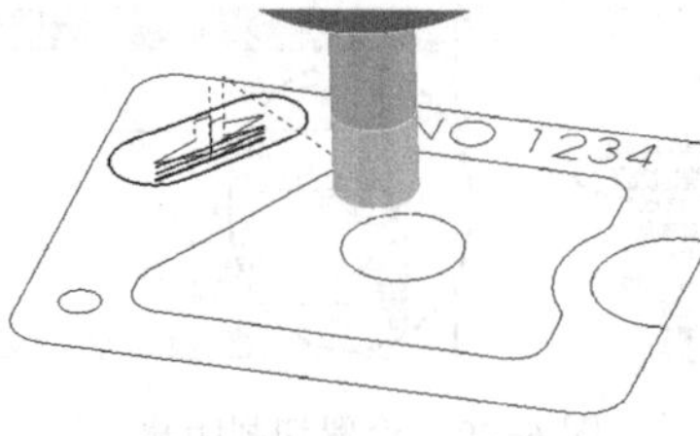
图 6-53　腰形槽粗、精加工刀具路径

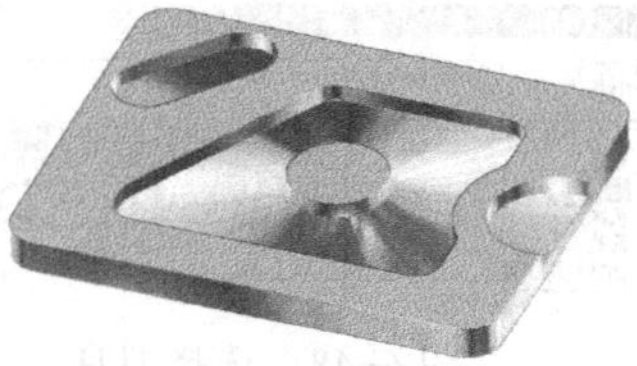
图 6-54　腰形槽粗、精加工仿真结果

在 PowerMill“仿真”功能区的“ViewMill”工具栏中，单击“模式”下的小三角形模式，在展开的工具栏中，选择无图像无图像，返回编程状态。

步骤八　计算钻孔刀具路径

PowerMill 软件计算钻孔刀路的步骤是首先识别出孔特征（借助使用点、线、孔等要素），然后使用钻孔策略计算出刀路。

1）识别模型中的孔：在绘图区选中 $\phi10$ 的圆。在 PowerMill 资源管理器中，右击“孔特征设置”树枝，在弹出的快捷菜单条中单击“创建孔”，打开“创建孔”对话框，按图 6-55 所示设置参数。单击“应用”“关闭”按钮，系统识别出图 6-56 所示孔。

2）计算钻孔刀路：在 PowerMill“开始”功能区的“创建刀具路径”工具栏中，单击刀具路径按钮，打开“策略选取器”对话框，单击“钻孔”选项，调出“钻孔”选项卡，在该选项卡中选择“钻孔”，单击“确定”按钮，打开“钻孔”对话框，按图 6-57 所示设置参数。

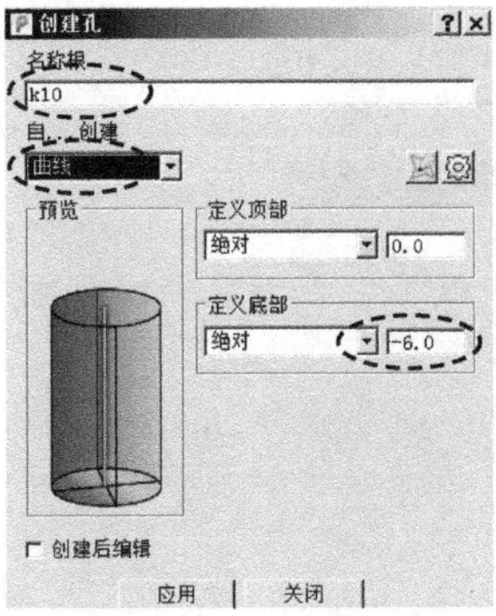

图 6-55　识别孔

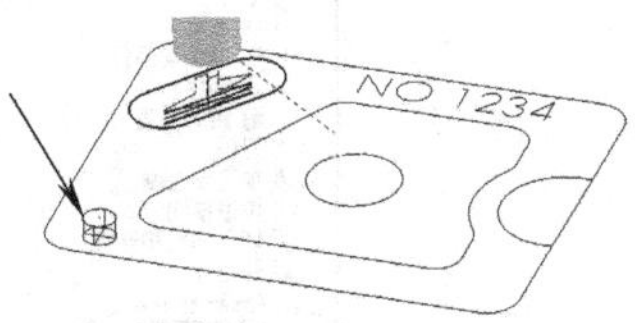

图 6-56　孔

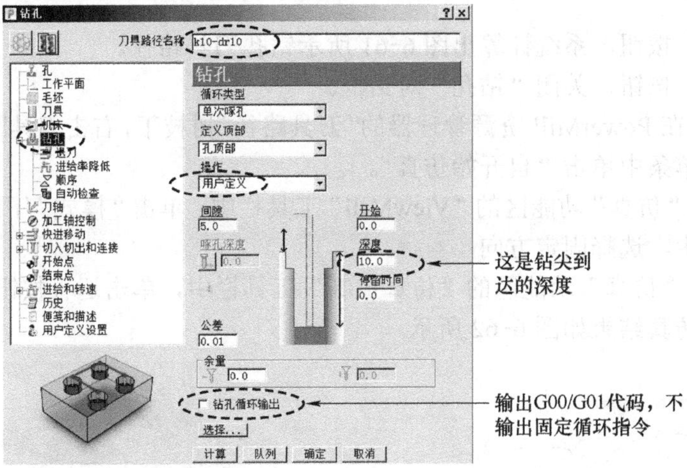

图 6-57　设置钻孔参数

在“钻孔”对话框的“钻孔”选项卡中，单击“选择...”按钮，打开“特征选项”对话框，按图 6-58 所示选择要加工的孔，单击“选择”“关闭”按钮完成待加工孔的选定。

在策略树中，单击“刀具”树枝，调出“钻孔”选项卡，按图 6-59 所示选择刀具。

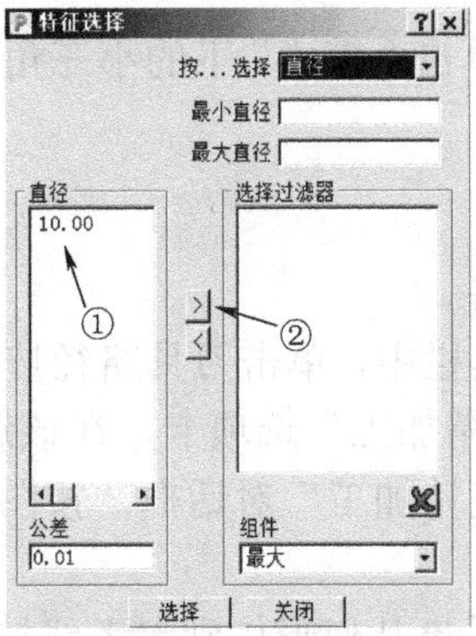

图 6-58　选择加工孔

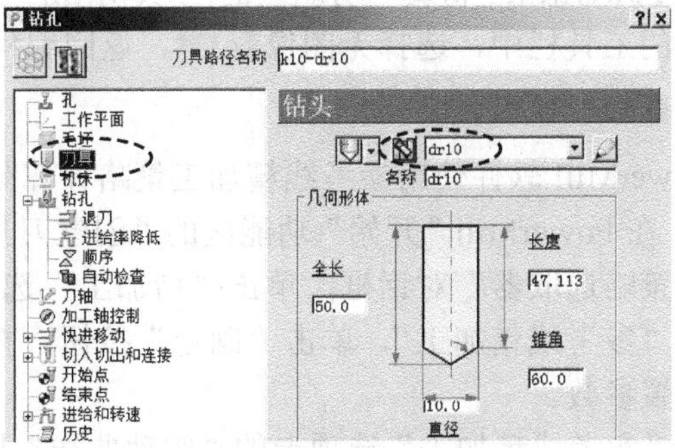

图 6-59　选择刀具

在策略树中，单击“进给和转速”树枝，调出“进给和转速”选项卡，按图 6-60 所示设置进给和转速参数。

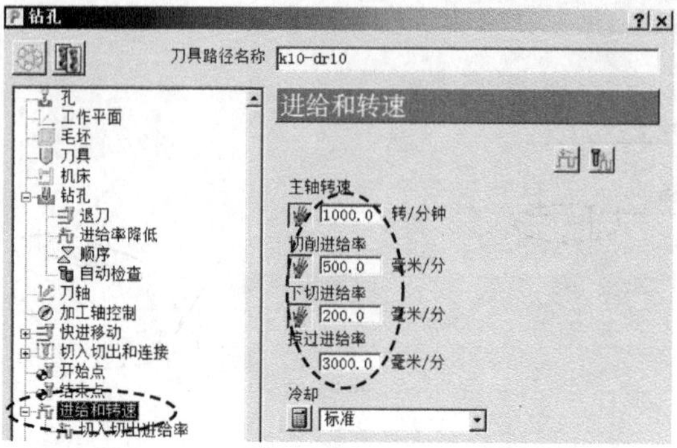

图 6-60　设置钻孔进给和转速参数

单击“计算”按钮，系统计算出图 6-61 所示钻孔刀具路径。

单击“关闭”按钮，关闭“钻孔”对话框。

3）钻孔仿真：在 PowerMill 资源管理器的“刀具路径”树枝下，右击刀具路径“k10-dr10”，在弹出的快捷菜单条中单击“自开始仿真”。

在 PowerMill“仿真”功能区的“ViewMill”工具栏中，单击“模式”下的小三角形模式，在展开的工具栏中，选择固定方向固定方向。

在 PowerMill“仿真”功能区的“仿真控制”工具栏中，单击运行按钮运...，系统即开始仿真切削，仿真结果如图 6-62 所示。

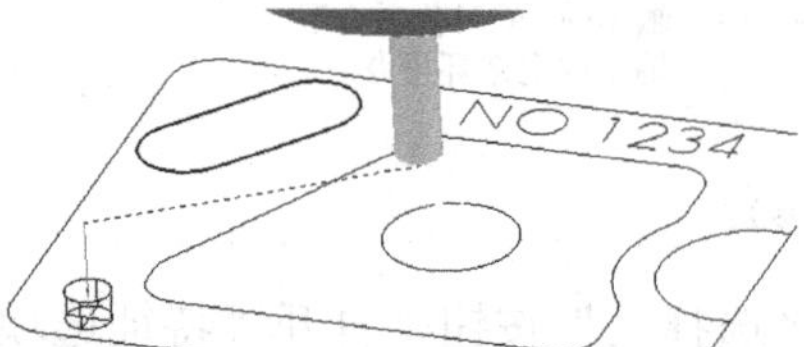

图 6-61　钻孔刀具路径

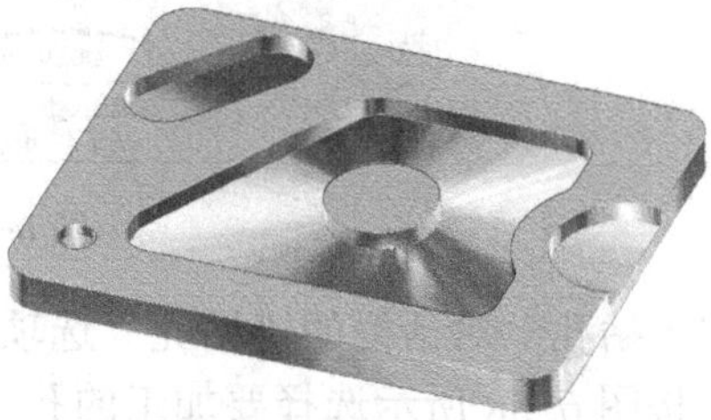

图 6-62　钻孔仿真切削结果

在 PowerMill“仿真”功能区的“ViewMill”工具栏中，单击“模式”下的小三角形模式，在展开的工具栏中，选择无图像无图像，返回编程状态。

步骤九　雕刻文字

PowerMill 软件使用参考线精加工策略计算刻线加工刀路。

1）在 PowerMill“开始”功能区的“创建刀具路径”工具栏中，单击刀具路径按钮，打开“策略选取器”对话框，单击“精加工”选项，调出“精加工”选项卡，在该选项卡中选择“参考线精加工”，单击“确定”按钮，打开“参考线精加工”对话框，按图 6-63 所示设置参数。

在“参考线精加工”选项卡的“驱动曲线”栏中，单击采集几何形体到参考线按钮，然后在绘图区拉框选择图 6-64 所示文字曲线，系统自动将这些曲线创建为参考线 5。单击“接受”按钮完成曲线选择。

在策略树中，单击“刀具”树枝，调出“刀具”选项卡，按图 6-65 所示选择刀具。

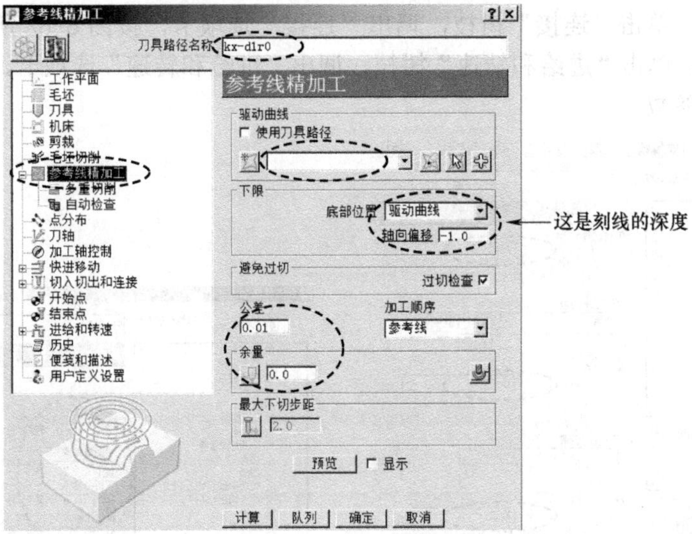

图 6-63　设置雕刻文字参数

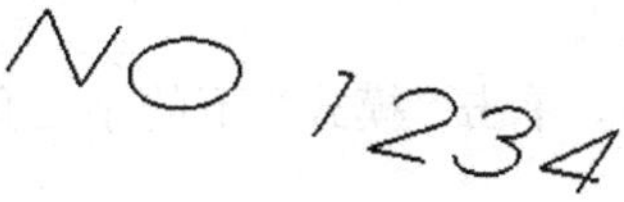

图 6-64　选择文字曲线

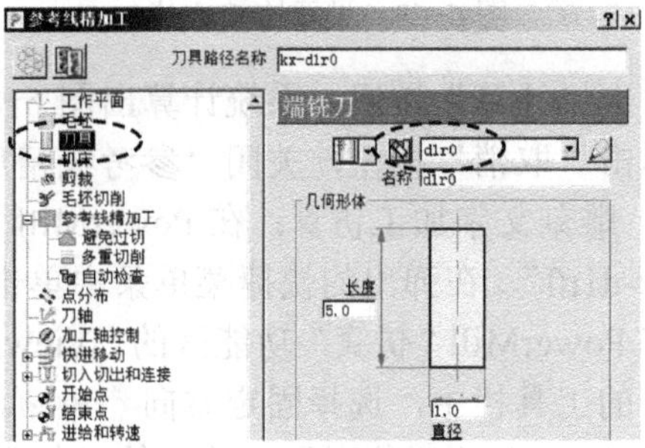

图 6-65　选择刻文字刀具

在策略树的“参考线精加工”树枝下，单击“多重切削”树枝，调出“多重切削”选项卡，按图 6-66 所示设置深度方向上的分层加工。

在策略树中，单击“切入切出和连接”树枝，展开它。单击“切入”树枝，调出“切入”选项卡，按图 6-67 所示设置切入方式。

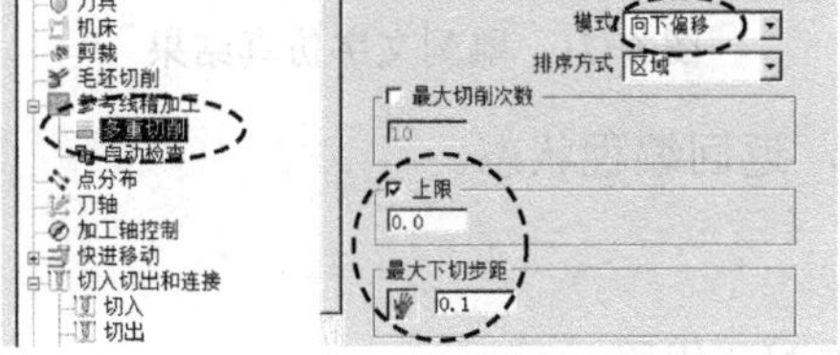

图 6-66　设置多重切削

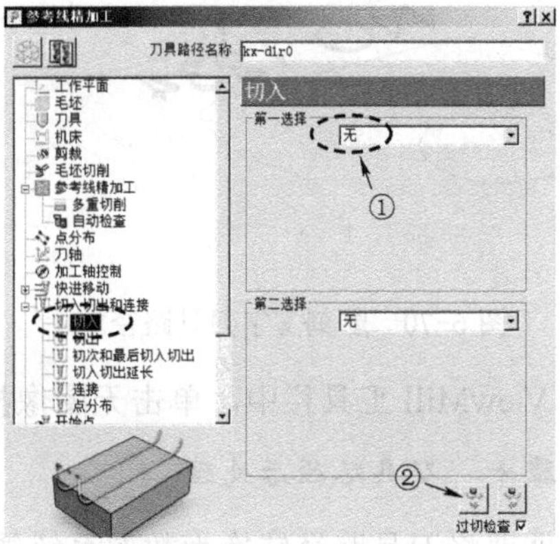

图 6-67　设置切入方式

在策略树中，单击“连接”树枝，调出“连接”选项卡，按图 6-68 所示设置参数。

在策略树中，单击“进给和转速”树枝，调出“进给和转速”选项卡，按图 6-69 所示设置进给和转速参数。

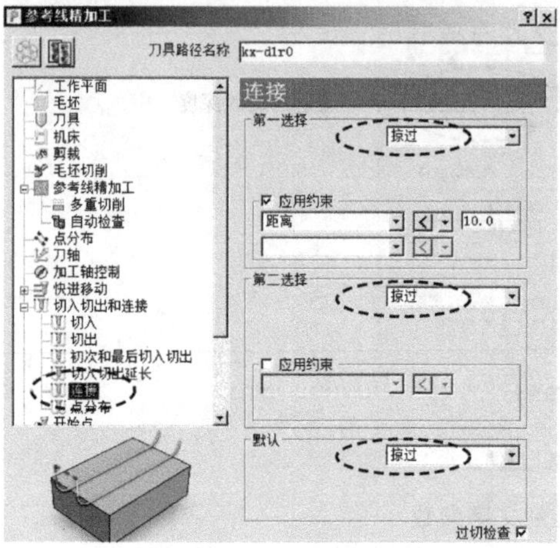

图 6-68 设置连接方式

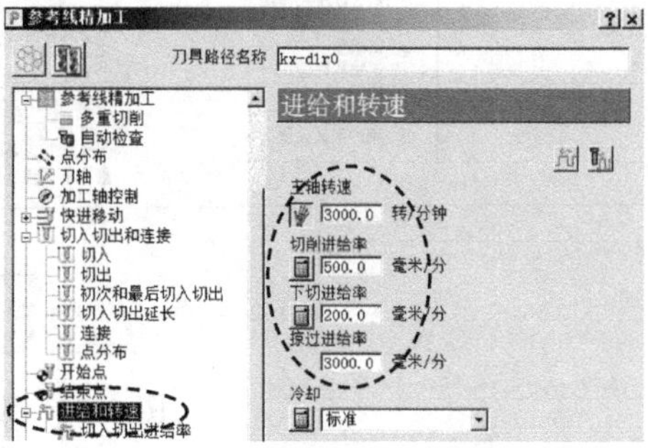

图 6-69 设置进给和转速参数

单击“计算”按钮，系统计算出图 6-70 所示雕刻文字刀具路径。

单击“取消”按钮，关闭“参考线精加工”对话框。

2）雕刻文字加工仿真：在 PowerMill 资源管理器的“刀具路径”树枝下，右击刀具路径“kx-d1r0”，在弹出的快捷菜单条中单击“自开始仿真”。

在 PowerMill“仿真”功能区的“ViewMill”工具栏中，单击“模式”下的小三角形模式，在展开的工具栏中，选择固定方向固定方向。

在 PowerMill“仿真”功能区的“仿真控制”工具栏中，单击运行按钮运...，系统即开始仿真切削，仿真结果如图 6-71 所示。

在 PowerMill“仿真”功能区的“ViewMill”工具栏中，单击“模式”下的小三角形模式，在展开的工具栏中，选择无图像无图像，返回编程状态。

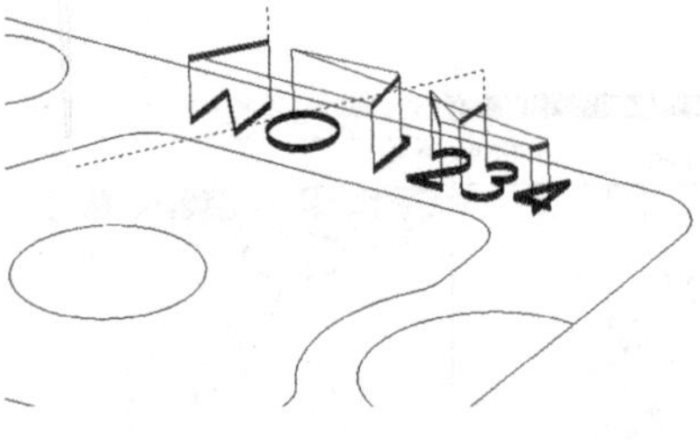

图 6-70 雕刻文字刀具路径

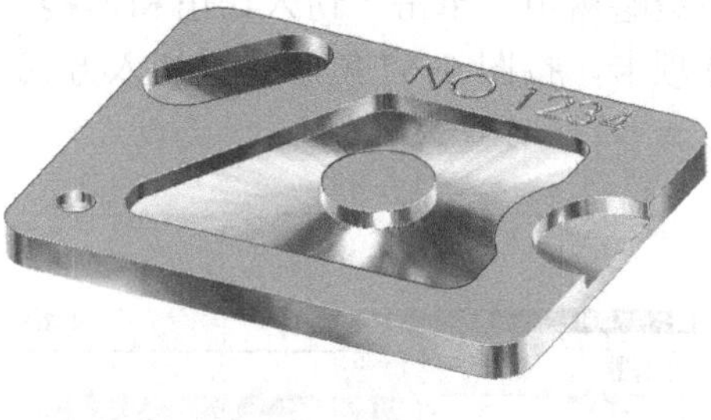

图 6-71 雕刻文字仿真结果

在 ViewMill 工具栏中，单击无图像按钮，返回编程状态。

步骤十 刀具路径后处理

后处理将刀具路径转换为数控系统能接受的 NC 代码。

在 PowerMill 资源管理器中，右击“NC 程序”树枝，在弹出的快捷菜单中单击“产生

NC 程序”，打开“NC 程序：1”对话框。不需要设置任何参数，单击“接受”按钮关闭对话框。

在 PowerMill 资源管理器中，右击“刀具路径”树枝，在弹出的快捷菜单中单击“增加到 NC 程序”，系统即将全部刀具路径加入到 NC 程序 1 中。

在 PowerMill 资源管理器中，双击“NC 程序”树枝，将它展开。右击“NC 程序”树枝下的“1”，在弹出的快捷菜单条中单击“设置”，打开“NC 程序：1”对话框，按图 6-72 所示设置参数。

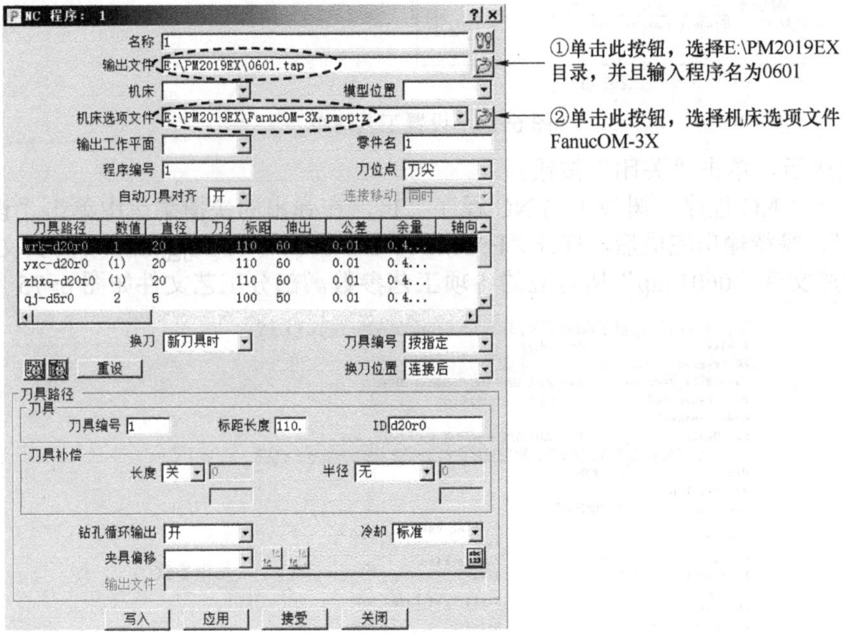

图 6-72　设置 NC 程序参数

设置完成后，单击“写入”按钮，系统即开始进行后处理计算。等待信息对话框提示后处理完成后，用记事本打开 E:\PM2019EX\0601.tap 文件，就能看到 NC 程序。部分 NC 程序如图 6-73 所示。

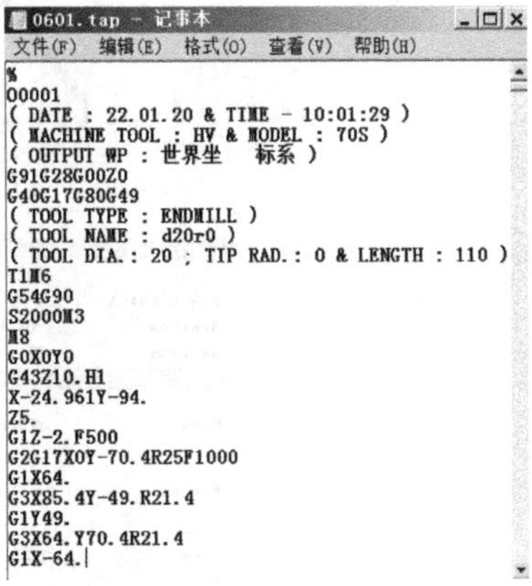

图 6-73　部分 NC 程序

步骤十一　产生数控加工工艺清单

数控加工工艺清单是联系数控编程员与数控机床操作人员的纽带。数控加工工艺清单的格式可以自定义，也可以直接调用 PowerMill 软件提供的工艺清单模板。具体操作步骤如下：

1）在绘图区中，将图形调整到适合查看的位置。

2）在 PowerMill 资源管理器的“NC 程序”树枝下，右击 NC 程序“1”，在弹出的快捷菜单条中单击“设置清单”→“快照”→“所有刀具路径”→“当前查看”，系统即对全部刀具路径逐一拍照。

3）右击“NC 程序”树枝下的 NC 程序“1”，在弹出的快捷菜单条中单击“设置清单”→“路径”，打开“设置清单”对话框，按图 6-74 所示设置参数。

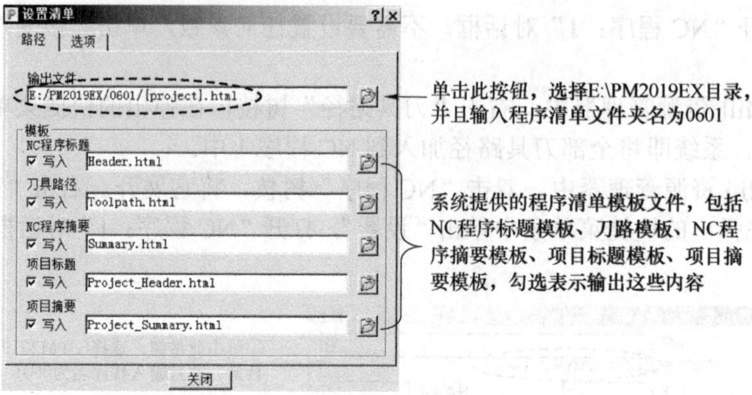

图 6-74 设置工艺清单

设置完成后，单击“关闭”按钮。

再次右击“NC 程序”树枝下的 NC 程序“1”，在弹出的快捷菜单中单击“设置清单”→“输出...”，等待输出完成后，打开“E:\PM2019EX\0601\6-01 2djgj.html”网页文件，即可调阅 NC 程序文件“0601.tap”所对应的各项工艺参数。部分工艺文件如图 6-75 所示。

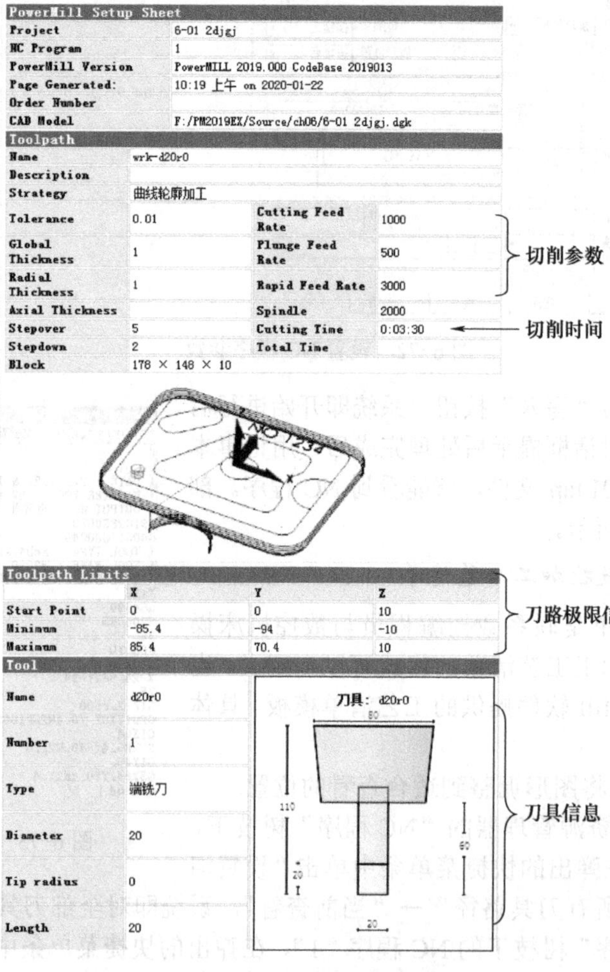

PowerMill Setup Sheet	
Project	6-01 2djgj
NC Program	1
PowerMill Version	PowerMILL 2019.000 CodeBase 2019013
Page Generated:	10:19 上午 on 2020-01-22
Order Number	
CAD Model	F:/PM2019EX/Source/ch06/6-01 2djgj.dgk

Toolpath			
Name	wrk-d20r0		
Description			
Strategy	曲线轮廓加工		
Tolerance	0.01	Cutting Feed Rate	1000
Global Thickness	1	Plunge Feed Rate	500
Radial Thickness	1	Rapid Feed Rate	3000
Axial Thickness		Spindle	2000
Stepover	5	Cutting Time	0:03:30
Stepdown	2	Total Time	
Block	178 × 148 × 10		

Toolpath Limits	X	Y	Z
Start Point	0	0	10
Minimum	-85.4	-94	-10
Maximum	85.4	70.4	10

Tool	
Name	d20r0
Number	1
Type	端铣刀
Diameter	20
Tip radius	0
Length	20

图 6-75 部分工艺文件

步骤十二 保存项目

在 PowerMill 功能区中，单击“文件”→“保存”，打开“保存项目为”对话框，选择 E:\PM2019EX 目录，输入项目文件名称为“6-01 2djgj”，单击“保存”按钮，完成项目文件保存操作。

6.2 实体结构件加工编程实例

目前，三维实体设计已经成为机械设计领域的主流方式之一。本节向读者介绍三维实体形式的结构零件数控加工编程方法与技巧。

本节涉及的典型实体零件如图 6-76 所示。

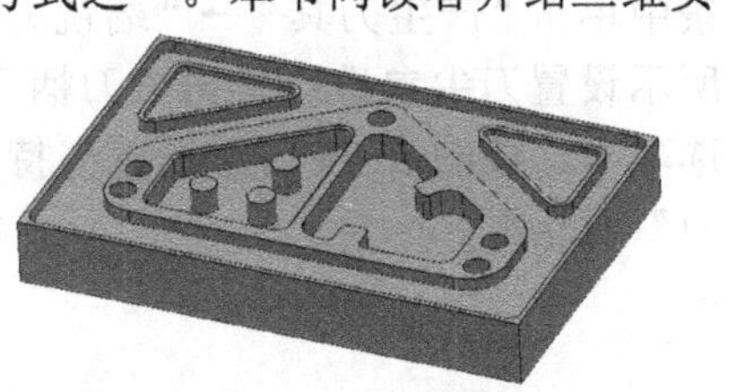

图 6-76 三维实体结构零件

6.2.1 数控编程工艺分析

图 6-76 所示零件具有以下特点：

1）零件总体尺寸为 200mm×130mm×25mm，毛坯为方坯，六个面均已经加工平整，尺寸到位。

2）该零件主要由平面、型腔、凸台、孔、倒直角等结构特征构成。

拟按表 6-3 所示编程工艺方案计算此零件的加工刀具路径。

表 6-3 三维实体结构零件数控编程工艺

工步号	工步名称	加工策略	加工部位	刀具	铣削用量			
					转速/（r/min）	进给速度/（mm/min）	铣削宽度/mm	背吃刀量/mm
1	粗加工	2D 曲线区域清除	两个三角形型腔	d10r0	900	400	7	0.5
2	精加工	2D 曲线区域清除	两个三角形型腔	d10r0	2000	400		2.5
3	粗清角	2D 曲线区域清除（残留）	两个三角形型腔	d6r0	900	400	3	0.5
4	精清角	2D 曲线区域清除（残留）	两个三角形型腔	d6r0	2000	400		2.5
5	粗加工	2D 曲线区域清除	中部两个梯形型腔	d10r0	900	400	7	0.5
6	精加工	2D 曲线区域清除	中部两个梯形型腔	d10r0	2000	400		2.5
7	粗加工	2D 曲线区域清除	主型腔	d10r0	1500	400	7	0.5
8	精加工	2D 曲线区域清除	主型腔	d10r0	2500	400		
9	钻孔	钻孔	5 个孔	dr10	900	200		
10	倒直角	平倒角铣削	直倒角	d25a45	900	200		

6.2.2 详细编程过程

操作视频

步骤一 新建加工项目

1）启动 PowerMill 2019 软件：双击桌面上的 PowerMill 2019 图标，打开 PowerMill 系统。如果是续前例接着做本例，在 PowerMill 功能区中，单击“文件”→“选项”→“重设表格”，将 PowerMill 编程参数初始化。

2）输入模型：在功能区中，单击“文件”→“输入→“模型”，打开“输入模型”对话框，选择“E:\PM2019EX\ ch06\6-02 2dsolid.dgk”文件，然后单击“打开”按钮，完成模型输入操作。

步骤二　准备加工

1）计算毛坯：在 PowerMill“开始”功能区中，单击创建毛坯按钮，打开“毛坯”对话框，使用系统默认参数，单击“计算”“接受”按钮，计算出零件的长方形毛坯。

2）创建刀具：在 PowerMill 资源管理器中，右击“刀具”树枝，在弹出的快捷菜单条中单击“产生刀具”→“端铣刀”，打开“端铣刀”对话框。在“刀尖”选项卡按图 6-77 所示设置刀尖参数；单击“刀柄”选项卡，按图 6-78 所示设置刀柄参数；单击“夹持”选项卡，按图 6-79 所示设置夹持参数，设置完参数后，单击“关闭”按钮，关闭“端铣刀”对话框。

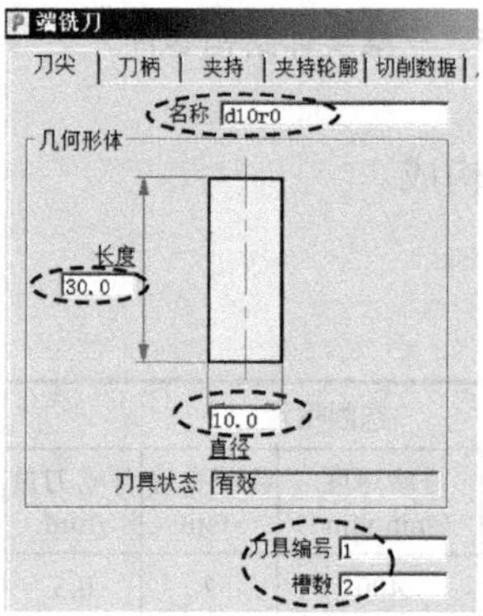

图 6-77　刀尖参数设置

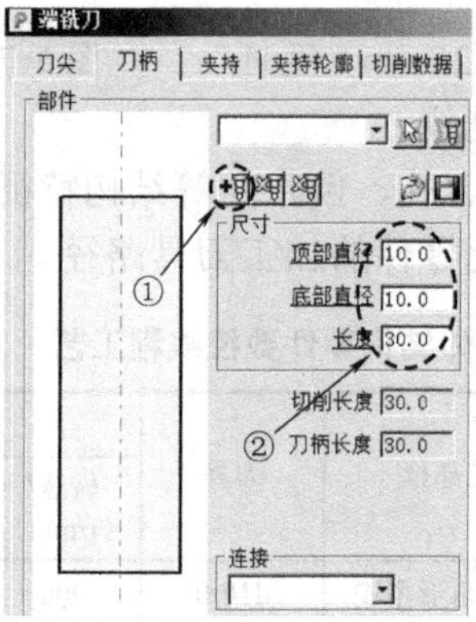

图 6-78　刀柄参数设置

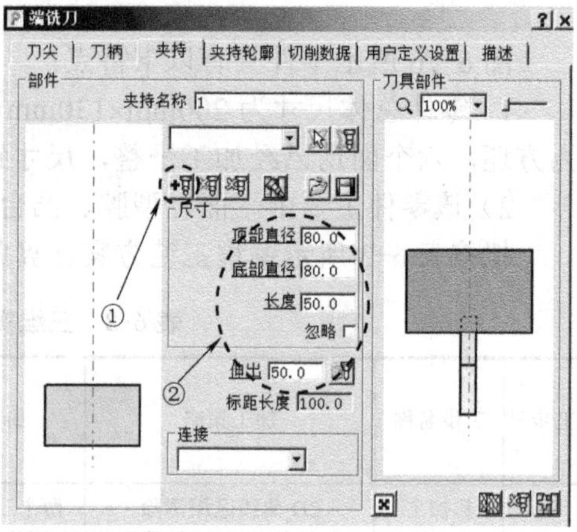

图 6-79　夹持参数设置

参照上述操作过程，按表 6-4 所示创建出加工此零件的其余刀具。

表 6-4　其余刀具参数　　（单位：mm）

刀具编号	刀具类型	刀具名称	切削刃直径	切削刃长度	刀柄直径(顶/底)	刀柄长度	夹持直径(顶/底)	夹持长度	伸出夹持长度
2	端铣刀	d6r0	6	25	6	30	80	50	40
3	钻头	dr10	10	40	10	40	80	50	50
4	圆角锥度端铣刀	d25a45	25	11	25	50	80	50	50
	dr10 钻头补充参数：锥角 60°；d25a45 刀具补充参数：锥形直径 3，锥角 45°，锥高 11								

3）设置快进高度：在 PowerMill“开始”功能区中，单击刀具路径连接按钮 刀具路径连接，打开“刀具路径连接”对话框，在“安全区域”选项卡中，按图 6-80 所示设置快进高度参数，设置完参数后不要关闭对话框。

4）确认加工开始点和结束点：在“刀具路径连接”对话框中，切换到“开始点和结束点”选项卡，按图 6-81 所示确认开始点和结束点，单击“接受”按钮关闭对话框。

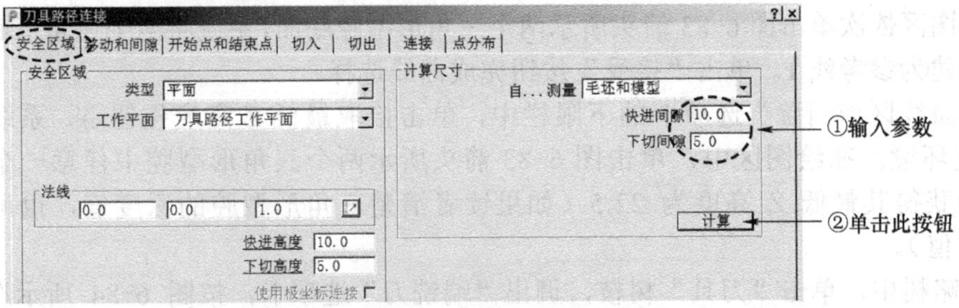

图 6-80　设置快进高度

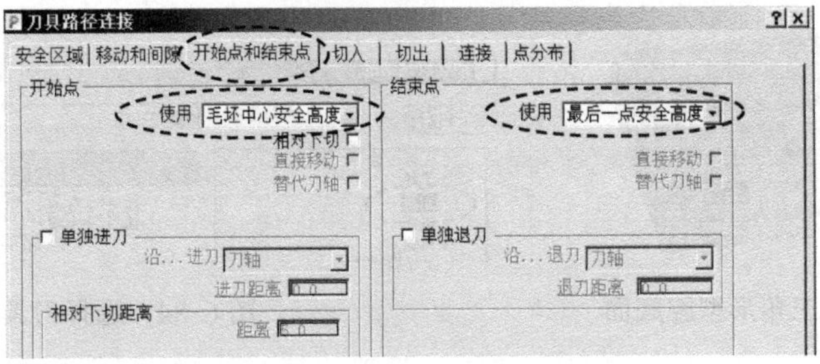

图 6-81　确认开始点和结束点

步骤三　计算三角形型腔粗、精加工刀具路径

1）在 PowerMill“开始”功能区的“创建刀具路径”工具栏中，单击刀具路径按钮，打开“策略选取器”对话框，单击“曲线加工”选项，调出“曲线加工”选项卡，在该选项卡中选择“曲线区域清除”，单击“确定”按钮，打开“曲线区域清除”对话框，按图 6-82 所示设置参数。

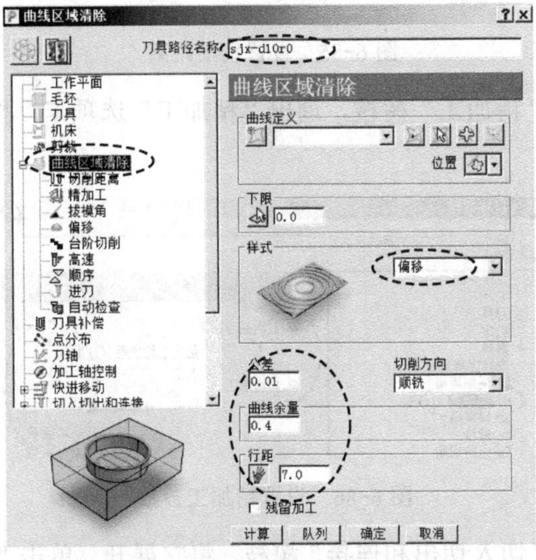

图 6-82　设置三角形型腔刀路参数

在“曲线区域清除”选项卡的“曲线定义”栏中，单击采集几何形体到参考线按钮，系统进入捕获加工曲线环境。

在绘图区依次单击图 6-83 箭头所示两个三角形型腔底面，系统将两个三角形底面轮廓线自动创建为参考线 1。单击“接受”按钮完成曲线选择。

在“曲线区域清除”选项卡的下限栏中，单击拾取最低 Z 高度按钮，系统进入捕获 Z 高度环境。在绘图区中，单击图 6-83 箭头所示两个三角形型腔中任意一个底面，系统自动获得其最低 Z 高度为 22.5（如果读者清楚三角形型腔的深度值，也可以直接输入该数值）。

在策略树中，单击“刀具”树枝，调出“端铣刀”选项卡，按图 6-84 所示选择刀具 d10r0。

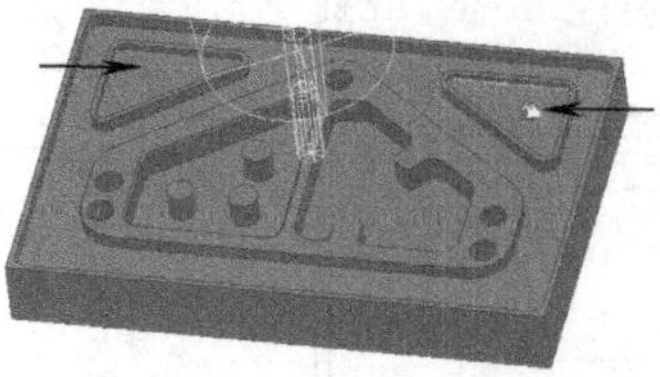

图 6-83　选择三角形型腔底面

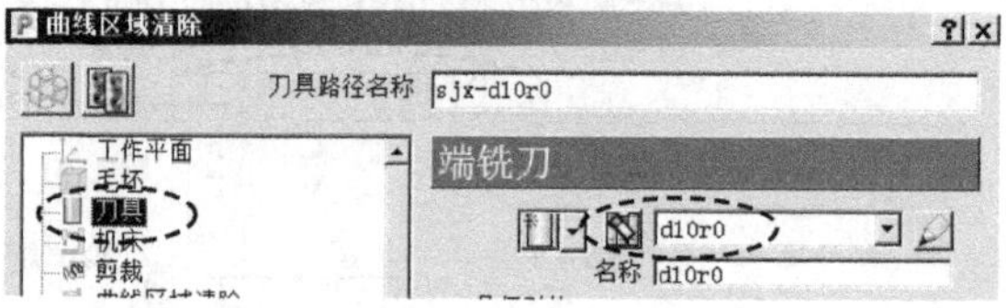

图 6-84　选择刀具

在策略树中，单击“切削距离”树枝，调出“切削距离”选项卡，按图 6-85 所示设置切削距离。

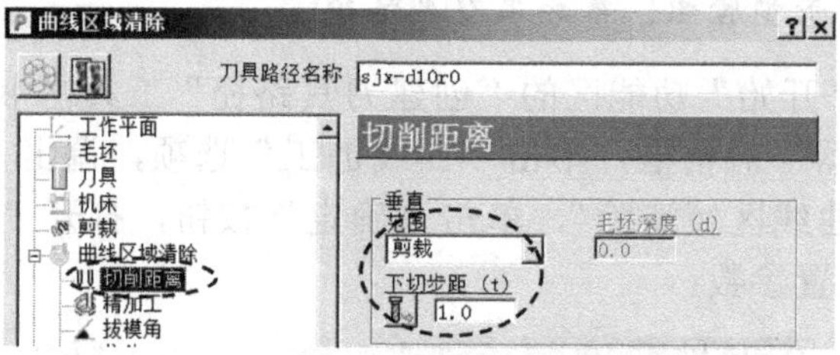

图 6-85　设置切削距离

在策略树中，单击“精加工”树枝，调出“精加工”选项卡，按图 6-86 所示设置精加工参数。

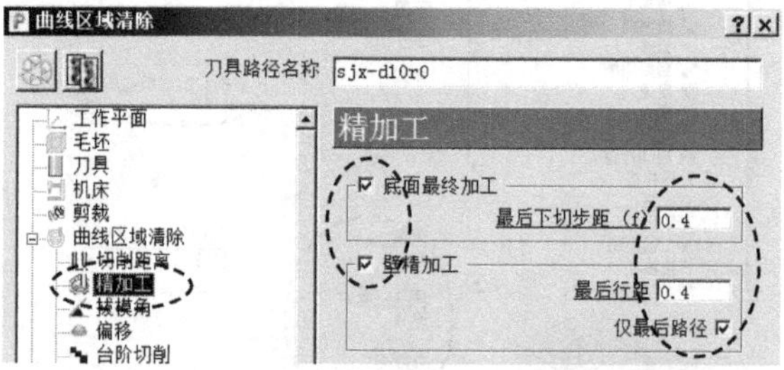

图 6-86　设置精加工参数

在策略树中，单击“切入切出和连接”树枝，将它展开。单击“切入”树枝，调出“切入”选项卡，按图 6-87 所示设置参数。

在“切入”选项卡中，单击“打开斜向选项对话框”按钮，调出“斜向切入选项”对话框，按图 6-88 所示设置参数。设置完成后，单击“接受”按钮返回。

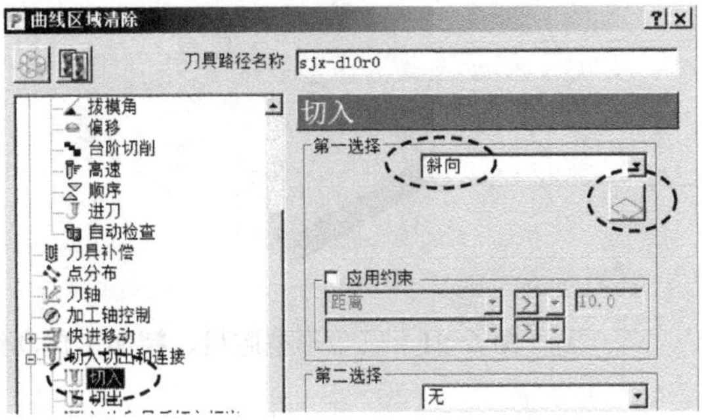

图 6-87　设置切入参数

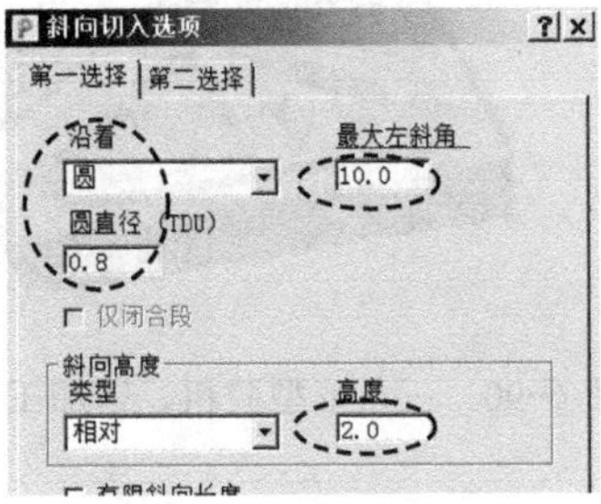

图 6-88　设置斜向切入参数

在策略树中，单击“进给和转速”树枝，调出“进给和转速”选项卡，按图 6-89 所示设置进给和转速参数。

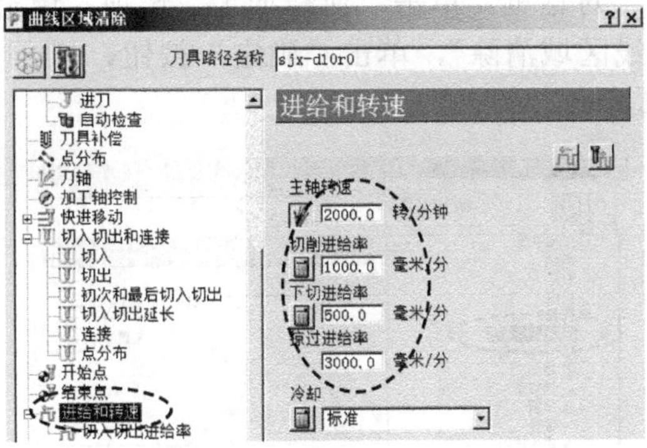

图 6-89　设置进给和转速参数

单击“计算”按钮，系统计算图 6-90 所示两个三角形型腔粗、精加工刀具路径。

单击“关闭”按钮，关闭“曲线区域清除”对话框。

2）三角形型腔粗、精加工仿真：在查看工具栏中，单击 ISO1 视角按钮，将模型和刀路调整到 ISO1 视角。

在 PowerMill 资源管理器中，双击“刀具路径”树枝，将它展开，右击刀具路径树枝下的“sjx-d10r0”，在弹出的快捷菜单条中单击“自开始仿真”。

在 PowerMill“仿真”功能区的“ViewMill”工具栏中，单击开/关 ViewMill 按钮，激活 ViewMill 工具。

在 PowerMill“仿真”功能区的“ViewMill”工具栏中，单击“模式”下的小三角形，在展开的工具栏中，选择固定方向。单击“阴影”下的小三角形，在展开的工具栏中，选择闪亮，绘图区转换到金属材质的切削仿真环境。

在 PowerMill“仿真”功能区的“仿真控制”工具栏中，单击运行按钮，系统即开始仿真切削，仿真结果如图 6-91 所示。

在 PowerMill“仿真”功能区的“ViewMill”工具栏中，单击“模式”下的小三角形，在展开的工具栏中，选择无图像，返回编程状态。

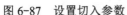

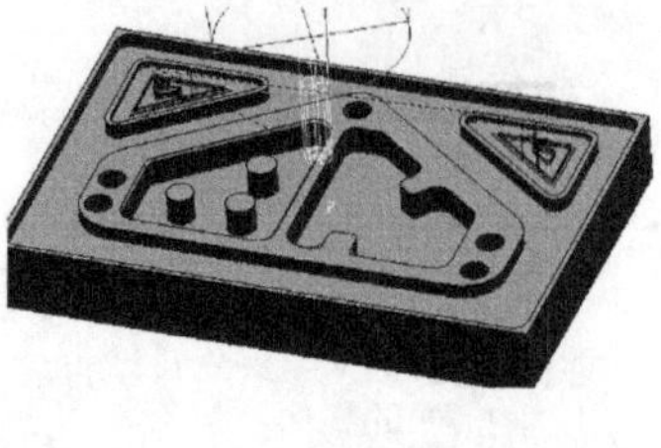

图 6-90　三角形型腔粗、精加工刀具路径

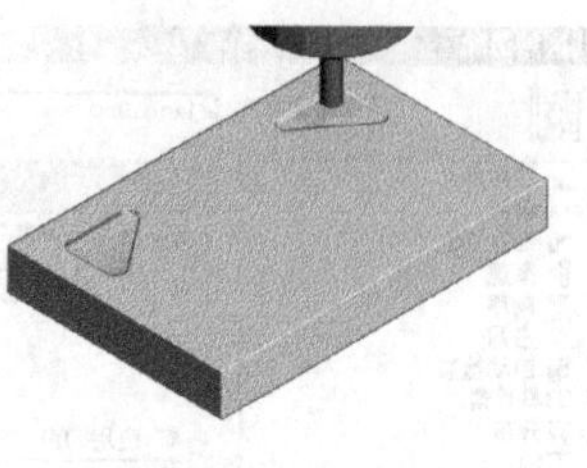

图 6-91　三角形型腔粗、精加工仿真结果

步骤四　计算三角形型腔二次粗、精加工刀具路径

使用“d10r0”刀具无法完整地加工出零件三角形型腔的 *R*3 圆角，因此，使用“d6r0”刀具对 *R*3 圆角进行二次粗、精加工。

1）在 PowerMill“开始”功能区的“创建刀具路径”工具栏中，单击刀具路径按钮，打开“策略选取器”对话框，单击“曲线加工”选项，调出“曲线加工”选项卡，在该选项卡中选择“曲线区域清除”，单击“确定”按钮，打开“曲线区域清除”对话框，按图 6-92 所示设置参数。

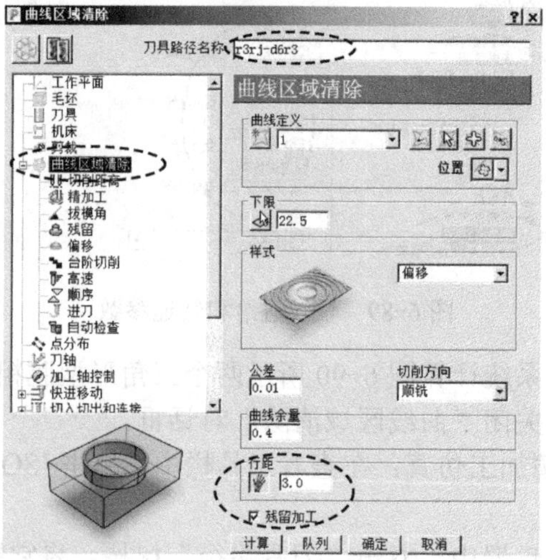

图 6-92　设置 *R*3 圆角加工刀路参数

在策略树中，单击“刀具”树枝，调出“端铣刀”选项卡，按图 6-93 所示选择刀具。

图 6-93　选择刀具

在策略树中，单击“残留”树枝，调出“残留”选项卡，按图 6-94 所示设置残留参数。

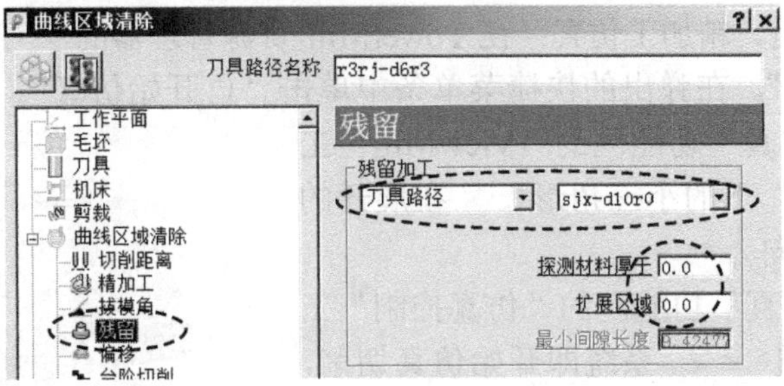

图 6-94　设置残留参数

在策略树中，单击“切削距离”树枝，调出“切削距离”选项卡，按图 6-95 所示设置切削参数。

在策略树中，单击“精加工”树枝，调出“精加工”选项卡，按图 6-96 所示设置精加工参数。

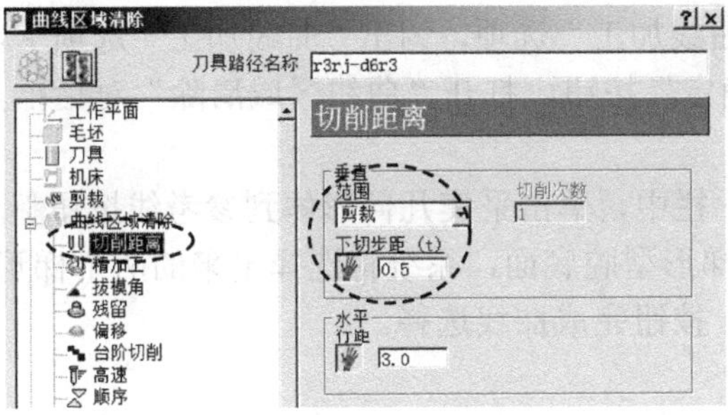

图 6-95　设置切削距离

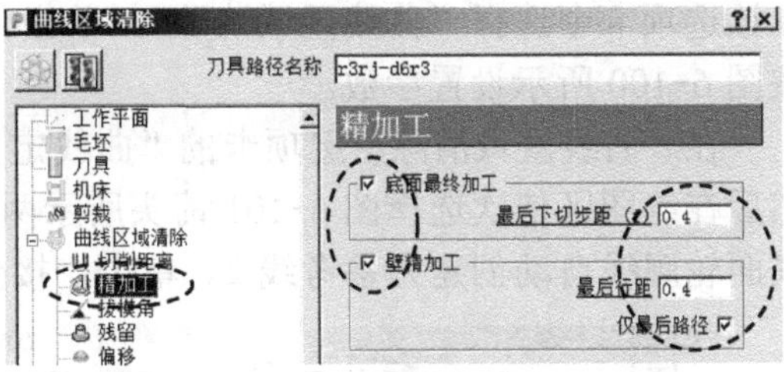

图 6-96　设置精加工参数

在策略树中，单击“进给和转速”树枝，调出“进给和转速”选项卡，按图 6-97 所示设置进给和转速参数。

单击“计算”按钮，系统计算出图 6-98 所示三角形型腔 *R*3 圆角的二次粗、精加工刀具路径。

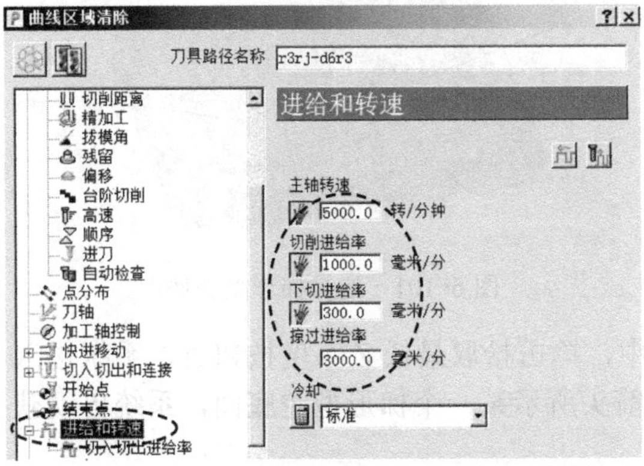

图 6-97　设置进给和转速参数

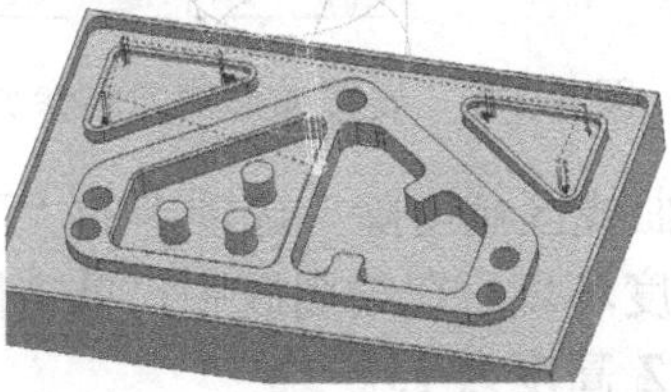

图 6-98　三角形型腔 *R*3 圆角二次粗、精加工刀具路径

单击“关闭”按钮，关闭“曲线区域清除”对话框。

2）R3 圆角二次粗、精加工仿真：在 PowerMill 资源管理器的“刀具路径”树枝下，右击刀具路径“r3rj-d6r3”，在弹出的快捷菜单条中单击“自开始仿真”。

在 PowerMill“仿真”功能区的“ViewMill”工具栏中，单击“模式”下的小三角形模式，在展开的工具栏中选择固定方向固定方向。

在 PowerMill“仿真”功能区的“仿真控制”工具栏中，单击运行按钮运...，系统即开始仿真切削，仿真结果如图 6-99 所示。

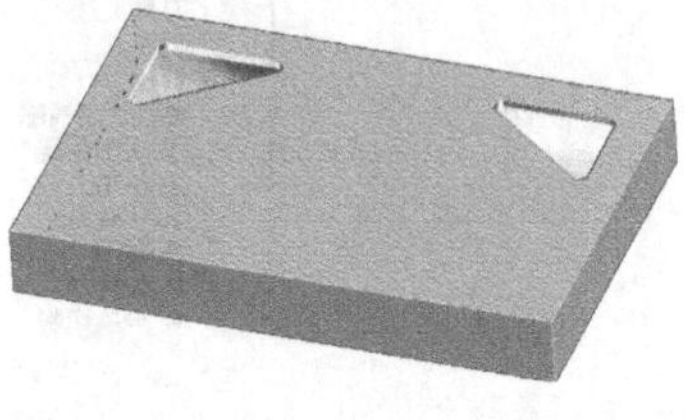

图 6-99　三角形型腔 R3 圆角二次粗、精加工仿真结果

在 PowerMill“仿真”功能区的“ViewMill”工具栏中，单击“模式”下的小三角形模式，在展开的工具栏中，选择无图像无图像，返回编程状态。

步骤五　计算中部两个梯形型腔粗、精加工刀具路径

1）在 PowerMill“开始”功能区中的“创建刀具路径”工具栏中，单击“刀具路径”按钮，打开“策略选取器”对话框，单击“曲线加工”选项，调出“曲线加工”选项卡，在该选项卡中选择“曲线区域清除”，单击“确定”按钮，打开“曲线区域清除”对话框，按图 6-100 所示设置参数。

在“曲线区域清除”选项卡的“曲线定义”栏中，单击采集几何形体到参考线按钮，然后在绘图区依次选择图 6-101 箭头所示两个梯形型腔底面，系统将选择出来的两个梯形底面轮廓线自动创建为参考线 2。单击“接受”按钮完成曲线选择。

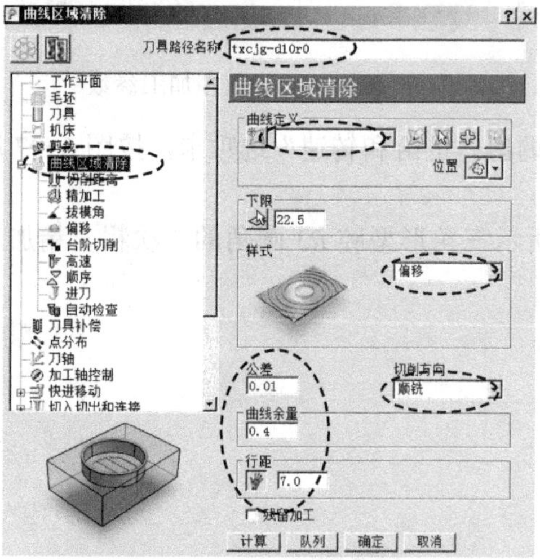

图 6-100　设置梯形槽刀路参数

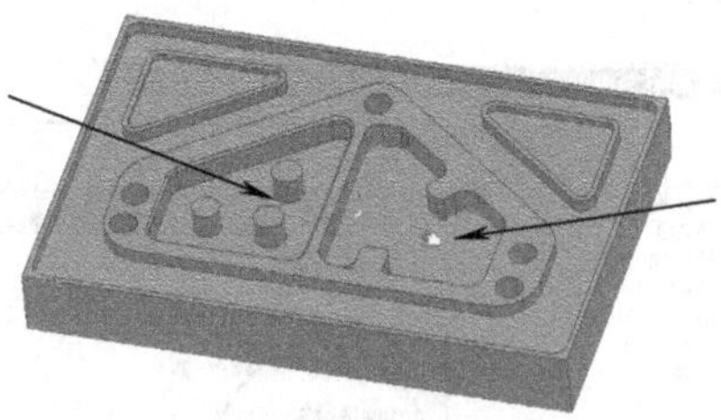

图 6-101　选择梯形型腔底面

在“曲线区域清除”选项卡的“下限”栏中，单击拾取最低 Z 高度按钮，系统进入捕获 Z 高度环境。在绘图区中，单击图 6-101 箭头所示某一个梯形型腔底面，系统自动获得其最低 Z 高度为 15。

在策略树中，单击“刀具”树枝，调出“端铣刀”选项卡，按图 6-102 所示选择刀具。

在策略树中，单击“切削距离”树枝，调出“切削距离”选项卡，按图 6-103 所示设置切削距离参数。

在策略树中，单击“精加工”树枝，调出“精加工”选项卡，按图 6-104 所示设置精加工参数。

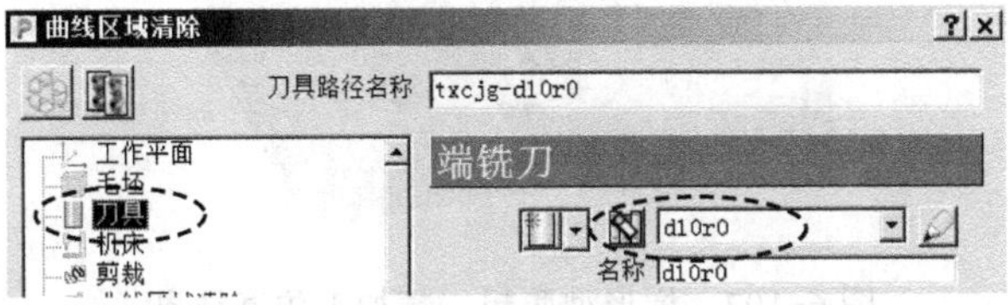

图 6-102　选择刀具

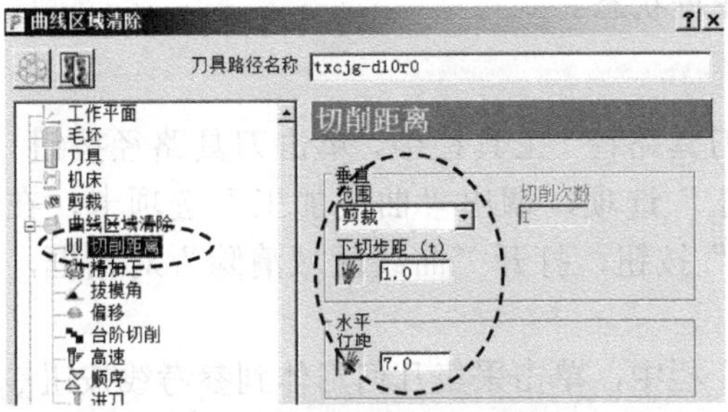

图 6-103　设置切削距离参数

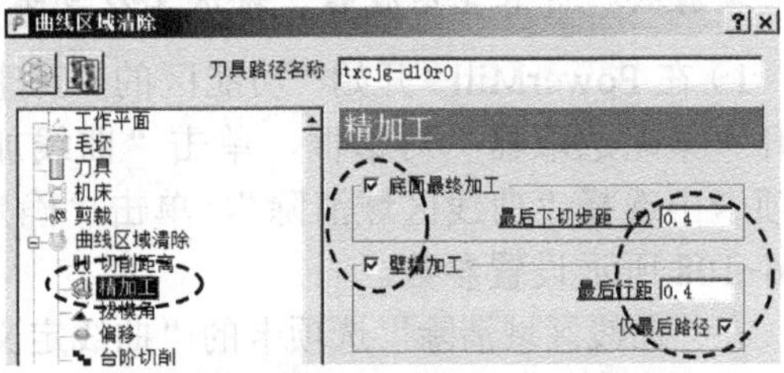

图 6-104　设置精加工参数

在策略树中，单击“进给和转速”树枝，调出“进给和转速”选项卡，按图 6-105 所示设置进给和转速参数。

单击“计算”按钮，系统计算出图 6-106 所示两个梯形型腔粗、精加工刀具路径。

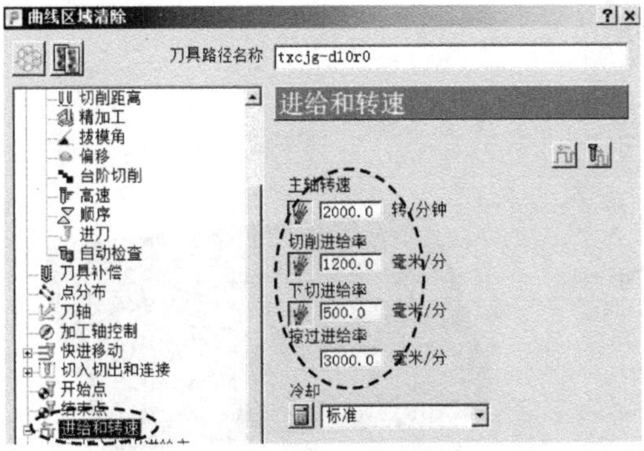

图 6-105　设置进给和转速参数

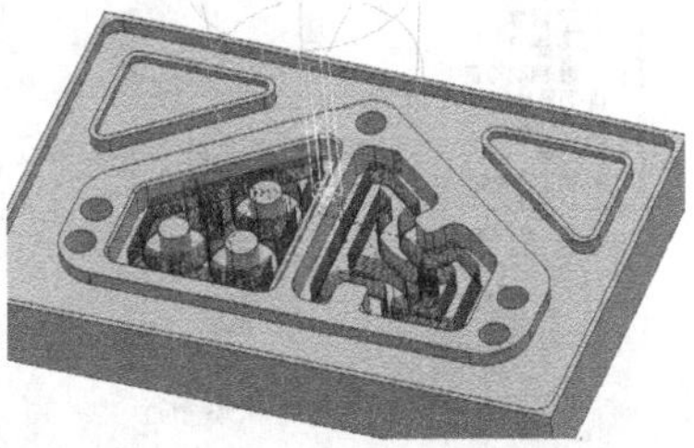

图 6-106　梯形型腔粗、精加工刀具路径

单击“关闭”按钮，关闭“曲线区域清除”对话框。

2）两个梯形型腔粗、精加工仿真：在 PowerMill 资源管理器的“刀具路径”树枝下，右击刀具路径“txcjg-d10r0”，在弹出的快捷菜单条中单击“自开始仿真”。

在 PowerMill“仿真”功能区的“ViewMill”工具栏中，单击“模式”下的小三角形模式，在展开的工具栏中，选择固定方向固定方向。

在 PowerMill“仿真”功能区的“仿真控制”工具栏中，单击运行按钮运…，系统即开始仿真切削，仿真结果如图 6-107 所示。

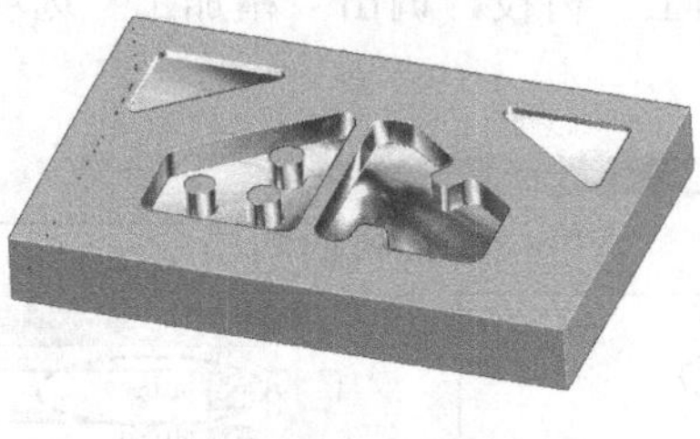

图 6-107　梯形型腔粗、精加工仿真结果

在 PowerMill“仿真”功能区的“ViewMill”工具栏中，单击“模式”下的小三角形模式，在展开的工具栏中，选择无图像无图像，返回编程状态。

步骤六　计算主型腔粗、精加工刀具路径

1）在 PowerMill“开始”功能区的“创建刀具路径”工具栏中，单击刀具路径按钮，打开“策略选取器”对话框，单击“曲线加工”选项，调出“曲线加工”选项卡，在该选项卡中选择“曲线区域清除”，单击“确定”按钮，打开“曲线区域清除”对话框，按图 6-108 所示设置参数。

在“曲线区域清除”选项卡的“曲线定义”栏中，单击采集几何形体到参考线按钮，然后在绘图区选择图 6-109 箭头所示零件主型腔底面，系统将主型腔底面轮廓线自动创建为参考线 3。单击“接受”按钮完成曲线选择。

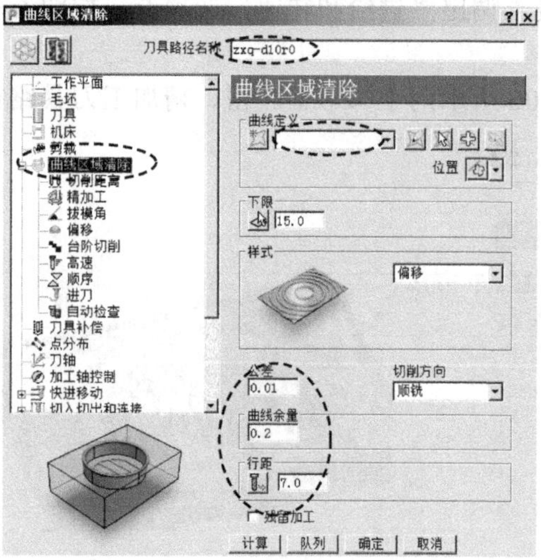

图 6-108　设置主型腔刀路参数

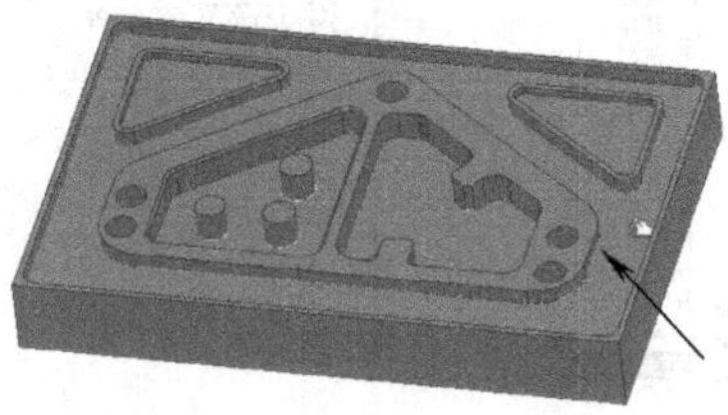

图 6-109　选择主型腔底面

在“曲线区域清除”选项卡的“下限”栏中，单击拾取最低 Z 高度按钮，系统进入捕获 Z 高度环境。在绘图区中，单击图 6-109 所示主型腔底面，系统自动获得其最低 Z 高度为 20。

在策略树中，单击“精加工”树枝，调出“精加工”选项卡，按图 6-110 所示设置精加工参数。

由于 PowerMill 系统在计算当前刀路时，会自动使用前一刀具路径参数，因此，主型腔刀路计算的其余参数可以直接使用系统给定的参数。

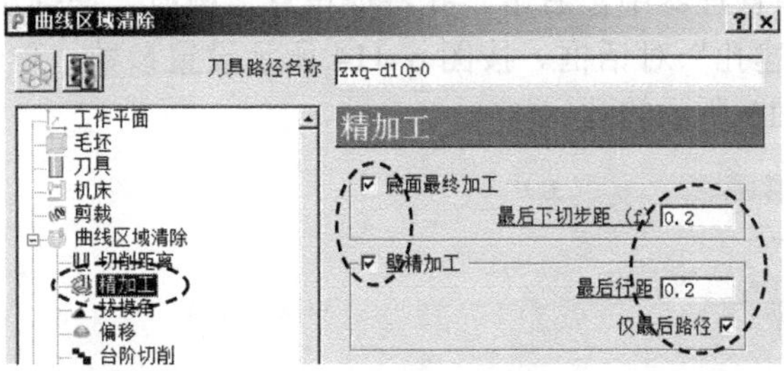

图 6-110　设置精加工参数

单击“计算”按钮，系统计算出图 6-111 所示主型腔粗、精加工刀具路径。

单击“关闭”按钮，关闭“曲线区域清除”对话框。

2）主型腔粗、精加工仿真：在 PowerMill 资源管理器的“刀具路径”树枝下，右击刀具路径“zxq-d10r0”，在弹出的快捷菜单条中单击“自开始仿真”。

在 PowerMill“仿真”功能区的“ViewMill”工具栏中，单击“模式”下的小三角形模式，在展开的工具栏中，选择固定方向固定方向。

在 PowerMill“仿真”功能区的“仿真控制”工具栏中，单击运行按钮运...，系统即开始仿真切削，仿真结果如图 6-112 所示。

在 PowerMill“仿真”功能区的“ViewMill”工具栏中，单击“模式”下的小三角形模式，在展开的工具栏中，选择无图像无图像，返回编程状态。

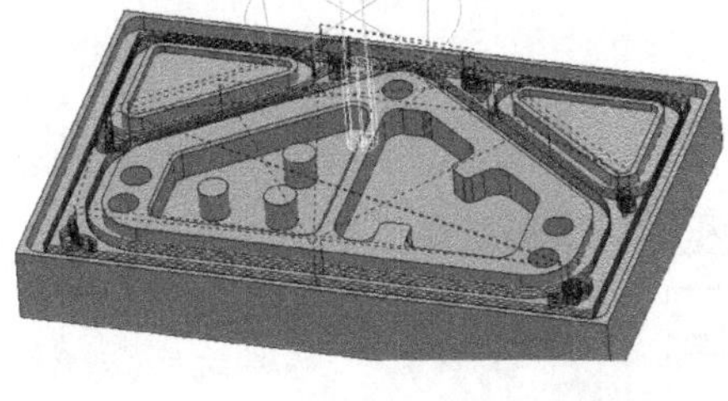

图 6-111　主型腔粗、精加工刀具路径

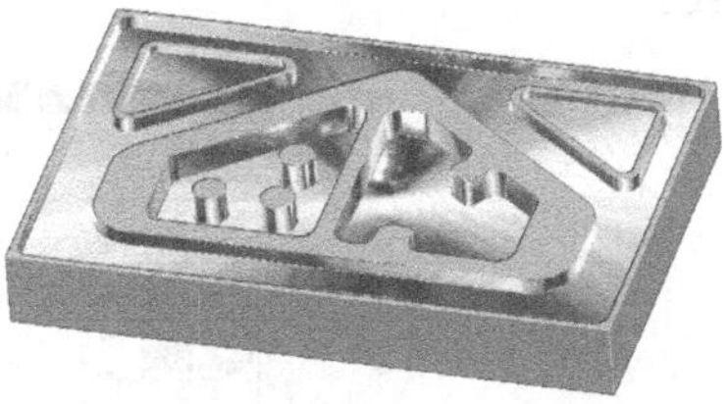

图 6-112　主型腔粗、精加工仿真结果

步骤七　计算钻孔刀具路径

在 PowerMill 资源管理器中的“刀具路径”树枝下，右击“zxq-d10r0”，在弹出的快捷菜单条中单击“激活”，取消“zxq-d10r0”刀路的激活状态。

1）识别模型中的孔：按下 Shift 键，在绘图区中选中 5 个孔的侧面，如图 6-113 所示。

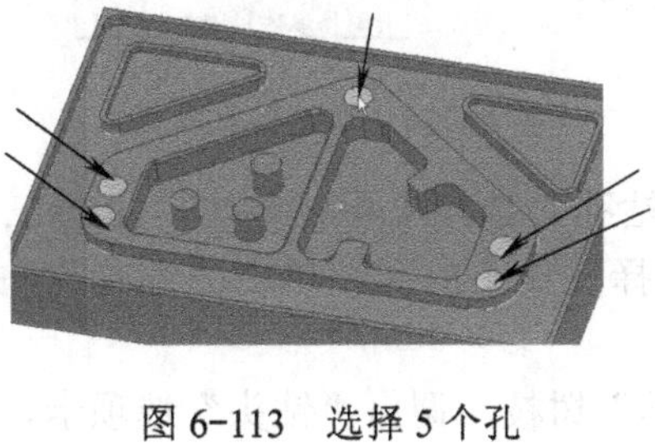

图 6-113　选择 5 个孔

在 PowerMill 资源管理器中，右击“孔特征设置”树枝，在弹出的快捷菜单条中单击“创建孔”，打开“创建孔”对话框。按图 6-114 所示设置参数。单击“应用”“关闭”按钮，系统识别出图 6-115 所示的孔。

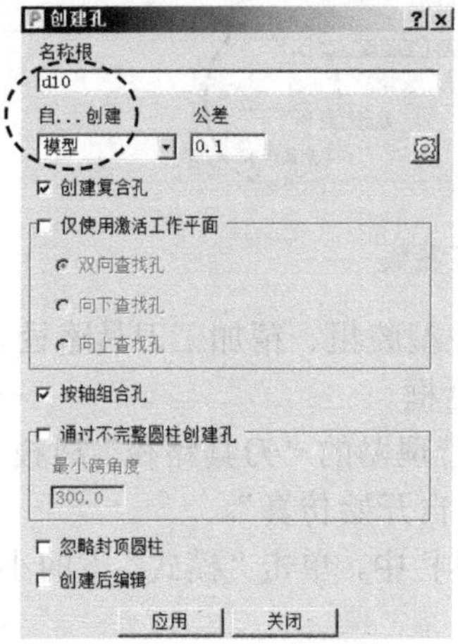

图 6-114 设置识别孔参数

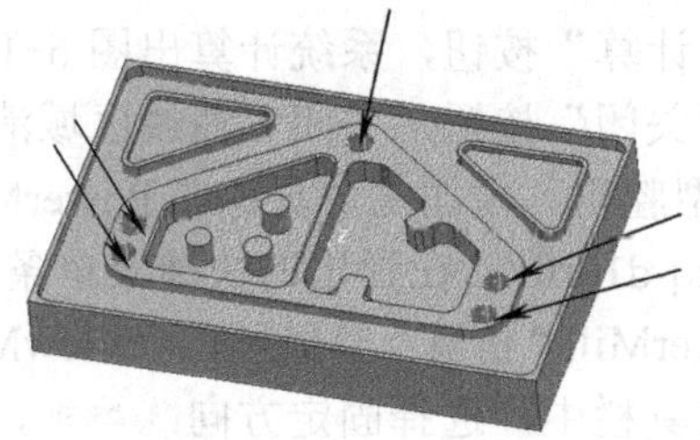

图 6-115 孔

2）计算钻孔刀路：在 PowerMill“开始”功能区的“创建刀具路径”工具栏中，单击刀具路径按钮，打开“策略选取器”对话框，单击“钻孔”选项，调出“钻孔”选项卡，在该选项卡中选择“钻孔”，单击“确定”按钮，打开“钻孔”对话框，按图 6-116 所示设置参数。

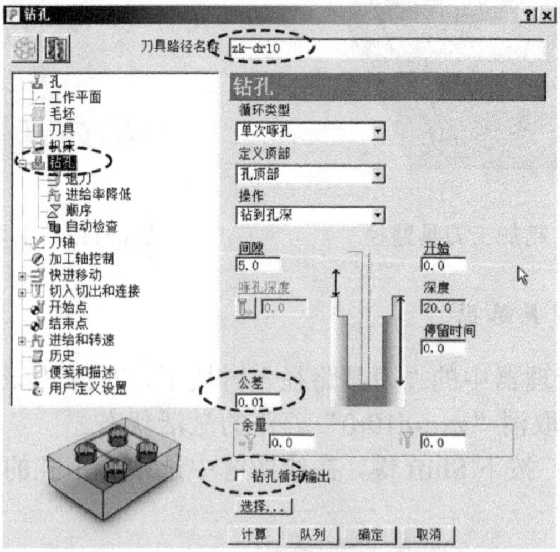

图 6-116 设置钻孔参数

在“钻孔”对话框的“钻孔”选项卡中，单击“选择...”按钮，打开“特征选择”对话框，按图 6-117 所示选择要加工的孔，单击“选择”“关闭”按钮，完成待加工孔的选定。

在策略树中，单击“刀具”树枝，调出“钻头”选项卡，按图 6-118 所示选择刀具。

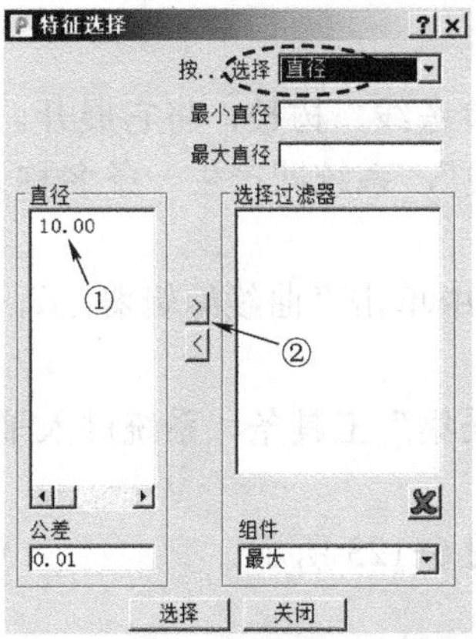

图 6-117　选择加工孔

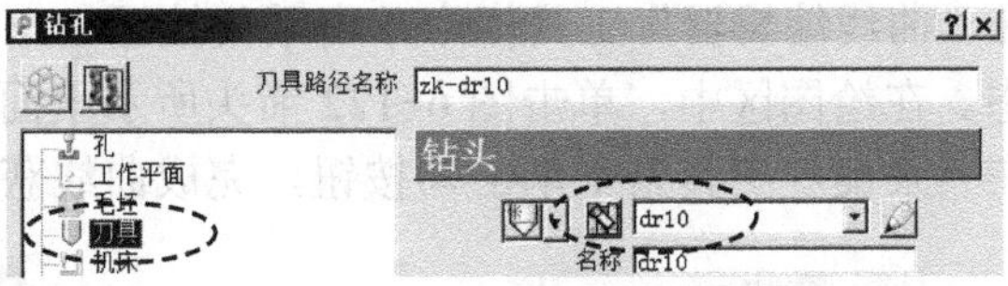

图 6-118　选择刀具

在策略树中，单击“进给和转速”树枝，调出“进给和转速”选项卡，按图 6-119 所示设置进给和转速参数。

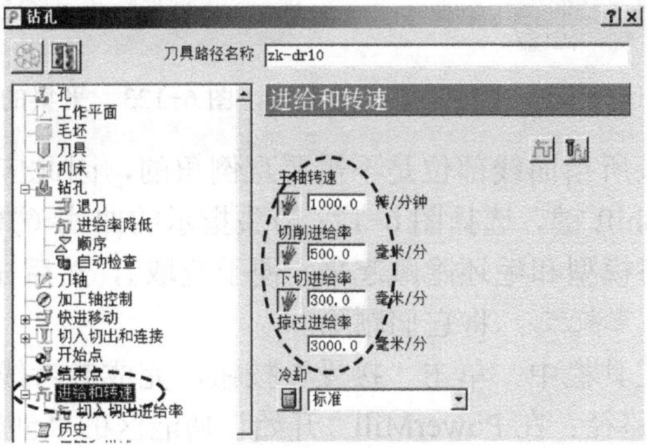

图 6-119　设置钻孔进给和转速参数

单击“计算”按钮，系统计算出图 6-120 所示钻孔刀具路径。

单击“关闭”按钮，关闭“钻孔”对话框。

3）钻孔加工仿真：在 PowerMill 资源管理器的“刀具路径”树枝下，右击刀具路径“zk-dr10”，在弹出的快捷菜单条中单击“自开始仿真”。

在 PowerMill“仿真”功能区的“ViewMill”工具栏中，单击“模式”下的小三角形模式，在展开的工具栏中，选择固定方向固定方向。

在 PowerMill“仿真”功能区的“仿真控制”工具栏中，单击运行按钮运行，系统即开始仿真切削，仿真结果如图 6-121 所示。

在 PowerMill“仿真”功能区的“ViewMill”工具栏中，单击“模式”下的小三角形模式，在展开的工具栏中，选择无图像无图像，返回编程状态。

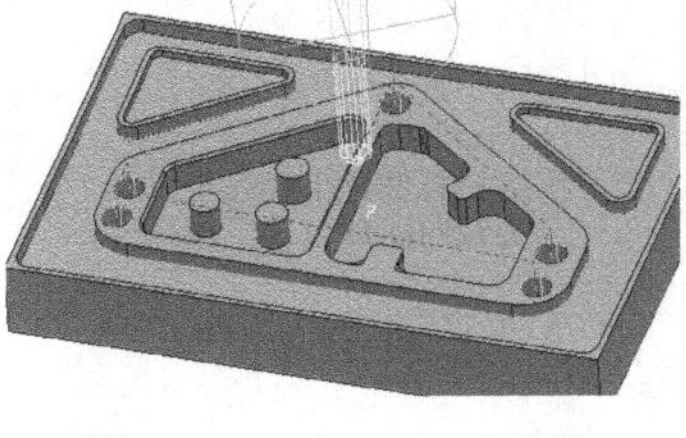

图 6-120　钻孔刀具路径

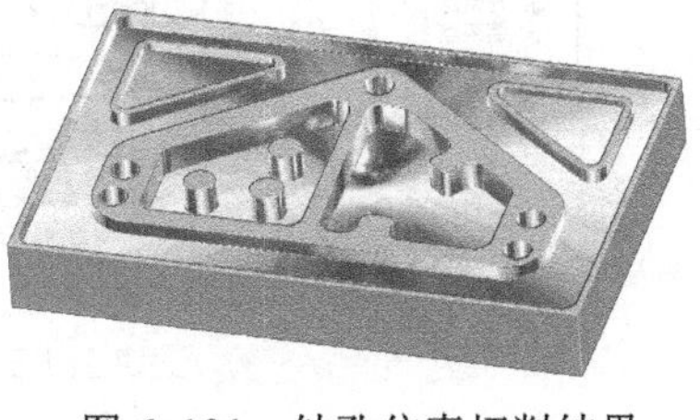

图 6-121　钻孔仿真切削结果

步骤八　计算直倒角加工刀路

1）创建参考线：在 PowerMill 资源管理器中，双击“参考线”树枝，将它展开。右击“参考线”树枝，在弹出的快捷菜单条中单击“创建参考线”，系统即产生一条名称为 4、内容为空白的参考线。

在“参考线”树枝下，右击“4”，在弹出的快捷菜单条中单击“曲线编辑器...”，调出“曲线编辑器”工具栏。

在“曲线编辑器”工具栏中单击采集按钮，调出“采集”工具条，系统进入采集元素状态。在绘图区中，单击图 6-122 箭头所示平面。

在“采集”工具条中单击勾按钮，完成曲线获取，如图 6-123 所示。

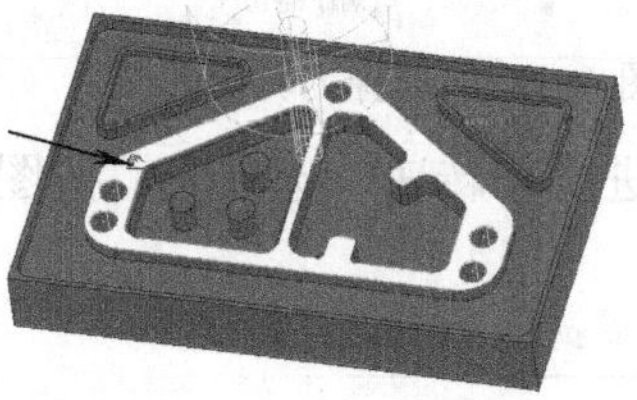

图 6-122　选择平面

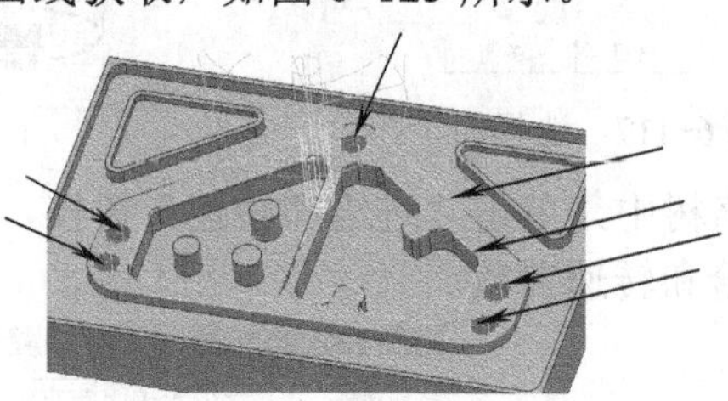

图 6-123　采集的曲线

在图 6-123 中，箭头所指曲线部位是不需要直倒角的，因此应该删除这些曲线。

在绘图区中，按下 Shift 键，选择图 6-123 箭头指示的曲线（共 7 条，只留下倒角边上的边，选择之前可以先将模型和毛坯隐藏起来，便于选取），然后在“曲线编辑器”工具栏中，单击删除已选按钮✕删除已选，将它们删除。

在“曲线编辑器”工具栏中，单击“接受”按钮，完成参考线 4 的创建。

2）计算平倒角刀具路径：在 PowerMill“开始”功能区的“创建刀具路径”工具栏中，单击刀具路径按钮，打开“策略选取器”对话框，单击“曲线加工”选项，调出“曲线加工”选项卡，在该选项卡中选择“平倒角铣削”，单击“确定”按钮，打开“平倒角铣削”对话框，按图 6-124 所示设置参数。

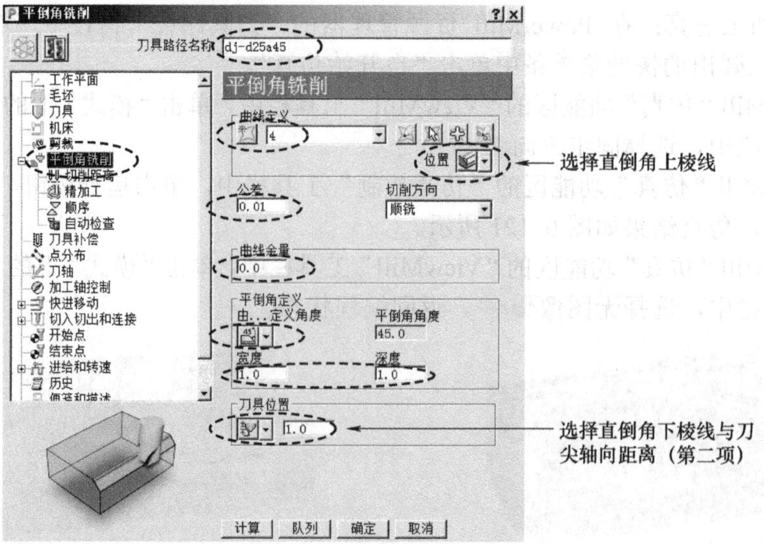

图 6-124　设置平倒角铣削参数

在“平倒角铣削”选项卡的“曲线定义”栏，单击交互修改可加工段按钮，调出“加工段”工具栏，同时在绘图区系统会显示出刀具与曲线的位置关系及铣削方向，如图 6-125 所示。

由图 6-125 可见，刀具位于曲线的外围侧，这是不正确的。在“加工段”工具栏中，单击反向按钮，将刀具置于曲线内侧。单击“接受”按钮，退出编辑加工段环境。

在策略树中，单击“刀具”树枝，调出“锥度圆角端铣刀”选项卡，按图 6-126 所示选择刀具。

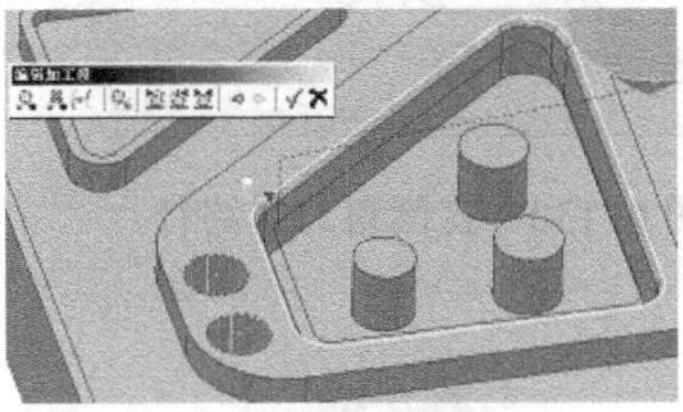

图 6-125　编辑加工段

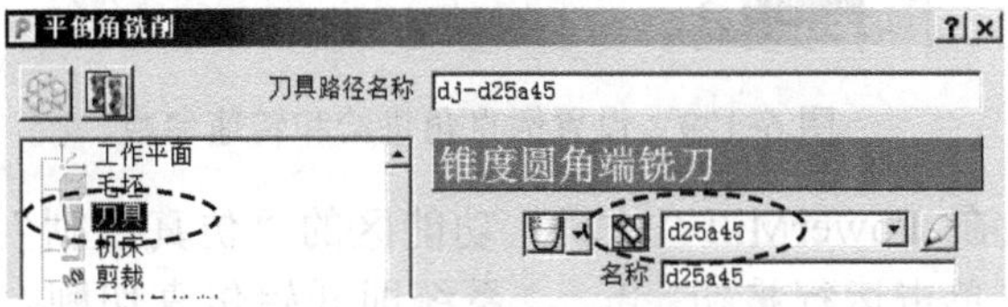

图 6-126　选择刀具

在策略树中，单击“切削距离”树枝，调出“切削距离”选项卡，按图 6-127 所示设置切削距离参数。

在策略树中，单击“精加工”树枝，调出“精加工”选项卡，按图 6-128 所示设置精加工参数。

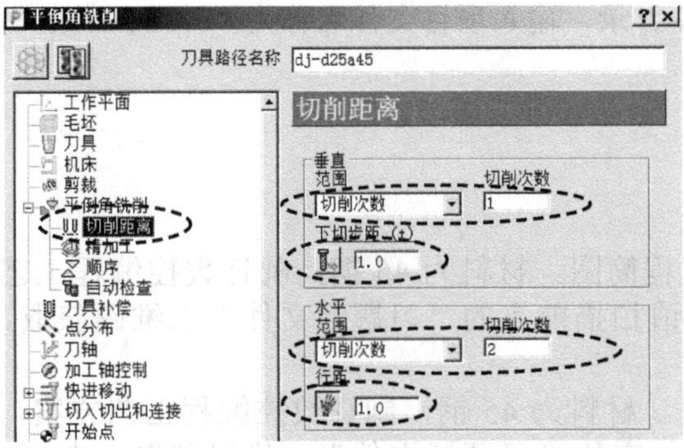

图 6-127　设置切削距离参数

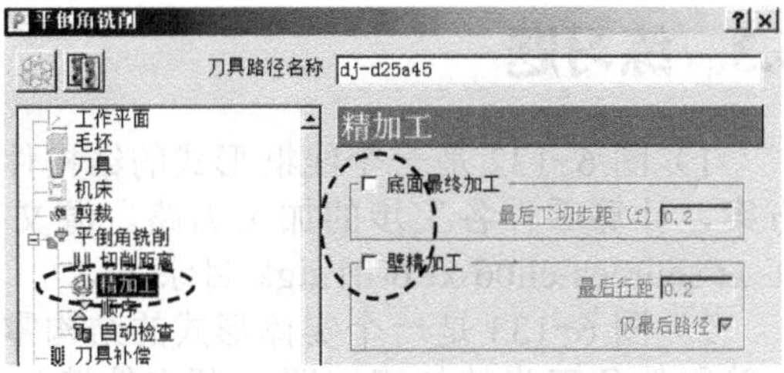

图 6-128　设置精加工参数

在策略树中，单击“进给和转速”树枝，调出“进给和转速”选项卡，按图 6-129 所示设置进给和转速参数。

单击“计算”按钮，系统计算出图 6-130 所示直倒角刀具路径。

单击“关闭”按钮，关闭“平倒角铣削”对话框。

3）直倒角加工仿真：在 PowerMill 资源管理器的“刀具路径”树枝下，右击刀具路径“dj-d25a45”，在弹出的快捷菜单条中单击“自开始仿真”。

在 PowerMill“仿真”功能区的“ViewMill”工具栏中，单击“模式”下的小三角形模式，在展开的工具栏中，选择固定方向固定方向。

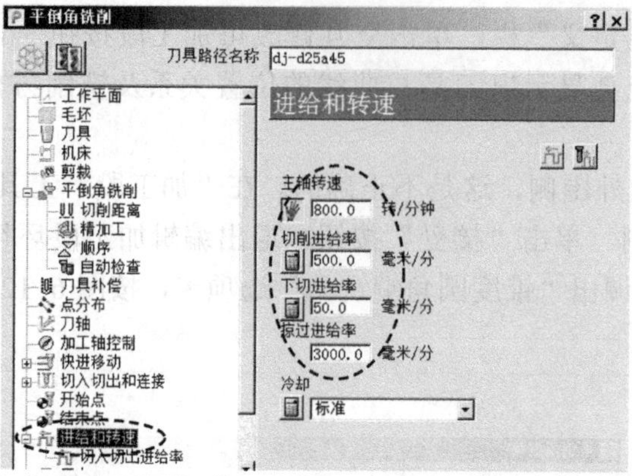

图 6-129 设置倒直角进给和转速参数

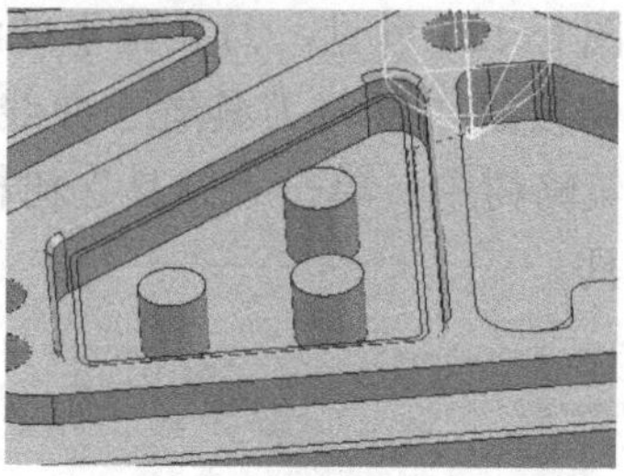

图 6-130 直倒角刀具路径

在 PowerMill“仿真”功能区的“仿真控制”工具栏中，单击运行按钮▶运...，系统即开始仿真切削，仿真结果如图 6-131 所示。

在 PowerMill“仿真”功能区的“ViewMill”工具栏中，单击“模式”下的小三角形模式，在展开的工具栏中，选择无图像无图像，返回编程状态。

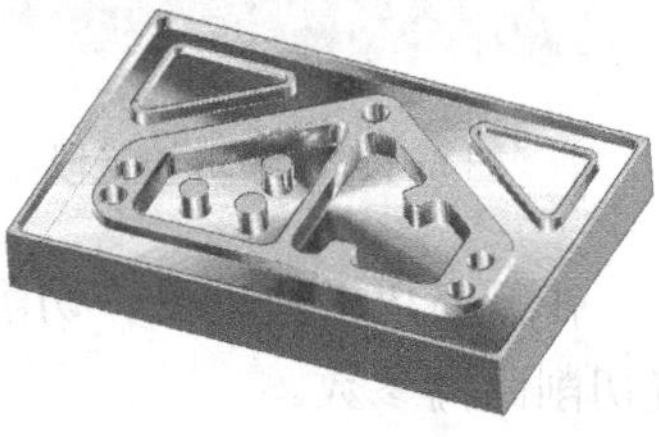

图 6-131 直倒角加工仿真结果

步骤九 保存项目文件

在 PowerMill 功能区中，单击“文件”→“保存”，打开“保存项目为”对话框，选择 E:\PM2019EX 目录，输入项目文件名称为“6-02 2dsolid”，单击“保存”按钮，完成项目文件保存操作。

6.3 练习题

1）图 6-132 是一个线框形式的结构件工程简图。材料为 45 钢，制订数控编程工艺方案，计算零件各工步的加工刀路。源文件请扫描前言的“习题源文件”二维码获取，在 xt sources\ch06\xt 6-01.dgk 目录下。

2）图 6-133 是一个实体形式的结构零件。材料为 45 钢，制订数控编程工艺方案，计算零件各工步的加工刀路。源文件请扫描前言的“习题源文件”二维码获取，在 xt sources\ch06\xt 6-02.dgk 目录下。

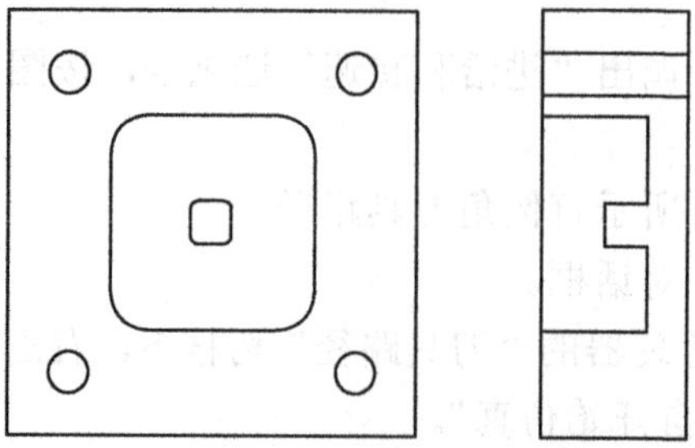

图 6-132 线框形式的二维结构件

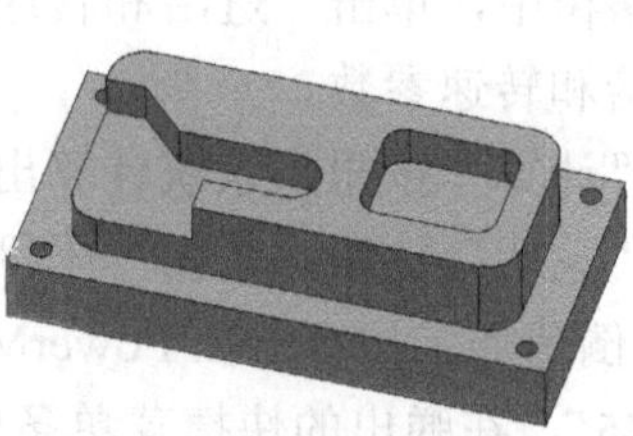

图 6-133 实体形式的二维结构件

第 7 章　手锯柄模具零件三轴数控加工编程实例

📖 本章知识点

✧ 单一三维成型曲面特征零件三轴加工编程完整过程。
✧ 典型钢板模零件加工工艺分析。

图 7-1 所示是一个手锯柄模具零件。

在工程实践中，主要由较单一的三维自由曲面特征构成的零（部）件广泛地存在着，比如人们触手可及的各类家用电器、消费电子产品外壳的塑料模具型芯和型腔零件、各类金属容器的冲压模具型芯和型腔零件，以及工业设计领域中各种整体模型等。

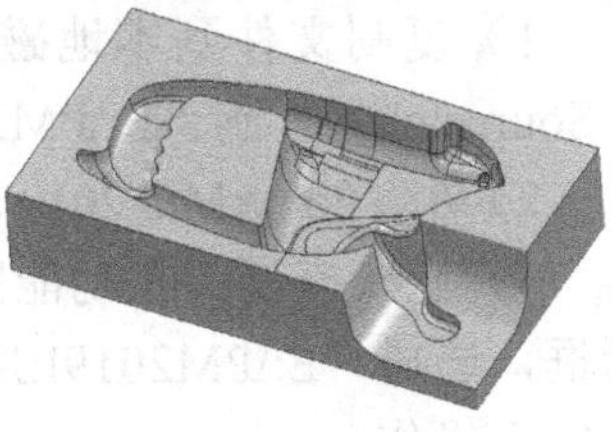

图 7-1　手锯柄模具零件

成型曲面零件的加工工艺一般包括粗加工、半精加工、精加工、清角等工步。根据毛坯及加工对象等具体情况的不同，上述工步的先后顺序可能需要调整。在实际生产中，对于小尺寸零件，一般选择合适尺寸的钢板作为毛坯，俗称钢板模。而对于大尺寸零件，比如说汽车车身侧围覆盖件模具，其尺寸长达 4～6m，直接使用钢板作为毛坯的话，浪费巨大。这时，出于节约材料和降低加工成本方面的考虑，通常就会首先制作出模具的泡沫模型，这个泡沫模型留有加工余量，一些细小特征也未做出来，然后使用该泡沫模型作为型芯，铸造出模具的毛坯。对于此类大型覆盖件拉延模具型面的加工，首先需要进行多次粗清角，接着安排粗加工、精加工和精清角等工步。

7.1　数控编程工艺分析

图 7-1 所示零件，其结构具有以下特点：

1）零件总体尺寸为 203mm×111mm×39mm，毛坯为方坯，六个面已经加工到尺寸。

2）该零件的构成特征主要是三维自由曲面。

3）零件局部结构的间距较狭窄，需要进行二次和三次粗、精加工，以使精加工和清角的余量尽量均匀。零件型面具有较小半径的圆角，需要使用较小直径的刀具来清角。

图 7-1 所示零件总体尺寸较小，可以采用传统的钢板模具数控加工工艺方法，拟按表

7-1 中所示的工艺流程计算该零件的加工刀具路径。

表 7-1 零件数控编程工艺过程

工步号	工步名称	加工策略	加工部位	刀具	铣削用量			
					转速/(r/min)	进给速度/(mm/min)	铣削宽度/mm	背吃刀量/mm
1	粗加工	模型区域清除	零件整体	d20r1 刀尖圆角端铣刀	2500	1000	12	2
2	二次粗加工	模型区域清除（残留）	狭窄槽部位	d6r0 端铣刀	3500	1000	3	0.5
3	三次粗加工	模型区域清除（残留）	狭窄槽部位	d4r0 端铣刀	4000	1000	2	0.5
4	第一次半精加工	最佳等高	全部型面	d10r5 球刀	3000	1500	2	—
5	第二次半精加工	最佳等高	狭窄槽部位	d6r3 球刀	4000	1000	1	—
6	第一次精加工	最佳等高	全部型面	d10r5 球刀	6000	3000	0.7	—
7	第二次精加工	最佳等高	狭窄槽部位	d6r3 球刀	6000	3000	0.7	—
8	清角	清角精加工	全部型面	d4r2 球刀	6000	2000	—	—
9	铣孔	铣孔	ϕ3.91 孔	d3r0 端铣刀	6000	1000	—	0.5

7.2 详细编程过程

操作视频

步骤一 新建加工项目

1）复制文件到本地磁盘：扫描前言的“实例源文件”二维码，下载并复制文件夹“Source\ch07”到“E:\PM2019EX”目录下。

2）启动 PowerMill 2019 软件：双击桌面上的 PowerMill 2019 图标，打开 PowerMill 系统。

3）输入模型：在功能区中，单击“文件”→“输入→“模型”，打开“输入模型”对话框，选择“E:\PM2019EX\ch07\7-01 sjbmj.dgk”文件，然后单击“打开”按钮，完成模型输入操作。

步骤二 准备加工

1）计算毛坯：在 PowerMill“开始”功能区中，单击创建毛坯按钮，打开“毛坯”对话框，按图 7-2 所示设置参数。单击“接受”按钮，关闭该对话框。计算出来的毛坯如图 7-3 所示。

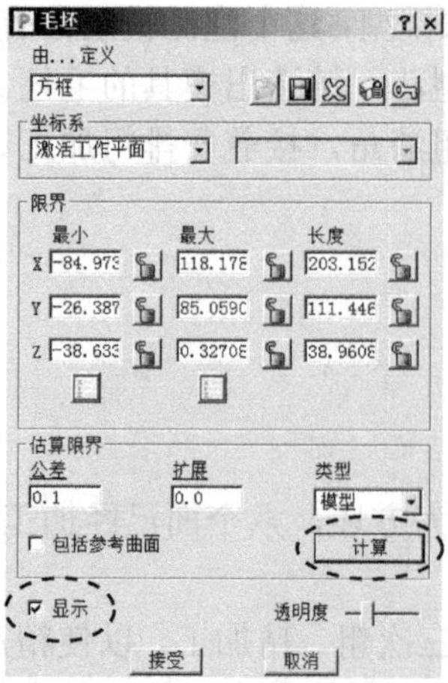

图 7-2 计算毛坯

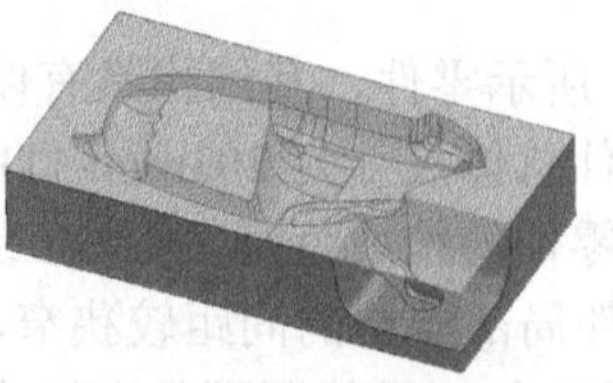

图 7-3 毛坯

2）创建对刀坐标系：在 PowerMill 资源管理器中，右击“工作平面”树枝，在弹出的快捷

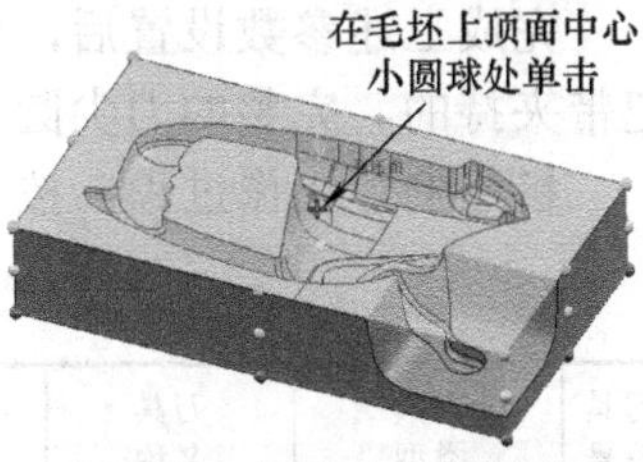

图 7-4　创建对刀坐标系

菜单条中单击“创建并定向工作平面”→“使用毛坯定位工作平面”，在绘图区图 7-4 所示毛坯上顶面中心点位置小圆球处单击，创建出工作平面“1”。

双击“工作平面”树枝，将它展开。右击该树枝下的工作平面“1”，在弹出的快捷菜单条中单击“激活”，将工作平面 1 设置为当前编程坐标系（也即对刀坐标系）。

此时，可见绘图区中的毛坯移动到了一个不正确的位置，这是由于毛坯原点改变而导致的。解决的办法是，重复执行上一步计算毛坯的操作，打开“毛坯”对话框，单击“计算”按钮，再次计算毛坯即可算出位置正确的毛坯。

右击绘图区的空白地方，在弹出的快捷菜单条中单击“显示世界坐标系”，即可把绘图区中的世界坐标系隐藏。

3）创建刀具：在 PowerMill 资源管理器中，右击“刀具”树枝，在弹出的快捷菜单条中单击“产生刀具”→“刀尖圆角端铣刀”，打开“刀尖圆角端铣刀”对话框，按图 7-5 所示设置刀具切削刃部分的参数。单击“刀尖圆角端铣刀”对话框中的“刀柄”选项卡，按图 7-6 所示设置刀柄部分参数。

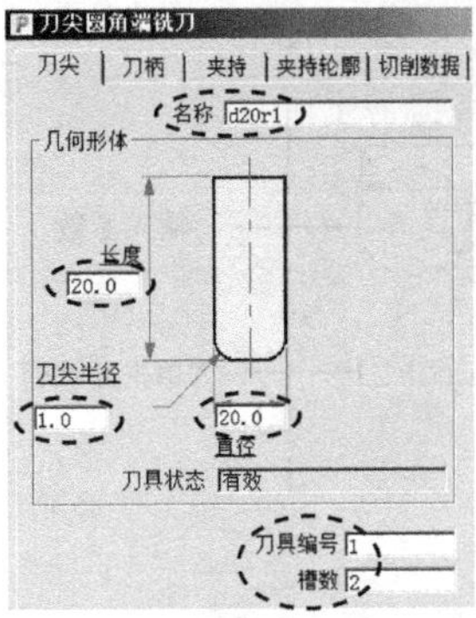

图 7-5　“d20r1”切削刃部分参数设置

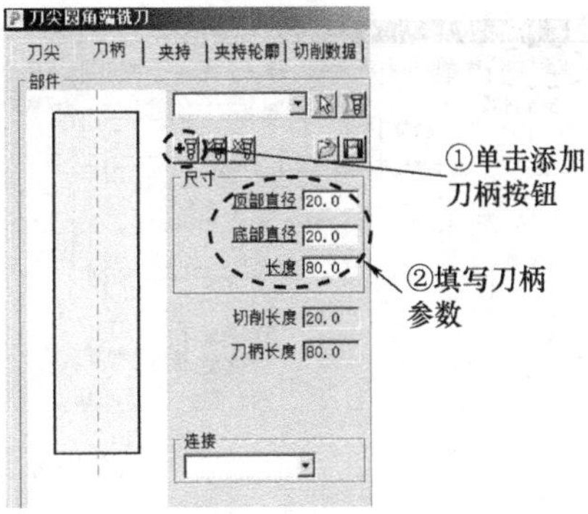

图 7-6　“d20r1”刀柄部分参数设置

单击“刀尖圆角端铣刀”对话框中的“夹持”选项卡，按图 7-7 所示设置刀具夹持部分参数。

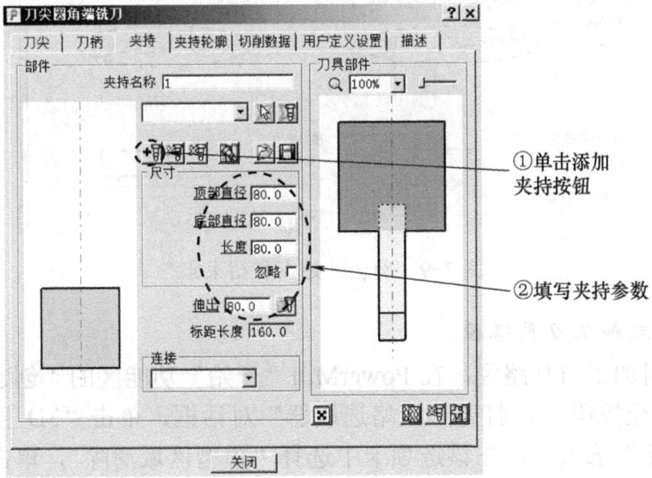

图 7-7　“d20r1”刀具夹持部分参数设置

完成上述参数设置后，单击“刀尖圆角端铣刀”对话框中的“关闭”按钮，创建出一把带夹持的、完整的刀尖圆角端铣刀“d20r1”。

参照上述操作过程，按表 7-2 所示创建出加工此零件的全部刀具。

表 7-2　其余刀具参数　（单位：mm）

刀具编号	刀具类型	刀具名称	切削刃直径	切削刃长度	刀柄直径（顶/底）	刀柄长度	夹持直径（顶/底）	夹持长度	伸出夹持长度
2	端铣刀	d6r0	6	25	6	50	80	60	60
3	端铣刀	d4r0	4	25	4	50	80	60	60
4	球头刀	d10r5	10	25	10	50	80	60	60
5	球头刀	d6r3	6	20	6	50	80	60	60
6	球头刀	d4r2	4	20	4	50	80	60	60
7	端铣刀	d3r0	3	20	3	50	80	60	60

4）设置快进高度：在 PowerMill“开始”功能区中，单击刀具路径连接按钮 刀具路径连接，打开“刀具路径连接”对话框，在“安全区域”选项卡中，按图 7-8 所示设置快进高度参数，设置完参数后不要关闭对话框。

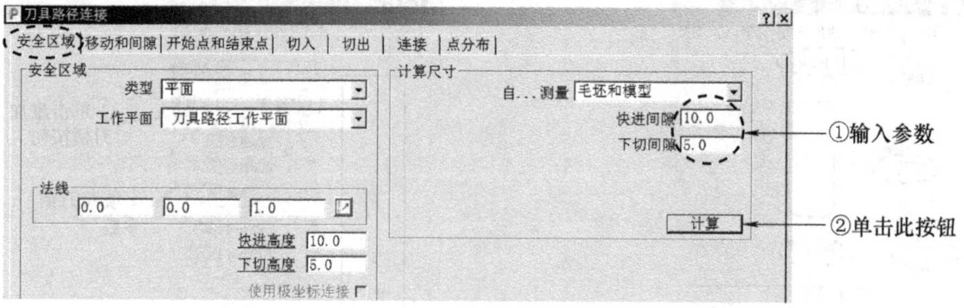

图 7-8　设置快进高度

5）确认加工开始点和结束点：在“刀具路径连接”对话框中，切换到“开始点和结束点”选项卡，按图 7-9 所示确认开始点和结束点，单击“接受”按钮关闭对话框。

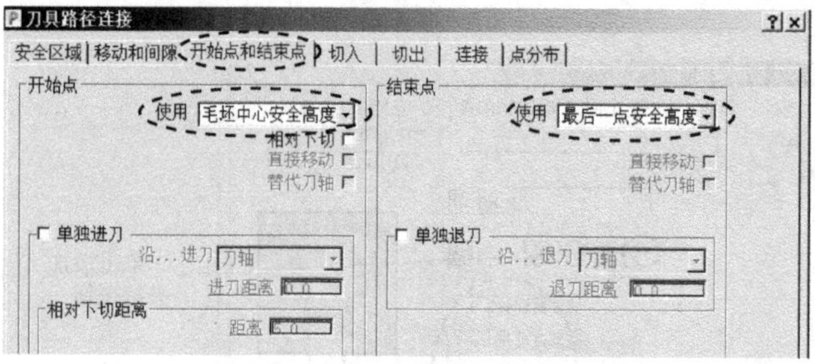

图 7-9　确认开始点和结束点

步骤三　计算粗加工刀具路径

1）计算高速粗加工刀具路径：在 PowerMill“开始”功能区的“创建刀具路径”工具栏中，单击刀具路径按钮，打开“策略选取器”对话框，单击“3D 区域清除”选项，调出“3D 区域清除”选项卡，在该选项卡中选择“模型区域清除”，单击“确定”按钮，打开“模型区域清除”对话框，按图 7-10 所示设置参数。

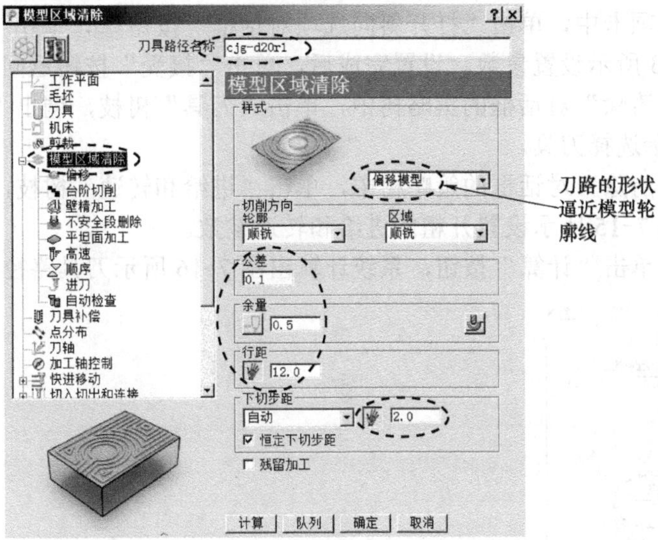

图 7-10　设置粗加工参数

在“模型区域清除”对话框的策略树中，单击“高速”树枝，按图 7-11 所示设置参数。

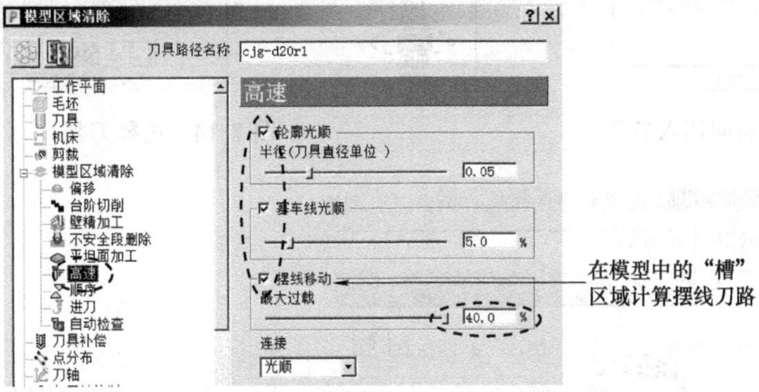

图 7-11　设置高速加工参数

在策略树中，单击“切入切出和连接”树枝，展开它。单击“切入”树枝，调出“切入”选项卡，按图 7-12 所示设置参数。

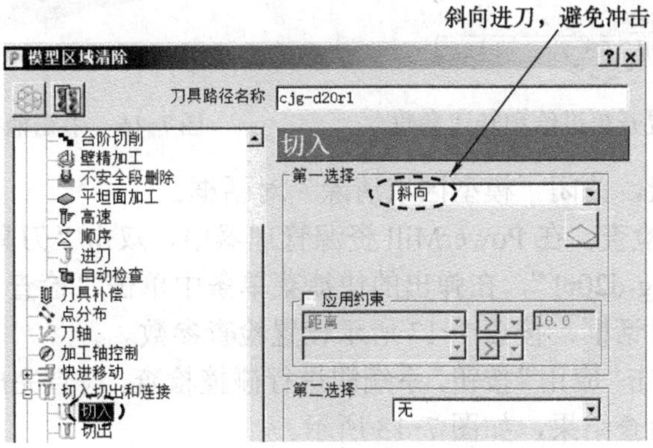

图 7-12　设置切入参数

在“切入”选项卡中，单击“打开斜向选项对话框”按钮，调出“斜向切入选项”对话框，按图 7-13 所示设置参数。设置完成后，单击“接受”按钮返回。

在“模型区域清除”对话框的策略树中，单击“刀具”树枝，调出“刀尖半径”选项卡，按图 7-14 所示选择刀具。

在“模型区域清除”对话框的策略树中，单击“进给和转速”树枝，调出“进给和转速”选项卡，按图 7-15 所示设置开粗的进给和转速参数。

设置完成后，单击“计算”按钮，系统计算出图 7-16 所示刀具路径。

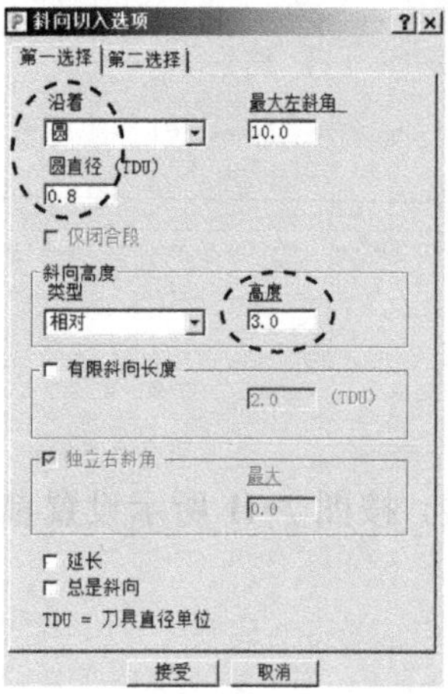

图 7-13　设置斜向切入参数

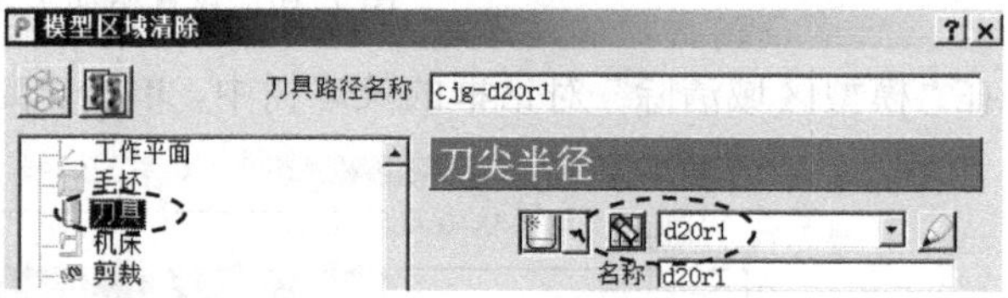

图 7-14　选择刀具

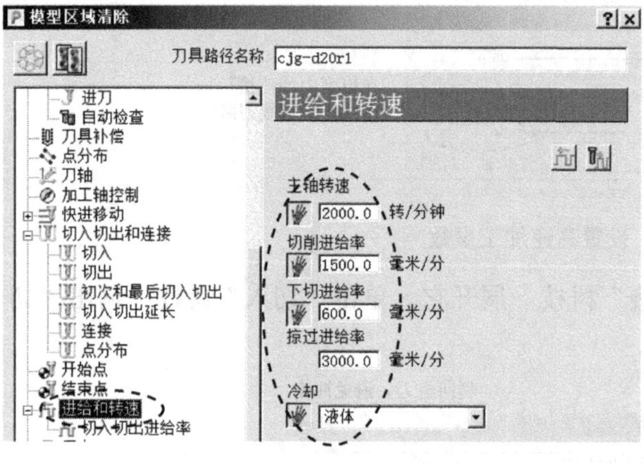

图 7-15　设置开粗进给和转速参数

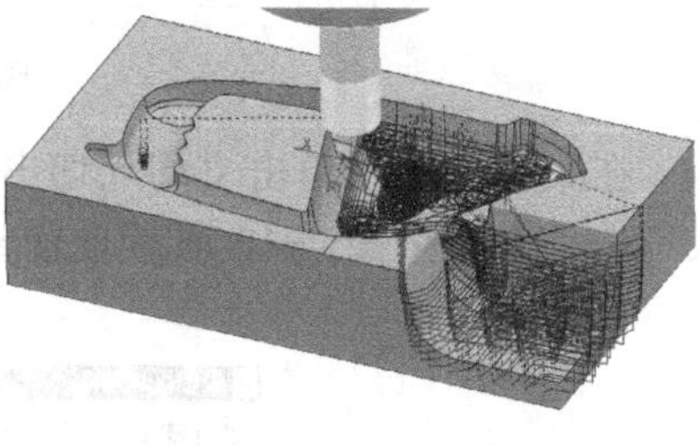

图 7-16　手锯柄模具零件粗加工刀具路径

单击“关闭”按钮，关闭“模型区域清除”对话框。

2）刀具路径碰撞检查：在 PowerMill 资源管理器中，双击“刀具路径”树枝，将它展开。右击刀具路径“cjg-d20r1”，在弹出的快捷菜单条中单击“检查”→“刀具路径”，打开“刀具路径检查”对话框，按图 7-17 所示设置检查参数。

设置完参数后，单击“应用”按钮，系统即进行碰撞检查。检查完成后，弹出“PowerMill 信息”对话框，提示检查结果，如图 7-18 所示。

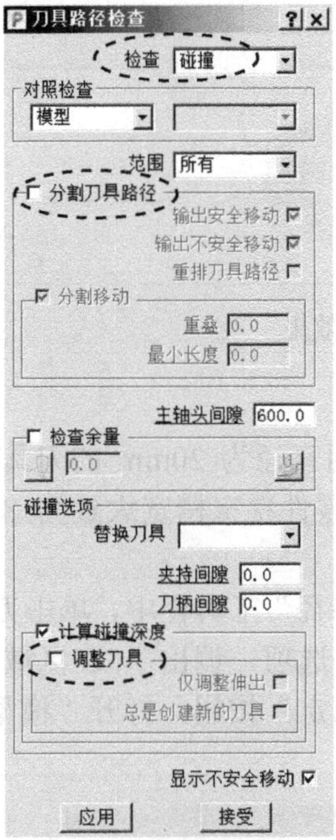

图 7-17 碰撞检查参数设置

图 7-18 碰撞检查结果

单击“确定”“接受”按钮，退出碰撞检查环境。

技巧

在三维成型曲面零件的编程过程中，执行碰撞检查是非常有必要的，特别是具有多个不相邻型腔、槽的零件以及型腔或凸台高度尺寸较大的零件，由于结构复杂，肉眼往往难以判断准确，PowerMill 系统提供的碰撞检查功能可有效地解决这一问题。

步骤四 粗加工高质量切削仿真

1）在 PowerMill 绘图区右侧的查看工具栏中，将鼠标移动到 ISO1 视角按钮上，在弹出的扩展工具条上，单击 ISO4 视角按钮，将模型和刀路调整到 ISO4 视角。

2）在 PowerMill 资源管理器的“刀具路径”树枝下，右击刀具路径“cjg-d20r1”，在弹出的快捷菜单条中单击“自开始仿真”。

3）在 PowerMill“仿真”功能区的“ViewMill”工具栏中，单击开/关 ViewMill 按钮，激活 ViewMill 工具。

4）在 PowerMill“仿真”功能区的“ViewMill”工具栏中，单击“模式”下的小三角形模式，在展开的工具栏中，选择固定方向固定方向。单击“阴影”下的小三角形阴影，在展开的工具栏中，选择闪亮闪亮，绘图区转换到金属材质的切削仿真环境。

5）在 PowerMill“仿真”功能区的“仿真控制”工具栏中，单击运行按钮运…，系统即开始仿真切削，仿真结果如图 7-19 所示。

6）在 PowerMill“仿真”功能区的“ViewMill”工具栏中，单击“模式”下的小三角形模式，在展开的工具栏中，选择无图像无图像，返回编程状态。

图 7-19　零件开粗效果

步骤五　计算二次粗加工刀具路径

由图 7-19 所示粗加工切削仿真结果可见，使用直径为 20mm 的刀具进行粗加工后，零件的狭长槽部位还没有被切削到。经测量得知，零件狭窄槽宽大致为 8mm 以下，拟使用直径为 6mm 的端铣刀进行二次粗加工。

1）在 PowerMill“开始”功能区的“创建刀具路径”工具栏中，单击刀具路径按钮，打开“策略选取器”对话框，单击“3D 区域清除”选项，调出“3D 区域清除”选项卡，在该选项卡中选择“模型残留区域清除”，单击“确定”按钮，打开“模型残留区域清除”对话框，按图 7-20 所示设置参数。

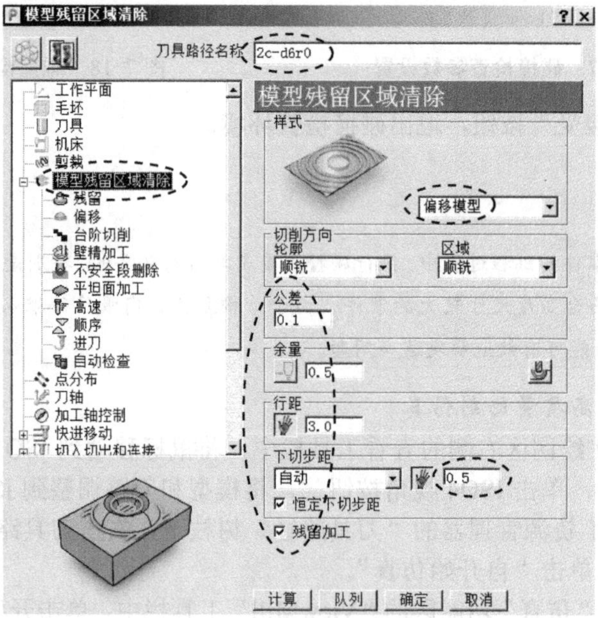

图 7-20　设置二次粗加工参数

在“模型残留区域清除”对话框的策略树中，单击“刀具”树枝，调出“刀具”选项卡，按图 7-21 所示选择刀具。

在“模型残留区域清除”对话框的策略树中，单击“残留”树枝，调出“残留”选项卡，按图 7-22 所示设置残留参数。

在“模型残留区域清除”对话框的策略树中，单击“高速”树枝，调出“高速”选项卡，按图 7-23 所示设置高速参数。

在“模型残留区域清除”对话框的策略树中，单击“进给和转速”树枝，调出“进给和转速”选项卡，按图 7-24 所示设置进给和转速参数。

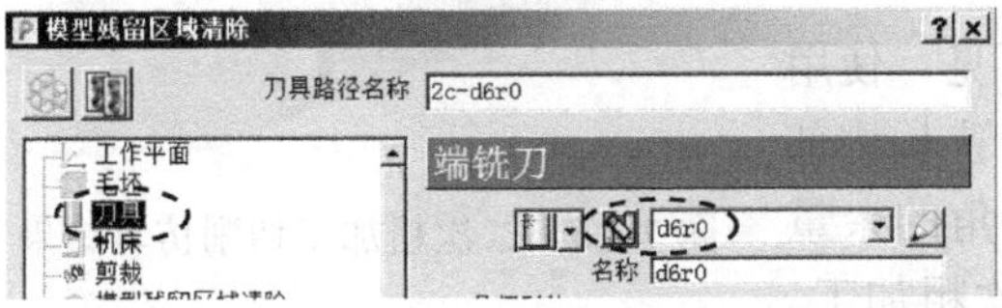

图 7-21　选择二次粗加工刀具

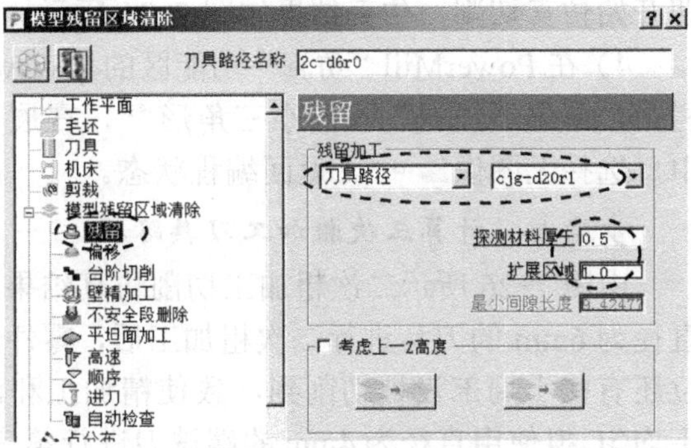

图 7-22　设置残留参数

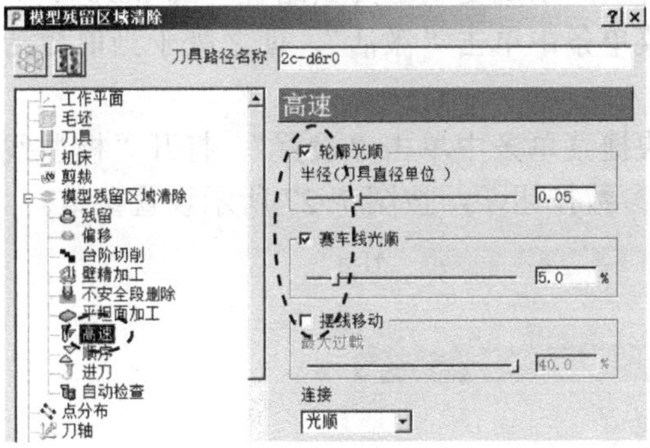

图 7-23　设置高速参数

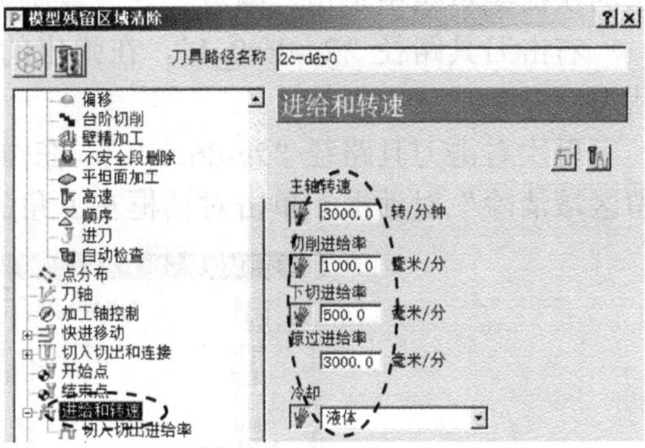

图 7-24　设置第二次粗加工进给和转速参数

设置完成后，单击“计算”按钮，系统计算出图 7-25 所示刀具路径。

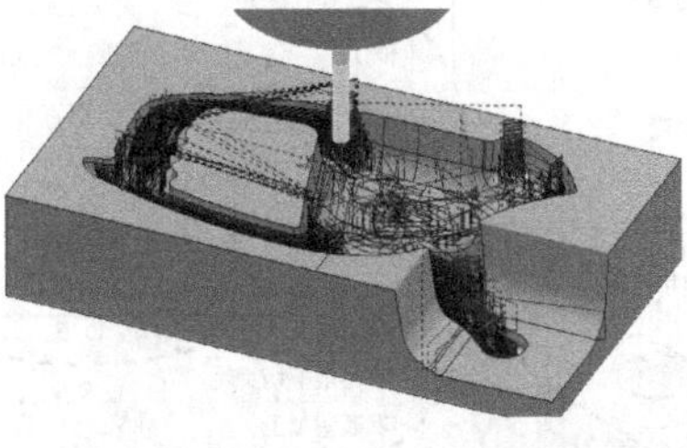

图 7-25　手锯柄模具零件二次粗加工刀具路径

单击“关闭”按钮，关闭“模型残留区域清除”对话框。

2）二次粗加工碰撞检查：参照步骤三第 2）小步的操作方法，对二次粗加工刀具路径进行碰撞检查。

步骤六　二次粗加工高质量仿真

1）在 PowerMill 资源管理器的“刀具路径”树枝下，右击刀具路径“2c-d6r0”，在弹出的快捷菜单条中单击“自开始仿真”。

2）在 PowerMill“仿真”功能区的“ViewMill”工具栏中，单击“模式”下的小三角形 模式，在展开的工具栏中，选择固定方向 固定方向。

3）在 PowerMill“仿真”功能区的“仿真控制”工具栏中，单击运行按钮▶运...，系统即开始仿真切削，仿真结果如图 7-26 所示。

4）在 PowerMill“仿真”功能区的“ViewMill”工具栏中，单击“模式”下的小三角形模式，在展开的工具栏中，选择无图像无图像，返回编程状态。

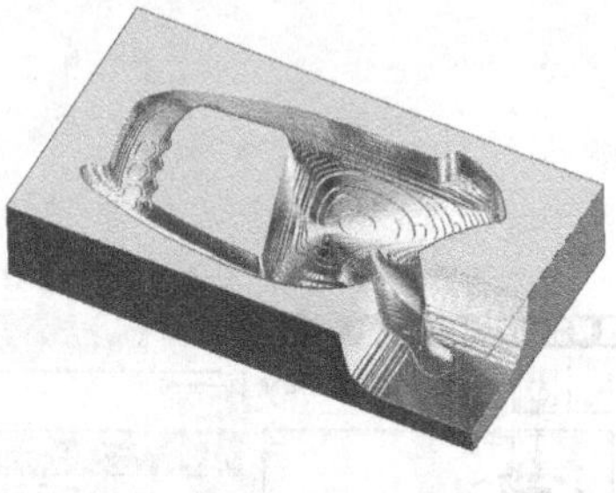

图 7-26　二次粗加工切削仿真结果

步骤七　计算三次粗加工刀具路径

由图 7-26 所示二次粗加工切削仿真结果可见，使用直径为 6mm 的刀具进行二次粗加工后，零件的狭长槽部位还有些小局部没被切削到，致使精加工和清角的余量不均匀。拟使用直径为 4mm 的端铣刀进行第三次粗加工。

1）在 PowerMill 资源管理器的“刀具路径”树枝下，右击刀具路径“2c -d6r0”，在弹出的快捷菜单条中单击“编辑”→“复制刀具路径”，系统复制出刀具路径“2c-d6r0_1”。

右击刀具路径“2c-d6r0_1”，在弹出的快捷菜单条中单击“激活”，使之处于当前激活状态。

再次右击刀具路径“2c-d6r0_1”，在弹出的快捷菜单条中单击“设置”，打开“模型残留区域清除”对话框，单击对话框左上角的编辑参数按钮，按图 7-27 所示设置参数。

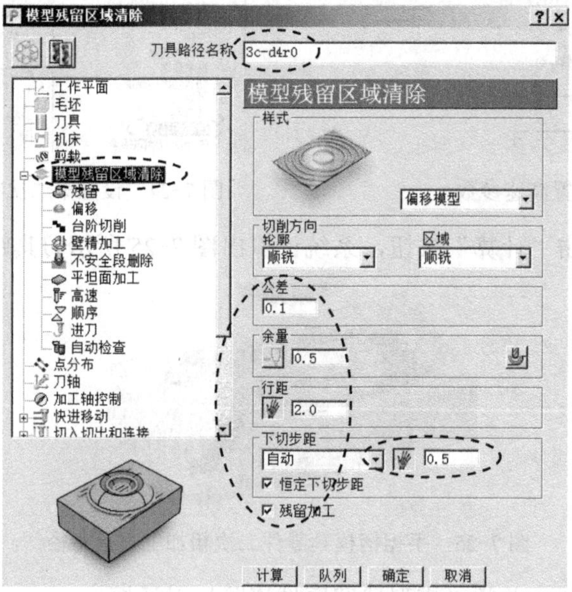

图 7-27　设置三次粗加工参数

在“模型残留区域清除”对话框的策略树中，单击“刀具”树枝，调出“刀具”选项卡，按图 7-28 所示选择刀具。

在“模型残留区域清除”对话框的策略树中，单击“残留”树枝，调出“残留”选项卡，按图 7-29 所示设置残留参数。

请读者注意，第三次粗加工的对象应该是第二次粗加工刀具路径的残留模型，因此图 7-29 中设置残留加工刀具路径为“2c-d6r0”。

在“模型残留区域清除”对话框的策略树中，单击“进给和转速”树枝，调出“进给和转速”选项卡，按图 7-30 所示设置进给和转速参数。

设置完成后，单击“计算”按钮，系统弹出图 7-31 所示信息对话框，单击“确定”按钮完成计算，第三次粗加工刀具路径如图 7-32 所示。

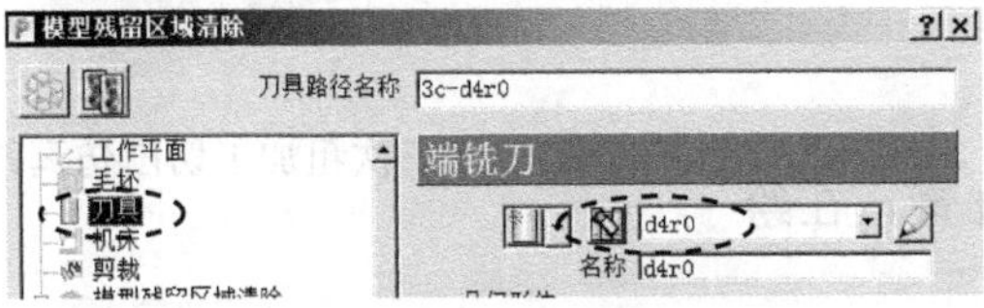

图 7-28　选择三次粗加工刀具

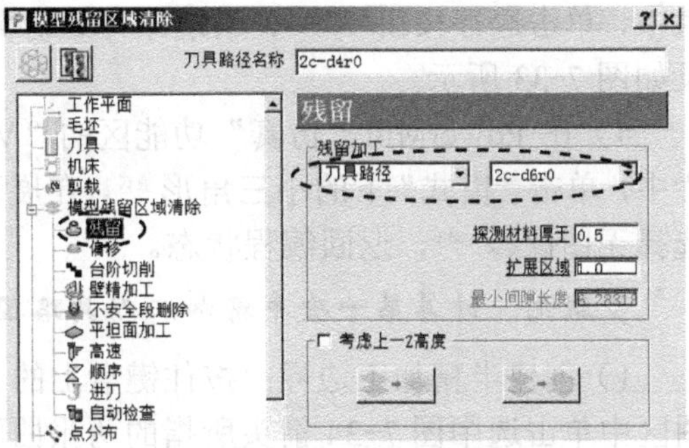

图 7-29　设置残留参数

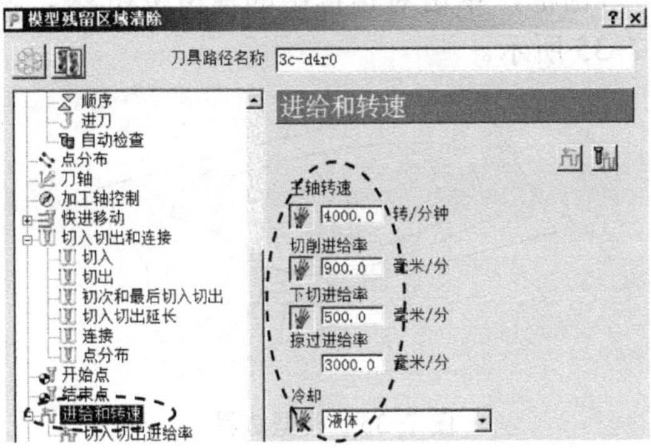

图 7-30　设置第三次粗加工进给和转速参数

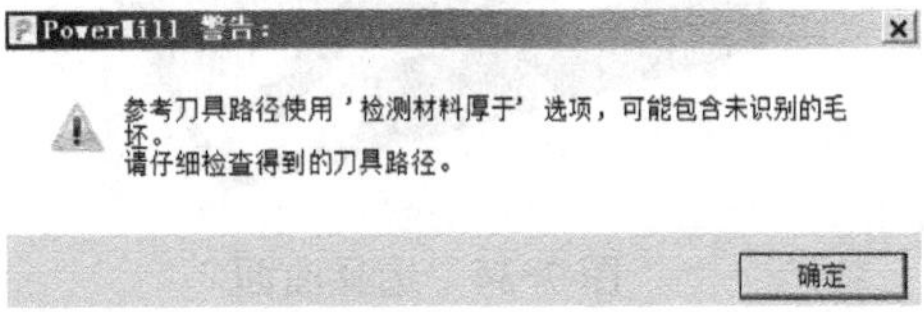

图 7-31　PowerMill 警告信息

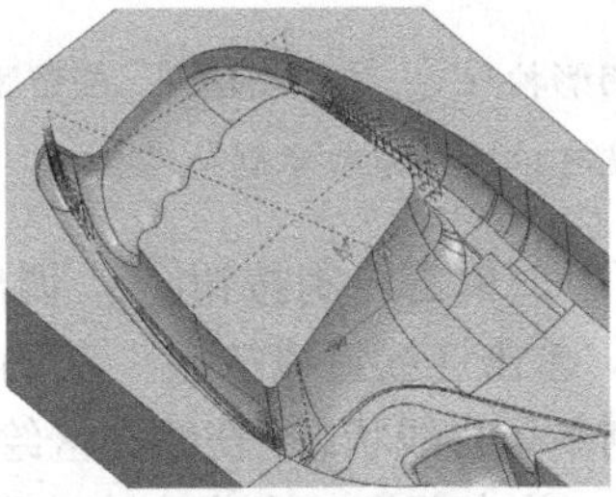

图 7-32　手锯柄模具零件第三次粗加工刀具路径

单击“关闭”按钮，关闭“模型残留区域清除”对话框。

2）第三次粗加工碰撞和过切检查：参照步骤三第 2）小步的操作方法，对第三次粗加工刀具路径进行碰撞检查。

再次执行刀具路径检查命令，将图 7-17 所示“刀具路径检查”对话框中的“检查”选项设置为“过切”，然后单击“应用”按钮执行过切检查。

步骤八　第三次粗加工高质量仿真

1）在 PowerMill 资源管理器的“刀具路径”树枝下，右击刀具路径“3c-d4r0”，在弹出的快捷菜单条中单击“自开始仿真”。

2）在 PowerMill“仿真”功能区的“ViewMill”工具栏中，单击“模式”下的小三角形 模式，在展开的工具栏中，选择固定方向 固定方向。

3）在 PowerMill“仿真”功能区的“仿真控制”工具栏中，单击运行按钮 运行，系统即开始仿真切削，仿真结果如图 7-33 所示。

4）在 PowerMill“仿真”功能区的“ViewMill”工具栏中，单击“模式”下的小三角形 模式，在展开的工具栏中，选择无图像 无图像，返回编程状态。

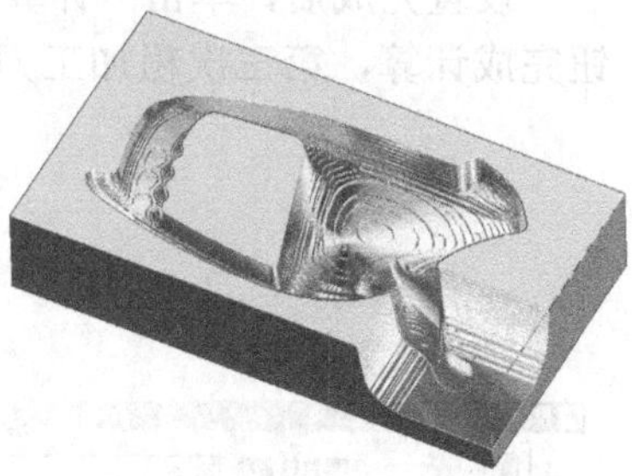

图 7-33　第三次粗加工切削仿真结果

步骤九　计算第一次半精加工刀具路径

1）创建半精加工边界：按住键盘上的 Shift 键，在绘图区中单击选中图 7-34 箭头所指的两张曲面。

在 PowerMill 资源管理器中，右击“边界”树枝，在弹出的快捷菜单条中单击“创建边界”→“用户定义”，打开“用户定义边界”对话框，单击对话框中的模型按钮，将所选择的曲面轮廓线直接转换为边界线，如图 7-35 所示。

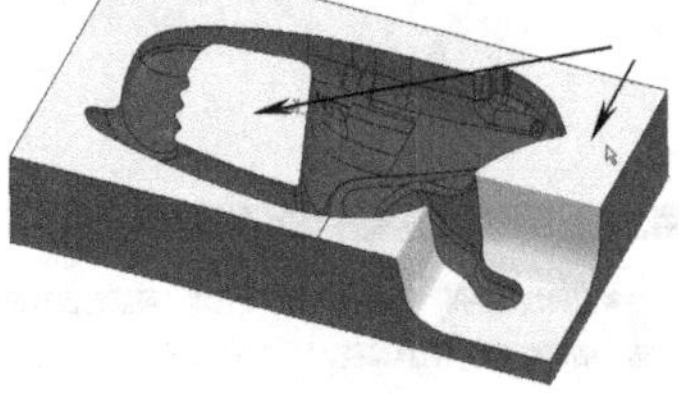

图 7-34　选择曲面

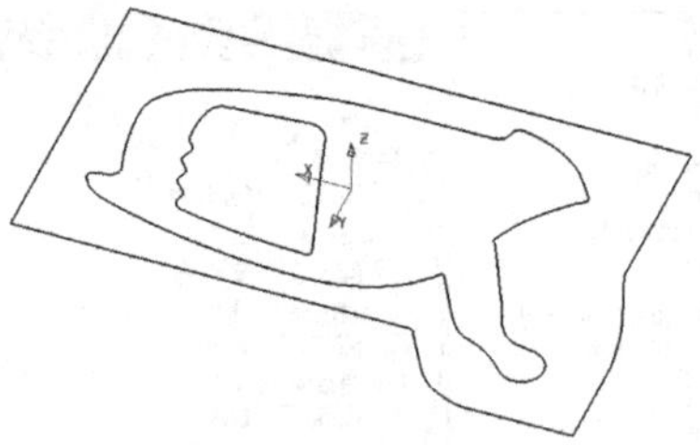

图 7-35　模型边界

技巧

在“查看”工具栏中，单击普通阴影按钮，使模型隐藏。在资源管理器中，单击刀具路径“3c-d4r0”树枝前的小灯泡，使之熄灭，这样就可以清楚地观察到边界线了。

在“用户定义边界”对话框中，单击绘制按钮，调出“曲线编辑器”工具栏。

在“曲线编辑器”工具栏中，单击连续直线按钮下的小三角形，在弹出的工具条中单击单段直线按钮，系统进入绘制单条直线状态。在绘图区绘制图 7-36 箭头所示的两段直线。

在“曲线编辑器”工具栏中，单击剪切（在指定点中断曲线）按钮，首先在绘图区单击图 7-37 箭头所示曲线（注意单击在图中箭头所指位置处）。

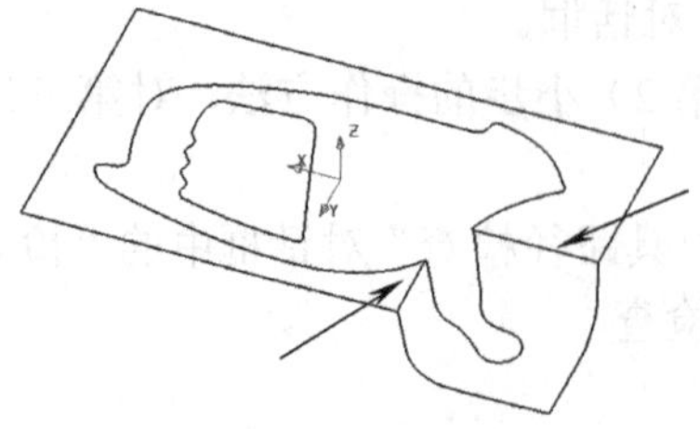

图 7-36　绘制直线

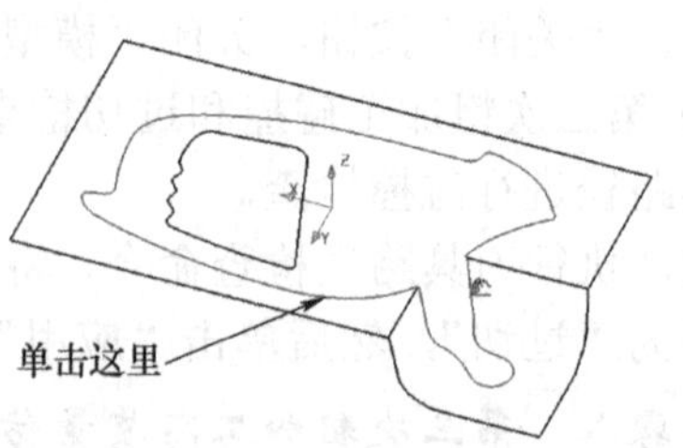

图 7-37　选择曲线

然后在图 7-38 箭头所示两条直线段的末端点位置处单击，将曲线在这两个末端点处分割。

在绘图区中单击图 7-39 箭头所示外围线框，然后单击图 7-39 所示两条直线段的末端点处，将外围线在这两个末端点处分割（注意按图中的顺序号单击直线端点）。

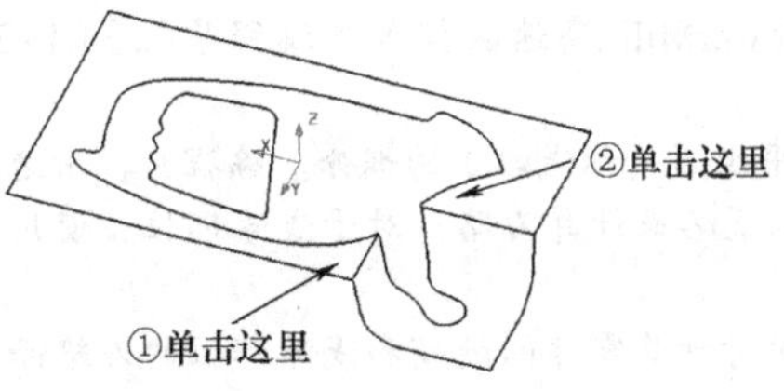

图 7-38　单击两个端点

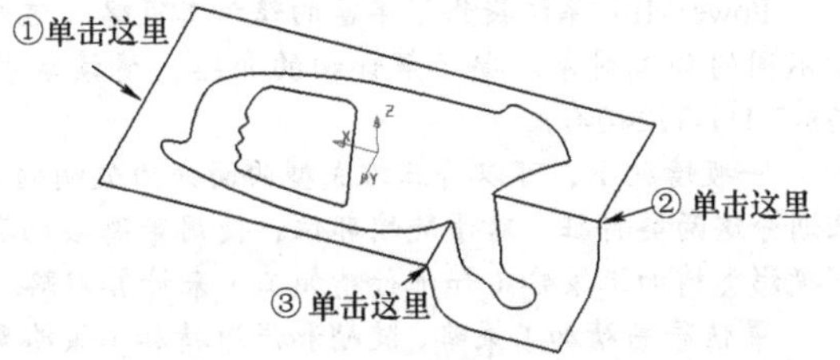

图 7-39　选择并编辑外围线框

按下键盘上的 Esc 键，退出在指定点中断曲线状态。

接下来删除多余的曲线。按住键盘上的 Shift 键，在绘图区选择图 7-40 箭头所示曲线（共 3 大段），单击键盘上的 Delete 键，将它们删除。编辑完成的边界如图 7-41 所示。

单击“曲线编辑器”工具栏中的“接受”按钮，系统弹出图 7-42 所示信息对话框，单击“是”按钮，完成曲线编辑。单击“用户定义边界”对话框中的“接受”按钮，关闭“用户定义边界”对话框。

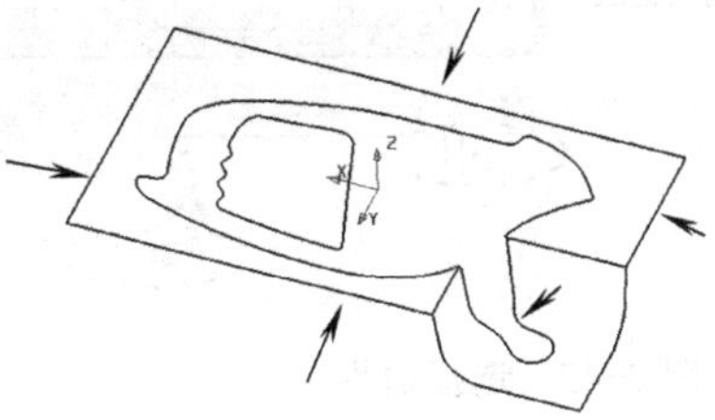

图 7-40　选择曲线

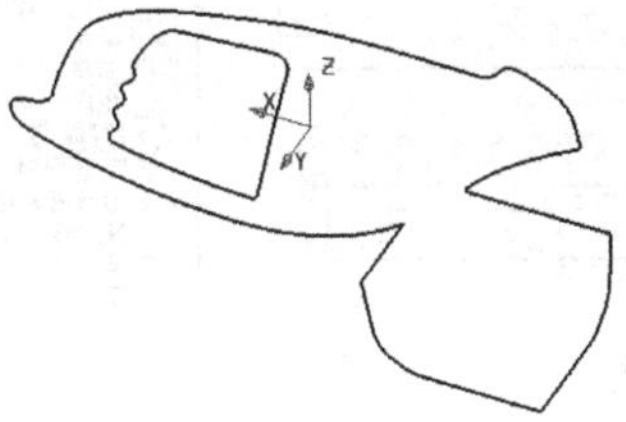

图 7-41　编辑完成的边界

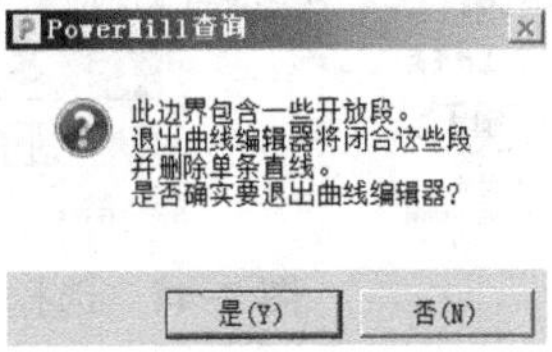

图 7-42　PowerMill 信息

2）计算第一次半精加工刀具路径：在 PowerMill“开始”功能区的“创建刀具路径”工具栏中，单击刀具路径按钮，打开“策略选取器”对话框，单击“精加工”选项，调出“精加工”选项卡，在该选项卡中选择“优化等高精加工”，单击“确定”按钮，打开“优化等高精加工”对话框，按图 7-43 所示设置参数。

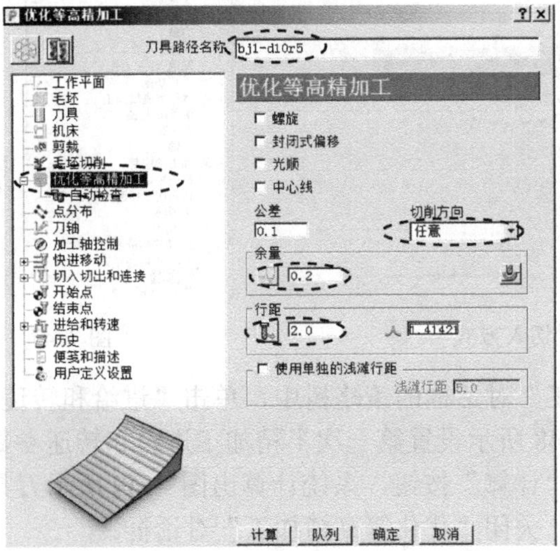

图 7-43　设置第一次半精加工参数

技巧

PowerMill 系统提供了丰富的精加工策略，这些策略计算刀具路径的算法、原理各有不同，适用于不同的加工对象。要了解详细的介绍，请读者参考《PowerMill 高速数控加工编程导航》(ISBN 978-7-111-37240-0)。

一般情况下，可以将三维成型曲面分为陡峭的部分和平坦（或称浅滩）的部分。编程时，用边界来划分这两类特征。对于陡峭部位，使用等高层切类精加工策略来计算刀路；对于浅滩部位，使用向下投影类精加工策略（如平行精加工）来计算刀路。

最佳等高精加工策略、陡峭和浅滩精加工策略则可以同时计算零件的陡峭和浅滩部位的刀路而无须计算这两类特征的划分边界。

在“优化等高精加工”对话框的策略树中，单击“刀具”树枝，调出“刀具”选项卡，按图 7-44 所示选择刀具 d10r5。

在“优化等高精加工”对话框的策略树中，单击“剪裁”树枝，调出“剪裁”选项卡，按图 7-45 所示设置选择边界 1。

图 7-44 选择刀具

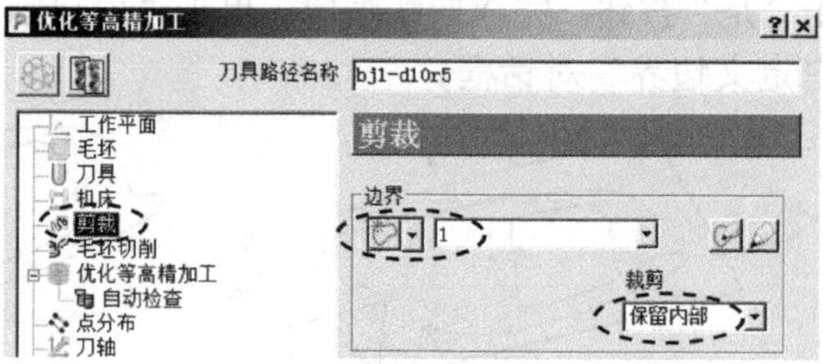

图 7-45 选择边界

在“优化等高精加工”对话框的策略树中，单击“切入切出和连接”树枝，将它展开。单击“切入”树枝，调出“切入”选项卡，按图 7-46 所示设置切入方式。

单击“连接”树枝，调出“连接”选项卡，按图 7-47 所示设置连接方式。

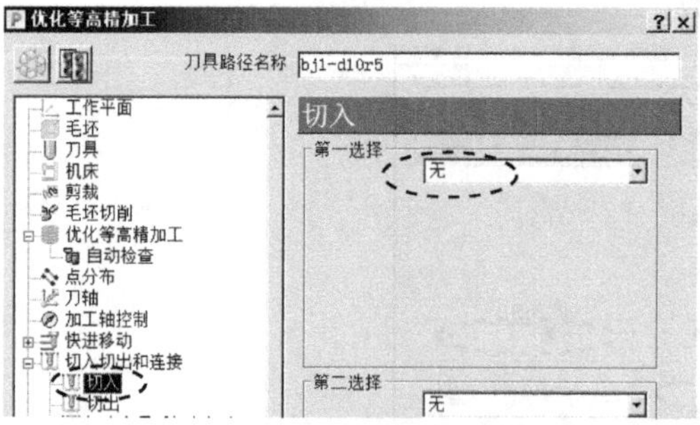

图 7-46 设置切入方式

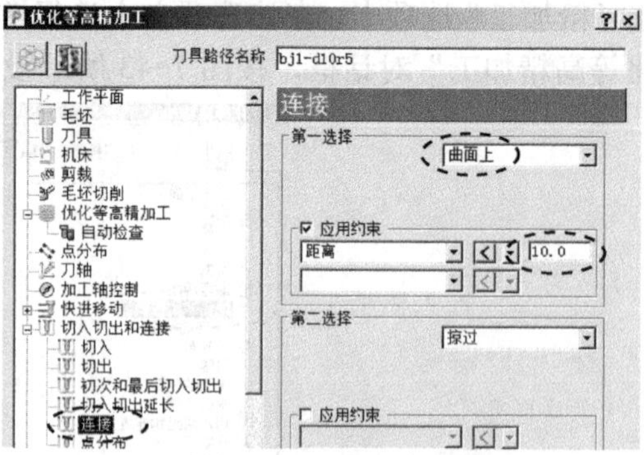

图 7-47 设置连接方式

在“优化等高精加工”对话框的策略树中，单击“进给和转速”树枝，调出“进给和转速”选项卡，按图 7-48 所示设置第一次半精加工进给和转速参数。

设置完成后，单击“计算”按钮，系统计算出图 7-49 所示刀具路径。

单击“关闭”按钮，关闭“优化等高精加工”对话框。

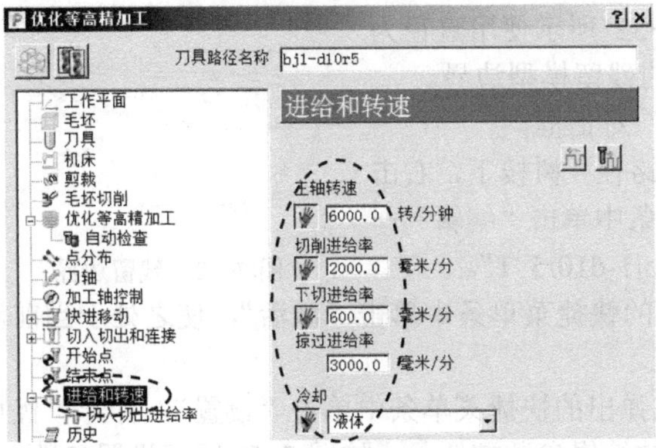

图 7-48 设置第一次半精加工进给和转速参数

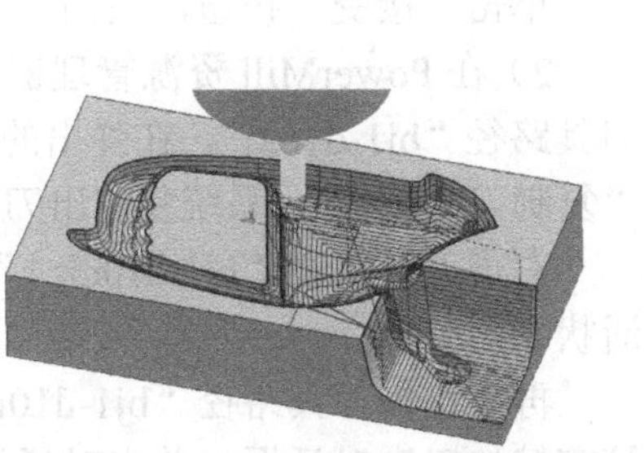

图 7-49 第一次半精加工刀具路径

步骤十 第一次半精加工高质量仿真

1）在 PowerMill 资源管理器的“刀具路径”树枝下，右击刀具路径“bj1-d10r5”，在弹出的快捷菜单条中单击“自开始仿真”。

2）在 PowerMill“仿真”功能区的“ViewMill”工具栏中，单击“模式”下的小三角形模式，在展开的工具栏中，选择固定方向固定方向。

3）在 PowerMill“仿真”功能区的“仿真控制”工具栏中，单击运行按钮运...，系统即开始仿真切削，仿真结果如图 7-50 所示。

4）在 PowerMill“仿真”功能区的“ViewMill”工具栏中，单击“模式”下的小三角形模式，在展开的工具栏中，选择无图像无图像，返回编程状态。

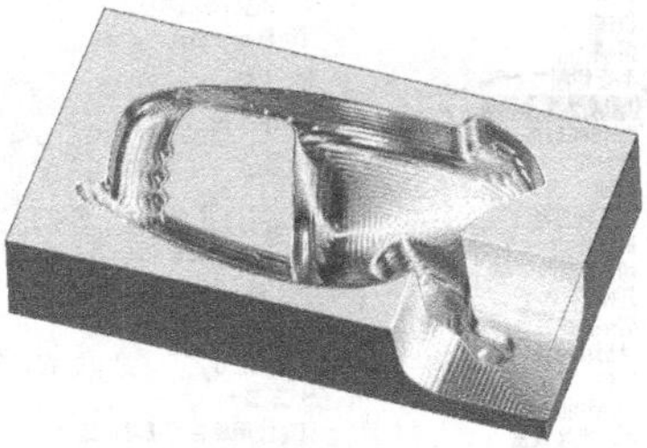

图 7-50 第一次半精加工切削仿真结果

步骤十一 计算第二次半精加工刀具路径

由图 7-50 所示第一次半精加工切削仿真结果可见，使用直径 10mm 的刀具进行第一次半精加工后，零件的狭长槽部位没有被切削到，需要使用稍小直径的刀具进行第二次半精加工，以便使清角工步的余量均匀化。

1）创建第二次半精加工边界：在 PowerMill 资源管理器中，右击“边界”树枝，在弹出的快捷菜单条中单击“创建边界”→“残留”，打开“残留边界”对话框，按图 7-51 所示设置参数。

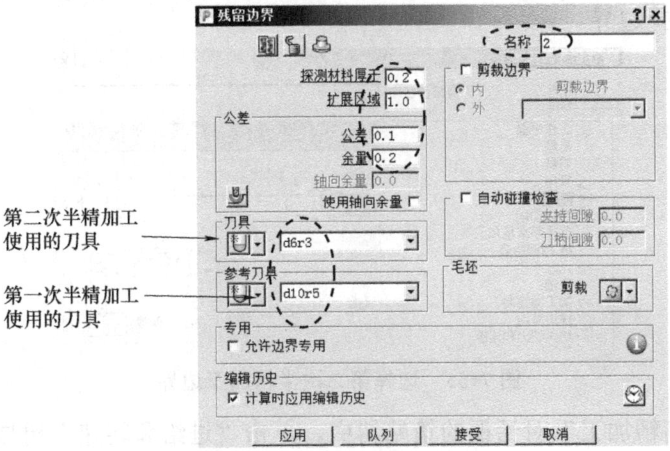

图 7-51 设置残留边界参数

单击“应用”按钮，系统计算出图 7-52 所示使用直径为 10mm 的球头铣刀进行第一次半精加工后的残留模型边界。

单击“接受”按钮，关闭“残留边界”对话框。

2）在 PowerMill 资源管理器的“刀具路径”树枝下，右击刀具路径“bj1-d10r5”，在弹出的快捷菜单条中单击“编辑”→“复制刀具路径”，系统复制出刀具路径“bj1-d10r5_1”。

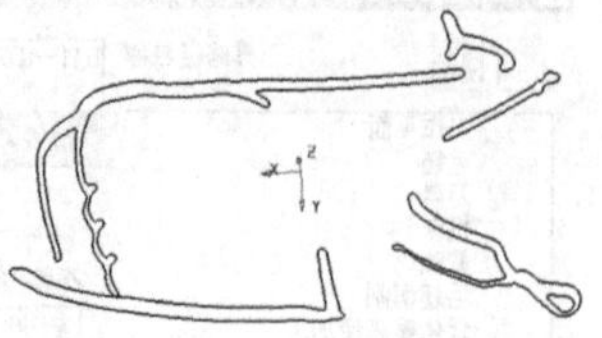

图 7-52　残留边界

右击刀具路径“bj1-d10r5_1”，在弹出的快捷菜单条中单击“激活”，使之处于当前激活状态。

再次右击刀具路径“bj1-d10r5_1”，在弹出的快捷菜单条中单击“设置”，打开“优化等高精加工”对话框，单击对话框左上角的编辑参数按钮，按图 7-53 所示设置参数。

在“优化等高精加工”对话框的策略树中，单击“刀具”树枝，调出“球头刀”选项卡，按图 7-54 所示选择刀具。

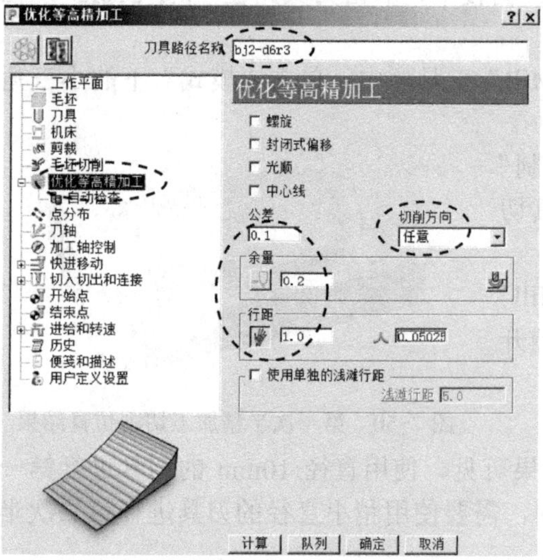

图 7-53　设置第二次半精加工参数

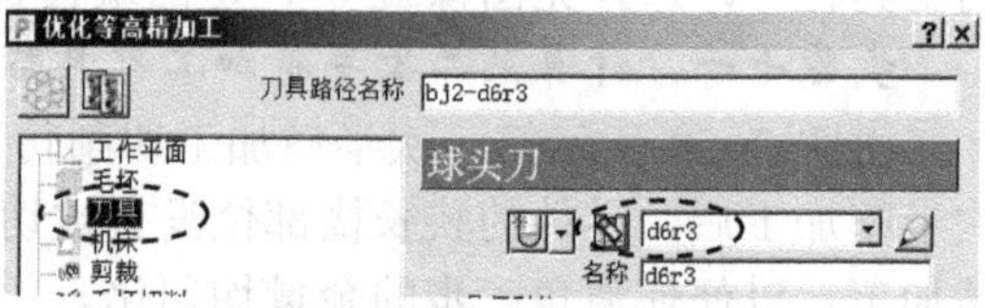

图 7-54　选择第二次半精加工刀具

在“优化等高精加工”对话框的策略树中，单击“剪裁”树枝，调出“剪裁”选项卡，按图 7-55 所示选择边界。

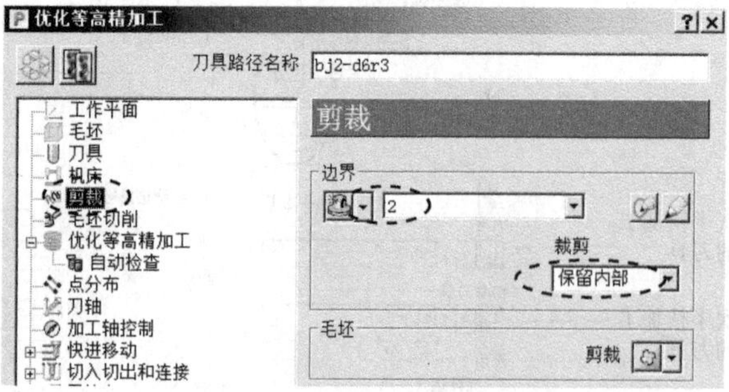

图 7-55　选择第二次半精加工边界

在“优化等高精加工”对话框的策略树中，单击“进给和转速”树枝，调出“进给和转速”选项卡，按图 7-56 所示设置第二次半精加工进给和转速参数。

设置完成后，单击“计算”按钮，系统计算出图 7-57 所示刀具路径。

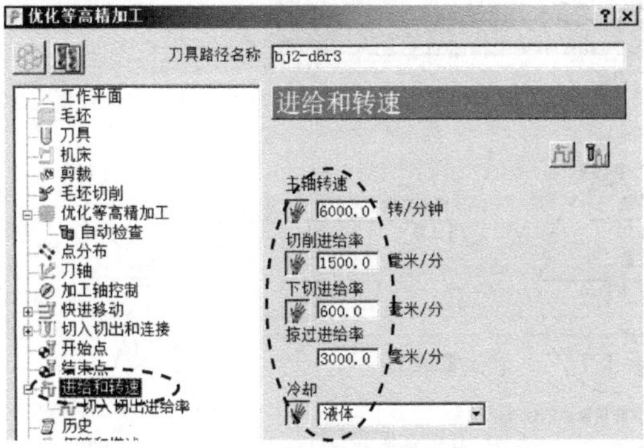

图 7-56　设置第二次半精加工进给和转速参数

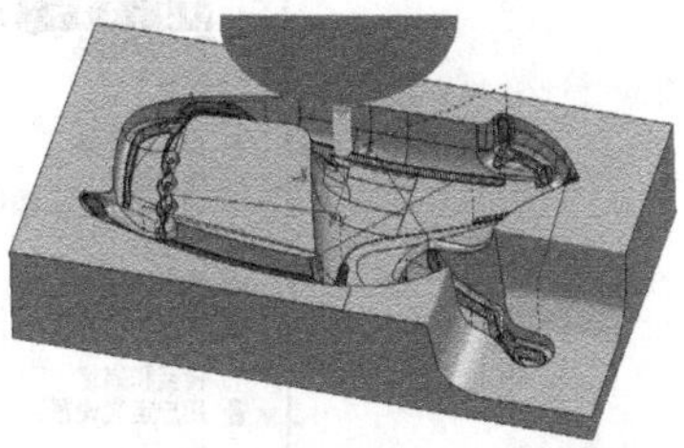

图 7-57　第二次半精加工刀具路径

单击“关闭”按钮，关闭“优化等高精加工”对话框。

步骤十二　第二次半精加工高质量仿真

1）在 PowerMill 资源管理器的“刀具路径”树枝下，右击刀具路径“bj2-d6r3”，在弹出的快捷菜单条中单击“自开始仿真”。

2）在 PowerMill“仿真”功能区的“ViewMill”工具栏中，单击“模式”下的小三角形模式，在展开的工具栏中，选择固定方向固定方向。

3）在 PowerMill“仿真”功能区的“仿真控制”工具栏中，单击运行按钮▶运...，系统即开始仿真切削，仿真结果如图 7-58 所示。

4）在 PowerMill“仿真”功能区的“ViewMill”工具栏中，单击“模式”下的小三角形模式，在展开的工具栏中，选择无图像无图像，返回编程状态。

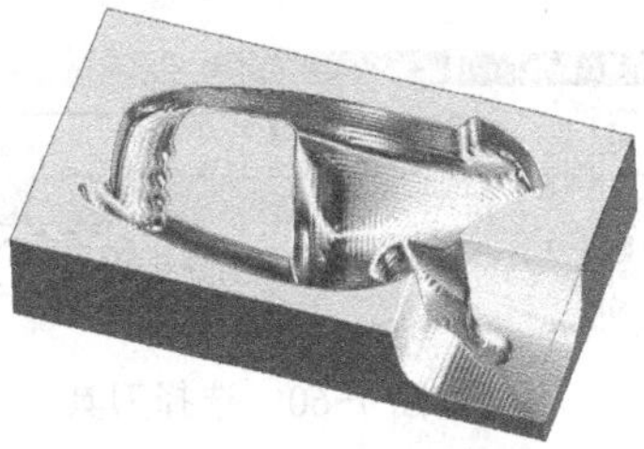

图 7-58　第二次半精加工切削仿真结果

步骤十三　计算精加工刀具路径

计算第一次精加工刀具路径：在 PowerMill“开始”功能区的“创建刀具路径”工具栏中，单击刀具路径按钮，打开“策略选取器”对话框，单击“精加工”选项，调出“精加工”选项卡，在该选项卡中选择“优化等高精加工”，单击“确定”按钮，打开“优化等高精加工”对话框，按图 7-59 所示设置参数。

在“优化等高精加工”对话框的策略树中，单击“刀具”树枝，调出“球头刀”选项卡，按图 7-60 所示选择刀具。

在“优化等高精加工”对话框的策略树中，单击“剪裁”树枝，调出“剪裁”选项卡，按图 7-61 所示设置选择边界。

在“优化等高精加工”对话框的策略树中，单击“进给和转速”树枝，调出“进给和转速”选项卡，按图 7-62 所示设置第一次精加工进给和转速参数。

设置完成后，单击“计算”按钮，系统计算出图 7-63 所示刀具路径。

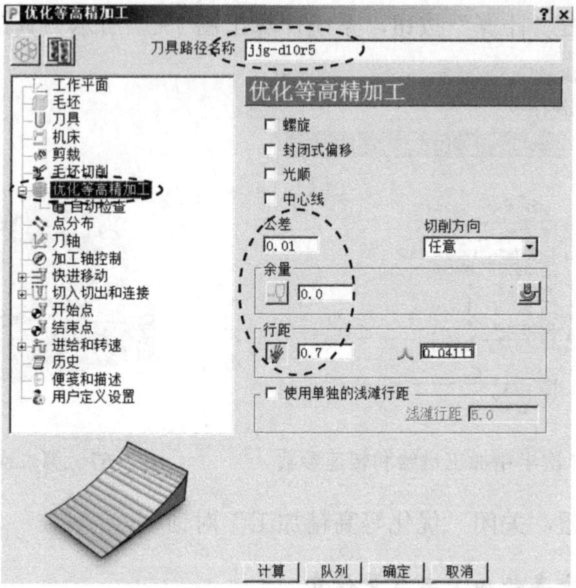

图 7-59 设置第一次精加工参数

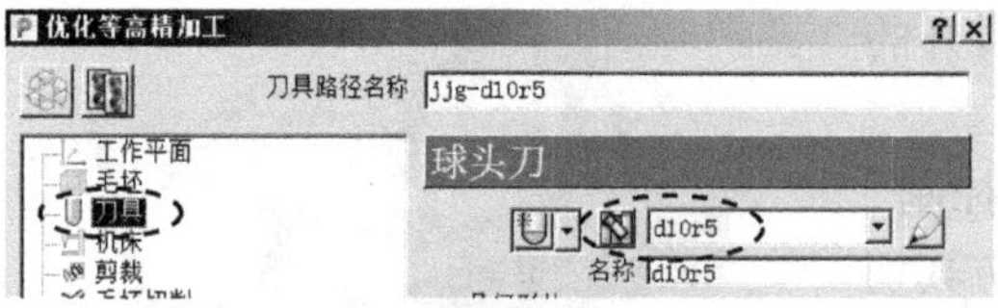

图 7-60 选择刀具

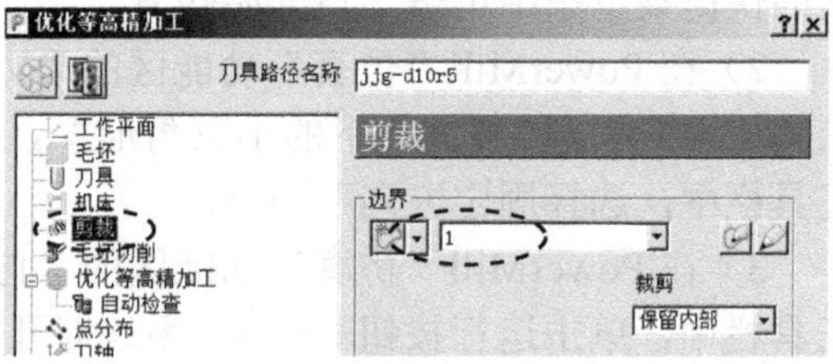

图 7-61 选择第一次精加工边界

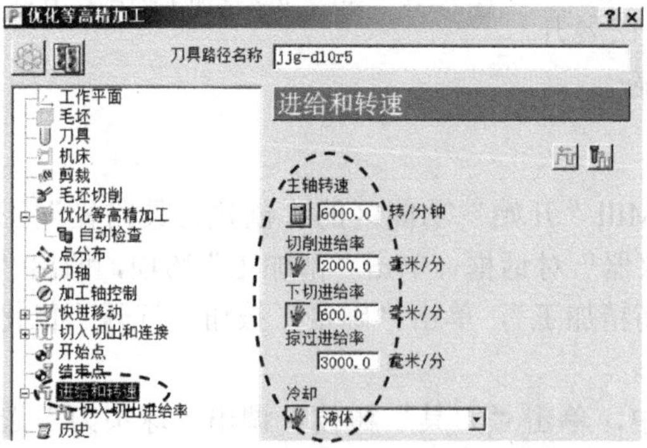

图 7-62 设置第一次精加工进给和转速参数

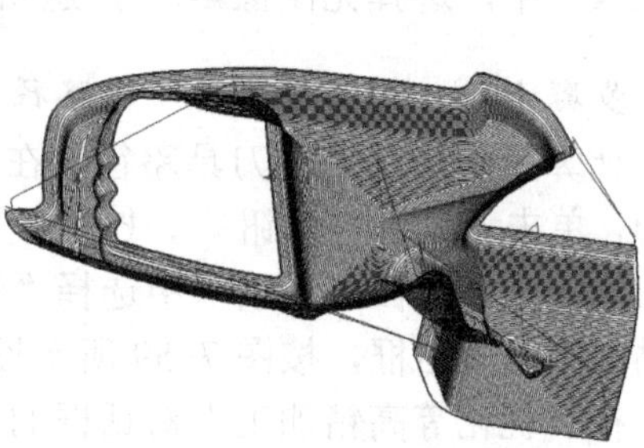

图 7-63 第一次精加工刀具路径

单击“关闭”按钮，关闭“优化等高精加工”对话框。

步骤十四 第一次精加工高质量仿真

1）在 PowerMill 资源管理器的“刀具路径”树枝下，右击刀具路径“jjg-d10r5”，在弹出的快捷菜单条中单击“自开始仿真”。

2）在 PowerMill“仿真”功能区的“ViewMill”工具栏中，单击“模式”下的小三角形模式，在展开的工具栏中，选择固定方向固定方向。

3）在 PowerMill“仿真”功能区的“仿真控制”工具栏中，单击运行按钮运...，系统即开始仿真切削，仿真结果如图 7-64 所示。

4）在 PowerMill“仿真”功能区的“ViewMill”工具栏中，单击“模式”下的小三角形模式，在展开的工具栏中，选择无图像无图像，返回编程状态。

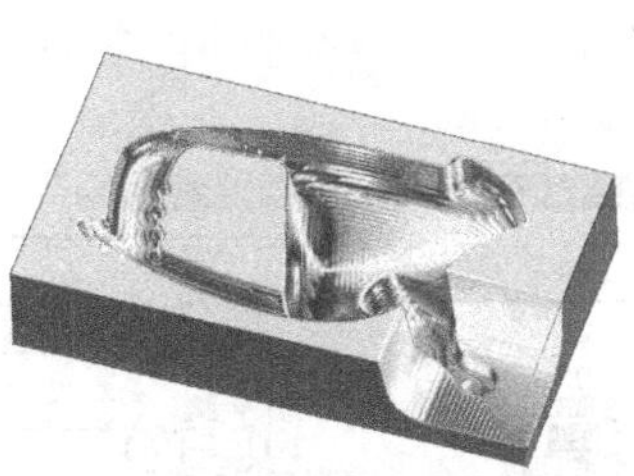

图 7-64　第一次精加工切削仿真结果

步骤十五　计算第二次精加工刀具路径

在 PowerMill 资源管理器的“刀具路径”树枝下，右击刀具路径“jjg-d10r5”，在弹出的快捷菜单条中单击“编辑”→“复制刀具路径”，系统复制出刀具路径“jjg-d10r5_1”。

右击刀具路径“jjg-d10r5_1”，在弹出的快捷菜单条中单击“激活”，使之处于当前激活状态。

再次右击刀具路径“jjg-d10r5_1”，在弹出的快捷菜单条中单击“设置”，打开“优化等高精加工”对话框，单击对话框左上角的编辑参数按钮，按图 7-65 所示设置参数。

在“优化等高精加工”对话框的策略树中，单击“刀具”树枝，调出“球头刀”选项卡，按图 7-66 所示选择刀具。

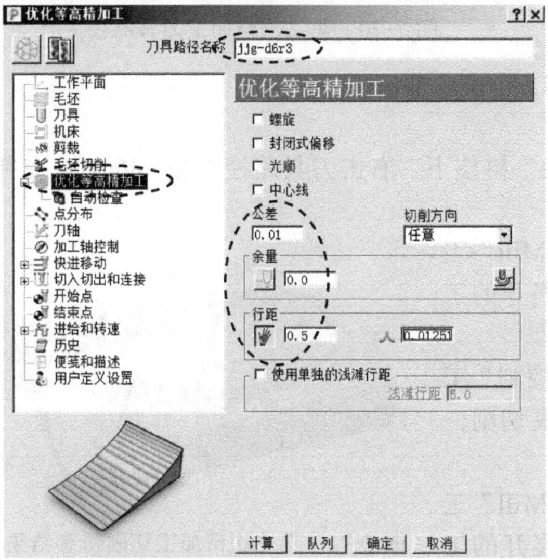

图 7-65　设置第二次精加工参数

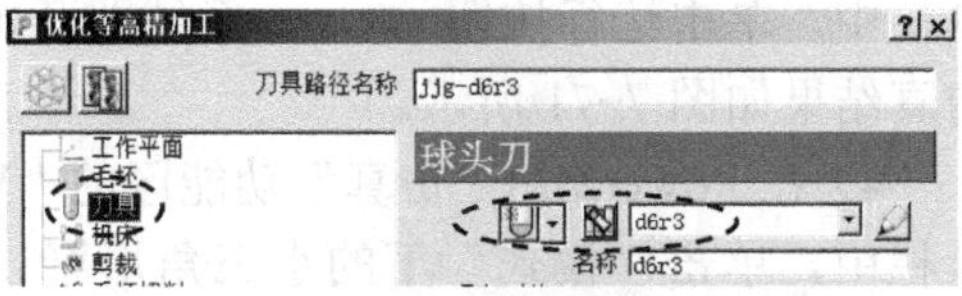

图 7-66　选择第二次精加工刀具

在“优化等高精加工”对话框的策略树中，单击“剪裁”树枝，调出“剪裁”选项卡，按图 7-67 所示选择边界。

在“优化等高精加工”对话框的策略树中，单击“进给和转速”树枝，调出“进给和转速”选项卡，按图 7-68 所示设置第二次精加工进给和转速参数。

设置完成后，单击“计算”按钮，系统弹出图 7-69 所示的信息对话框，提示计算边界 2 使用的公差、余量等与计算刀路使用的公差、余量不一致，单击“确定”按钮，系统计算出图 7-70 所示刀具路径。

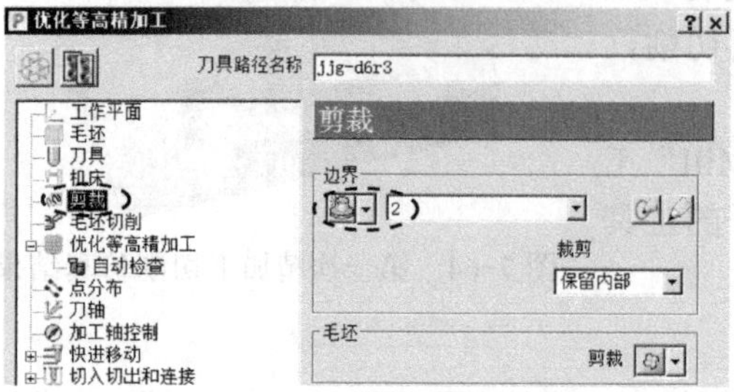

图 7-67 选择第二次精加工边界

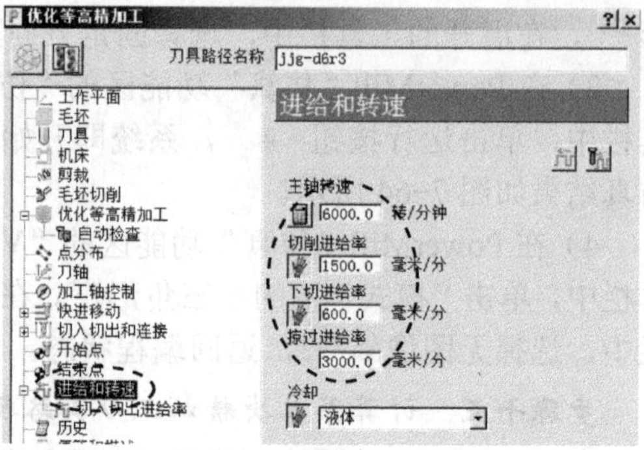

图 7-68 设置第二次精加工进给和转速参数

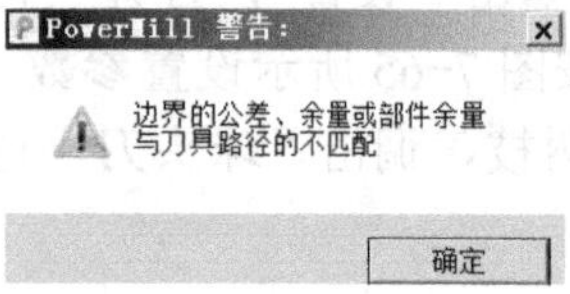

图 7-69 PowerMill 警告信息

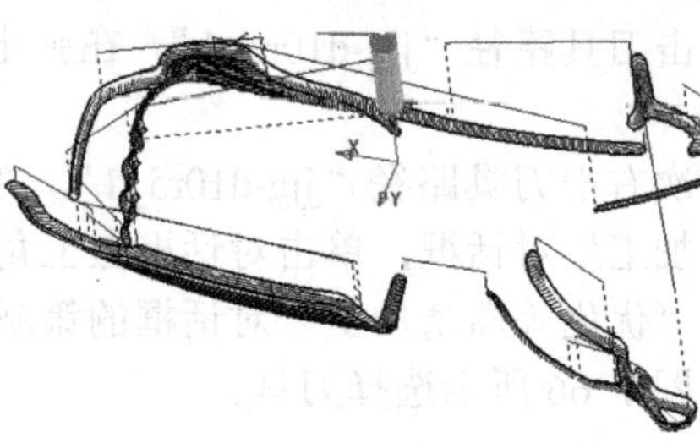

图 7-70 第二次精加工刀具路径

单击“关闭”按钮，关闭“优化等高精加工”对话框。

步骤十六 第二次精加工高质量仿真

1）在 PowerMill 资源管理器的“刀具路径”树枝下，右击刀具路径“jjg- d6r3”，在弹出的快捷菜单条中单击“自开始仿真”。

2）在 PowerMill“仿真”功能区的“ViewMill”工具栏中，单击“模式”下的小三角形，在展开的工具栏中，选择固定方向。

3）在 PowerMill“仿真”功能区的“仿真控制”工具栏中，单击运行按钮，系统即开始仿真切削，仿真结果如图 7-71 所示。

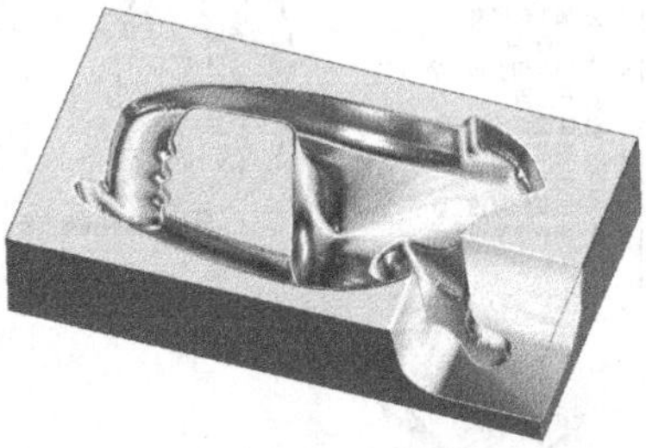

图 7-71 第二次精加工切削仿真结果

4）在 PowerMill“仿真”功能区的“ViewMill”工具栏中，单击“模式”下的小三角形，在展开的工具栏中，选择无图像，返回编程状态。

步骤十七 计算清角刀具路径

在 PowerMill“开始”功能区的“创建刀具路径”工具栏中，单击刀具路径按钮，打开“策略选取器”对话框，单击“精加工”选项，调出“精加工”选项卡，在该选项卡中选择“清角精加工”，单击“确定”按钮，打开“清角精加工”对话框，按图 7-72 所示设置参数。

在“清角精加工”对话框的策略树中，单击“刀具”树枝，调出“球头刀”选项卡，按图 7-73 所示选择清角刀具。

在“清角精加工”对话框的策略树中，单击“剪裁”树枝，展开“剪裁”选项卡，按图 7-74 所示设置清角边界为“无”。

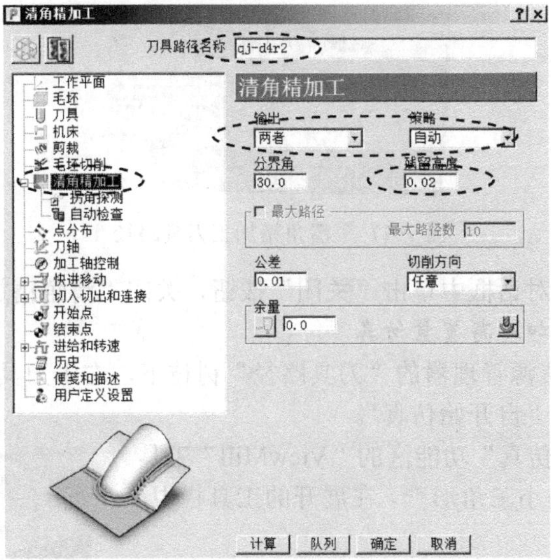

图 7-72　设置清角精加工参数

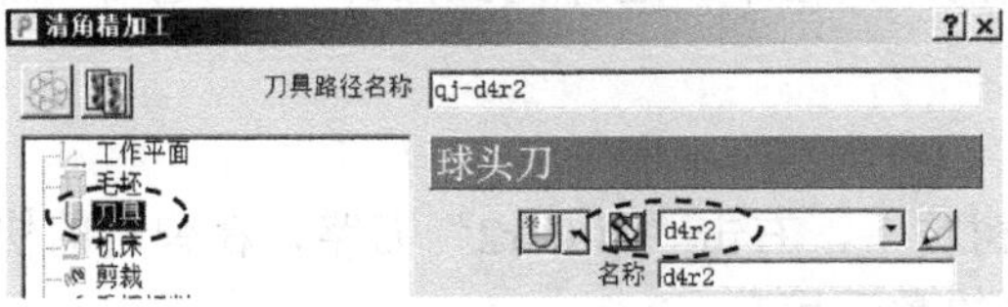

图 7-73　选择清角刀具

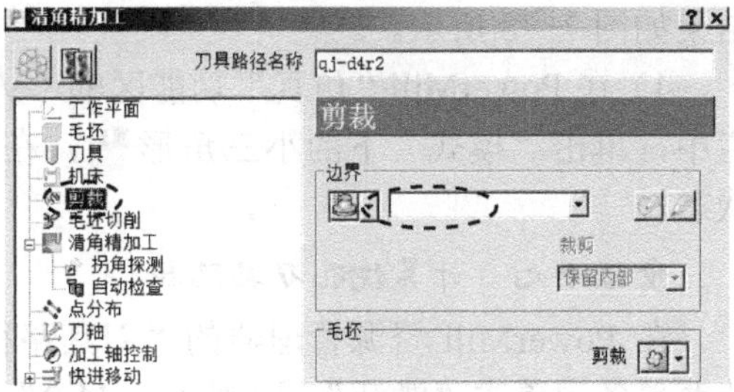

图 7-74　设置清角边界

在“清角精加工”对话框的策略树中，单击“清角精加工”树枝下的“拐角探测”分枝，调出“拐角探测”选项卡，按图 7-75 所示设置参数。

在“清角精加工”对话框的策略树中，单击“进给和转速”树枝，调出“进给和转速”选项卡，按图 7-76 所示设置清角的进给和转速参数。

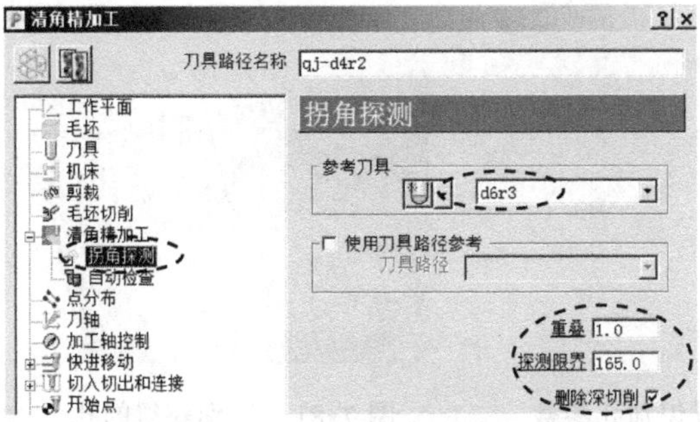

图 7-75　设置拐角探测参数

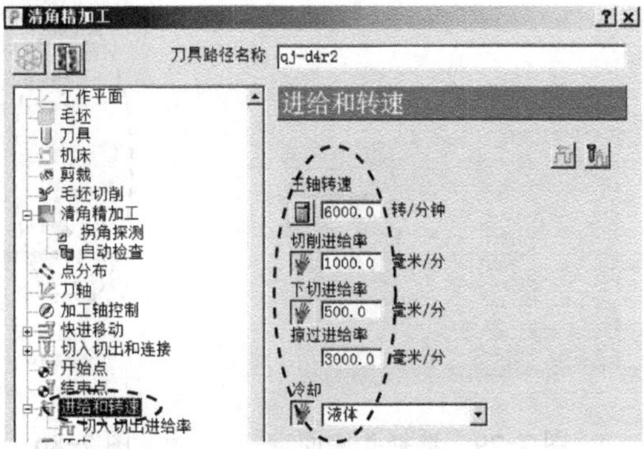

图 7-76　设置清角进给和转速参数

设置完参数后，单击“计算”按钮，系统计算出清角精加工刀具路径，如图 7-77 所示。

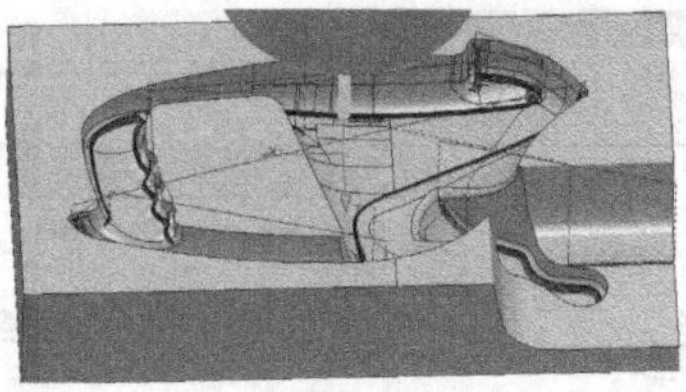

图 7-77 清角精加工刀具路径

在“清角精加工”对话框中单击“关闭”按钮，关闭“清角精加工”对话框。

步骤十八 清角精加工高质量仿真

1）在 PowerMill 资源管理器的“刀具路径”树枝下，右击刀具路径“qj-d4r2”，在弹出的快捷菜单条中单击“自开始仿真”。

2）在 PowerMill“仿真”功能区的“ViewMill”工具栏中，单击“模式”下的小三角形，在展开的工具栏中，选择固定方向。

3）在 PowerMill“仿真”功能区的“仿真控制”工具栏中，单击运行按钮，系统即开始仿真切削，仿真结果如图 7-78 所示。

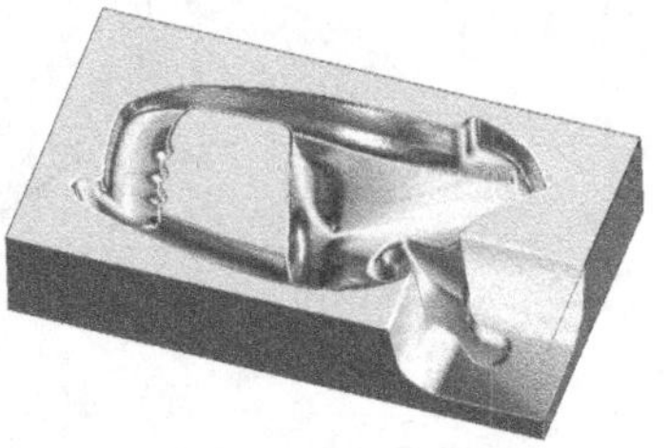

图 7-78 清角精加工切削仿真结果

4）在 PowerMill“仿真”功能区的“ViewMill”工具栏中，单击“模式”下的小三角形，在展开的工具栏中，选择无图像，返回编程状态。

步骤十九 计算铣孔刀具路径

在 PowerMill 资源管理器的“刀具路径”树枝下，右击“qj-d4r2”刀路，在弹出的快捷菜单条中单击“激活”，取消“qj-d4r2”刀路的激活状态。

1）识别模型中的孔：在绘图区选中ϕ3.91 孔的侧面，如图 7-79 所示。

在 PowerMill 资源管理器中，右击“孔特征设置”树枝，在弹出的快捷菜单条中单击“创建孔”，打开“创建孔”对话框，按图 7-80 所示设置参数。单击“应用”“关闭”按钮，系统识别出图 7-81 所示孔。

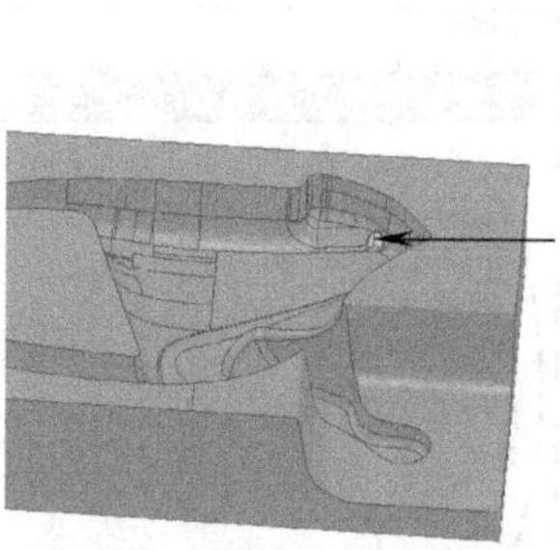

图 7-79 选择孔侧面

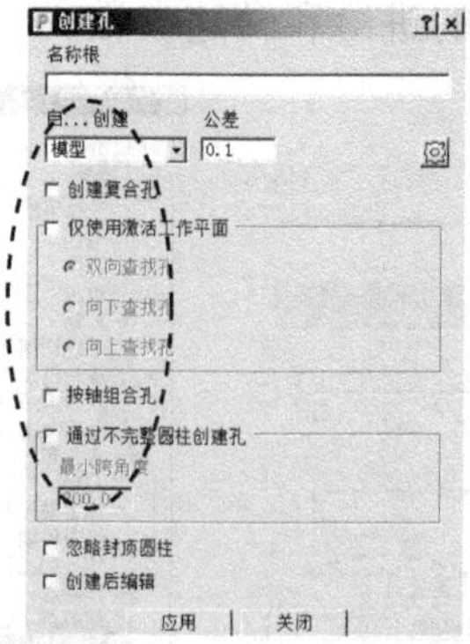

图 7-80 设置识别孔参数

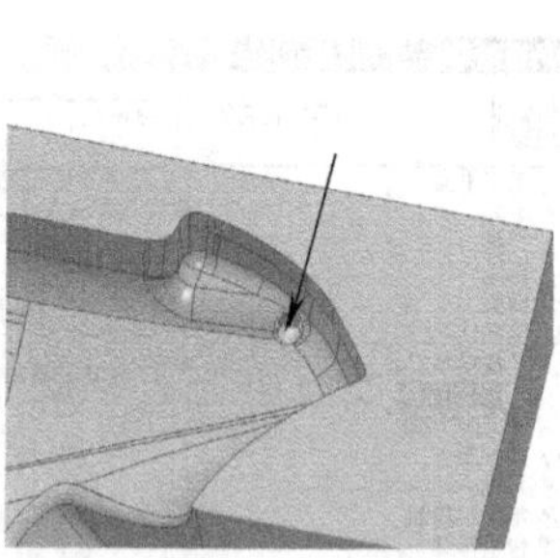

图 7-81 识别获得的孔

2）计算铣孔刀路：在 PowerMill“开始”功能区的“创建刀具路径”工具栏中，单击刀具路径按钮，打开“策略选取器”对话框，单击“钻孔”选项，调出“钻孔”选项卡，在该选项卡中选择“钻孔”，单击“确定”按钮，打开“钻孔”对话框，按图 7-82 所示设置参数。

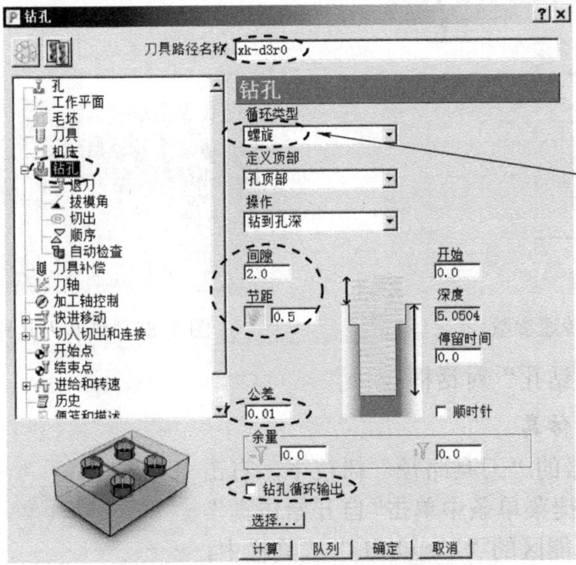

图 7-82 设置铣孔参数

在“钻孔”对话框的“钻孔”选项卡中，单击“选择...”按钮，打开“特征选择”对话框，按图 7-83 所示选择要加工的孔，单击“选择”“关闭”按钮，完成待加工孔的选定。

在“钻孔”对话框的策略树中，单击“刀具”树枝，调出“端铣刀”选项卡，按图 7-84 所示选择刀具。

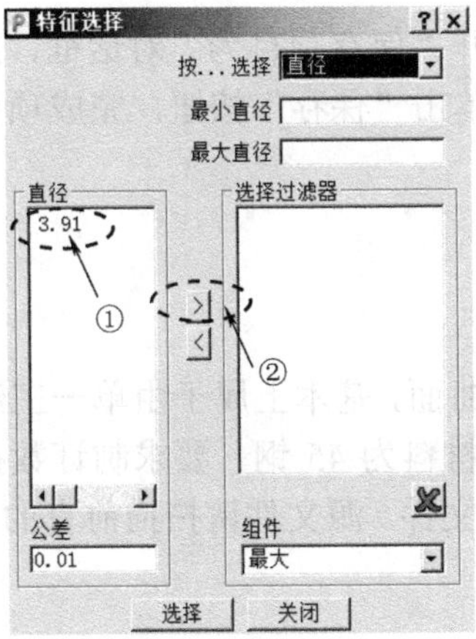

图 7-83 选择加工孔

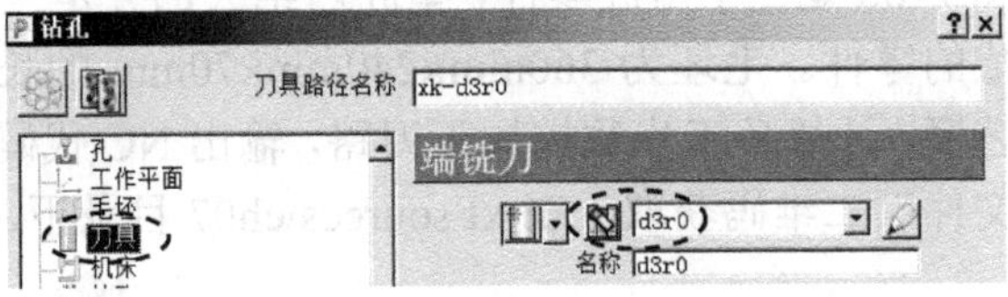

图 7-84 选择刀具

在“钻孔”对话框的策略树中，单击“进给和转速”树枝，调出“进给和转速”选项卡，按图 7-85 所示设置铣孔的进给和转速参数。

设置完成后，单击“计算”按钮，系统计算出图 7-86 所示刀具路径。

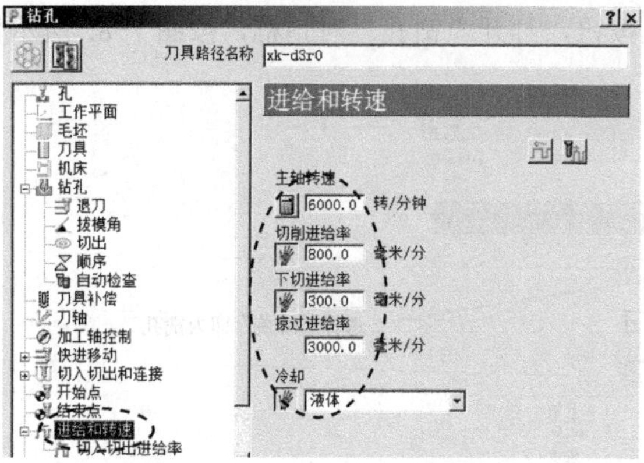

图 7-85 设置铣孔进给和转速参数

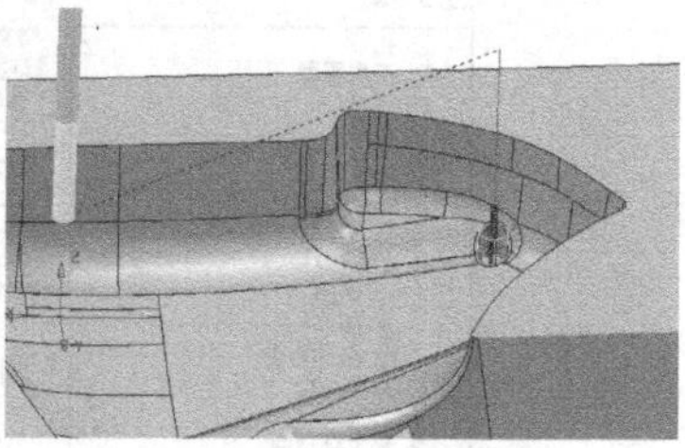

图 7-86 铣孔刀具路径

单击“关闭”按钮，关闭“钻孔”对话框。

步骤二十 铣孔高质量切削仿真

1）在 PowerMill 资源管理器的“刀具路径”树枝下，右击刀具路径“xk-d3r0”，在弹出的快捷菜单条中单击“自开始仿真”。

2）在 PowerMill“仿真”功能区的“ViewMill”工具栏中，单击“模式”下的小三角形模式，在展开的工具栏中，选择固定方向固定方向。

3）在 PowerMill“仿真控制”功能区的“仿真控制”工具栏中，单击运行按钮运...，系统即开始仿真切削，仿真结果如图 7-87 所示。

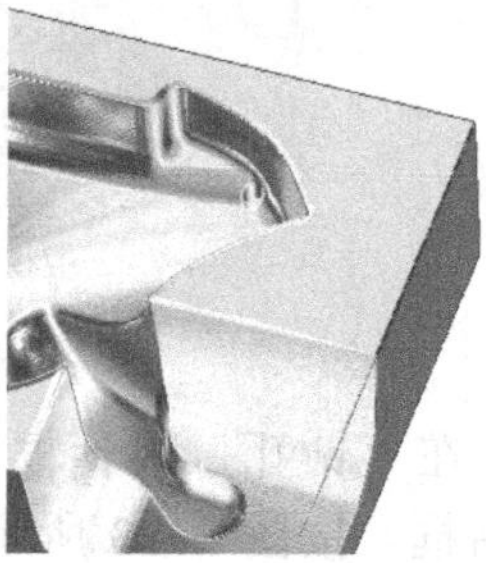

图 7-87 铣孔仿真结果

4）在 PowerMill“仿真”功能区的“ViewMill”工具栏中，单击“模式”下的小三角形模式，在展开的工具栏中，选择无图像无图像，返回编程状态。

步骤二十一 保存项目

在 PowerMill 功能区中，单击“文件”→“保存”，打开“保存项目为”对话框，选择 E:\PM2019EX 目录，输入项目文件名称为“7-01 sjbmj”，单击“保存”按钮，完成项目文件保存操作。

7.3 练习题

图 7-88 是一个型腔零件，型腔内绝大部分是三维成型曲面，基本上属于由单一三维曲面构成的零件。毛坯为 360mm×240mm×70mm 的长方体，材料为 45 钢。要求制订数控编程工艺表，计算各工步数控加工刀路，输出 NC 代码和工艺文件。源文件请扫描前言的“习题源文件”二维码获取，在 xt sources\ch07 目录下。

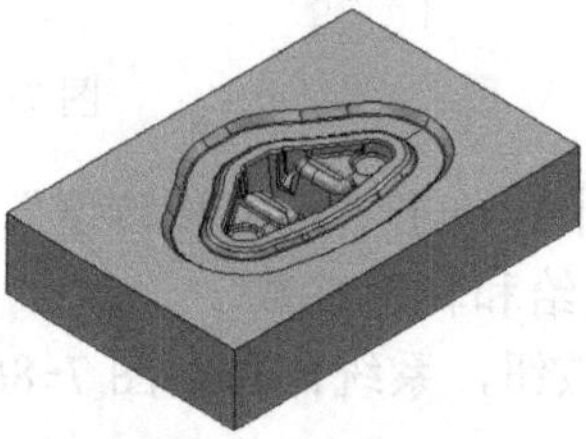

图 7-88 型腔零件

第 8 章　玩具车壳凹模零件三轴数控加工编程实例

本章知识点

- ✧ 二维结构特征与三维自由曲面特征混合零件三轴加工编程完整过程。
- ✧ 型腔模具零件加工工艺分析。
- ✧ 碰撞检查及解决办法、高质量仿真切削。

图 8-1 所示是一个玩具小车覆盖件的塑料成型凹模零件。该零件的结构具有以下特点：

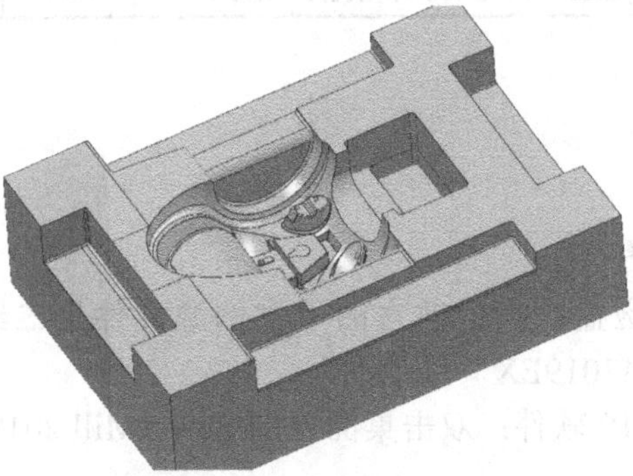

图 8-1　玩具车壳凹模零件

1）零件总体尺寸为 796mm×546mm×225mm。整体上看，零件是一个矩形，毛坯采用方坯，六面已经加工平整。

2）该零件是一个典型的二维结构特征与三维自由曲面特征混合的零件。它具有以下结构特征：平面分型面、四个滑块安装槽（侧垂面）以及一些小平面等。同时该零件具有以下三维成型特征：玩具车壳的成型表面、各种半径的倒圆角曲面等。

3）零件具有较多不同性质的结构特征，粗加工可以将零件当作一个整体来处理，但精加工时，应该根据不同性质的结构特征，设计相应的加工边界，选用适合该特征的刀具路径策略来分别计算对应特征的加工刀具路径，而不宜整体计算零件的精加工刀具路径。零件加工工艺难度适中，还要注意成型曲面部分清角到位。另外，凹模型面最深尺寸约为 138mm，选用刀具时，要注意有足够长的刀具悬伸量。

8.1 数控编程工艺分析

玩具小车覆盖件凹模零件是一个较典型的塑料成型模具零件，可以使用三轴联动数控铣床或加工中心来加工。根据零件结构特征分析，拟采用表 8-1 所示的数控加工工艺方案。

表 8-1 零件数控编程工艺方案

工步号	工步名称	加工部位	进给方式	刀具	编程参数		铣削用量					
					公差/mm	余量/mm	转速/(r/min)	进给速度/(mm/min)			铣削宽度/mm	背吃刀量/mm
								下切	切削	掠过		
1	粗加工	零件整体	偏置区域清除	d50r3 刀尖圆角端铣刀	0.1	0.5	1500	500	1000	3000	25	3
2	二次粗加工（半精加工）	型腔区域	偏置区域清除＋残留模型	d25r2 刀尖圆角端铣刀	0.1	0.5	1500	500	1000	3000	10	2
3	精加工	型腔顶面	平行精加工	d12r6 球头铣刀	0.01	0	6000	400	4000	3000	0.7	—
4	精加工	型腔侧壁	等高精加工	d12r6 球头铣刀	0.01	0	6000	400	4000	3000	—	1
5	精加工	型腔正面	3D 偏移精加工	d12r6 球头铣刀	0.01	0	6000	400	4000	3000	0.7	—
6	精加工	平面部分	偏置平坦面精加工	d25r2 刀尖圆角端铣刀	0.01	0	6000	300	3000	3000	10	—
7	清角	型腔正面	清角精加工	d6r3 球头铣刀	0.01	0	6000	200	2000	3000	—	—
8	清角	型腔正面	清角精加工	d3r1.5 球头铣刀	0.01	0	6000	200	2000	3000	—	—

8.2 详细编程过程

操作视频

步骤一 新建加工项目

1）复制文件到本地磁盘：扫描前言的“实例源文件”二维码，下载并复制文件夹“Source\ch08”到“E:\PM2019EX”目录下。

2）启动 PowerMill 2019 软件：双击桌面上的 PowerMill 2019 图标，打开 PowerMill 系统。

3）输入模型：在功能区中单击“文件”→“输入→“模型”，打开“输入模型”对话框，选择“E:\PM2019EX\ch08\cheaomo.dgk”文件，然后单击“打开”按钮，完成模型输入操作。

步骤二 准备加工

1）创建方形毛坯：在 PowerMill“开始”功能区中，单击创建毛坯按钮，打开“毛坯”对话框，按图 8-2 所示设置参数。单击“接受”按钮，关闭该对话框。计算出来的毛坯如图 8-3 所示。单击“接受”按钮，关闭“毛坯”对话框。

2）创建粗加工刀具：在 PowerMill 资源管理器中，右击“刀具”树枝，在弹出的快捷菜单条中单击“产生刀具”→“刀尖圆角端铣刀”，打开“刀尖圆角端铣刀”对话框，按图 8-4 所示设置刀具切削刃部分的参数。单击“刀尖圆角端铣刀”对话框中的“刀柄”选项卡，按图 8-5 所示设置刀柄部分参数。

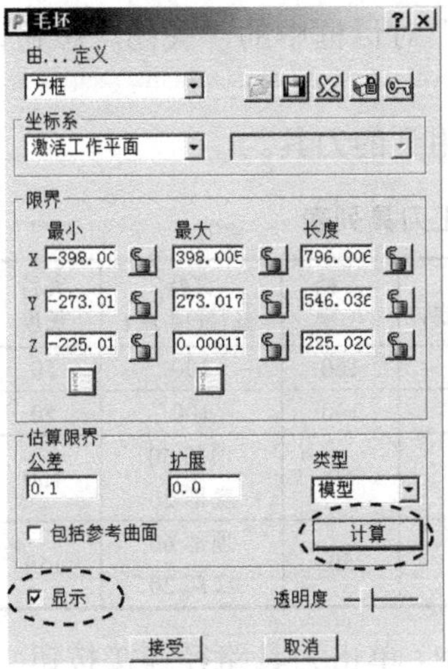

图 8-2　设置毛坯参数

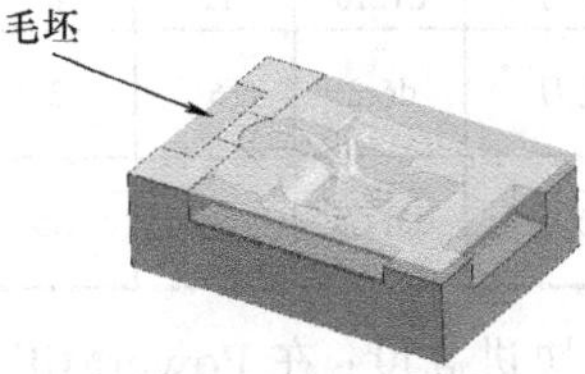

图 8-3　方坯

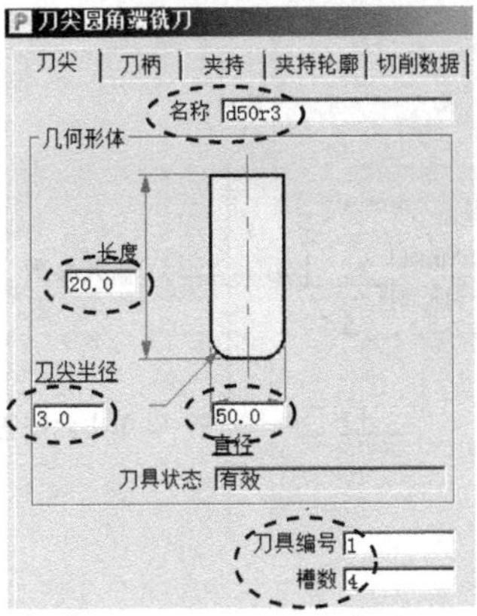

图 8-4　“d50r3”刀具切削刃部分参数设置

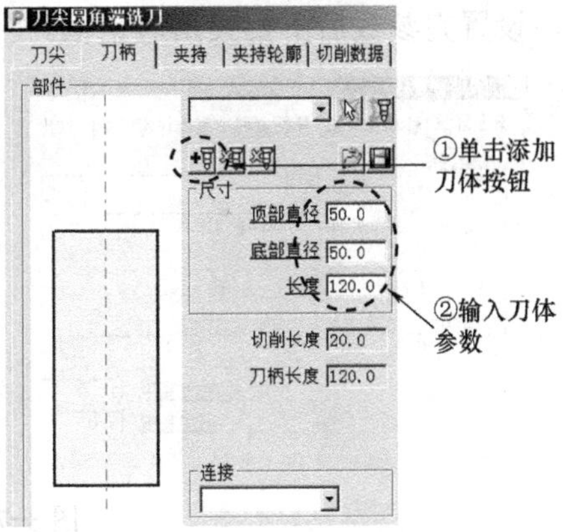

图 8-5　“d50r3”刀柄部分参数设置

单击“刀尖圆角端铣刀”对话框中的“夹持”选项卡，按图 8-6 所示设置刀具夹持部分参数。

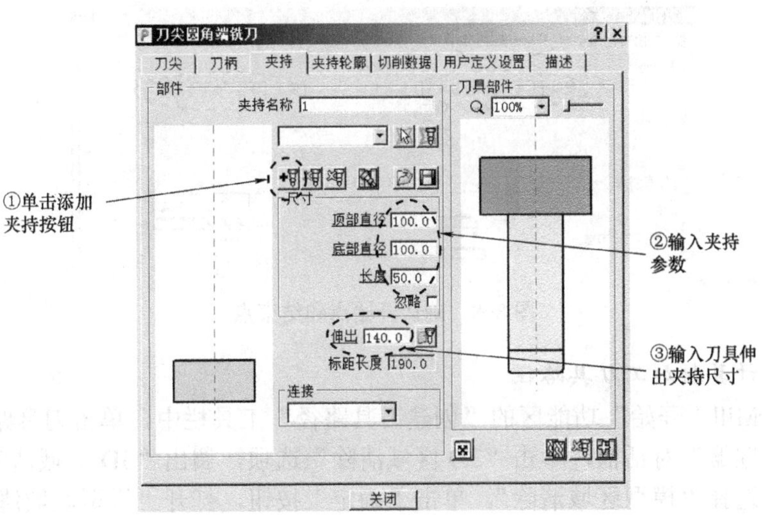

图 8-6　“d50r3”刀具夹持部分参数设置

完成上述参数设置后，单击“刀尖圆角端铣刀”对话框中的“关闭”按钮，创建出一把带夹持的、完整的刀尖圆角端铣刀“d50r3”。

参照上述方法，创建表8-2所示各工步需要使用到的刀具。

表8-2 凹模零件加工刀具列表 （单位：mm）

刀具编号	刀具类型	刀具名称	切削刃直径	圆角半径	切削刃长度	刀柄直径(顶/底)	刀柄长度	夹持直径(顶/底)	夹持长度	伸出夹持长度
2	刀尖圆角端铣刀	d25r2	25	2	20	25	160	100	50	140
3	球头铣刀	d12r6	12	6	25	12	140	100	50	140
4	球头铣刀	d6r3	6	3	20	6	50	顶部60 底部20	150	50
5	球头铣刀	d3r1.5	3	1.5	20	3	50	顶部60 底部20	150	50

3）设置快进高度：在PowerMill“开始”功能区中，单击刀具路径连接按钮 刀具路径连接，打开“刀具路径连接”对话框，在“安全区域”选项卡中，按图8-7所示设置快进高度参数，设置完参数后不要关闭对话框。

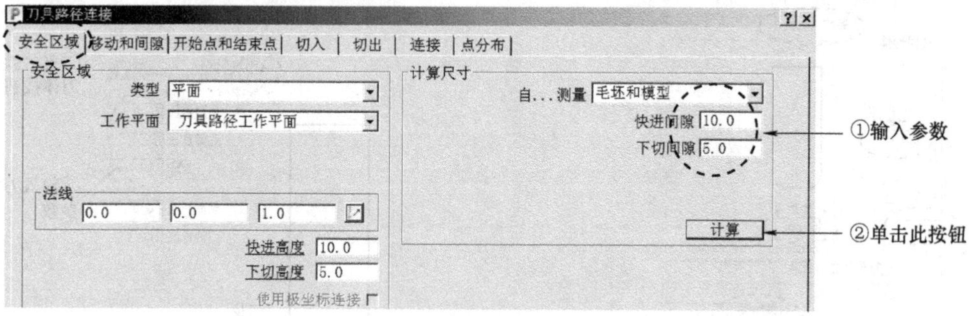

图8-7 设置快进高度参数

4）确认加工开始点和结束点：在“刀具路径连接”对话框中，切换到“开始点和结束点”选项卡，按图8-8所示确认开始点和结束点，单击“接受”按钮关闭对话框。

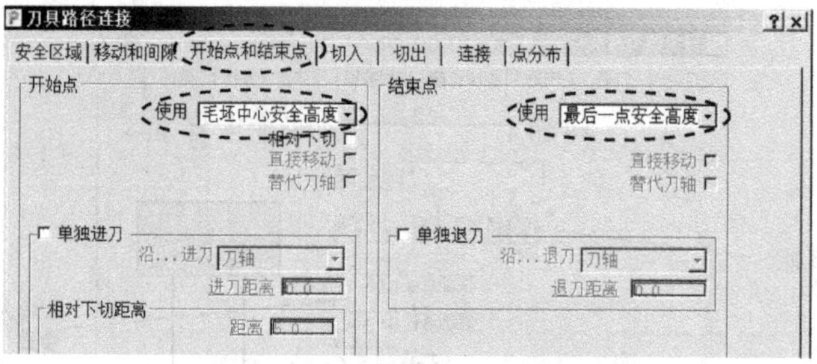

图8-8 确认开始点和结束点

步骤三 计算粗加工刀具路径

在PowerMill“开始”功能区的“创建刀具路径”工具栏中，单击刀具路径按钮，打开“策略选取器”对话框，单击“3D区域清除”选项，调出“3D区域清除”选项卡，在该选项卡中选择“模型区域清除”，单击“确定”按钮，打开“模型区域清除”对话框，按图8-9所示设置参数。

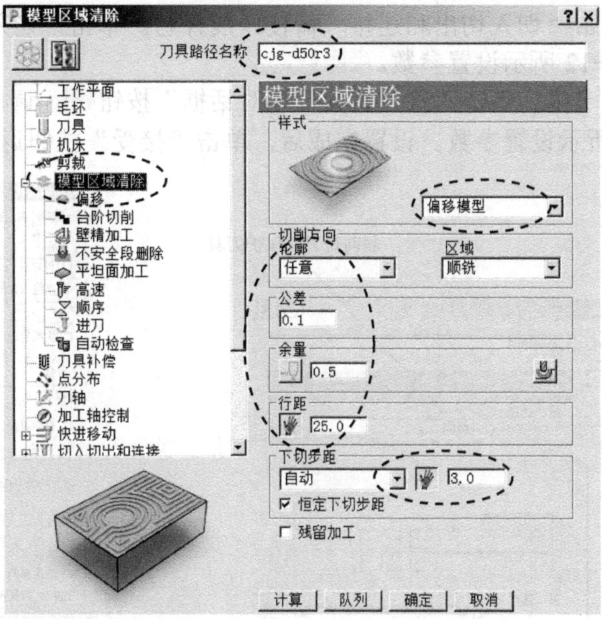

图 8-9 设置模型区域清除参数

单击“模型区域清除”对话框策略树中的“刀具”树枝，调出“刀尖半径”选项卡，如图 8-10 所示，选择刀具“d50r3”。

图 8-10 选择粗加工刀具

单击“模型区域清除”对话框策略树中的“高速”树枝，调出“高速”选项卡，按图 8-11 所示设置高速加工参数。

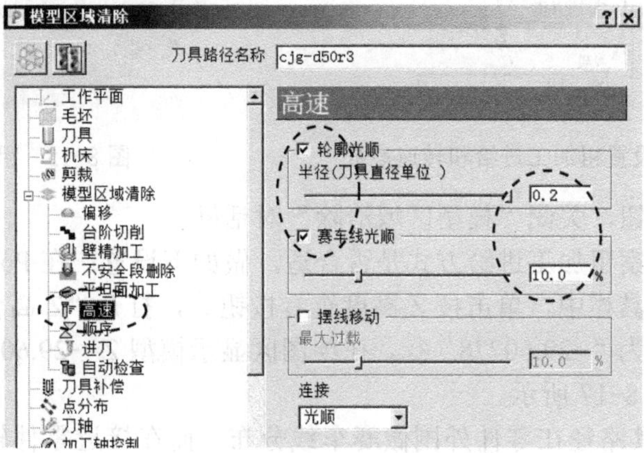

图 8-11 设置高速加工参数

在策略树中，单击“切入切出和连接”树枝，展开它。单击“切入”树枝，调出“切入”选项卡，按图 8-12 所示设置参数。

在“切入”选项卡中，单击“打开斜向选项对话框”按钮，调出“斜向切入选项”对话框，按图 8-13 所示设置参数。设置完成后，单击“接受”按钮返回。

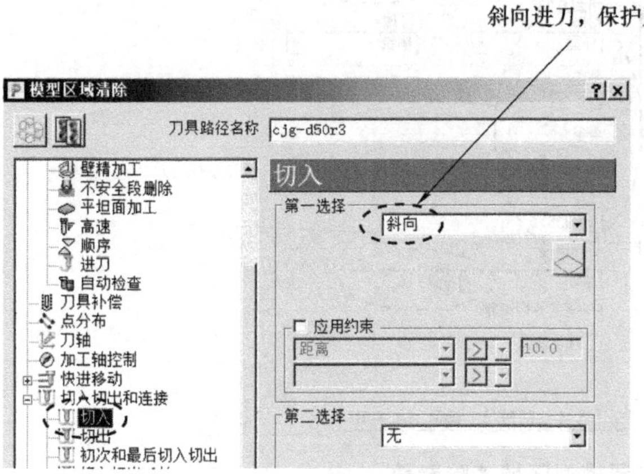

图 8-12　设置切入参数

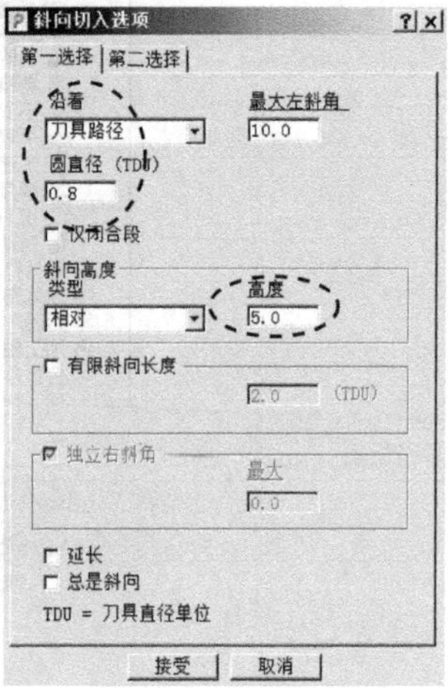

图 8-13　设置斜向切入参数

单击“模型区域清除”对话框策略树中的“进给和转速”树枝，调出“进给和转速”选项卡，按图 8-14 所示设置粗加工进给和转速参数。

设置完参数后，单击“计算”按钮，系统计算出图 8-15 所示刀具路径。

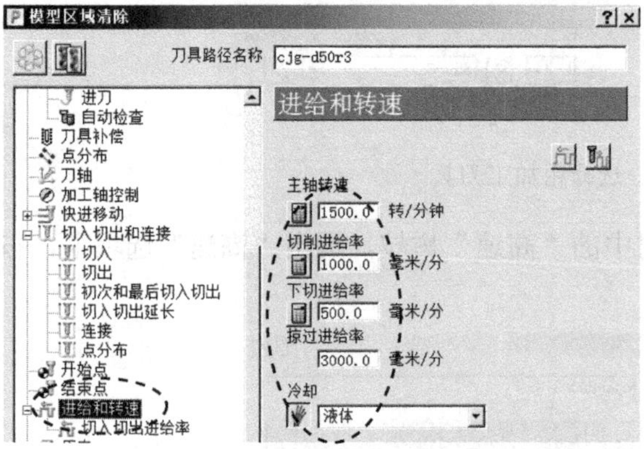

图 8-14　设置粗加工进给和转速参数

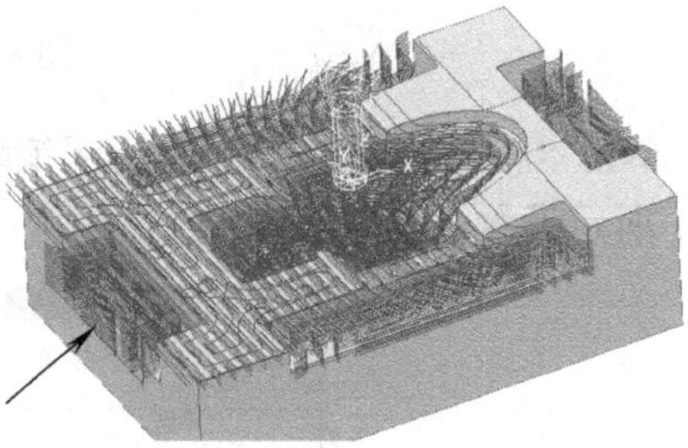

图 8-15　粗加工刀具路径

单击“关闭”按钮，关闭“模型区域清除”对话框。

为了更清楚地观察粗加工进给方式是否合适，做如下设置：在 PowerMill“刀具路径”功能区的“显示”工具栏中，单击按 Z 高度查看按钮，打开“Z 高度”对话框，单击图 8-16 所示“Z 高度”为“-29.60778”行，在绘图区显示模型 Z=-29.60778 高度处的单层粗加工刀具路径，如图 8-17 所示。

图 8-17 所示刀具路径在零件外围做赛车线分布，而在接近零件轮廓时，按轮廓偏置分布。

图 8-16　按 Z 高度查看刀具路径

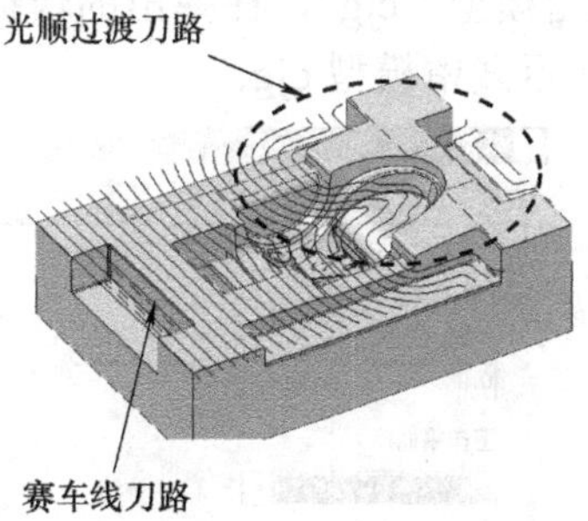

图 8-17　单层粗加工刀具路径

关闭“Z 高度”对话框。

步骤四　粗加工高质量仿真

1）在 PowerMill 绘图区右侧的查看工具栏中，单击 ISO1 视角按钮，将模型和刀路调整到 ISO1 视角。

2）在 PowerMill 资源管理器的“刀具路径”树枝下，右击刀具路径“cjg-d50r3”，在弹出的快捷菜单条中单击“自开始仿真”。

3）在 PowerMill“仿真”功能区中的“ViewMill”工具栏中，单击开/关 ViewMill 按钮，激活 ViewMill 工具。

4）在 PowerMill“仿真”功能区的“ViewMill”工具栏中，单击“模式”下的小三角形，在展开的工具栏中，选择固定方向。单击“阴影”下的小三角形，在展开的工具栏中，选择闪亮，绘图区转换到金属材质的切削仿真环境。

5）在 PowerMill“仿真”功能区的“仿真控制”工具栏中，单击运行按钮，系统即开始仿真切削，仿真结果如图 8-18 所示。

6）在 PowerMill“仿真”功能区的“ViewMill”工具栏中，单击“模式”下的小三角形，在展开的工具栏中，选择无图像，返回编程状态。

图 8-18　粗加工切削仿真结果

步骤五　计算残留模型

使用“d50r3”刀具进行粗加工后，在零件的部分角落处还存在大量余量。使用残留模型来准确计算粗加工残留量。

在 PowerMill 资源管理器的“刀具路径”树枝下，右击刀具路径“cjg-d50r3”，在弹出的快捷菜单条中单击“显示”，将刀具路径“d50r3-chu”切换为隐藏状态。

在 PowerMill 资源管理器中，右击“残留模型”树枝，在弹出的快捷菜单条中单击“创建残留模型”，打开“残留模型”对话框，按图 8-19 所示设置参数，单击“接受”按钮，关闭“残留模型”对话框。

在 PowerMill 资源管理器中，双击“残留模型”树枝，将它展开。右击残留模型“cjg”，在弹出的快捷菜单条中单击“应用”→“激活刀具路径在先”。

再次右击残留模型“cjg”，在弹出的快捷菜单条中单击“计算”，系统即计算出使用

d50r3 刀具进行粗加工后的残留模型。

再次右击残留模型“cjg”，在弹出的快捷菜单条中单击“显示选项”→“阴影”，系统显示出图 8-20 所示残留模型 cjg。

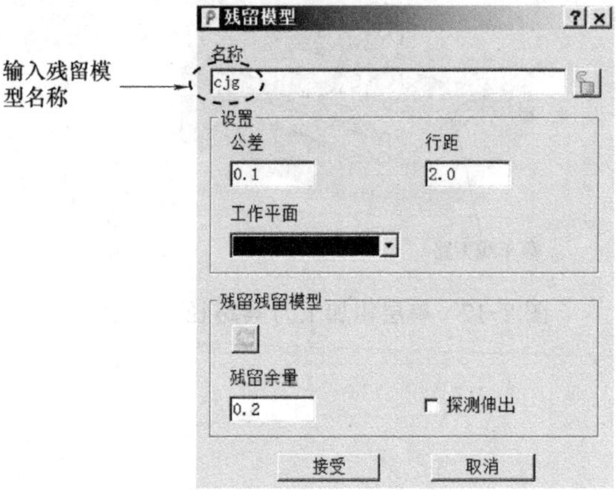

图 8-19　设置残留模型参数

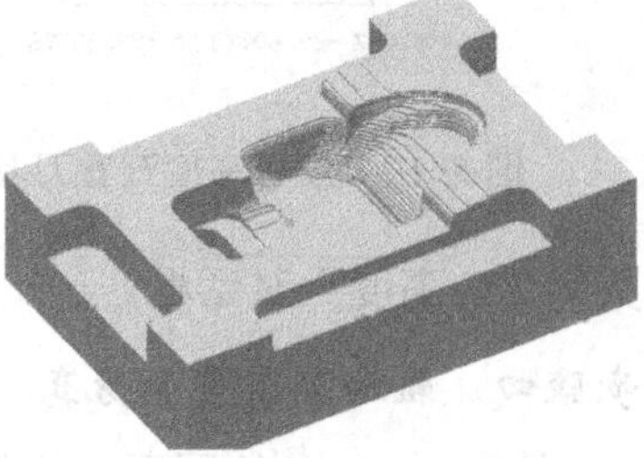

图 8-20　残留模型 cjg

图 8-20 所示残留模型 cjg，在零件的沟槽以及角落处还存在较多余量，该模型即为二次粗加工（也可以称为半精加工）的加工对象。

再次右击残留模型“cjg”，在弹出的快捷菜单条中单击“显示”，将残留模型 cjg 切换到隐藏状态。

步骤六　计算二次粗加工刀具路径

在 PowerMill“开始”功能区的“创建刀具路径”工具栏中，单击刀具路径按钮，打开“策略选取器”对话框，单击“3D 区域清除”选项，调出“3D 区域清除”选项卡，在该选项卡中选择“模型残留区域清除”，单击“确定”按钮，打开“模型残留区域清除”对话框，按图 8-21 所示设置参数。

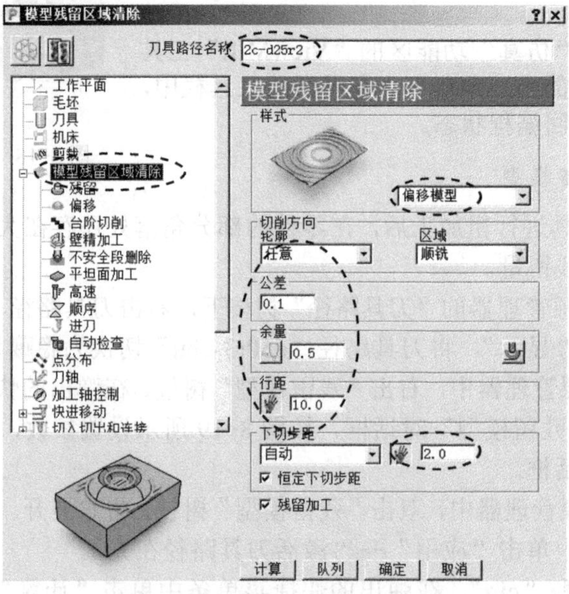

图 8-21　设置二次粗加工参数

在“模型残留区域清除”对话框的策略树中，单击“刀具”树枝，调出“刀尖半径”选项卡，如图 8-22 所示选用刀具“d25r2”。

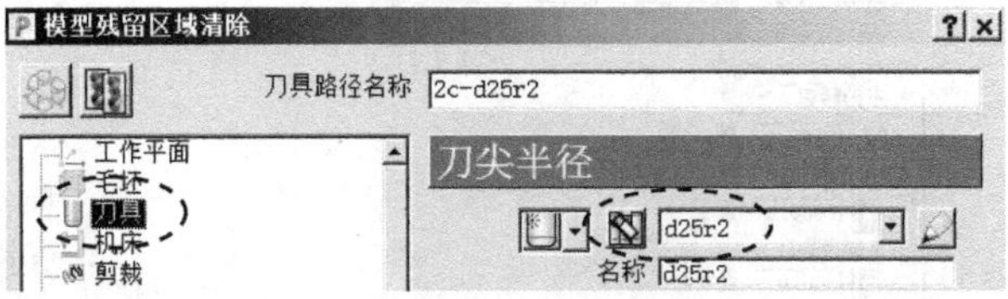

图 8-22　选用二次粗加工刀具

在“模型残留区域清除”对话框的策略树中，单击“残留”树枝，调出“残留”选项卡，按图 8-23 所示设置残留参数。

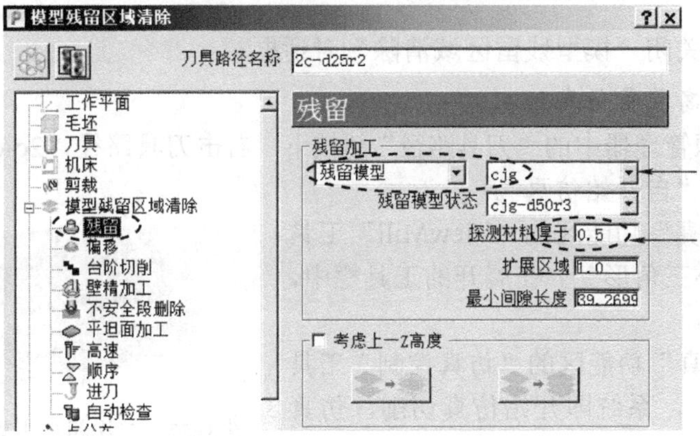

图 8-23　设置残留参数

在“模型残留区域清除”对话框的策略树中，单击“高速”树枝，调出“高速”选项卡，按图 8-24 所示设置高速加工参数。

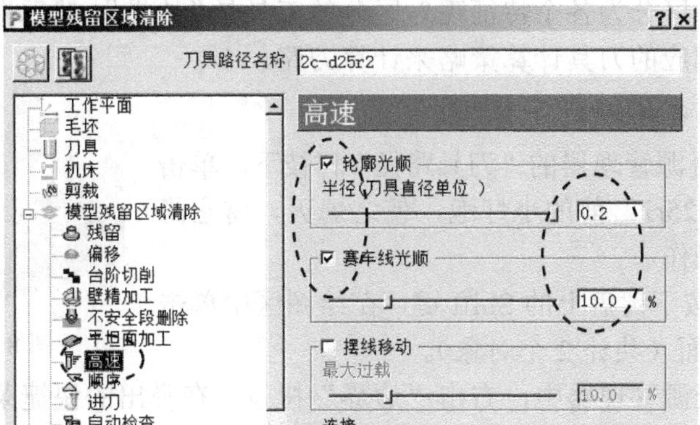

图 8-24　设置高速加工参数

单击“模型残留区域清除”对话框策略树中的“进给和转速”树枝，调出“进给和转速”选项卡，按图 8-25 所示设置二次粗加工的进给和转速参数。

设置完参数后，单击“计算”按钮，系统计算出图 8-26 所示刀具路径。

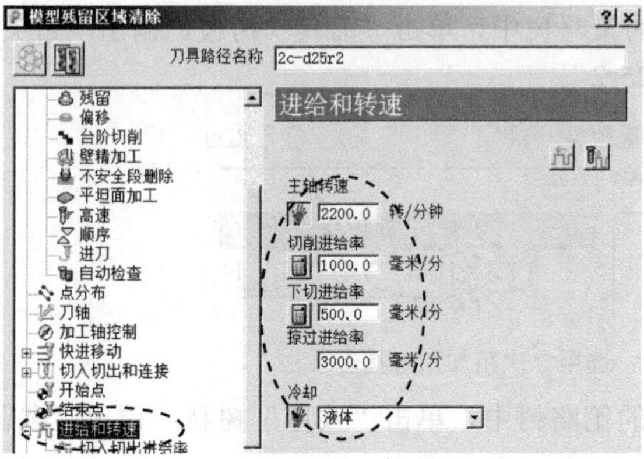

图 8-25 设置二次粗加工进给和转速参数

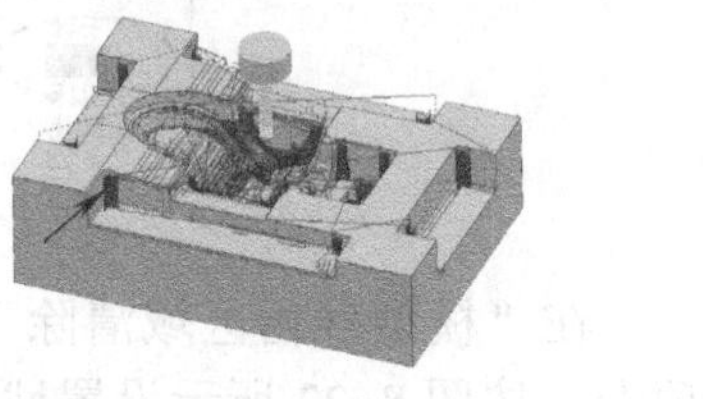

图 8-26 二次粗加工刀具路径

单击“关闭”按钮，关闭“模型残留区域清除”对话框。

步骤七 二次粗加工高质量仿真加工

1）在 PowerMill 资源管理器中的“刀具路径”树枝下，右击刀具路径“2c-d25r2”，在弹出的快捷菜单条中单击“自开始仿真”。

2）在 PowerMill“仿真”功能区的“ViewMill”工具栏中，单击“模式”下的小三角形模式，在展开的工具栏中，选择固定方向固定方向。

3）在 PowerMill“仿真”功能区的“仿真控制”工具栏中，单击运行按钮运行，系统即开始仿真切削，仿真结果如图 8-27 所示。

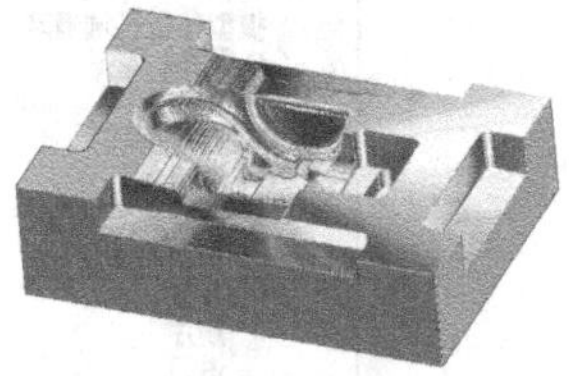

图 8-27 二次粗加工切削仿真结果

4）在 PowerMill“仿真”功能区的“ViewMill”工具栏中，单击“模式”下的小三角形模式，在展开的工具栏中，选择无图像无图像，返回编程状态。

零件经过整体一次粗加工和二次粗加工后，以下的编程思路是分特征进行“各个击破”。那么如何把零件整体区分为各个特征呢？区分的工具是“边界”，然后根据零件结构的几何造型特点配合使用相应的刀具计算策略来计算刀路。

步骤八 型腔顶面精加工

在 PowerMill 资源管理器的“刀具路径”树枝下，单击两次刀具路径“2c-d25r2”前的小灯泡，使之熄灭，将它隐藏起来以便于后续操作。

1）创建边界：按下键盘上的 Shift 键，在绘图区中单击选中图 8-28 所示曲面（共计 2 个对象）。

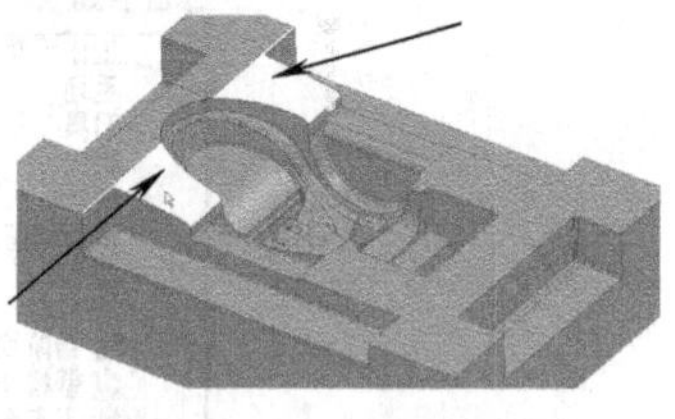

图 8-28 选择曲面

在 PowerMill 资源管理器中，右击“边界”树枝，在弹出的快捷菜单条中单击“创建边界”→“已选曲面”，打开“已选曲面边界”对话框，按图 8-29 所示设置参数，单击“应用”按钮，计算出图 8-30 所示边界。

单击“接受”按钮，关闭“已选曲面边界”对话框。

2）计算平行精加工刀具路径：在 PowerMill“开始”功能区的“创建刀具路径”工具栏中，单击刀具路径按钮，打开“策略选取器”对话框，单击“精加工”选项，调出“精加工”选项卡，在该选项卡中选择“平行精加工”，单击“确定”按钮，打开“平行精加工”

对话框，按图 8-31 所示设置参数。

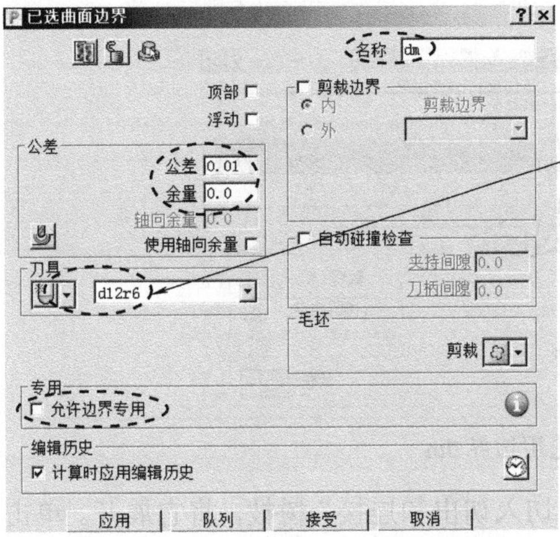

图 8-29 设置边界参数

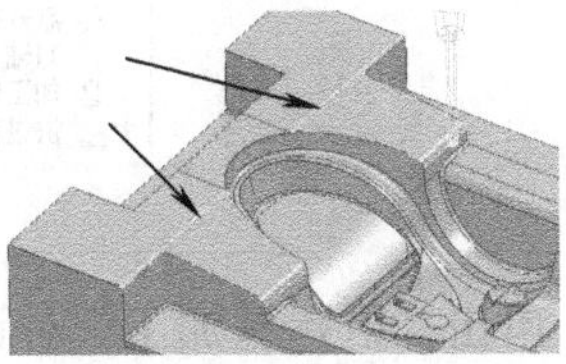

图 8-30 边界

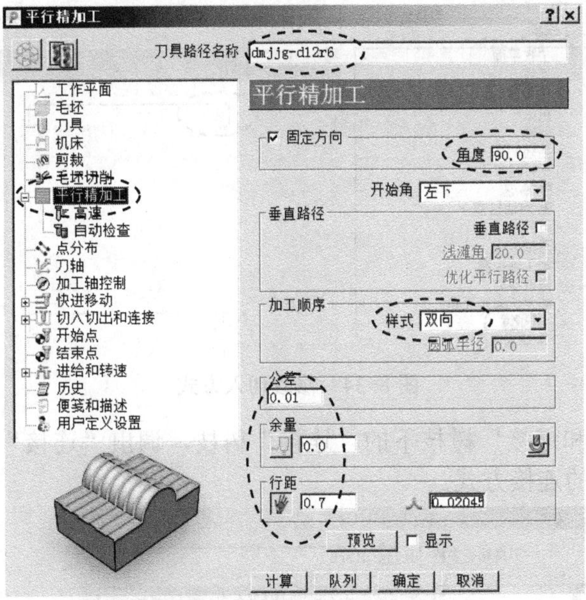

图 8-31 设置平行精加工参数

单击“平行精加工”对话框策略树中的“刀具”树枝，调出“球头刀”选项卡，如图 8-32 所示，选用刀具“d12r6”。

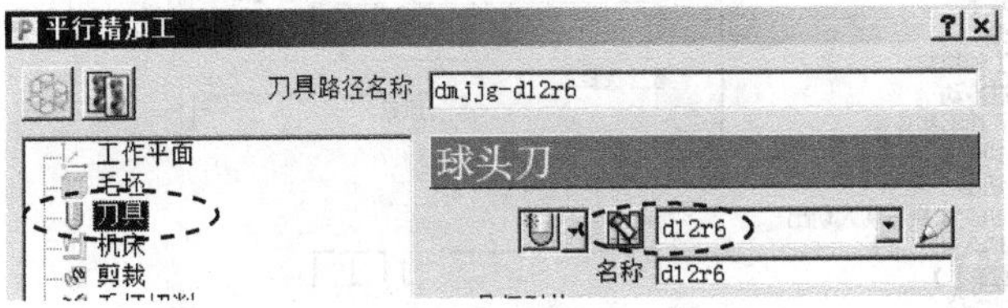

图 8-32 选用型腔顶面加工刀具

单击“平行精加工”对话框策略树中的“剪裁”树枝，调出“剪裁”选项卡，按图 8-33 所示选用边界 dm。

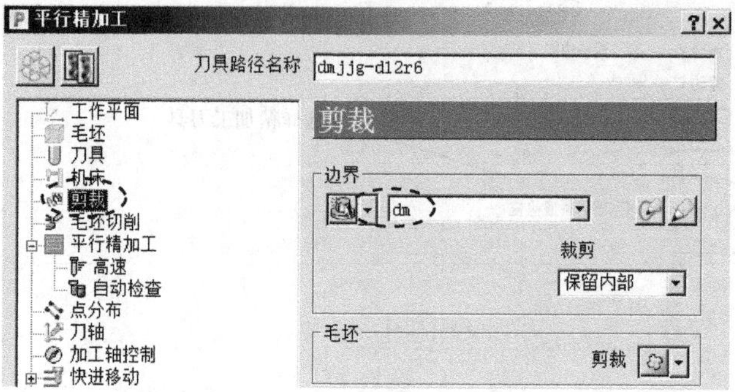

图 8-33 选用边界 dm

单击“平行精加工”对话框策略树中的“切入切出和连接”树枝，将它展开。单击“切入”树枝，调出“切入”选项卡，按图 8-34 所示设置切入方式为“无”。

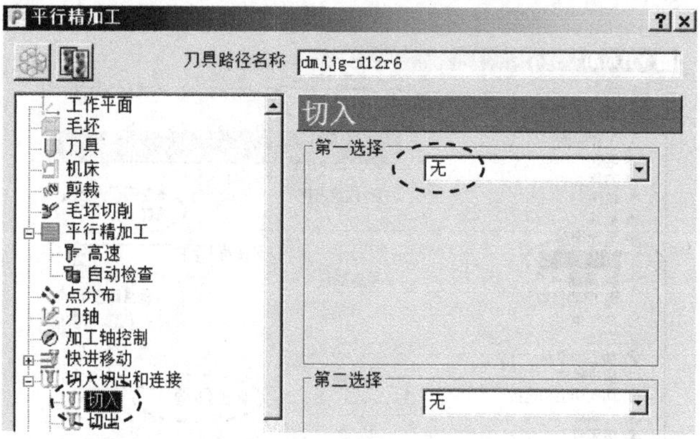

图 8-34 修改切入方式

单击“切入切出和连接”树枝下的“连接”树枝，调出“连接”选项卡，按图 8-35 所示设置平行精加工的连接方式。

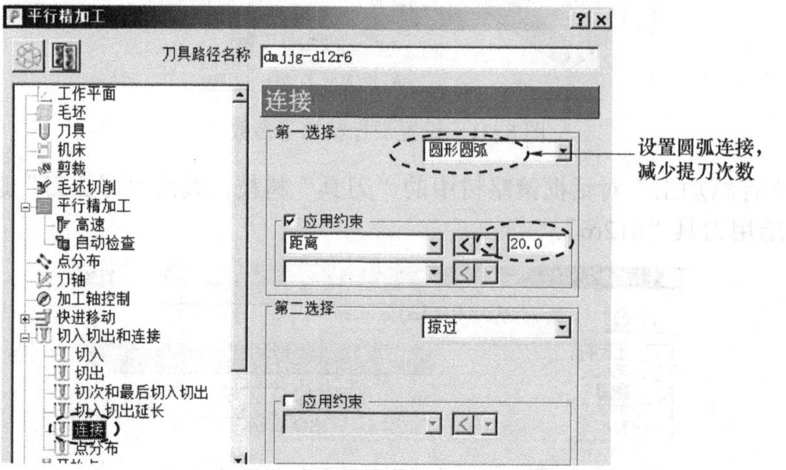

图 8-35 设置精加工连接方式

单击“平行精加工”对话框策略树中的“进给和转速”树枝，调出“进给和转速”选项卡，按图 8-36 所示设置型腔顶面精加工的进给和转速参数。

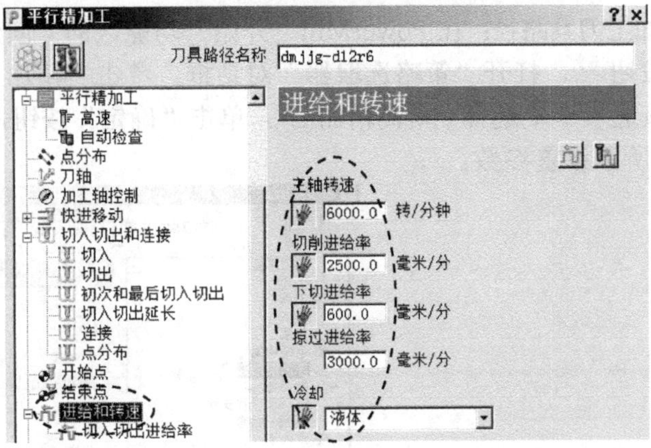

图 8-36　设置型腔顶面精加工进给和转速参数

设置完参数后，单击“计算”按钮，系统计算出图 8-37 所示刀具路径，图 8-38 是该刀具路径的局部放大图。

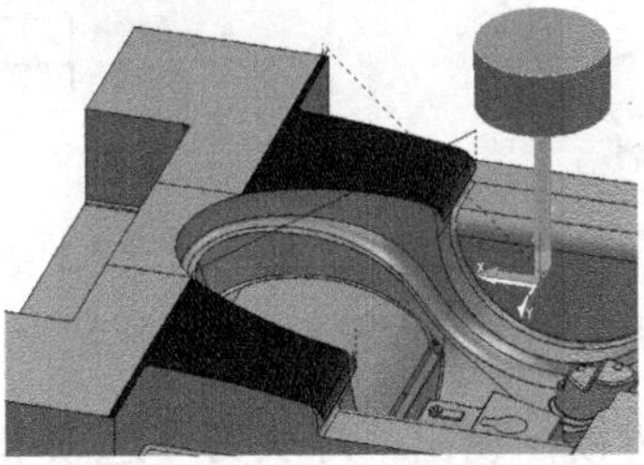

图 8-37　顶面精加工刀具路径

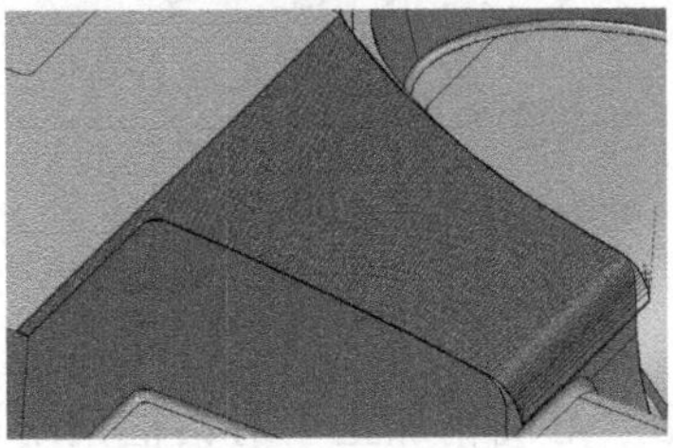

图 8-38　顶面精加工刀具路径局部放大图

单击“关闭”按钮，关闭“平行精加工”对话框。

步骤九　零件侧壁面精加工

1）创建边界：在 PowerMill 资源管理器中，右击“边界”树枝，在弹出的快捷菜单条中单击“创建边界”→“浅滩”，打开“浅滩边界”对话框，按图 8-39 所示设置边界参数。

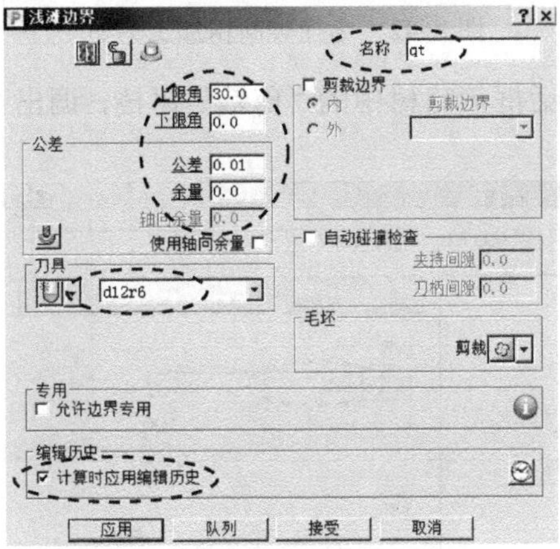

图 8-39　设置浅滩边界参数

单击“应用”按钮，计算出图 8-40 所示边界。

单击“接受”按钮，关闭“浅滩边界”对话框。

2）计算等高精加工刀具路径：在 PowerMill“开始”功能区的“创建刀具路径”工具栏中，单击刀具路径按钮，打开“策略选取器”对话框，单击“精加工”选项，调出“精加工”选项卡，在该选项卡中选择“等高精加工”，单击“确定”按钮，打开“等高精加工”对话框，按图 8-41 所示设置参数。

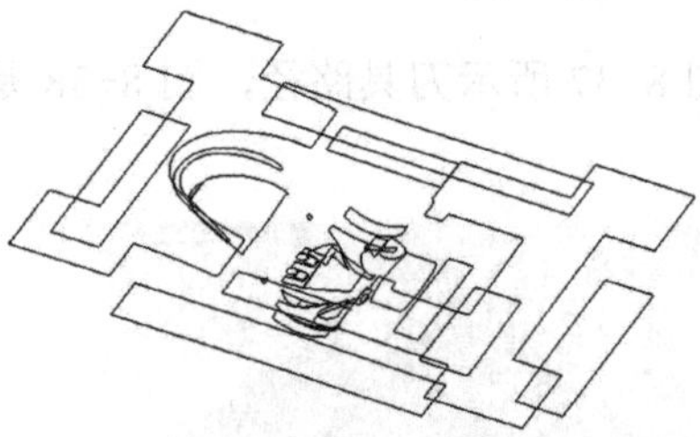

图 8-40　浅滩边界

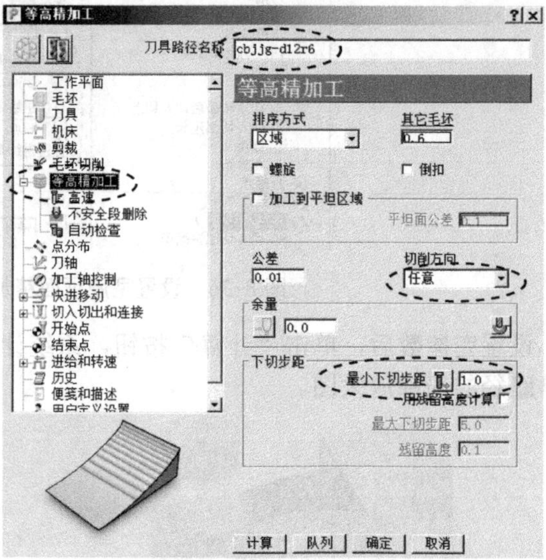

图 8-41　设置等高精加工参数

单击“等高精加工”对话框策略树中的“刀具”树枝，调出“球头刀”选项卡，如图 8-42 所示，选用刀具“d12r6”。

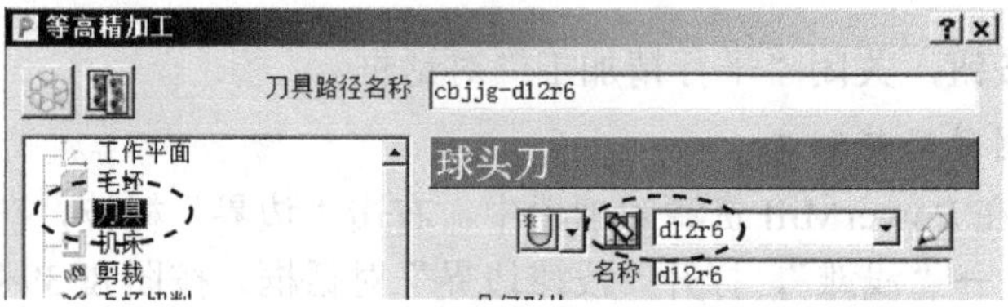

图 8-42　选择等高精加工刀具

单击“等高精加工”对话框策略树中的“剪裁”树枝，调出“剪裁”选项卡，按图 8-43 所示设置剪裁参数。

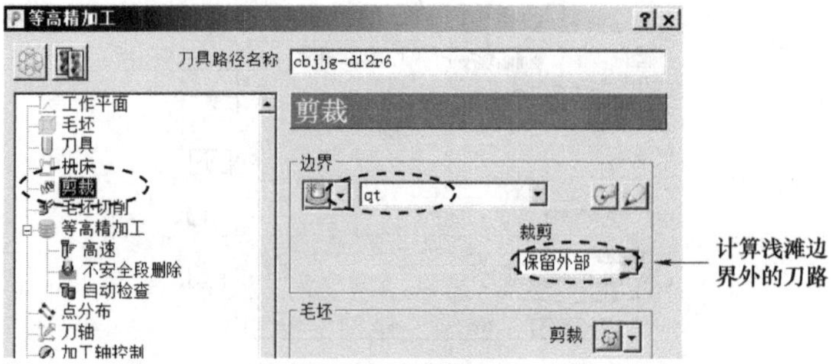

图 8-43　设置剪裁参数

单击“等高精加工”对话框策略树中的“进给和转速”树枝，调出“进给和转速”选项卡，按图 8-44 所示设置侧壁面精加工的进给和转速参数。

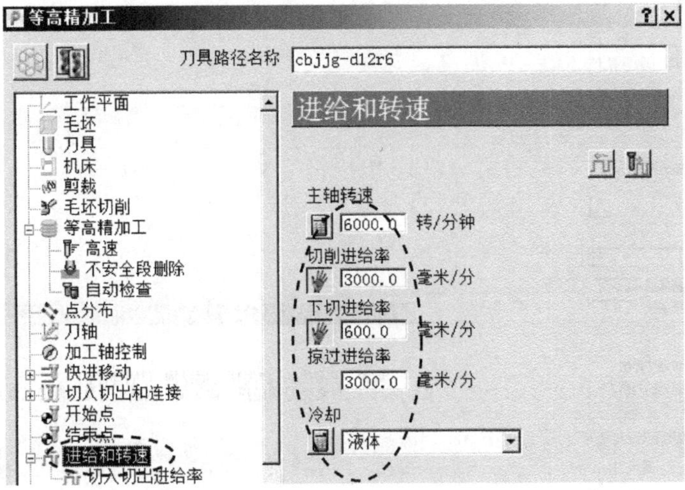

图 8-44 设置侧壁面精加工进给和转速参数

设置完参数后，单击“计算”按钮，系统计算出图 8-45 所示刀具路径，图 8-46 是该刀具路径的局部放大图。

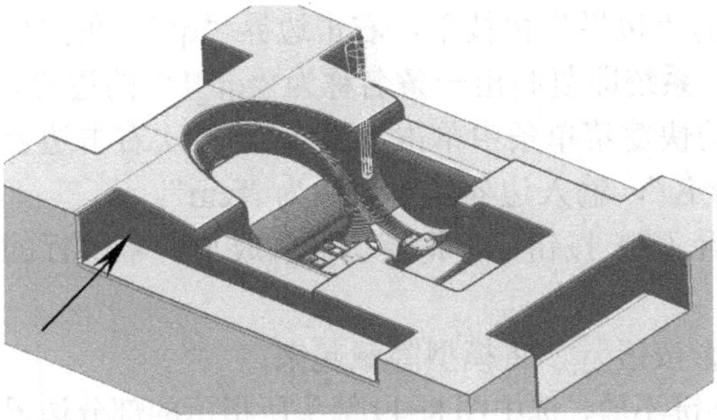

图 8-45 侧壁面精加工刀具路径

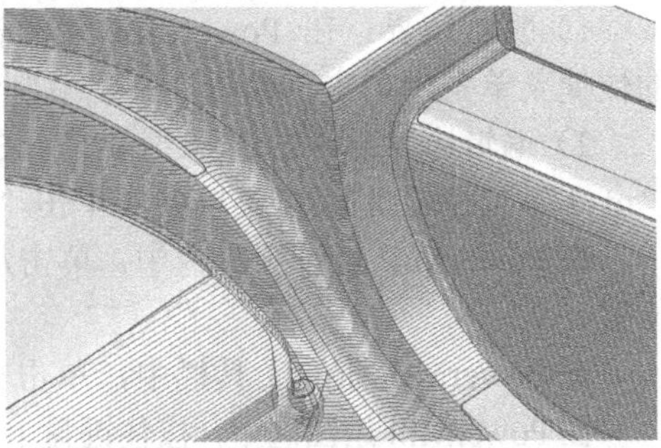

图 8-46 侧壁面精加工刀具路径局部放大图

单击“关闭”按钮，关闭“等高精加工”对话框。

3）刀具路径碰撞检查：在 PowerMill 资源管理器的“刀具路径”树枝下，右击刀具路径“cbjjg-d12r6”，在弹出的快捷菜单条中单击“检查”→“刀具路径”，打开“刀具路径检查”对话框，按图 8-47 所示设置检查参数。

单击“应用”按钮，系统即对刀具路径进行检查，弹出图 8-48 所示信息对话框。

根据碰撞检查的结果，系统在“刀具”树枝下自动对刀具“d12r6”进行复制，得到新刀具“d12r6_1”，该刀具的刀柄部件 1（即切削刃部分）加长到 109.17mm。

单击“PowerMill 信息”对话框中的“确定”按钮，关闭该对话框。

单击“刀具路径检查”对话框中的“接受”按钮，关闭该对话框。

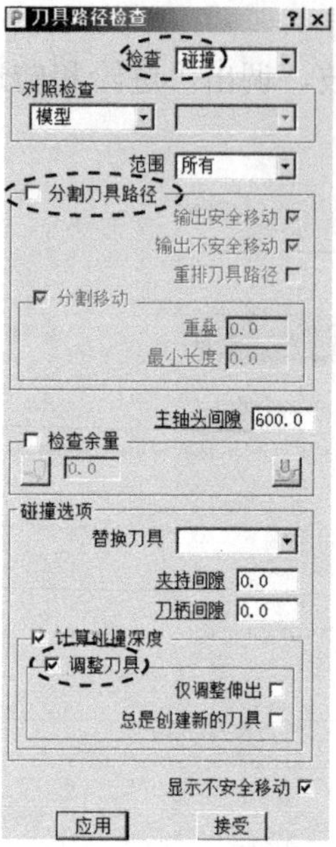

图 8-47 刀具路径检查参数

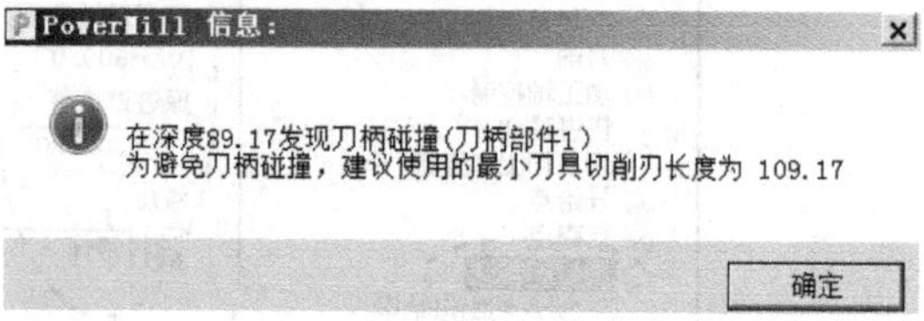

图 8-48 碰撞检查信息

步骤十 型腔底部曲面（浅滩面）精加工

在 PowerMill 资源管理器的“刀具路径”树枝下，右击刀具路径“cbjjg-d12r6”，在弹出的快捷菜单条中单击“激活”，将它隐藏起来。

1）复制边界：在 PowerMill 资源管理器的“边界”树枝下，右击边界“qt”，在弹出的快捷菜单条中单击“编辑”→“复制边界”，系统即复制出一条名称为“qt_1”的边界。

2）编辑边界：右击边界“qt_1”，在弹出的快捷菜单条中单击“激活”。再次右击边界“qt_1”，在弹出的快捷菜单条中单击“重新命名”，输入边界的新名称为“zm”。

在 PowerMill 查看工具栏中，单击从上查看（Z）按钮，将模型摆放成与屏幕平行的位置。

在 PowerMill 查看工具栏中，单击普通阴影按钮，将模型隐藏起来。

在 PowerMill 绘图区中，按住键盘上的 Shift 键不放，选中图 8-49 箭头所指示的部分边界线条（共计 9 条），单击键盘上的 Delete 键，将它们删除，留下的边界“zm”如图 8-50 所示。

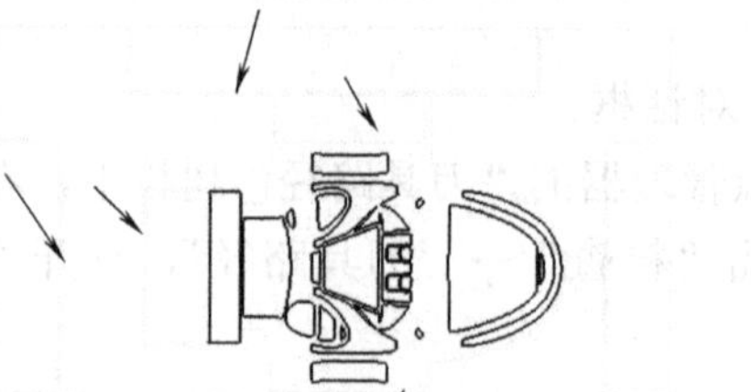

图 8-49 选择多余的边界

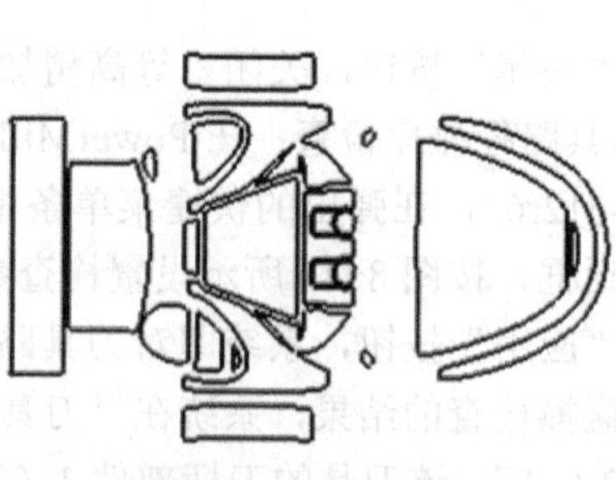

图 8-50 边界“zm”

3）计算 3D 偏移精加工刀具路径：在 PowerMill“开始”功能区的“创建刀具路径”工具栏中，单击刀具路径按钮，打开“策略选取器”对话框，单击“精加工”选项，调出

“精加工”选项卡，在该选项卡中选择“3D 偏移精加工”，单击“确定”按钮，打开“3D 偏移精加工”对话框，按图 8-51 所示设置参数。

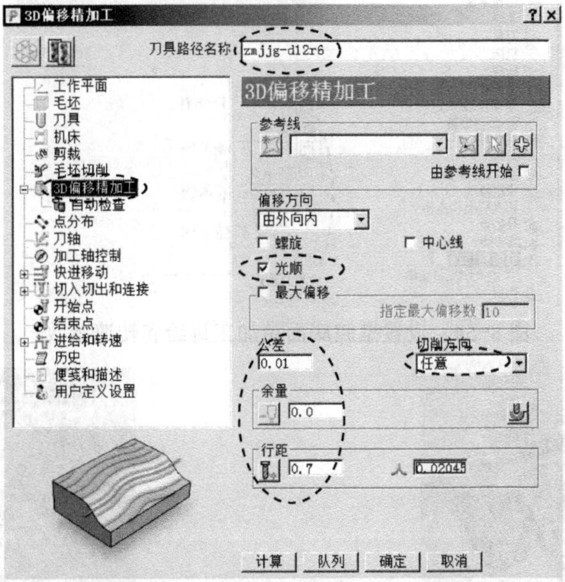

图 8-51　设置 3D 偏移精加工参数

单击“3D 偏移精加工”对话框策略树中的“刀具”树枝，调出“球头刀”选项卡，如图 8-52 所示，选用刀具“d12r6”。

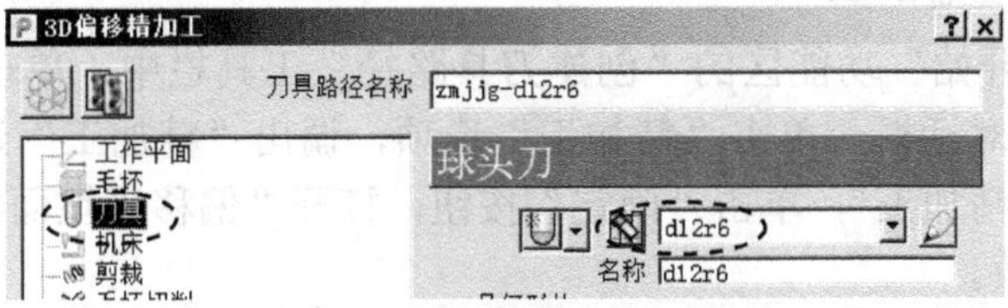

图 8-52　选用精加工刀具

单击“3D 偏移精加工”对话框策略树中的“剪裁”树枝，调出“剪裁”选项卡，按图 8-53 所示选用边界“zm”。

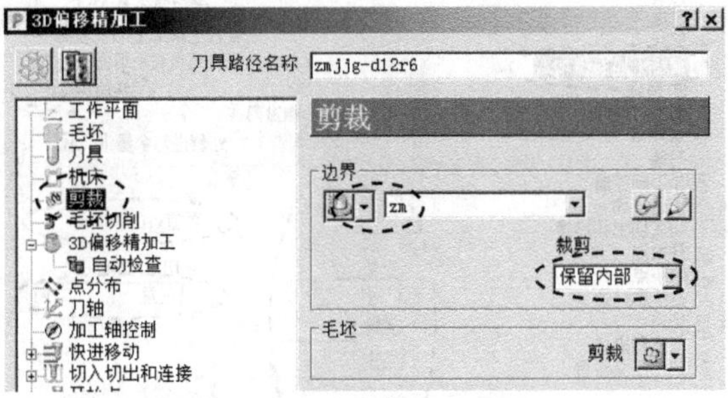

图 8-53　选用边界“zm”

单击“3D 偏移精加工”对话框策略树中的“进给和转速”树枝，调出“进给和转速”选项卡，按图 8-54 所示设置型腔底面精加工的进给和转速参数。

设置完参数后，单击“计算”按钮，系统计算出图 8-55 所示刀具路径，图 8-56 是该刀具路径的局部放大图。

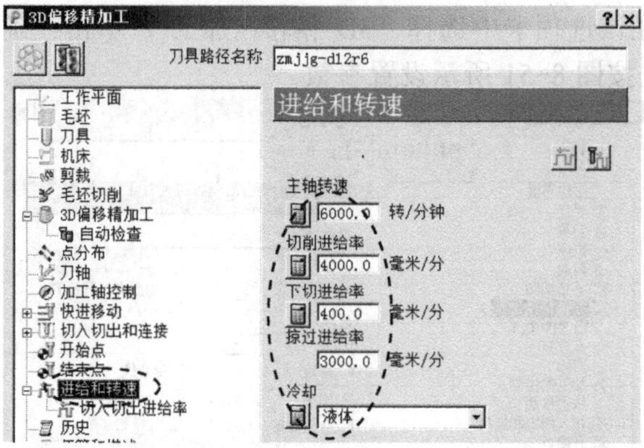

图 8-54　设置型腔底面精加工进给和转速参数

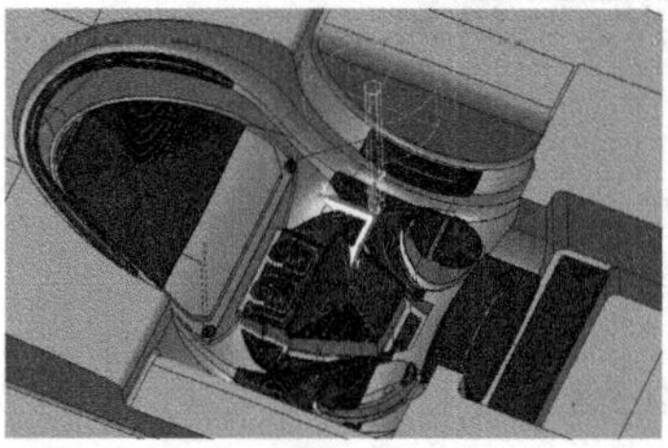

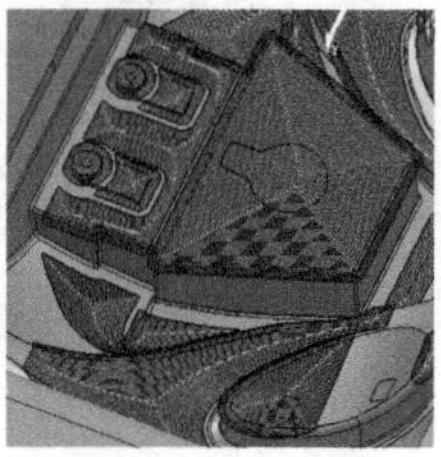

图 8-55　型腔底部曲面精加工刀路　　　　图 8-56　型腔底部曲面精加工刀路局部放大图

单击“关闭”按钮，关闭“3D 偏移精加工”对话框。

步骤十一　平坦面精加工

在 PowerMill“开始”功能区的“创建刀具路径”工具栏中，单击刀具路径按钮，打开“策略选取器”对话框，单击“精加工”选项，调出“精加工”选项卡，在该选项卡中选择“偏移平坦面精加工”，单击“确定”按钮，打开“偏移平坦面精加工”对话框，按图 8-57 所示设置参数。

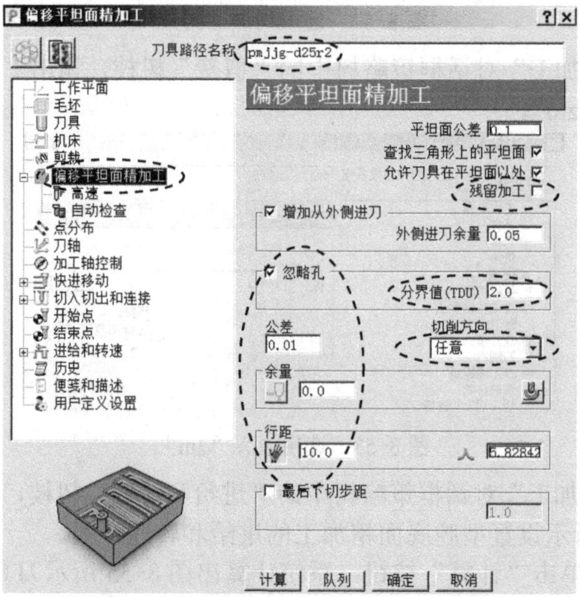

图 8-57　设置偏移平坦面精加工参数

单击“偏置平坦面精加工”对话框策略树中的“刀具”树枝，调出“刀尖半径”选项卡，如图 8-58 所示，选用刀具“d25r2”。

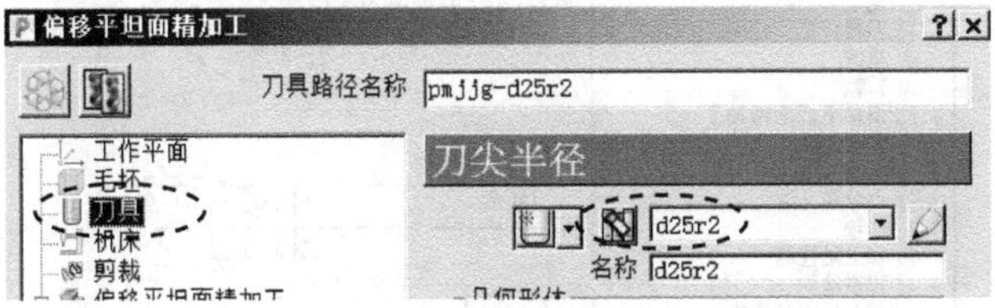

图 8-58　选用偏置平坦面精加工刀具

单击“偏置平坦面精加工”对话框策略树中的“剪裁”树枝，调出“剪裁”选项卡，如图 8-59 所示，确保未选用边界。

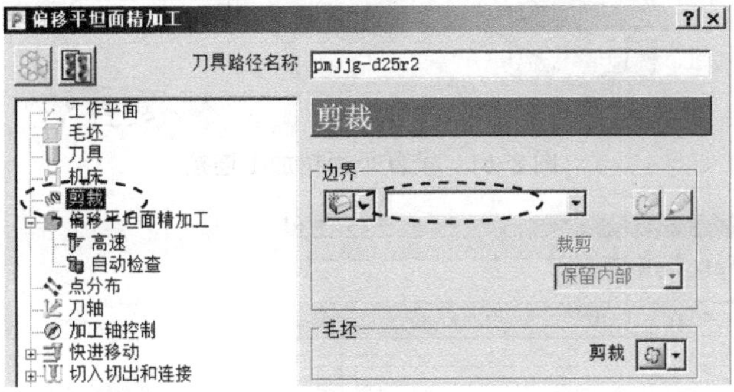

图 8-59　取消选取边界

单击“偏置平坦面精加工”对话框策略树中的“高速”树枝，调出“高速”选项卡，按图 8-60 所示设置高速加工参数。

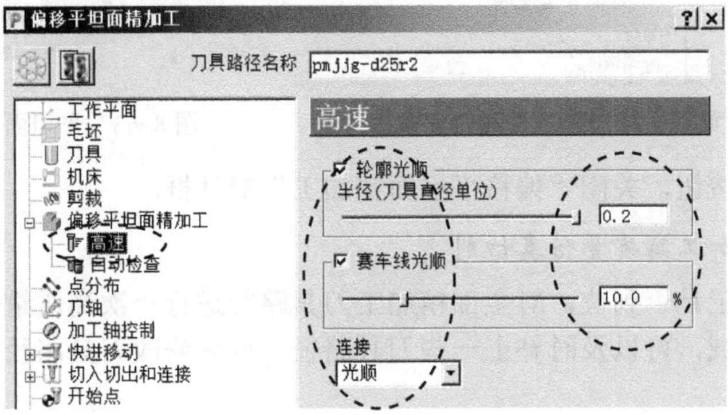

图 8-60　高速加工参数

单击“偏置平坦面精加工”对话框策略树中的“切入切出和连接”树枝，将它展开。单击“连接”树枝，调出“连接”选项卡，按图 8-61 所示设置平面精加工的连接方式。

单击“偏置平坦面精加工”对话框策略树中的“进给和转速”树枝，调出“进给和转速”选项卡，按图 8-62 所示设置平面精加工的进给和转速参数。

设置完参数后，单击“计算”按钮，系统计算出图 8-63 所示刀具路径。

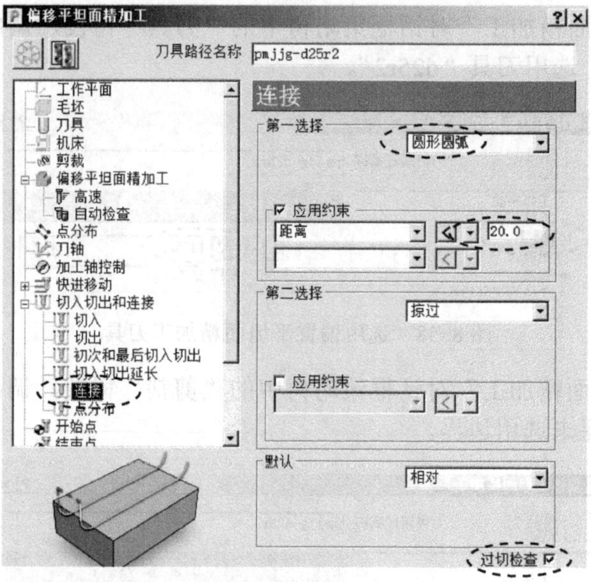

图 8-61　设置平面精加工连接

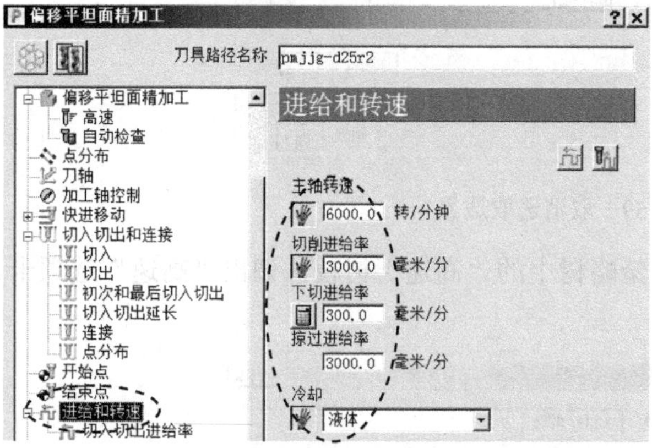

图 8-62　设置平面精加工进给和转速参数

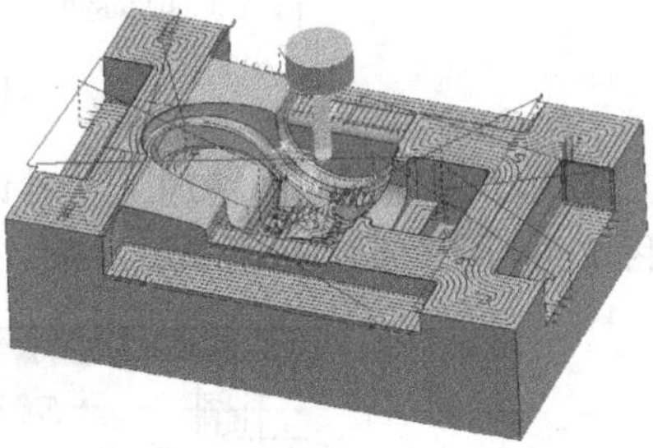

图 8-63　平坦面精加工刀具路径

单击“关闭”按钮，关闭“偏移平坦面精加工”对话框。

步骤十二　精加工高质量仿真切削

为了检查精加工是否到位，对全部精加工刀具路径进行一次高质量仿真切削，如果存在没有切削到的区域，可以及时补上一些刀具路径，或者修改刀具路径的加工范围来调整精加工刀具路径。

1）在 PowerMill 资源管理器的“刀具路径”树枝下，右击刀具路径“dmjjg-d12r6”，在弹出的快捷菜单条中单击“自开始仿真”。

2）在 PowerMill“仿真”功能区的“ViewMill”工具栏中，单击“模式”下的小三角形，在展开的工具栏中，选择固定方向。

3）在 PowerMill“仿真”功能区的“仿真控制”工具栏中，单击运行按钮，系统即开始仿真切削，仿真结果如图 8-64 所示。

4）在 PowerMill 资源管理器中，右击刀具路径“cbjjg-d12r6”，在弹出的快捷菜单条中单击“自开始仿真”。

5）在 PowerMill“仿真”功能区的“仿真控制”工具栏中，单击运行按钮，系统即开始仿真切削，仿真结果如图 8-65 所示。

图 8-64　顶部曲面精加工切削仿真结果

图 8-65　型腔侧壁面精加工切削仿真结果

6）在 PowerMill 资源管理器的“刀具路径”树枝下，右击刀具路径“zmjjg-d12r6”，在弹出的快捷菜单条中单击“自开始仿真”。

7）在 PowerMill“仿真”功能区的“仿真控制”工具栏中，单击运行按钮，系统即开始仿真切削，仿真结果如图 8-66 所示。

8）在 PowerMill 资源管理器的“刀具路径”树枝下，右击刀具路径“pmjjg-d25r2”，在弹出的快捷菜单条中单击“自开始仿真”。

9）在 PowerMill“仿真”功能区的“仿真控制”工具栏中，单击运行按钮，系统即开始仿真切削，仿真结果如图 8-67 所示。

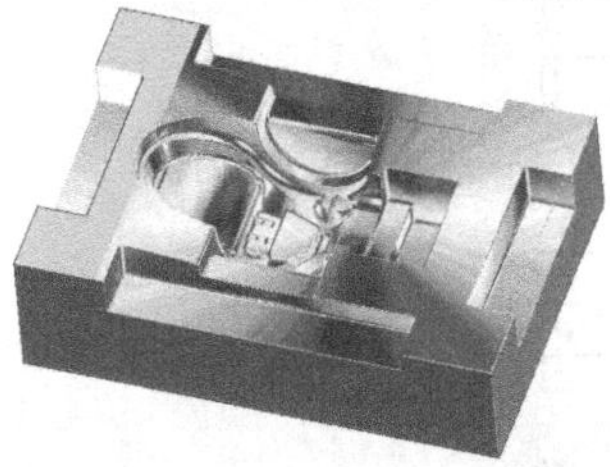

图 8-66　型腔底部浅滩曲面精加工切削仿真结果

图 8-67　平面精加工切削仿真结果

10）在 PowerMill“仿真”功能区的“ViewMill”工具栏中，单击“模式”下的小三角形，在展开的工具栏中，选择无图像，返回编程状态。

步骤十三　计算第一次清角刀路

如图 8-67 所示切削仿真结果，可见零件的一些小圆角角落处还存在一些加工余量，需要使用比直径 12mm 更小的刀具进行清角。

为了探测需要使用多小直径的刀具才能清角到位，进行以下测量操作：

1）检测零件上的圆角半径：切换到 PowerMill“查看”功能区，单击“外观”工具栏右侧的扩展按钮，打开“模型显示选项”对话框。由于精加工使用的刀具直径是 12mm，这时设置“最小刀具半径”为 6.0，可以检测出零件上圆角半径小于 6mm 的圆角部位，如图 8-68 所示。

单击“接受”按钮，关闭“模型显示选项”对话框。

接着，在 PowerMill 查看工具栏中，将鼠标移到普通阴影按钮上，停留 1s，在展开的工具条中单击最小半径阴影按钮，系统即用红色显示出半径小于 6mm 的圆角曲面，如图 8-69 中箭头所示。

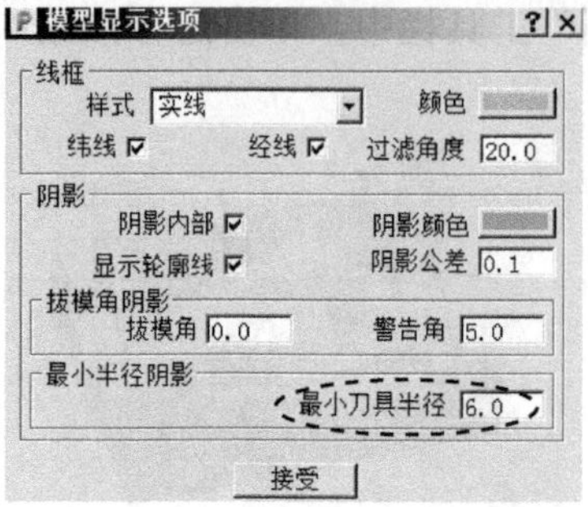

图 8-68 设置最小刀具半径

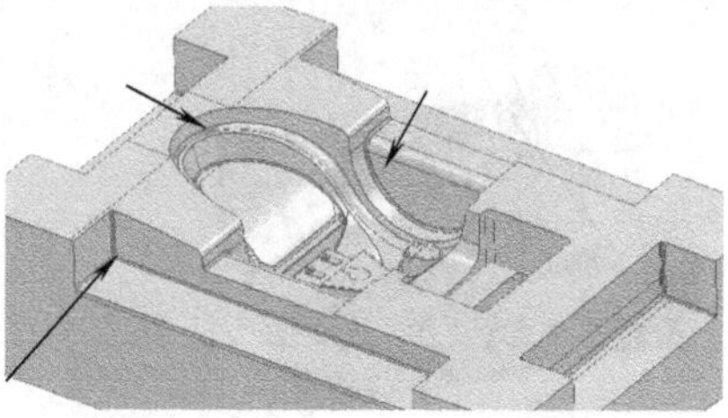

图 8-69 最小半径阴影

参照上述操作，依次递减地设置最小刀具半径为 5mm、3mm、1.5mm、1mm，使用最小半径阴影分析工具即可探测出零件上的最小圆角半径。

2）计算第一次清角刀具路径：在 PowerMill“开始”功能区的“创建刀具路径”工具栏中，单击刀具路径按钮，打开“策略选取器”对话框，单击“精加工”选项，调出“精加工”选项卡，在该选项卡中选择“清角精加工”，单击“确定”按钮，打开“清角精加工”对话框，按图 8-70 所示设置参数。

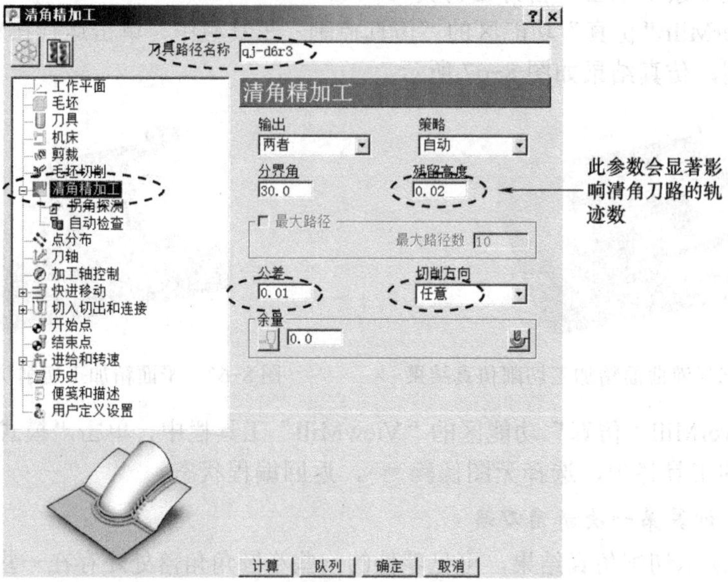

图 8-70 设置第一次清角精加工参数

单击“清角精加工”对话框策略树中的“刀具”树枝，调出“球头刀”选项卡，如图 8-71 所示，确保选用的刀具是“d6r3”。

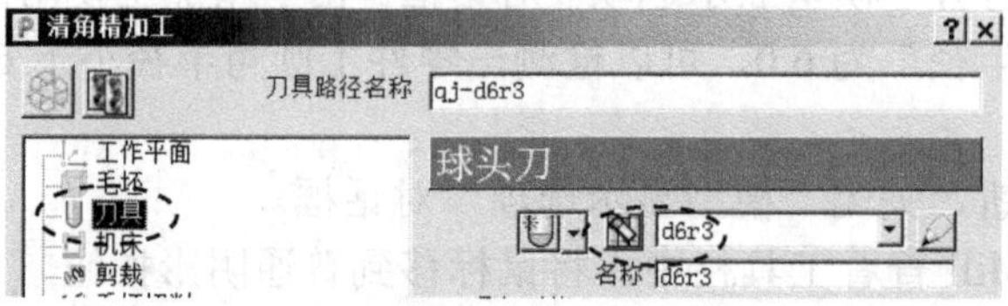

图 8-71 选用第一次清角刀具

单击“清角精加工”对话框策略树中的“清角精加工”树枝下的“拐角探测”树枝，调出“拐角探测”选项卡，按图 8-72 所示设置拐角探测参数。

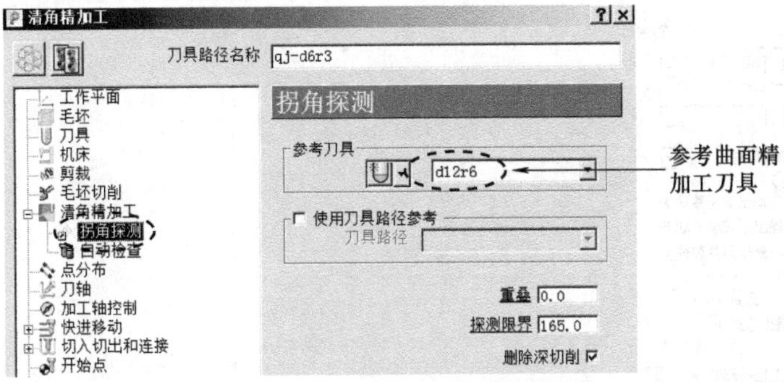

图 8-72 设置拐角探测参数

单击“清角精加工”对话框策略树中的“进给和转速”树枝，调出“进给和转速”选项卡，按图 8-73 所示设置清角精加工的进给和转速参数。

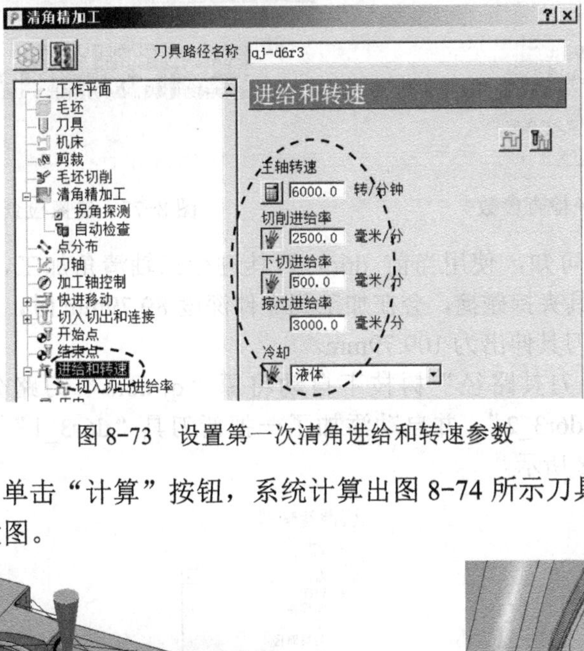

图 8-73 设置第一次清角进给和转速参数

设置完参数后，单击“计算”按钮，系统计算出图 8-74 所示刀具路径，图 8-75 是该刀具路径的局部放大图。

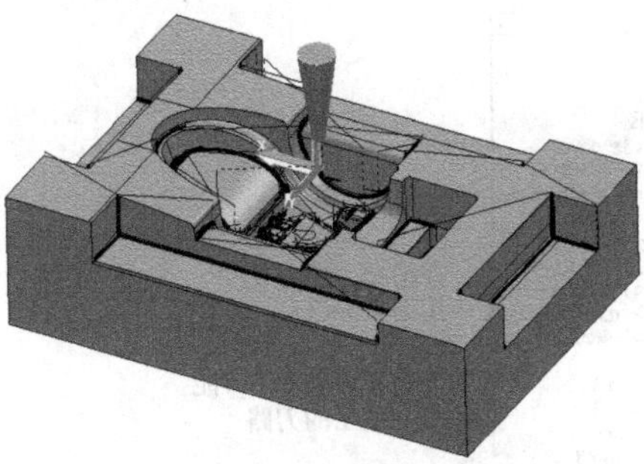

图 8-74 6mm 刀具清角刀具路径

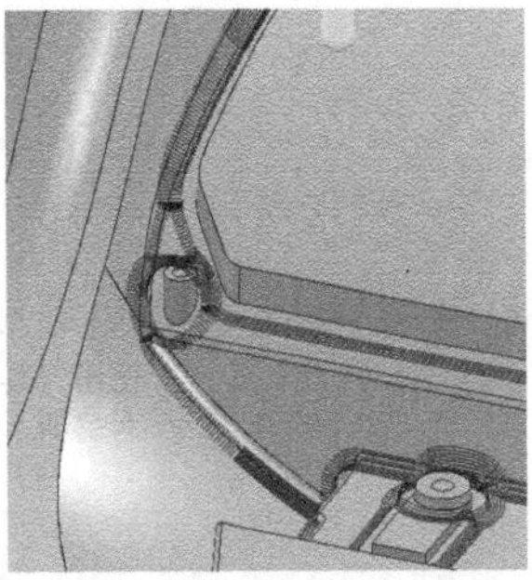

图 8-75 6mm 刀具清角刀具路径局部放大图

单击“关闭”按钮，关闭“清角精加工”对话框。

3）刀具路径碰撞检查：在 PowerMill 资源管理器的“刀具路径”树枝下，右击刀具路径“qj-d6r3”，在弹出的快捷菜单条中单击“检查”→“刀具路径”，打开“刀具路径检查”

对话框，按图 8-76 所示设置检查参数。

单击“应用”按钮，系统即对刀具路径进行检查，弹出图 8-77 所示信息对话框。

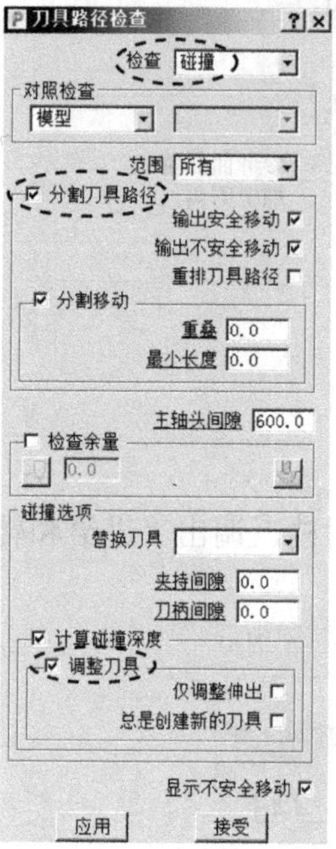

图 8-76 刀具路径检查参数

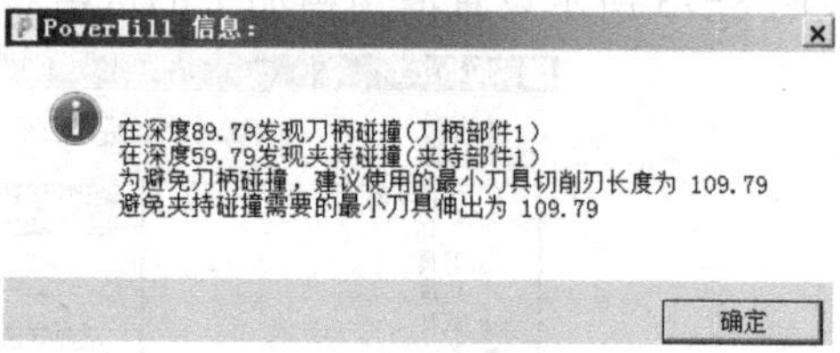

图 8-77 碰撞检查信息

由碰撞检查结果可知，使用当前 d6r3 刀具进行三轴清角加工，会在加工到深度为 59.79mm 时，出现刀具夹持碰撞，会在加工到零件深度 89.79mm 时，出现刀杆挤压。避免夹持碰撞需要的最小刀具伸出为 109.79mm。

同时，系统在“刀具路径”树枝下自动将原“qj-d6r3”刀路分割出两条新刀路：“qj-d6r3_1”和“qj-d6r3_2”，并自动添加了一把新刀具“d6r3_1”，其最小刀具伸出为 109.79mm，如图 8-78 所示。

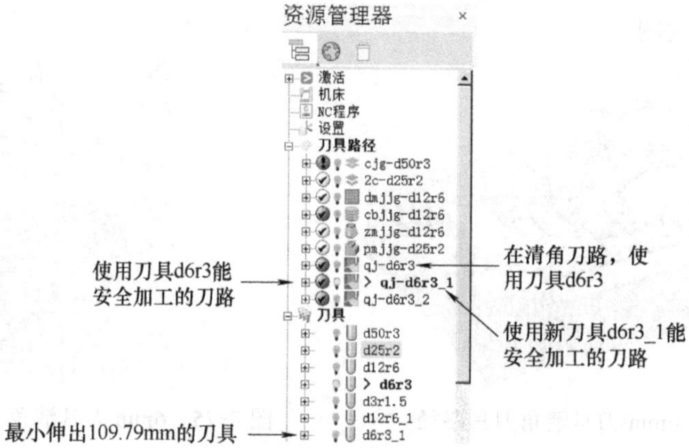

图 8-78 碰撞检查信息

分割出的两条新刀路中，“qj-d6r3_1”刀路是使用现有 d6r3 刀具可以进行安全清角的刀路，“qj-d6r3_2”刀路是需要使用最小刀具伸出为 109.79mm 的新刀具“d6r3_1”进行安全清角的刀路。

清角精加工刀路使用的刀具往往直径较小，为保证强度和刚度，其长度也往往较短。在没有足够长的清角刀具的情况下，要加工深型腔的角落，需要采用一些特殊的加工方式，比如，采用五轴机床进行五轴联动清角等方式。

单击“PowerMill 信息”对话框中的“确定”按钮，关闭该对话框。

单击“刀具路径检查”对话框中的“接受”按钮，关闭该对话框。

步骤十四　计算第二次清角刀路

1）在 PowerMill“开始”功能区的“创建刀具路径”工具栏中，单击刀具路径按钮，打开“策略选取器”对话框，单击“精加工”选项，调出“精加工”选项卡，在该选项卡中选择“清角精加工”，单击“确定”按钮，打开“清角精加工”对话框，按图 8-79 所示设置参数。

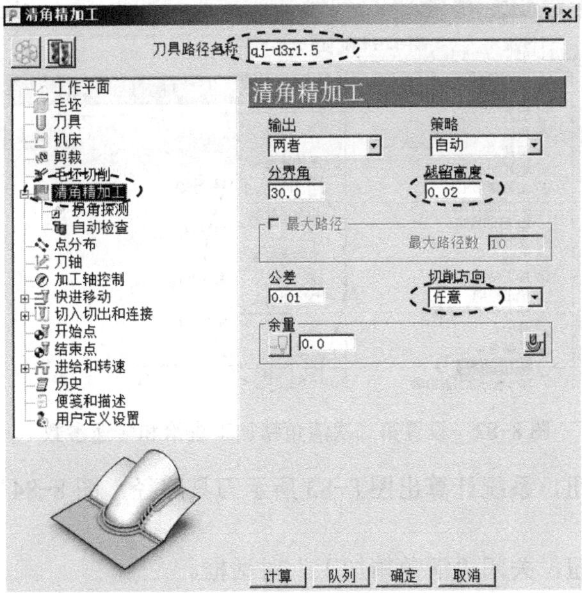

图 8-79　设置第二次清角精加工参数

单击“清角精加工”对话框策略树中的“刀具”树枝，调出“球头刀”选项卡，如图 8-80 所示，确保选用的刀具是“d3r1.5”。

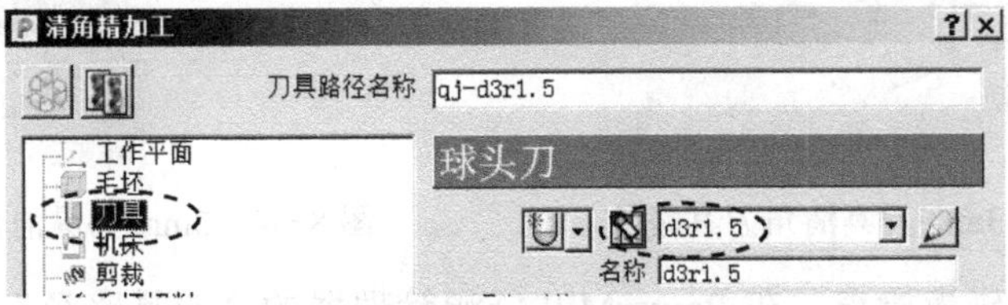

图 8-80　选用第二次清角精加工刀具

单击“清角精加工”对话框策略树中的“清角精加工”树枝下的“拐角探测”树枝，调出“拐角探测”选项卡，按图 8-81 所示设置拐角探测参数。

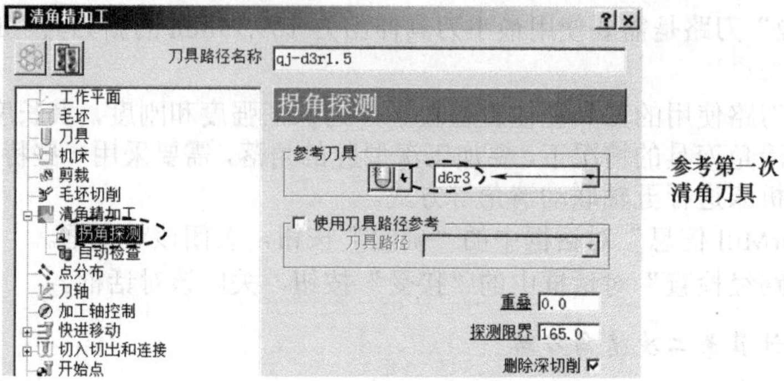

图 8-81 设置拐角探测参数

单击“清角精加工”对话框策略树中的“进给和转速”树枝，调出“进给和转速”选项卡，按图 8-82 所示设置第二次清角精加工的进给和转速参数。

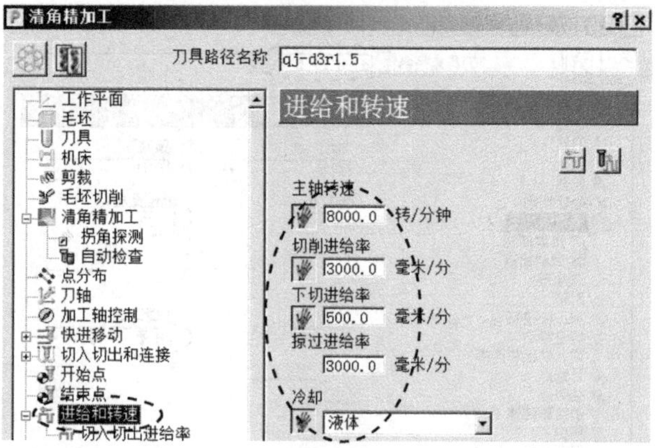

图 8-82 设置第二次清角精加工进给和转速参数

单击“计算”按钮，系统计算出图 8-83 所示刀具路径，图 8-84 是该刀具路径的局部放大图。

单击“关闭”按钮，关闭“清角精加工”对话框。

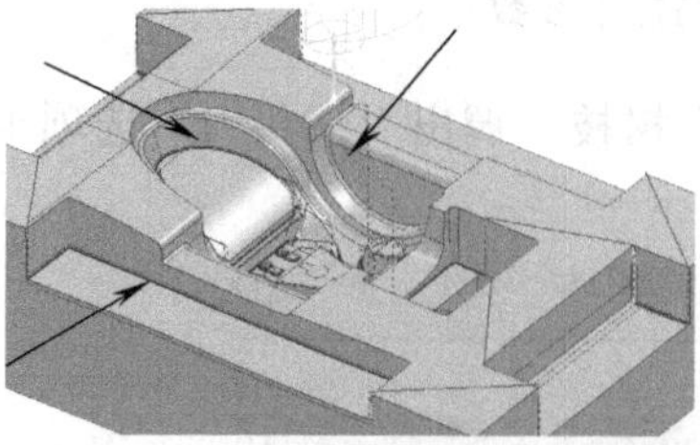

图 8-83 3mm 刀具清角刀具路径

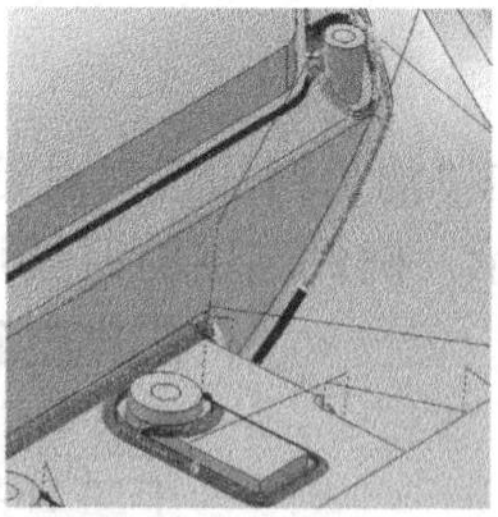

图 8-84 3mm 刀具清角刀具路径局部放大图

2）刀具路径碰撞检查：在 PowerMill 资源管理器的“刀具路径”树枝下，右击刀具路径“qj-d3r1.5”，在弹出的快捷菜单条中单击“检查”→“刀具路径”，打开“刀具路径检查”对话框，按图 8-85 所示设置检查参数。

单击“应用”按钮，系统即对刀具路径进行检查，弹出图 8-86 所示信息对话框。

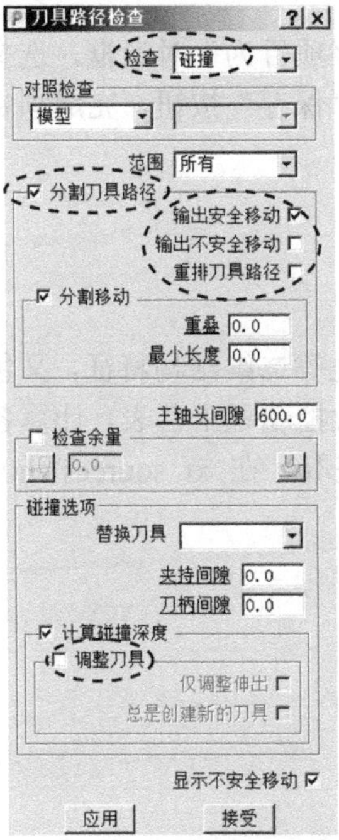

图 8-85　刀具路径检查参数

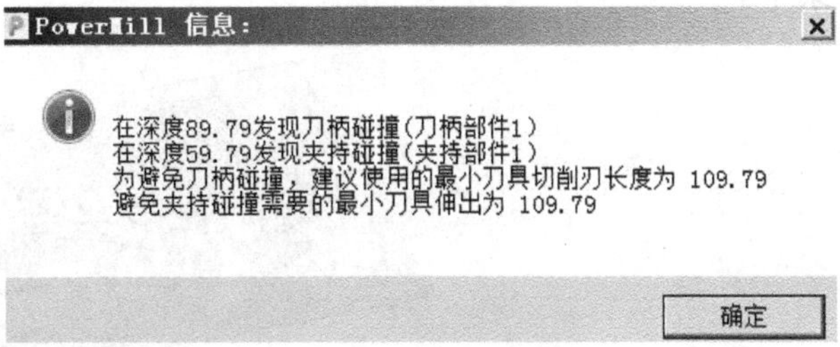

图 8-86　碰撞检查信息

由碰撞检查结果可知，使用当前 d3r1.5 刀具进行三轴清角加工，会在加工到深度为 59.79mm 时，出现刀具夹持碰撞；会在加工到零件深度 89.79mm 时，出现刀杆挤压。避免夹持碰撞需要的最小刀具伸出为 109.79mm。

系统将原刀路“qj-d3r1.5”分割出了使用现有 d3r1.5 刀具能进行安全清角的刀路“qj-d3r1.5_1”。使用现有 d3r1.5 刀具不能清角到位的角落需要换装最小刀具伸出为 109.79mm 的刀具进行清角，或者使用五轴联动清角方式进行加工。

步骤十五　清角高质量仿真切削

对两次安全的清角加工刀路进行切削仿真。

1）在 PowerMill 资源管理器的“刀具路径”树枝下，右击刀具路径“qj-d6r3_1”，在弹出的快捷菜单条中单击“自开始仿真”。

2）在 PowerMill“仿真”功能区的“ViewMill”工具栏中，单击“模式”下的小三角形模式，在展开的工具栏中，选择固定方向固定方向。

3）在 PowerMill“仿真”功能区的“仿真控制”工具栏中，单击运行按钮运...，系统即开始仿真切削。

4）在 PowerMill 资源管理器中，右击刀具路径“qj-d3r1.5_1”，在弹出的快捷菜单条中单击“自开始仿真”，仿真结果如图 8-87 所示。

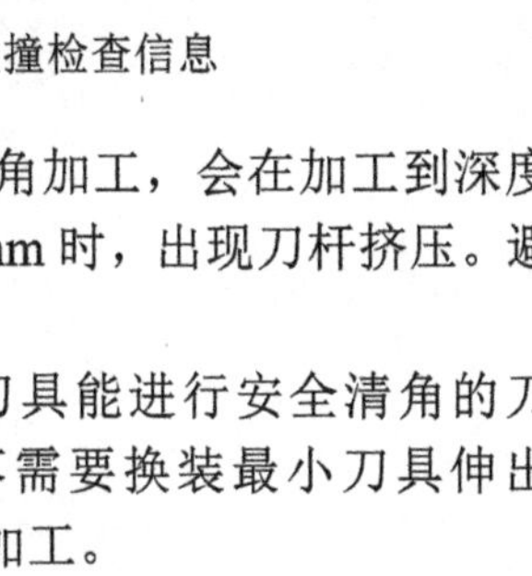

图 8-87　清角刀具路径仿真切削结果

5）在 PowerMill“仿真”功能区的“ViewMill”工具栏中，单击“模式”下的小三角形模式，在展开的工具栏中，选择无图像无图像，返回编程状态。

步骤十六　保存项目文件

在 PowerMill 功能区中，单击“文件”→“保存”，打开“保存项目为”对话框，选择 E:\PM2019EX 目录，输入项目文件名称为“8-01 cheaomo”，单击“保存”按钮，完成项目文件保存操作。

8.3　练习题

图 8-88 所示是一个相机壳凸模零件，该零件既有分型平面、孔等二维结构特征，又包括三维成型曲面特征。创建长方体毛坯，材料为 45 钢。要求制订数控编程工艺表，计算各工步数控加工刀路。源文件请扫描前言的“习题源文件”二维码获取，在 xt sources\ch08 目录下。

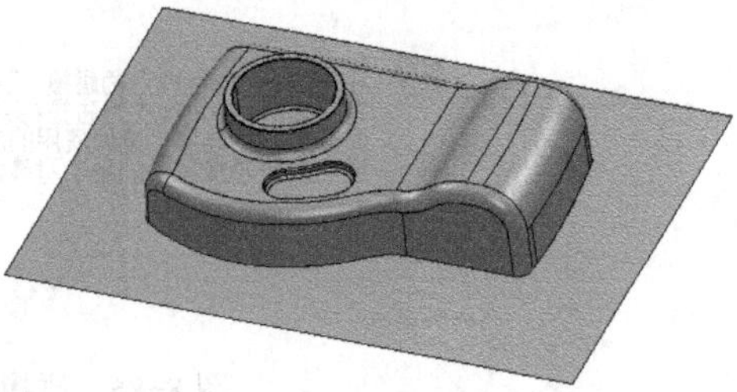

图 8-88　相机壳凸模零件

第 9 章　凸轮及轮胎防滑槽四轴数控加工编程实例

📖 本章知识点

- ✧ PowerMill 2019 软件四轴数控加工编程方法与技巧。
- ✧ PowerMill 2019 软件独有 SWARF 精加工策略。
- ✧ 圆柱凸轮以及橡胶轮胎防滑槽加工。
- ✧ 立式和卧式四轴数控加工中心四轴加工编程方法。

9.1　圆柱凸轮四轴数控加工编程实例

图 9-1 所示是一个圆柱凸轮零件。外圆柱已经车削到尺寸，要求计算凸轮槽的加工刀具路径。

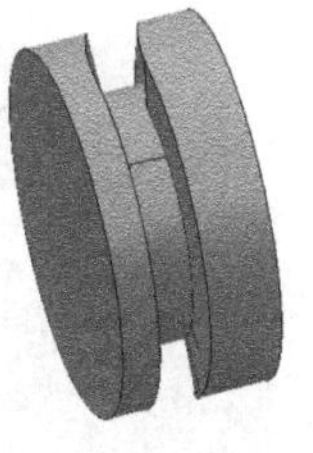

图 9-1　圆柱凸轮零件

该零件的结构具有以下特点：

1）零件总体尺寸为ϕ150mm×70mm。从整体上看，零件是一个圆柱类零件，圆柱面上有一条成型曲面槽。

2）凸轮槽沿圆柱面周向分布，当刀具轴线与工件轴线相同时，无法加工出环形槽。必须设置为刀具轴线与工件轴线相垂直的状态，才能加工出来。凸轮槽的宽度尺寸为 22mm，深度尺寸为 24mm，底部为直角。

9.1.1　数控编程工艺分析

传统上，对于批量比较大的圆柱凸轮的加工，大多采用仿型车削加工法，即在普通车床上安装带有滚子的靠模装置，通过靠模把凸轮工作表面尺寸转换到刀具的运动上去，切削时纵向进给自动（或手动）进行，而横向进给由靠模控制，从而加工出成型工作表面。这种方法需要额外制作仿型装置，增加了生产成本，并且由于靠模在长时间的连续加工过程中存在磨损等原因，会降低圆柱凸轮的加工精度。

图 9-1 所示圆柱凸轮零件，使用立式四轴数控铣床或四轴加工中心可以高效、高精度、高质量地完成加工任务。

1. 四轴加工的含义

四轴数控加工使用具有三根直线运动轴 X、Y、Z 轴和一根旋转轴（通常为 A 轴或 B

轴）的数控机床来实现。图 9-2 所示机床是 X、Y、Z、B 四轴联动机床，图 9-3 所示是一台在机床工作台上放置一个旋转轴（A 轴），形成 X、Y、Z、A 四根运动轴的机床。

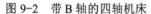

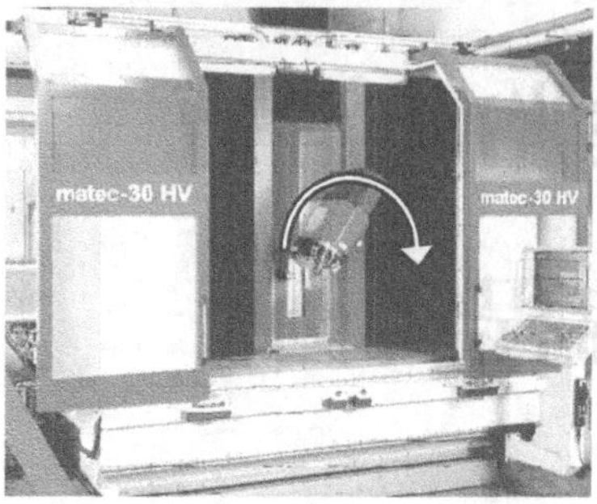

图 9-2 带 B 轴的四轴机床

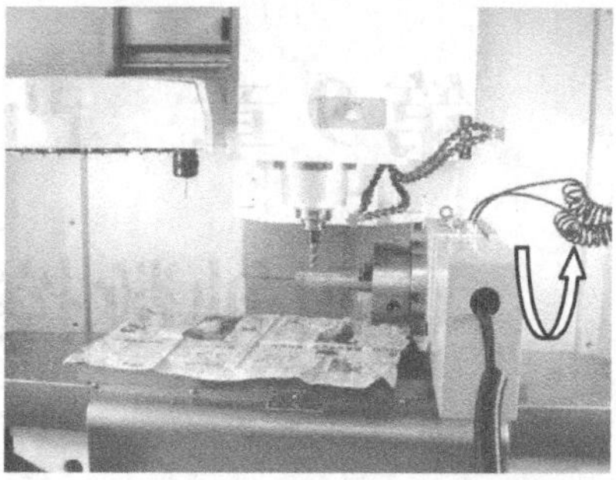

图 9-3 工作台上带 A 轴机床

四轴加工方式按联动轴数目，可以进一步细分为如下两种方式。

1）四轴联动加工：指在四轴机床（比较常见的机床运动轴配置是 X、Y、Z、A 四轴）上进行四根运动轴同时联合运动的一种加工形式。这种加工方式用得较少。四轴加工能完成图 9-4 所示零件以及类似零件的加工。

2）3+1 轴加工：也可以说是四轴定位加工。它是指在四轴机床上实现三根运动轴同时联合运动，另一根运动轴间歇运动的一种加工形式。这种加工方式经常用到，比如，图 9-5 所示方形零件可以通过四轴加工实现一次装夹完成四个侧面的加工。

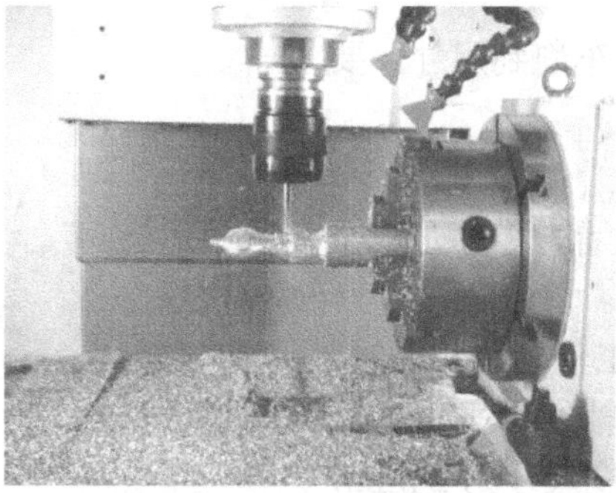

图 9-4 立式机床四轴加工及产品

图 9-5 3+1 轴加工及产品

2. 数控编程工艺过程分析

拟按表 9-1 中工艺流程编制该零件加工刀具路径。

表 9-1 零件数控加工编程工艺

工步号	工步名称	加工部位	进给方式	刀具	编程参数		铣削用量					
					公差/mm	余量/mm	转速/(r/min)	进给速度/(mm/min)			铣削宽度/mm	背吃刀量/mm
								下切	切削	掠过		
1	粗加工	22mm 宽环形槽	轮廓精加工	d12r0 端铣刀	0.1	0.3	1500	500	1000	3000	12	1
2	精加工	22mm 宽环形槽	轮廓精加工	d12r0 端铣刀	0.01	0	6000	500	2000	3000	—	3

9.1.2　详细编程过程

操作视频

步骤一　新建加工项目

1）复制文件到本地磁盘：扫描前言的“案例源文件”二维码，下载并复制文件夹 Source\ch09”到“E:\PM2019EX”目录下。

2）启动 PowerMill 2019 软件：双击桌面上的 PowerMill 2019 图标，打开 PowerMill 系统。

3）输入模型：在功能区中，单击“文件”→“输入→“模型”，打开“输入模型”对话框，选择“E:\PM2019EX\ch09\9-01 tl.dgk”文件，然后单击“打开”按钮，完成模型输入操作。

步骤二　准备加工

1）创建编程坐标系：这里所说的编程坐标系也可理解为对刀坐标系。在绘图区中查看图 9-1 所示圆柱零件，可见其世界坐标系的 Z 轴与圆柱轴线共线。而在实际加工时，圆柱毛坯卧放，夹持在旋转卡盘上，机床刀具轴线（即 Z 轴）与圆柱的轴线是垂直的，机床 X 轴与圆柱的轴线共线。因此，需要创建一个 Z 轴与圆柱轴线垂直、X 轴与圆柱轴线共线的用户坐标系作为编程坐标系。

在 PowerMill 资源管理器中，右击“工作平面”树枝，在弹出的快捷菜单条中单击“创建工作平面...”，系统即产生一个用户坐标系 1，并弹出“工作平面编辑器”工具栏。

在“工作平面编辑器”工具栏中，单击绕 X 轴旋转按钮，打开“旋转”对话框，输入“−90”，单击“接受”按钮，接着单击绕 Z 轴旋转按钮，打开“旋转”对话框，输入“−90”，单击“接受”按钮，再单击“接受”按钮完成用户坐标系编辑。

在 PowerMill 资源管理器中，双击“工作平面”树枝，将它展开。右击工作平面“1”，在弹出的快捷菜单条中，单击“激活”，使用户坐标系 1 处于激活状态。

2）创建圆柱毛坯：在 PowerMill“开始”功能区中，单击创建毛坯按钮，打开“毛坯”对话框，按图 9-6 所示设置毛坯参数。单击“接受”按钮，创建出图 9-7 所示圆柱毛坯。

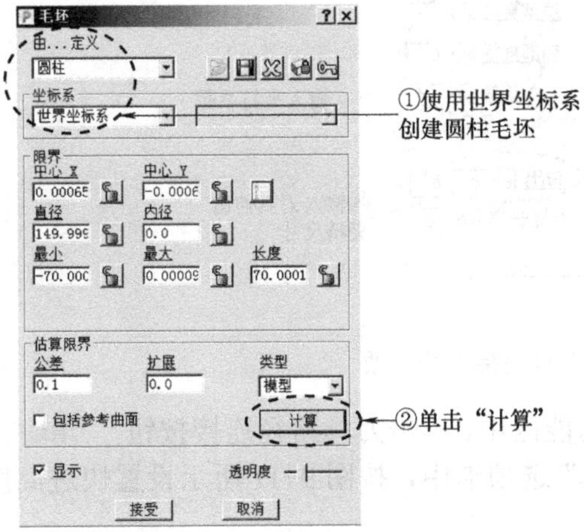

图 9-6　设置毛坯参数

图 9-7　圆柱毛坯

3）创建刀具：在 PowerMill 资源管理器中，右击“刀具”树枝，在弹出的快捷菜单条中单击“产生刀具”→“端铣刀”，打开“端铣刀”对话框，按图 9-8 所示设置刀具切削刃部分参数。

单击“端铣刀”对话框中的“刀柄”选项卡，按图 9-9 所示设置刀柄部分参数。

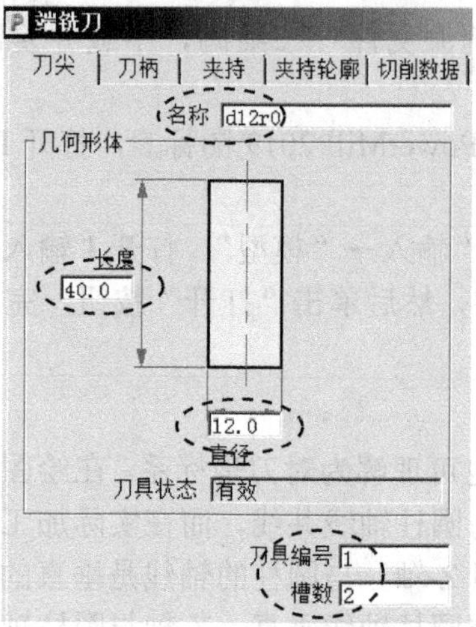

图 9-8 设置“d12r0”切削刃参数

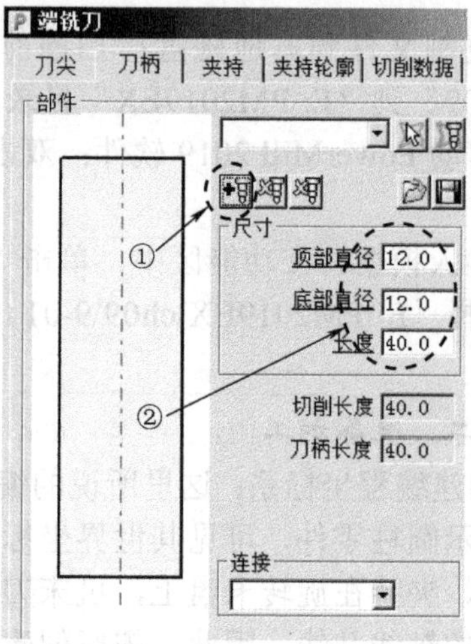

图 9-9 设置“d12r0”刀柄参数

单击“端铣刀”对话框中的“夹持”选项卡，按图 9-10 所示设置刀具夹持部分参数。

完成上述参数设置后，单击“端铣刀”对话框中的“关闭”按钮，创建出一把带夹持的、完整的端铣刀“d12r0”。

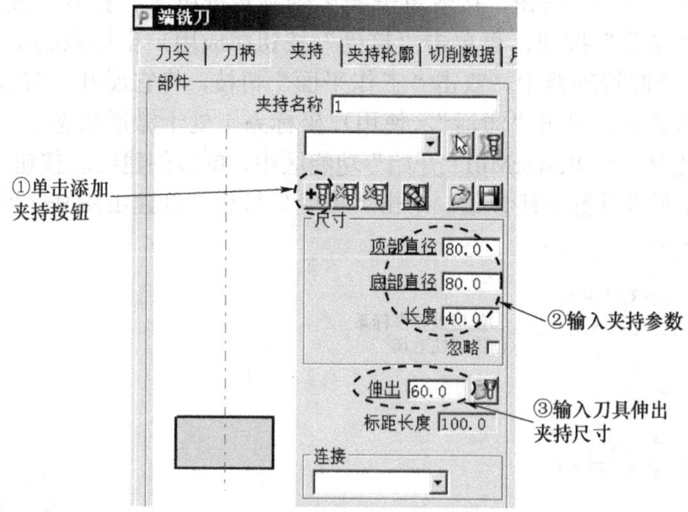

图 9-10 “d12r0”刀具夹持部分参数

4）设置快进高度：在 PowerMill“开始”功能区中，单击刀具路径连接按钮 刀具路径连接，打开“刀具路径连接”对话框，在“安全区域”选项卡中，按图 9-11 所示设置快进高度参数，设置完参数后不要关闭对话框。

5）设置加工开始点和结束点：在“刀具路径连接”对话框中，切换到“开始点和结束点”选项卡，按图 9-12 所示确认开始点和结束点，单击“接受”按钮关闭对话框。

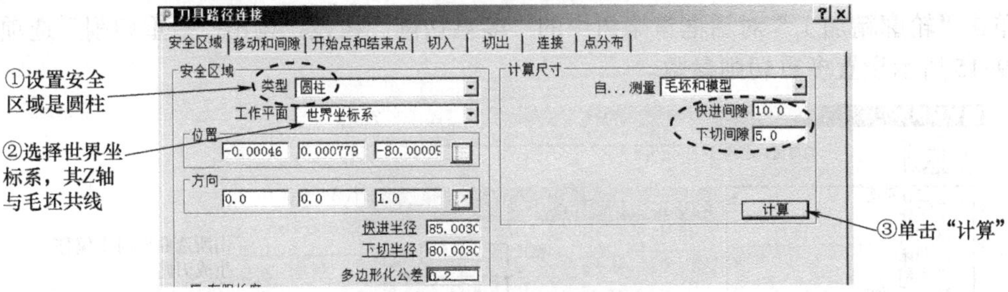

图 9-11　设置快进高度参数

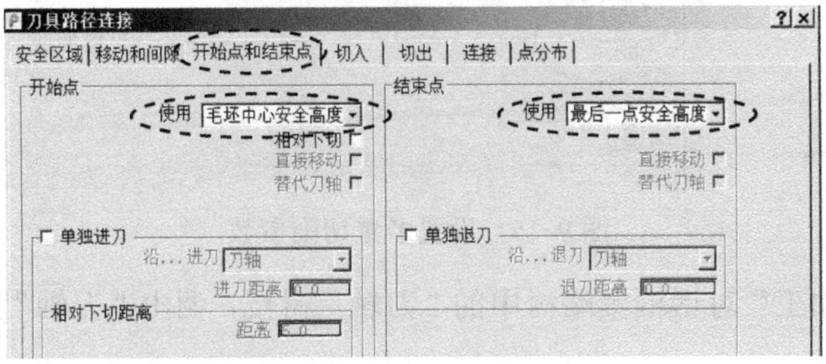

图 9-12　确认开始点和结束点

步骤三　计算 22mm 宽环形槽粗加工刀具路径

1）选择加工对象：按下键盘上的 Shift 键，在绘图区中，单击选中图 9-13 所示曲面（共两张）。

2）在 PowerMill“开始”功能区的“创建刀具路径”工具栏中，单击刀具路径按钮，打开“策略选取器”对话框，单击“精加工”选项，调出“精加工”选项卡，在该选项卡中选择“轮廓精加工”，单击“确定”按钮，打开“轮廓精加工”对话框，按图 9-14 所示设置参数。

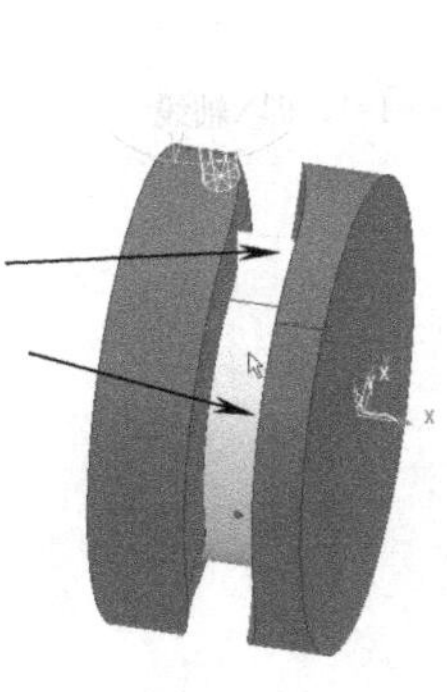

图 9-13　选择曲面

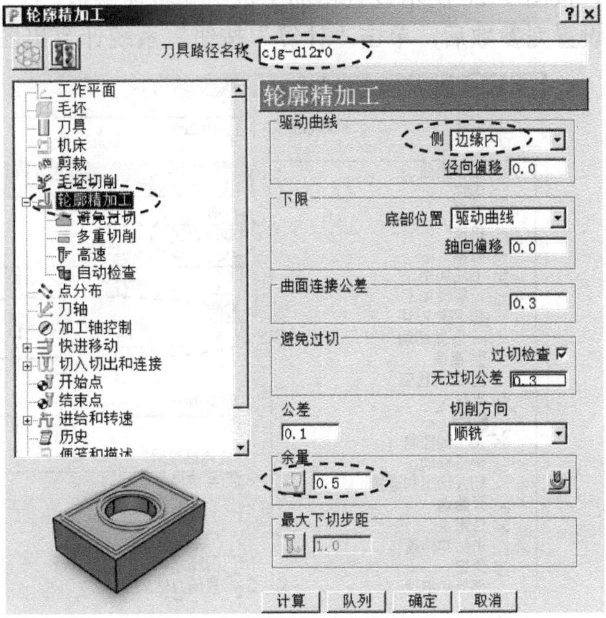

图 9-14　设置轮廓精加工参数

单击“轮廓精加工”对话框策略树中的“多重切削”树枝，调出“多重切削”选项卡，按图 9-15 所示设置多重切削参数。

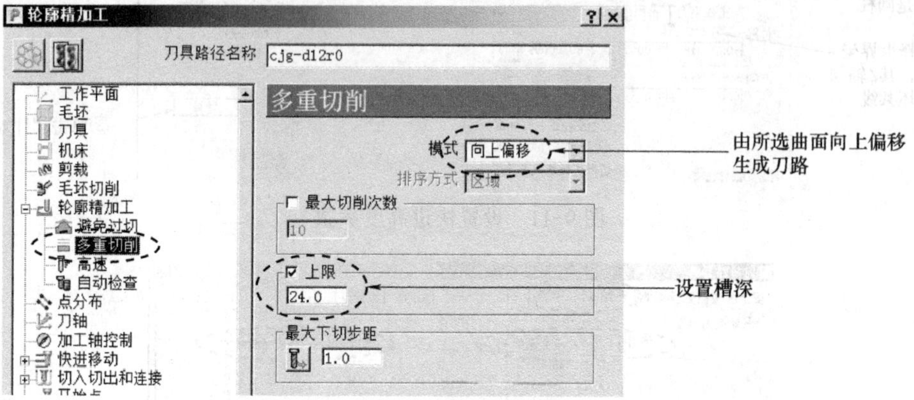

图 9-15 设置多重切削参数

单击“轮廓精加工”对话框策略树中的“刀轴”树枝，调出“刀轴”选项卡，按图 9-16 所示设置刀轴参数。

单击“轮廓精加工”对话框策略树中的“切入切出和连接”树枝，将它展开。单击“切入”树枝，调出“切入”选项卡，按图 9-17 所示设置切入参数。

在“切入”选项卡中，单击“打开斜向选项对话框”按钮，调出“斜向切入选项”对话框，按图 9-18 所示设置参数。设置完成后，单击“接受”按钮返回。

单击“轮廓精加工”对话框策略树中的“连接”树枝，调出“连接”选项卡，按图 9-19 所示设置连接参数。

单击“轮廓精加工”对话框策略树中的“进给和转速”树枝，调出“进给和转速”选项卡，按图 9-20 所示设置粗加工进给和转速参数。

设置完参数后，单击“计算”按钮，系统计算出图 9-21 所示凸轮槽粗加工刀具路径。

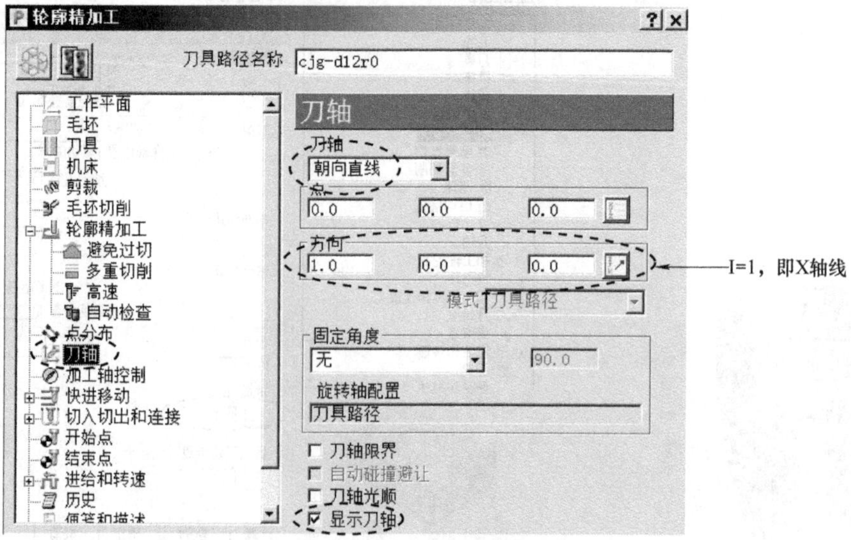

图 9-16 设置刀轴参数

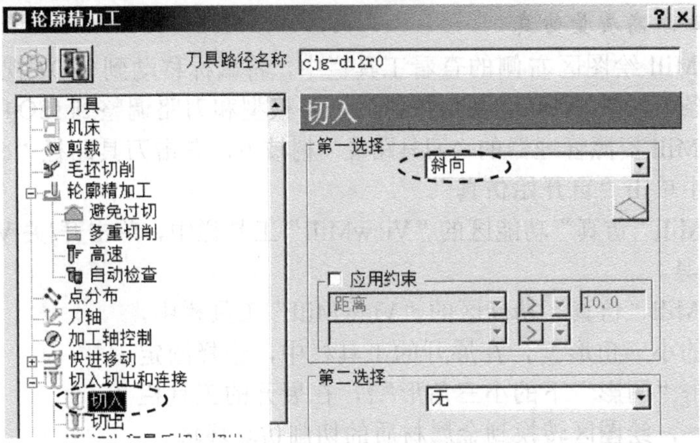

图 9-17　设置切入参数

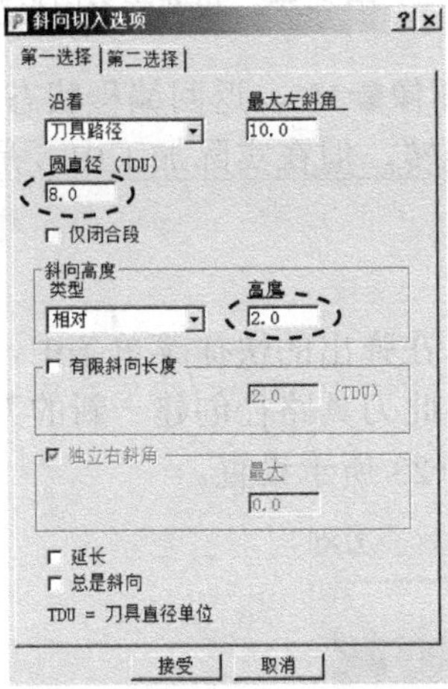

图 9-18　设置斜向切入参数

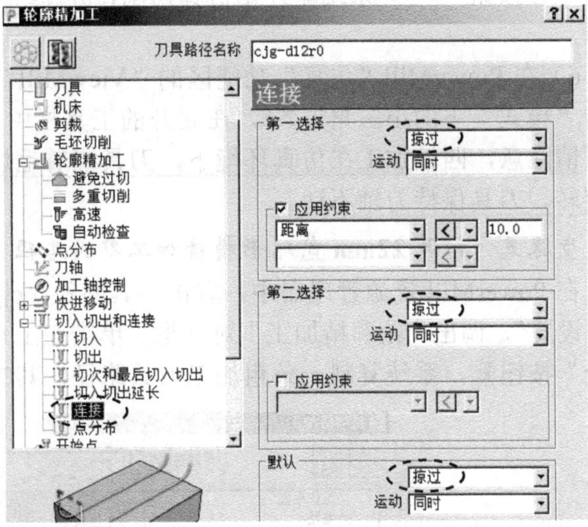

图 9-19　设置连接参数

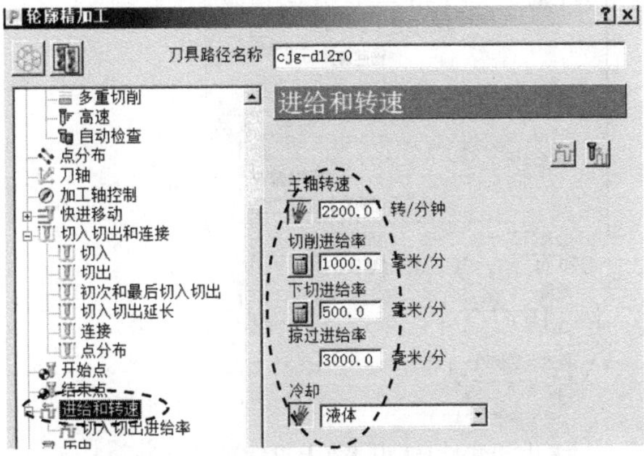

图 9-20　设置粗加工进给和转速参数

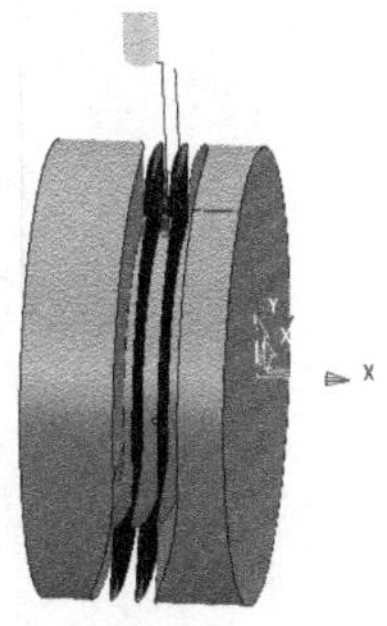

图 9-21　凸轮槽粗加工刀具路径

单击“关闭”按钮，关闭“轮廓精加工”对话框。

步骤四 粗加工高质量仿真

1）在 PowerMill 绘图区右侧的查看工具栏中，将鼠标移动到 ISO1 视角按钮上，在弹出的扩展工具条上，单击 ISO4 视角按钮，将模型和刀路调整到 ISO4 视角。

2）在 PowerMill 资源管理器的“刀具路径”树枝下，右击刀具路径“cjg-d12r0”，在弹出的快捷菜单条中单击“自开始仿真”。

3）在 PowerMill“仿真”功能区的“ViewMill”工具栏中，单击开/关 ViewMill 按钮，激活 ViewMill 工具。

4）在 PowerMill“仿真”功能区的“ViewMill”工具栏中，单击“模式”下的小三角形模式，在展开的工具栏中，选择固定方向固定方向。单击“阴影”下的小三角形阴影，在展开的工具栏中，选择闪亮闪亮，绘图区转换到金属材质的切削仿真环境。

5）在 PowerMill“仿真”功能区的“仿真控制”工具栏中，单击运行按钮运...，系统即开始仿真切削，仿真结果如图 9-22 所示。

图 9-22 粗加工切削仿真结果

6）在 PowerMill“仿真”功能区的“ViewMill”工具栏中，单击“模式”下的小三角形模式，在展开的工具栏中，选择无图像无图像，返回编程状态。

请注意，四轴加工在仿真环境下，刀具绕着毛坯的轴线旋转，但在实际加工中，是毛坯旋转，刀具保持刀轴不动。

步骤五 计算 22mm 宽环形槽精加工刀具路径

在 PowerMill 资源管理器中，右击刀具路径“cjg-d12r0”，在弹出的快捷菜单条中，单击“设置”，调出“轮廓精加工”对话框。单击左上角的“基于此刀具路径创建一新的刀具路径”按钮，系统复制一条粗加工刀具路径，其参数按图 9-23 所示设置。

图 9-23 设置凸轮槽精加工参数

单击“轮廓精加工”对话框策略树中的“多重切削”树枝，调出“多重切削”选项卡，按图 9-24 所示设置多重切削参数。

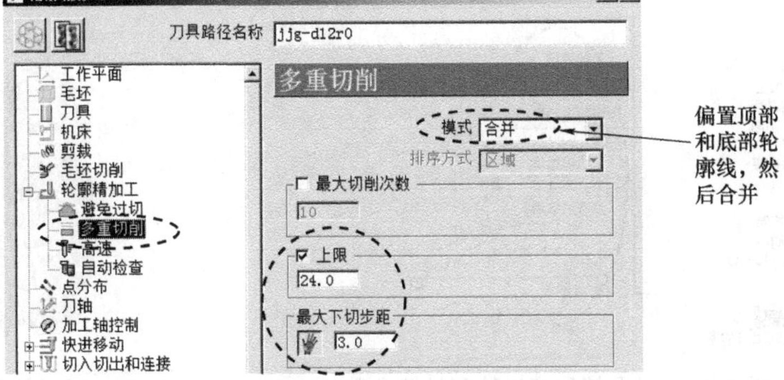

图 9-24　设置多重切削参数

单击“轮廓精加工”对话框策略树中的“切入切出和连接”树枝，将它展开。接着单击该树枝下的“切入”分枝，调出“切入”选项卡，按图 9-25 所示设置切入参数。

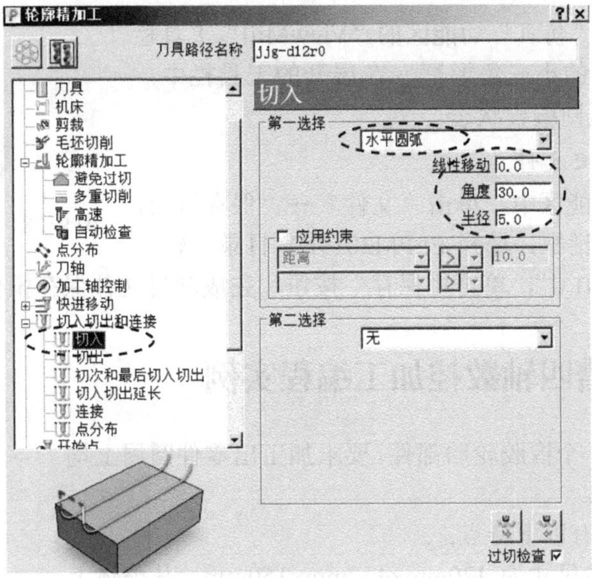

图 9-25　设置切入参数

单击“轮廓精加工”对话框策略树中的“进给和转速”树枝，调出“进给和转速”选项卡，按图 9-26 所示设置精加工进给和转速参数。

设置完参数后，单击“计算”按钮，系统计算出图 9-27 所示凸轮槽精加工刀具路径。单击“关闭”按钮，关闭“轮廓精加工”对话框。

步骤六　精加工高质量仿真

1）在 PowerMill 资源管理器的“刀具路径”树枝下，右击刀具路径“jjg-d12r0”，在弹出的快捷菜单条中单击“自开始仿真”。

2）在 PowerMill“仿真”功能区的“ViewMill”工具栏中，单击“模式”下的小三角形 模式，在展开的工具栏中，选择固定方向 固定方向。

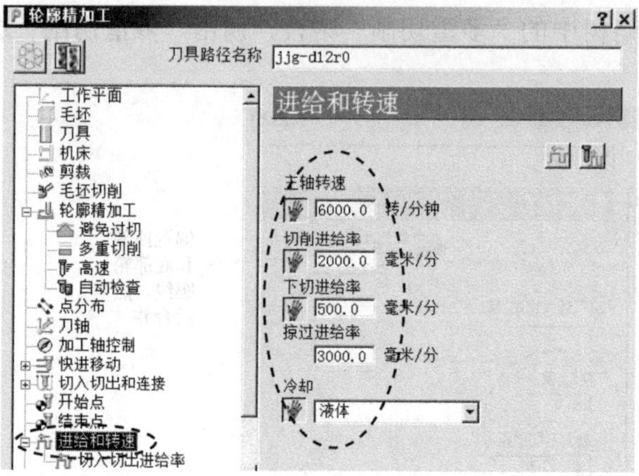

图 9-26 设置精加工进给和转速参数

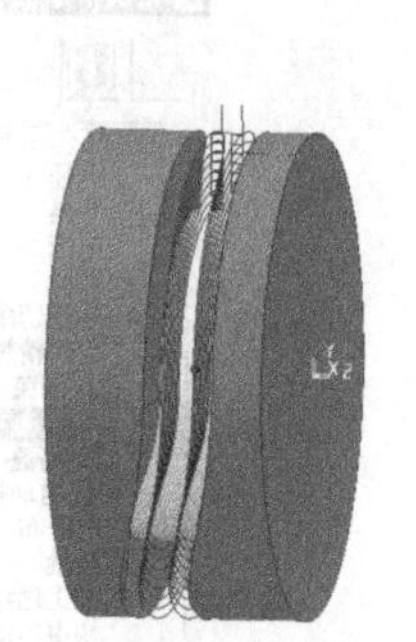

图 9-27 凸轮槽精加工刀具路径

3）在 PowerMill“仿真”功能区的“仿真控制”工具栏中，单击运行按钮▶运…，系统即开始仿真切削，仿真结果如图 9-28 所示。

4）在 PowerMill“仿真”功能区的“ViewMill”工具栏中，单击“模式”下的小三角形模式，在展开的工具栏中，选择无图像无图像，返回编程状态。

图 9-28 精加工切削仿真结果

步骤七 保存项目文件

在 PowerMill 功能区中，单击“文件”→“保存”，打开“保存项目为”对话框，选择 E:\PM2019EX 目录，输入项目文件名称为“9-01 tl”，单击“保存”按钮，完成项目文件保存操作。

9.2 轮胎防滑槽四轴数控加工编程实例

图 9-29 所示是一个橡胶轮胎部件。要求加工出零件圆周上均匀分布的防滑槽特征。

该部件的结构具有以下特点：

1）轮胎部件总体尺寸为 420mm×420mm×150mm。从整体上看，部件是一个圆柱类部件，柱面上包括一些防滑花纹槽特征。

2）该部件圆柱面上的槽在 360° 范围内均匀分布，使用卧式四轴加工中心可以高效、高质量地完成加工任务。

图 9-29 橡胶轮胎部件

由以上分析可知，这是一个结构较特殊、具有成型曲面的部件。

要加工这类圆盘形零（部）件的侧面结构，通常使用图 9-30 所示的数控卧式镗铣加工中心或图 9-31 所示的双摆头五轴联动加工中心比较容易完成加工任务。

橡胶是软材料，而且圆柱面上的特征在高度方向上的位置很低，因此，橡胶轮胎不容易直接安装在机床的工作台上加工。拟使用图 9-32 所示的夹具，将橡胶轮胎安装在夹具上，如图 9-33 所示。这样，机床的铣头就有足够的加工空间，以避免铣头与工作台发生干涉。

图 9-30　数控卧式镗铣床

图 9-31　双摆头五轴联动加工中心

图 9-32　夹具

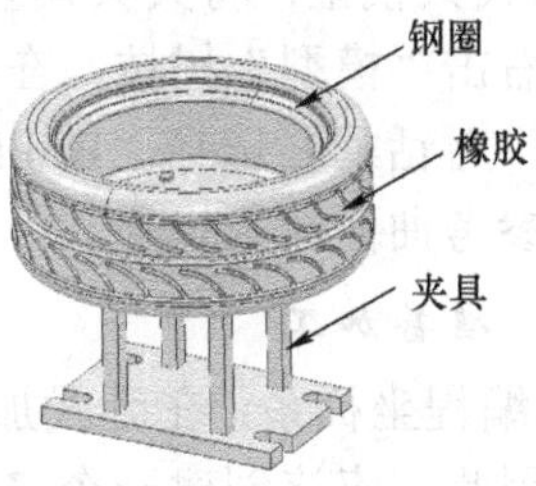

图 9-33　夹具与工件安装在一起

9.2.1　数控编程工艺分析

本例计算的刀具路径适用于数控卧式镗铣加工中心来加工防滑槽。机床的主轴与轮胎轴线垂直，轮胎安装在机床的旋转工作台上。

图 9-34 所示零件圆柱面的上防滑槽分为 10mm 宽环形槽、5mm 宽环形槽以及上下两个弧形槽。

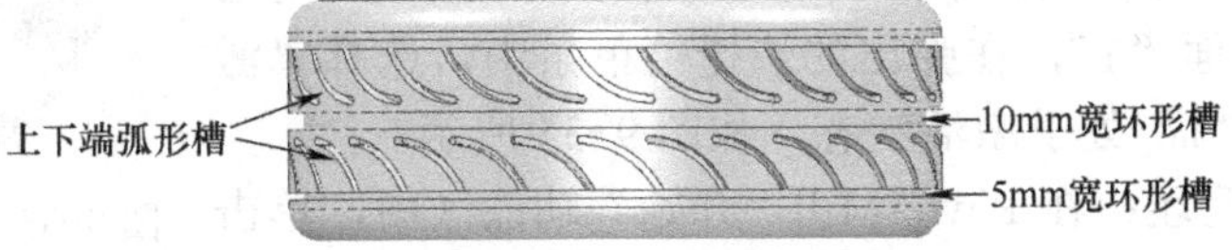

图 9-34　轮胎侧面结构

拟按表 9-2 中工艺流程计算该零件的加工刀路。要强调的是，各工步的铣削用量要根据实际加工机床、刀具、工件材料等因素来确定。本例中所使用的铣削用量仅供读者参考。

表 9-2　零件数控加工编程工艺

工步号	工步名称	加工部位	进给方式	刀具	编程参数		铣削用量					
					公差/mm	余量/mm	转速/(r/min)	进给速度/(mm/min) 下切	切削	掠过	铣削宽度/mm	背吃刀量/mm
1	精加工	中间 10mm 宽环形槽	参考线精加工	d10r0 端铣刀	0.01	0	6000	500	2000	3000	10	1
2	精加工	上、下端 5mm 宽环形槽	参考线精加工	d5r0 端铣刀	0.01	0	6000	500	2000	3000	5	1
3	精加工	上、下端 5mm 宽弧槽	参考线精加工	d5r0 端铣刀	0.01	0	6000	500	2000	3000	5	1

9.2.2 详细编程过程

操作视频

步骤一 新建加工项目

1）启动 PowerMill 2019 软件：双击桌面上的 PowerMill 2019 图标，打开 PowerMill 系统。

2）输入模型：在功能区中，单击“文件”→“输入→“模型”，打开“输入模型”对话框，选择“E:\PM2019EX\ch09\9-02 luntai.dgk”文件，然后单击“打开”按钮，完成模型输入操作。

3）输入夹具模型：将夹具模型输入编程系统中，有利于碰撞检查。在 PowerMill 资源管理器中，右击“模型”树枝，在弹出的快捷菜单条中单击“输入参考曲面...”，打开“输入参考曲面”对话框，选择“E:\PM2019EX\ ch09\9-02 jiaju.dgk”文件，然后单击“打开”按钮，完成参考曲面输入操作。

步骤二 准备加工

1）创建编程坐标系：在卧式加工中心安装好夹具及毛坯后，机床的主轴与轮胎的轴线是垂直的，因此，应该创建一个 Z 轴与毛坯轴线垂直、Y 轴与毛坯轴线共线的用户坐标系作为编程坐标系。

在 PowerMill 资源管理器中，右击“工作平面”树枝，在弹出的快捷菜单条中单击“创建工作平面...”，系统即产生一个工作平面 1，并弹出“工作平面编辑器”工具栏。

在“工作平面编辑器”工具栏中，单击绕 Y 轴旋转按钮，打开“旋转”对话框，输入“−90”，单击“接受”按钮，接着单击绕 Z 轴旋转按钮，打开“旋转”对话框，输入“−90”，单击“接受”按钮，再单击工具栏中的“接受”按钮完成工作平面编辑。

在 PowerMill 资源管理器中，双击“工作平面”树枝，将它展开。右击工作平面“1”，在弹出的快捷菜单条中，选择“激活”，使工作平面“1”处于激活状态，如图 9-35 所示。

图 9-35 设置编程坐标系

2）创建圆柱毛坯：在 PowerMill“开始”功能区中，单击创建毛坯按钮，打开“毛坯”对话框，按图 9-36 所示设置毛坯参数。单击“接受”按钮，创建出图 9-37 所示圆柱毛坯。

3）创建精加工刀具：在 PowerMill 资源管理器中，右击“刀具”树枝，在弹出的快捷菜单条中单击“创建刀具”→“端铣刀”，打开“端铣刀”对话框，按图 9-38 所示设置刀具切削刃部分参数。

单击“端铣刀”对话框中的“刀柄”选项卡，按图 9-39 所示设置刀柄部分参数。

单击“端铣刀”对话框中的“夹持”选项卡，按图 9-40 所示设置刀具夹持部分参数。

完成上述参数设置后，单击“端铣刀”对话框中的“关闭”按钮，创建出一把带夹持的、完整的端铣刀“d10r0”。

参照上述方法，创建一把名称为“d5r0”、刀具编号为 2、切削刃槽数为 2、刀尖直径为 5mm、切削刃长度为 20mm、刀柄直径（顶、底）为 5mm、刀柄长度为 50mm、夹持直径（顶、底）为 80mm、长度为 50mm、伸出为 60mm 的端铣刀。

4）设置快进高度：在 PowerMill“开始”功能区中，单击刀具路径连接按钮 刀具路径连接，打开“刀具路径连接”对话框，在“安全区域”选项卡中，按图 9-41 所示设置快进高度参数，设置完参数后不要关闭对话框。

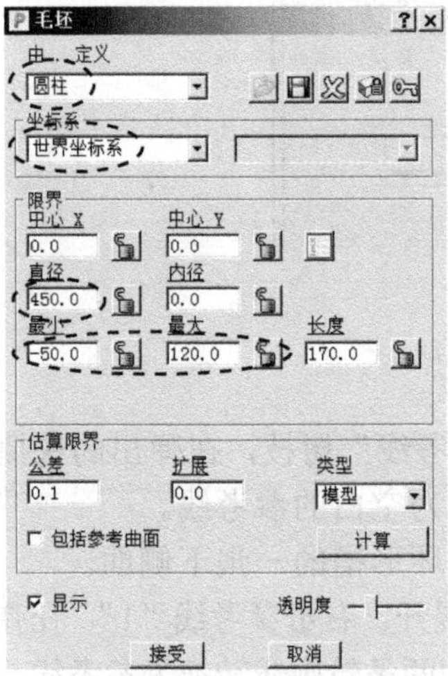

图 9-36　设置毛坯参数

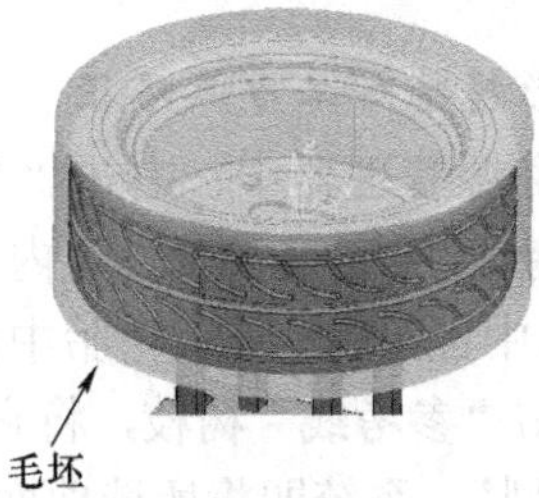

图 9-37　圆柱毛坯

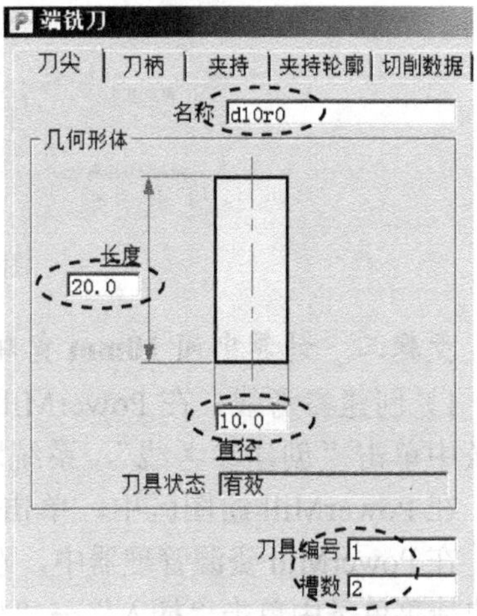

图 9-38　设置“d10r0”刀具参数

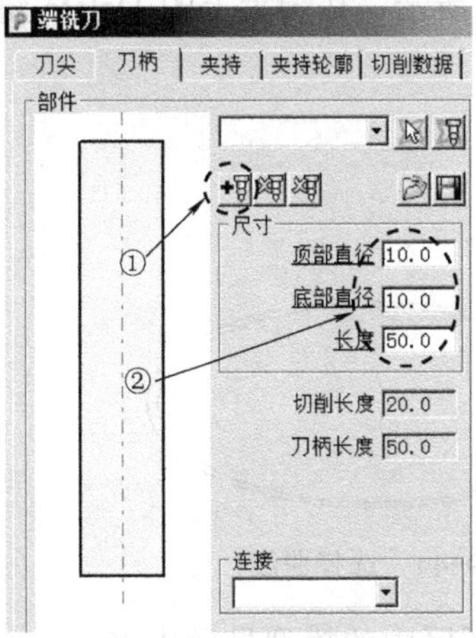

图 9-39　“d10r0”刀柄部分参数

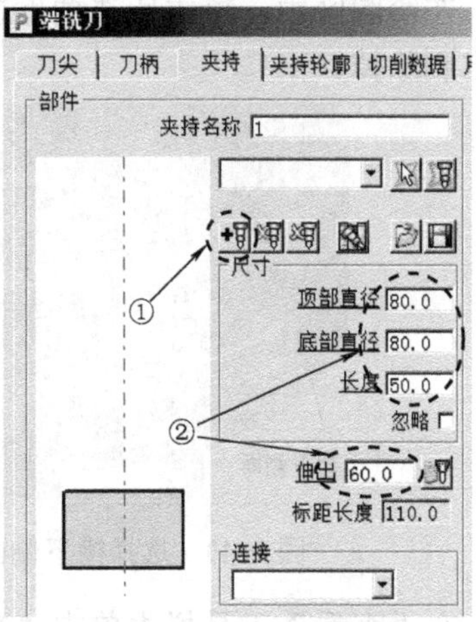

图 9-40　“d10r0”刀具夹持部分参数

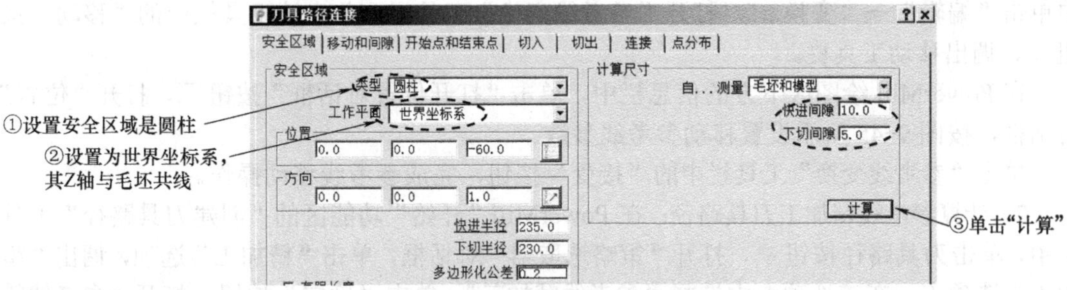

图 9-41　设置快进高度参数

5）设置加工开始点和结束点：在“刀具路径连接”对话框中，切换到“开始点和结束点”选项卡，按图 9-42 所示确认开始点和结束点，单击“接受”按钮关闭对话框。

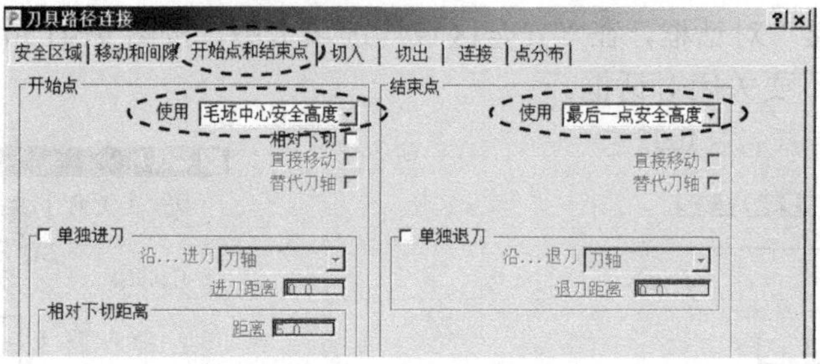

图 9-42　确认开始点和结束点

步骤三　计算中间 10mm 宽环形槽精加工刀具路径

1）创建参考线：在 PowerMill 资源管理器中，右击“参考线”树枝，在弹出的快捷菜单条中单击“创建参考线”，系统即新建一条名称为 1、内容为空白的参考线。

在 PowerMill 绘图区中，单击选中图 9-43 所示轮胎中间环形槽的一张下侧面。

在 PowerMill 资源管理器中，双击“参考线”树枝，将它展开。右击参考线“1”，在弹出的快捷菜单条中单击“插入”→“模型”，系统即将所选曲面的两条轮廓线转换为参考线。

在“查看”工具栏中，单击“普通阴影”按钮，将绘图区中的模型隐藏起来。

在绘图区中，单击所选曲面的内轮廓曲线，如图 9-44 所示，按键盘上的 Delete 键，将它删除掉。

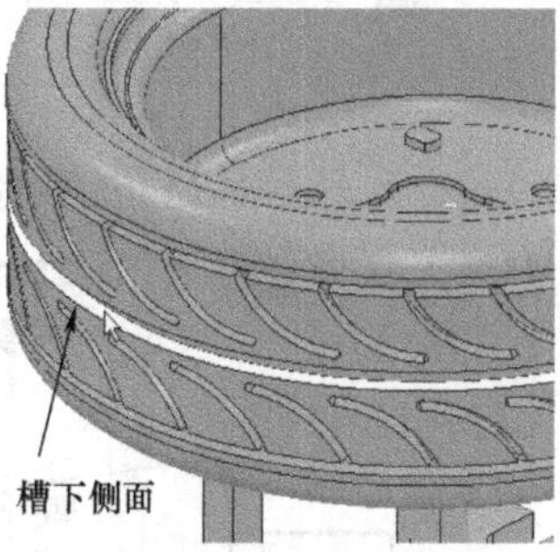

图 9-43　选择槽下侧面

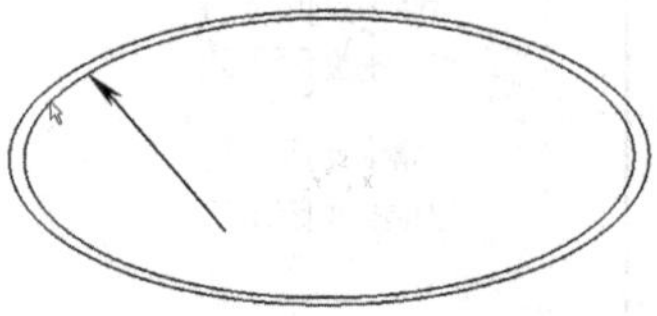

图 9-44　选择曲线

在“查看”工具栏中单击“普通阴影”按钮，将绘图区中的模型显示出来。

在 PowerMill 资源管理器的“参考线”树枝下，右击参考线“1”，在弹出的快捷菜单条中单击“编辑”→“变换...”，打开“参考线变换”工具栏。单击该工具栏中的“移动”按钮，调出移动工具栏。

在 PowerMill 绘图区下方的信息栏中，单击“打开位置对话框”按钮，打开“位置”对话框，按图 9-45 所示设置移动参考线参数。

单击“参考线变换”工具栏中的“接受”按钮，完成参考线移动操作。

2）计算参考线精加工刀具路径：在 PowerMill“开始”功能区的“创建刀具路径”工具栏中，单击刀具路径按钮，打开“策略选取器”对话框，单击“精加工”选项，调出“精加工”选项卡，在该选项卡中选择“参考线精加工”，单击“确定”按钮，打开“参考线精加工”对话框，按图 9-46 所示设置参数。

在“参考线精加工”对话框策略树中单击“刀具”树枝，调出“端铣刀”选项卡，按图 9-47 所示选择刀具。

单击“参考线精加工”对话框底部的“计算”按钮，系统计算出图 9-48 所示刀具路径。图 9-48 所示刀具路径不正确，其原因是没有设置正确的刀轴指向控制方式。

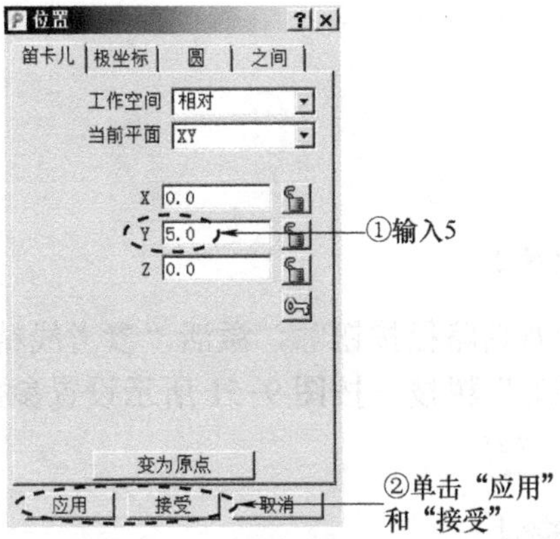

图 9-45　设置移动参考线参数

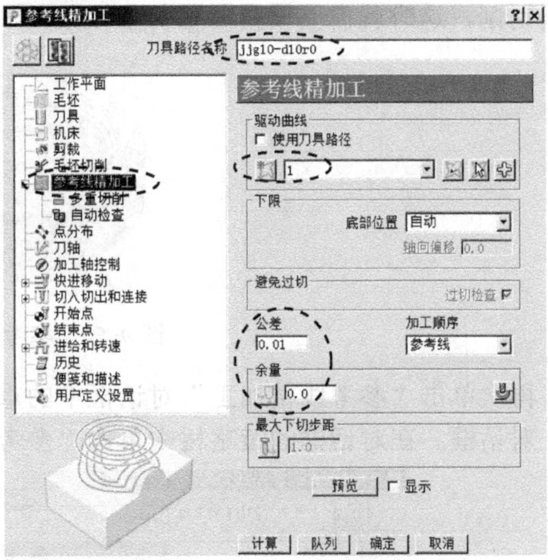

图 9-46　设置参考线精加工参数

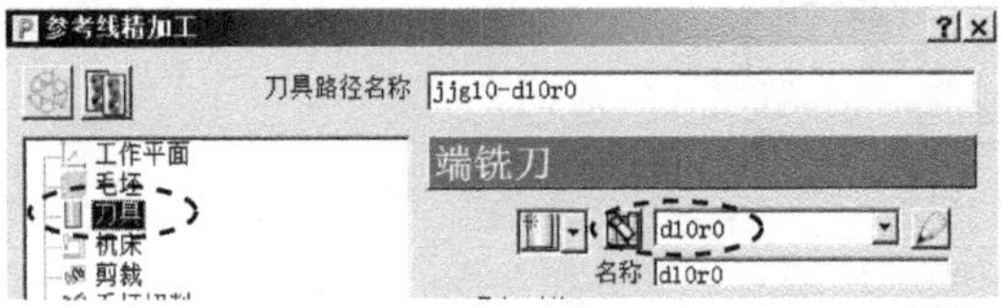

图 9-47　选择刀具

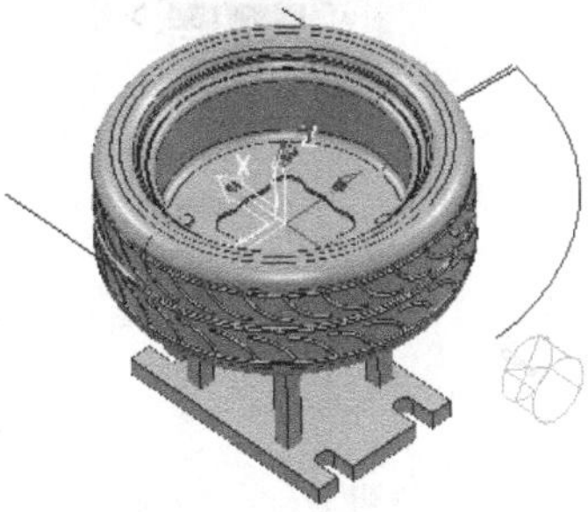

图 9-48　参考线刀具路径 1

单击“参考线精加工”对话框左上角的重新编辑刀具路径按钮，激活“参考线精加工”对话框。在对话框的策略树中单击“刀轴”树枝，调出“刀轴”选项卡，按图 9-49 所示设置刀轴参数。

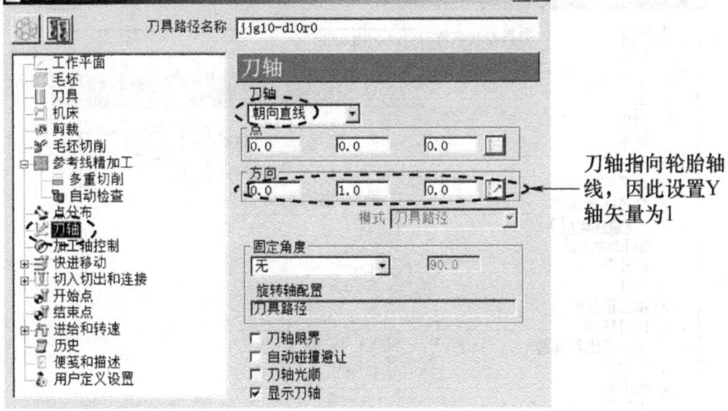

图 9-49　设置刀轴参数

单击“参考线精加工”对话框中的“计算”按钮，系统计算出图 9-50 所示刀具路径。

图 9-50 所示刀具路径，在刀具轴向方向上只有一层刀具路径，我们希望在深度方向上分层切削，这时就需要设置多重切削参数。

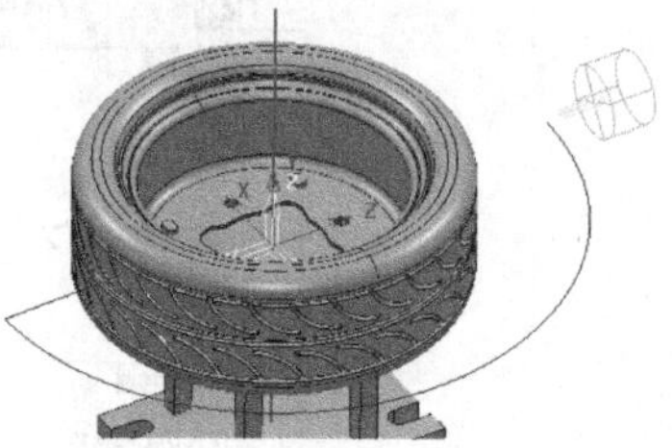

图 9-50　参考线刀具路径 2

再次单击“参考线精加工”对话框中的重新编辑刀具路径按钮，激活“参考线精加工”对话框。在对话框的策略树中单击“参考线精加工”树枝，按图 9-51 所示设置参数。

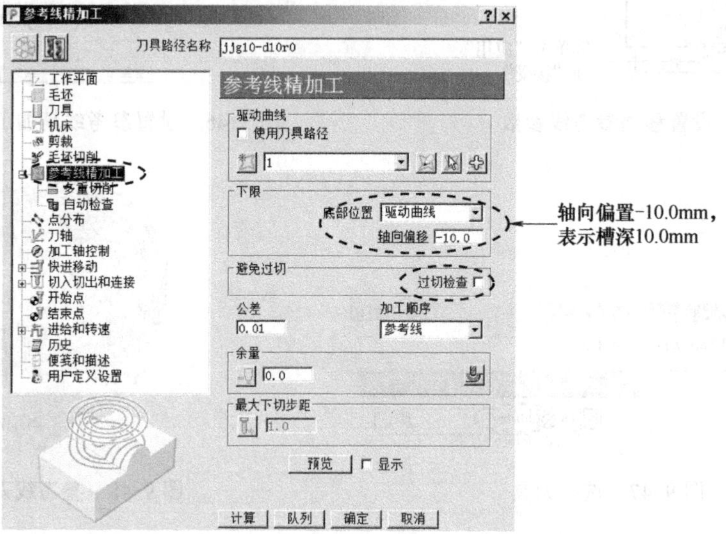

图 9-51　设置参考线精加工参数

在策略树中单击“多重切削”按钮，调出“多重切削”选项卡，按图 9-52 所示设置参数。

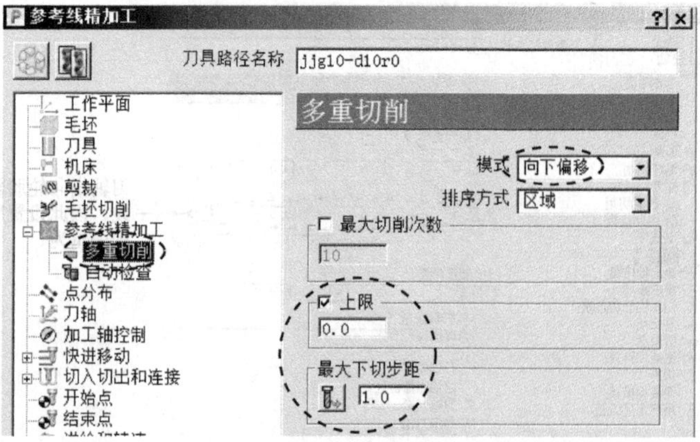

图 9-52　多重切削参数

单击“参考线精加工”对话框策略树中的“进给和转速”树枝，调出“进给和转速”选项卡，按图 9-53 所示设置精加工进给和转速参数。

单击“参考线精加工”对话框中的“计算”按钮，系统计算出图 9-54 所示刀具路径。

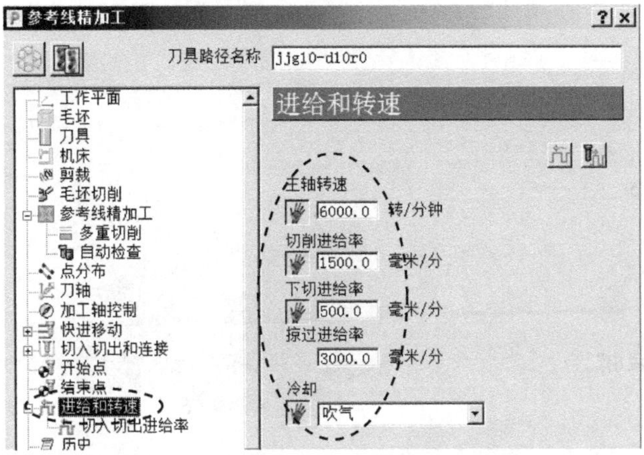

图 9-53　设置精加工进给和转速参数

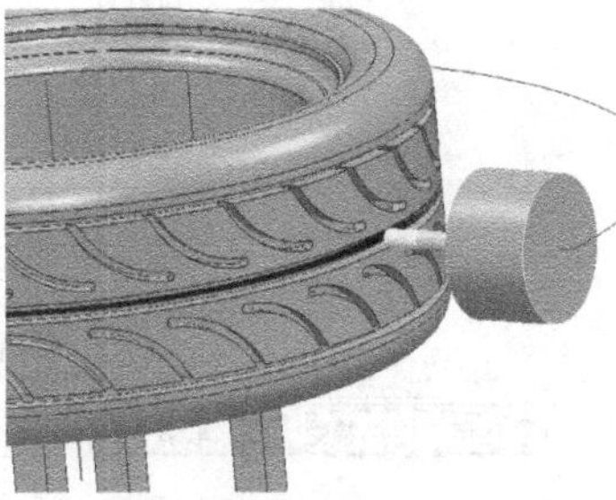

图 9-54　参考线刀具路径 3

图 9-54 所示的刀具路径，刀具在刀轴方向进行分层切削。

单击“关闭”按钮，关闭“参考线精加工”对话框。

步骤四　计算 5mm 宽环形槽精加工刀具路径

1）创建参考线：参照步骤三第 1）步的参考线创建方法，选择图 9-55 所示的 5mm 宽环形槽下侧面，创建出图 9-56 所示的参考线 2。

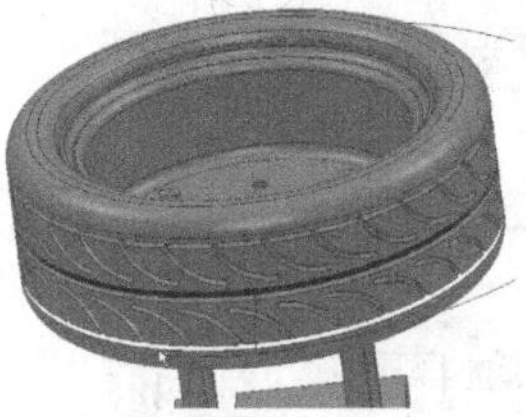

图 9-55　选择 5mm 宽环形槽侧面

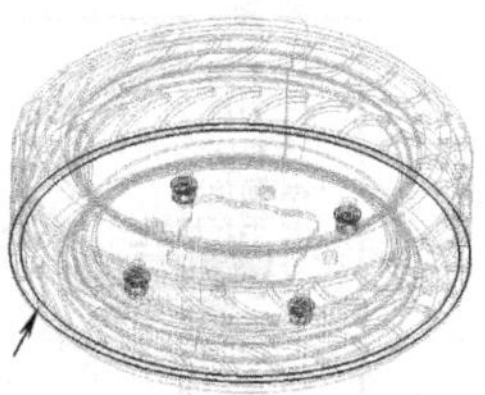

图 9-56　编辑前的参考线 2

接下来编辑参考线 2。

在查看工具栏中，单击普通阴影按钮，将绘图区中的模型隐藏起来。

在绘图区中单击所选曲面的内轮廓曲线，如图 9-57 所示，按键盘上的 Delete 键，将它删除。

在查看工具栏中，单击普通阴影按钮，将绘图区中的模型显示出来。

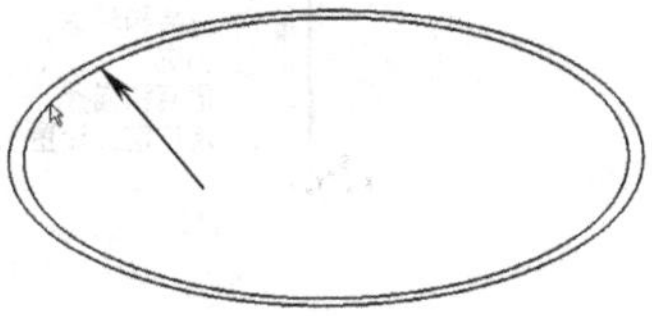

图 9-57　选择曲线

在 PowerMill 资源管理器的“参考线”树枝下，右击参考线“2”，在弹出的快捷菜单条中单击“编辑”→“变换...”，打开“参考线变换”工具栏。单击该工具栏中的“移动”按钮，调出移动工具栏。

在 PowerMill 绘图区下方的信息栏中，单击“打开位置对话框”按钮，打开“位置”

对话框，按图 9-58 所示设置移动参考线参数。

单击“参考线变换”工具栏中的“接受”按钮，完成参考线移动操作，创建的最终参考线 2 如图 9-59 所示。

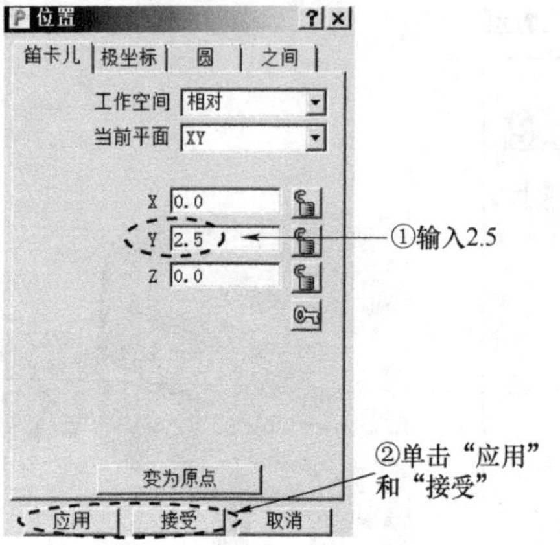

图 9-58 设置移动参考线参数

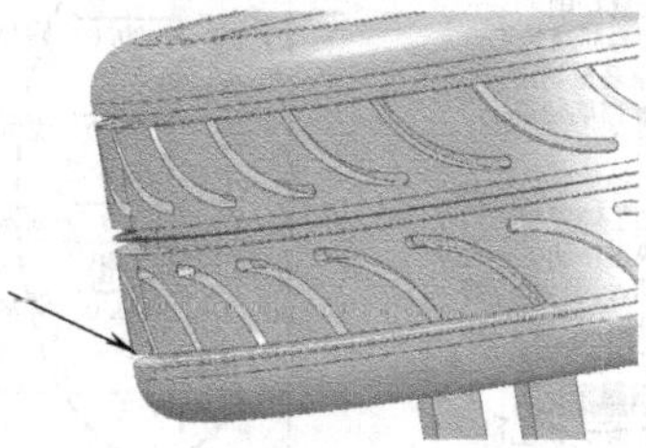

图 9-59 编辑后的参考线 2

2）计算参考线精加工刀具路径：在 PowerMill“开始”功能区的“创建刀具路径”工具栏中，单击刀具路径按钮，打开“策略选取器”对话框，单击“精加工”选项，调出“精加工”选项卡，在该选项卡中选择“参考线精加工”，单击“确定”按钮，打开“参考线精加工”对话框，按图 9-60 所示设置参数。

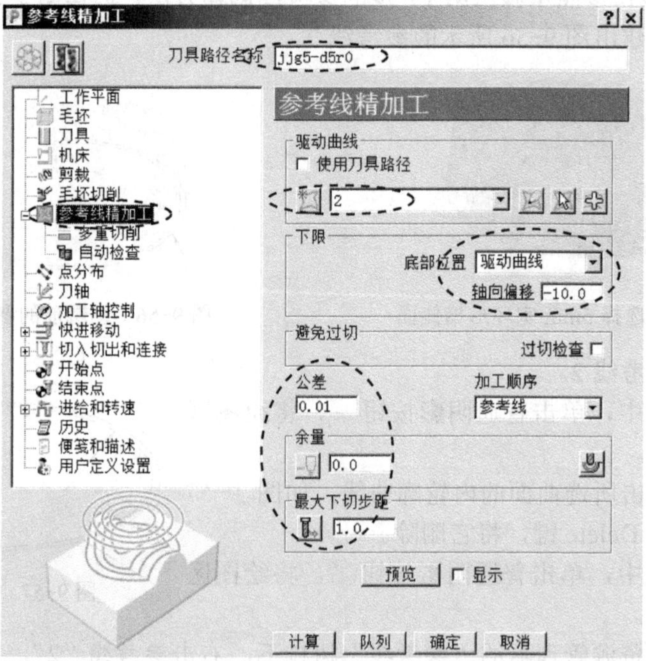

图 9-60 设置参考线精加工参数

在“参考线精加工”对话框的策略树中，单击“刀具”树枝，调出“端铣刀”选项卡，按图 9-61 所示选择刀具。

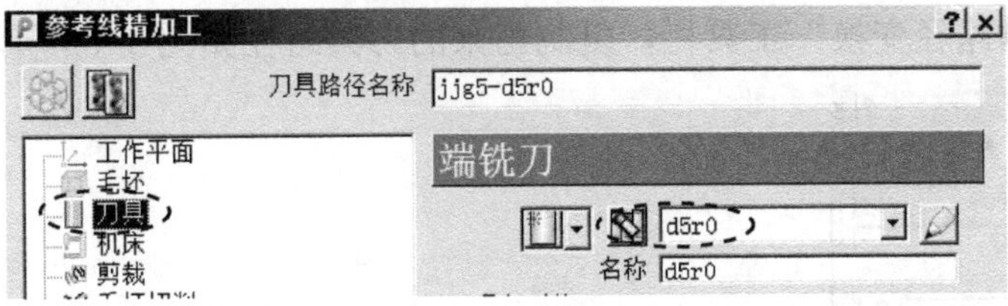

图 9-61　选择刀具

在“参考线精加工”对话框的策略树中单击“多重切削”树枝，调出“多重切削”选项卡，按图 9-62 所示设置多重切削参数。

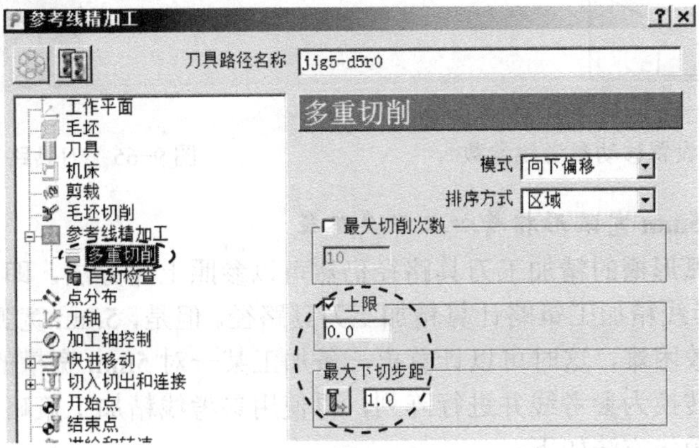

图 9-62　设置多重切削参数

刀轴参数、进给和转速参数系统会默认使用前一条刀具路径的参数，不用再重复设置。单击“参考线精加工”对话框中的“计算”按钮，系统计算出图 9-63 所示刀具路径。

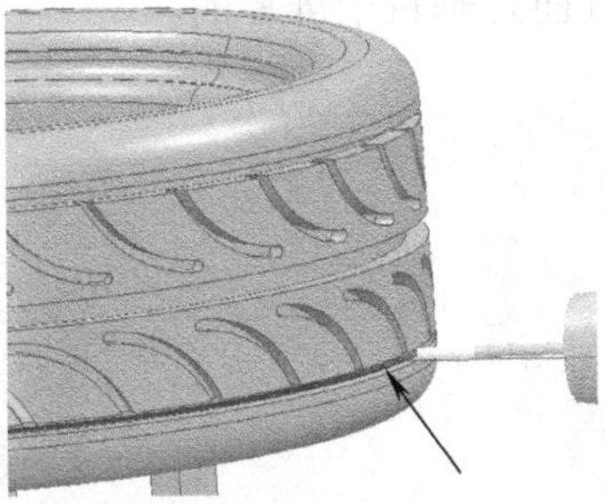

图 9-63　5mm 宽环形刀具路径

单击“关闭”按钮，关闭“参考线精加工”对话框。

3）复制并平移刀具路径：在 PowerMill 资源管理器中，双击“刀具路径”树枝，将它展开。右击“刀具路径”树枝下的“jjg5-d5r0”刀具路径，在弹出的快捷菜单条中单击“编辑”→“变换...”，打开“刀具路径变换”工具栏。单击移动刀具路径按钮，打开“移动”工具栏。

在 PowerMill 绘图区下方的信息栏中，单击“打开位置对话框”按钮，打开“位置”对话框，按图 9-64 所示设置移动参考线参数。

单击“接受”按钮，关闭“位置”对话框。单击“刀具路径变换”工具栏中的“接受”

按钮，关闭“刀具路径变换”工具栏，复制出来的刀具路径如图 9-65 所示。

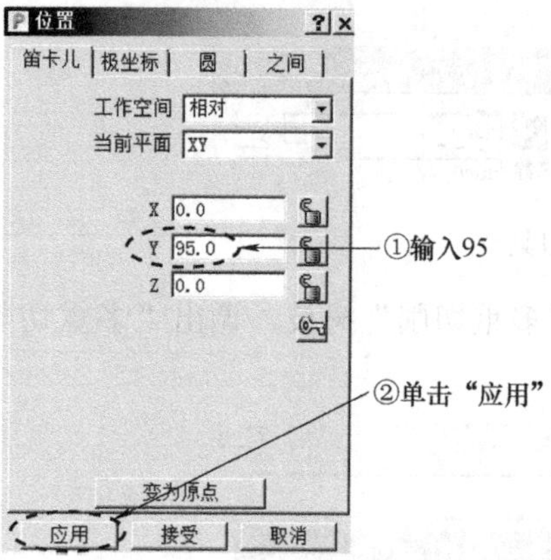

图 9-64　设置移动参考线参数

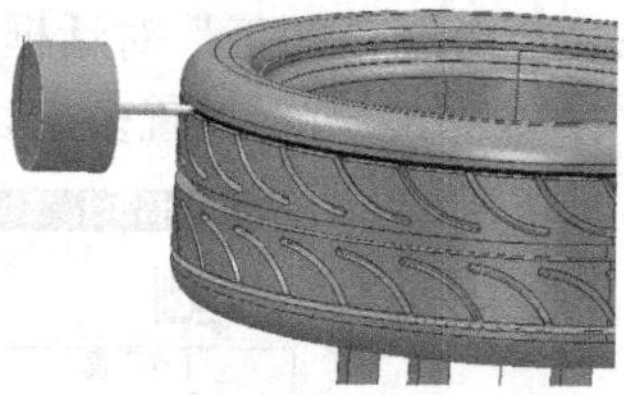

图 9-65　刀具路径“jjg5-d5r0”

步骤五　计算 5mm 宽弧形槽精加工刀具路径

计算 5mm 宽弧形槽的精加工刀具路径仍然可以参照上述方法，即先创建和编辑好参考线，然后使用参考线精加工策略计算精加工刀具路径。但是，5mm 宽弧形槽的数目过多，手工创建参考线比较困难，这时可以计算出一条加工某一对 5mm 宽槽的精加工刀具路径，然后将该刀具路径转换为参考线并进行阵列，再使用参考线精加工策略来计算完成的精加工刀具路径。详细操作方法如下：

1）选择曲面：按下 Shift 键，在 PowerMill 绘图区中，单击选中工作平面 1 的 Z 轴正方向指向的两个弧形槽的侧曲面（共 6 张面），如图 9-66 所示。为确保所选曲面正确，在查看工具栏中，单击从上查看（Z）按钮，如图 9-67 所示，是定向视角中所选曲面示意图，请注意，选择的两个槽的侧面是垂直于屏幕的。

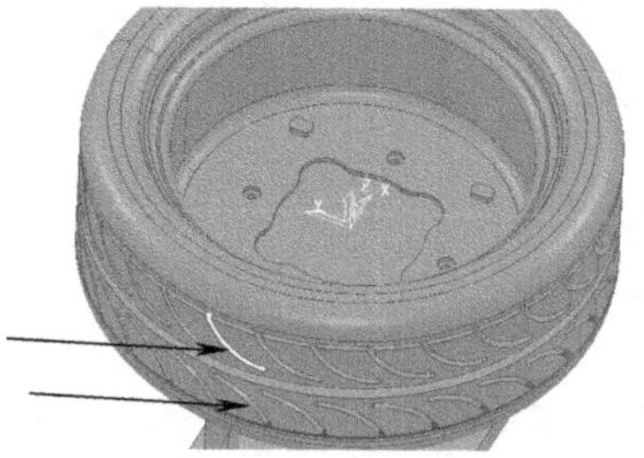

图 9-66　选择 2 个弧形槽的侧面 1

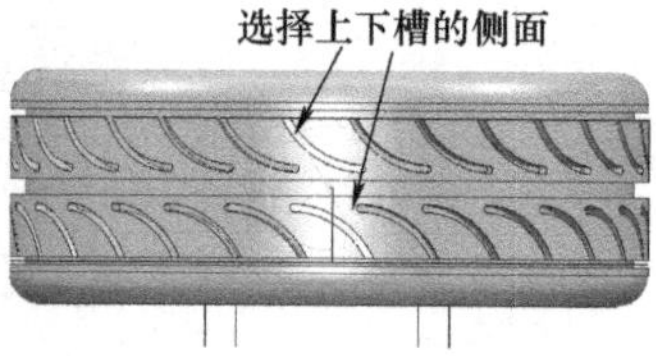

图 9-67　选择 2 个弧形槽的侧面 2

2）计算 SWARF 精加工刀具路径：在 PowerMill“开始”功能区的“创建刀具路径”工具栏中，单击刀具路径按钮，打开“策略选取器”对话框，单击“精加工”选项，调出“精加工”选项卡，在该选项卡中选择“SWARF 精加工”，单击“确定”按钮，打开“SWARF 精加工”对话框，按图 9-68 所示设置参数。

在“SWARF 精加工”对话框的策略树中单击“位置”树枝，调出“位置”选项卡，按图 9-69 所示设置参数。

在“SWARF 精加工”对话框的策略树中单击“多重切削”树枝，调出“多重切削”选项卡，按图 9-70 所示设置参数。

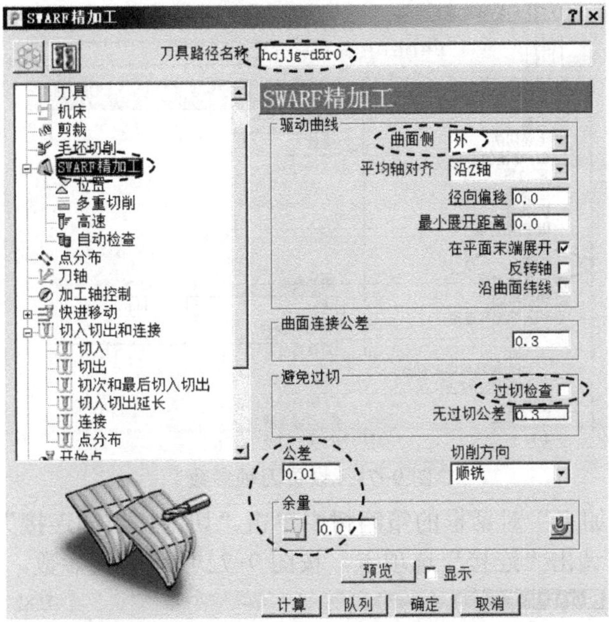

图 9-68　设置 SWARF 精加工参数

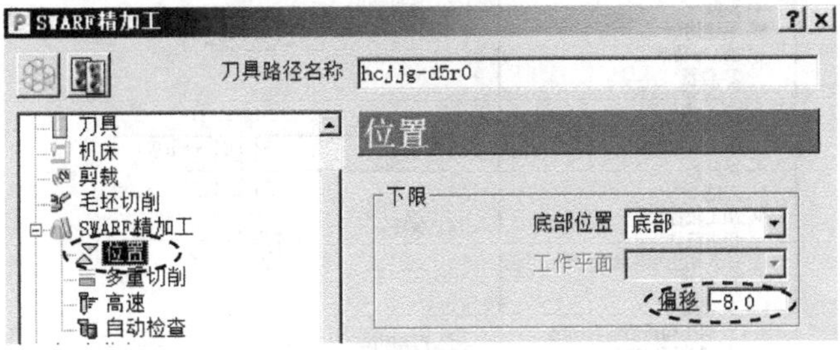

图 9-69　设置位置参数

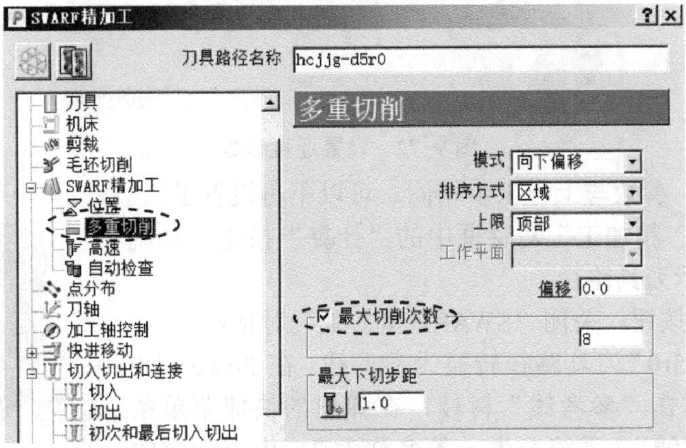

图 9-70　设置多重切削参数

在“SWARF 精加工”对话框的策略树中单击“刀轴”树枝，调出“刀轴”选项卡，按图 9-71 所示设置参数。

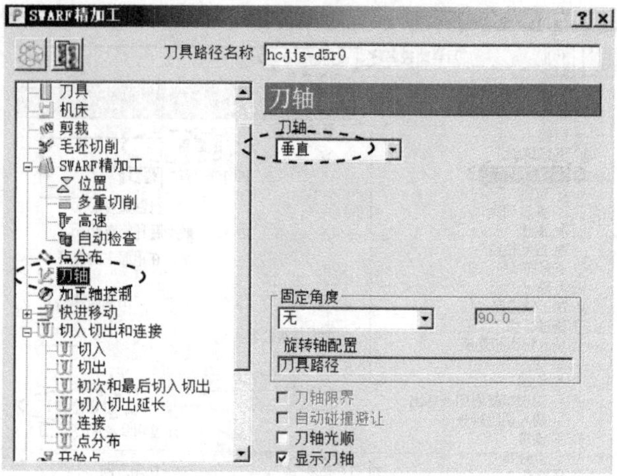

图 9-71　设置刀轴参数

在“SWARF 精加工”对话框的策略树中单击“切入切出和连接”树枝，将它展开。单击“连接”树枝，调出“连接”选项卡，按图 9-72 所示设置参数。

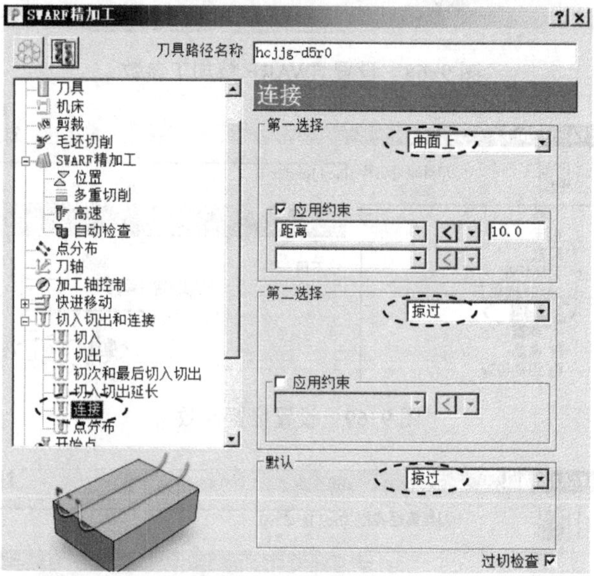

图 9-72　设置连接参数

“进给和转速”参数与上一工步相同，可以不再设置了。

单击“SWARF 精加工”对话框中的“计算”按钮，系统计算出图 9-73 所示刀具路径。

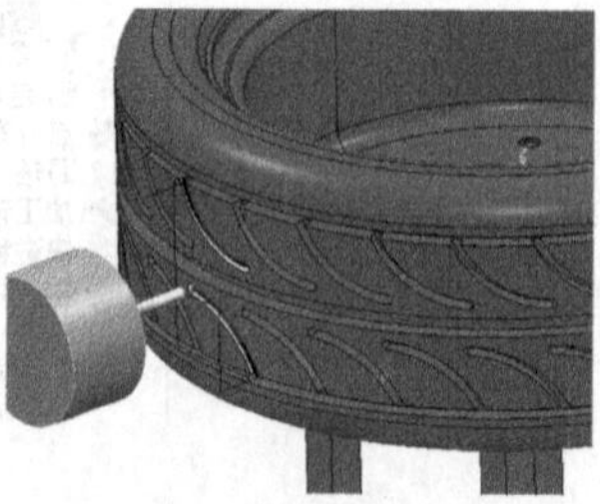

图 9-73　5mm 宽弧形槽精加工刀具路径

单击“关闭”按钮，关闭“SWARF 精加工”对话框。

3）将“hcjjg-d5r0”刀具路径转换为参考线：在 PowerMill 资源管理器中，右击“参考线”树枝，在弹出的快捷菜单条中单击“创建参考线”，系统产生一条名称为 3、内容为空的参考线。

在“参考线”树枝下，右击参考线“3”，在弹出的快捷菜单条中单击“插入”→“激活刀具路径”，系统即将当前激活的刀具路径“hcjjg-d5r0”转换为参考线。

4）对参考线 3 进行环形陈列：在查看工具栏中，将鼠标移动到从上查看（Z）按钮上，停留 1s，在弹出的工具栏中，单击从后查看（Y）按钮，将模型视图定向成图 9-74 所示。

右击参考线“3”，在弹出的快捷菜单条中单击“编辑”→“变换...”，调出“参考线变换”工具栏。单击该工具栏中的“多重变换”按钮，打开“多重变换”对话框，按图 9-75 所示设置变换参数。

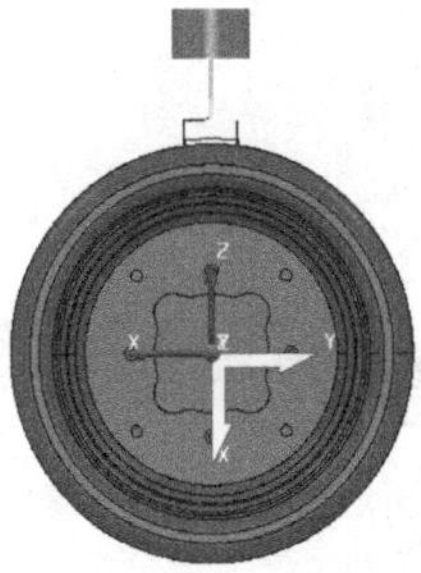

图 9-74　定向模型视角

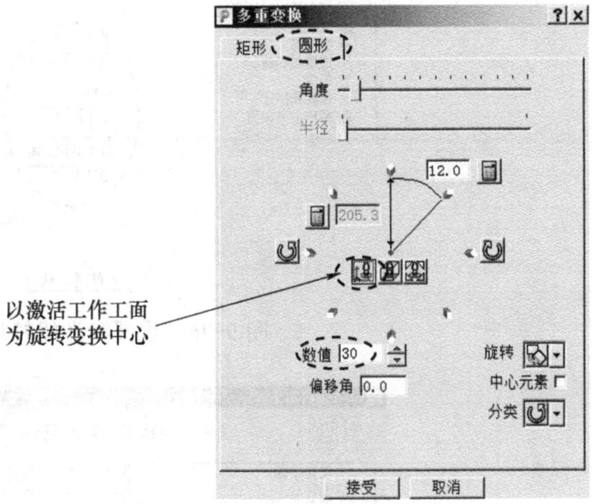

图 9-75　设置阵列参考线 3 参数

单击“接受”按钮，系统会在“参考线”树枝下复制出 29 条参考线（加上原有参考线 3，一共 30 条），它们的名称分别是 3_1、3_2、…、3_29。关闭“多重变换”对话框。单击“参考线变换”工具栏中的“接受”按钮，关闭“参考线变换”工具栏。

5）将复制出来的 29 条参考线合并到参考线 3：

① 选中 29 条参考线：在 PowerMill 资源管理器的“参考线”树枝下，单击选中参考线“3_1”，然后按住 Shift 键，单击选中参考线“3_29”，这样就选中了 29 条参考线。

② 合并 29 条参考线到参考线 3：松开 Shift 键，按下 Ctrl 键，将鼠标移到参考线“3_1”上，按下不放，拖动到参考线“3”上，即将 29 条参考线合并到参考线“3”。

6）计算参考线精加工刀具路径：在 PowerMill“开始”功能区的“创建刀具路径”工具栏中，单击刀具路径按钮，打开“策略选取器”对话框，单击“精加工”选项，调出“精加工”选项卡，在该选项卡中选择“参考线精加工”，单击“确定”按钮，打开“参考线精加工”对话框，按图 9-76 所示设置参数。

在“参考线精加工”对话框策略树中单击“多重切削”树枝，调出“多重切削”选项卡，按图 9-77 所示设置参数。

单击“参考线精加工”对话框策略树中的“刀轴”树枝，调出“刀轴”选项卡，按图 9-78 所示设置刀轴参数。

单击“参考线精加工”对话框中的“计算”按钮，系统计算出图 9-79 所示刀具路径。

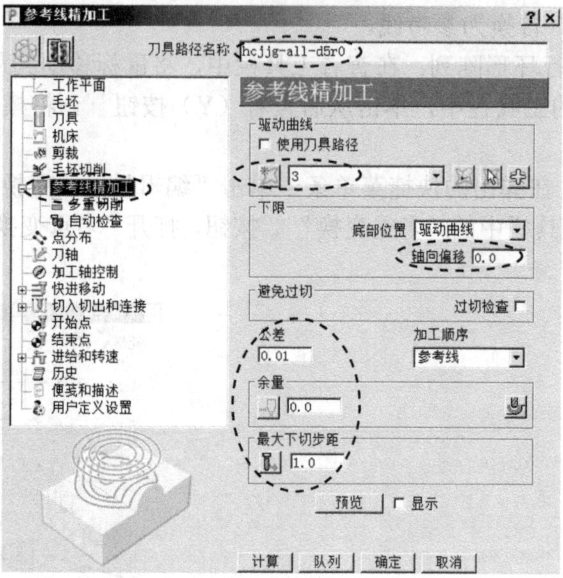

图 9-76　设置参考线精加工参数

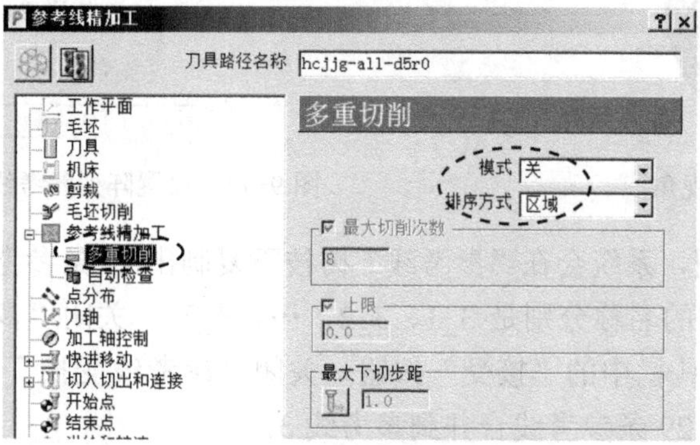

图 9-77　设置多重切削参数

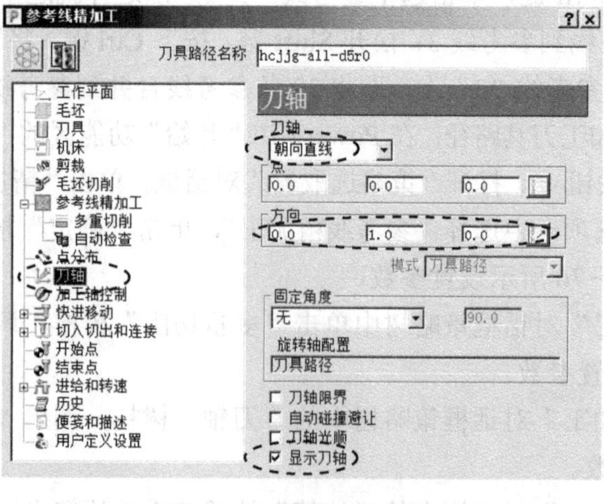

图 9-78　设置刀轴参数

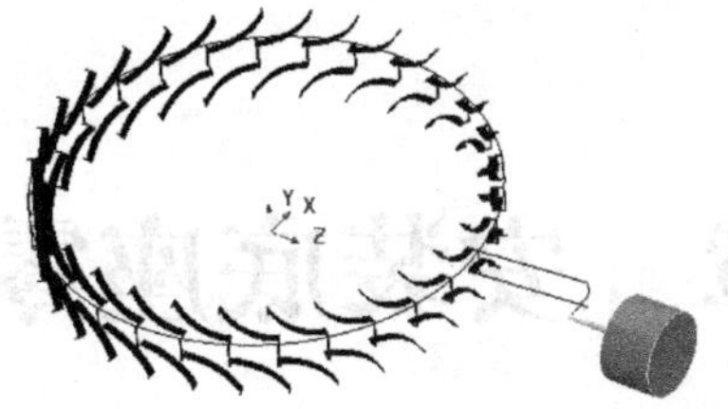

图 9-79　5mm 宽弧形槽精加工刀具路径

步骤六　保存项目文件

在 PowerMill 功能区中，单击“文件”→“保存”，打开“保存项目为”对话框，选择 E:\PM2019EX 目录，输入项目文件名称为“9-02 lt”，单击“保存”按钮，完成项目文件保存操作。

9.3　练习题

图 9-80 所示是一个圆柱凸轮零件。毛坯为圆柱体，材料为 45 钢。要求计算圆柱面上凸轮槽的粗、精加工刀路。源文件请扫描前言的“习题源文件”二维码获取，在 xt sources\ch09 目录下。

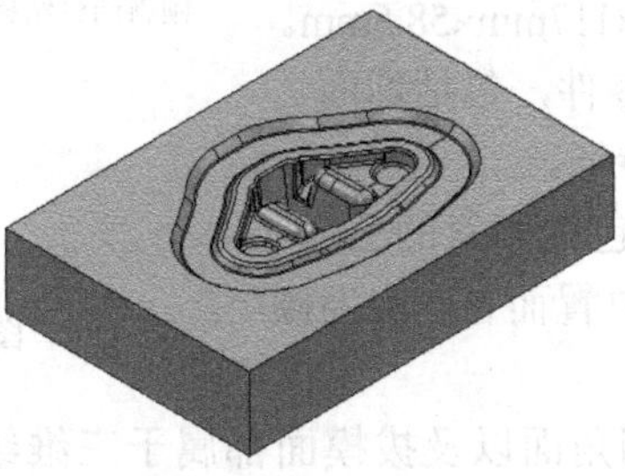

图 9-80　圆柱凸轮零件

第 10 章　安装底座零件五轴定位数控加工编程实例

📖 本章知识点

- ✧ 3+2 轴加工的含义、功能以及其应用。
- ✧ PowerMill 软件 3+2 轴加工的编程步骤和方法。
- ✧ 典型零件 3+2 轴加工数控编程过程。
- ✧ 真实五轴机床的仿真加工。

图 10-1 所示是一个多面体底座零件。该底座零件的结构具有以下特点：

1）零件总体尺寸为 117mm×117mm×58.5mm。从整体上看，零件是一个半球零件，包括球面、型腔、凸台、孔、倒圆角面等特征。

2）该零件上的安装基准（包括倾斜的凸台、型腔以及孔）相对于零件安放位置而言，均为倾斜结构。

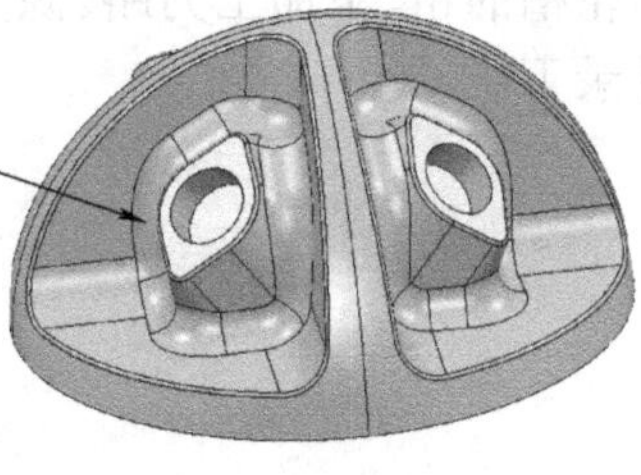

图 10-1　多面体底座零件

3）该零件上的球面、倒圆角面以及拔模面都属于三维结构特征。

由以上分析可知，这是一个结构较为复杂，兼有二维结构特征和三维成型曲面特征的零件。

10.1　数控编程工艺分析

使用三轴机床加工零件时，对于零件的正面结构特征（图 10-2），一般不存在刀具加工不到的情况（极细小、长条的沟槽、型腔等结构除外），但对于侧面结构特征（图 10-3），由于三轴机床的刀轴处于铅垂状态，不能倾斜，刀具不能切入，因此侧面结构无法机加工成形。在没有五轴加工机床的情况下，就需要将零件重新安装、定位和夹紧。对于复杂的零件，还需要制作专门的夹具，这就带来了加工效率和加工精度不高的问题。此时，利用五轴机床配合使用 3+2 轴加工方式，将刀轴根据零件侧面结构特征倾斜，将侧面结构特征转变为正面结构特征，如图 10-4 所示。依然使用三轴加工策略来计算刀具路径，这样可以解决绝大部分侧面结构特征的机加工成形问题。

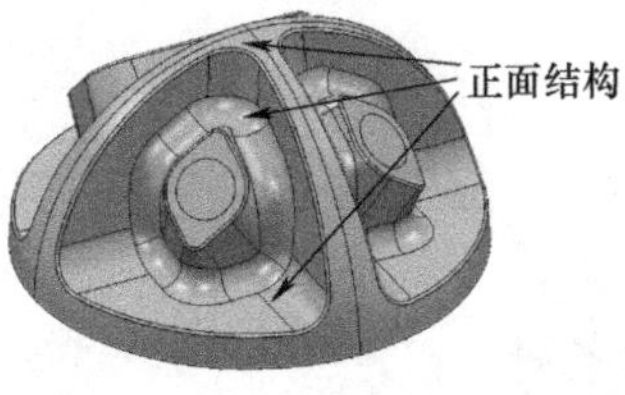

图 10-2 零件的正面结构特征

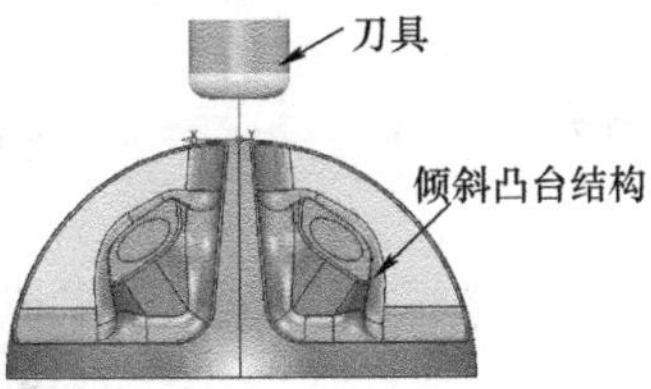

图 10-3 零件侧视图

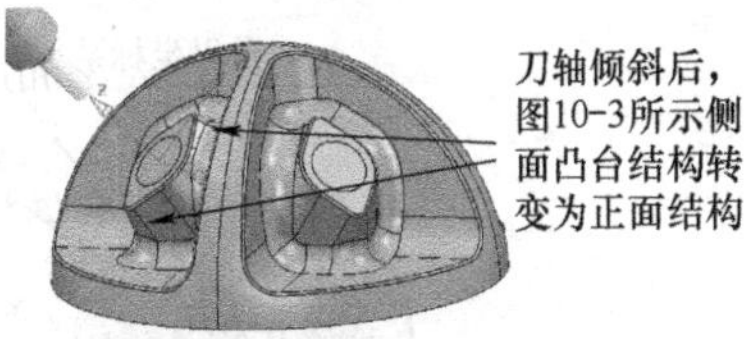

图 10-4 侧结构加工

1. 3+2 轴加工的含义

3+2 轴加工是指在五轴机床（比如 X、Y、Z、A、C 五根运动轴）上进行 X、Y、Z 三轴联合运动，另外两根旋转轴（如 A、C 轴）固定在某个角度的一种加工方式。3+2 轴加工是五轴定位加工的方式之一，也是五轴加工中最常用的一种加工方式，通过使用这种方式能完成大部分零件侧面结构的加工。

2. 3+2 轴加工的功能与应用

倾斜主轴（或工作台）后，旋转轴锁紧在某个角度方位，由此构成的 3+2 轴加工能实现下述功能：

1）能够加工出三轴机床上无法加工到的零件区域。

2）能够避免球头铣刀的静点切削，改善刀具切削条件以及零件表面加工质量。

3）使用伸出夹持更短的刀具加工出深长型腔，减少由于使用伸出夹持过长的刀具来加工零件而引起的误差，提高零件加工精度。

4）可以使用平头铣刀的侧刃和底刃来切削成形曲面，为模具零件加工带来更高的加工效率。

但是，3+2 轴加工方式也有其局限性，例如增压叶轮的精加工就不适合使用这种方式，而必须使用五轴联动加工方式。

3. PowerMill 软件 3+2 轴加工方式编程步骤

要编制五轴定位加工程序，必须要明白五轴定位加工的实现过程。使用 PowerMill 软件实现五轴定位加工的全过程如下：

（1）锁定毛坯到世界坐标系。在计算三轴加工刀具路径时，如果毛坯过小，未包围加工范围，则只会在毛坯包围的范围内生成部分刀具路径；又如毛坯尺寸足够，但是偏离了加工范围，则会出现计算不出刀具路径的情况。因此，计算刀具路径前，一定要确保毛坯包围住了零件的加工范围。在五轴定位加工时，由于会使用到用户坐标系（注意，PowerMill 2019 中称用户坐标系为“工作平面”），就更要注意这一点。

在创建毛坯时，毛坯的定位是相对于世界坐标系的，这就意味着，在默认情况下，如果用户创建了一个毛坯后，转而去使用其他的用户坐标系，那么毛坯就会“跑掉”。图 10-5 创建的毛坯正好包围住了零件，是需要的毛坯大小。为了进行 3+2 轴加工，新创建了一个用户坐标系，并将该用户坐标系激活，此时毛坯会部分偏移出零件，如图 10-6 所示。

而如果此时再次使用“毛坯”对话框中默认参数重新创建毛坯，系统会计算出图 10-7 所示的毛坯，这个毛坯与原始毛坯是不同的，其尺寸变大了，不是需要的毛坯，正确的毛坯应是图 10-5 所示的毛坯。这时就需要将新创建的毛坯锁定到世界坐标系。

在 PowerMill 系统中打开“毛坯”对话框后，锁定毛坯到世界坐标系的操作过程如图 10-8 所示。

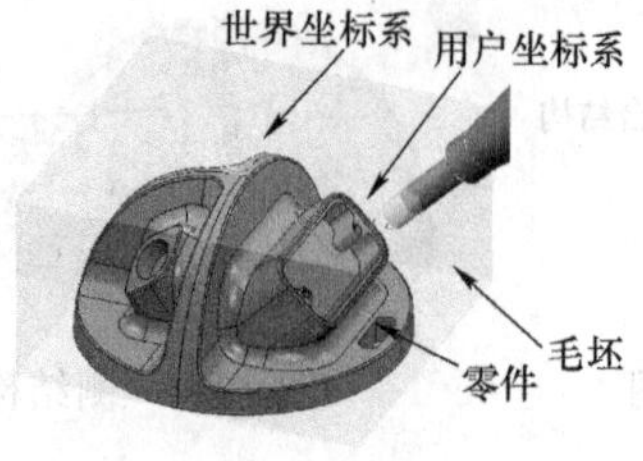

图 10-5 世界坐标系下的毛坯

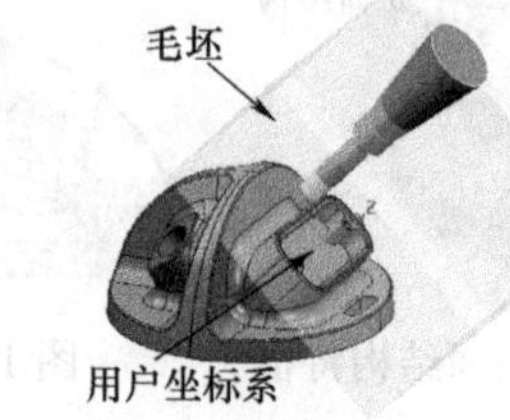

图 10-6 用户坐标系下的毛坯 1

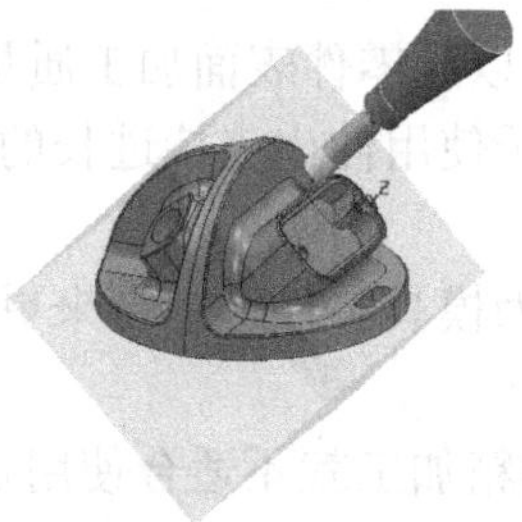

图 10-7 用户坐标系下的毛坯 2

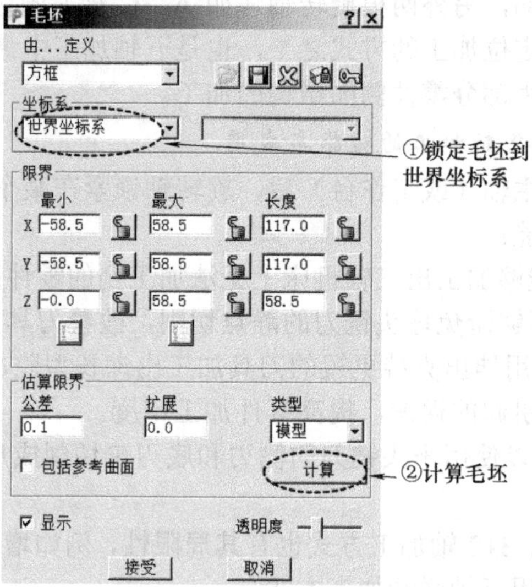

图 10-8 毛坯设置

（2）创建并编辑工作平面。根据被加工零件的结构特征分布情况，创建工作平面。请读者务必注意以下两点：

1）工作平面的原点放置在零件的外部比较安全。

2）工作平面的 Z 轴保持指向零件外部，以此作为刀轴方向矢量。

（3）在工作平面下，按照三轴加工零件的编程思路编制 3+2 轴加工程序。

（4）使用对刀坐标系（一般与世界坐标系重合）输出 NC 程序。

完成同一个零件的加工，可能需要多条 3+2 轴加工刀具路径，但在进行刀具路径后处理时，要使用对刀坐标系来输出这些刀具路径为 NC 程序。这涉及刀具路径后处理的算法问题，对于 3+2 轴加工，实际上就是将刀轴相对工件倾斜一个角度进行加工；在后处理时，将世界坐标系旋转一个角度到达编程坐标系（即用户坐标系）即可。在 FANUC 数控系统中，使用 G68.2 指令来完成坐标系旋转与平移。

4. 零件加工工艺过程

由于零件结构较多，本章不讲解全部结构的加工过程，只重点介绍图 10-4 箭头指示的倾斜结构的加工过程，其余倾斜结构可以参照此过程编制程序。

拟按表 10-1 中所述工艺流程计算该部分结构加工刀具路径。

表 10-1 零件数控加工编程工艺

工步号	工步名称	加工部位	进给方式	刀具	编程参数		铣削用量					
					公差/mm	余量/mm	转速/(r/min)	进给速度/(mm/min)			铣削宽度/mm	背吃刀量/mm
								下切	切削	掠过		
1	粗加工	零件整体	模型区域清除	d25r5 刀尖圆角端铣刀	0.1	0.25	1000	300	900	3000	15	2
2	二次粗加工	倾斜凸台区域	模型残留区域清除	d10r0 端铣刀	0.1	0.25	2000	300	1500	3000	6	2
3	半精加工	倾斜凸台区域	模型残留区域清除	d8r4 球头铣刀	0.1	0.15	4000	300	2500	3000	4	1
4	半精加工	倾斜凸台区域	3D 偏移	d8r4 球头铣刀	0.02	0.1	4000	500	3000	5000	1	—
5	精加工	倾斜凸台周边曲面	3D 偏移	d8r4 球头铣刀	0.01	0	6000	500	3000	5000	0.6	—
6	精加工	1/3 圆球面	3D 偏移	d8r4 球头铣刀	0.01	0	6000	500	3500	5000	0.5	—
7	精加工	倾斜凸台平面	偏移平坦面	d10r0 端铣刀	0.01	0	6000	500	3000	5000	7	—
8	粗加工	倾斜孔	模型区域清除	d10r0 端铣刀	0.1	0.2	3000	300	1000	3000	7	1
9	精加工	倾斜孔	陡峭和浅滩精加工	d10r0 端铣刀	0.01	0	6000	500	3000	3000	6	—
10	打中心孔	倾斜结构上两孔	钻孔	dr20 中心钻	0.1	0	1000	100	800	3000	—	—
11	钻 M3 底孔	倾斜结构上两孔	深钻	dr2.5 钻头	0.01	0	2000	300	1000	3000	—	—
12	攻 M3 螺纹	倾斜结构上两孔	攻螺纹	M3 丝锥	0.01	0	100	500	50	3000	—	—

10.2 详细编程过程

操作视频

步骤一 新建加工项目

1）复制文件到本地磁盘：扫描前言的“实例源文件”二维码，下载并复制文件夹“Source\ch10”到“E:\PM2019EX”目录下。

2）启动 PowerMill 2019 软件：双击桌面上的 PowerMill 2019 图标，打开 PowerMill 系统。

3）输入模型：在功能区中，单击“文件”→“输入→“模型”，打开“输入模型”对话框，选择“E:\PM2019EX\ch10\azdz.dgk”文件，然后单击“打开”按钮，完成模型输入操作。

4）输入补面：在功能区中，单击“文件”→“输入→“模型”，打开“输入模型”对话框，选择“E:\PM2019EX\ch10\bumian.dgk”文件，然后单击“打开”按钮，完成模型输入操作。补面用于填补模型中的孔、洞、槽等，目的有：提高刀路计算速度、增加粗加工刀路安全性、便于使用大刀具进行整体粗加工，因此，建议在整体粗加工时，将模型上的一些孔、洞、槽等填补起来。

步骤二　准备加工

1）创建毛坯：在 PowerMill“开始”功能区中，单击创建毛坯按钮，打开“毛坯”对话框，“坐标系”选择“世界坐标系”勾选“显示”选项，然后单击“计算”按钮，如图 10-9 所示，创建出图 10-10 所示方形毛坯，单击“接受”按钮，完成创建毛坯操作。

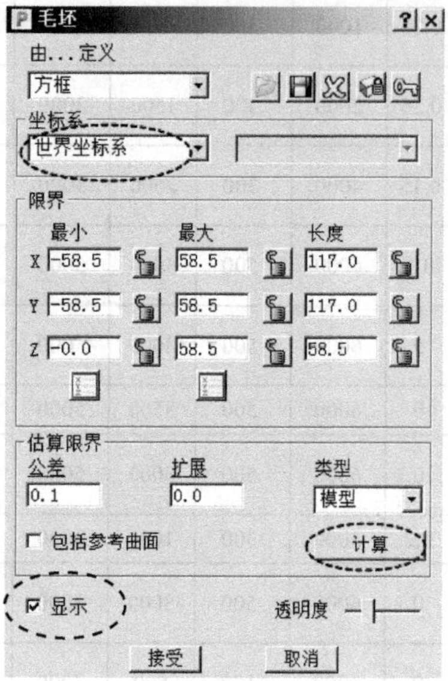

图 10-9　设置毛坯参数

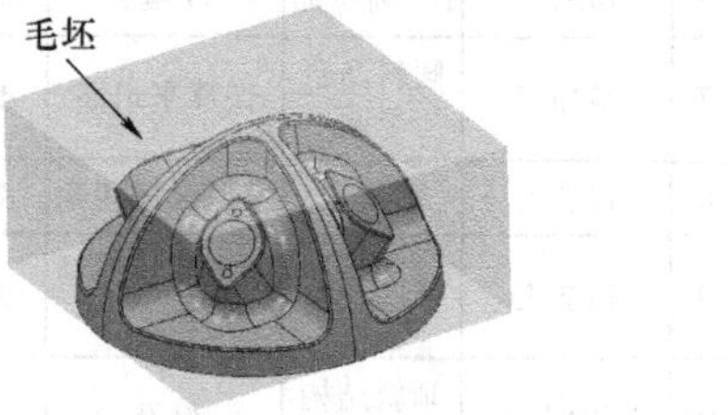

图 10-10　创建的方坯

2）创建粗加工刀具：在 PowerMill 资源管理器中，右击“刀具”树枝，在弹出的快捷菜单条中单击“创建刀具”→“刀尖圆角端铣刀”，打开“刀尖圆角端铣刀”对话框，按图 10-11 所示设置刀具切削刃部分的参数。

单击“刀尖圆角端铣刀”对话框中的“刀柄”选项卡，按图 10-12 所示设置刀柄部分参数。

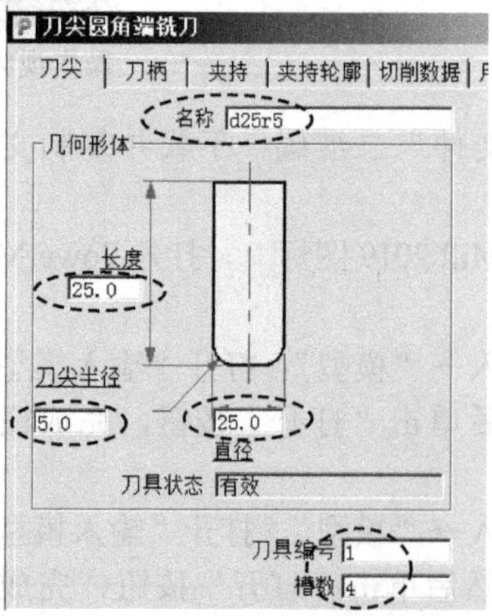

图 10-11　“d25r5”切削刃部分参数设置

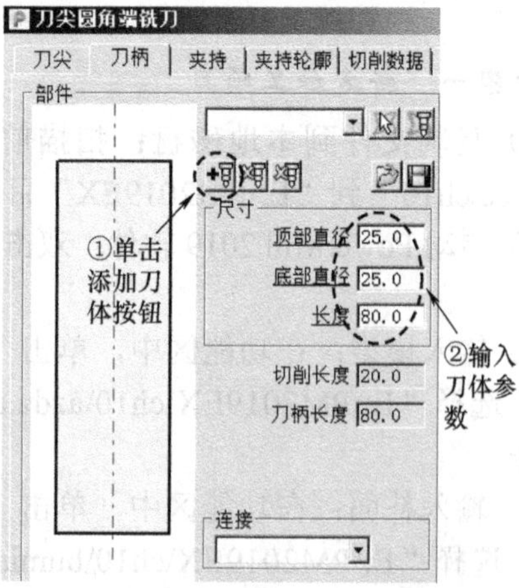

图 10-12　“d25r5”刀柄部分参数设置

单击“刀尖圆角端铣刀”对话框中的“夹持”选项卡，按图 10-13 所示设置刀具夹持部分参数。

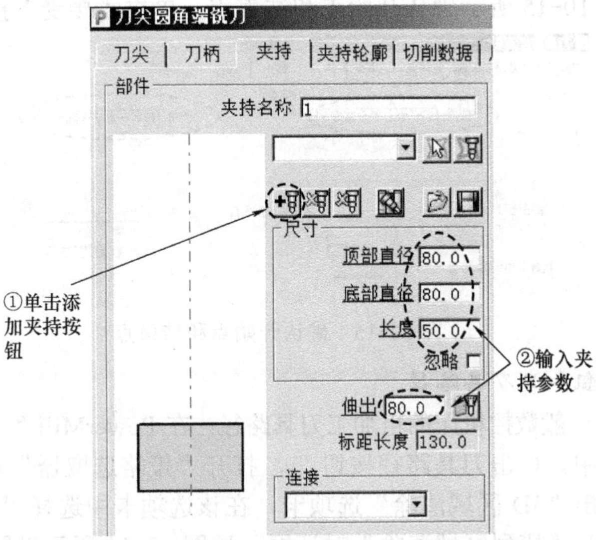

图 10-13 “d25r5”刀具夹持部分参数设置

完成上述参数设置后，单击“刀尖圆角端铣刀”对话框中的“关闭”按钮，创建出一把带夹持的、完整的刀尖圆角端铣刀“d25r5”。

参照上述方法，创建表 10-2 所示刀具。

表 10-2 刀具列表 （单位：mm）

刀具编号	刀具类型	刀具名称	切削刃直径	切削刃长度	刀柄直径（顶/底）	刀柄长度	夹持直径（顶/底）	夹持长度	伸出夹持长度
2	端铣刀	d10r0	10	20	10	60	80	50	60
3	球头铣刀	d8r4	8	20	8	60	80	50	60
4	中心钻	dr20	20	20	20	50	80	50	50
5	钻头	dr2.5	2.5	30	2.5	30	60（顶） 20（底）	120	40
6	丝锥（钻头）	M3	3	30	3	30	60（顶） 20（底）	120	40

3）设置快进高度：在 PowerMill“开始”功能区中，单击刀具路径连接按钮 刀具路径连接，打开“刀具路径连接”对话框，在“安全区域”选项卡中，按图 10-14 所示设置快进高度参数，设置完参数后不要关闭对话框。

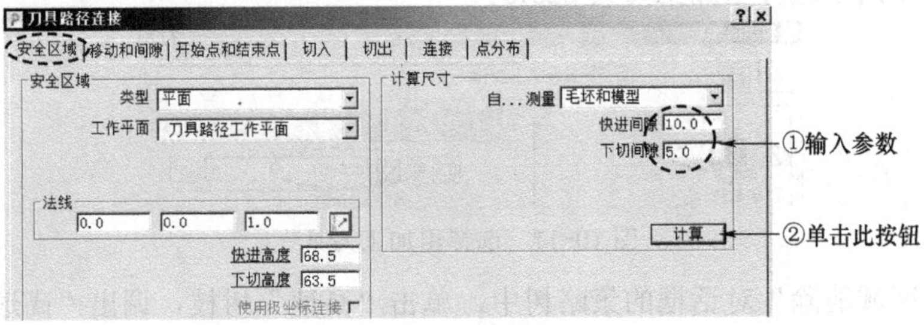

图 10-14 设置快进高度

4）确认加工开始点和结束点：在“刀具路径连接”对话框中，切换到“开始点和结束点”选项卡，按图 10-15 所示确认开始点和结束点，单击“接受”按钮关闭对话框。

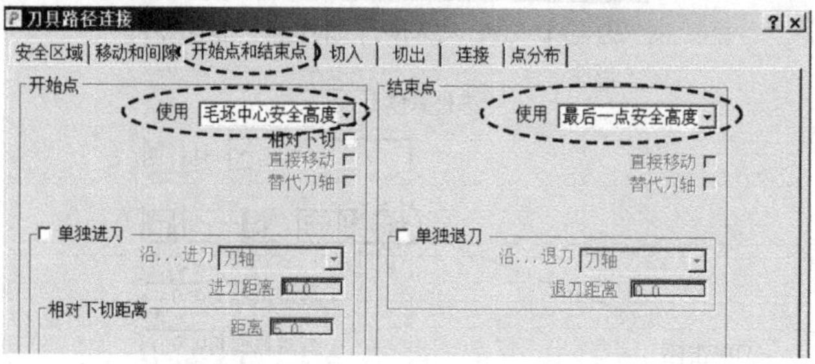

图 10-15　确认开始点和结束点

步骤三　计算粗加工刀具路径

1）计算适用于一般数控机床的粗加工刀具路径：在 PowerMill“开始”功能区的“创建刀具路径”工具栏中，单击刀具路径按钮，打开“策略选取器”对话框，单击“3D 区域清除”选项，调出“3D 区域清除”选项卡，在该选项卡中选择“模型区域清除”，单击“确定”按钮，打开“模型区域清除”对话框，按图 10-16 所示设置参数。

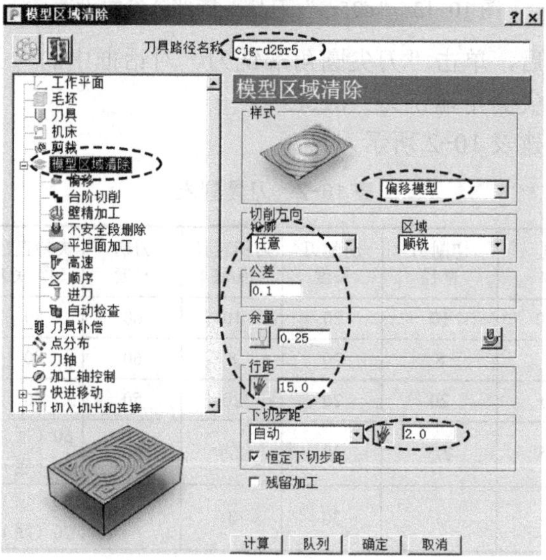

图 10-16　设置粗加工参数

在“模型区域清除”对话框的策略树中，单击“刀具”树枝，调出“刀尖半径”选项卡，按图 10-17 所示选择粗加工刀具 d25r5。

图 10-17　选择粗加工刀具

在“模型区域清除”对话框的策略树中，单击“高速”树枝，调出“高速”选项卡，按图 10-18 所示设置高速参数。

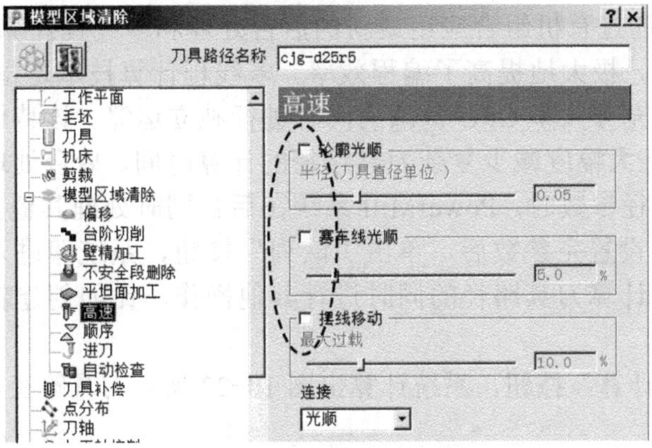

图 10-18　设置高速参数

在策略树中，单击“切入切出和连接”树枝，展开它。单击“切入”树枝，调出“切入”选项卡，按图 10-19 所示设置参数。

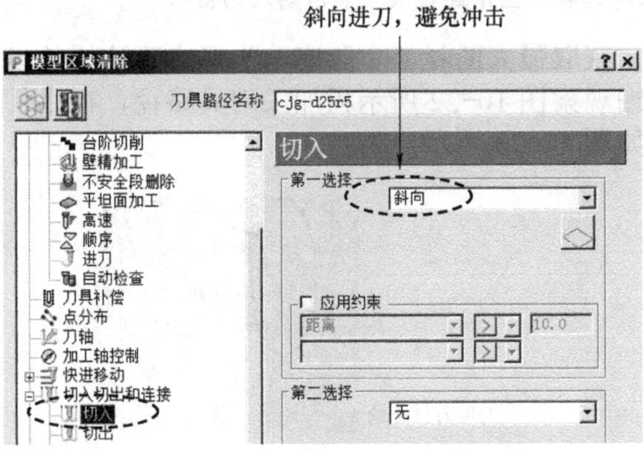

图 10-19　设置切入参数

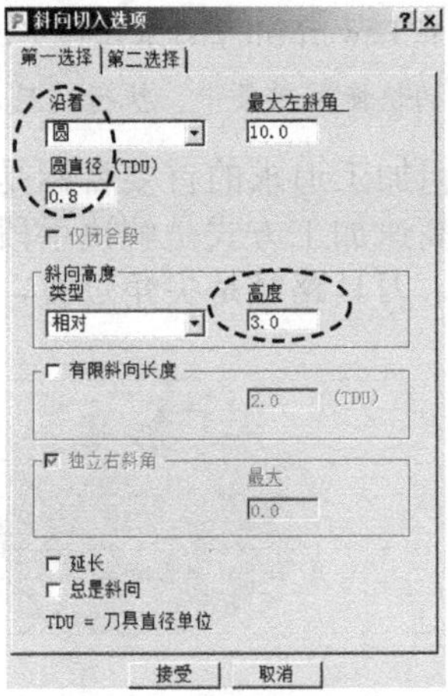

图 10-20　设置斜向切入参数

在“切入”选项卡中，单击“打开斜向选项对话框”按钮，调出“斜向切入选项”对话框，按图 10-20 所示设置参数。设置完成后，单击“接受”按钮返回。

在“模型区域清除”对话框的策略树中，单击“进给和转速”树枝，调出“进给和转速”选项卡，按图 10-21 所示设置粗加工进给和转速参数。

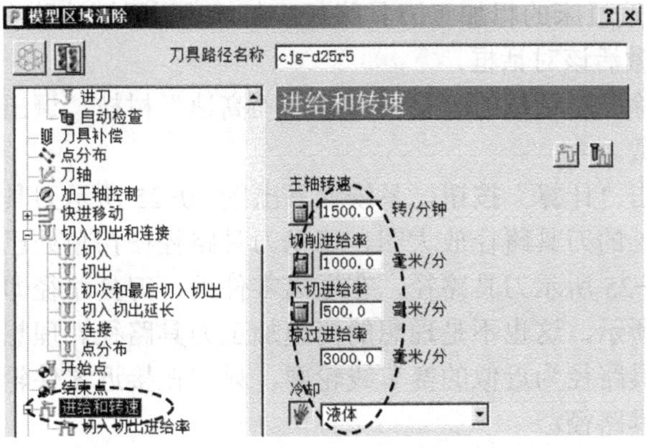

图 10-21　设置粗加工进给和转速参数

PowerMill 2019 通过有机组合应用最新的后台处理和多线程计算技术，显著地缩短了刀具路径的生成时间，极大地提高了编程效率。多线程计算技术是指使用单个 CPU 来处理多个计算线程，在充分共享 CPU 资源的同时进行独立运算。该特性更可以在多核处理器或多 CPU 计算机上大幅度减少复杂刀具路径的计算时间。后台处理技术是指读者在前台设置或编辑刀具路径参数时，PowerMill 系统在后台同时处理其他刀具路径的计算，而不用担心处理速度。设置完参数后，单击“队列”按钮，系统即进入后台运算状态，此时，读者可以在系统计算刀具路径的同时进行其他操作，比如创建新的刀具、计算新的刀具路径等。

本例直接单击“计算”按钮，系统计算出图 10-22 所示刀具路径。不要关闭“模型区域清除”对话框。

[技巧]

要在绘图区清晰地查看刀具路径的切削段，需要关闭显示刀具路径的切入切出段、连接段。方法是，在 PowerMill 资源管理器中，双击“刀具路径”树枝，将它展开，右击刀具路径“cjg-d25r5”，在弹出的快捷菜单条中，执行“显示选项”，取消选取“显示连接”、“显示切入切出”。

粗加工追求的首要目标是加工效率，获取最大的材料去除率。为了实现这样的目标，使用高速加工方式是解决手段之一。仔细观察图 10-22 所示粗加工刀具路径，在零件的拐角处，刀具路径是尖角过渡，其放大图如图 10-23 所示。

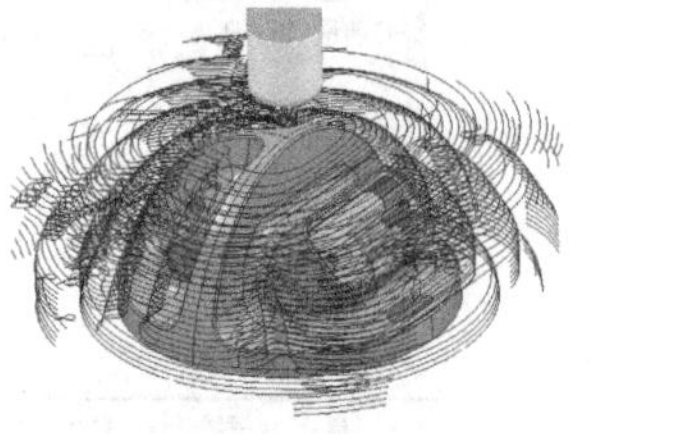

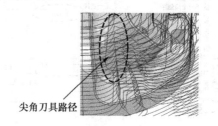

图 10-22　传统粗加工刀具路径

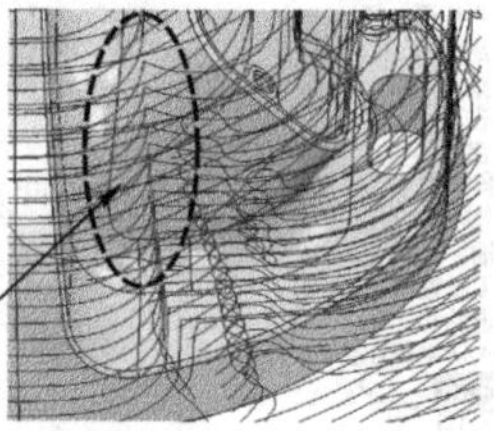

图 10-23　传统粗加工刀具路径放大图

这种进给方式在高速加工中要极力避免。因为这会对刀具、工件以及机床造成损害，并且会影响加工效率。理想的刀具路径是，在零件拐角处的刀具路径段是圆弧而不是尖角。下面通过设置新参数来优化这种传统刀具路径。

2）计算适用于高速机床的粗加工刀具路径：在“模型区域清除”对话框中单击编辑刀具路径参数按钮，激活该对话框。

在“模型区域清除”对话框的策略树中单击“高速”树枝，调出“高速”选项卡，按图 10-24 所示设置参数。

设置完成后，单击“计算”按钮，系统计算出图 10-25 所示刀具路径。图 10-26 所示刀具路径为零件拐角处的刀具路径放大图，可见刀具路径在拐角处已经是圆弧过渡了。

进一步观察图 10-25 所示刀具路径，在远离零件处，刀具路径即开始生成轮廓偏置刀具路径，如图 10-27 所示，这也不是理想的高速加工刀具路径。理想的刀具路径是，在远离零件轮廓线处，刀具路径为近似的赛车线轮廓，只有在接近零件轮廓时，才生成零件轮廓线的偏置线作为刀具路径。

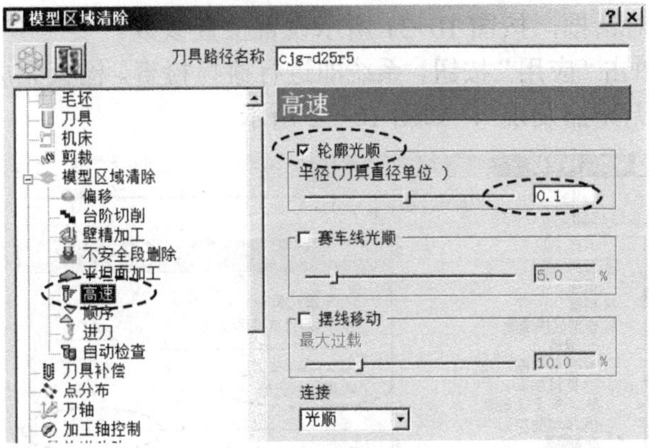

图 10-24　设置高速加工参数 1

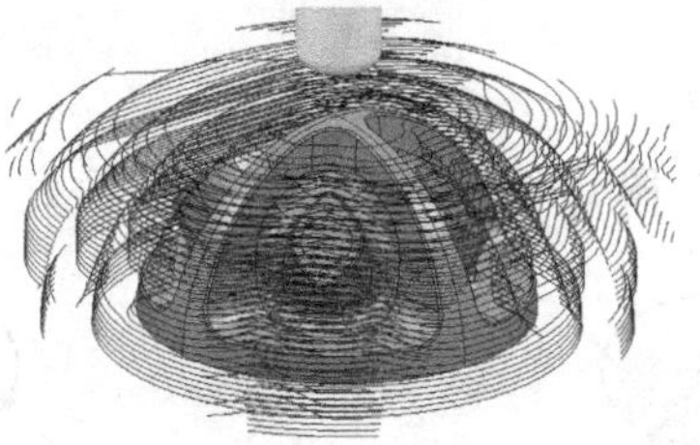

图 10-25　底座零件粗加工刀具路径

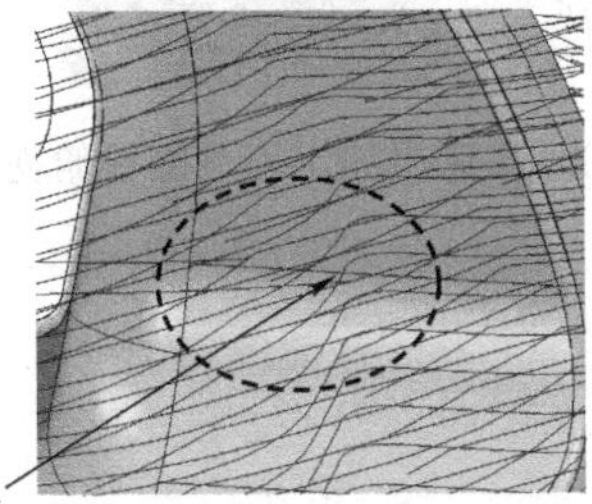

图 10-26　底座零件粗加工刀具路径放大图

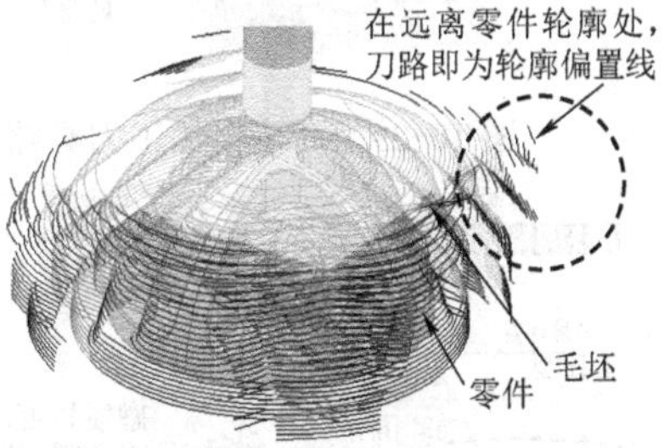

图 10-27　底座零件粗加工刀具路径

为了解决这一问题，PowerMill 专门开发了拥有专利权的赛车线加工技术（详见第 3 章）。随刀具路径切离主形体，粗加工刀具路径将变得越来越平滑，这样可以避免刀具路径突然转向，从而降低机床负荷，减少刀具磨损，实现高速切削。

在“模型区域清除”对话框中，单击编辑刀具路径参数按钮，激活该对话框。

在“模型区域清除”对话框的策略树中，单击“高速”树枝，调出“高速”选项卡，按图 10-28 所示设置参数。

设置完成后，单击“计算”按钮，系统计算出图 10-29 所示刀具路径。图 10-30 所示刀具路径为俯视图。可以看出，刀具路径在零件外围做赛车线分布，而在接近零件轮廓时，按轮廓偏置分布。

单击“关闭”按钮，关闭“模型区域清除”对话框。

3）刀具路径碰撞检查：在 PowerMill 资源管理器中，双击“刀具路径”树枝，将它展开。右击刀具路径“cjg-d25r5”，在弹出的快捷菜单条中单击“检查”→“刀具路径”，打开“刀具路径检查”对话框，按图 10-31 所示设置检查参数。

设置完参数后，单击“应用”按钮，系统即进行碰撞检查。检查完成后，弹出 PowerMill 信息对话框，提示“无碰撞发现”，如图 10-32 所示。

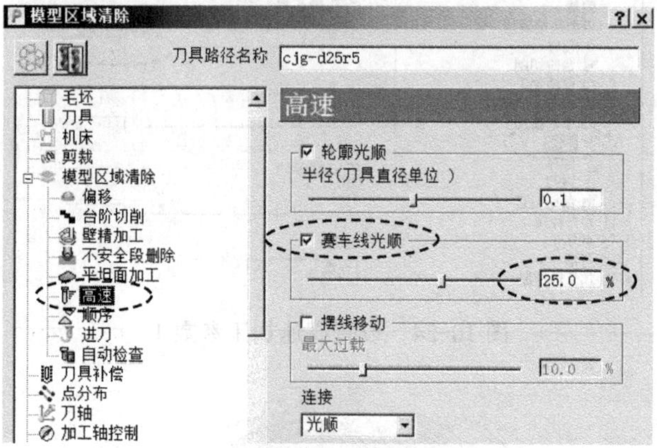

图 10-28　设置高速加工参数 2

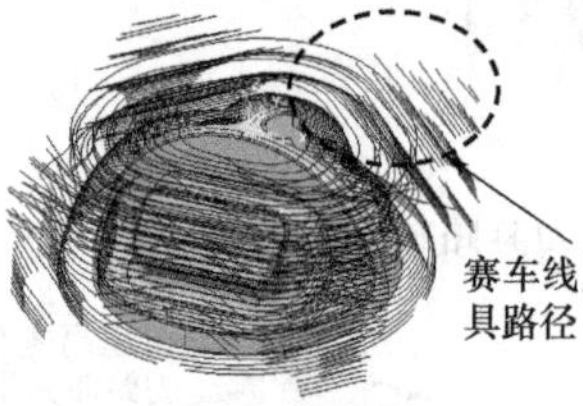

图 10-29　高速粗加工刀具路径

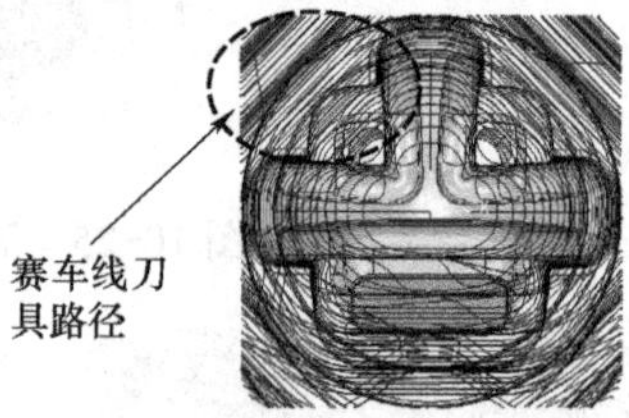

图 10-30　高速粗加工刀具路径俯视图

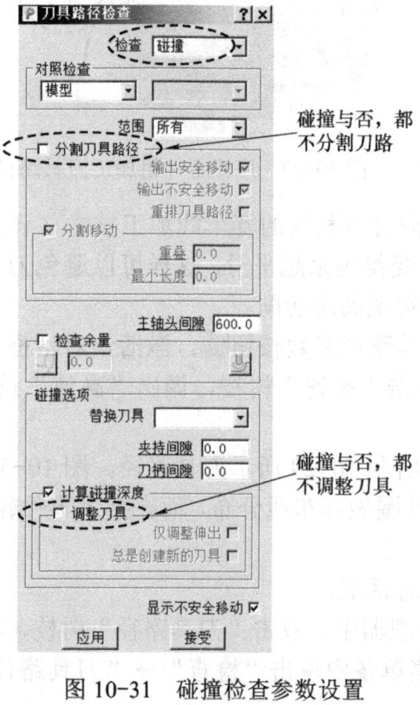

图 10-31　碰撞检查参数设置

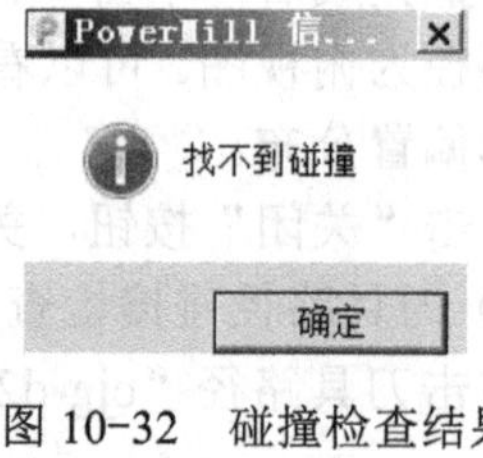

图 10-32　碰撞检查结果

单击“确定”“接受”按钮，关闭“刀具路径检查”对话框。

步骤四 粗加工仿真

1）在查看工具栏中，将鼠标移动到 ISO1 视角按钮上，在弹出的扩展工具条上，单击 ISO3 视角按钮，将模型和刀路调整到 ISO3 视角，再滚动鼠标中键，将模型放大，以便查看待切削部位。

2）在 PowerMill 资源管理器的“刀具路径”树枝下，右击刀具路径“cjg-d25r5”，在弹出的快捷菜单条中单击“自开始仿真”。

3）在 PowerMill“仿真”功能区的“ViewMill”工具栏中，单击开/关 ViewMill 按钮，激活 ViewMill 工具。

4）在 PowerMill“仿真”功能区的“ViewMill”工具栏中，单击“模式”下的小三角形，在展开的工具栏中，选择固定方向。单击“阴影”下的小三角形，在展开的工具栏中，选择闪亮，绘图区转换到金属材质的切削仿真环境。

5）在 PowerMill“仿真”功能区的“仿真控制”工具栏中，单击运行按钮，系统即开始仿真切削，仿真结果如图 10-33 所示。

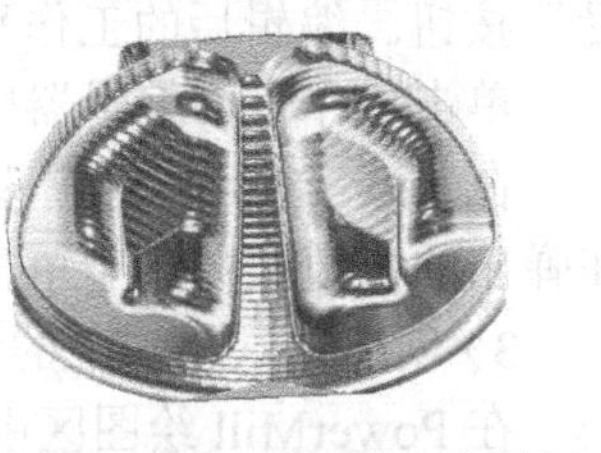

图 10-33 粗加工切削仿真结果

6）在 PowerMill“仿真”功能区的“ViewMill”工具栏中，单击“模式”下的小三角形，在展开的工具栏中，选择无图像，返回编程状态。

步骤五 计算倾斜凸台区域二次粗加工刀具路径

1）计算残留模型：零件经过粗加工后，在倾斜结构部位残留了大量余量，这些余量的总和称为残留模型。使用 3+2 轴加工方式对残留模型进行第二次粗加工。

在 PowerMill 资源管理器中，右击“残留模型”树枝，在弹出的快捷菜单条中单击“创建残留模型”，打开“残留模型”对话框，使用默认的参数，单击“接受”按钮，系统即创建出一个名称为“1”、内容为空白的残留模型。

双击“残留模型”树枝，将它展开。右击该树枝下的残留模型“1”，在弹出的快捷菜单条中单击“应用”→“激活刀具路径在先”。再次右击残留模型“1”，在弹出的快捷菜单条中单击“计算”，系统即计算出粗加工后的残留模型。

在 PowerMill 资源管理器的“刀具路径”树枝下，右击刀具路径“cjg-d25r5”，在弹出的快捷菜单条中单击“激活”，使之处于非激活的隐藏状态。

再次右击残留模型“1”，在弹出的快捷菜单条中单击“显示选项”→“阴影”，系统显示出图 10-34 所示残留模型 1。

图 10-34 残留模型 1

图 10-34 所示残留模型 1 即为二次粗加工的加工对象。在 PowerMill 资源管理器的“残留模型”树枝下，右击残留模型“1”，在弹出的快捷菜单条中单击“显示”，将残留模型 1 切换到隐藏状态。

2）创建工作平面：工作平面的作用之一是用来定义 3+2 轴加工方式中机床主轴的朝向。倾斜凸台结构的中心线与世界坐标系的 XOY 平面及 XOZ 平面分别构成 45° 夹角，因此，用这种角度关系来定义工作平面。

在 PowerMill 资源管理器中，右击“工作平面”，在弹出的快捷菜单条中单击“创建工作平面...”，系统即创建出工作平面 1，它的位置默认与世界坐标系对齐，并同时调出工作平面编辑器，如图 10-35 所示。

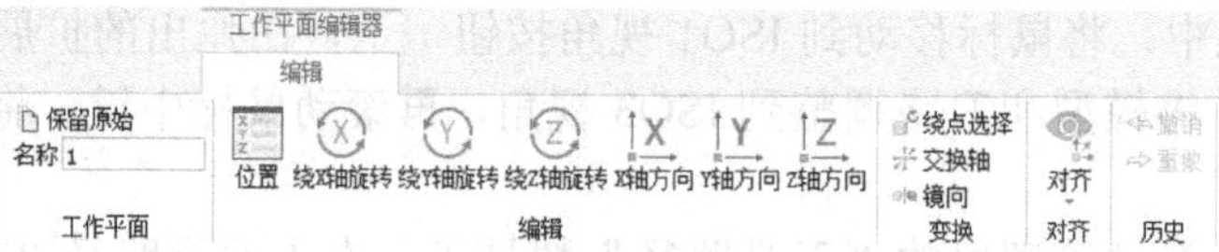

图 10-35 工作平面编辑器

单击“工作平面编辑器”中的绕 X 轴旋转按钮，打开“旋转”对话框，输入-45，单击“接受”按钮；然后单击绕 Y 轴旋转按钮，打开“旋转”对话框，输入 45，单击“接受”按钮；接着单击绕 Z 轴旋转按钮，打开“旋转”对话框，输入 150，单击“接受”按钮。编辑后的工作平面 1 如图 10-36 所示。

单击工作平面编辑器中的“接受”按钮，退出编辑状态。

在 PowerMill 资源管理器中，双击“工作平面”树枝，将它展开。右击工作平面“1”，在弹出的快捷菜单条中单击“激活”，将工作平面 1 激活，使之成为当前编程坐标系。

3）创建二次粗加工的边界：边界用来约束二次粗加工的 X 方向和 Y 方向的加工范围。

在 PowerMill 绘图区中，单击选中图 10-37 所示倒圆角曲面（共 1 张）。

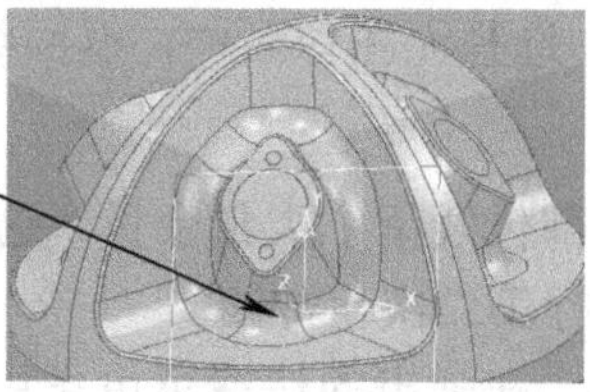

图 10-36 工作平面 1

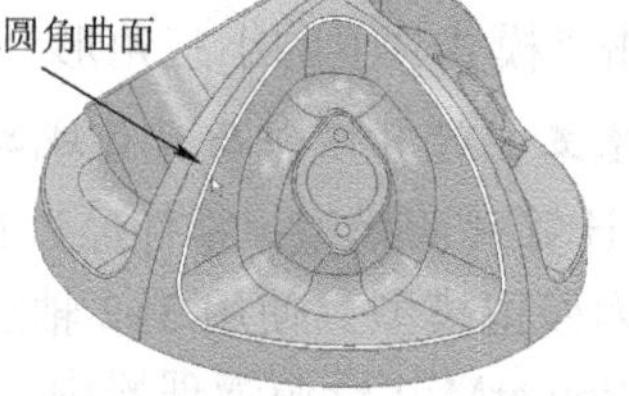

图 10-37 选择曲面

在 PowerMill 资源管理器中，右击“边界”树枝，在弹出的快捷菜单条中单击“创建边界”→“用户定义”，打开“用户定义边界”对话框，按图 10-38 所示设置参数。

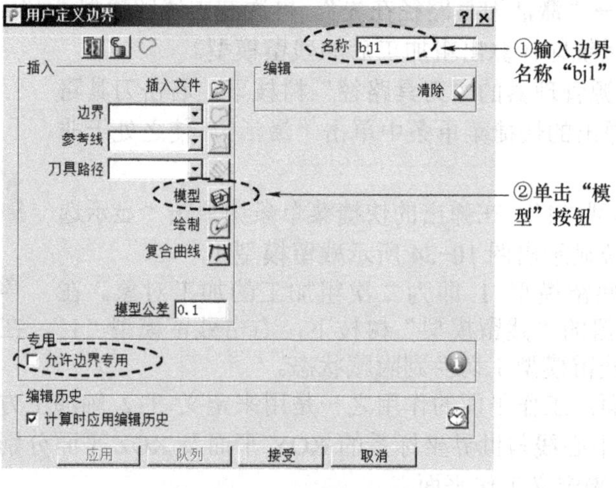

图 10-38 定义边界“bj1”

设置完成后，单击“接受”按钮，关闭“用户定义边界”对话框。系统创建的边界“bj1”

如图 10-39 所示，包括两条封闭的线条。只需要外围的一条线来做边界，因此要将内部的一条线删除。

在 PowerMill 绘图区右侧的查看工具栏中，单击普通阴影按钮，将模型切换到隐藏状态。

在 PowerMill 绘图区中，单击选中图 10-40 箭头所示线条，单击键盘中的“Delete”键，即删除该线。

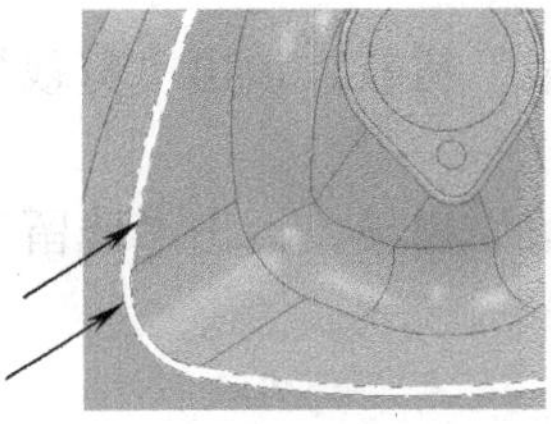

图 10-39　边界“bj1”（局部）

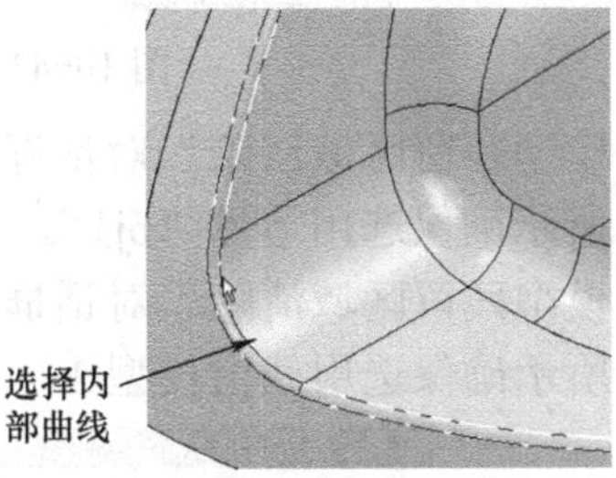

图 10-40　选择曲线

在 PowerMill 资源管理器中，双击“边界”树枝，将它展开，右击边界“bj1”，在弹出的快捷菜单条中单击“编辑”→“水平投影”，将边界“bj1”投影到工作平面 1 的 XOY 平面上。

4）确认毛坯：在 PowerMill“开始”功能区中，单击创建毛坯按钮，打开“毛坯”对话框，确定“坐标系”栏设置为“世界坐标系”，如图 10-41 所示，单击“接受”按钮，关闭“毛坯”对话框。

5）计算二次粗加工刀具路径：在 PowerMill“开始”功能区的“创建刀具路径”工具栏中，单击刀具路径按钮，打开“策略选取器”对话框，单击“3D 区域清除”选项，调出“3D 区域清除”选项卡，在该选项卡中选择“模型残留区域清除”，单击“确定”按钮，打开“模型残留区域清除”对话框，按图 10-42 所示设置参数。

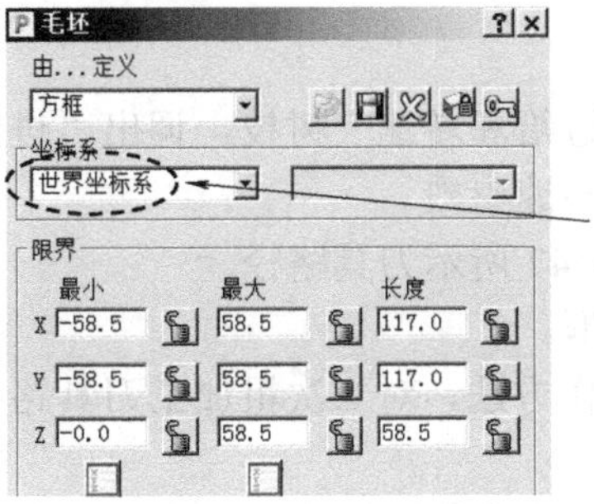

图 10-41　确认毛坯坐标系

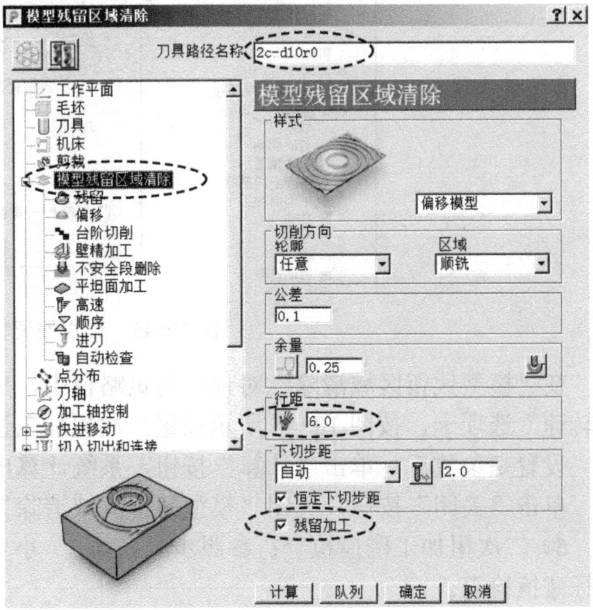

图 10-42　设置二次粗加工参数

单击“模型残留区域清除”对话框策略树中的“刀具”树枝，调出“端铣刀”选项卡，如图 10-43 所示，确保选用的刀具是“d10r0”。

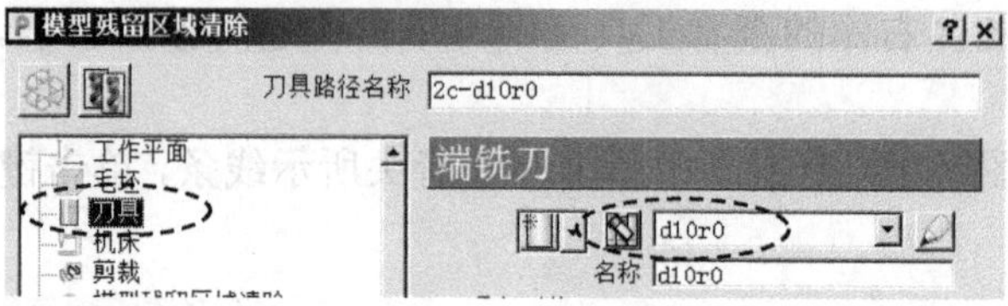

图 10-43　选用二次粗加工刀具

单击“模型残留区域清除”对话框策略树中的“剪裁”树枝，调出“剪裁”选项卡，按图 10-44 所示确保选用边界“bj1”。

单击“模型残留区域清除”对话框策略树中的“残留”树枝，调出“残留”选项卡，按图 10-45 所示确保选用残留模型 1。

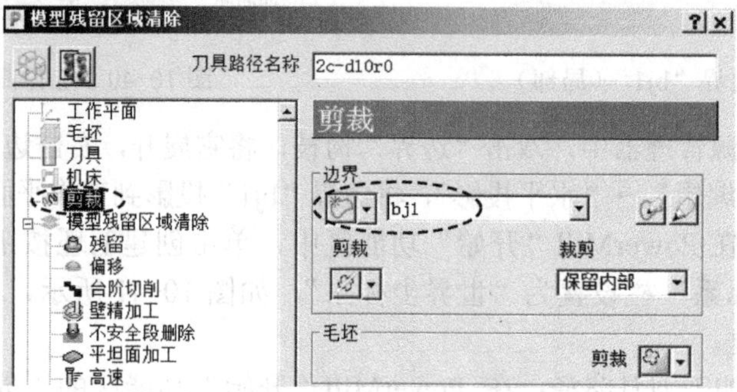

图 10-44　选用边界“bj1”

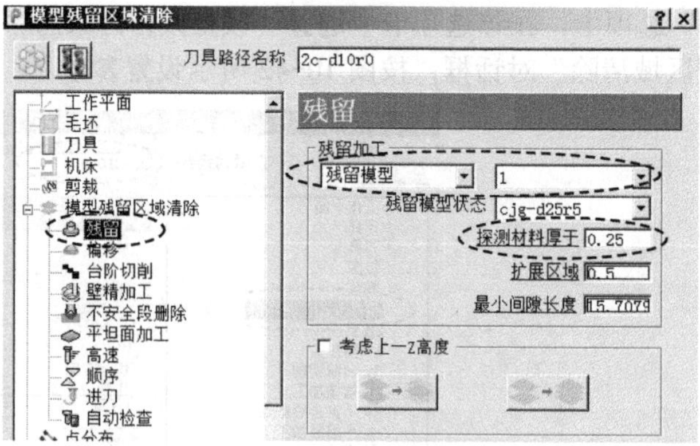

图 10-45　选用残留模型 1

在“模型残留区域清除”对话框的策略树中，单击“进给和转速”树枝，调出“进给和转速”选项卡，按图 10-46 所示设置二次粗加工进给和转速参数。

设置完参数后，单击“计算”按钮，系统计算出图 10-47 所示刀具路径。

单击“关闭”按钮，关闭“模型残留区域清除”对话框。

6）二次粗加工碰撞检查：参照步骤三第 3）小步的操作方法，对二次粗加工刀具路径进行碰撞检查。

7）二次粗加工仿真：在 PowerMill 资源管理器的“刀具路径”树枝下，右击刀具路径“2c-d10r0”，在弹出的快捷菜单条中单击“自开始仿真”。

在 PowerMill“仿真”功能区的“ViewMill”工具栏中，单击“模式”下的小三角形模式，在展开的工具栏中，选择固定方向固定方向。

在 PowerMill“仿真”功能区的“仿真控制”工具栏中，单击运行按钮运…，系统即开始仿真切削，仿真结果如图 10-48 所示。

在 PowerMill“仿真”功能区的“ViewMill”工具栏中，单击“模式”下的小三角形模式，在展开的工具栏中，选择无图像无图像，返回编程状态。

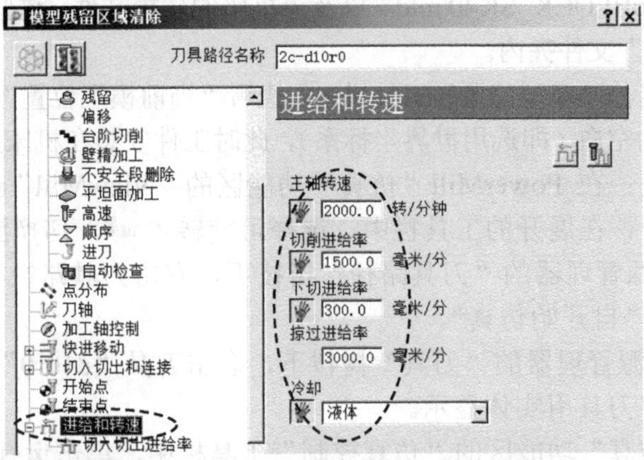

图 10-46 设置二次粗加工进给和转速参数

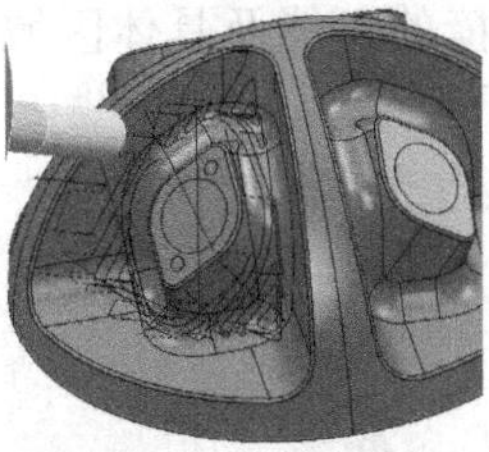
图 10-47 倾斜凸台二次粗加工刀具路径

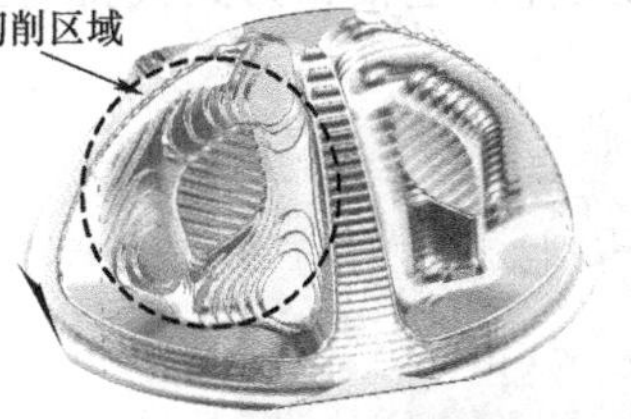

图 10-48 二次粗加工切削仿真结果

步骤六 真实机床仿真切削

对于多轴加工刀具路径的安全检查，不仅仅要考虑刀具与工件有无碰撞，还要考虑机床主轴与工件、夹具及工作台是否会发生干涉。这就要求在仿真加工时，能将机床（主要是机床主轴与工作台）也考虑进来。我们知道，五轴机床结构形式多样，要将机床纳入仿真环境，势必要求建立一个规模不小的数据库来记录众多构造不同的机床。PowerMill 2019 建立了一个包括全世界 30 多家知名机床制造商的五轴机床产品数据库，几乎囊括了目前市面上所见的绝大部分五轴机床。

真实机床仿真切削操作步骤如下：

1）建立工作平面：PowerMill 系统默认机床工作台上表面中心为工件坐标系的原点，因此，在进行机床仿真时，要确保零件上的工件坐标系原点处于一个恰当的装夹位置。

在本例中，工件坐标系处于毛坯底面的中心上，这样，当机床输入系统绘图区时，毛坯就会放在工作台的上表面中心位置。如果不是这种情况，读者需要在毛坯底面中心处单独建立一个工作平面（建立方法参见步骤五第 2）小步），否则，当进入机床仿真环境时，毛坯的安装位置就会不正确。

2）载入机床：以 DMG 公司生产的 DMU60_monoBLOCK 工作台旋转（C 轴）+主轴摆动（B 轴）五轴加工中心为例来说明操作步骤。

在 PowerMill“机床”功能区中，单击“文件”栏的“输入”按钮，打开“输入机床”对话框。选择本书下载文件 Source\ch10\DMG_DMU60_monoBLOCK_SK40.mtd，单击“输入机床”对话框中的“打开”按钮，将机床调入 PowerMill 绘图区。

请读者注意，用于仿真的机床文件，包括一个扩展名为 mtd 的文件“DMG_DMU60_monoBLOCK_SK40.mtd”以及该机床的建模文件，这些模型放置在“DMG_DMU60_monoBLOCK”文件夹内。

在“机床”功能区的“模型位置”工具栏中，查看“当前模型位置”一栏的内容，确保这一栏为空白（即选用世界坐标系），此时工件安装在机床上，如图 10-49 所示。

3）真实机床仿真：在 PowerMill“仿真”功能区的“ViewMill”工具栏中，单击“模式”下的小三角形 模式，在展开的工具栏中，选择可旋转 可旋转，切换到动态图像状态。

在 PowerMill 资源管理器的“刀具路径”树枝下，右击刀具路径“2c-d10r0”，在弹出的快捷菜单条中单击“自开始仿真”。

在 PowerMill 资源管理器的“刀具”树枝下，右击刀具“d10r0”，在弹出的快捷菜单条中单击“阴影”，将刀具用实体显示。

在 PowerMill“仿真”功能区的“仿真控制”工具栏中，单击运行按钮 运...，系统即开始真实机床仿真切削，如图 10-50 所示。读者可以在机床切削仿真过程中，真实地查看是否有机床立柱、主轴、刀具夹持与工作台、工件发生碰撞的可能及具体区域。

图 10-49 载入的真实机床

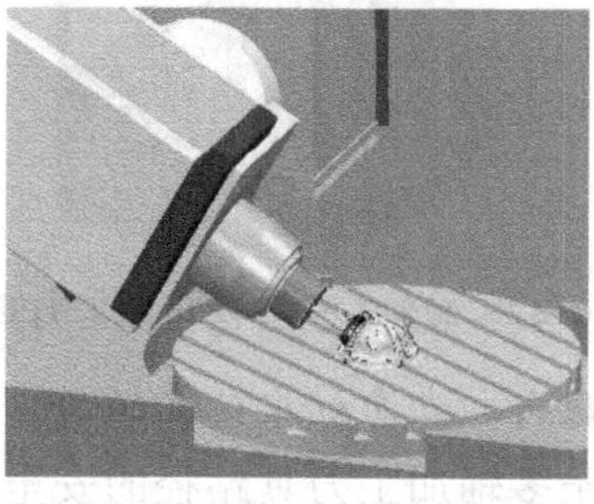

图 10-50 真实机床仿真切削

仿真完成后，在“机床”功能区中的“激活”工具栏中，选择“无”，关闭当前使用的机床显示。

在 PowerMill“仿真”功能区中的“ViewMill”工具栏中，单击“模式”下的小三角形 模式，在展开的工具栏中，选择无图像 无图像，返回编程状态。

步骤七 计算倾斜凸台区域第一次半精加工刀具路径

图 10-48 所示二次粗加工后的零件还存在较多的不均匀余量。下面计算该区域的半精加工刀具路径，最大程度地将精加工的加工余量均匀化。

1）计算二次粗加工后的残留模型：在 PowerMill 资源管理器的“残留模型”树枝下，右击残留模型“1”，在弹出的快捷菜单条中单击“编辑”→“复制残留模型”，系统即复制出名称为“1_1”的残留模型。

右击残留模型“1_1”，在弹出的快捷菜单条中单击“激活”，使之处于激活状态。

右击“残留模型 1_1”，在弹出的快捷菜单条中单击“应用”→“激活刀具路径在后”，使二次粗加工刀具路径“2c-d10r0”加入到第一次粗加工刀具路径之后来计算新的残留模型。

右击残留模型“1_1”，在弹出的快捷菜单条中单击“计算”，系统即计算出二次粗加工之后的残留模型。

右击残留模型“1_1”，在弹出的快捷菜单条中单击“显示”。再次右击残留模型“1_1”，在弹出的快捷菜单条中单击“显示选项”→“阴影”，系统实体显示出图 10-51 所示残留模型 1_1。

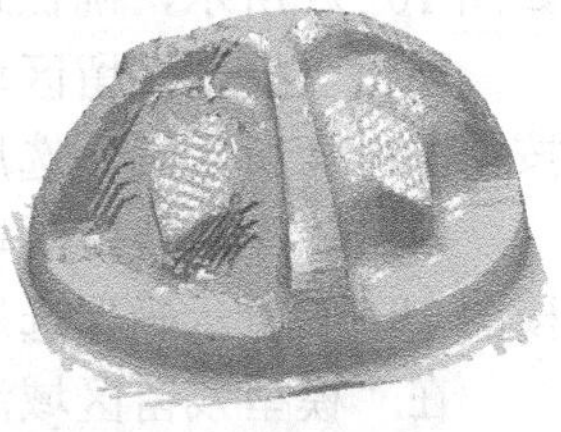

图 10-51 残留模型 1_1

在 PowerMill 资源管理器的“残留模型”树枝下，右击残留模型“1_1”，在弹出的快捷菜单条中单击“显示”，隐藏残留模型“1_1”。

2）取消激活二次粗加工刀具路径：在 PowerMill 资源管理器的“刀具路径”树枝下，右击刀具路径“2c-d10r0”，在弹出的快捷菜单条中单击“激活”。

3）创建第一条半精加工刀具路径的边界：在 PowerMill 资源管理器中，右击边界“bj1”，在弹出的快捷菜单条中单击“编辑”→“复制边界”，复制出新边界“bj1_1”。

右击边界“bj1_1”，在弹出的快捷菜单条中单击“激活”，使之处于激活状态。

再次右击边界“bj1_1”，在弹出的快捷菜单条中单击“曲线编辑器...”，调出“曲线编辑器”工具栏，单击该工具栏中“变换”按钮下的小三角形，在展开的工具栏中，单击“偏移”按钮，打开“偏移”对话框。在“偏移”对话框中的距离栏，输入偏置距离 3，回车，系统将边界“bj1_1”向外扩大 3mm。

单击曲线编辑器工具栏中的“接受”按钮，完成曲线编辑。

4）计算第一次半精加工刀具路径：在 PowerMill“开始”功能区的“创建刀具路径”工具栏中，单击刀具路径按钮，打开“策略选取器”对话框，单击“3D 区域清除”选项，调出“3D 区域清除”选项卡，在该选项卡中选择“模型残留区域清除”，单击“确定”按钮，打开“模型残留区域清除”对话框，按图 10-52 所示设置参数。

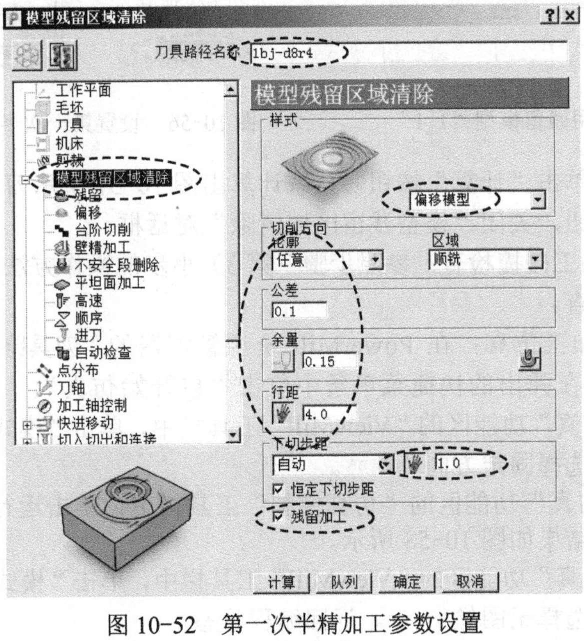

图 10-52 第一次半精加工参数设置

单击“模型残留区域清除”对话框策略树中的“刀具”树枝，调出“端铣刀”选项卡，如图 10-53 所示，确保选用的刀具是“d8r4”。

单击“模型残留区域清除”对话框策略树中的“剪裁”树枝，调出“剪裁”选项卡，按图 10-54 所示确保选用边界“bj1_1”。

单击“模型残留区域清除”对话框策略树中的“残留”树枝，调出“残留”选项卡，按图 10-55 所示确保选用残留模型“1_1”。

在“模型残留区域清除”对话框的策略树中，单击“进给和转速”树枝，调出“进给和转速”选项卡，按图 10-56 所示设置第一次半精加工进给和转速参数。

图 10-53　选用第一次半精加工刀具

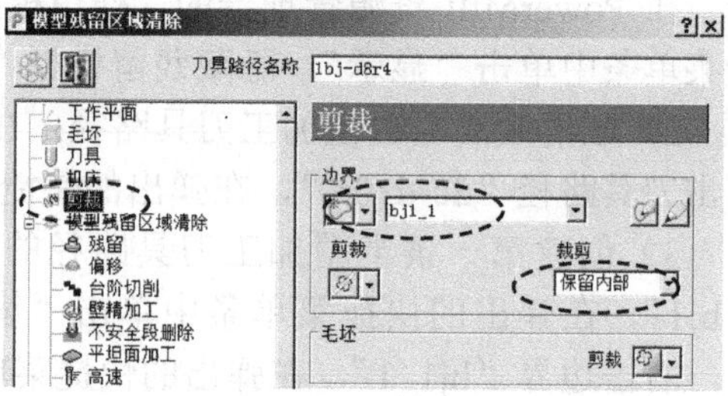

图 10-54　选用边界“bj1_1”

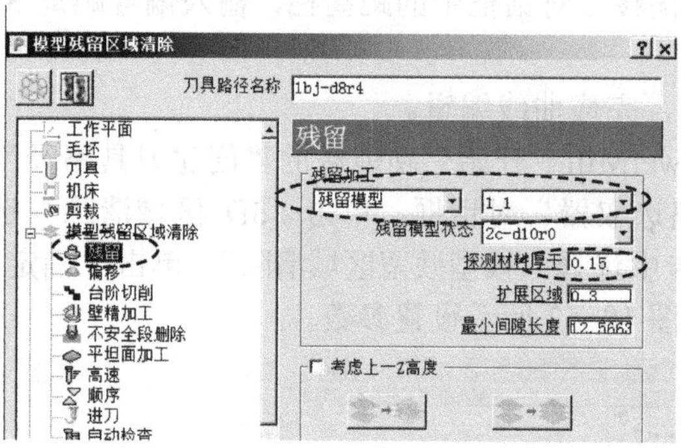

图 10-55　选用残留模型“1_1”

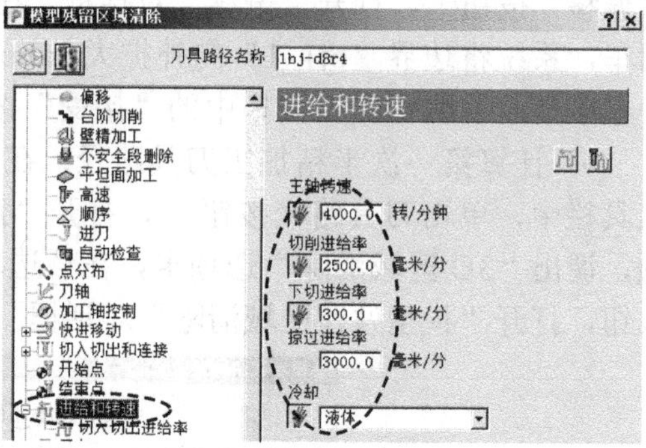

图 10-56　设置第一次半精加工进给和转速参数

设置完参数后，单击“计算”按钮，系统计算出图 10-57 所示刀具路径。

单击“关闭”按钮，关闭“模型残留区域清除”对话框。

5）第一次半精加工碰撞检查：参照步骤三第 3）小步的操作方法，对第一次半精加工刀具路径进行碰撞检查。

6）第一次半精加工仿真：在 PowerMill 资源管理器的“刀具路径”树枝下，右击刀具路径“1bj-d8r4”，在弹出的快捷菜单条中单击“自开始仿真”。

在 PowerMill“仿真”功能区的“ViewMill”工具栏中，单击“模式”下的小三角形模式，在展开的工具栏中，选择固定方向固定方向。

在 PowerMill“仿真”功能区的“仿真控制”工具栏中，单击运行按钮▶运...，系统即开始仿真切削，仿真结果如图 10-58 所示。

在 PowerMill“仿真”功能区的“ViewMill”工具栏中，单击“模式”下的小三角形模式，在展开的工具栏中，选择无图像无图像，返回编程状态。

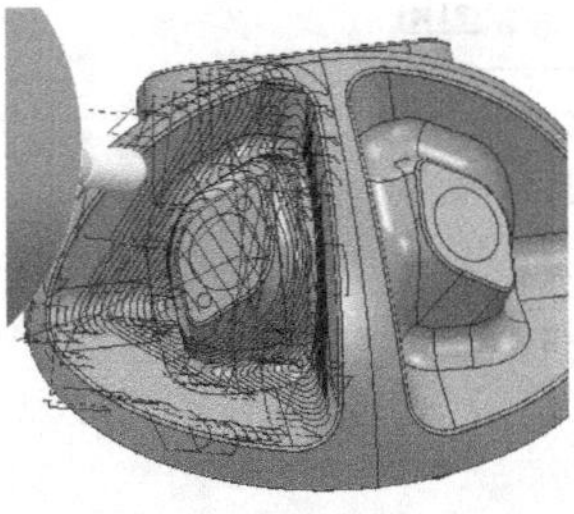

图 10-57 倾斜凸台第一次半精加工刀具路径

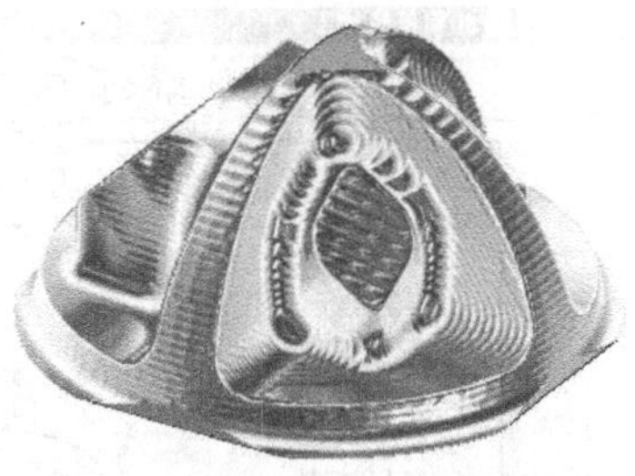

图 10-58 第一次半精加工切削仿真结果

步骤八 计算倾斜凸台区域第二次半精加工刀具路径

在图 10-58 所示倾斜凸台结构的根部圆角区域，仍然存在较多的不均匀余量。下面再进行一次半精加工。

1）创建边界：在 PowerMill 资源管理器中的“边界”树枝下，右击边界“bj1”，在弹出的快捷菜单条中执行“编辑”→“复制边界”，复制出新边界“bj1_2”。

在绘图区中，单击选中图 10-59 所示平面（注：这张平面属于模型 bumian.dgk，单击时，最好在圆孔的中间位置单击）。

在 PowerMill 资源管理器的“边界”树枝下，右击边界“bj1_2”，在弹出的快捷菜单条中单击“激活”。再次右击边界“bj1_2”，在弹出的快捷菜单条中单击“插入”→“模型”，将所选平面的外轮廓线加入到边界“bj1_2”中，创建出第二次半精加工所需要的边界，如图 10-60 所示。右击边界“bj2”，在弹出的快捷菜单条中单击“编辑”→“水平投影”，将边界“bj2”投影到工作平面 1 的 XOY 平面上。

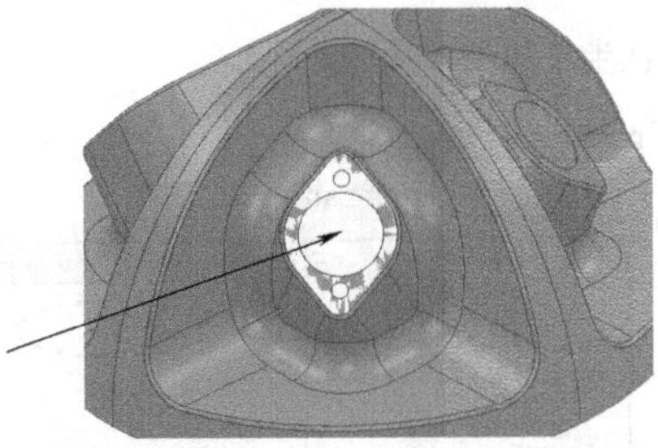

图 10-59 选择平面

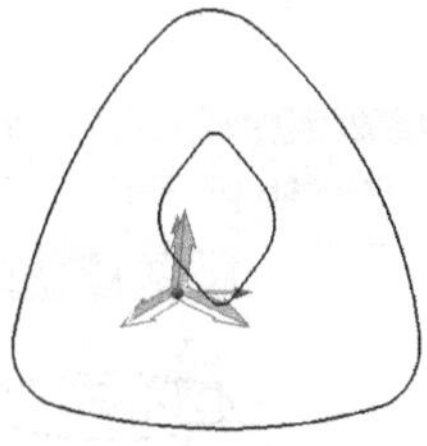

图 10-60 边界 bj1_2

2）计算第二次半精加工刀具路径：在 PowerMill“开始”功能区中的“创建刀具路径”工具栏中，单击刀具路径按钮，打开“策略选取器”对话框，单击“精加工”选项，调出“精加工”选项卡，在该选项卡中选择“3D 偏移精加工”，单击“确定”按钮，打开“3D 偏移精加工”对话框，按图 10-61 所示设置参数。

单击“3D 偏移精加工”对话框策略树中的“刀具”树枝，调出“球头刀”选项卡，如图 10-62 所示，确保选用的刀具是“d8r4”。

单击“3D 偏移精加工”对话框策略树中的“剪裁”树枝，调出“剪裁”选项卡，按图 10-63 所示确保选用边界“bj1_2”。

在“3D 偏移精加工”对话框策略树中，单击“切入切出和连接”树枝，展开它。单击“切入”树枝，调出“切入”选项卡，按图 10-64 所示设置切入参数。

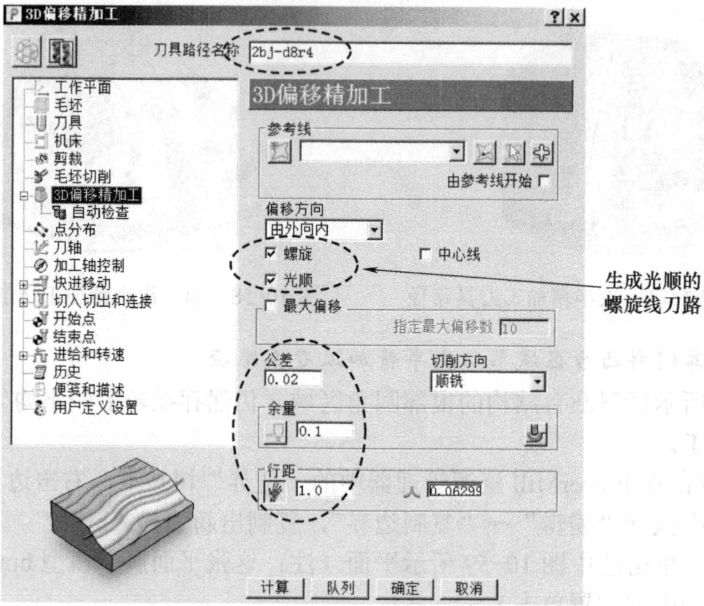

图 10-61 设置第二次半精加工参数

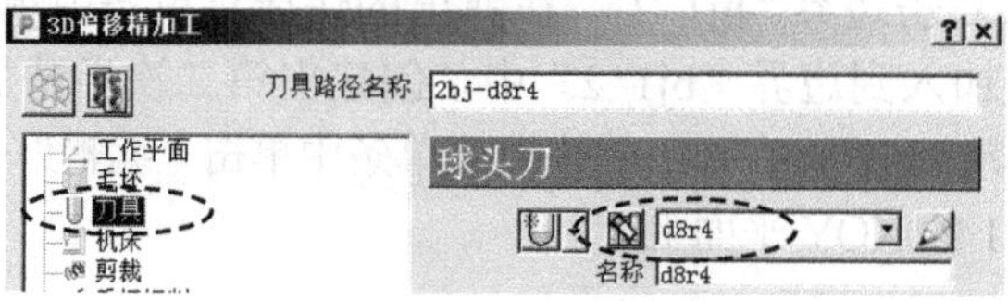

图 10-62 选用第二次半精加工刀具

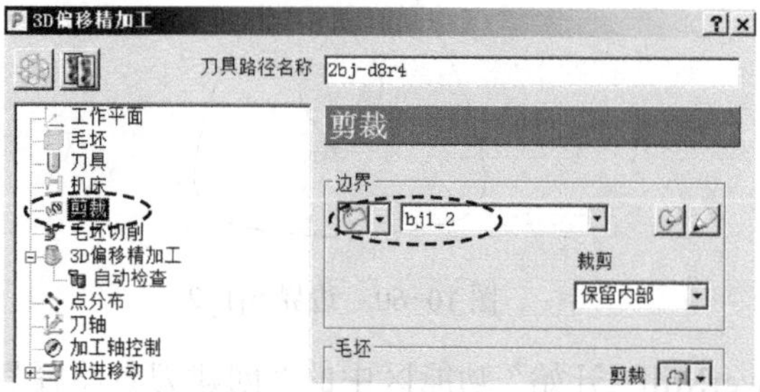

图 10-63 选用边界“bj1_2”

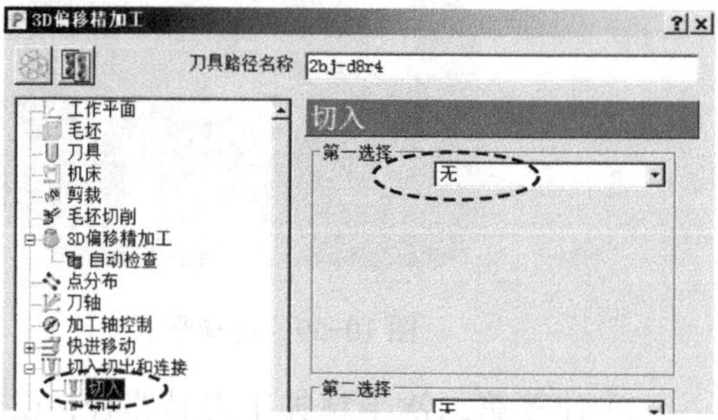

图 10-64 设置切入方式

单击“3D 偏移精加工”对话框策略树中的“进给和转速”树枝，调出“进给和转速”选项卡，按如图 10-65 所示设置第二次半精加工进给和转速参数。

单击“计算”按钮，系统计算出图 10-66 所示刀具路径。

单击“关闭”按钮，关闭“3D 偏移精加工”对话框。

3）第二次半精加工碰撞检查：参照步骤三第 3）小步的操作方法，对第二次半精加工刀具路径进行碰撞检查。

4）第二次半精加工仿真：在 PowerMill 资源管理器的“刀具路径”树枝下，右击刀具路径“2bj-d8r4”，在弹出的快捷菜单条中单击“自开始仿真”。

在 PowerMill“仿真”功能区的“ViewMill”工具栏中，单击“模式”下的小三角形，在展开的工具栏中，选择固定方向。

在 PowerMill“仿真”功能区的“仿真控制”工具栏中，单击运行按钮，系统即开始仿真切削，仿真结果如图 10-67 所示。

在 PowerMill“仿真”功能区的“ViewMill”工具栏中，单击“模式”下的小三角形，在展开的工具栏中，选择无图像，返回编程状态。

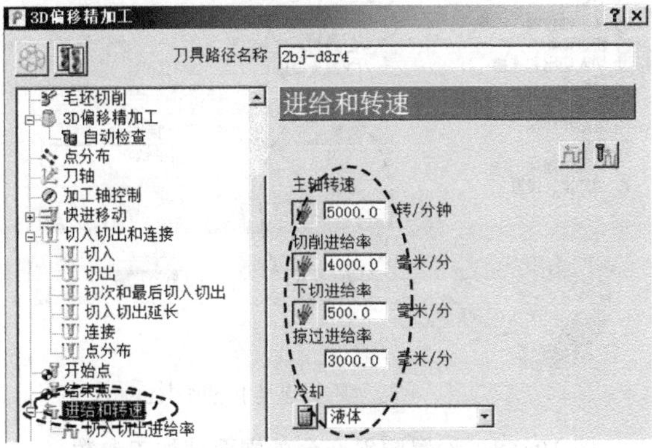

图 10-65　设置第二次半精加工进给和转速参数

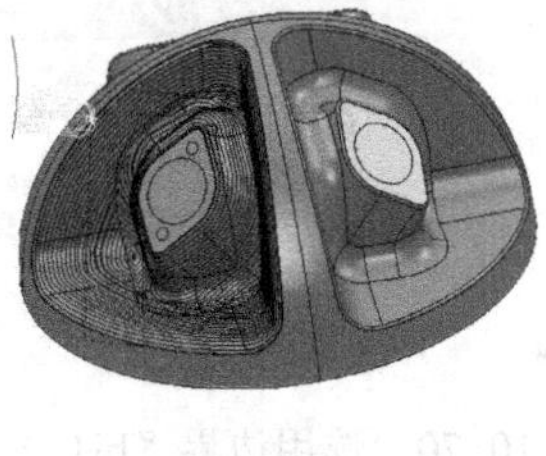

图 10-66　倾斜凸台第二次半精加工刀具路径

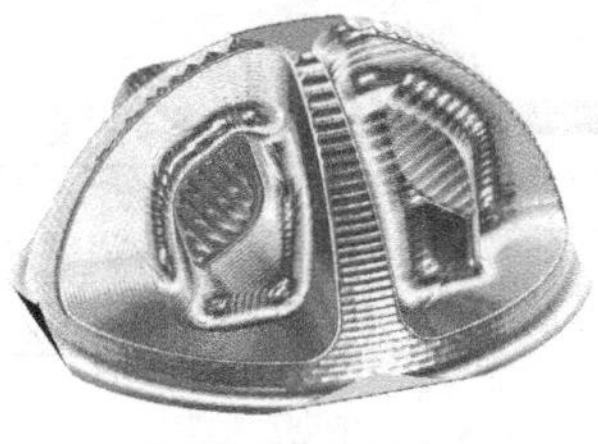

图 10-67　第二次半精加工切削仿真结果

步骤九　计算倾斜凸台外围面精加工刀具路径

精加工拟使用与第二次半精加工相同的边界和刀具来进行。

1）在 PowerMill 资源管理器的“刀具路径”树枝下，右击刀具路径“2bj-d8r4”，在弹出的快捷菜单条中单击“设置”，打开“3D 偏移精加工”对话框。

单击该对话框左上角的复制刀具路径按钮，系统立即生成一新对话框，按图 10-68 所示设置精加工参数。

单击“3D 偏移精加工”对话框策略树中的“刀具”树枝，调出“球头刀”选项卡，如图 10-69 所示，确保选用的刀具是“d8r4”。

单击“3D 偏移精加工”对话框策略树中的“剪裁”树枝，调出“剪裁”选项卡，按图 10-70 所示确保选用边界“bj1_2”。

单击“3D 偏移精加工”对话框策略树中的“进给和转速”树枝，调出“进给和转速”选项卡，按图 10-71 所示设置凸台侧围面精加工进给和转速参数。

单击“计算”按钮，系统计算出图 10-72 所示刀具路径。

单击“关闭”按钮，关闭“3D 偏移精加工”对话框。

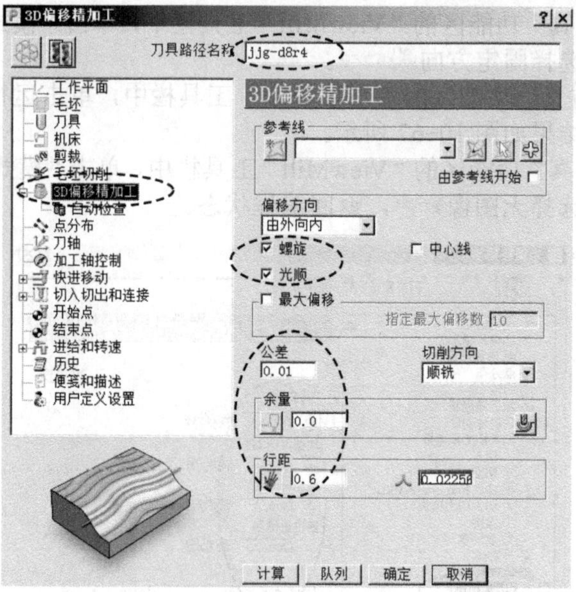

图 10-68　设置倾斜凸台外围面精加工参数

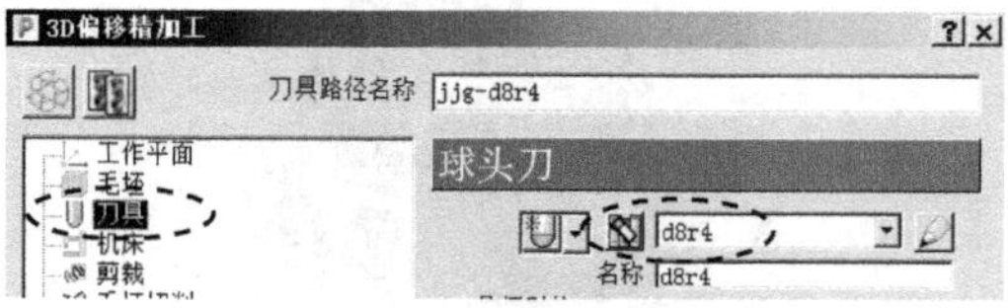

图 10-69　选用外围面精加工刀具

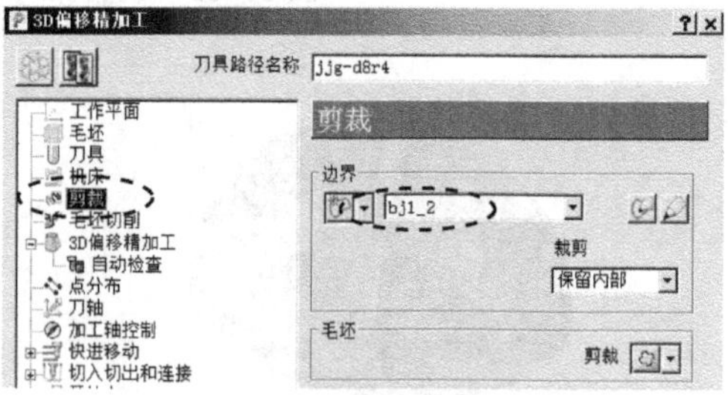

图 10-70　选用边界“bj1_2”

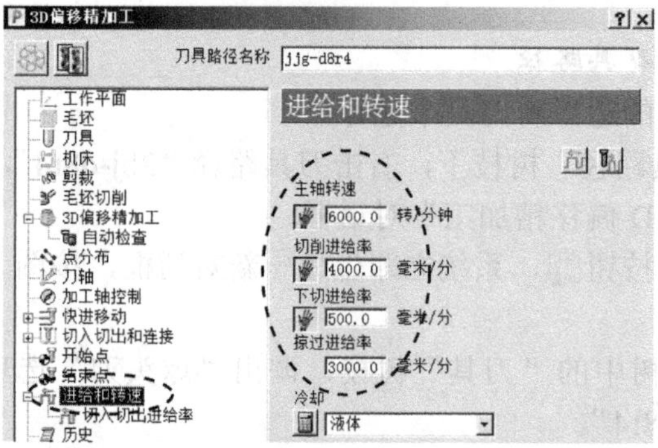

图 10-71　设置凸台外围面精加工进给和转速参数

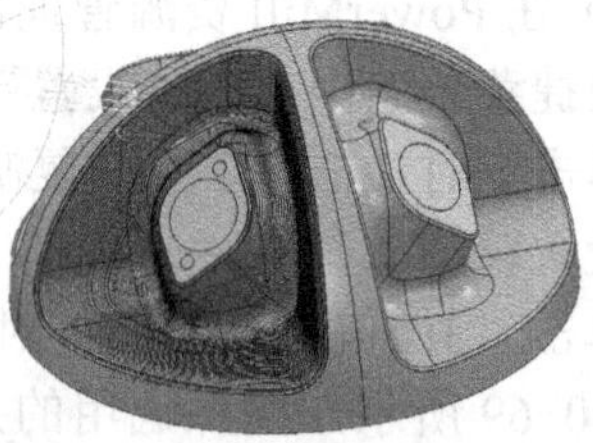
图 10-72　外围面精加工刀具路径

2）外围面精加工碰撞检查：参照步骤三第 3）小步的操作方法，对外围面精加工刀具路径进行碰撞检查。

3）外围面精加工仿真：在 PowerMill 资源管理器的“刀具路径”树枝下，右击刀具路径“jjg-d8r4”，在弹出的快捷菜单条中单击“自开始仿真”。

在 PowerMill“仿真”功能区的“ViewMill”工具栏中，单击“模式”下的小三角形模式，在展开的工具栏中，选择固定方向固定方向。

在 PowerMill“仿真”功能区的“仿真控制”工具栏中，单击运行按钮运...，系统即开始仿真切削，仿真结果如图 10-73 所示。

在 PowerMill“仿真”功能区的“ViewMill”工具栏中，单击“模式”下的小三角形模式，在展开的工具栏中，选择无图像无图像，返回编程状态。

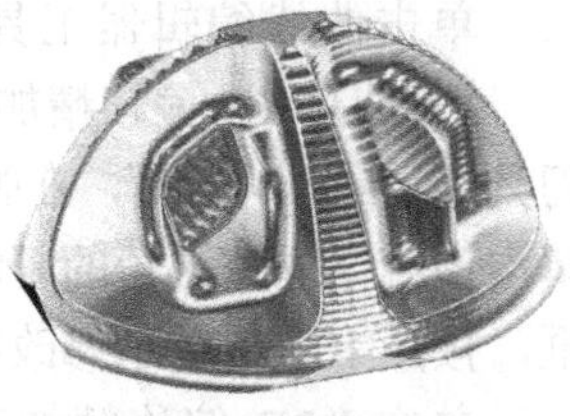

图 10-73 凸台外围面精加工仿真结果

步骤十 计算倾斜凸台外侧球面精加工刀具路径

1）创建边界：在 PowerMill 绘图区中选择图 10-74 所示曲面。

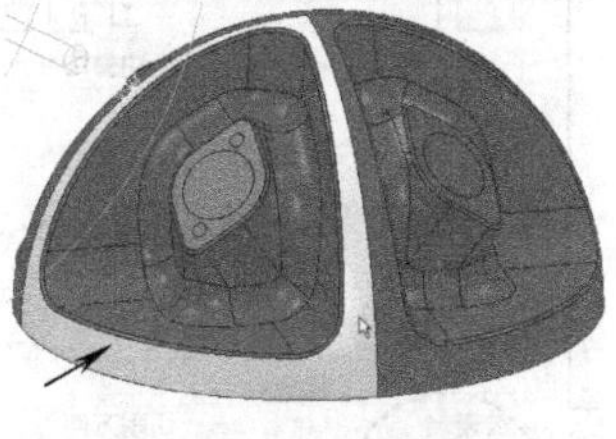

图 10-74 选择曲面

在 PowerMill 资源管理器中，右击“边界”树枝，在弹出的快捷菜单条中单击“创建边界”→“用户定义”，打开“用户定义边界”对话框，按图 10-75 所示设置参数。

设置完成后，单击“接受”按钮关闭对话框。系统创建的边界“bj4”，如图 10-76 所示，“bj4”包括两条封闭的线条。

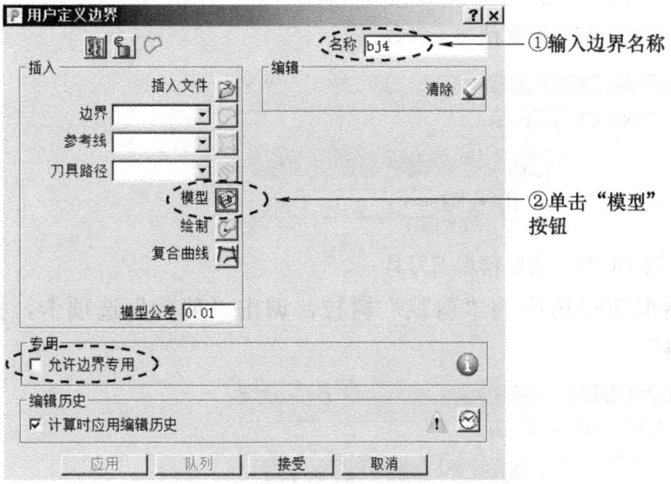

图 10-75 定义边界“bj4”

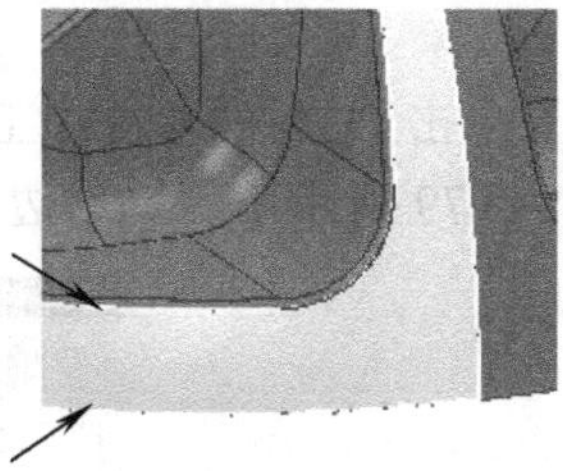

图 10-76 边界“bj4”（局部）

在 PowerMill 资源管理器中，右击边界“bj4”，在弹出的快捷菜单条中单击“曲线编辑器...”，调出“曲线编辑器”工具栏，单击该工具栏中“变换”按钮变换下的小三角形，在展开的工具栏中，单击“偏移”按钮，打开“偏移”对话框。在“偏移”对话框的距离栏，输入偏置距离 2，回车，将边界“bj4”向外扩大 2mm。

单击曲线编辑器工具栏中的“接受”按钮，完成曲线编辑。

2）计算 3D 偏移精加工刀具路径：在 PowerMill 资源管理器的“刀具路径”树枝下，右击刀具路径“jjg-d8r4”，在弹出的快捷菜单条中单击“设置”，打开“3D 偏移精加工”对话框。单击该对话框左上角的复制刀具路径按钮，系统基于刀具路径“jjg-d8r4”复制生成一新对话框，按图 10-77 所示修改精加工参数。

单击“3D 偏移精加工对话框”策略树中的“刀具”树枝，调出“球头刀”选项卡，如图 10-78 所示，确保选用的刀具是“d8r4”。

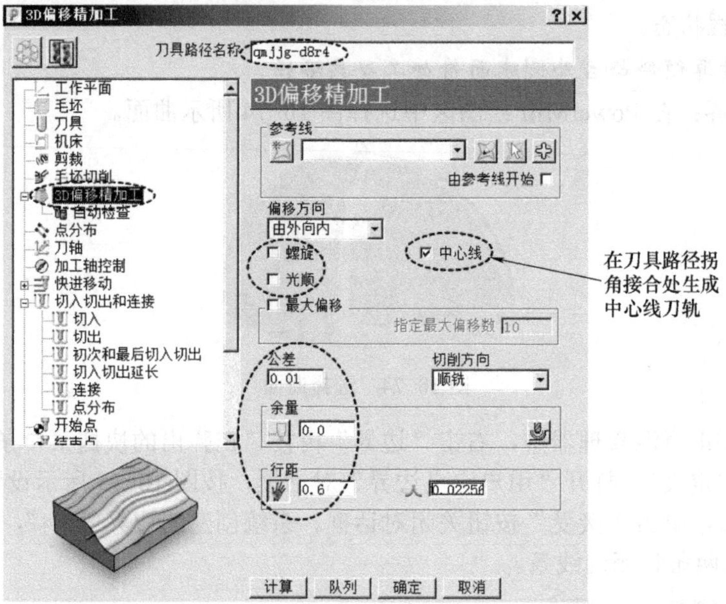

图 10-77 设置精加工参数

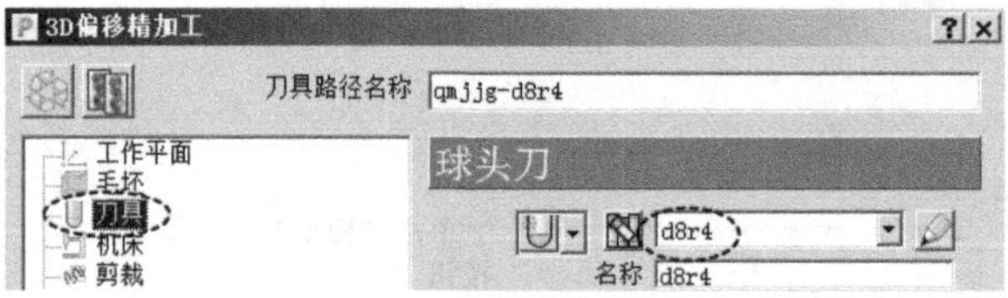

图 10-78 选用精加工刀具

单击“3D 偏移精加工”对话框策略树中的“剪裁”树枝，调出“剪裁”选项卡，按图 10-79 所示确保选用边界“bj4”。

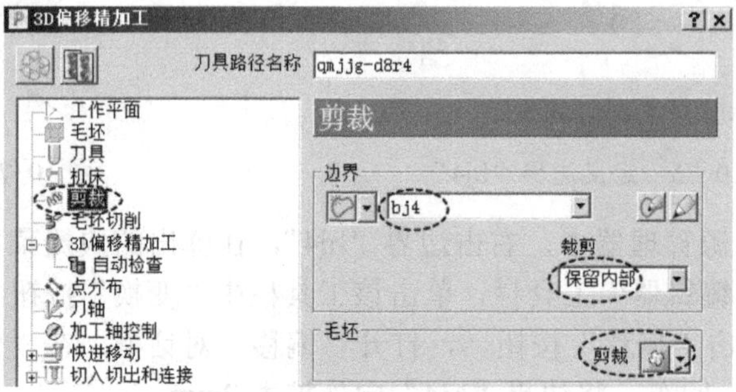

图 10-79 选用边界“bj4”

单击“3D 偏移精加工”对话框策略树中的“切入切出和连接”树枝，将它展开，单击该树枝下的“连接”树枝，按图 10-80 所示设置刀路连接方式。

单击“3D 偏移精加工”对话框策略树中的“进给和转速”树枝，调出“进给和转速”选项卡，按图 10-81 所示设置球面精加工进给和转速参数。

单击“计算”按钮，系统计算出图 10-82 所示刀具路径。将其刀路放大，可见在刀轨弯拐处生成了中心线刀轨，此类补充刀路可以进一步切除残留材料，提高表面质量。

单击“关闭”按钮，关闭“3D 偏移精加工”对话框。

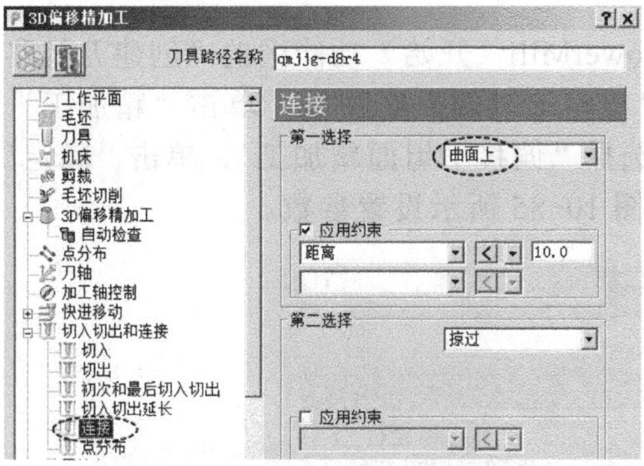

图 10-80　设置刀路连接方式

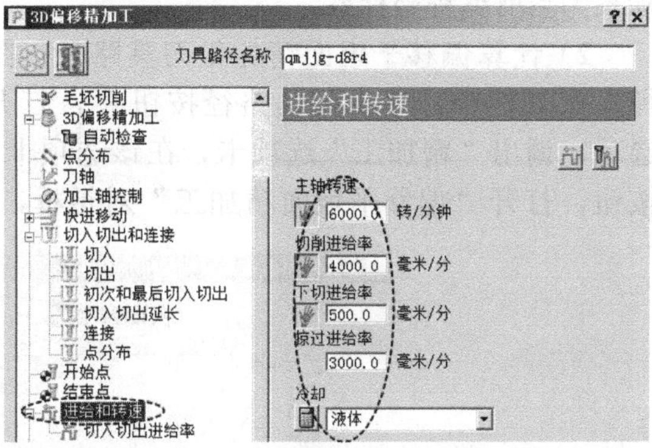

图 10-81　设置球面精加工进给和转速参数

3）外侧球面精加工碰撞检查：参照步骤三第 3）小步的操作方法，对球面精加工刀具路径进行碰撞检查。

4）外侧球面精加工仿真：在 PowerMill 资源管理器的“刀具路径”树枝下，右击刀具路径“qmjjg-d8r4”，在弹出的快捷菜单条中单击“自开始仿真”。

在 PowerMill“仿真”功能区的“ViewMill”工具栏中，单击“模式”下的小三角形模式，在展开的工具栏中，选择固定方向固定方向。

在 PowerMill“仿真”功能区的“仿真控制”工具栏中，单击运行按钮运...，系统即开始仿真切削，仿真结果如图 10-83 所示。

在 PowerMill“仿真”功能区的“ViewMill”工具栏中，单击“模式”下的小三角形模式，在展开的工具栏中，选择无图像无图像，返回编程状态。

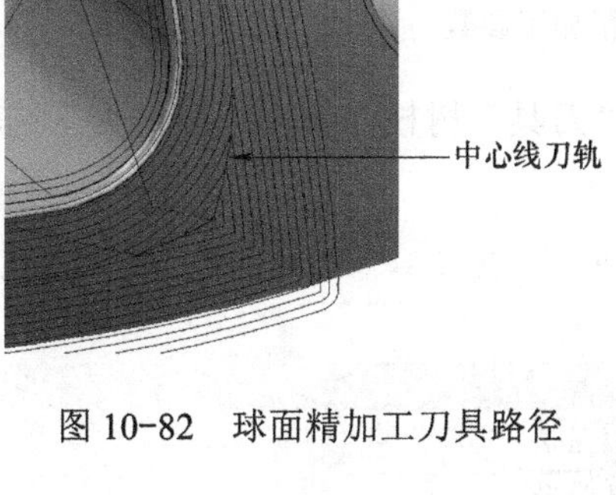

图 10-82　球面精加工刀具路径

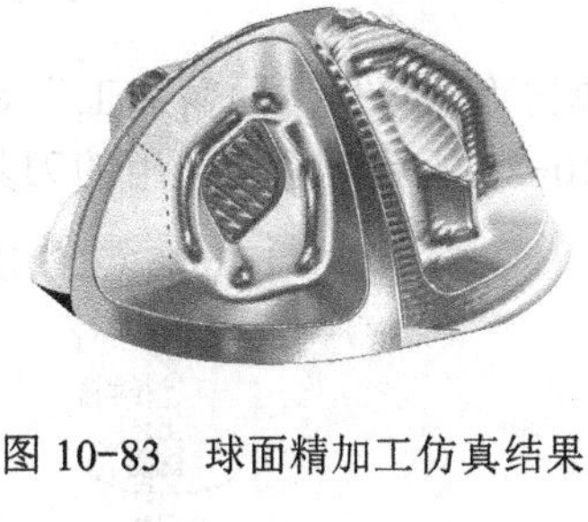

图 10-83　球面精加工仿真结果

步骤十一　计算倾斜凸台顶面精加工刀具路径

倾斜凸台顶面是平坦面，由系统自动检测平坦面的加工范围，不需要创建加工边界。

1）创建工作平面：在 PowerMill 资源管理器中，右击“工作平面”树枝，在弹出的快捷菜单条中单击“创建并定向工作平面”→“工作平面对齐于几何形体”；然后在 PowerMill 绘图区中单击图 10-84 所示倾斜凸台的顶面，系统即产生一个名称为“2”的工作平面。

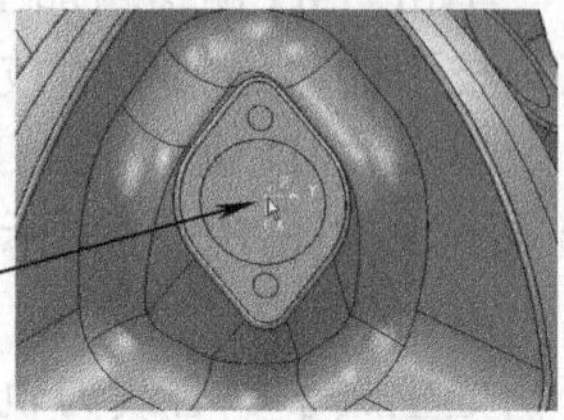

图 10-84 单击倾斜凸台顶面

在 PowerMill 资源管理器的“工作平面”树枝下，右击工作平面“2”，在弹出的快捷菜单条中单击“激活”，设置该坐标系为当前编程坐标系。

2）计算偏移平坦面精加工刀具路径：在 PowerMill“开始”功能区的“创建刀具路径”工具栏中，单击刀具路径按钮，打开“策略选取器”对话框，单击“精加工”选项，调出“精加工”选项卡，在该选项卡中选择“偏移平坦面精加工”，单击“确定”按钮，打开“偏移平坦面精加工”对话框，按图 10-85 所示设置参数。

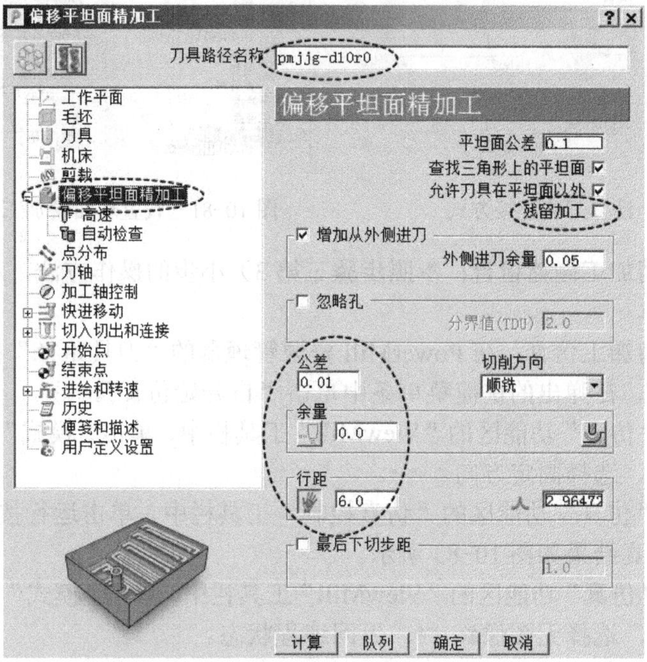

图 10-85 设置凸台顶面精加工参数

单击“偏移平坦面精加工”对话框策略树中的“刀具”树枝，调出“端铣刀”选项卡，如图 10-86 所示，确保选用的刀具是“d10r0”。

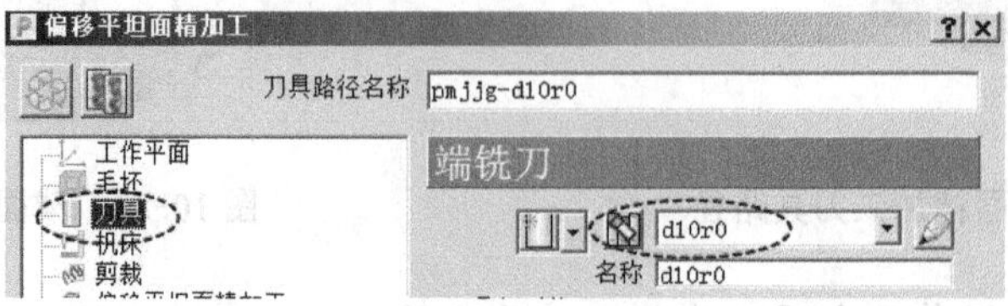

图 10-86 选择平面精加工刀具

单击“偏移平坦面精加工”对话框策略树中的“剪裁”树枝，调出“剪裁”选项卡，按图 10-87 所示确保未选用边界。

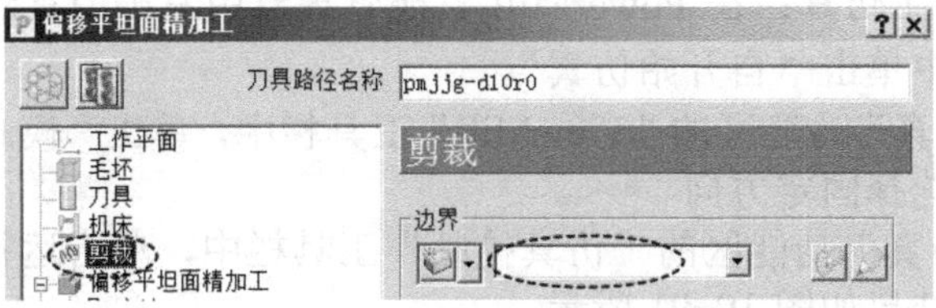

图 10-87 不选用边界

单击“偏移平坦面精加工”对话框策略树中的“高速”树枝，调出“高速”选项卡，按图 10-88 所示设置高速加工选项。

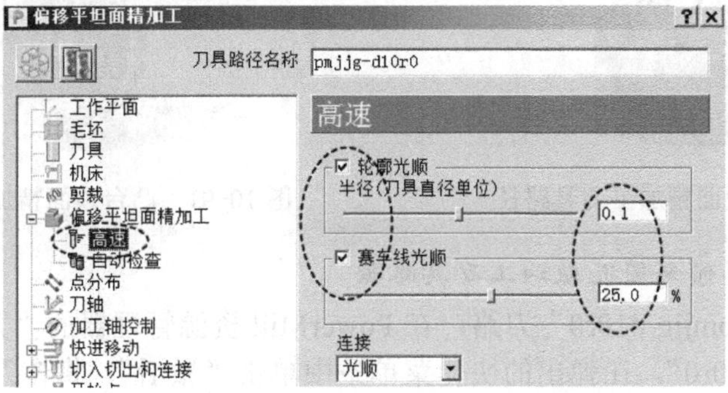

图 10-88 设置高速加工选项

单击“偏移平坦面精加工”对话框策略树中的“进给和转速”树枝，调出“进给和转速”选项卡，按图 10-89 所示设置凸台平面精加工进给和转速参数。

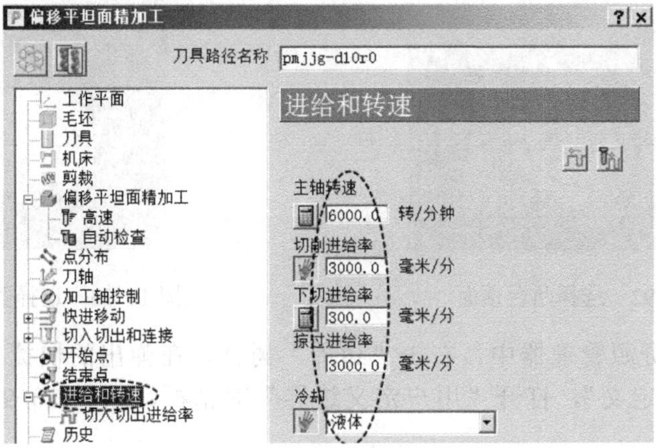

图 10-89 设置凸台平面精加工进给和转速参数

单击“计算”按钮，系统计算出图 10-90 所示刀具路径。

单击“取消”按钮，关闭“偏移平坦面精加工”对话框。

3）凸台顶面精加工碰撞检查：参照步骤三第 3）步的操作方法，对顶面精加工刀具路径进行碰撞检查。

4）凸台顶面精加工仿真：在 PowerMill 资源管理器中右击刀具路径“pmjjg-d10r0”，在弹出的快捷菜单条中单击“自开始仿真”。

在 PowerMill“仿真”功能区的“ViewMill”工具栏中，单击“模式”下的小三角形，在展开的工具栏中，选择固定方向。

在 PowerMill“仿真”功能区的“仿真控制”工具栏中，单击运行按钮，系统即开始仿真切削，仿真结果如图 10-91 所示。

在 PowerMill“仿真”功能区的“ViewMill”工具栏中，单击“模式”下的小三角形，在展开的工具栏中，选择无图像，返回编程状态。

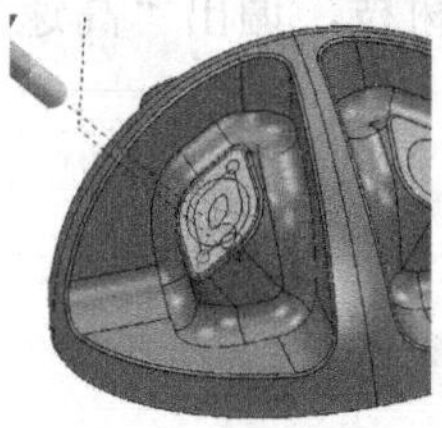

图 10-90　凸台顶面精加工刀具路径

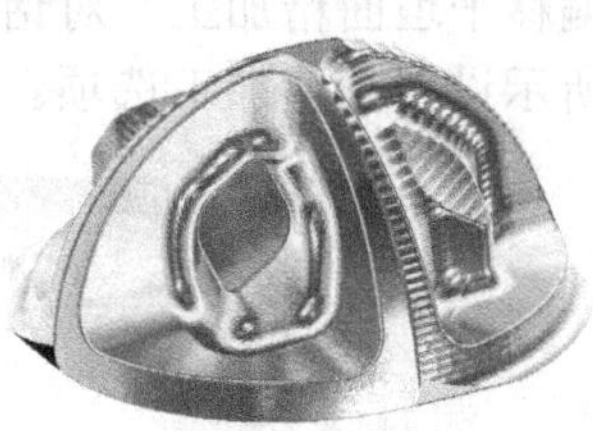

图 10-91　凸台顶面精加工仿真结果

步骤十二　计算倾斜圆孔粗加工刀具路径

1）取消激活“pmjjg-d10r0”刀路：在 PowerMill 资源管理器的“刀具路径”树枝下，右击刀路“pmjjg-d10r0”，在弹出的快捷菜单条中单击“激活”，将该刀路隐藏。

2）删除补面：在 PowerMill 绘图区中，单击选中图 10-92 箭头所示曲面，然后在该曲面上右击，在弹出的快捷菜单条中单击“模型：bumian”，在继续弹出的快捷菜单条中单击“编辑”→“删除已选部件”，将该补面删除。

3）创建边界“bj5”：在 PowerMill 绘图区中，单击选中图 10-93 所示孔底平面。

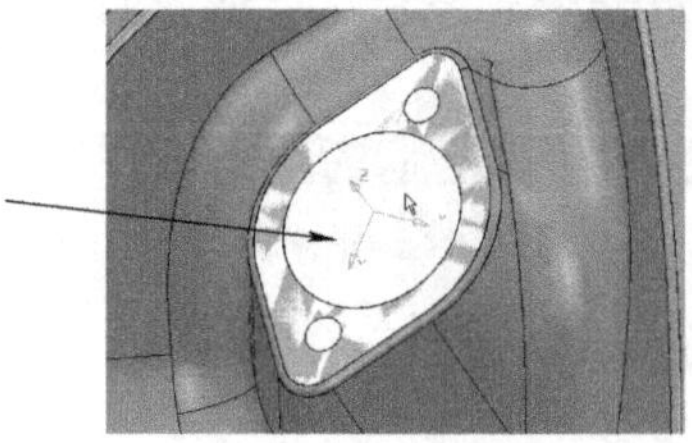

图 10-92　选择凸台顶面

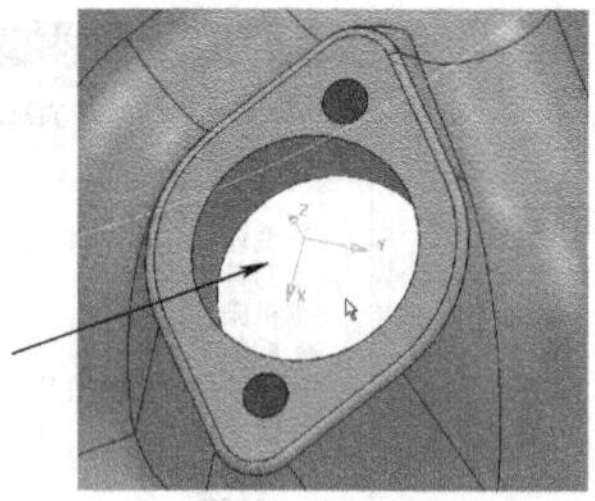

图 10-93　选择圆孔底面

在 PowerMill 资源管理器中，右击“边界”树枝，在弹出的快捷菜单条中单击“创建边界”→“用户定义”，打开“用户定义边界”对话框，按图 10-94 所示设置创建边界参数。

单击“用户定义边界”对话框中的“接受”按钮，创建出图 10-95 所示边界。

4）创建毛坯：在 PowerMill“开始”功能区中，单击创建毛坯按钮，打开“毛坯”对话框，按图 10-96 所示设置毛坯参数（请读者务必注意操作的先后顺序，否则可能计算出错误的毛坯）。

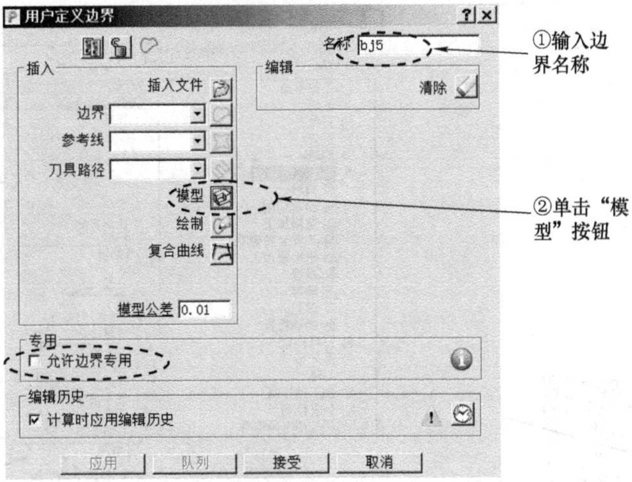

图 10-94 创建边界“bj5”

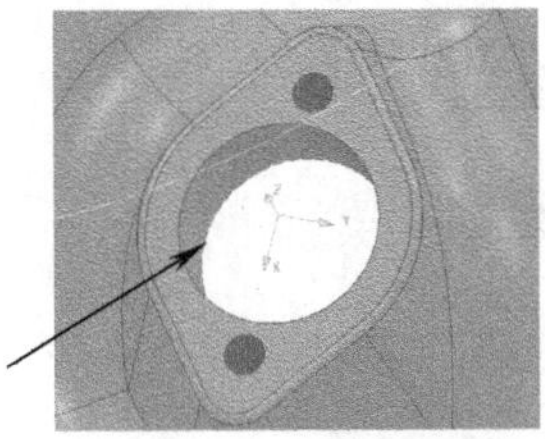

图 10-95 边界“bj5”

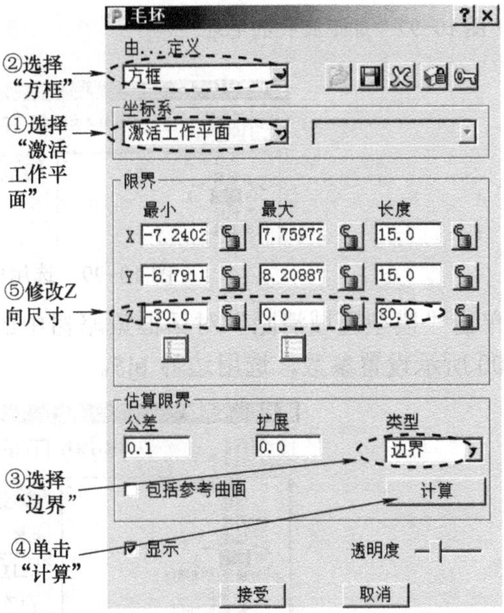

图 10-96 毛坯参数

单击“接受”按钮，系统计算出图 10-97 所示毛坯。

5）计算圆孔粗加工刀具路径：在 PowerMill“开始”功能区的“创建刀具路径”工具栏中，单击刀具路径按钮，打开“策略选取器”对话框，单击“3D 区域清除”选项，调出“3D 区域清除”选项卡，在该选项卡中选择“模型区域清除”，单击“确定”按钮，打开“模型区域清除”对话框，按图 10-98 所示设置参数。

单击“模型区域清除”对话框策略树中的“刀具”树枝，调出“端铣刀”选项卡，如图 10-99 所示，确保选用的刀具是“d10r0”。

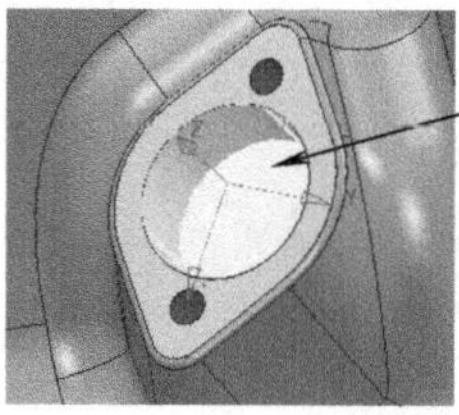

图 10-97 加工圆孔的毛坯

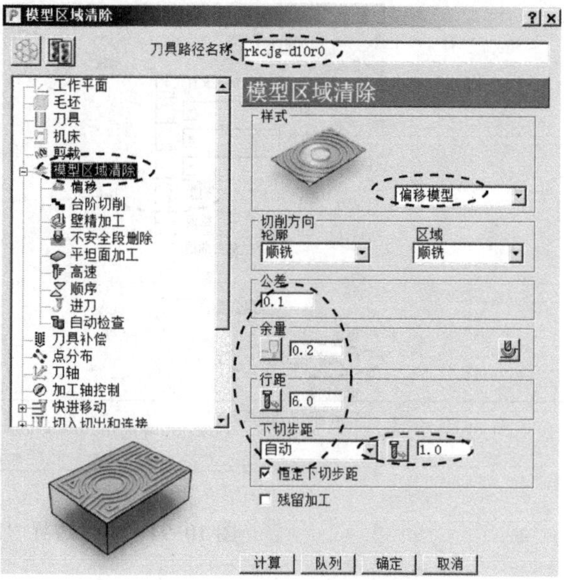

图 10-98 设置圆孔粗加工参数

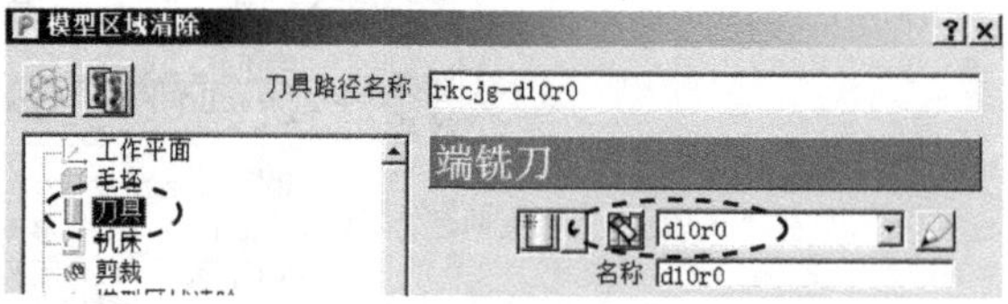

图 10-99 选用圆孔粗加工刀具

单击“模型区域清除”对话框策略树中的“剪裁”树枝，调出“剪裁”选项卡，按图 10-100 所示设置参数，选用边界 bj5。

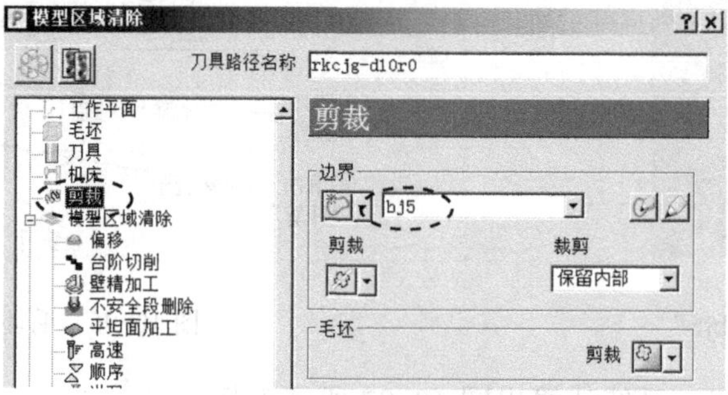

图 10-100 设置边界参数

单击“模型区域清除”对话框策略树中的“高速”树枝，调出“高速”选项卡，按图 10-101 所示设置高速选项。

在策略树中，单击“切入切出和连接”树枝，展开它。单击“切入”树枝，调出“切入”选项卡，按图 10-102 所示设置参数。

在“切入”选项卡中，单击“打开斜向选项对话框”按钮，调出“斜向切入选项”对话框，按图 10-103 所示设置参数。设置完成后，单击“接受”按钮返回。

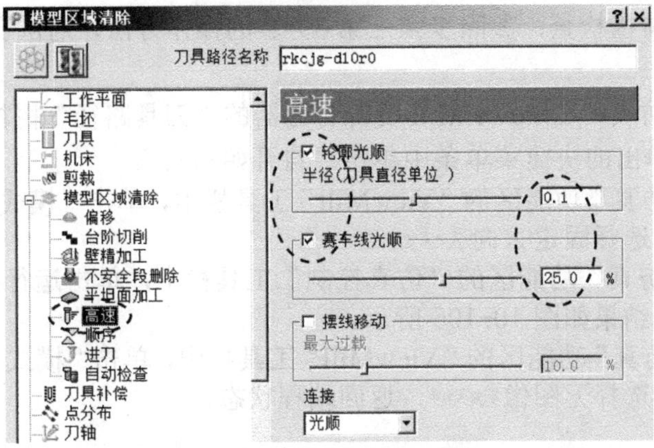

图 10-101 设置高速选项

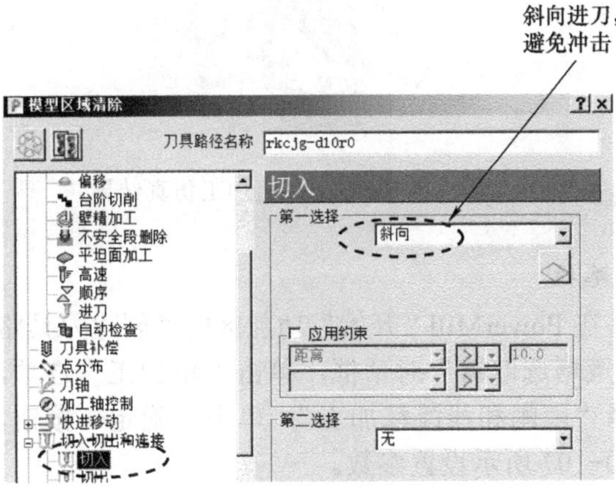

图 10-102 设置切入参数

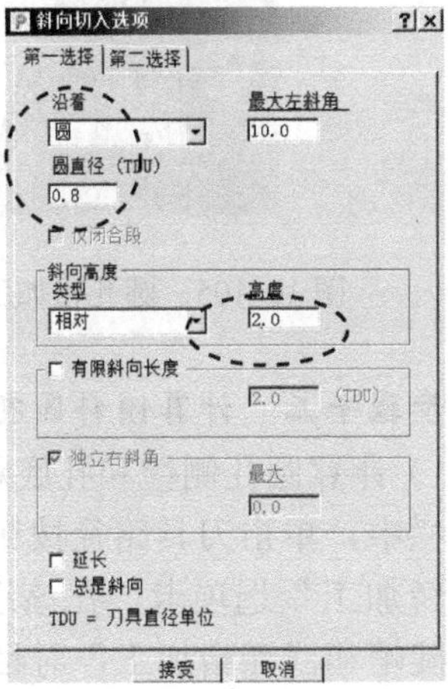

图 10-103 设置斜向切入参数

单击“模型区域清除”对话框策略树中的“进给和转速”树枝，调出“进给和转速”选项卡，按图 10-104 所示设置斜圆孔粗加工进给和转速参数。

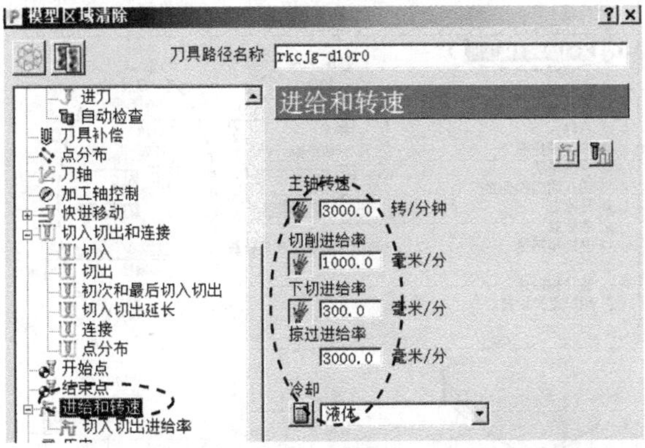

图 10-104 设置斜圆孔粗加工进给和转速参数

单击“计算”按钮，系统计算出图 10-105 所示刀具路径。

单击“关闭”按钮，关闭“模型区域清除”对话框。

6）圆孔粗加工碰撞检查：参照步骤三第 3）步的操作方法，对圆孔粗加工刀具路径进行碰撞检查。

7）圆孔粗加工仿真：在 PowerMill 资源管理器的“刀具路径”树枝下，右击刀具路径“rkcjg-d10r0”，在弹出的快捷菜单条中单击“自开始仿真”。

在 PowerMill“仿真”功能区的“ViewMill”工具栏中，单击“模式”下的小三角形，在展开的工具栏中，选择固定方向。

在 PowerMill“仿真”功能区的“仿真控制”工具栏中，单击运行按钮，系统即开始仿真切削，仿真结果如图 10-106 所示。

在 PowerMill“仿真”功能区的“ViewMill”工具栏中，单击“模式”下的小三角形，在展开的工具栏中，选择无图像，返回编程状态。

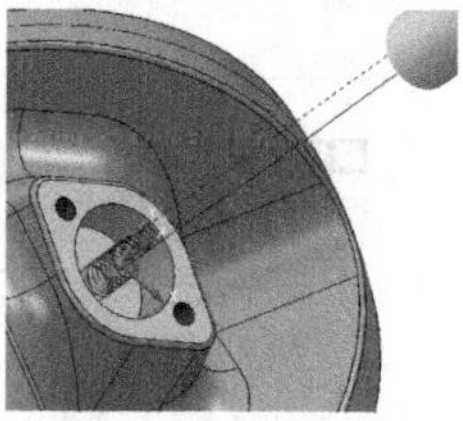

图 10-105　圆孔粗加工刀具路径

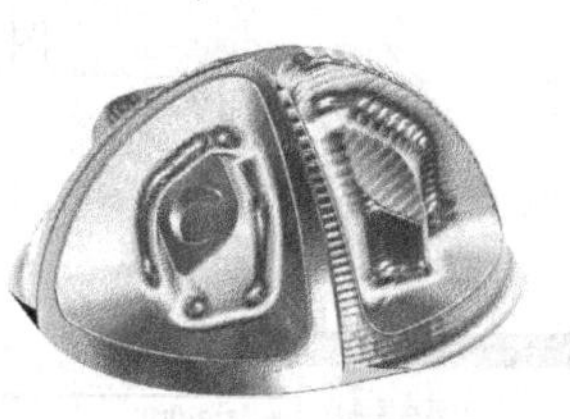

图 10-106　圆孔粗加工仿真结果

步骤十三　计算倾斜圆孔精加工刀具路径

1）计算圆孔侧壁和孔底精加工刀路：在 PowerMill“开始”功能区的“创建刀具路径”工具栏中，单击刀具路径按钮，打开“策略选取器”对话框，单击“精加工”选项，调出“精加工”选项卡，在该选项卡中选择“陡峭和浅滩精加工”，单击“确定”按钮，打开“陡峭和浅滩精加工”对话框，按图 10-107 所示设置参数。

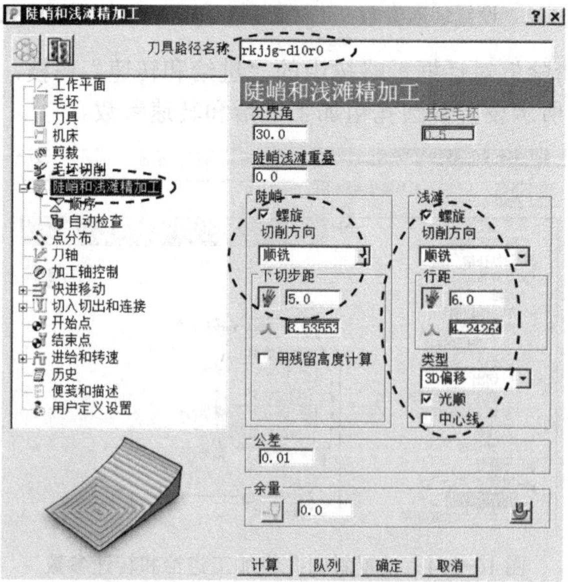

图 10-107　设置圆孔精加工参数

单击“陡峭和浅滩精加工”对话框策略树中的“刀具”树枝，调出“端铣刀”选项卡，确保选用的刀具是“d10r0”。

单击“陡峭和浅滩精加工”对话框策略树中的“剪裁”树枝，调出“剪裁”选项卡，确保选用边界“bj5”。

双击“陡峭和浅滩精加工”对话框策略树中的“切入切出和连接”树枝，将它展开。单击“切入”树枝，调出“切入”选项卡，按图 10-108 所示设置切入方式。

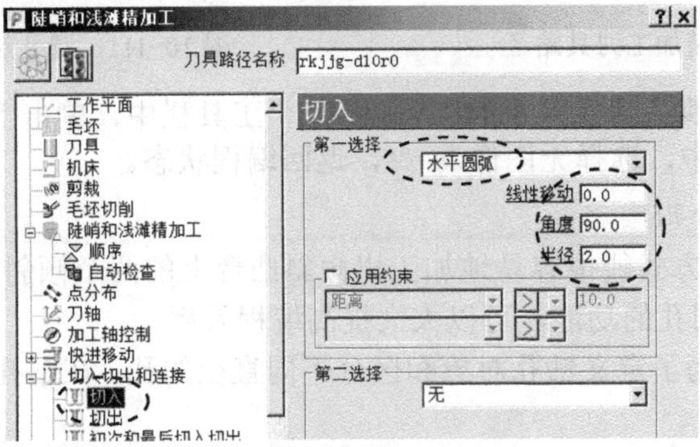

图 10-108　设置切入方式

单击“陡峭和浅滩精加工”对话框策略树中的“进给和转速”树枝，调出“进给和转速”选项卡，按图 10-109 所示设置倾斜圆孔精加工进给和转速参数。

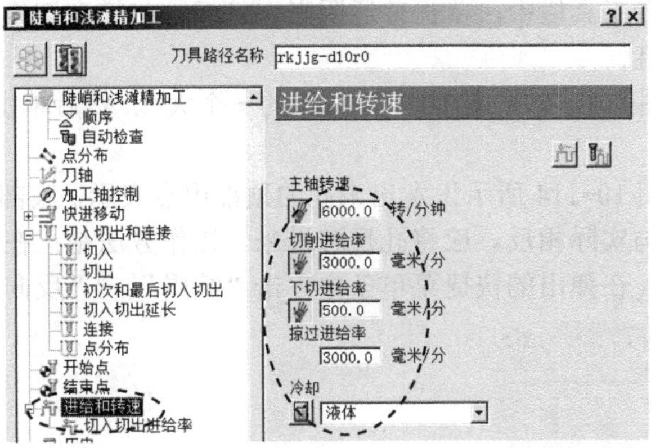

图 10-109　设置倾斜圆孔精加工进给和转速参数

单击“计算”按钮，系统计算出图 10-110 所示刀具路径。

单击“关闭”按钮，关闭“陡峭和浅滩精加工”对话框。

2）圆孔精加工碰撞检查：参照步骤三第 3）步的操作方法，对圆孔精加工刀具路径进行碰撞检查。

3）圆孔精加工仿真：在 PowerMill 资源管理器的“刀具路径”树枝下，右击刀具路径“rkjjg-d10r0”，在弹出的快捷菜单条中单击“自开始仿真”。

在 PowerMill“仿真”功能区的“ViewMill”工具栏中，单击“模式”下的小三角形模式，在展开的工具栏中，选择固定方向固定方向。

在 PowerMill“仿真”功能区的“仿真控制”工具栏中，单击运行按钮运…，系统即开始仿真切削，仿真结果如图 10-111 所示。

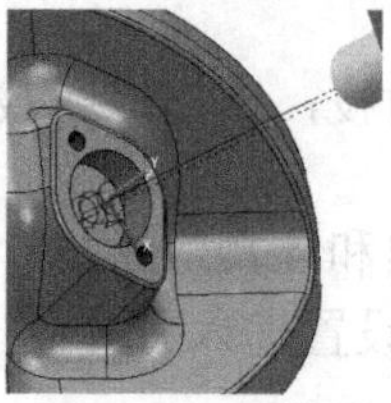

图 10-110　圆孔精加工刀具路径

图 10-111　圆孔精加工仿真结果

在 PowerMill“仿真”功能区中的“ViewMill”工具栏中，单击“模式”下的小三角形模式，在展开的工具栏中，选择无图像无图像，返回编程状态。

步骤十四　打中心孔

使用 3+2 轴加工方式能很容易地加工出倾斜凸台上的两个倾斜孔。同时，PowerMill 软件具备五轴自动识别孔的功能，可以大大提高编程效率。

1）识别孔特征：为了定义钻孔对象和区分不同直径的孔，在钻孔前要将模型上的孔识别出来。

在 PowerMill 资源管理器中，右击“孔特征设置”树枝，在弹出的快捷菜单条中单击“创建孔”，打开“创建孔”对话框，按图 10-112 所示设置识别孔的参数。

在绘图区中，拉框选择图 10-113 所示模型部分曲面，然后单击“创建孔”对话框中的“应用”“关闭”按钮，系统识别出图 10-114 所示孔特征。

在 PowerMill 查看工具栏中，单击普通阴影按钮，将模型切换到隐藏状态后，更清楚地看到创建出来的孔。

在 PowerMill 绘图区中，单击图 10-114 所示的一个大孔，然后单击键盘上的 Delete 键，将它删除。

需要注意的是，图 10-114 所示识别出来孔的顶部用点表示，底部用叉表示。如果孔的顶部位置和底部位置与实际相反，应将孔反转过来。操作方法是：在绘图区中选中要编辑的孔，然后右击该孔，在弹出的快捷菜单条中单击“编辑”→“反向已选孔”。

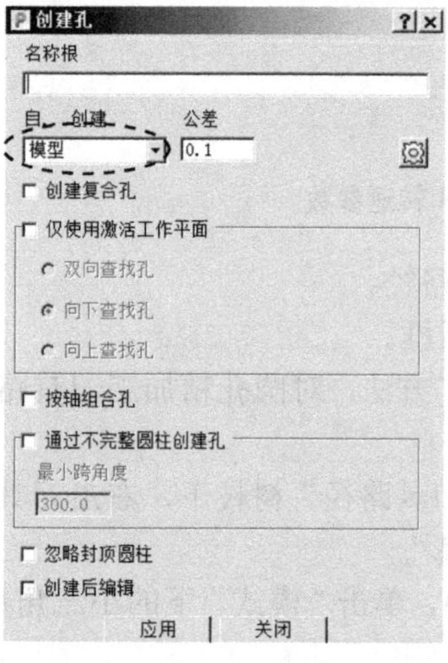

图 10-112　识别孔参数

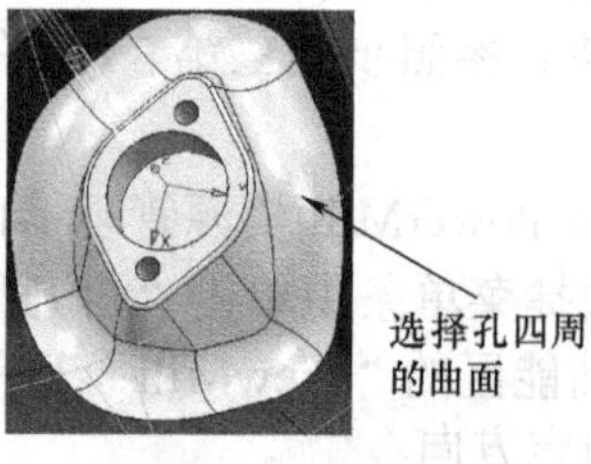

图 10-113　选择曲面

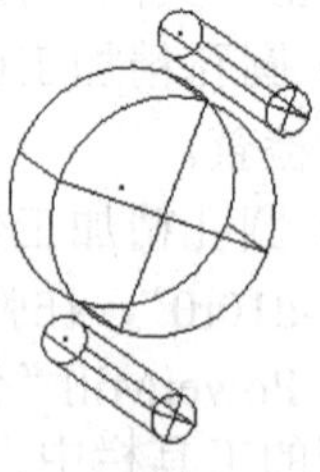

图 10-114　识别出来的孔特征

2）计算打中心孔刀具路径：在 PowerMill“开始”功能区的“创建刀具路径”工具栏中，单击刀具路径按钮，打开“策略选取器”对话框，单击“钻孔”选项，调出“钻孔”选项卡，在该选项卡中选择“钻孔”，单击“确定”按钮，打开“钻孔”对话框，按图 10-115 所示设置参数。

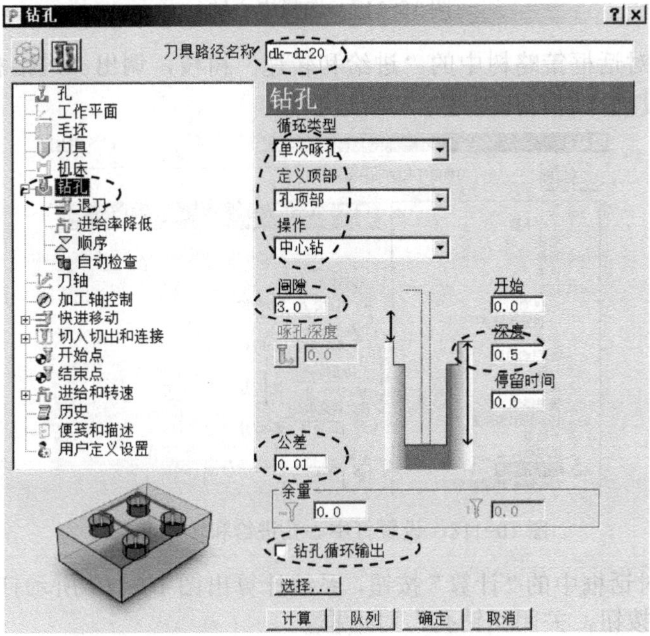

图 10-115　设置打中心孔参数

单击“钻孔”对话框中的“选择...”按钮，打开“特征选择”对话框，按图 10-116 所示定义打中心孔对象。

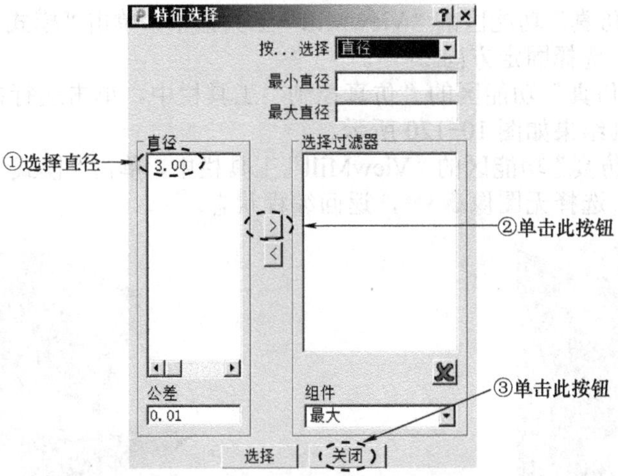

图 10-116　定义打中心孔对象

单击“钻孔”对话框策略树中的“刀具”树枝，调出“钻头”选项卡，如图 10-117 所示，选用刀具“dr20”。

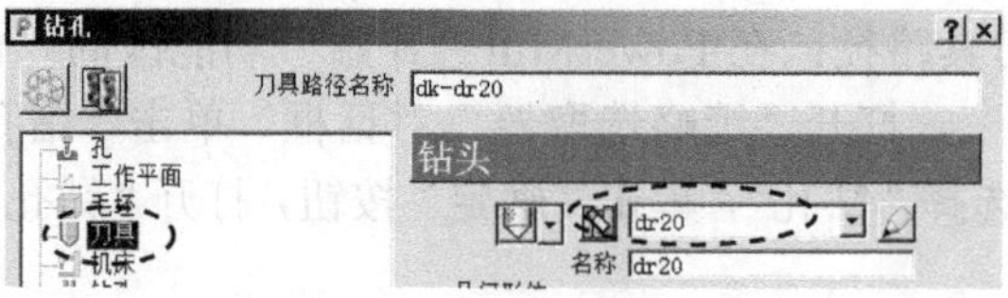

图 10-117　选择中心钻

单击“钻孔”对话框策略树中的“进给和转速”树枝，调出“进给和转速”选项卡，按图 10-118 所示设置打中心孔的进给和转速参数。

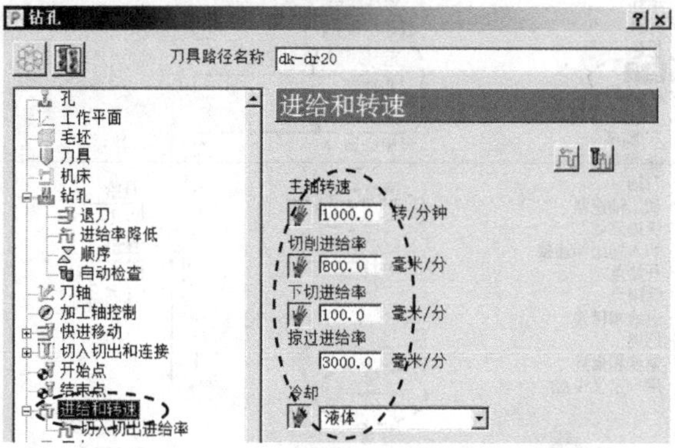

图 10-118　设置打中心孔进给和转速参数

单击“钻孔”对话框中的“计算”按钮，系统计算出图 10-119 所示打中心孔刀具路径。

单击“关闭”按钮，关闭“钻孔”对话框。

3）打中心孔碰撞检查：参照步骤三第 3）步的操作方法，对钻孔刀具路径进行碰撞检查。

4）打中心孔仿真：在 PowerMill 资源管理器的“刀具路径”树枝下，右击刀具路径“dk-dr20”，在弹出的快捷菜单条中单击“自开始仿真”。

在 PowerMill“仿真”功能区的“ViewMill”工具栏中，单击“模式”下的小三角形模式，在展开的工具栏中，选择固定方向固定方向。

在 PowerMill“仿真”功能区的“仿真控制”工具栏中，单击运行按钮运...，系统即开始仿真切削，仿真结果如图 10-120 所示。

在 PowerMill“仿真”功能区的“ViewMill”工具栏中，单击“模式”下的小三角形模式，在展开的工具栏中，选择无图像无图像，返回编程状态。

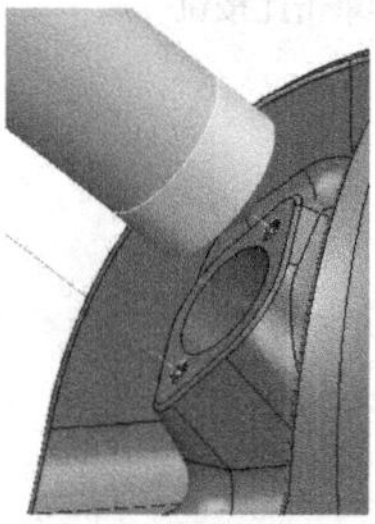

图 10-119　打中心孔刀具路径

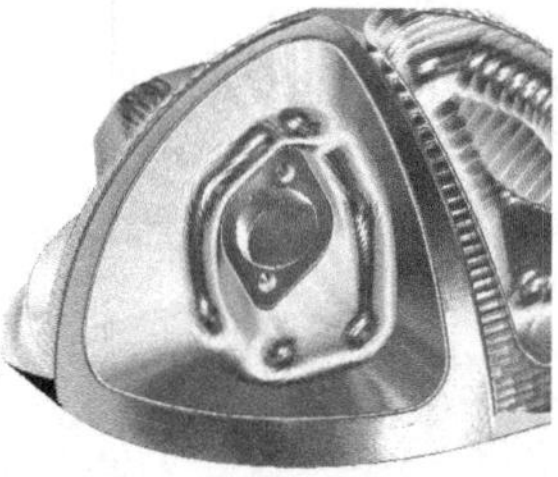

图 10-120　打中心孔仿真结果

步骤十五　钻深孔

1）计算钻 M3 底孔刀路：在 PowerMill 资源管理器的“刀具路径”树枝下，右击刀具路径“dk-dr20”，在弹出的快捷菜单条中单击“设置”，打开“钻孔”对话框。

单击“钻孔”对话框左上角的复制刀具路径按钮，系统基于刀具路径“dk-dr20”复制出一条新的刀具路径，按图 10-121 所示设置钻深孔参数。

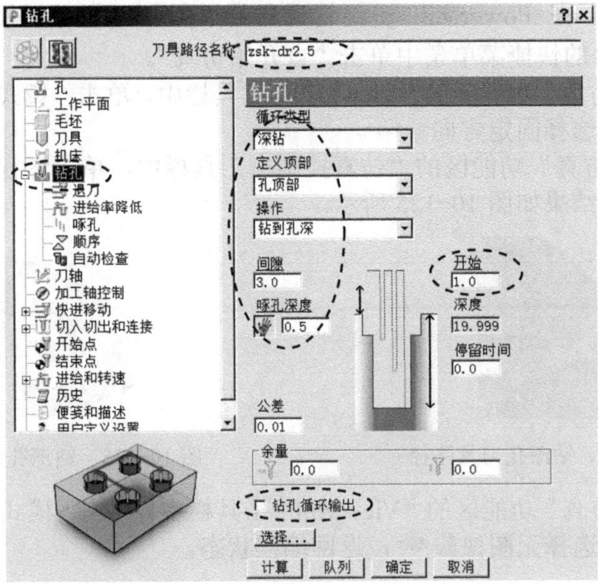

图 10-121　设置钻深孔参数

单击“钻孔”对话框策略树中的“刀具”树枝，调出“钻头”选项卡，如图 10-122 所示，选用刀具“dr2.5”。

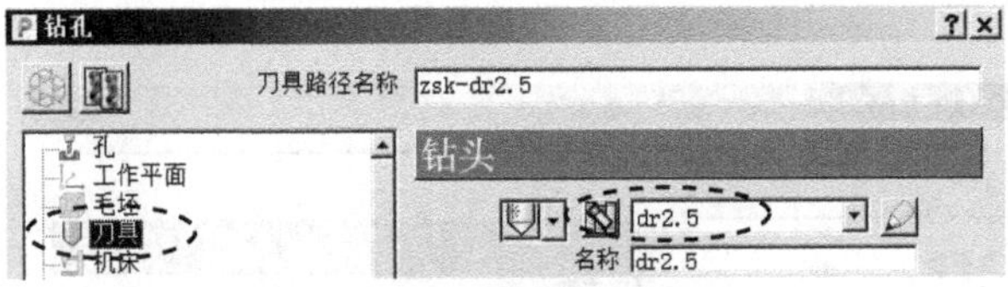

图 10-122　选用钻深孔刀具

单击“钻孔”对话框策略树中的“进给和转速”树枝，调出“进给和转速”选项卡，按图 10-123 所示设置钻深孔的进给和转速参数。

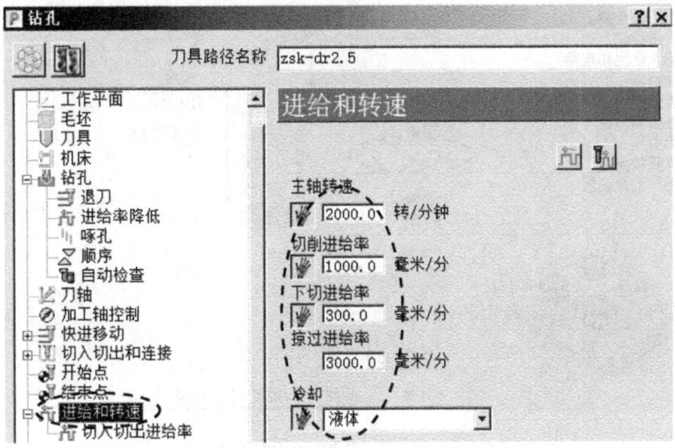

图 10-123　设置钻深孔进给和转速参数

单击“钻孔”对话框中的“计算”按钮，系统计算出图 10-124 所示的钻深孔刀具路径。单击“关闭”按钮，关闭“钻孔”对话框。

2）钻深孔碰撞检查：参照步骤三第 3）步的操作方法，对钻深孔刀具路径进行碰撞检查。

3）钻深孔仿真：在 PowerMill 资源管理器的“刀具路径”树枝下，右击刀具路径“zsk-dr2.5”，在弹出的快捷菜单条中单击“自开始仿真”。

在 PowerMill“仿真”功能区的“ViewMill”工具栏中，单击“模式”下的小三角形，在展开的工具栏中，选择固定方向。

在 PowerMill“仿真”功能区的“仿真控制”工具栏中，单击运行按钮，系统即开始仿真切削，仿真结果如图 10-125 所示。

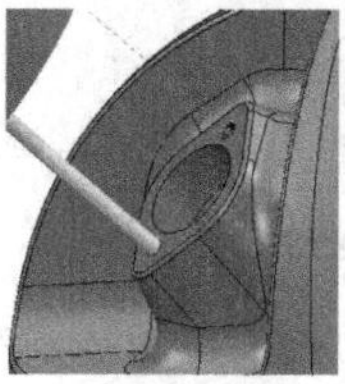

图 10-124　钻深孔刀具路径

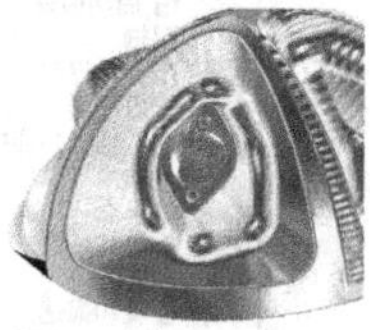

图 10-125　钻深孔仿真结果

在 PowerMill“仿真”功能区的“ViewMill”工具栏中，单击“模式”下的小三角形，在展开的工具栏中，选择无图像，返回编程状态。

步骤十六　攻螺纹

在 PowerMill 资源管理器的“刀具路径”树枝下，右击刀具路径“zsk-dr2.5”，在弹出的快捷菜单条中单击“设置”，打开“钻孔”对话框。单击“钻孔”对话框左上角的复制刀具路径按钮，系统基于刀具路径“zsk-dr2.5”复制出一条新的刀具路径，按图 10-126 所示设置攻螺纹参数。

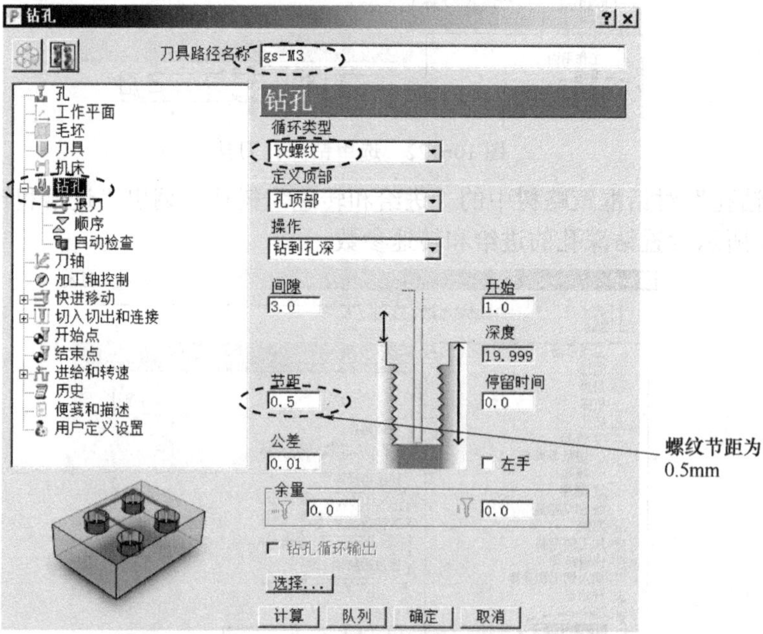

图 10-126　设置攻螺纹参数

单击“钻孔”对话框策略树中的“刀具”树枝，调出“钻头”选项卡，如图 10-127 所示，选用刀具“M3”。

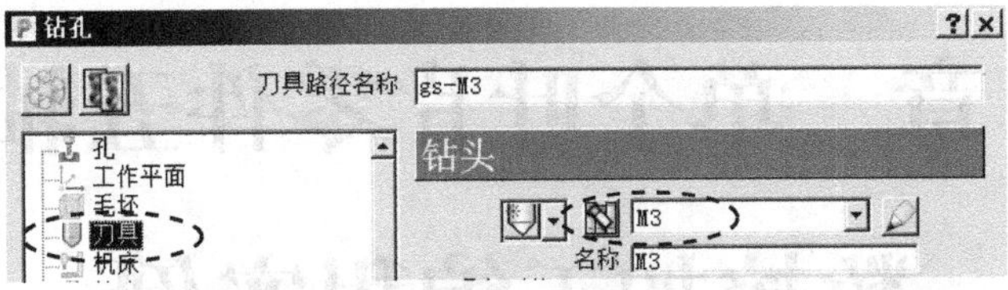

图 10-127　选用攻螺纹刀具

单击“钻孔”对话框策略树中的“进给和转速”树枝，调出“进给和转速”选项卡，按图 10-128 所示设置攻螺纹的进给和转速参数。

单击“钻孔”对话框中的“计算”按钮，系统计算出图 10-129 所示攻螺纹刀具路径。

单击“关闭”按钮，关闭“钻孔”对话框。

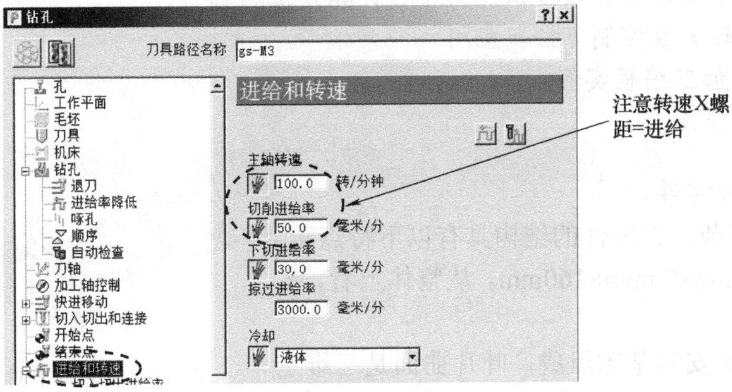

图 10-128　设置攻螺纹进给和转速参数

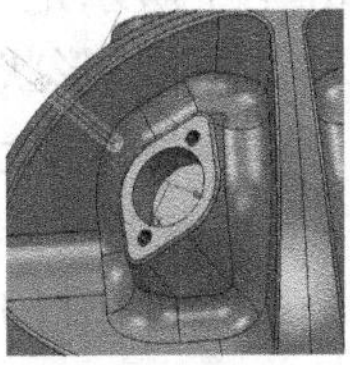

图 10-129　攻螺纹刀具路径

步骤十七　保存项目文件

在 PowerMill 功能区中，单击“文件”→“保存”，打开“保存项目为”对话框，选择 E:\PM2019EX 目录，输入项目文件名称为“10-01 azdz”，单击“保存”按钮，完成项目文件保存操作。

10.3　练习题

图 10-130 所示是一个底座零件，四周分别带有矩形腔。创建长方体毛坯，材料为 45 钢。要求制订数控编程工艺表，计算各工步数控加工刀路。源文件请扫描前言的“习题源文件”二维码获取，在 xt sources\ch10 目录下。

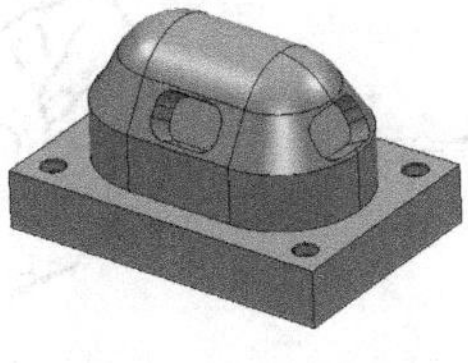

图 10-130　底座零件

第 11 章　单个叶片零件五轴联动数控加工编程实例

📖 本章知识点

- ✧ PowerMill 2019 五轴联动粗、精加工刀具路径计算方法。
- ✧ PowerMill 2019 刀轴矢量控制方法与应用。
- ✧ 典型零件五轴联动加工编程实例。
- ✧ 图层与默认余量的应用。

图 11-1 所示是一个叶片零件。

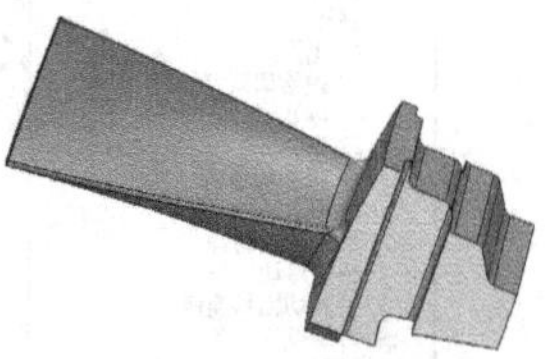

图 11-1　叶片零件

叶片零件的形状较为复杂，该零件的结构具有以下特点：

1）零件总体尺寸为 50mm×75mm×160mm。从整体上看，零件是一个长方条类零件。

2）该零件由叶片曲面和安装基础组成，叶片曲面是三维空间成形曲面，安装基础具有一些定位台阶。

要加工这类曲面外形复杂的零件，使用五轴联动加工中心是一种既能满足精度要求，又能满足高效要求的方式。

11.1　五轴联动加工概述

数控机床的基本坐标轴为 X、Y、Z 三根直线运动轴，对应每一根直线运动轴的旋转轴分别用 A、B 和 C 轴来表示，如图 11-2 所示。

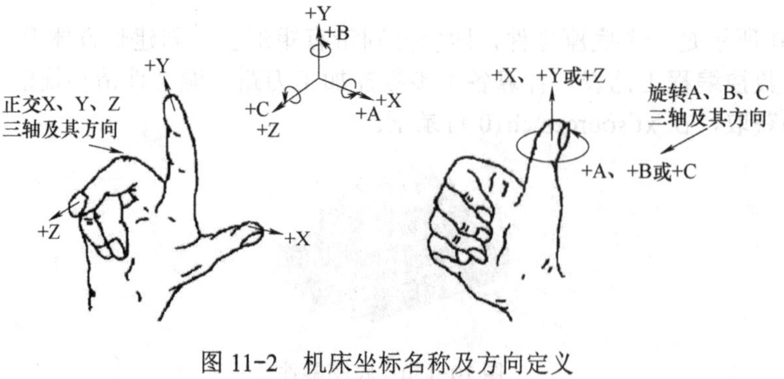

图 11-2　机床坐标名称及方向定义

五轴联动加工也叫连续五轴加工，是指在五轴机床上进行五根运动轴同时联合运动的切削加工形式。这五根运动轴通常是三根直线运动轴（X、Y 和 Z 轴）搭配两根旋转运动轴（例如 B、C 轴）的组合。五轴联动加工能加工出诸如发动机整体叶轮、整体车模一类形状复杂的零（部）件，分别如图 11-3 和图 11-4 所示。

图 11-3 五轴联动加工整体叶轮

图 11-4 五轴联动加工整体车模

五轴联动加工机床的结构形式多种多样，不同构造的机床适用于不同零件的加工场合。下面介绍三类比较常见的五轴联动加工机床及其应用场合。

1. 双摆台五轴联动加工机床

图 11-5 是一台 Mikron UCP600 Vario 双摆台五轴联动加工机床，该机床的工作台集成了两个旋转轴，分别是转盘绕 Z 轴旋转，形成 C 轴，装载转盘的 L 形构件绕 Y 轴旋转形成 B 轴。

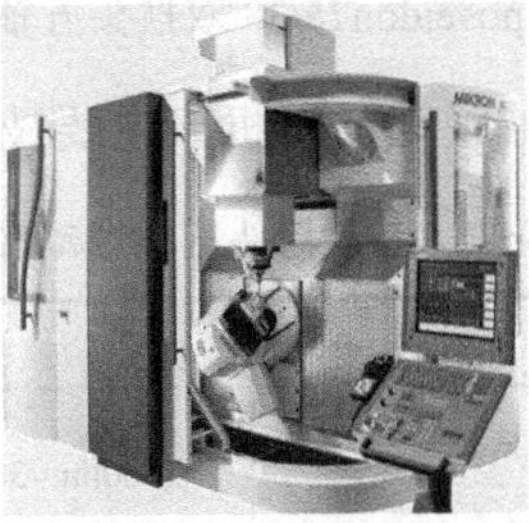

图 11-5 Mikron UCP600 Vario 双摆台五轴联动加工机床

Mikron UCP600 Vario 双摆台五轴联动加工机床主要技术参数见表 11-1。

表 11-1 Mikron UCP600 Vario 双摆台五轴联动加工机床主要技术参数

序号	项目	参数
1	工作行程 X/Y/Z 轴	530mm/450mm/450mm
	B/C 轴	B 轴：-115°～30°；C 轴：连续转角
2	最大进给速度	22m/min
3	主轴功率	15kW
4	主轴最高转速	42000r/min
5	定位精度	8μm
6	回转工作台最大载重	200kg
7	刀柄型号	HSK E40
8	刀库刀位数	36 个

这类机床的结构设置方式的优点是主轴的结构比较简单，主轴刚性非常好，制造成本比较低，同时，工作台倾斜型机床的 C 轴可以获得无限制的连续旋转角度行程，为诸如汽轮机整体叶片之类的零件加工创造了条件。

由于两个旋转轴都放在工作台侧，使得这一类型五轴机床的工作台大小受到限制，X、Y、Z 三轴的行程也相应受到限制。另外，工作台的承重能力也较小，特别是当 A 轴（或 B 轴）的回转角大于或等于 90° 时，工件切削会对工作台带来很大的承载力矩。

2. 双摆头五轴联动加工机床

图 11-6 是一台 CMS poseidon75/38 双摆头五轴联动加工机床，该机床的工作台是一块固定的大平台，电主轴安装在一个 C 字形的构件上，该构件的旋转运动形成旋转 C 轴，电主轴的摆动形成 B 轴。

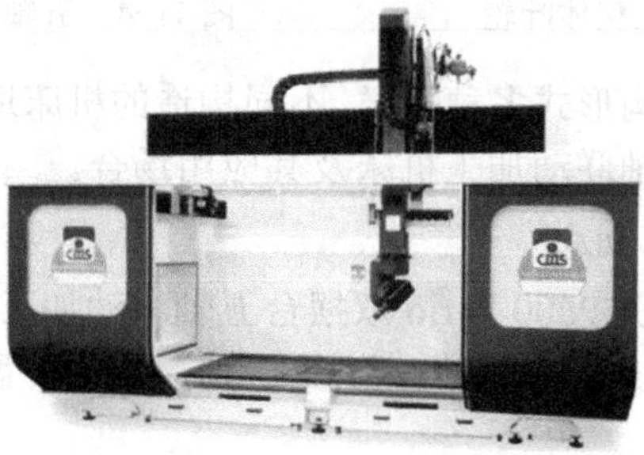

图 11-6 CMS poseidon75/38 双摆头五轴联动加工机床

CMS poseidon75/38 双摆头五轴联动加工机床主要技术参数见表 11-2。

表 11-2 CMS poseidon75/38 双摆头五轴联动加工机床主要技术参数

序号	项目	参数
1	工作行程 X/Y/Z 轴	7500mm/3800mm/2500mm
	B/C 轴	B 轴：-110° ～110°；C 轴：0° ～360°
2	最大进给速度	80m/min
3	定位精度	0.01mm
4	重复定位精度	0.001mm
5	主轴功率	12kW
6	主轴最高转速	24000r/min
7	刀柄型号	HSK63F
8	刀库刀位数	16 个

主轴倾斜型五轴机床是目前主流的五轴机床轴配置形式。这种结构设置方式的优点是主轴加工非常灵活，工作台也可以设计得非常大，机床可以具备较大的 X、Y、Z 方向工作行程，客机庞大的机身、巨大的发动机壳都可以在这类加工中心上加工。

另外，这种结构设计还有一大优点，即使用球头铣刀加工成形曲面，当刀具中心线垂直于加工面时，由于球头铣刀的顶点线速度为零，会出现静点切削的情况，导致工件表面质量很差，采用主轴回转的设计，令主轴相对于加工表面外法线倾斜一个角度，使球头铣刀避开顶点切削，保证有一定的线速度，从而提高了表面加工质量。

主轴倾斜型五轴机床结构的缺点是，将两个旋转轴都设置在主轴头的刀具侧，使得两个旋转轴的角度行程受限于机床电路线缆的阻碍，一般 C 轴的连续转角范围为–360°～360°，A 轴或 B 轴的连续转角范围为–180°～180°。

这类机床通常具备较大的工作台，主要应用于汽车覆盖件模具制造业、大型模型制造业，如飞机、轮船、汽车模型加工等。特别是在模具高精度曲面加工方面，非常受用户的欢迎，这是工作台回转式加工中心难以做到的。另外，为了达到回转的高精度，高档的回转轴还配置了圆光栅尺反馈，分度精度都在几秒以内，当然这类主轴的回转结构比较复杂，制造成本也较高。

3. 单摆头/单摆台五轴联动加工机床

图 11-7 是一台 DMG 60 monoBLOCK 单摆头/单摆台五轴联动加工机床，该机床的工作台上具有一个转盘，构成旋转 C 轴，主轴可以左右摆动，构成摆动 B 轴。

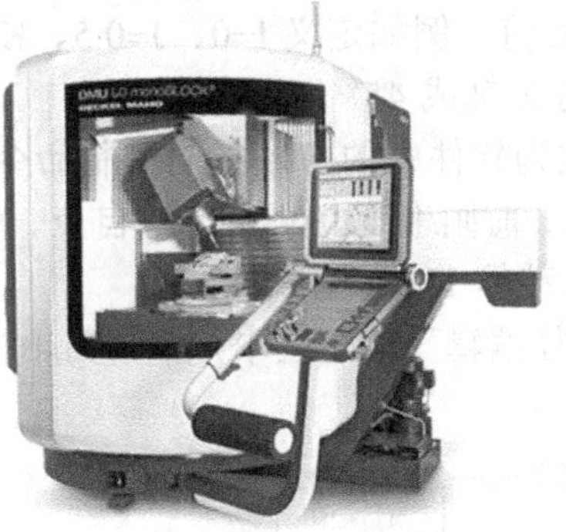

图 11-7　DMG 60 monoBLOCK 单摆头/单摆台五轴联动加工机床

DMG 60 monoBLOCK 单摆头/单摆台五轴联动加工机床主要技术参数见表 11-3。

表 11-3　DMG 60 monoBLOCK 单摆头/单摆台五轴联动加工机床主要技术参数

序号	项目	参数
1	工作行程 X/Y/Z 轴	730mm/560mm/560mm
	B/C 轴	B 轴：–120°～30°；C 轴：连续转角
2	最大进给速度	30m/min
3	主轴功率	15kW
4	主轴最高转速	12000r/min
5	主轴最大转矩	130N·m
6	回转工作台最大载重	500kg
7	刀柄型号	SK40
8	刀库刀位数	24 个

这类机床的结构设置方式简单灵活，同时具备主轴倾斜型机床与工作台倾斜型机床的部分优点。这类机床的主轴可以旋转为水平状态和垂直状态，工作台只需分度定位，就可以简单地配置为立、卧转换的三轴加工中心，将主轴进行立、卧转换再配合工作台分度，对工件实现五面体加工，使制造成本降低，非常实用。

11.2 PowerMill 刀轴控制方式

在编程策略方面，通过调整刀轴的控制方式，PowerMill 的绝大多数编程策略都可以应用于计算五轴联动加工刀具路径。因此，必须对 PowerMill 刀轴控制方式有一个全面的掌握。

刀轴矢量实际上是一根具有方向性的直线。而要定义一根直线的朝向，通常的方法有：

1）与机床 Z 轴平行或成一定夹角。例如三轴铣床加工时，刀轴与机床 Z 轴一般是共线的。

2）与空间中的某根直线（轴或平面）成一定夹角。例如定义刀轴指向与 XOZ 平面成 45°。

3）由空间中的两个点来定义直线的朝向。例如设置一个固定点，另一个点则来自零件表面上的某一个点。

4）定义该直线的 I、J、K 值。例如定义 I=0、J=0.5、K=0.5 的一根直线，这根直线与 X 轴平行，与 Y 轴成 45°，与 Z 轴成 45°。

将上述方法具体化，即成为软件中的刀轴指向控制命令。PowerMill 提供了丰富的控制刀轴指向的方式，包括垂直、前倾/侧倾、朝向点、自点、朝向直线、自直线、朝向曲线、自曲线、固定方向、叶盘和自动等 11 种方法。

在 PowerMill 的“刀具路径编辑”功能区中，单击刀轴按钮，打开“刀轴”对话框，如图 11-8 所示。

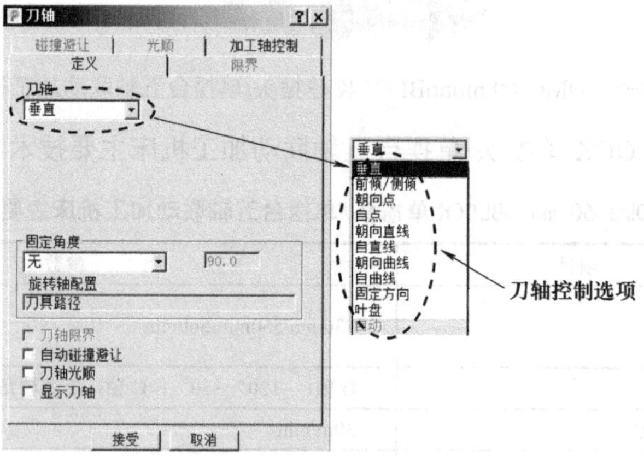

图 11-8 “刀轴”对话框

在 11 种控制刀轴指向的方法中，着重关注前倾/侧倾、朝向点以及自点三种方法。理解这三种刀轴定义方法之后，其余刀轴控制方法可以参照上述三种方式来理解。

1. 前倾/侧倾

刀轴相对于生成刀具路径的参考图形在参考线的每一个点成固定角度，并与参考线上该点的方向成固定角度。

首先要理解“参考图形”的含义。参考图形可以理解为刀具路径的分布线图形。以显示平行精加工刀路的参考图形为例，在 PowerMill“开始”功能区的“创建刀具路径”工具栏中，单击刀具路径按钮，打开“策略选取器”对话框，单击“精加工”选项，调出“精加工”选项卡，在该选项卡中选择“平行精加工”，单击“确定”按钮，打开“平行精加工”对话框，在该对话框的右下角勾选“显示”复选项，并单击右下角的“预览”按钮就可以看到该刀具路径的参考图形，如图 11-9 所示。平行精加工刀具路径的参考图形是平行线，如图 11-10 所示；放射精加工刀具路径的参考图形是放射线，如图 11-11 所示。构成参考图形的要素是参考线。

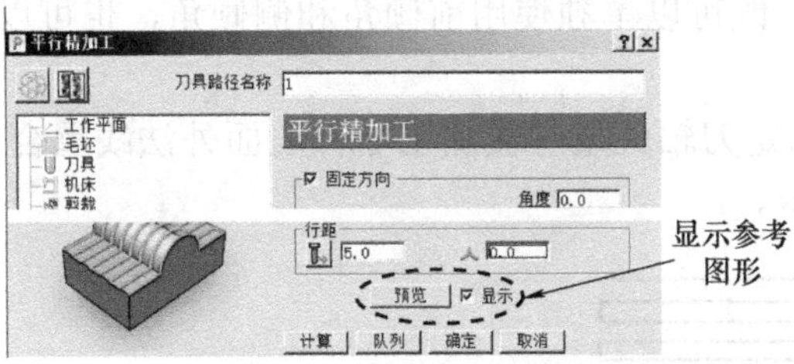

图 11-9 查看参考图形

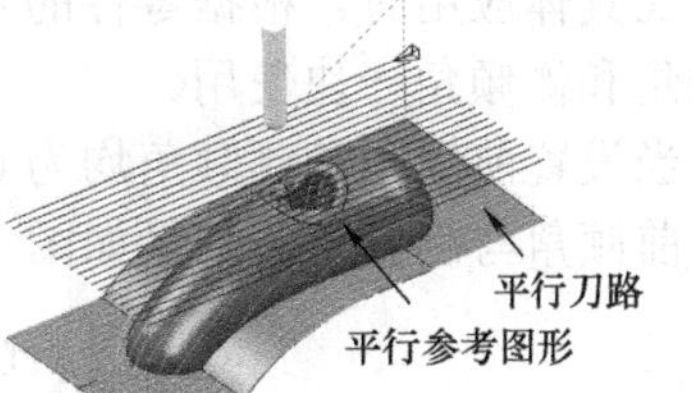

图 11-10 平行刀具路径参考图形

在“刀轴”对话框中选择“前倾/侧倾”选项后，对话框内容如图 11-12 所示。

图 11-12 所示前倾/侧倾刀轴选项需要指定两个角度：前倾角和侧倾角。

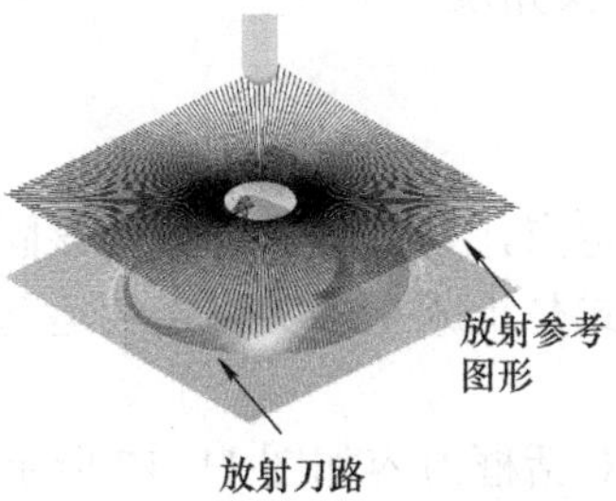

图 11-11 放射刀具路径参考图形

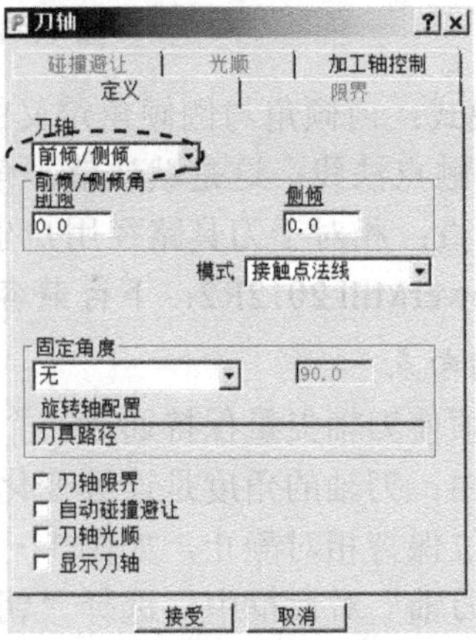

图 11-12 “前倾/侧倾”选项内容

1）前倾角：沿着刀具路径前进的方向定义一个刀轴倾斜角度。图 11-13 所示为前倾角为 30° 的情况。它从刀具路径前进方向的垂直线开始测量。

一般情况下，将刀轴前倾是为避免球头刀在切削浅滩表面区域时刀具的切削点发生在球头刀的刀尖点（即线速度为零的点，也称为静点）。通常，将前倾角设置为 15° 。

2）侧倾角：在刀具路径前进方向的垂直方向定义一个刀轴倾斜角。图 11-14 所示为侧倾角为 30° 的情况。它也是从刀具路径前进方向的垂直线开始测量，0° 时，刀轴为垂直状态。

图 11-13 前倾角为 30° 的情况

图 11-14 侧倾角为 30° 的情况

设置刀轴侧倾有两个作用，一是用于避免在铣削零件陡峭侧壁时，刀具与工件发生碰撞；二是当刀具从零件的浅滩区域铣到陡峭区域时（为爬坡式的铣削），允许使用小直径刀具代替大直径刀具来进行铣削。通常，设置侧倾角是为了避免刀具夹持与工件发生碰撞。

在具体应用时，根据零件的结构情况，既可以单独使用前倾角和侧倾角，也可以联合前倾角和侧倾角一块使用。

当设置前倾角和侧倾角均为 0° 时，指定刀轴矢量与被加工零件表面外法线重合。

前倾角与侧倾角的测量如图 11-15 所示。

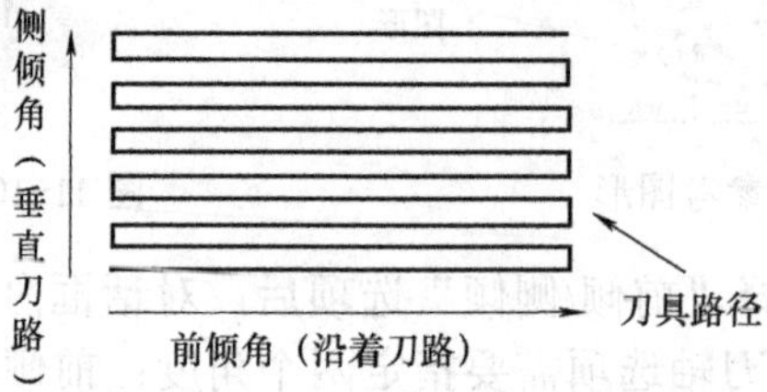

图 11-15　前倾角与侧倾角的测量

3）模式：前倾角与侧倾角定义的方式。有三个选项：

① 接触点法线：这是默认值。角度相对于接触点法线来定义。

② 垂直：相对于刀具路径用户坐标系的 Z 轴来定义角度。

③ PowerMill 2012R2：下行兼容选项。

2. 朝向点

该选项使刀轴矢量保持通过一个由读者设定的固定点，刀具将保持指向该固定点。在加工过程中，刀轴的角度是连续变化的，它的实现方式是机床主轴头将连续运动，而刀具的刀尖部位保持相对静止，如图 11-16 所示。

在“刀轴”对话框中，选择“朝向点”选项后，对话框内容如图 11-17 所示。

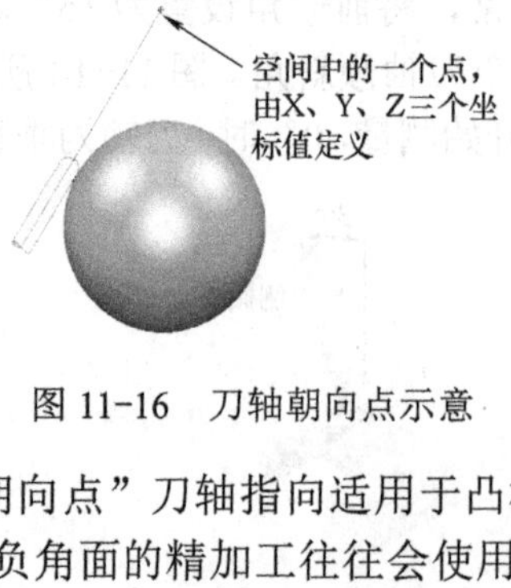

图 11-16　刀轴朝向点示意

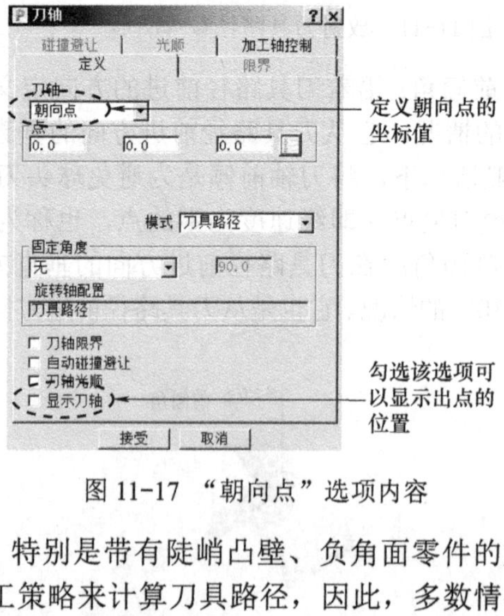

图 11-17　“朝向点”选项内容

“朝向点”刀轴指向适用于凸模的加工，特别是带有陡峭凸壁、负角面零件的加工，而带有负角面的精加工往往会使用投影精加工策略来计算刀具路径，因此，多数情况下，“朝向点”刀轴选项是配合点投影精加工策略一起使用的。

3. 自点

自点是来自于某个点的简称，英文表述是 From Point。这个选项同朝向点刀轴指向选项类似，都是使刀轴通过一个由读者设定的空间固定点。不同之处在于，刀具的刀尖点保持背离设定的固定点。在加工过程中，刀轴的角度是连续变化的，它的实现方式是刀具刀尖部分将连续运动，而机床的主轴头部分保持相对静止，如图 11-18 所示。

在“刀轴”对话框中，选择“自点”选项后，对话框内容如图 11-19 所示。

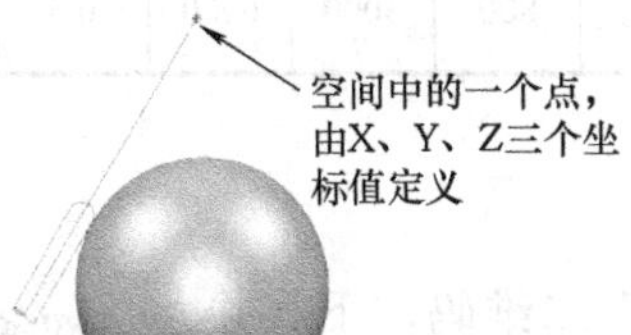

图 11-18 刀轴自点示意

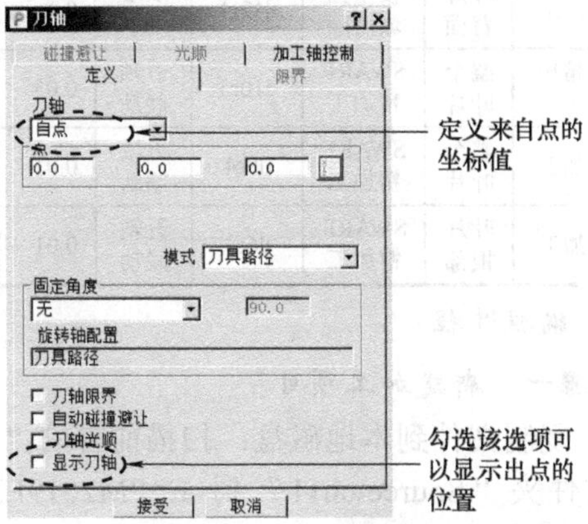

图 11-19 “自点”选项内容

“自点”刀轴指向选项适用于凹模的加工，特别是带有型腔、负角面凹模零件的加工。同“朝向点”选项类似，“自点”刀轴选项一般也是配合点投影精加工之类的策略一起使用的。

11.3 详细编程过程

1. 数控编程工艺分析

由于叶片型面是由复杂三维自由曲面组成的，几何精度要求较高，技术难度大，传统的加工方法无法满足叶片的精度要求。应用五轴机床进行加工，可以减少装夹次数，保证定位精度，从而有效地提高叶片的表面质量。

为了保证叶片的加工质量、生产率、经济性和加工可行性，要选用合理的加工工艺参数。在加工过程中要依据先粗后精、先主后次的工艺原则，将叶片的加工分为粗加工、半精加工和精加工三个阶段。叶片毛坯立着装夹在工作台上，使用 3+2 轴加工（即五轴定位加工）方式对叶片正面和背面进行粗加工，然后使用五轴联动的方式精加工叶片型面。应用五轴机床在一次定位后就可以完成上述各工步，而且应用高速加工也省去了最后钳工修整的工序。

在叶片加工的过程中，由于薄壁部分在加工时容易产生变形，要采取相应的方法来降低切削力，减小变形。例如，先加工刚性薄弱的叶尖部位，后加工叶根部位，降低精加工切削量，使用锋利的刀具，再应用五轴高速数控机床，这样可以有效地减小叶片加工的变形。

拟按表 11-4 中所述工艺流程编制该零件的加工程序。

表 11-4 零件数控加工编程工艺

工步号	工步名称	加工部位	进给方式	刀具	加工方式	编程参数		铣削用量					
						公差/mm	余量/mm	转速/(r/min)	进给速度/(mm/min) 下切	切削	掠过	铣削宽度/mm	背吃刀量/mm
1	粗加工	叶片正面	模型区域清除	d20r1	3+2轴	0.1	0.5	2000	800	1500	3000	12	1
2	粗加工	叶片背面	模型区域清除	d12r1	3+2轴	0.1	0.5	2000	800	1500	3000	12	1
3	半精加工	整个叶片	SWARF精加工	d10r5	五轴联动	0.05	0.2	4000	800	3000	6000	2	—
4	精加工	整个叶片	SWARF精加工	d8r4	五轴联动	0.01	0	6000	800	4000	6000	0.5	—
5	精加工	叶片根部	SWARF精加工	d6r3	五轴联动	0.01	0	6000	800	3000	6000	0.5	—

2. 编程过程

步骤一 新建加工项目

1）复制文件到本地磁盘：扫描前言的“实例源文件”二维码，下载并复制文件夹“Source\ch11”到 E:\PM2019EX 目录下，该文件夹内包括 yepian.dgk 和 bm.dgk、fzm.dgk 三个文件。

操作视频

2）启动 PowerMill 2019 软件：双击桌面上的 PowerMill 2019 图标，打开 PowerMill 系统。

3）输入模型：在功能区中，单击“文件”→“输入→“模型”，打开“输入模型”对话框，选择“E:\PM2019EX\ch11\yepian.dgk”文件，然后单击“打开”按钮，完成模型输入操作。

步骤二 准备加工

1）创建毛坯：在 PowerMill“开始”功能区中，单击创建毛坯按钮，打开“毛坯”对话框，勾选“显示”选项，然后单击“计算”按钮，如图 11-20 所示，创建出图 11-21 所示方形毛坯，单击“接受”按钮，完成创建毛坯操作。

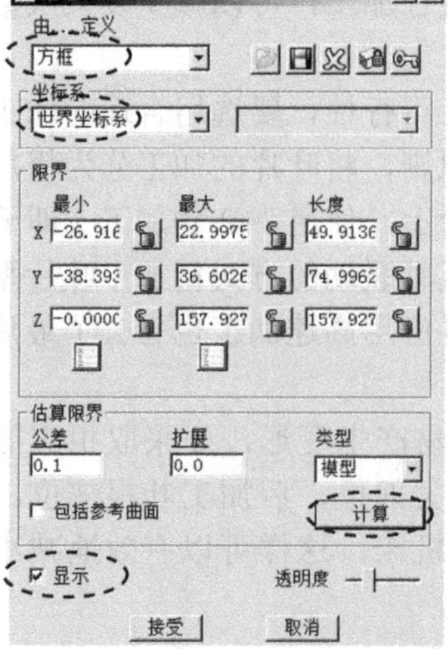

图 11-20 设置创建毛坯参数

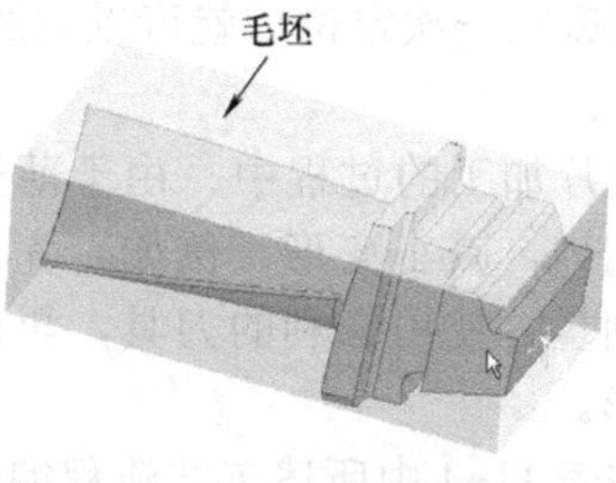

图 11-21 方形毛坯

2）创建粗加工刀具：在 PowerMill 资源管理器中，右击“刀具”树枝，在弹出的快捷菜单条中单击“创建刀具”→“刀尖圆角端铣刀”，打开“刀尖圆角端铣刀”对话框，按图 11-22 所示设置刀具切削刃部分的参数。

单击“刀尖圆角端铣刀”对话框中的“刀柄”选项卡，按图 11-23 所示设置刀柄部分参数。

单击“刀尖圆角端铣刀”对话框中的“夹持”选项卡，按图 11-24 所示设置刀具夹持部分参数。

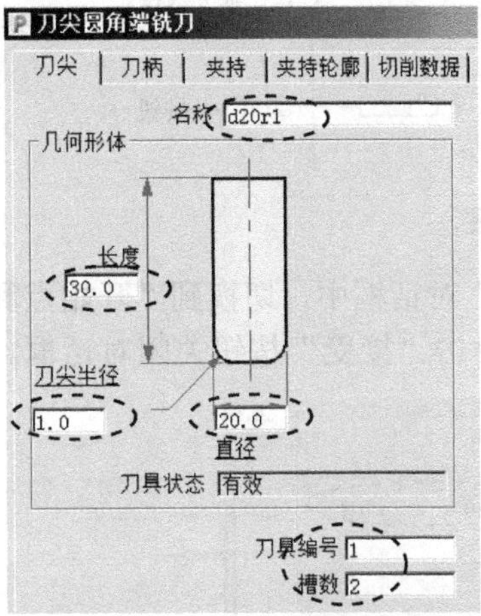

图 11-22　“d20r1”切削刃部分参数设置

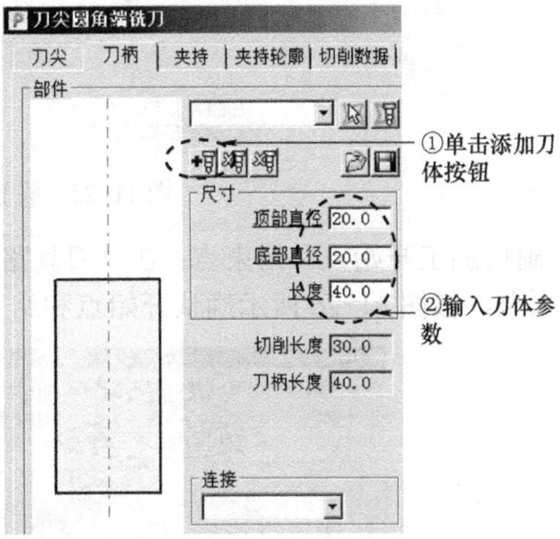

图 11-23　“d20r1”刀柄部分参数设置

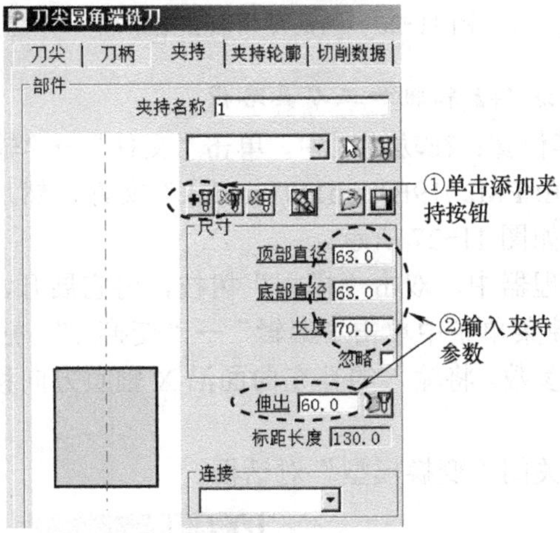

图 11-24　“d20r1”刀具夹持部分参数设置

完成上述参数设置后，单击“刀尖圆角端铣刀”对话框中的“关闭”按钮，创建出一把带夹持的、完整的刀尖圆角端铣刀“d20r1”。

参照上述操作步骤，创建表 11-5 所示刀具。

表11-5　刀具列表　（单位：mm）

刀具编号	刀具类型	刀具名称	切削刃直径	切削刃长度	刀柄直径(顶/底)	刀柄长度	夹持直径(顶/底)	夹持长度	伸出夹持长度
2	球头铣刀	d10r5	10	40	10	50	63	70	70
3	球头铣刀	d8r4	8	30	8	60	63	70	70
4	球头铣刀	d6r3	6	30	6	60	63	70	70

3）设置快进高度：在 PowerMill“开始”功能区中，单击刀具路径连接按钮 刀具路径连接，打开“刀具路径连接”对话框，在“安全区域”选项卡中，按图 11-25 所示设置快进高度参数，设置完参数后不要关闭对话框。

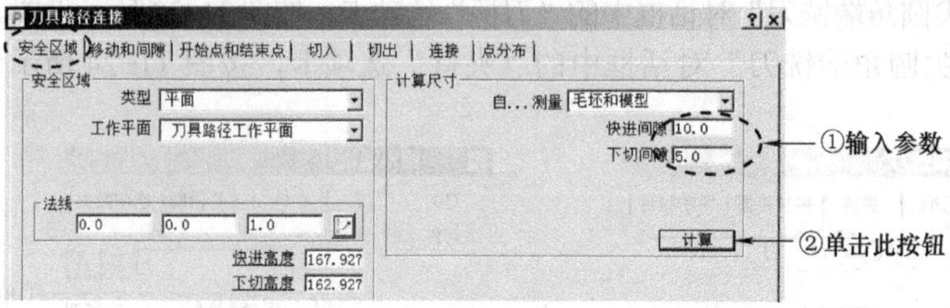

图 11-25　设置快进高度

4）确认加工开始点和结束点：在“刀具路径连接”对话框中，切换到“开始点和结束点”选项卡，按图 11-26 所示确认开始点和结束点，单击“接受”按钮关闭对话框。

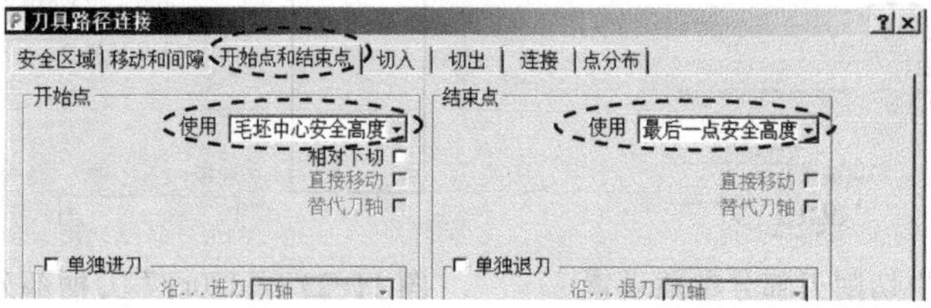

图 11-26　确认开始点和结束点

步骤三　计算叶片正面 3+2 轴粗加工刀具路径

1）输入补面并编辑其位置：在功能区中，单击“文件”→“输入→“模型”，打开“输入模型”对话框，选择“E:\PM2019EX\ch11\ bm.dgk”文件，然后单击“打开”按钮，完成补充曲面的输入操作，如图 11-27 所示。

在 PowerMill 资源管理器中，双击“模型”树枝，将它展开，右击“模型”树枝下的模型“bm”，在弹出的快捷菜单条中单击“编辑”→“变换...”，打开“变换模型”对话框，按图 11-28 所示设置编辑参数。将输入的补充曲面沿 X 轴负方向移动 2mm，以便叶片在单边粗加工时能切到底。

单击“接受”按钮，关闭“变换模型”对话框。

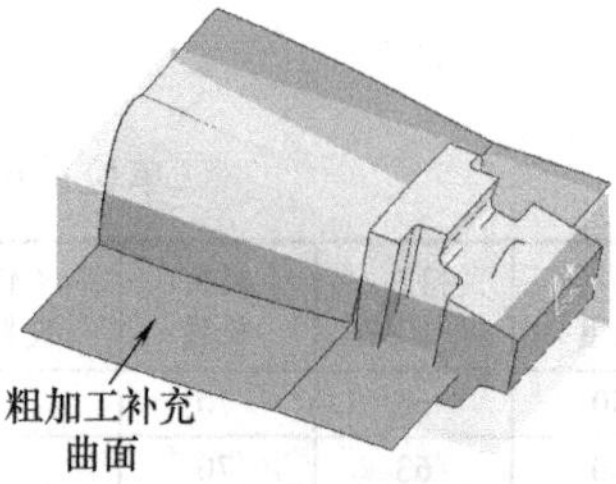

图 11-27　输入补充曲面

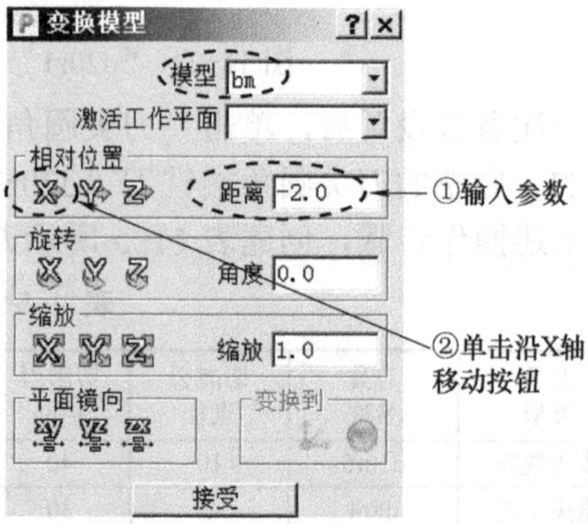

图 11-28　设置移动补充曲面参数

2）创建工作平面：在 PowerMill 资源管理器中，右击“工作平面”树枝，在弹出的快捷菜单条中单击“创建工作平面...”，在“工作平面”树枝下生成工作平面“1”，并调出工作平面编辑器工具栏。

在工作平面编辑器工具栏中，单击绕 Y 轴旋转按钮，打开“旋转”对话框，输入 90，回车，单击“接受”按钮，关闭“旋转”对话框，创建出工作平面 1，如图 11-29 所示，它的 Z 轴负方向是正对着叶片的侧曲面的。

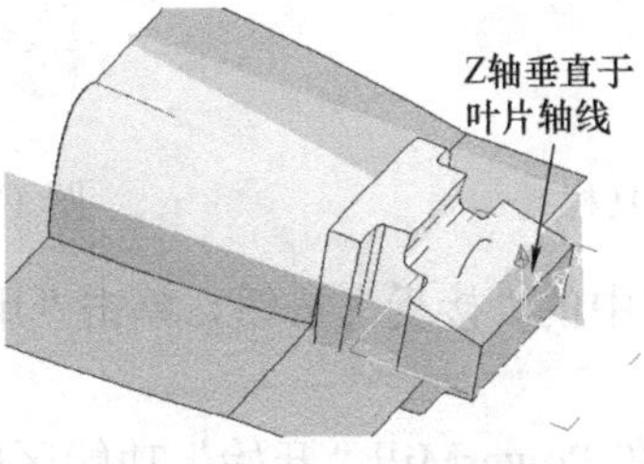

图 11-29 工作平面 1

单击工作平面编辑器工具栏中的“接受”按钮，退出编辑状态。

在 PowerMill 资源管理器中，双击“工作平面”树枝，将它展开。右击工作平面“1”，在弹出的快捷菜单条中单击“激活”，将工作平面 1 激活，使之成为当前编程坐标系。

此时，如果毛坯的位置发生了改变，请读者务必再次打开“毛坯”对话框，更改该对话框中“坐标系”一栏选项，设置为“世界坐标系”。

3）创建边界：在 PowerMill 资源管理器中，右击“边界”树枝，在弹出的快捷菜单条中单击“创建边界”→“用户定义”，打开“用户定义边界”对话框，如图 11-30 所示，单击该对话框中的“绘制”按钮，打开“曲线编辑器”工具栏，进入勾画边界的系统环境中。

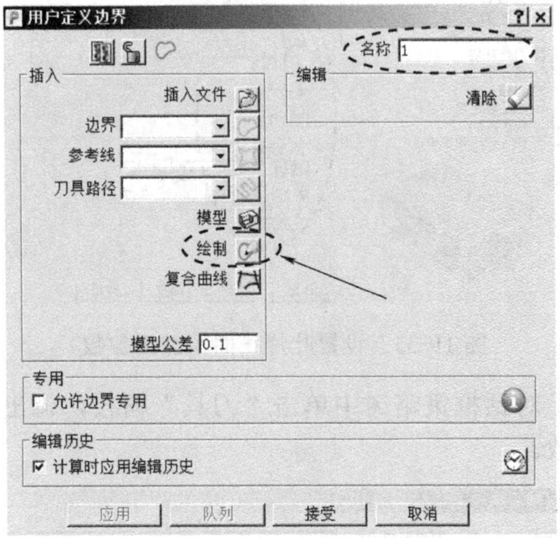

图 11-30 用户定义边界

在 PowerMill 绘图区右侧的查看工具栏中，单击从上查看（Z）按钮，将模型摆平。

在“曲线编辑器”工具栏中，单击连续直线按钮，如图 11-31 所示，在绘图区中绘制图 11-32 所示边界。要注意的是，边界线要完整地包容住叶片曲面，图中绘制的上下两条直线偏离毛坯轮廓线的距离大约为 20mm 即可。

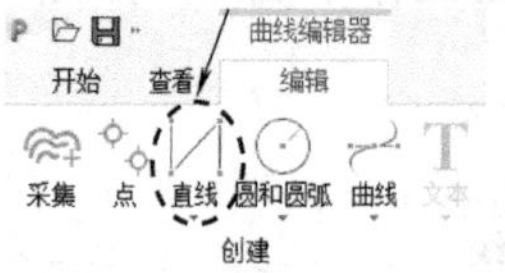

图 11-31 曲线编辑器工具栏

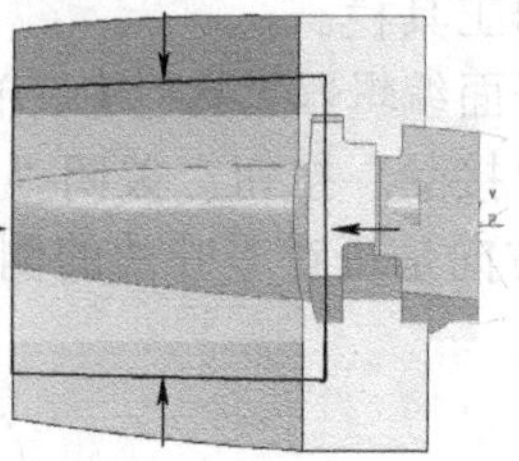

图 11-32 绘制边界 1

单击“曲线编辑器”工具栏中的“接受”按钮，单击“用户定义边界”对话框中的“接受”按钮，完成边界 1 的创建。

4）计算粗加工刀具路径：在 PowerMill“开始”功能区的“创建刀具路径”工具栏中，单击刀具路径按钮 ，打开“策略选取器”对话框，单击“3D 区域清除”选项，调出“3D 区域清除”选项卡，在该选项卡中选择“模型区域清除”，单击“确定”按钮，打开“模型区域清除”对话框，按图 11-33 所示设置参数。

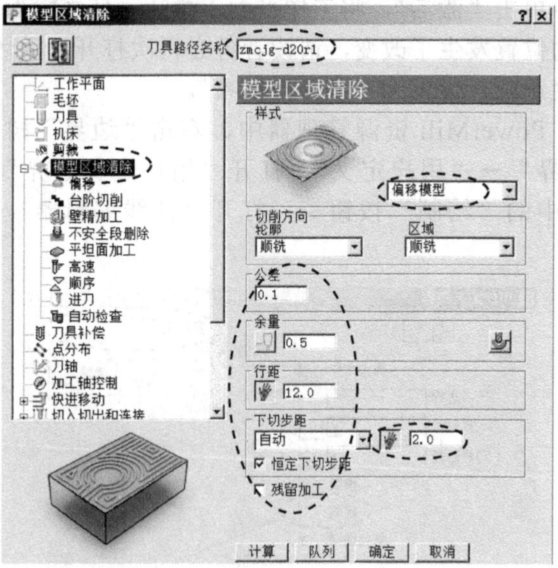

图 11-33 设置叶片正面粗加工参数

在“模型区域清除”对话框策略树中单击“刀具”树枝，调出“刀尖半径”选项卡，按图 11-34 所示设置参数。

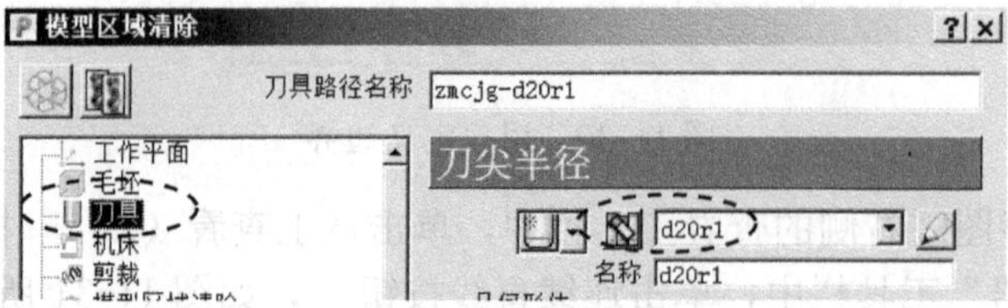

图 11-34 选择粗加工刀具

在“模型区域清除”对话框策略树中单击“剪裁”树枝，调出“剪裁”选项卡，按图 11-35 所示设置参数。

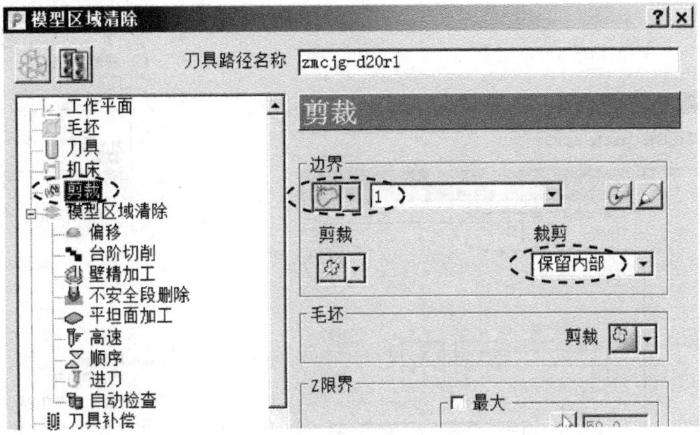

图 11-35　选择边界

在“模型区域清除”对话框策略树中单击“高速”树枝，调出“高速”选项卡，按图 11-36 所示设置参数。

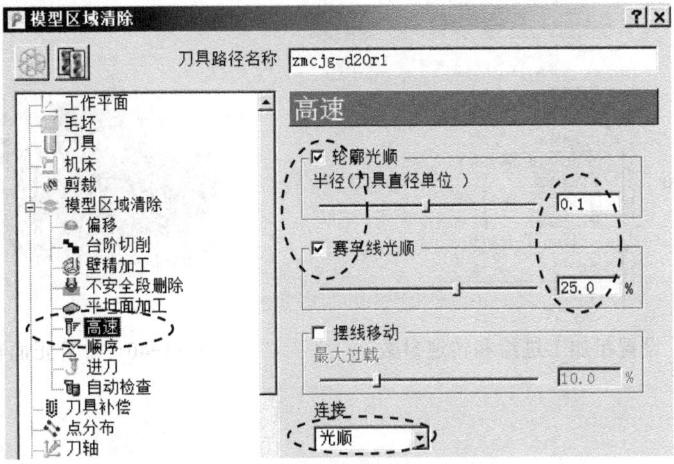

图 11-36　设置高速选项参数

在“模型区域清除”对话框的策略树中单击“切入切出和连接”树枝，将它展开。单击该树枝下的“切入”树枝，调出“切入”选项卡，按图 11-37 所示设置参数。

单击图 11-37 所示“切入”选项卡中的“打开斜向选项对话框”按钮，打开“斜向切入选项”对话框，按图 11-38 所示设置斜向切入参数。

单击“接受”按钮，关闭“斜向切入选项”对话框。

在“模型区域清除”对话框策略树中单击“进给和转速”树枝，调出“进给和转速”选项卡，按图 11-39 所示设置参数。

设置完上述参数后，单击“模型区域清除”对话框中的“计算”按钮，系统计算出图 11-40 所示刀具路径。

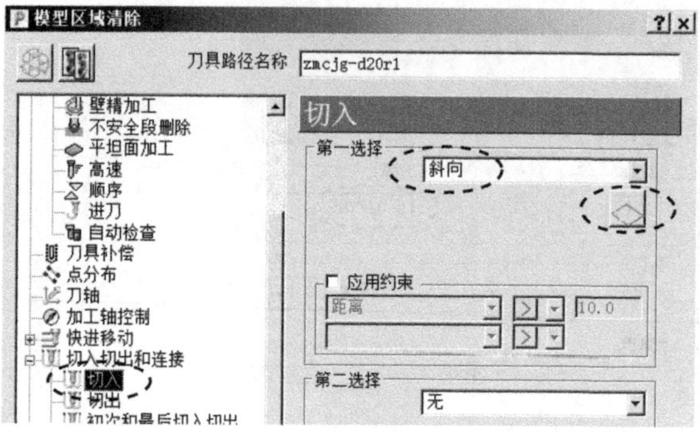

图 11-37　设置切入方式

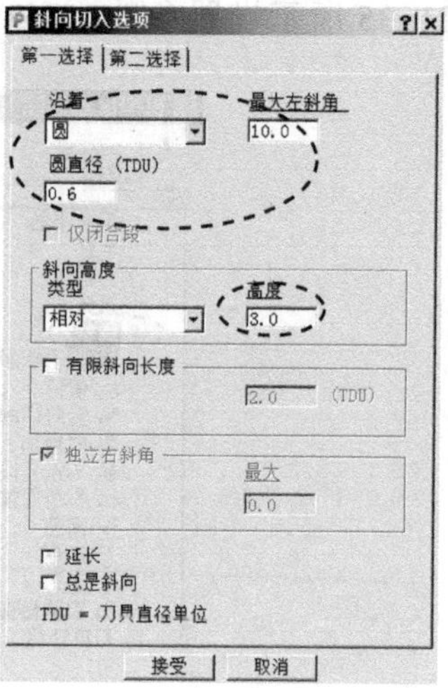

图 11-38　设置斜向切入参数

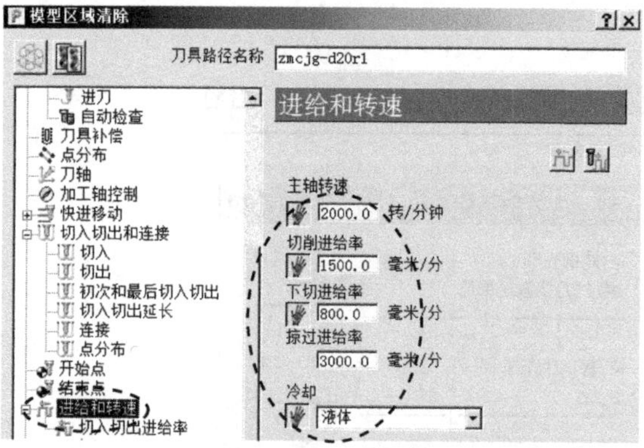

图 11-39　设置粗加工进给和转速参数

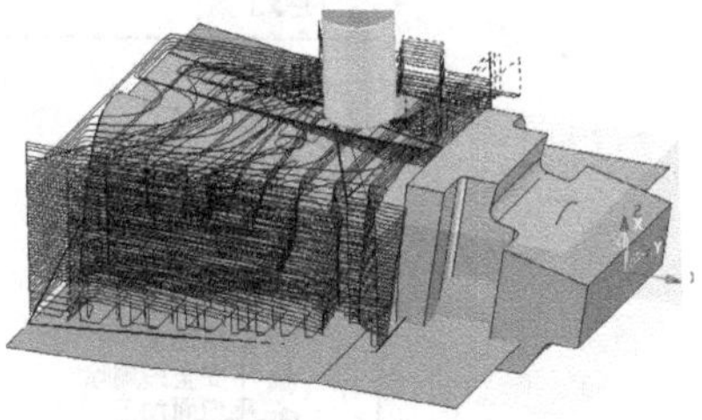

图 11-40　叶片正面粗加工刀具路径

注意：

如果发现计算出来的刀具路径安全高度过高，需要重新计算安全高度。操作方法是，在 PowerMill“开始”功能区中，单击“刀具路径连接”按钮，打开“刀具路径连接”对话框，在“安全区域”选项卡中，使用默认参数，再一次单击“计算”按钮即可。

5）刀具路径碰撞检查：在 PowerMill 资源管理器中，双击“刀具路径”树枝，将它展开。右击刀具路径“zmcjg -d20r1”，在弹出的快捷菜单条中单击“检查”→“刀具路径”，打开“刀具路径检查”对话框，按图 11-41 所示设置检查参数。

设置完参数后，单击“应用”按钮，系统即进行碰撞检查。检查完成后，弹出 PowerMill 信息对话框，提示“找不到碰撞”，如图 11-42 所示。

单击“确定”按钮关闭信息对话框，单击“接受”按钮，关闭“刀具路径检查”对话框。

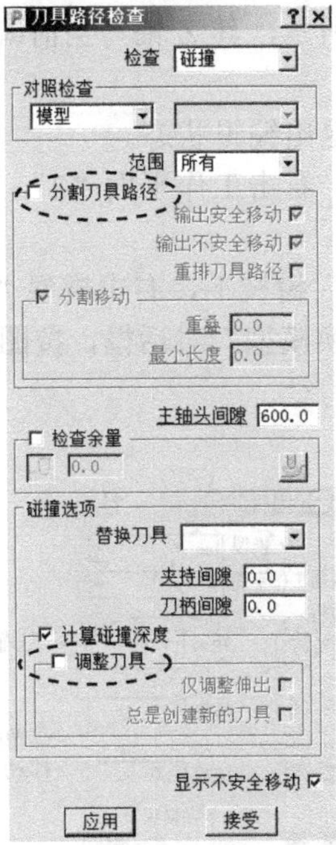

图 11-41 设置碰撞检查参数

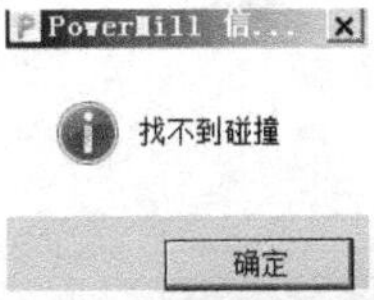

图 11-42 碰撞检查结果

步骤四 叶片正面 3+2 轴粗加工仿真

1）在 PowerMill 绘图区右侧的查看工具栏中，单击 ISO1 视角按钮，将模型和刀路调整到 ISO1 视角，再滚动鼠标中键，将模型放大，以便查看待切削部位。

2）在 PowerMill 资源管理器的“刀具路径”树枝下，右击刀具路径“zmcjg -d20r1”，在弹出的快捷菜单条中单击“自开始仿真”。

3）在 PowerMill“仿真”功能区的“ViewMill”工具栏中，单击开/关 ViewMill 按钮，激活 ViewMill 工具。

4）在 PowerMill“仿真”功能区的“ViewMill”工具栏中，单击“模式”下的小三角形，在展开的工具栏中，选择固定方向。单击“阴影”下的小三角形，在展开的工具栏中，选择闪亮，绘图区转换到金属材质的切削仿真环境。

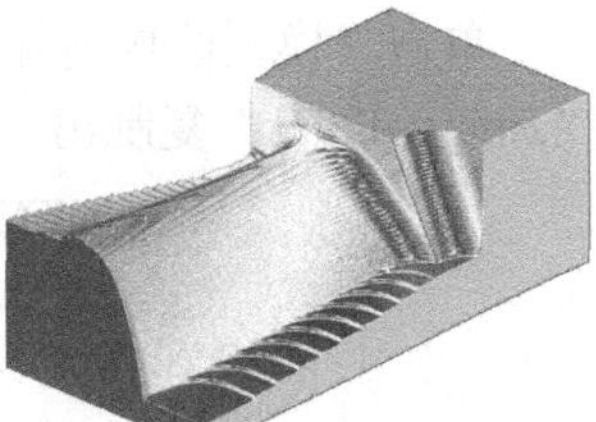

图 11-43 正面粗加工切削仿真结果

5）在 PowerMill“仿真”功能区的“仿真控制”工具栏中，单击运行按钮，系统即开始仿真切削，仿真结果如图 11-43 所示。

6）在 PowerMill“仿真”功能区的“ViewMill”工具栏中，单击“模式”下的小三角形，在展开的工具栏中，选择无图像，返回编程状态。

步骤五 计算叶片背面 3+2 轴粗加工刀具路径

1）创建工作平面：在 PowerMill 资源管理器中，右击“工作平面”，在弹出的快捷菜单条中单击“创建工作平面...”，在“工作平面”树枝下生成工作平面“2”，调出工作平面编辑器工具栏。

在工作平面编辑器工具栏中，单击绕 X 轴旋转按钮，打开“旋转”对话框，输入 180，单击“接受”按钮，创建的用户坐标系 2 如图 11-44 所示，其 Z 轴与当前编程坐标系的 Z 轴刚好反向。

单击工作平面编辑器工具栏中的“接受”按钮，退出编辑状态。

在 PowerMill 资源管理器的“工作平面”树枝下，右击工作平面“2”，在弹出的快捷菜单条中单击“激活”，将工作平面 2 激活。

2）移动补面：在 PowerMill 资源管理器的“模型”树枝下，右击模型“bm”，在弹出的快捷菜单条中单击“编辑”→“变换...”，打开“变换模型”对话框，按图 11-45 所示设置编辑参数。

单击“接受”按钮，关闭“变换模型”对话框。

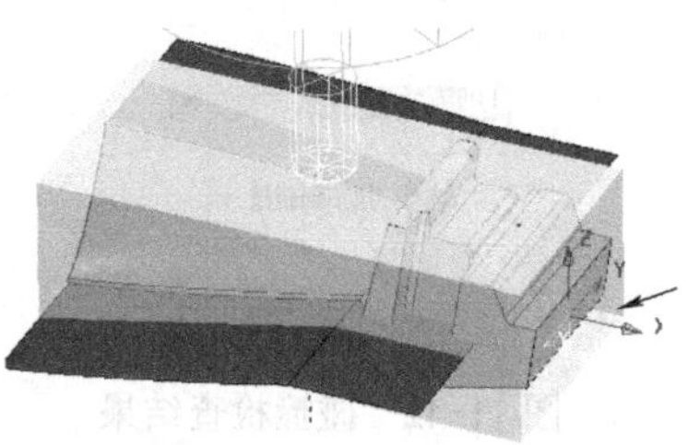

图 11-44 用户坐标系 2

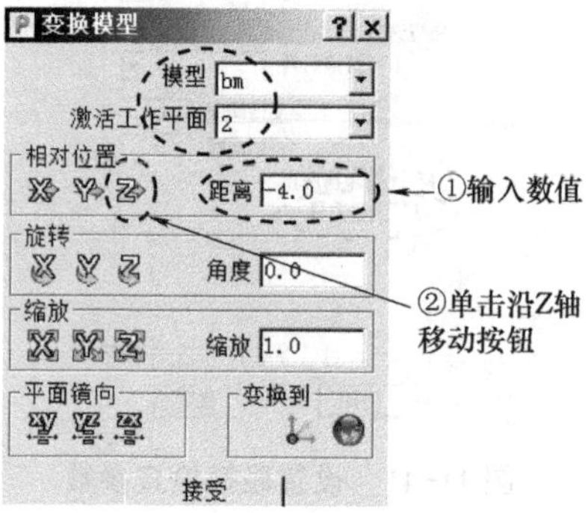

图 11-45 移动补充曲面

3）计算叶片背面 3+2 轴粗加工刀具路径：在 PowerMill 资源管理器的“刀具路径”树枝下，右击刀具路径“zmcjg-d20r1”，在弹出的快捷菜单条中单击“设置”，打开“模型区域清除”对话框。

单击“模型区域清除”对话框中左上角的复制刀具路径按钮，系统即基于刀具路径“zmcjg-d20r1”复制出一条新的刀具路径，按图 11-46 所示更改刀路名称。

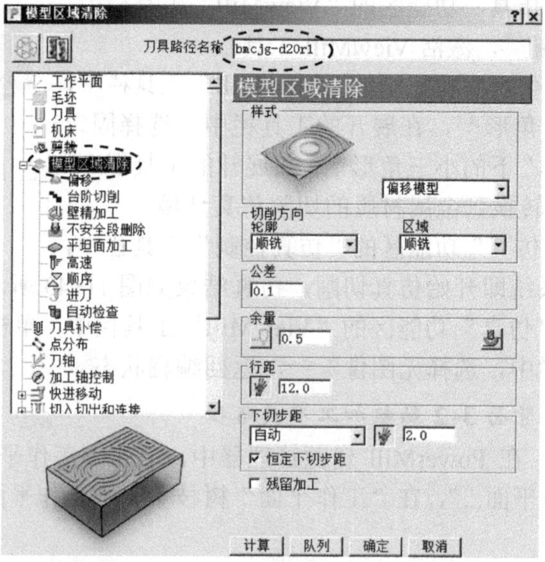

图 11-46 设置背面粗加工参数

单击“模型区域清除”对话框策略树中的“工作平面”树枝，调出“工作平面”选项卡，如图 11-47 所示，选用工作平面“2”。

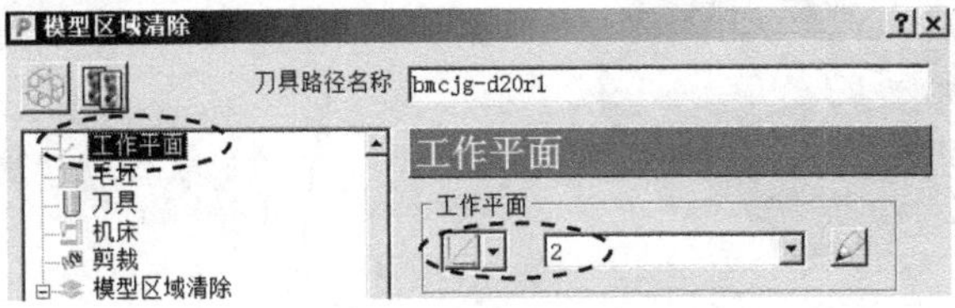

图 11-47　选用工作平面“2”

单击“模型区域清除”对话框策略树中的“快进移动”树枝，调出“快进移动”选项卡，如图 11-48 所示，单击该选项卡中的“计算”按钮，计算新的工作平面下的安全高度。

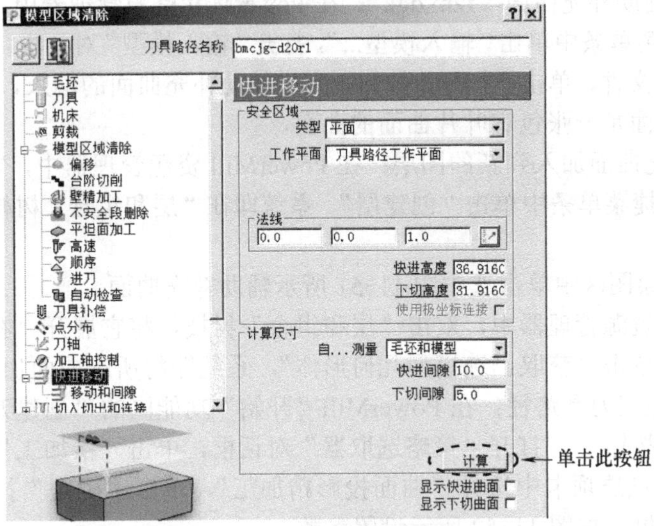

图 11-48　重新计算安全高度

其余参数（包括边界）均使用正面 3+2 粗加工的参数，不做改动。

单击“计算”按钮，系统计算出图 11-49 所示刀具路径。

单击“关闭”按钮，关闭“模型区域清除”对话框。

4）背面粗加工碰撞检查：参照步骤三第 5）步的操作方法，对背面粗加工刀具路径进行碰撞检查。

5）背面粗加工仿真：在 PowerMill 资源管理器的“刀具路径”树枝下，右击刀具路径“bmcjg-d20r1”，在弹出的快捷菜单条中单击“自开始仿真”。

在 PowerMill“仿真”功能区的“ViewMill”工具栏中，单击“模式”下的小三角形，在展开的工具栏中，选择固定方向。

在 PowerMill“仿真”功能区的“仿真控制”工具栏中，单击运行按钮，系统即开始仿真切削，仿真结果如图 11-50 所示。

在 PowerMill“仿真”功能区的“ViewMill”工具栏中，单击“模式”下的小三角形，在展开的工具栏中，选择无图像，返回编程状态。

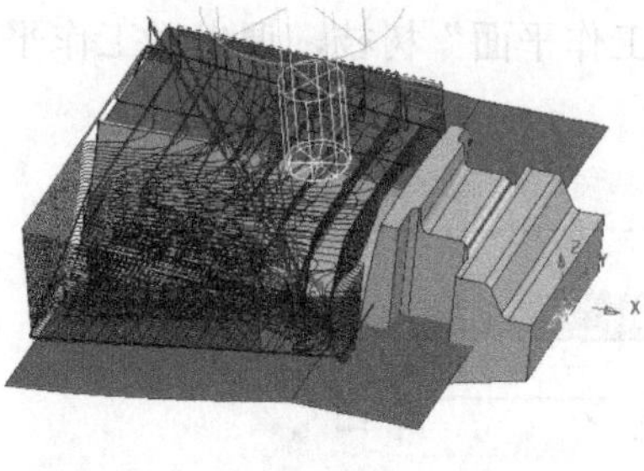

图 11-49 叶片背面粗加工刀具路径

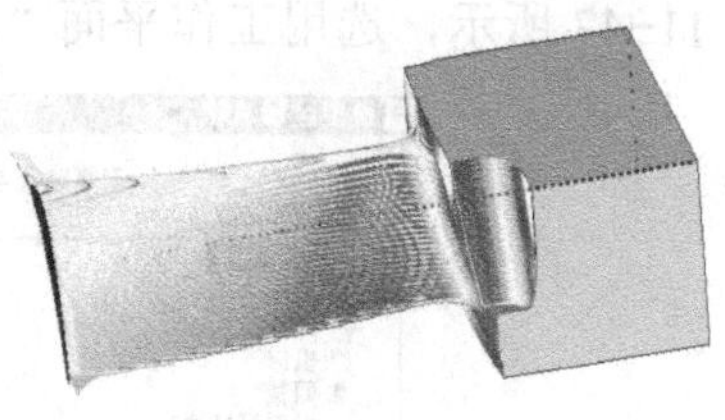

图 11-50 背面粗加工切削仿真结果

步骤六 计算叶片五轴联动半精加工刀具路径

1）删除补面“bm.dgk”：在 PowerMill 资源管理器的“模型”树枝下，右击模型“bm”，在弹出的快捷菜单条中单击“删除模型”，将补充曲面模型“bm”删除。

2）输入新的辅助补充曲面“fzm.dgk”：在 PowerMill 资源管理器中，右击“模型”树枝，在弹出的快捷菜单条中单击“输入模型...”，打开“输入模型”对话框，选择“E:\PM2019EX\ch11\fzm.dgk”文件，单击“打开”按钮，完成辅助补充曲面的输入，如图 11-51 所示，输入的辅助补充曲面是一张包容叶片曲面的曲面。

3）将辅助补充曲面加入到新的图层：在 PowerMill 资源管理器中，右击“层和组合”树枝，在弹出的快捷菜单条中单击“创建层”，系统即在“层和组合”树枝下创建一个名称为“1”的新层。

在 PowerMill 绘图区中单击选中图 11-51 所示辅助补充曲面。

在 PowerMill 资源管理器中，双击“层和组合”树枝，将它展开。右击层“1”，在弹出的快捷菜单条中单击“获取已选模型几何形体”，系统即将所选曲面加入到层“1”中。

4）计算半精加工刀具路径：在 PowerMill“开始”功能区的“创建刀具路径”工具栏中，单击刀具路径按钮，打开“策略选取器”对话框，单击“精加工”选项，调出“精加工”选项卡，在该选项卡中选择“曲面投影精加工”，单击“确定”按钮，打开“曲面投影精加工”对话框，按图 11-52 所示设置参数。

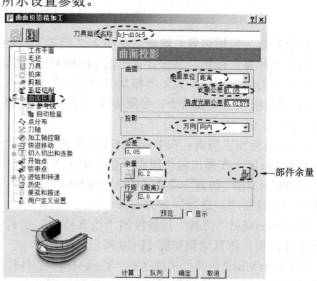

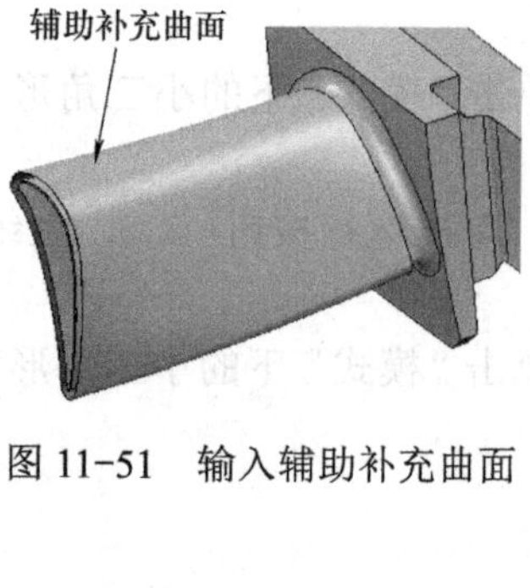

图 11-51 输入辅助补充曲面

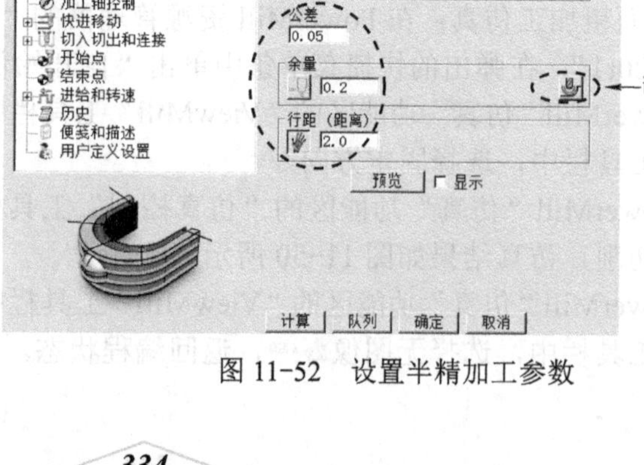

图 11-52 设置半精加工参数

然后，在“曲面投影”选项卡的“余量”栏中，单击“部件余量”按钮，打开“部件余量”对话框。

在 PowerMill 绘图区中选择图 11-51 所示的辅助补充曲面，然后在“部件余量”对话框中，按图 11-53 所示设置参数，这个操作的目的是忽略计算辅助补充曲面上加工刀具路径。

在 PowerMill 绘图区中单击选中图 11-54 所示的挡面，然后按图 11-55 所示设置参数，这个操作的目的是设置该曲面为碰撞避让曲面。

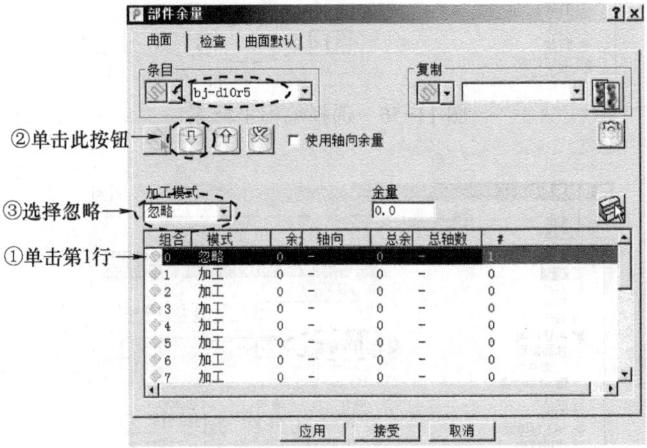
②单击此按钮
③选择忽略
①单击第1行

图 11-53　忽略辅助补充曲面参数设置

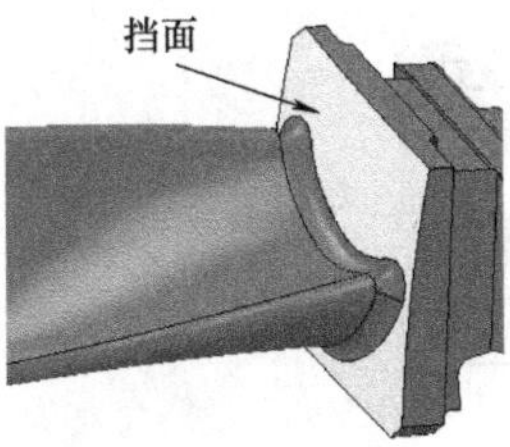
挡面

图 11-54　选择挡面

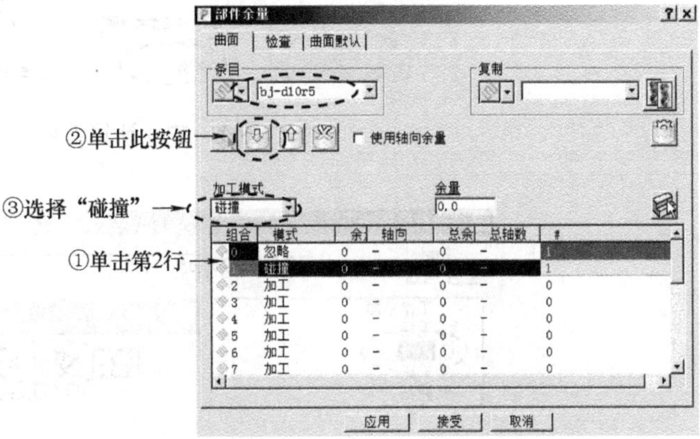
②单击此按钮
③选择“碰撞”
①单击第2行

图 11-55　碰撞避让参数设置

单击“应用”“接受”按钮，关闭“部件余量”对话框。

在“曲面投影精加工”对话框策略树中单击“工作平面”树枝，调出“工作平面”选项卡，按图 11-56 所示选择无，即选择世界坐标系为编程坐标系。

在“曲面投影精加工”对话框策略树中单击“毛坯”树枝，调出“毛坯”选项卡。在绘图区的空白地方单击，取消选择曲面。然后按图 11-57 所示设置毛坯参数并重新计算毛坯尺寸。

在“曲面投影精加工”对话框策略树中单击“刀具”树枝，调出“球头刀”选项卡，如图 11-58 所示，选择加工刀具“d10r5”。

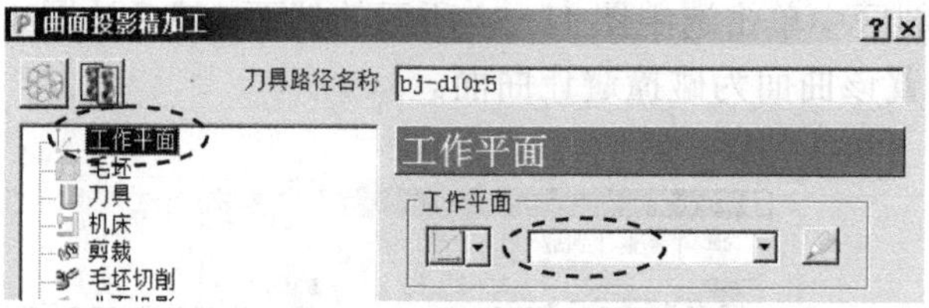

图 11-56 选择编程坐标系

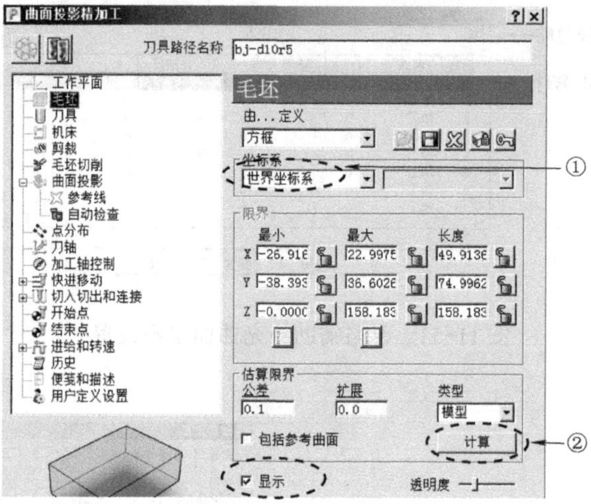

图 11-57 计算毛坯

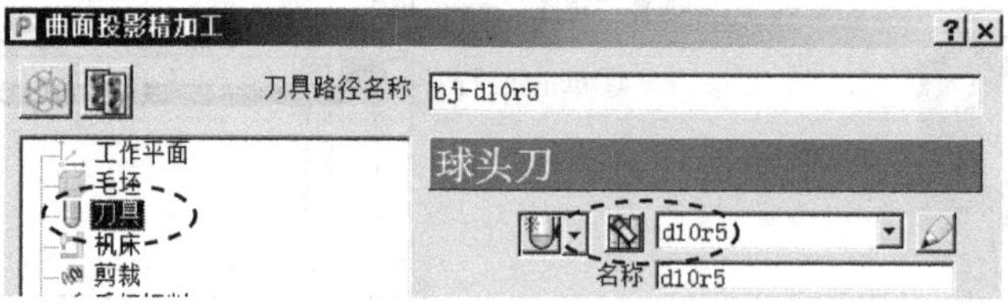

图 11-58 选择刀具

在“曲面投影精加工”对话框策略树中单击“参考线”树枝，调出“参考线”选项卡，按图 11-59 所示设置参数。

在“曲面投影精加工”对话框策略树中单击“刀轴”树枝，调出“刀轴”选项卡，按图 11-60 所示设置刀轴参数。

在“曲面投影精加工”对话框策略树中单击“快进移动”树枝，调出“快进移动”选项卡，按图 11-61 所示重新计算快进高度。

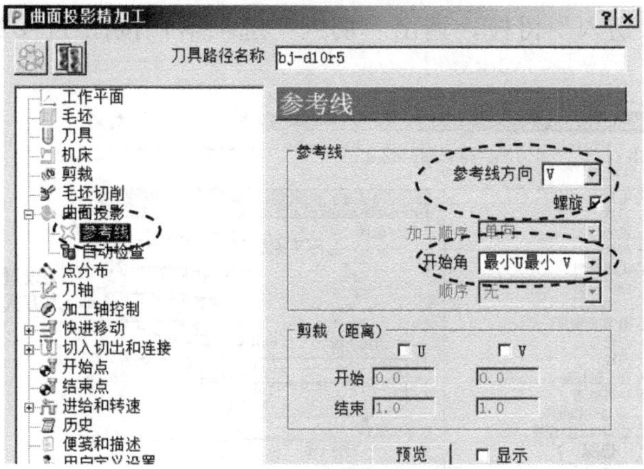

图 11-59　设置参考线参数

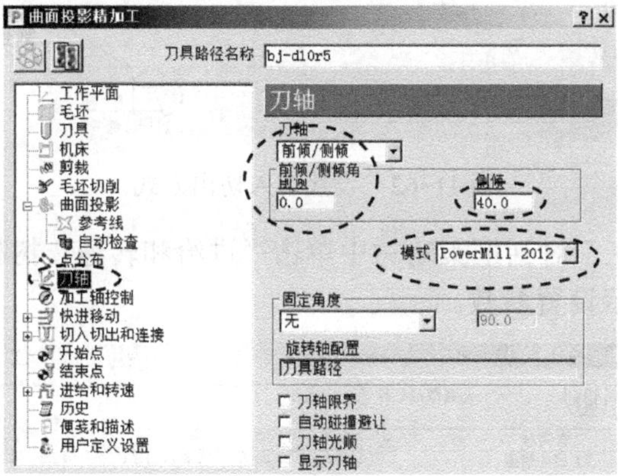

图 11-60　设置刀轴参数

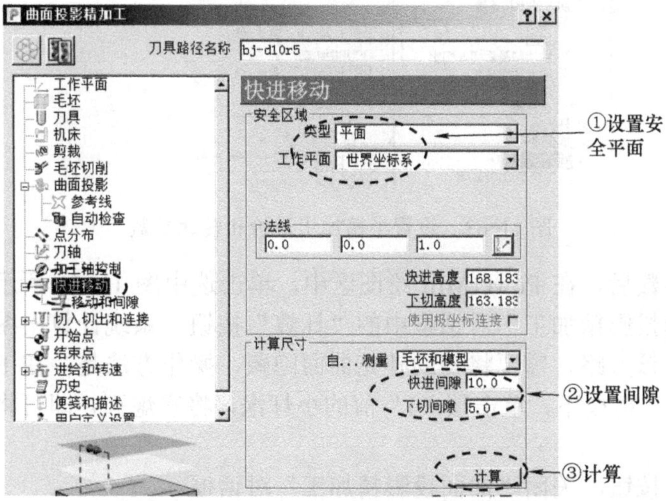

图 11-61　设置快进高度

在“曲面投影精加工”对话框策略树中，单击“切入切出和连接”树枝，将它展开，再单击该树枝下的“切入”树枝，调出“切入”选项卡，按图 11-62 所示设置切入切出方式。

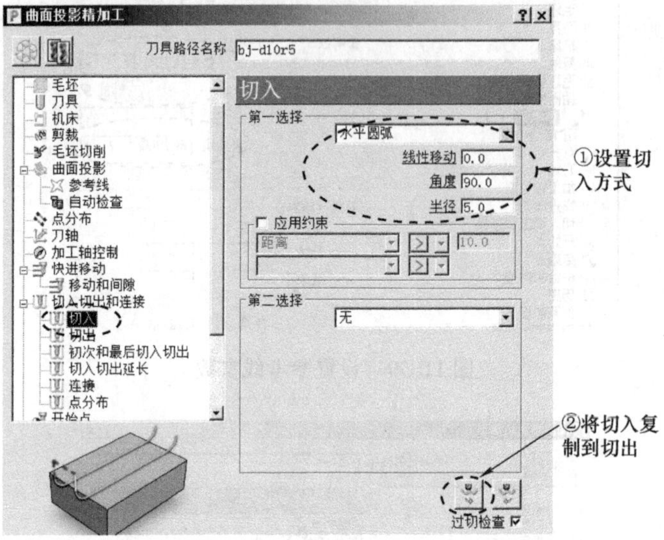

图 11-62 设置切入切出方式

在“曲面投影精加工”对话框策略树中单击“进给和转速”树枝，调出“进给和转速”选项卡，按图 11-63 所示设置参数。

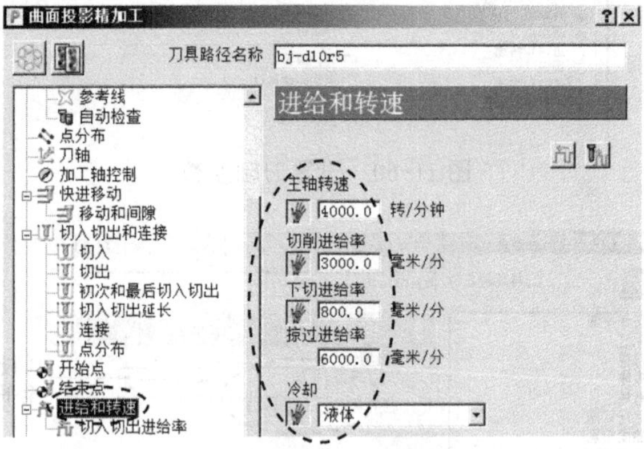

图 11-63 设置半精加工进给和转速参数

设置完上述参数后，在 PowerMill 绘图区中，单击选中图 11-51 所示辅助补充曲面，然后再单击“曲面投影精加工”对话框中的“计算”按钮，系统计算出图 11-64 所示刀具路径。为了查看到该刀路，需要将辅助补充曲面隐藏，操作方法是：在 PowerMill 资源管理器的“层与组合”树枝下，单击层“1”前的小灯泡，将它熄灭，即可将层 1 所含辅助补充曲面隐藏。

单击“关闭”按钮，关闭“曲面投影精加工”对话框。

5）半精加工碰撞检查：参照步骤三第 5）步的操作方法，对半精加工刀具路径进行碰撞检查。

6）半精加工仿真：在 PowerMill 资源管理器的“刀具路径”树枝下，右击刀具路径

“bj-d10r5”，在弹出的快捷菜单条中单击“自开始仿真”。

在 PowerMill“仿真”功能区的“ViewMill”工具栏中，单击“模式”下的小三角形，在展开的工具栏中，选择固定方向。

在 PowerMill“仿真”功能区的“仿真控制”工具栏中，单击运行按钮，系统即开始仿真切削，仿真结果如图 11-65 所示。

在 PowerMill“仿真”功能区的“ViewMill”工具栏中，单击“模式”下的小三角形，在展开的工具栏中，选择无图像，返回编程状态。

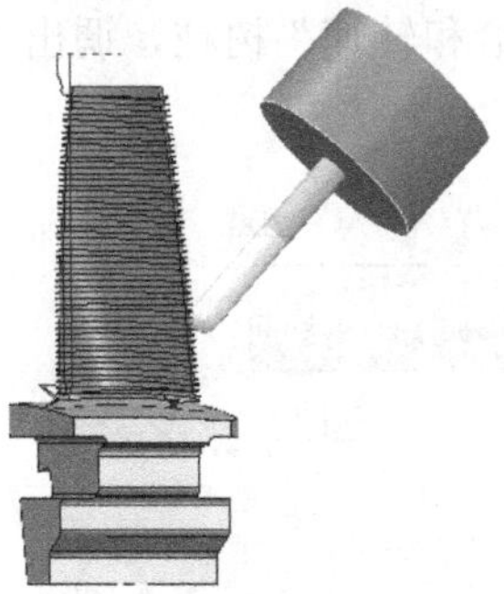

图 11-64 叶片半精加工刀具路径

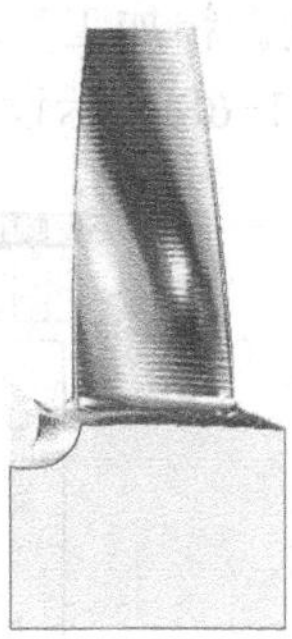

图 11-65 半精加工切削仿真结果

步骤七 计算叶片五轴联动精加工刀具路径

1）在 PowerMill 资源管理器的“刀具路径”树枝下，右击刀具路径“bj-d10r5”，在弹出的快捷菜单条中单击“设置”，打开“曲面投影精加工”对话框。

单击“曲面投影精加工”对话框左上角的复制刀具路径按钮，系统即基于刀具路径“bj-d10r5”复制出一条新的刀具路径，按图 11-66 所示更改部分参数设置。

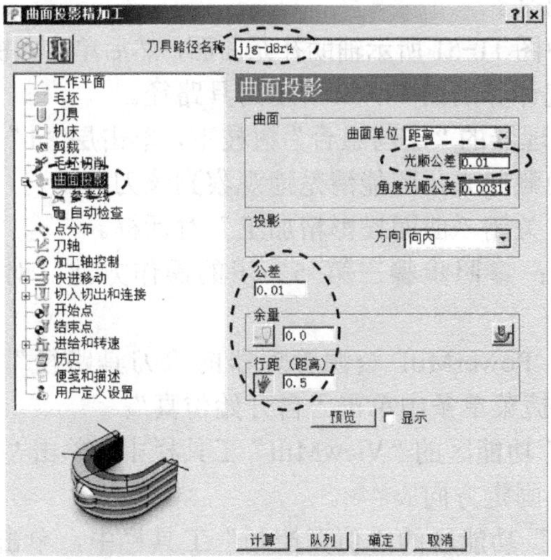

图 11-66 设置叶片精加工参数

单击“曲面投影精加工”对话框策略树中的“刀具”树枝，调出“球头刀”选项卡，按图 11-67 所示选择刀具。

图 11-67 选择精加工刀具

在“曲面投影精加工”对话框策略树中单击“进给和转速”树枝，调出“进给和转速”选项卡，按图 11-68 所示设置参数。

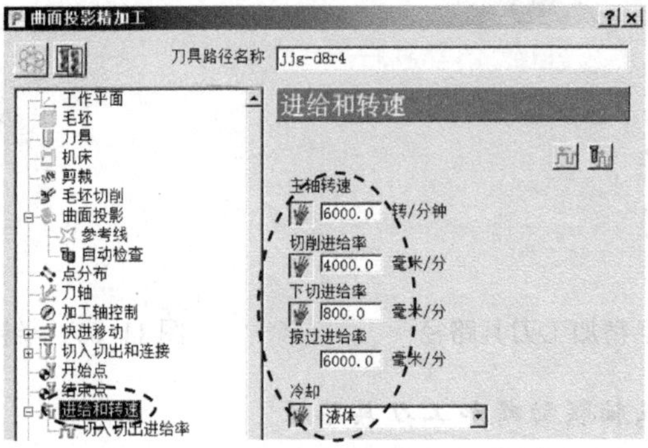

图 11-68 设置精加工进给和转速参数

其余参数（包括刀轴控制）均与半精加工参数相同。

在 PowerMill 资源管理器的“层与组合”树枝下，单击层“1”前的小灯泡，将它点亮，将层 1 的辅助曲面显示出来。

在绘图区中单击选中图 11-51 所示辅助补充曲面，然后单击“曲面投影精加工”对话框中的“计算”按钮，系统计算出图 11-69 所示刀具路径。

在 PowerMill 资源管理器的“层与组合”树枝下，单击层“1”前的小灯泡，将它熄灭，将层 1 的辅助补充曲面隐藏起来，即能清楚地观察到该刀路。

单击“关闭”按钮，关闭“曲面投影精加工”对话框。

2）精加工碰撞检查：参照步骤三第 5）步的操作方法，对精加工刀具路径进行碰撞检查。

3）精加工仿真：在 PowerMill 资源管理器的“刀具路径”树枝下，右击刀具路径“jjg-d8r4”，在弹出的快捷菜单条中单击“自开始仿真”。

在 PowerMill“仿真”功能区的“ViewMill”工具栏中，单击“模式”下的小三角形模式，在展开的工具栏中，选择固定方向固定方向。

在 PowerMill“仿真”功能区的“仿真控制”工具栏中，单击运行按钮运行，系统即开始仿真切削，仿真结果如图 11-70 所示。

在 PowerMill“仿真”功能区的“ViewMill”工具栏中，单击“模式”下的小三角形模式，在展开的工具栏中，选择无图像无图像，返回编程状态。

图 11-69　叶片精加工刀具路径

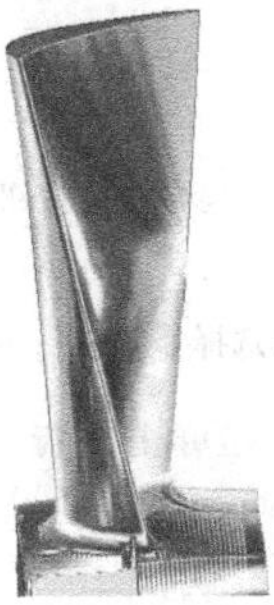

图 11-70　精加工切削仿真结果

步骤八　计算叶片根部五轴联动精加工刀具路径

1）计算清角刀路：在 PowerMill“开始”功能区的“创建刀具路径”工具栏中，单击刀具路径按钮，打开“策略选取器”对话框，单击“精加工”选项，调出“精加工选项”卡，在该选项卡中选择“曲面精加工”，单击“确定”按钮，打开“曲面精加工”对话框，按图 11-71 所示设置参数。

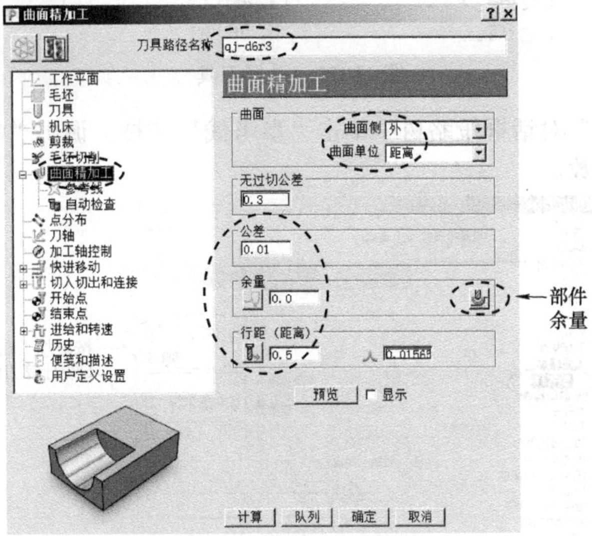

图 11-71　设置根部精加工参数

设置完上述参数后，单击“曲面精加工”选项卡中“余量”选项栏下的“部件余量”按钮，打开“部件余量”对话框。

在 PowerMill 资源管理器的“层与组合”树枝下，单击层“1”前的小灯泡，将它点亮，将层 1 的辅助补充曲面显示出来。

在 PowerMill 绘图区中单击选中图 11-51 所示的辅助补充曲面，然后按图 11-72 所示设置参数。

单击“应用”“接受”按钮，关闭“部件余量”对话框。

在“曲面精加工”对话框策略树中单击“刀具”树枝，调出“球头刀”选项卡，按图 11-73 所示设置参数。

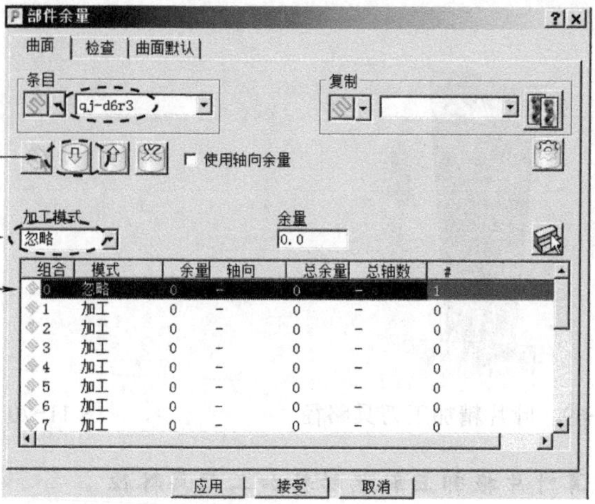

图 11-72　忽略辅助补充曲面

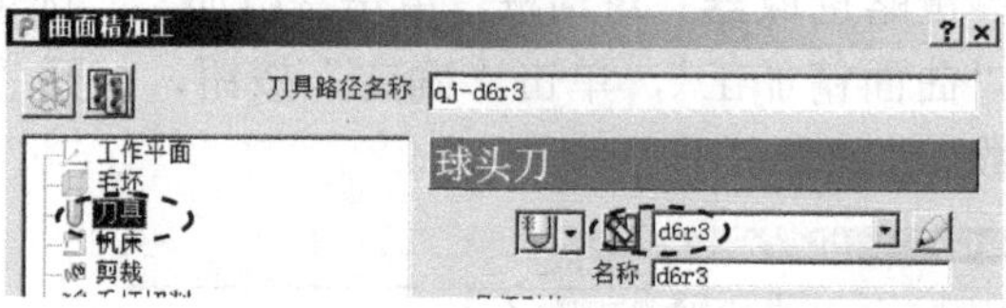

图 11-73　选择刀具

在“曲面精加工”对话框策略树中单击“参考线”树枝，调出“参考线”选项卡，按图 11-74 所示设置参数。

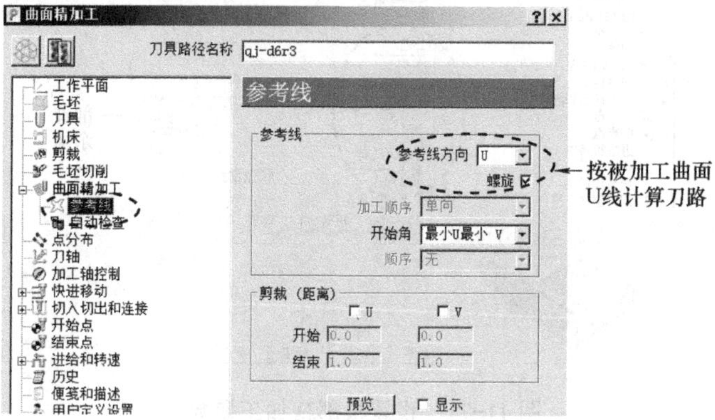

图 11-74　设置参考线参数

在“曲面精加工”对话框策略树中单击“刀轴”树枝，调出“刀轴”选项卡，按图 11-75 所示设置刀轴参数。

在“曲面精加工”对话框策略树中，单击“切入切出和连接”树枝，将它展开。再单击该树枝下的“切入”树枝，调出“切入”选项卡，按图 11-76 所示设置参数。

单击“曲面精加工”对话框策略树中的“刀具”树枝，调出“球头刀”选项卡，按图 11-77 所示选择刀具。

在“曲面精加工”对话框策略树中单击“进给和转速”树枝，调出“进给和转速”选项卡，按图 11-78 所示设置参数。

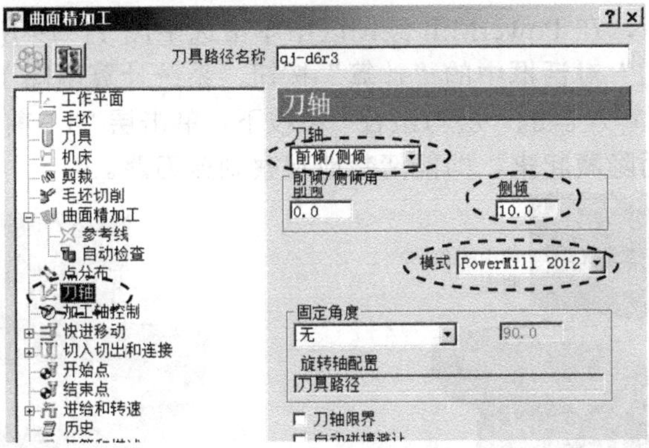

图 11-75　设置刀轴参数

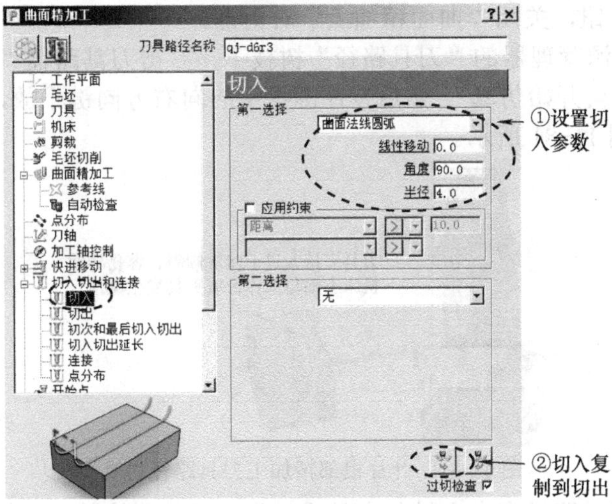

图 11-76　设置切入切出方式

图 11-77　选择清角刀具

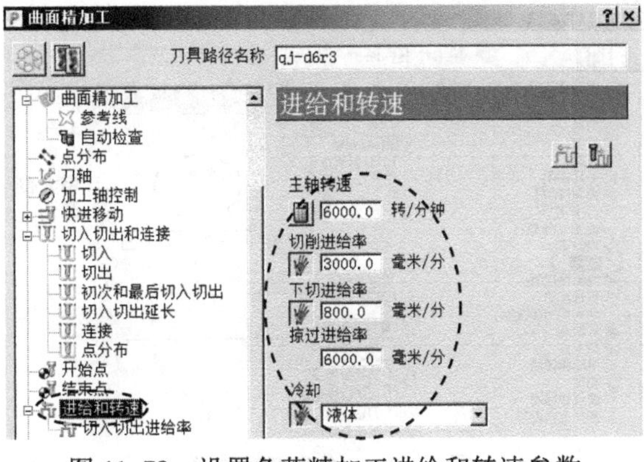

图 11-78　设置角落精加工进给和转速参数

设置完上述参数后，在 PowerMill 绘图区中单击选中图 11-79 所示叶片根部曲面，然后再单击“曲面精加工”对话框中的“计算”按钮，系统计算出图 11-80 所示刀具路径。

在 PowerMill 资源管理器的“层与组合”树枝下，单击层“1”前的小灯泡，将它熄灭，将层 1 的辅助补充曲面隐藏起来，即能清楚地观察到该刀路。

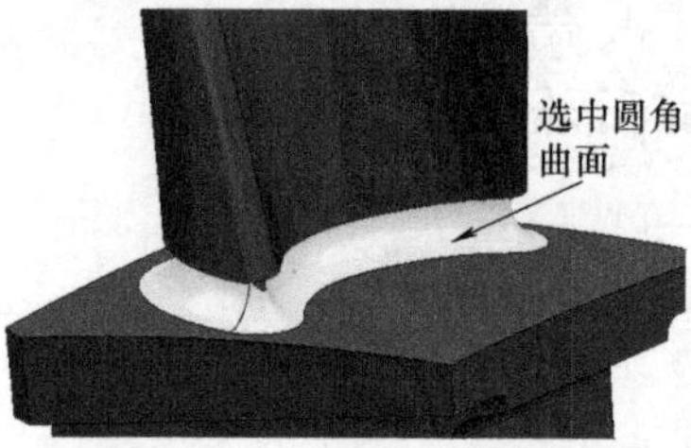

图 11-79　选择叶片根部曲面

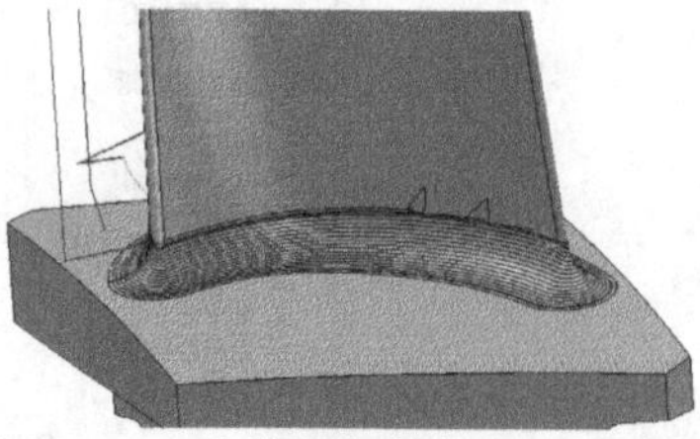

图 11-80　叶片根部精加工刀具路径

单击“关闭”按钮，关闭“曲面精加工”对话框。

在 PowerMill 资源管理器的“刀具路径”树枝下，右击刀具路径“qj-d6r3”，在弹出的快捷菜单条中单击“自开始仿真”。然后按住键盘中的向右方向键不放，系统即开始模拟刀具路径的运行，如图 11-81 所示。

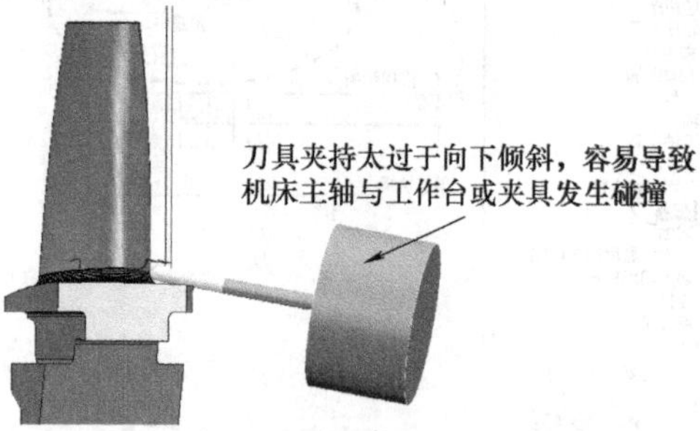

图 11-81　叶片根部精加工刀具路径仿真

图 11-81 所示刀具路径存在主轴与夹具或工作台发生碰撞的可能性。下面通过修改刀轴参数来避免这种情况。

在 PowerMill 资源管理器的“刀具路径”树枝下，右击刀具路径“qj-d6r3”，在弹出的快捷菜单条中单击“设置”，打开“曲面精加工”对话框。单击该对话框左上角的修改参数按钮，激活曲面精加工参数。

在“曲面精加工”对话框的策略树中，单击“刀轴”树枝，调出“刀轴”选项卡，按图 11-82 所示设置参数。

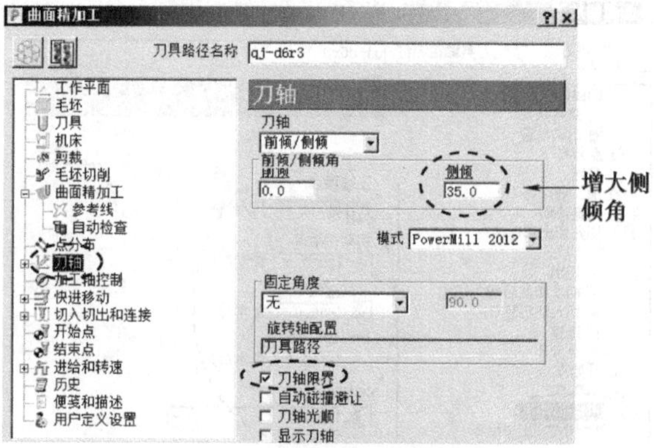

图 11-82　修改刀轴参数

在“曲面精加工”对话框的策略树中，双击“刀轴”树枝，将它展开。单击该树枝下的“刀轴限界”树枝，调出“刀轴限界”选项卡，按图 11-83 所示设置参数。

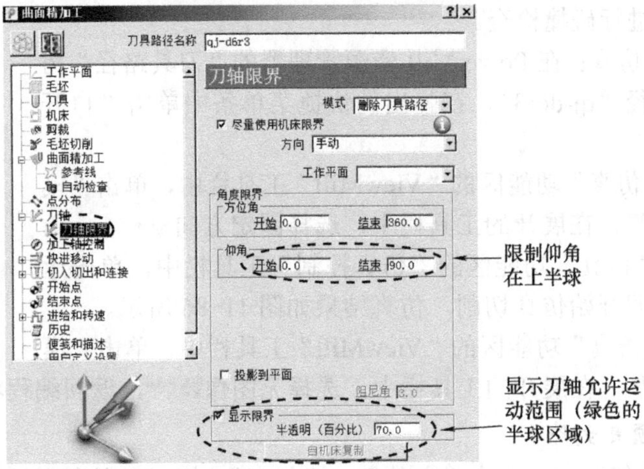

图 11-83　设置刀轴限界参数

在“曲面精加工”对话框的策略树中，单击“快进移动”树枝，调出“快进移动”选项卡，按图 11-84 所示更改安全区域参数。

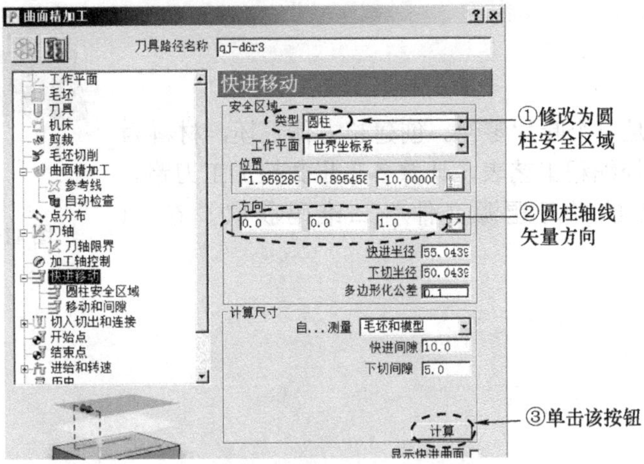

图 11-84　修改安全高度参数

在 PowerMill 绘图区中单击选中图 11-79 所示叶片根部曲面，然后单击“曲面精加工”对话框中的“计算”按钮，系统计算出图 11-85 所示刀具路径。

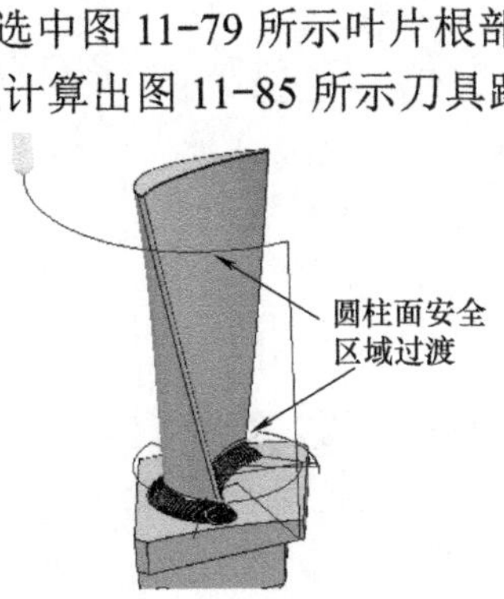

图 11-85　新的清角刀具路径

单击“曲面精加工”对话框中的“关闭”按钮，关闭“曲面精加工”对话框。

2）根部精加工碰撞检查：参照步骤三第 5）步的操作方法，对根部精加工刀具路径进行碰撞检查。

3）根部精加工仿真：在 PowerMill 资源管理器的“刀具路径”树枝下，右击刀具路径“qj-d6r3”，在弹出的快捷菜单条中单击“自开始仿真”。

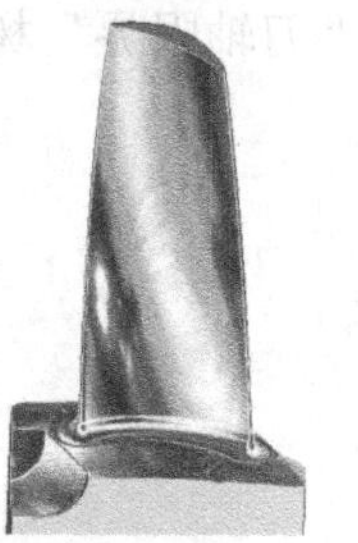

图 11-86 根部精加工切削仿真结果

在 PowerMill“仿真”功能区的“ViewMill”工具栏中，单击“模式”下的小三角形模式，在展开的工具栏中，选择固定方向固定方向。

在 PowerMill“仿真”功能区的“仿真控制”工具栏中，单击运行按钮运...，系统即开始仿真切削，仿真结果如图 11-86 所示。

在 PowerMill“仿真”功能区的“ViewMill”工具栏中，单击“模式”下的小三角形模式，在展开的工具栏中，选择无图像无图像，返回编程状态。

步骤九 保存项目文件

在 PowerMill 功能区中，单击“文件”→“保存”，打开“保存项目为”对话框，选择 E:\PM2019EX 目录，输入项目文件名称为“11-01 yepian”，单击“保存”按钮，完成项目文件保存操作。

11.4 练习题

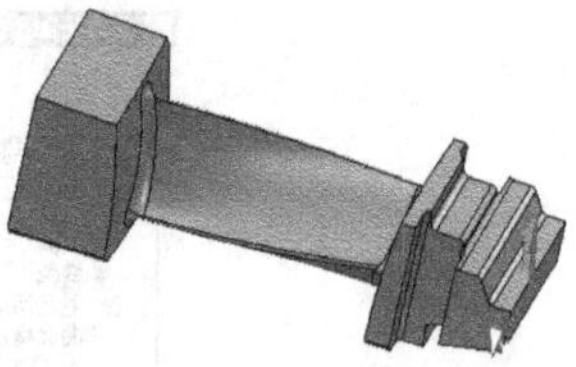

图 11-87 叶片零件

图 11-87 所示是单个叶片零件。创建长方体毛坯，材料为 45 钢。要求制订数控编程工艺表，计算各工步数控加工刀路。源文件请扫描前言的“习题源文件”二维码获取，在 xt sources\ch11 目录下。

第 12 章　翼子板拉延凸模五轴数控加工编程实例

本章知识点

- ✧ 复杂、高精度要求的零件数控加工编程工艺与过程。
- ✧ 五轴联动加工在汽车外覆盖件模具零件加工中的应用。
- ✧ 翼子板拉延凸模零件编程实例。

图 12-1 所示是汽车外覆盖件——翼子板拉延凸模零件。

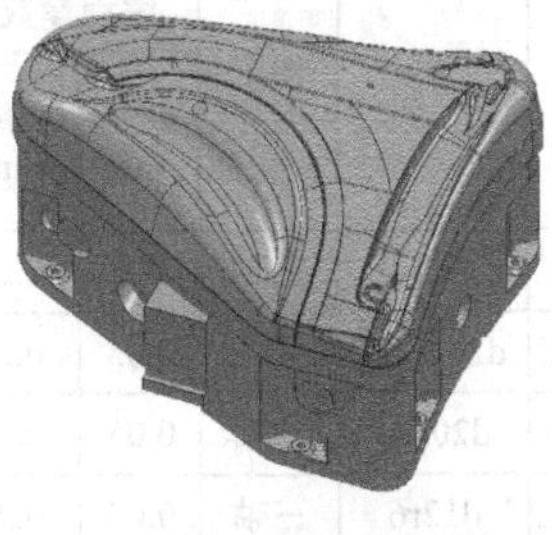

图 12-1　翼子板拉延凸模零件

从车身的结构上来说，传统的汽车外覆盖件一般由“四门、两盖、两翼、两侧围和顶棚以及前后保险杠”构成，即左右四车门外板、引擎盖板、行李箱盖板、左右两翼子板、左右整体侧围和顶棚，以及前保险杠和后保险杠构成了整车的外覆盖件。这些外覆盖件由金属薄板经冲压工艺成形，通常要经过拉延、冲孔、修边、翻边、整形等冲压工序，其中拉延是外覆盖件成形过程中最关键的一步，拉延模具的质量也就成了模具厂商关注的焦点。

汽车外覆盖件拉延凸模具有一个共同特点，即它们的成形对象都是车身外板件，因此要求极高的表面质量。具体来说，就是模具型面上不允许有刀具加工纹路（这些纹路基本上是因为切削方向改变而产生的）、刀具刮出的痕迹（由静点切削而产生）以及接刀痕迹（这些痕迹是由于分区加工使用了不同的程序而产生的）。

在翼子板凸模型面的精加工中，使用直径为 25mm 的球头铣刀，公差 0.01mm，行距 0.4mm。如果使用三轴机床来加工，在加工零件正面时，不可避免会有静点切削，会留下刀刮痕；而在加工侧面时，虽然不会出现静点切削，但会因为刀具伸出夹持过长而带来旋转刀具的摆动量加大，使凸模尺寸不准确（一般情况下是增大）。本章介绍使用五轴机床所具有的刀轴倾斜功能来避免上述问题。提出的要求是：

1）使用一条程序加工出翼子板的整个型面，不要分区加工，以避免接刀痕的产生。

2）使用直线刀具路径，刀具路径不能转弯或扭曲，以避免出现加工路径转弯纹路。刀具路径最好是水平线，但又要满足行距均匀的关键条件。

3）加工零件正面时，要求刀轴前倾一个角度；而加工零件侧面时，要求刀轴与曲面法线方向成一个夹角，这样就能避免出现静点切削。

12.1 数控编程工艺分析

翼子板凸模零件的毛坯是使用消失模铸造的成型铸件，毛坯的外形已经具备翼子板凸模的外形轮廓，毛坯上的加工余量已经不太多。翼子板型面较为复杂，该零件的结构具有以下特点：

1）零件总体尺寸为 1105mm×925mm×606mm。零件尺寸较大，一般使用龙门式加工中心加工。

2）翼子板凸模零件由翼子板曲面和辅助曲面、结构面组成，要着重保证翼子板曲面的加工质量。

拟按表 12-1 中所述编程工艺计算该零件正面型面部分的加工刀具路径。

表 12-1 型面数控加工编程工艺

工步号	工步名称	加工部位	进给方式	刀具	加工方式	编程参数		铣削用量					
						公差/mm	余量/mm	转速/(r/min)	进给速度/(mm/min)			铣削宽度/mm	背吃刀量/mm
									下切	切削	掠过		
1	二次粗加工	凸模正面	拐角区域清除	d32r5	三轴	0.1	0.7	1200	200	900	3000	24	2
2	粗清角	凸模正面	笔式清角精加工	d25r12.5	三轴	0.05	0.2	2500	300	1500	3000	—	—
3	粗清角	凸模正面	笔式清角精加工	d20r10	三轴	0.05	0.2	3000	300	1500	3000	—	—
4	粗清角	凸模正面	笔式清角精加工	d12r6	三轴	0.05	0.2	3500	300	1500	3000	—	—
5	半精加工	型面	平行精加工	d25r12.5	三轴	0.05	0.2	4000	500	2000	3000	1.5	—
6	精加工	型面	直线投影精加工	d25r12.5	五轴联动	0.01	0	6000	500	3000	3000	0.2	—
7	精清角	凸模正面	多笔清角精加工	d6r3	三轴	0.01	0	6000	500	2000	3000	0.01	—

12.2 详细编程过程

操作视频

步骤一 新建加工项目

1）复制文件到本地磁盘：扫描前言的“实例源文件”二维码，下载并复制文件夹“Source\ch12”到“E:\PM2019 EX”目录下。

2）启动 PowerMill 2019 软件：双击桌面上的 PowerMill 2019 图标，打开 PowerMill 系统。

3）输入模型：在功能区中，单击“文件”→“输入→“模型”，打开“输入模型”对话框，选择“E:\PM2019EX\ch12\yzbtm.dgk”文件，然后单击“打开”按钮，完成模型输入操作。

步骤二　准备加工

1）创建毛坯：在 PowerMill“开始”功能区中，单击创建毛坯按钮，打开“毛坯”对话框，勾选“显示”选项，然后单击“计算”按钮，如图 12-2 所示，创建出图 12-3 所示方形毛坯，单击“接受”按钮，完成创建毛坯操作。

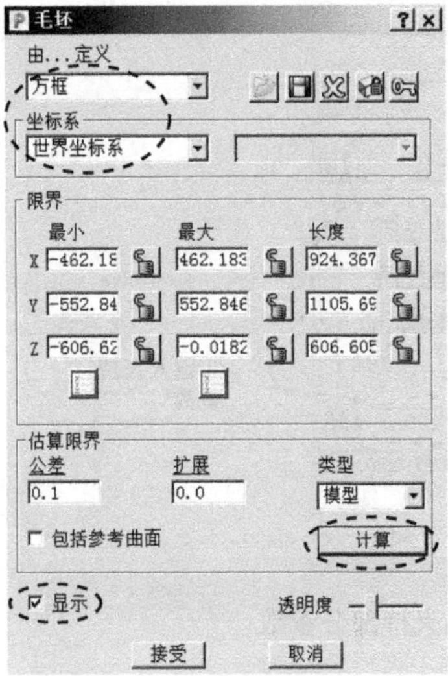

图 12-2 “毛坯”对话框设置

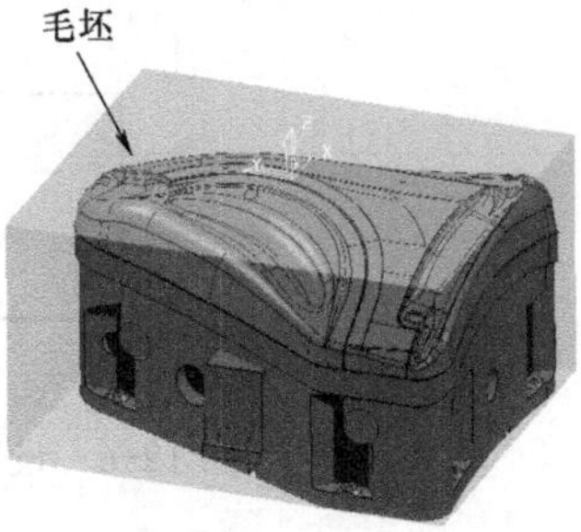

图 12-3　创建毛坯

2）创建粗加工刀具：在 PowerMill 资源管理器中，右击“刀具”树枝，在弹出的快捷菜单条中单击“创建刀具”→“刀尖圆角端铣刀”，打开“刀尖圆角端铣刀”对话框，按图 12-4 所示设置刀具切削刃部分的参数。

单击“刀尖圆角端铣刀”对话框中的“刀柄”选项卡，按图 12-5 所示设置刀柄部分参数。

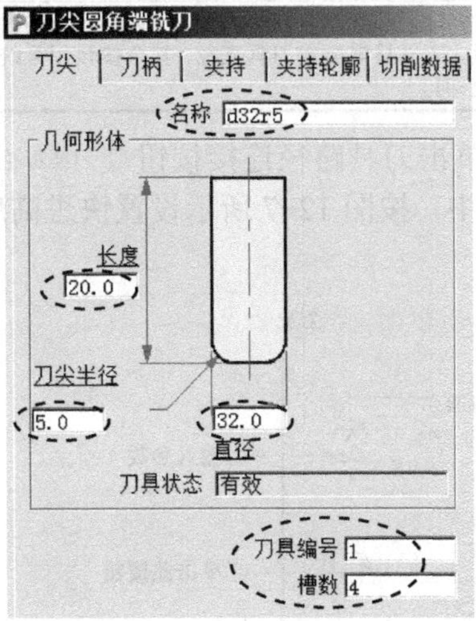

图 12-4　设置“d32r5”切削刃部分参数

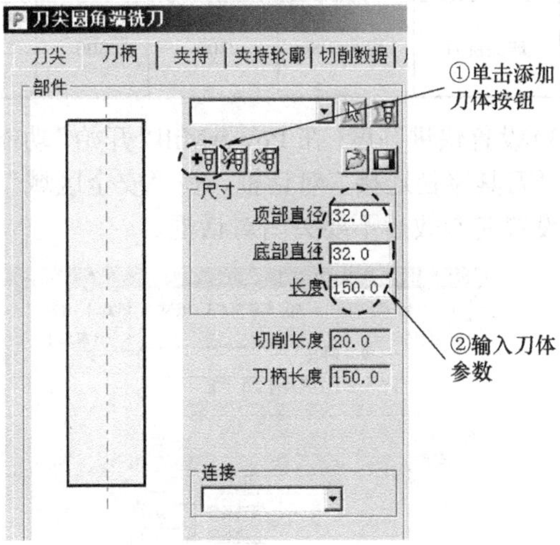

图 12-5　设置“d32r5”刀柄部分参数

单击“刀尖圆角端铣刀”对话框中的“夹持”选项卡，按图 12-6 所示设置刀具夹持部分参数。

完成上述参数设置后，单击“刀尖圆角端铣刀”对话框中的“关闭”按钮，创建出一把带夹持的、完整的刀尖圆角端铣刀“d32r5”。

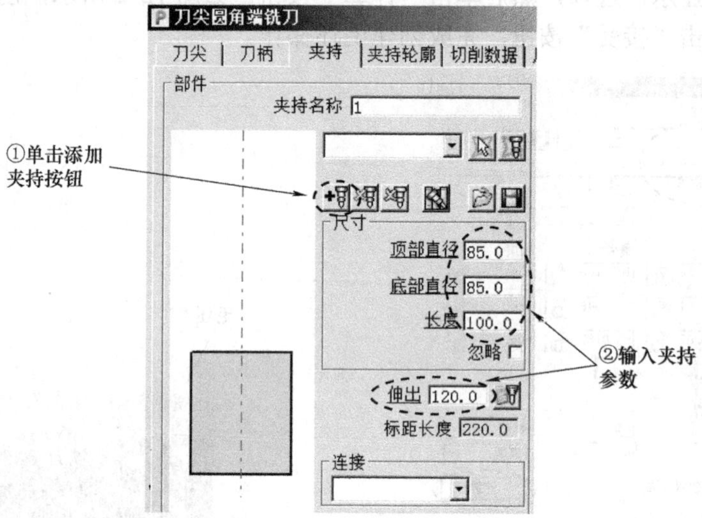

图 12-6　设置“d32r5”刀具夹持部分参数

参照上述操作步骤，创建表 12-2 所示刀具。

表 12-2　刀具列表　（单位：mm）

刀具编号	刀具类型	刀具名称	切削刃直径	切削刃长度	刀柄直径（顶/底）	刀柄长度	夹持直径（顶/底）	夹持长度	伸出夹持长度
2	球头铣刀	d25r12.5	25	30	25	90	85	100	80
3	球头铣刀	d20r10	20	25	20	80	85	100	80
4	球头铣刀	d12r6	12	25	12	70	85	100	80
5	球头铣刀	d6r3	6	20	6	70	85	100	80
6	球头铣刀	d200r100	200	300	200	注：这是一把虚拟刀具，用来作为粗清角的参考刀具，所以只需给定刀具直径，其余参数用系统默认值即可			

3）设置快进高度：在 PowerMill“开始”功能区中，单击刀具路径连接按钮 刀具路径连接，打开“刀具路径连接”对话框，在“安全区域”选项卡中，按图 12-7 所示设置快进高度参数，设置完参数后不要关闭对话框。

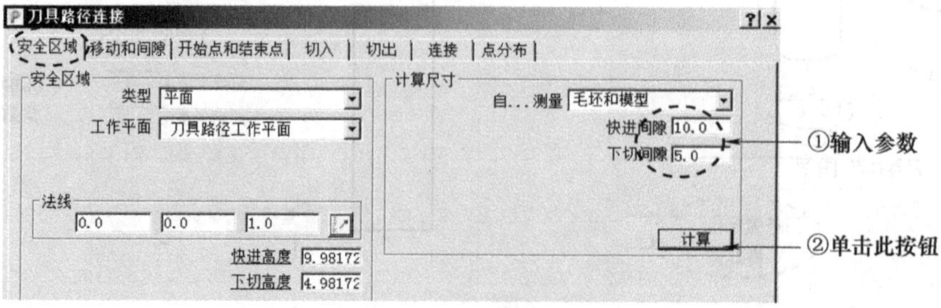

图 12-7　设置快进高度

4）确认加工开始点和结束点：在“刀具路径连接”对话框中，切换到“开始点和结束点”选项卡，按图 12-8 所示确认开始点和结束点，单击“接受”按钮关闭对话框。

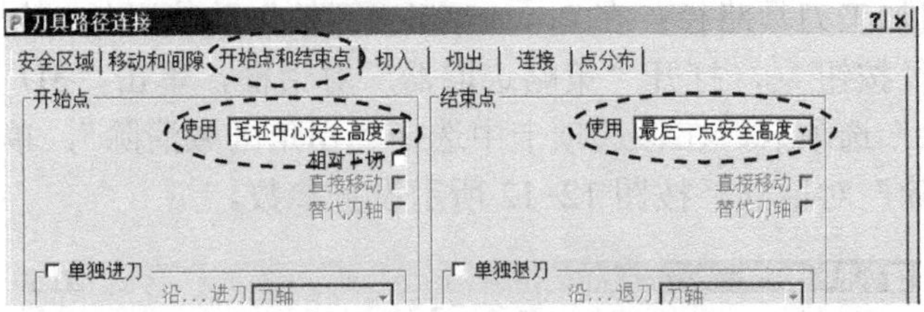

图 12-8　确认开始点和结束点

步骤三　计算型面二次粗加工刀具路径

1）创建边界：在 PowerMill 资源管理器中，右击“边界”树枝，在弹出的快捷菜单条中单击“创建边界”→“用户定义”，打开“用户定义边界”对话框，如图 12-9 所示，单击该对话框中的绘制按钮，打开“曲线编辑器”工具栏，进入勾画边界的系统环境中。

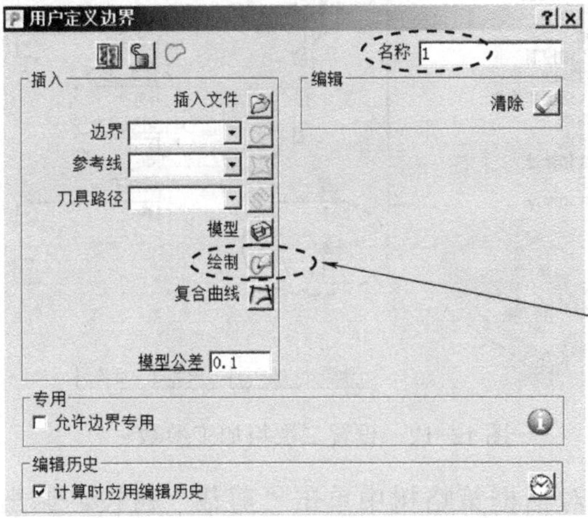

图 12-9　用户定义边界

在查看工具栏中，单击从上查看（Z）按钮，将模型摆平。

在“曲线编辑器”工具栏中，单击连续直线按钮，如图 12-10 所示，在绘图区中绘制图 12-11 所示边界，绘制的边界线大致上沿着圆角面分布，以包容住待加工的曲面为原则。

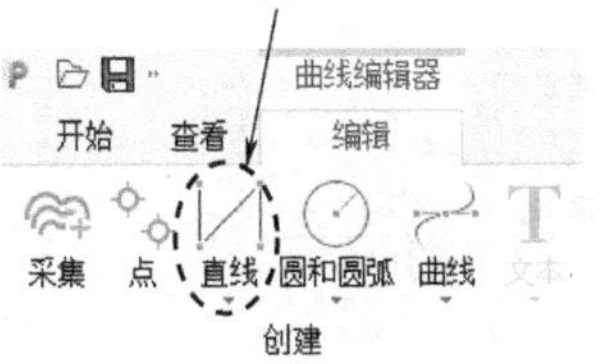

图 12-10　“曲线编辑器”工具栏

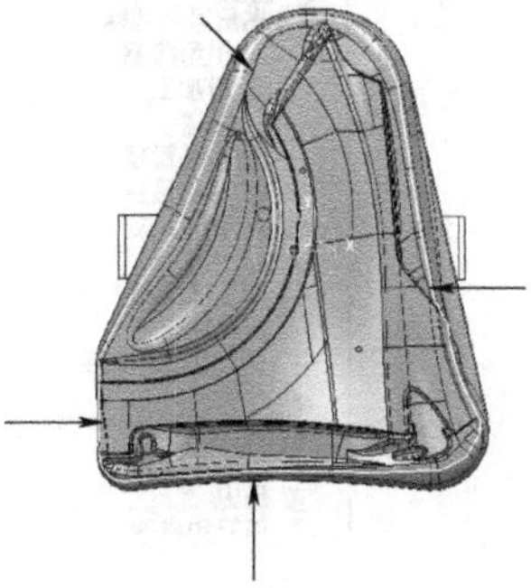

图 12-11　绘制边界

单击“曲线编辑器”工具栏中“接受”按钮，单击“用户定义边界”对话框中的“接受”按钮，完成边界的创建。

2）计算二次粗加工刀具路径：在 PowerMill“开始”功能区的“创建刀具路径”工具栏中，单击刀具路径按钮，打开“策略选取器”对话框，单击“3D 区域清除”选项，调出“3D 区域清除”选项卡，在该选项卡中选择“拐角区域清除”，单击“确定”按钮，打开“拐角区域清除”对话框，按图 12-12 所示设置参数。

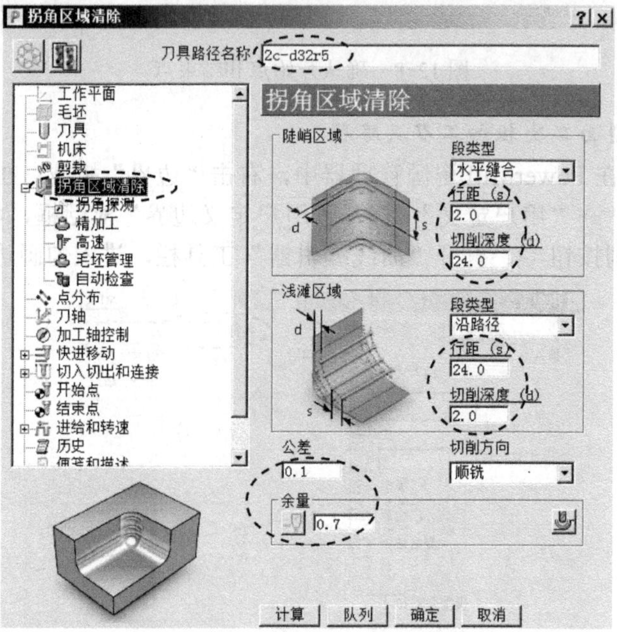

图 12-12　设置二次粗加工参数

在“拐角区域清除”对话框策略树中单击“剪裁”树枝，调出“剪裁”选项卡，按图 12-13 所示设置边界。

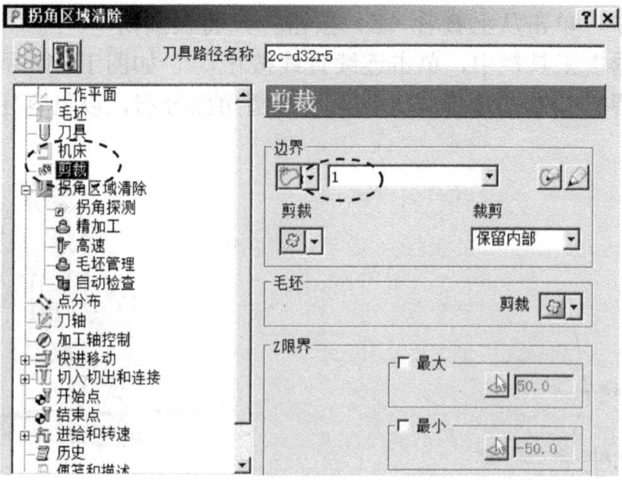

图 12-13　设置边界

在“拐角区域清除”对话框策略树中单击“刀具”树枝，调出“刀尖半径”选项卡，按图 12-14 所示选择刀具。

在“拐角区域清除”对话框策略树中单击“拐角探测”树枝，调出“拐角探测”选项卡，按图 12-15 所示设置参数。

在“拐角区域清除”对话框策略树中，单击“切入切出和连接”树枝，将它展开。再单击该树枝下的“连接”树枝，调出“连接”选项卡，按图 12-16 所示设置参数。

图 12-14　选择刀具

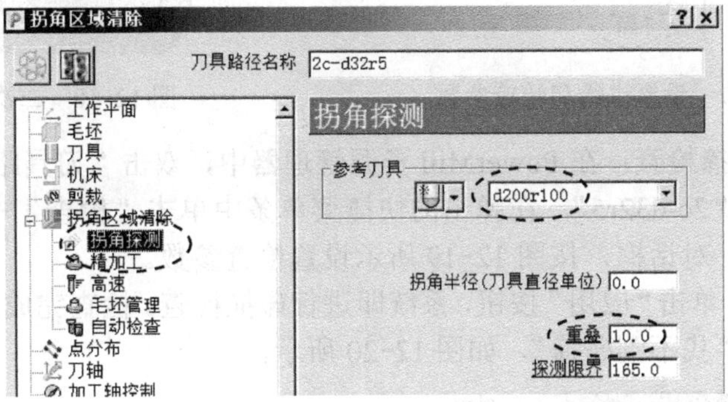

图 12-15　设置拐角探测参数

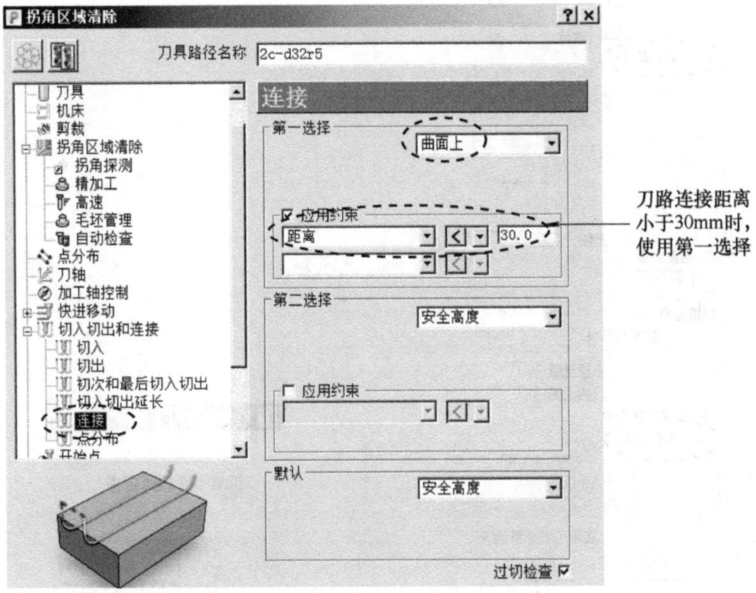

图 12-16　设置连接方式

在“拐角区域清除”对话框策略树中单击“进给和转速”树枝，调出“进给和转速”选项卡，按图 12-17 所示设置参数。

设置完上述参数后，单击“拐角区域清除”对话框中的“计算”按钮，系统计算出图 12-18 所示刀具路径。

单击“关闭”按钮，关闭“拐角区域清除”对话框。

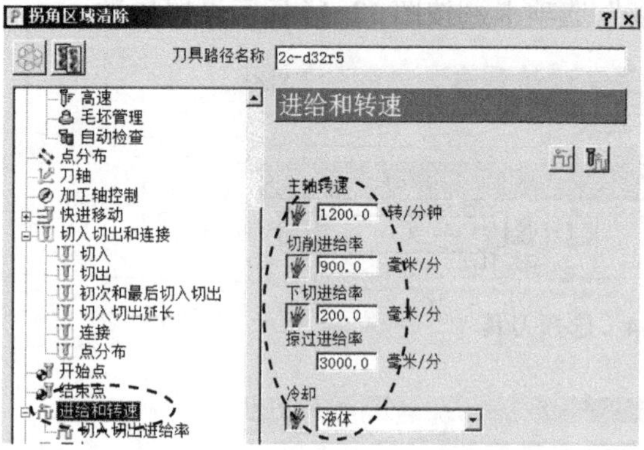

图 12-17 设置进给和转速参数

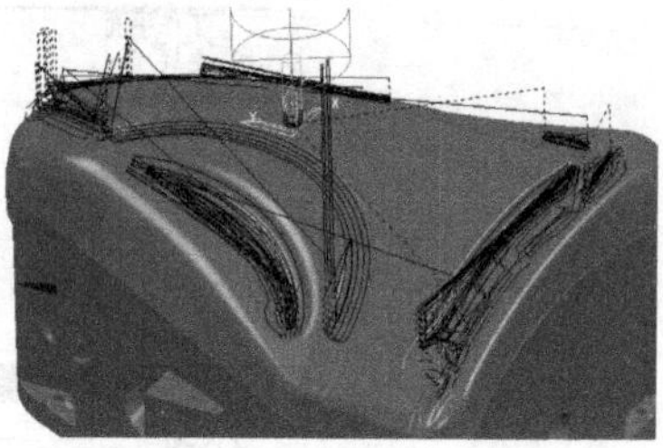

图 12-18 二次粗加工刀具路径

3）刀具路径碰撞检查：在 PowerMill 资源管理器中，双击“刀具路径”树枝，将它展开。右击刀具路径“2c-d32r5”，在弹出的快捷菜单条中单击“检查”→“刀具路径”，打开“刀具路径检查”对话框，按图 12-19 所示设置检查参数。

设置完参数后，单击“应用”按钮，系统即进行碰撞检查。检查完成后，弹出 PowerMill 信息对话框，提示“找不到碰撞”，如图 12-20 所示。

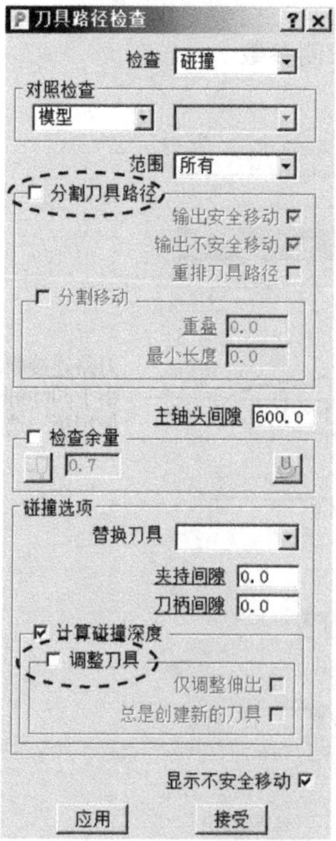

图 12-19 设置碰撞检查参数

图 12-20 碰撞检查结果

单击“确定”“接受”按钮，关闭“刀具路径检查”对话框。

步骤四　计算第一次粗清角刀具路径

1）计算第一次粗清角刀具路径：在 PowerMill“开始”功能区的“创建刀具路径”工具栏中，单击刀具路径按钮，打开“策略选取器”对话框，单击“精加工”选项，调出“精加工”选项卡，在该选项卡中选择“笔式清角精加工”，单击“确定”按钮，打开“笔式清角精加工”对话框，按图 12-21 所示设置参数。

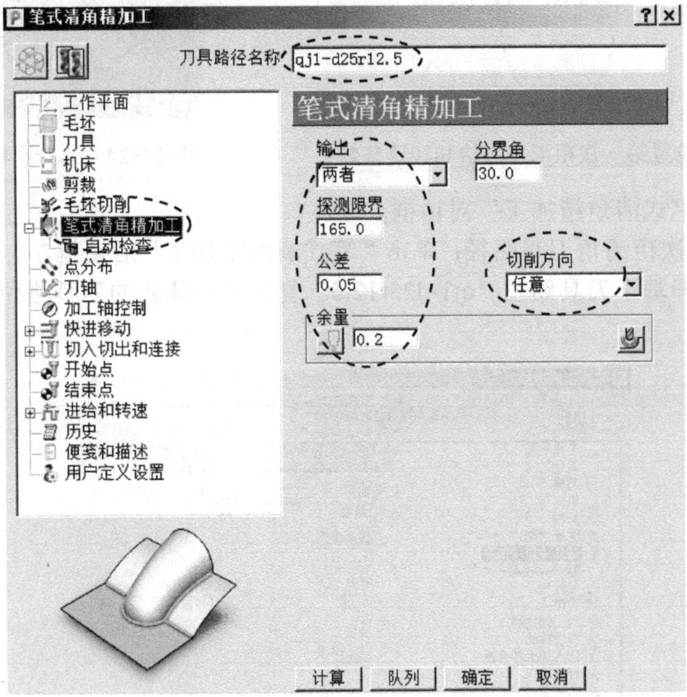

图 12-21　设置第一次粗加工清角参数

在“笔式清角精加工”对话框策略树中单击“刀具”树枝，调出“球头刀”选项卡，按图 12-22 所示选择刀具。

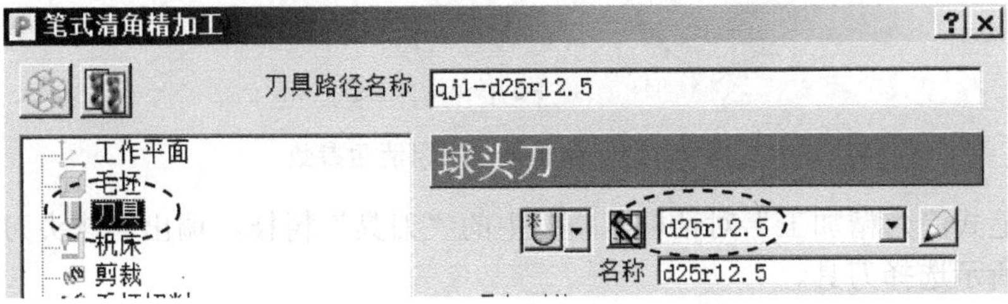

图 12-22　选择刀具

在“笔式清角精加工”对话框策略树中单击“进给和转速”树枝，调出“进给和转速”选项卡，按图 12-23 所示设置参数。

设置完上述参数后，单击“笔式清角精加工”对话框中的“计算”按钮，系统计算出图 12-24 所示刀具路径。

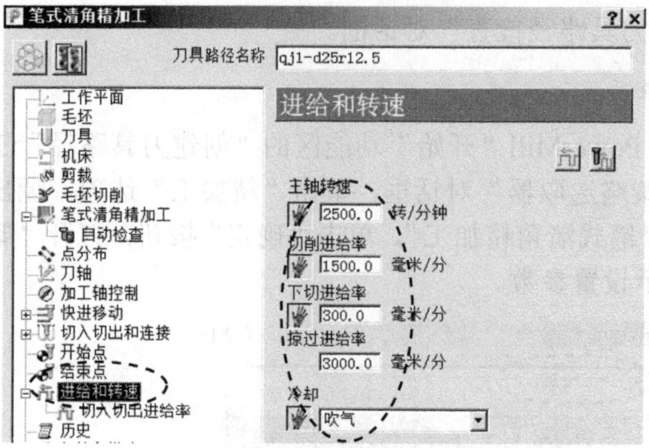

图 12-23 设置第一次粗清角进给和转速参数

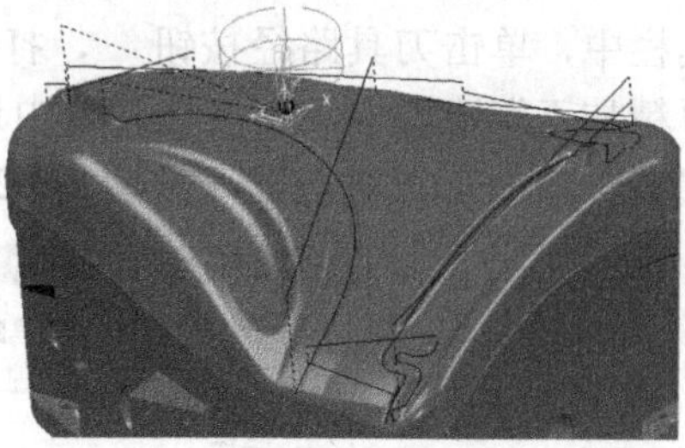

图 12-24 第一次粗清角刀具路径

不要关闭“笔式清角精加工”对话框。

2）计算第二次粗清角刀具路径：单击“笔式清角精加工”对话框左上角的复制刀具路径按钮，系统即基于刀具路径“qj1-d25r12.5”复制出一条新的刀具路径，按图 12-25 所示更改刀路名称。

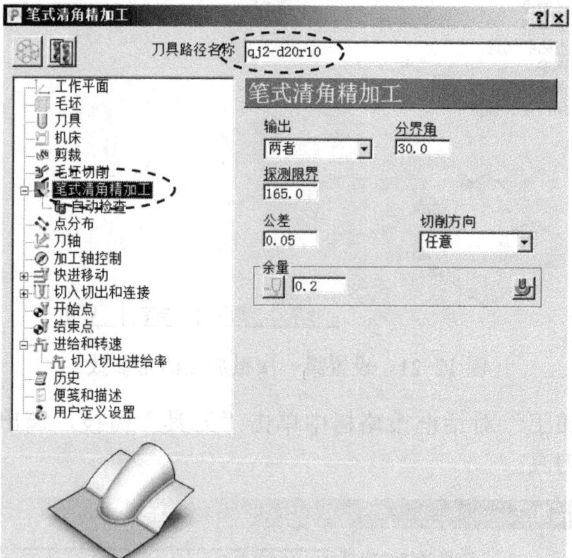

图 12-25 设置第二次粗清角参数

单击“笔式清角精加工”对话框策略树中的“刀具”树枝，调出“球头刀”选项卡，按图 12-26 所示选择刀具。

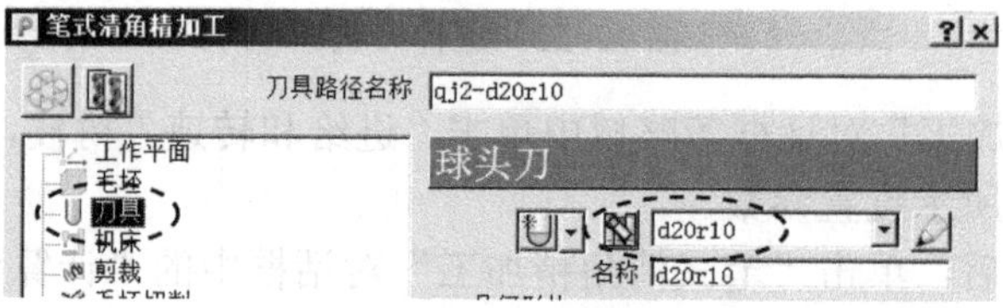

图 12-26 选择刀具

在“笔式清角精加工”对话框策略树中单击“进给和转速”树枝，调出“进给和转速”选项卡，按图 12-27 所示设置参数。

设置完上述参数后，单击“笔式清角精加工”对话框中的“计算”按钮，系统计算出图 12-28 所示刀具路径。

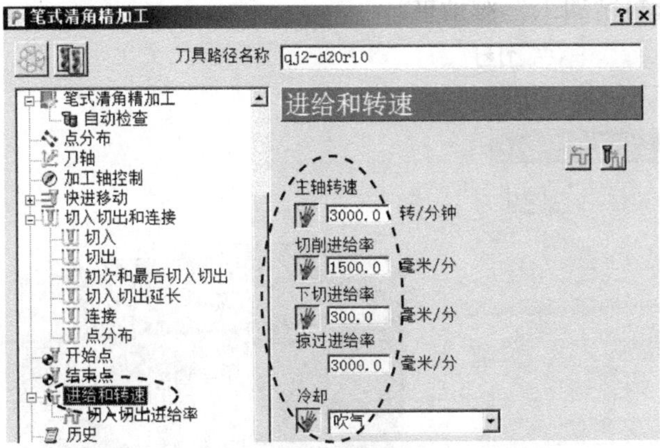

图 12-27　设置第二次粗清角进给和转速参数

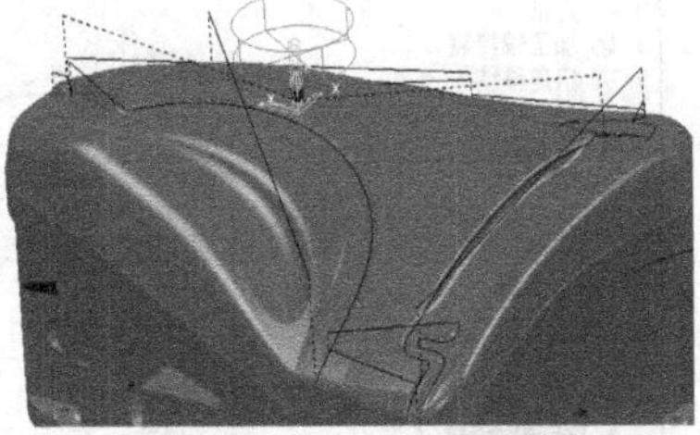

图 12-28　第二次粗清角刀具路径

不要关闭“笔式清角精加工”对话框。

3）计算第三次粗清角刀具路径：单击“笔式清角精加工”对话框中左上角的复制刀具路径按钮，系统即基于刀具路径“qj2-d20r10”复制出一条新的刀具路径，按图 12-29 所示更改刀路名称。

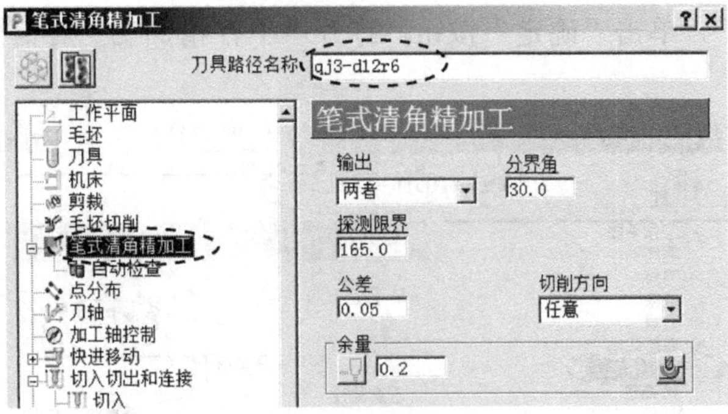

图 12-29　设置第三次粗清角参数

单击“笔式清角精加工”对话框策略树中的“刀具”树枝，调出“球头刀”选项卡，按图 12-30 所示选择刀具。

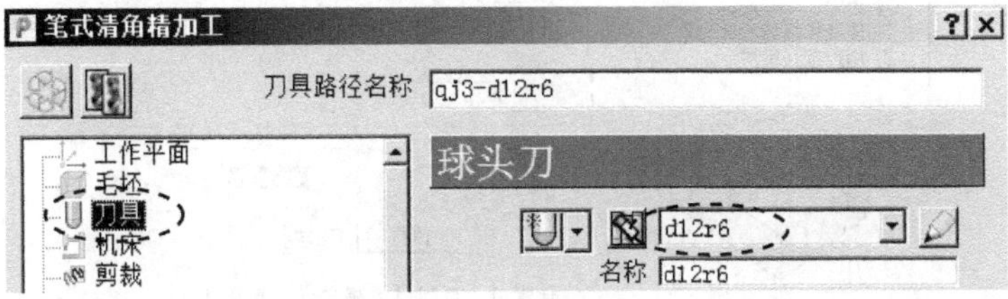

图 12-30　选择刀具

在“笔式清角精加工”对话框策略树中单击“进给和转速”树枝，调出“进给和转速”选项卡，按图 12-31 所示设置参数。

设置完上述参数后，单击“笔式清角精加工”对话框中的“计算”按钮，系统计算出图 12-32 所示刀具路径。

单击“关闭”按钮，关闭“笔式清角精加工”对话框。

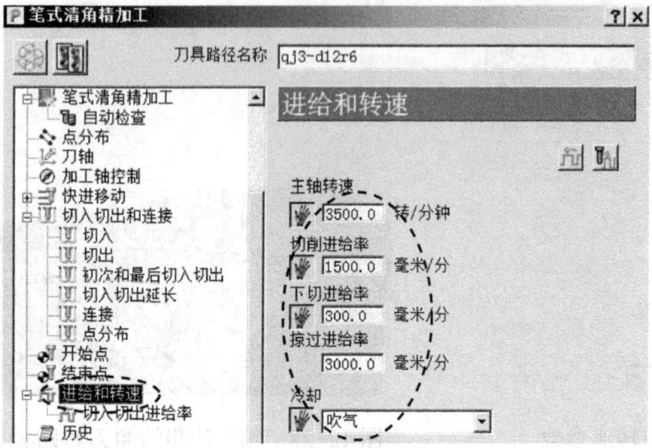

图 12-31 设置第三次粗清角进给和转速参数

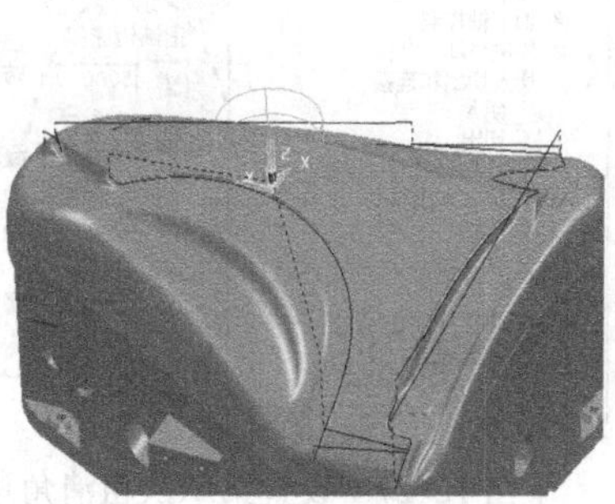

图 12-32 第三次粗清角刀具路径

步骤五 计算型面半精加工刀具路径

在 PowerMill“开始”功能区的“创建刀具路径”工具栏中，单击刀具路径按钮，打开“策略选取器”对话框，单击“精加工”选项，调出“精加工”选项卡，在该选项卡中选择“平行精加工”，单击“确定”按钮，打开“平行精加工”对话框，按图 12-33 所示设置参数。

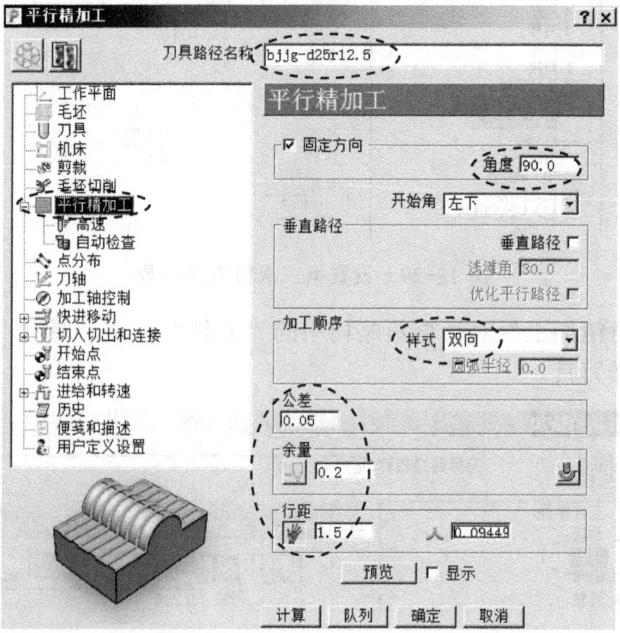

图 12-33 设置平行精加工参数

单击“平行精加工”对话框策略树中的“刀具”树枝，调出“球头刀”选项卡，按图 12-34 所示选择刀具。

在“平行精加工”对话框策略树中单击“进给和转速”树枝，调出“进给和转速”选项卡，按图 12-35 所示设置参数。

设置完上述参数后，单击“平行精加工”对话框中的“计算”按钮，系统计算出图 12-36 所示刀具路径。

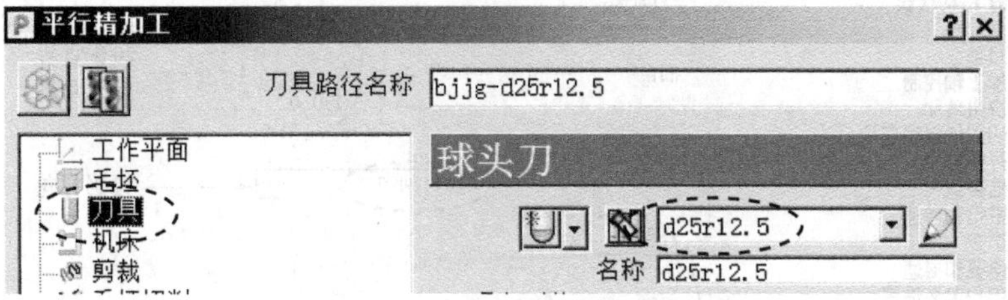

图 12-34 选择半精加工刀具

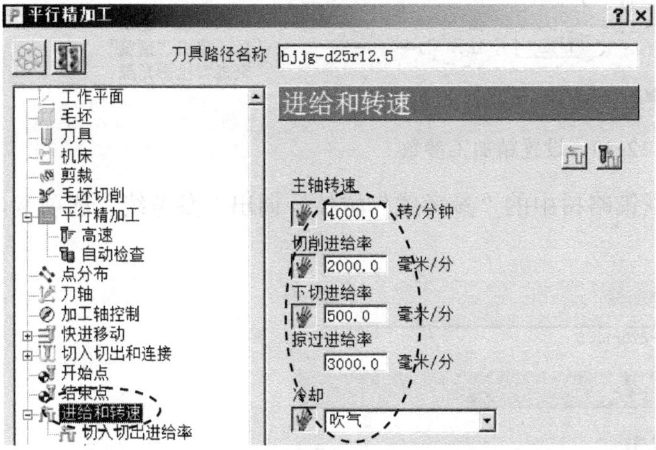

图 12-35 设置平行精加工进给和转速参数

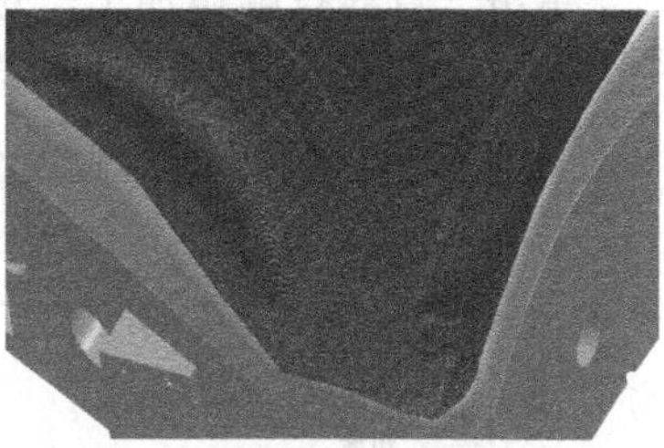

图 12-36 部分平行精加工刀具路径

单击“关闭”按钮，关闭“平行精加工”对话框。

步骤六 计算型面精加工刀具路径

在本例中，着重考虑凸模有效型面部分（也就是翼子板型面）的加工刀具路径。在本章开头，已经提到了凸模有效型面加工刀具路径质量的具体要求，即避免出现静点切削、刀具路径扭曲、接刀痕，以及型面尺寸不准确。在传统编程工艺中，一般将型面分成若干个区域，然后用三维偏置精加工策略来计算刀具路径，这种方式会出现接刀痕等问题。

为了提高刀具路径质量，拟采用一种新的加工策略——直线投影精加工，其配合朝向点刀轴控制选项来加工有效型面部分的五轴联动加工刀具路径。

1）计算精加工刀路：在 PowerMill“开始”功能区的“创建刀具路径”工具栏中，单击刀具路径按钮，打开“策略选取器”对话框，单击“精加工”选项，调出“精加工”选项卡，在该选项卡中选择“直线投影精加工”，单击“确定”按钮，打开“直线投影精加工”对话框，按图 12-37 所示设置参数。

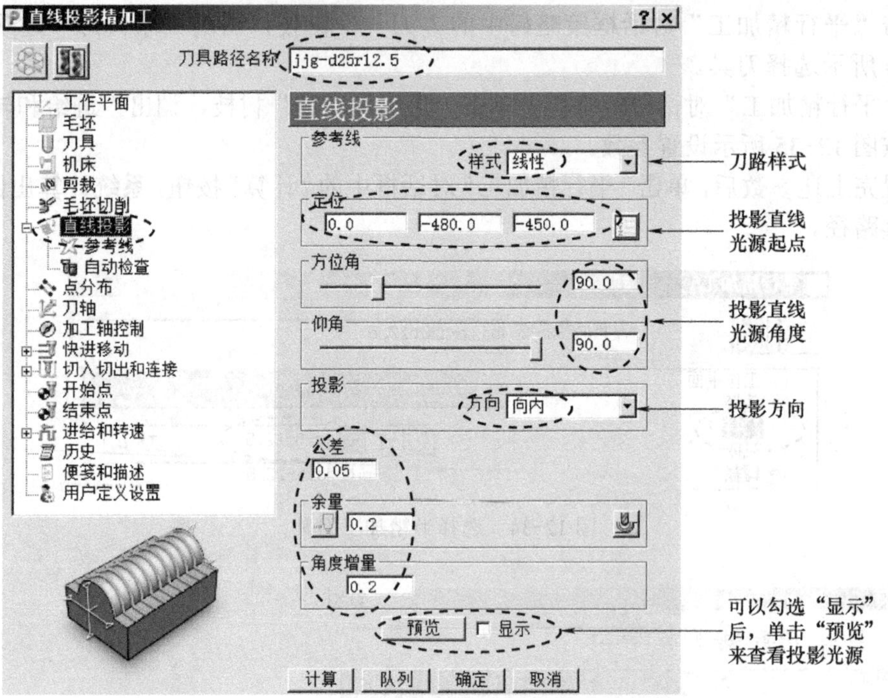

图 12-37 设置精加工参数

单击“直线投影精加工”对话框策略树中的“参考线”树枝，调出“参考线”选项卡，按图 12-38 所示设置参考线参数。

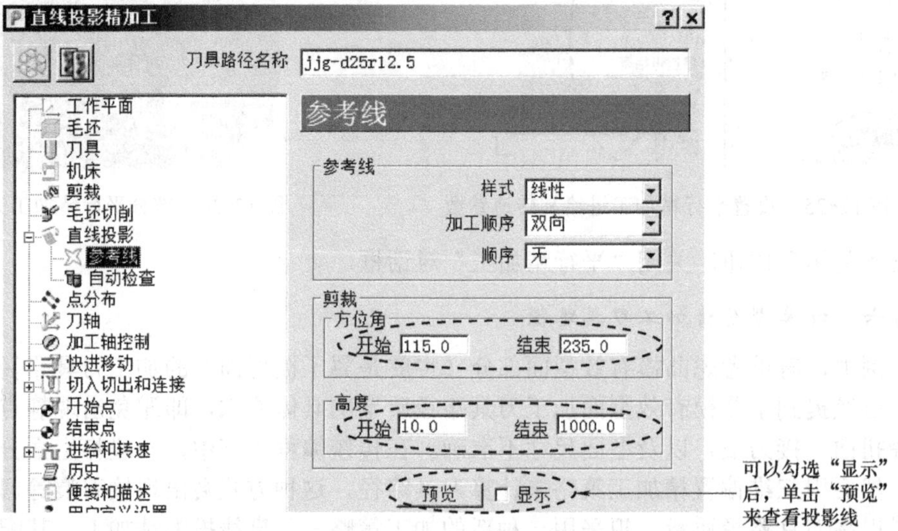

图 12-38 设置参考线参数

单击“直线投影精加工”对话框策略树中的“刀具”树枝，调出“球头刀”选项卡，按图 12-39 所示选择刀具。

单击“直线投影精加工”对话框策略树中的“刀轴”树枝，调出“刀轴”选项卡，按图 12-40 所示设置刀轴控制方式。

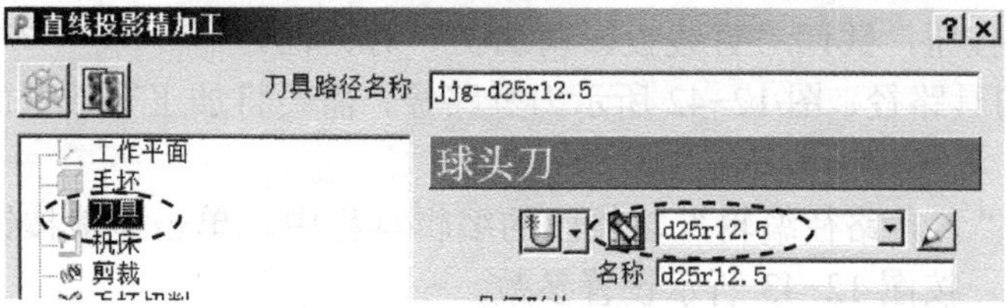

图 12-39　选择精加工刀具

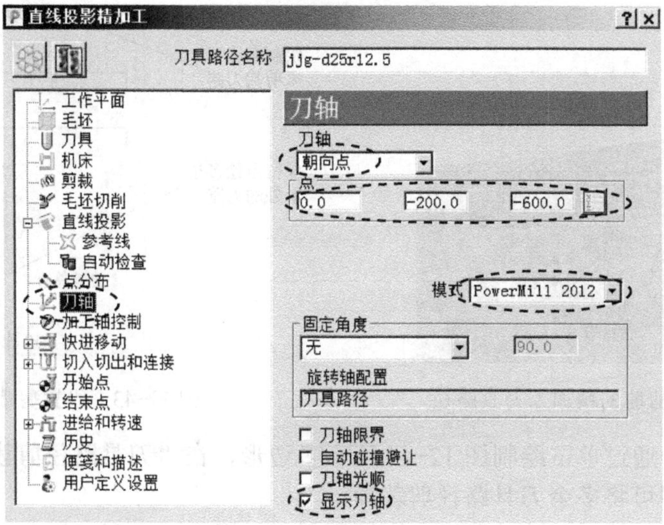

图 12-40　设置刀轴参数

在“直线投影精加工”对话框策略树中单击“进给和转速”树枝，调出“进给和转速”选项卡，按图 12-41 所示设置参数。

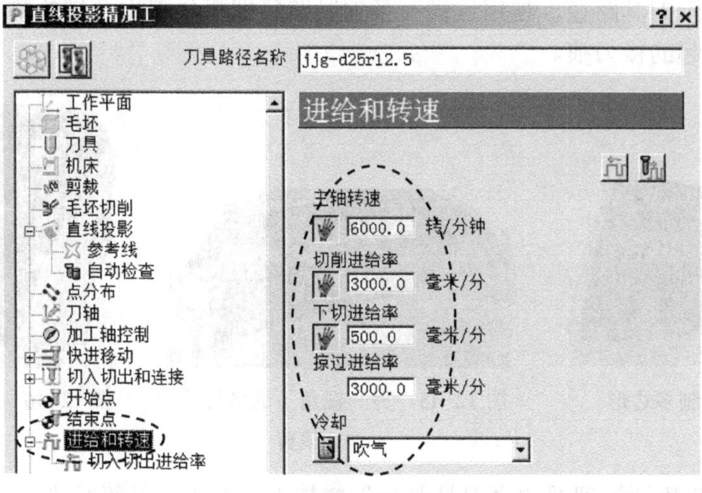

图 12-41　设置进给和转速参数

设置完上述参数后，单击“直线投影精加工”对话框中的“计算”按钮，系统计算出图 12-42 所示刀具路径。

单击“关闭”按钮，关闭“直线投影精加工”对话框。

2）裁剪多余刀具路径：图 12-42 所示刀具路径，需要将加工有效型面刀具路径之外的刀具路径裁剪掉。

在 PowerMill“刀具路径编辑”功能区的编辑具栏中，单击剪裁按钮，打开“刀具路径剪裁”对话框，按图 12-43 所示设置参数。

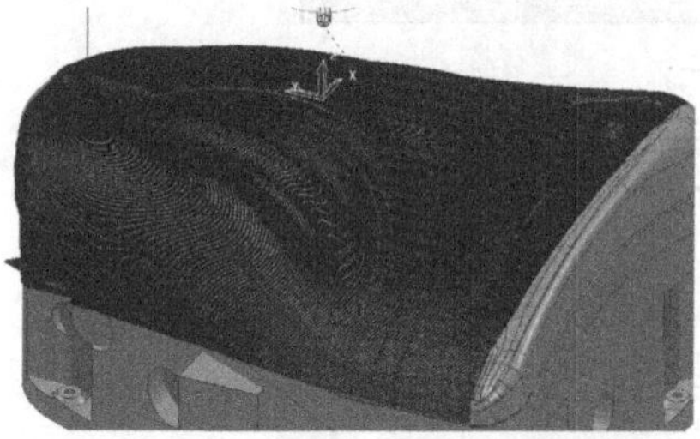

图 12-42　裁剪前的精加工刀具路径

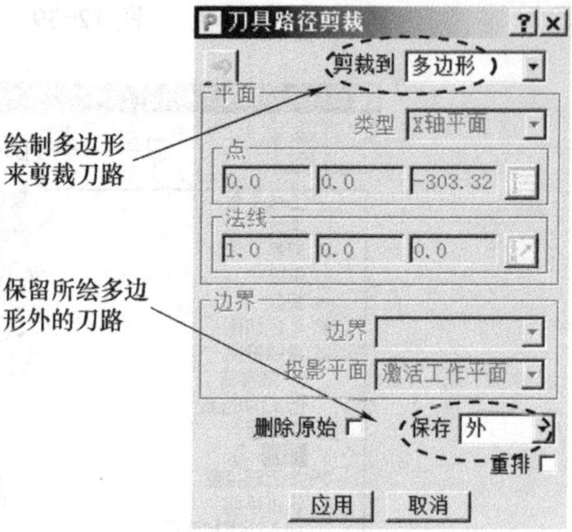

图 12-43　设置剪裁参数

在绘图区中，通过单击绘制图 12-44 所示多边形，在“刀具路径剪裁”对话框中单击“应用”按钮，即可将多余刀具路径剪裁掉。

按住鼠标中键不放，再移动鼠标，旋转模型到如图 12-45 所示视角，在“刀具路径剪裁”对话框的“剪裁到”栏，再次选择“多边形”，然后在绘图区中，通过单击绘制图 12-45 所示多边形，在“刀具路径剪裁”对话框中单击“应用”按钮，将多余刀具路径剪裁掉，编辑后的有效型面的精加工刀路如图 12-46 所示。

图 12-46 所示刀具路径，使用这样一条刀具路径即可加工出凸模的整个有效型面，避免了分区加工引起的接刀痕。

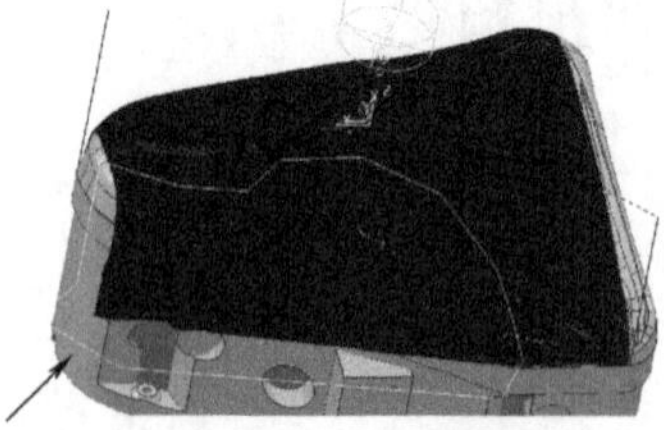

图 12-44　绘制多边形

图 12-45　另一视角下的多边形裁剪

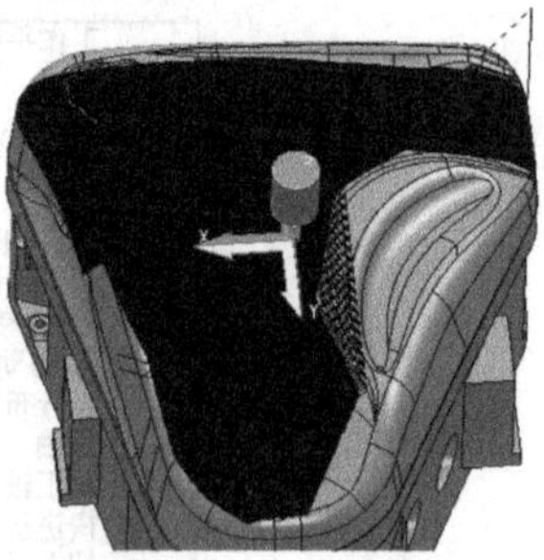

图 12-46　编辑后的精加工刀路

在 PowerMill 资源管理器的“刀具路径”树枝下，右击刀具路径“jjg-d25r12.5_1_1”，在弹出快捷菜单条中单击“自开仿真”，然后按下键盘中向右光标键，即可模拟刀具加工的运动情况。图 12-47 和图 12-48 所示分别是刀具附着在刀具路径上的情况。可以看出，该刀具路径基本上避免了静点切削、刀具伸出过长等问题。

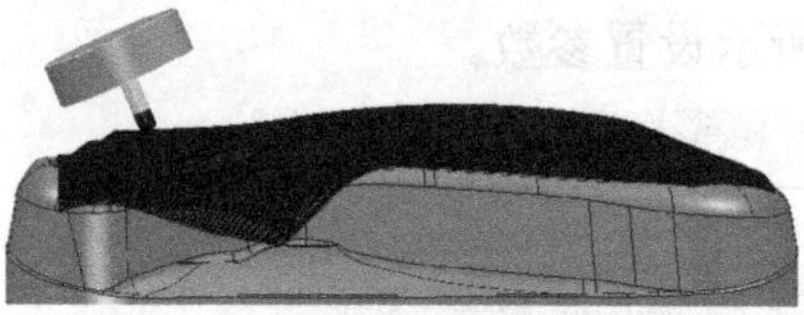

图 12-47 正面加工的刀轴指向

图 12-48 侧面加工的情况

步骤七 计算型面精加工清角刀具路径

在 PowerMill“开始”功能区的“创建刀具路径”工具栏中，单击刀具路径按钮，打开“策略选取器”对话框，单击“精加工”选项，调出“精加工”选项卡，在该选项卡中选择“多笔清角精加工”，单击“确定”按钮，打开“多笔清角精加工”对话框，按图 12-49 所示设置参数。

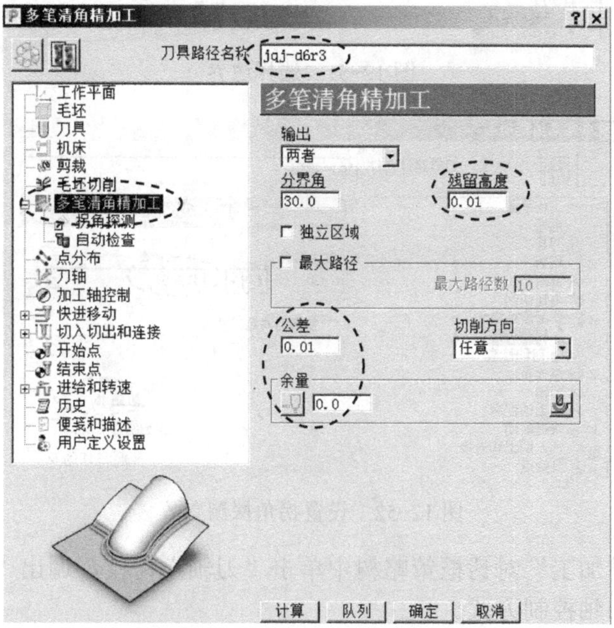

图 12-49 设置多笔清角精加工参数

在“多笔清角精加工”对话框策略树中单击“刀具”树枝，调出“球头刀”选项卡，按图 12-50 所示选择刀具。

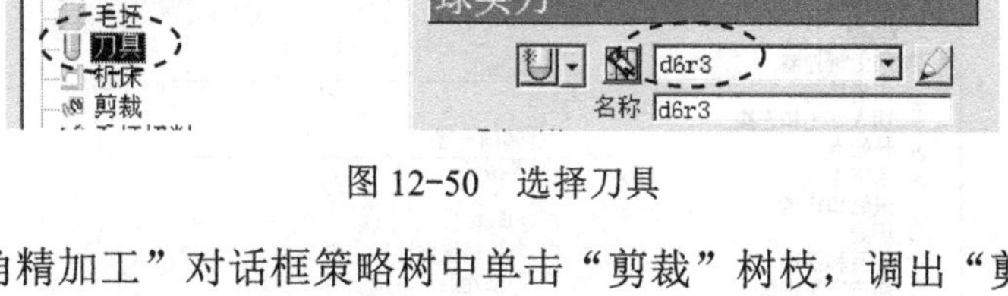

图 12-50 选择刀具

在“多笔清角精加工”对话框策略树中单击“剪裁”树枝，调出“剪裁”选项卡，按图 12-51 所示选择边界。

在“多笔清角精加工”对话框策略树的“多笔清角精加工”树枝下，单击“拐角探测”

树枝，调出“拐角探测”选项卡，按图 12-52 所示设置参数。

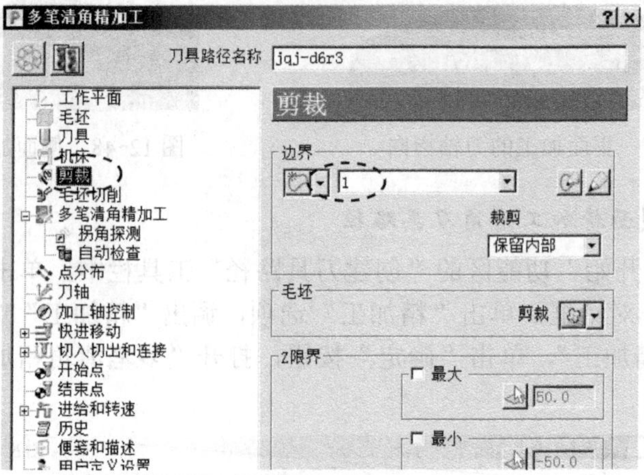

图 12-51　选择边界

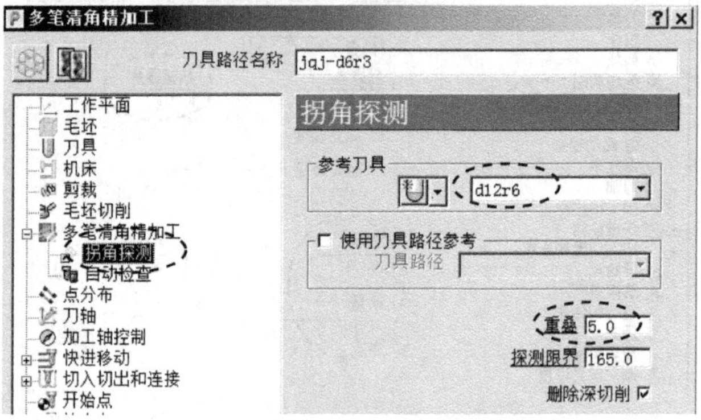

图 12-52　设置拐角探测参数

在“多笔清角精加工”对话框策略树中单击“刀轴”树枝，调出“刀轴”选项卡，按图 12-53 所示设置刀轴控制方式。

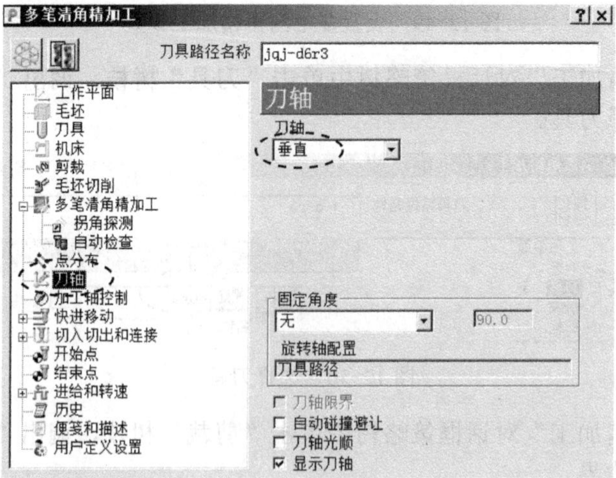

图 12-53　设置刀轴控制方式

在“多笔清角精加工”对话框策略树中单击“进给和转速”树枝，调出“进给和转速”选项卡，按图 12-54 所示设置参数。

设置完上述参数后，单击“多笔清角精加工”对话框中的“计算”按钮，系统计算出图 12-55 所示刀具路径。

单击“关闭”按钮，关闭“多笔清角精加工”对话框。

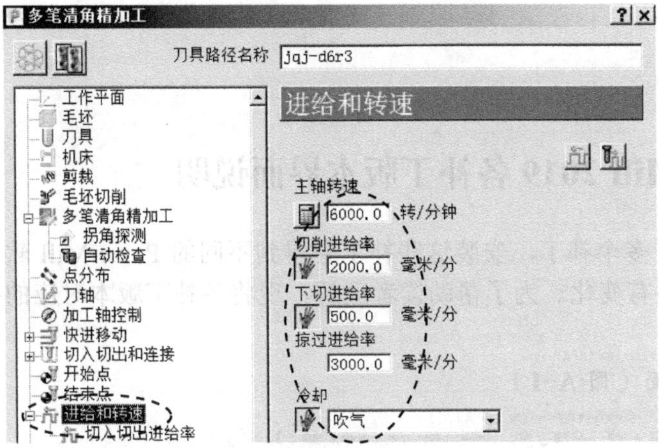

图 12-54　设置进给和转速参数

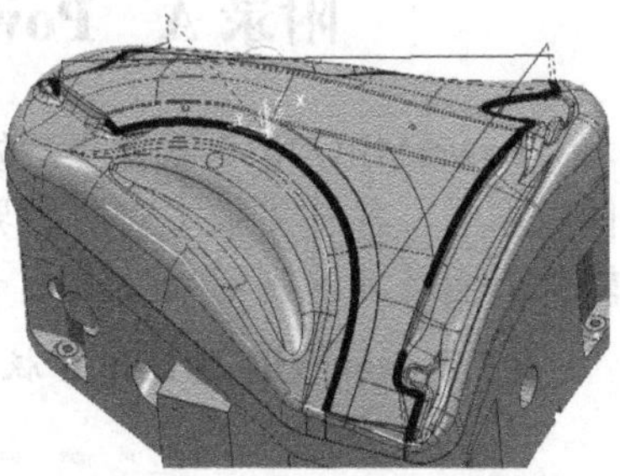

图 12-55　精清角刀具路径

步骤八　保存项目文件

在 PowerMill 功能区中，单击“文件”→“保存”，打开“保存项目为”对话框，选择 E:\PM2019EX 目录，输入项目文件名称为“12-01 yzbtm”，单击“保存”按钮，完成项目文件保存操作。

12.3　练习题

图 12-56 所示是一个覆盖件凸模零件，其尺寸比较大，有效型面在高度方向的尺寸大于 200mm，为避免使用伸出过长的刀具，要求使用五轴加工方式，计算有效型面的精加工刀路。源文件请扫描前言的“习题源文件”二维码获取，在 xt sources\ch12 目录下。

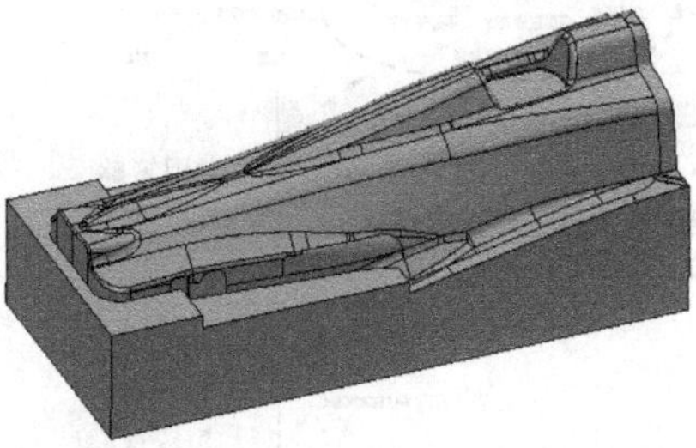

图 12-56　覆盖件凸模零件

附　　录

附录 A　PowerMill 2019 各补丁版本界面说明

PowerMill 2019 软件先后发布了多个补丁，安装这些补丁会得到不同的 PowerMill 软件版本号，各补丁版本对应的界面稍有变化。为了帮助读者理解，现将各补丁版本对应的软件界面及其区别罗列如下。

1. PowerMill 2019.0.0 版本界面（图 A-1）

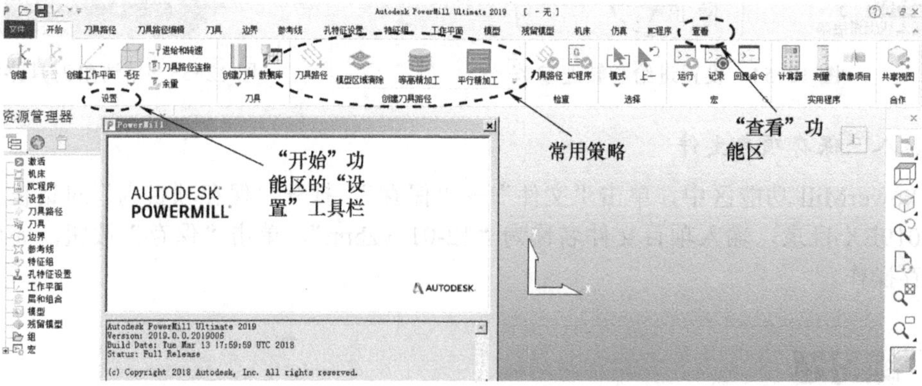

图 A-1　PowerMill 2019.0.0 版本界面

2. PowerMill 2019.0.1 版本界面（图 A-2）

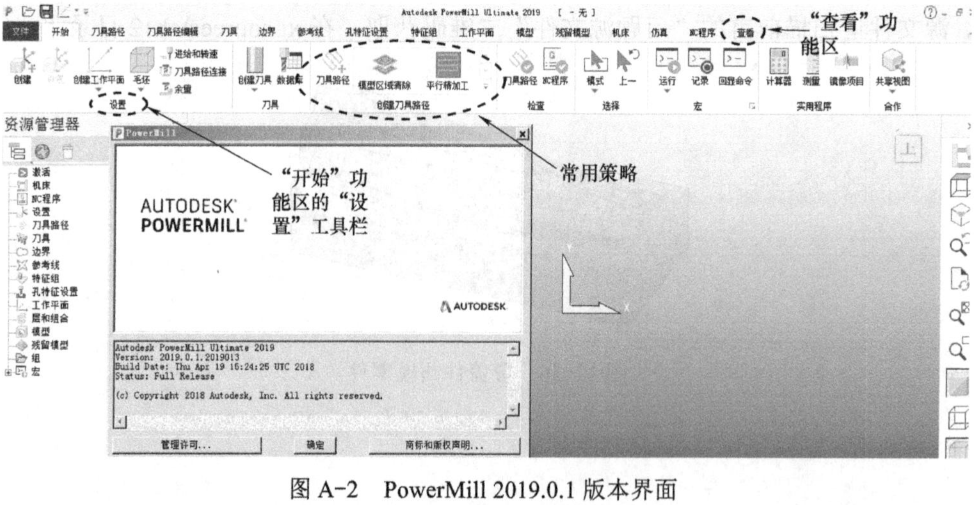

图 A-2　PowerMill 2019.0.1 版本界面

3．PowerMill 2019.2.2 版本界面（图 A-3）

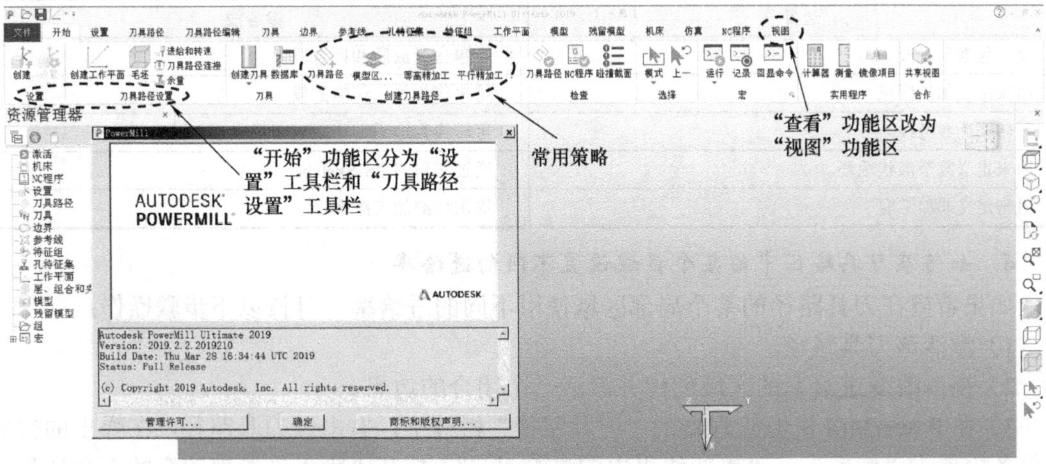

图 A-3 PowerMill 2019.2.2 版本界面

附录 B PowerMill 数控编程问答

1．如何将刀具附加到刀具路径上

在 PowerMill 中可将激活刀具附加到刀具路径上，以便更加直观地查看刀具和刀具路径间的位置关系，查看刀具随刀具路径移动的情况。这项功能对五轴加工编程帮助很大。

有两种方法将激活刀具附加到激活刀具路径上，第一种方法是在 PowerMill 绘图区中当前激活的刀具路径上的某个位置右击，从弹出的菜单中选取“自此仿真”选项，于是激活刀具即附加到光标所单击位置的刀具路径上；另一种方法是在 PowerMill 资源管理器中的“刀具路径”树枝下，右击希望附加刀具的刀具路径，从弹出的菜单中选取“自开始仿真”选项，于是激活刀具即附加到刀具路径的开始点。

将刀具附加到刀具路径上后，按下键盘上的光标左键或右键，沿刀具路径移动刀具，可直观查看刀具和刀具路径的相对位置。

2．如何将只读项目转换为可读写项目

运行 PowerMill 的过程中，如果打开一个以前输出时没能正常关闭的项目，屏幕上会出现以只读方式打开项目的警告信息。此时如果需要将项目以可读写方式打开，操作步骤如下：在“开始”功能区的“宏”工具栏中，单击“回显命令”按钮，在绘图区下方打开“命令窗口”，在“命令窗口”中键入下面的命令：

Project claim

然后回车，打开的项目即可改为可读写项目。

3．PowerMill 中边界和参考线有哪些共同点与区别

边界和参考线的共同点是，它们都是 PowerMill 软件中的二维或三维几何曲线。它们的区别见表 B-1。

表 B-1 边界和参考线的区别

边界	参考线
仅可包含闭合段	可包含开放段和闭合段
用来限制加工区域	用来作为加工策略的模
可转换为参考线	可转换为边界
用来定义复杂形状毛坯	通过它访问 PS-Sketcher
用来定义非加工面	提供标准加工图案

4. 如何在刀具路径中的某个区域设置不同的进给率

如果希望在刀具路径的某个局部区域使用不同的进给率，可按以下步骤操作：

1）激活该刀具路径。

2）绕需改变进给率的区域创建并激活一个闭合的边界。

3）在 PowerMill 资源管理器的“刀具路径”树枝下，右击该刀具路径，在弹出的快捷菜单条中单击“编辑”→“更新边界内的进给率...”，打开“输入进给率改变的百分比”对话框，输入百分比后，回车，即可将边界内的刀路进给率改变为边界外刀路进给率乘以该百分比的进给率。注意输入的百分比范围是 1～99。

5. 层（Levels）和组合（Sets）的使用

使用层（Levels）和组合（Sets）功能可以对模型几何元素更方便地进行管理，从而提升编程效率，避免错误出现。这两个功能均位于 PowerMill 资源管理器的同一处。

项目中可包含任意多个层和组合。PowerMill 中的层和组遵循以下规则：

1）每个几何形体只能置于某一个层，相同几何形体不能置于不同层。

2）某个几何元素可置于多个组合中或是不置于任何组合中。相同的几何形体可置于不同的组合中。

3）项目删除后，全部层和组合数据均被删除。

4）层和组合不能设置为相同的名称，因此不能在层名称设置 Hub 的同时将组合的名称也设置为 Hub。

6. 如何使用 PowerMill 的后台处理功能

PowerMill 提供了后台处理功能，可将设置完毕的刀具路径置于后台进行处理，而继续在前台进行其他刀具路径的设置或操作。

将刀具路径置于后台处理十分简单，只需在设置完毕刀具路径后，单击“刀具路径”对话框中的“队列”按钮即可（如果单击“计算”按钮将立即计算刀具路径）。

7. PowerMill 中如何解决偏置区域清除粗加工中刀路偶尔出现逆铣的问题

如果按照默认参数设置，包括轮廓在内，都设置了“顺铣”，但还是出现了逆铣，从而可能引起刀具负载增大或刀具磨损加剧的情况。

解决方法是，在“模型区域清除”树枝下的“偏移”选项卡中，勾选复选框“保持切削方向”。这样设置不会出现逆铣。但由于 PowerMill 为了保证所有路径都是顺铣，会增加从内部下刀的次数，因此需要设置“切入”方式为“斜向”下刀。

8. 什么是区域清除台阶切削 Step cutting

区域清除台阶切削 Step cutting 使用和当前区域清除策略所使用的刀具相同，对区域清除刀具路径中留下的台阶进行再次加工，从而可最大限度地去除区域清除中大下切步距时在区域清除刀具路径中所留下的切削阶梯。

9. 区域清除台阶切削和残留粗加工有什么区别

区域清除台阶切削和残留粗加工有以下几点不同：

1）残留加工通常使用一把不同（较小）的刀具。

2）残留加工将生成一个独立的刀具路径。

3）残留加工总是从上至下加工零件，而台阶切削加工则和常规切削一样，一个层片一个层片地加工（从上至下），然后再使用同一把刀具从下至上，一个层片一个层片地加工前面刀具路径所留下的层片。

台阶加工目前仅适用于模型区域清除、模型轮廓、模型残留区域清除和模型残留轮廓策略。

10. 如何设置用户工作目录

用户工作目录可以快速地定位到目标文件夹，从而轻松地找到需要打开的项目文件。设置用户工作目录的步骤如下:

在 PowerMill 功能区中，单击“文件”→“选项”→“自定义路径”，打开“PowerMill 路径”对话框，按图 B-1 所示设置。

在 PowerMill 功能区中，单击“文件”→“打开”→“项目”，打开“打开项目”对话框，单击“用户路径 1”按钮，即可定位到工作目录，如图 B-2 所示。

参照上述方法，还可以定义“NC 程序输出”“选项文件”等目录。

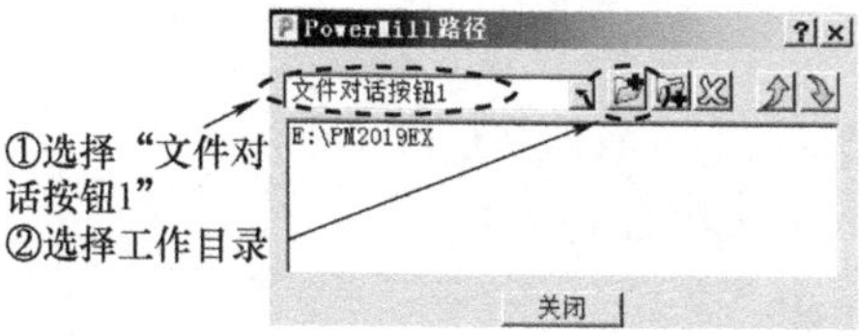

图 B-1 设置文件对话按钮 1 路径

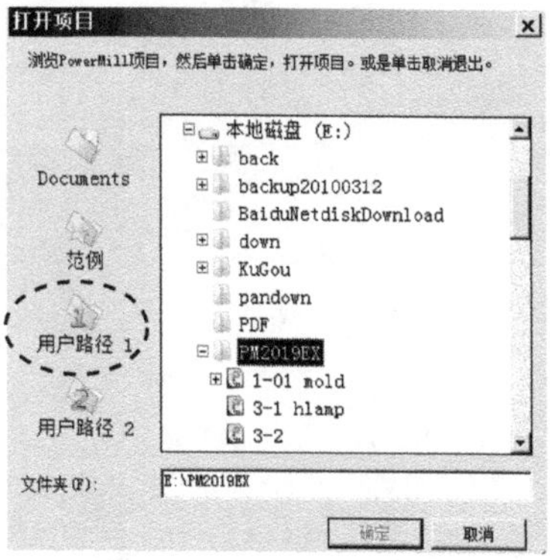

图 B-2 打开用户工作目录

参 考 文 献

[1] 朱克忆．PowerMILL 2012 高速数控加工编程导航[M]．北京：机械工业出版社，2016．
[2] 朱克忆．PowerMILL 多轴数控加工编程实例与技巧[M]．北京：机械工业出版社，2013．
[3] 朱克忆，彭劲枝．PowerMILL 多轴数控加工编程实用教程[M]．3 版．北京：机械工业出版社，2019．
[4] 苏春．数字化设计与制造[M]．3 版．北京：机械工业出版社，2019．
[5] 傅建军．模具制造工艺[M]．2 版．北京：机械工业出版社，2019．
[6] 卢秉恒．机械制造技术基础[M]．4 版．北京：机械工业出版社，2019．